The History of MODERN FASHION

现代服饰史

Daniel James Cole and Nancy Deihl
[美]丹尼尔·詹姆士·科尔　南希·戴尔　著
邝杨华　译

東華大學出版社
·上海·

图书在版编目（CIP）数据

现代服饰史 /（美）丹尼尔 · 詹姆士 · 科尔，（美）南希 · 戴尔著；邝杨华译. -- 上海：东华大学出版社，2023.3

ISBN 978-7-5669-2023-2

Ⅰ. ①现… Ⅱ. ①丹… ②南… ③邝… Ⅲ. ①服饰 – 历史 – 世界 – 图集 Ⅳ. ① TS941-091

中国版本图书馆 CIP 数据核字 (2021) 第 261736 号

合同登记号：09-2015-1105

责任编辑　谢未

封面设计　Ivy 哈哈

现代服饰史

XIANDAI FUSHISHI

著　者：[美] 丹尼尔 · 詹姆士 · 科尔　南希 · 戴尔

译　者：邝杨华

出　版：东华大学出版社

（上海市延安西路 1882 号　邮政编码：200051）

出版社网址：dhupress.dhu.edu.cn

天猫旗舰店：http://dhdx.tmall.com

营销中心：021-62193056　62373056　62379558

印　刷：上海当纳利印刷有限公司

开　本：889 mm x 1194 mm　1/16

印　张：28.5

字　数：1003 千字

版　次：2023 年 3 月第 1 版

印　次：2023 年 3 月第 1 次印刷

书　号：978-7-5669-2023-2

定　价：298.00 元

目录

引言……008

第一章

19 世纪 50—80 年代：现代服饰的黎明……011

通往 1850 年之路……012
社会和经济背景……012
艺术……015
工业成就……015
时尚媒体……017
时尚精英……018
19 世纪 50—60 年代女装基本情况……022
19 世纪 70—80 年代女装基本情况……027
设计师和裁缝师……032
面料和织造技术……036
丧服时尚……037
历史和外来影响……038
服饰改革和唯美服饰……040
女式运动服……042
男装……043
童装……048
时尚界的发展……050
临近 1890 年……051

第二章

19 世纪 90 年代：极尽奢华的镀金时代……053

社会和经济背景……054
艺术……054
女装基本情况……058
吉布森女孩……061
外套和女帽……061
运动的影响……063
设计师……064
服饰改革的深远影响……067
男装……068
童装……070
纹身时尚……071
展望新世纪……073

第三章

20 世纪前 10 年：新世纪伊始……075

社会和经济背景……075
艺术……076
时尚与社会……078
时尚媒体……080
1900 年巴黎万国博览会……080
女装基本情况……082
美体衣和内衣……083
孕妇装和大码服装……084
外套和女帽……084
皮草外套……084
设计师……085
美容和美体……091
运动服……092
男装……092
童装……094
年代尾声……095

第四章

20 世纪 10 年代：异域幻想，战时现实……097

社会和经济背景……097
艺术……098
时尚与社会……100
时尚媒体……103
波西米亚人和高级时装中的波西米亚风……104
女装基本情况……106
外套……109
女帽和配饰……109
美体衣和内衣……111
运动服……112
设计师……112
美容业……121
战争与时尚……121
男装……122
童装……124
年代尾声……125

第五章

20 世纪 20 年代：疯狂的岁月 127

社会和经济背景 127
艺术 128
国际装饰艺术与现代工业博览会 129
中国风和埃及热 131
俄罗斯的艺术和时尚 132
德国文化 132
时尚媒体 132
假小子和飞来波女孩 134
女装基本情况 134
外套 139
女帽和配饰 139
美体衣和内衣 140
服装面料 140
设计师：法国 141
设计师：美国 149
戏服设计与时尚 150
发型和化妆 151
运动服 152
男装 153
童装 155
年代尾声 157

第六章

20 世纪 30 年代：渴望华丽 159

社会和经济背景 159
艺术 160
艺术与政治 161
时尚与社会 161
时尚媒体 162
时装业的科技进展 162
女装基本情况 163
运动服 166
外衣 168
女帽和配饰 168
美体衣和内衣 170
设计师：法国 171
设计师：英国 177
设计师：美国 178
好莱坞的电影服装设计 180
大众时装 183
发型和化妆 185
男装 185
童装 187
年代尾声 189

第七章

20 世纪 40 年代：战争与复苏 191

社会和经济背景 191
艺术 192
时尚媒体 194
时尚与社会 195
战争与时尚 195
德军占领下巴黎的时尚 196
法西斯时期意大利的时尚 198
纳粹政府时期德国的时尚 198
英国的定量配给和实用服装 198
北美时尚“靠自己” 200
1940—1946 年女装基本情况 201
发型和化妆 204
时装剧院 206
克里斯汀·迪奥的“新风貌” 207
1947—1949 年女装基本情况 209
设计师：法国 210
设计师：英国 212
设计师：美国 212
电影与时尚 220
男装 222
童装 224
年代尾声 227

第八章

20 世纪 50 年代：丰富的高级时装和舒适的郊区风格 229

社会和经济背景 229
艺术 230
时尚媒体 232

女装基本情况 233
服装面料 236
美体衣和内衣 236
发型和化妆 238
20 世纪 50 年代晚期廓形的变化 238
设计师：法国 238
设计师：英国 246
设计师：美国 248
设计师：意大利 252
电影与时尚 253
男装 256
童装 259
时尚与反叛 262
年代尾声 263

第九章

20 世纪 60 年代：未来风貌 265

社会和经济背景 266
艺术 266
时尚媒体 268
时尚与社会 269
白宫风格 269
亚文化风格与个性化服装 270
女装基本情况 271
美体衣和内衣 277
配饰 278
时尚精品店 278
设计师：法国 280
设计师：英国 285
设计师：意大利 287
设计师：美国 289
电影、电视与时尚 294
发型和美容 297
男装 298
童装 300
年代尾声 301

第十章

20 世纪 70 年代：复兴与个性 303

社会和经济背景 303
艺术 304
时尚媒体 306
女装基本情况 308
内衣和家居服 310
配饰 310
发型和美容 311
牛仔面料的流行 313
运动服 313
中性风格 314
朋克时尚 314
电影与时尚 314
设计师：法国 319
设计师：英国 322
设计师：意大利 326
设计师：美国 327
设计师：日本 332
男装 334
童装 337
年代尾声 339

第十一章

20 世纪 80 年代：权力着装和后现代主义 ..341

社会和经济背景 341
艺术 342
时尚与社会 344
戴安娜风格 345
时尚媒体 346
音乐与时尚 346
电影、电视与时尚 349
女装基本情况 351
配饰 353
设计师：法国 354
设计师：英国 359

设计师：意大利 362
设计师：美国 364
设计师：澳大利亚 368
发型和美容 368
男装 369
童装 371
年代尾声 373

第十二章

20世纪90年代：亚文化和超模 375

社会和经济背景 376
艺术 376
时尚媒体 378
“海洛因时尚” 380
时尚与社会 380
电影与时尚 381
电视与时尚 384
音乐与时尚 386
垃圾摇滚风格 388
哥特风格 388
嘻哈风格 389
流行趋势 390
身体改造艺术 391
女装基本情况 391
配饰 393
美体衣和内衣 394
设计师：法国 394
设计师：英国 396
设计师：美国 398
设计师：意大利 401
设计师：比利时 403
发型和化妆 404
男装 406
童装 408
亚洲风格 410
年代尾声 413

第十三章

21世纪前10年：信息混杂的年代 415

社会和经济背景 416
艺术 416
时尚媒体 418
设计师成为名人，名人成为设计师 419
时尚与社会 420
电影、电视、舞台与时尚 422
音乐与时尚 426
流行趋势 427
时尚的社会责任感 429
风格群体 429
女装基本情况 431
配饰 435
美体衣和内衣 436
设计师与品牌 437
设计师：法国 439
设计师：英国 441
设计师：意大利 443
设计师：美国 443
发型、化妆和身体改造艺术 446
男装 446
童装 450
传统服饰，现代世界 451
亚洲风格 452
新千禧，全球观 456

引言

以21世纪的眼光看，19世纪后期的服饰像是老式风格的缩影：女性穿着紧身胸衣和裙撑，衣服上有繁复的装饰。男性穿着款式严肃、裁剪考究的外套，戴着拘谨的高帽子，所有的一切都显得正式和不切实际，毫无疑问也没有什么现代感可言。然而，这样的款式不仅反映了当时的时尚，也体现了服饰与新技术的结合，例如新的染料和面料整理方式、创新的结构以及工业化的成衣生产。

1850年的理论至今依然适用：服饰一如既往地反映了技术的革新和经济、政治的发展，并和美术及装饰艺术领域盛行的风格密切相关。基于以下几个原因，我们将1850年作为现代服饰史的开端：第一，在这段时间机械化生产——包括动力织布机和缝纫机的广泛使用改变了服装的生产方式；第二，时尚界发展迅速，更多大众可以获得时髦的服装；第三，印刷技术的进步使时尚出版行业的扩张成为可能，以此满足读者数量不断增长的需要。另外，设计师职业的发展和时装设计师成为款式变化的催化剂均为今天时尚产业不可或缺的设计师和品牌体系奠定了基础。

自第一章以后，本书内容均以十年为一章。这样划分或许有些武断，毕竟没有人在每个十年的第一天为一种新的时尚设置一个开关。然而，我们会发现除极少数情况外，每个十年都有它的时代特点。人们——尤其是那些喜欢弄潮的人们，可以以他们自己对服饰的洞察力来区分每个十年。另外还有一种明显的趋势，就是时尚专栏的作者常常以十年分期——对接下来的十年进行流行预测，或者是在一个十年结束的时候对这个十年的时尚进行总结。另外，时尚作者在提到过去的款式时也常以十年为一阶段，每个十年都有它独特的时尚“风貌”。

本书将时尚看作一种跟随其他文化形式变化的现象。每一章会简要介绍这十年需要注意的政治和社会变化，也会介绍视觉和表演艺术领域的重要成果，如果有必要还会进行具体的说明，以突出这些表演艺术家（知名艺人或网络红人）在引导和传播时尚中所起到的重要作用。本书也介绍了引起时尚起伏的典型事例，承认设计师、名人和媒体，甚至博览会——从19世纪末20世纪初的国际大型博览会到一些博物馆展示的当代设计师的作品——相互的关联。作为社会最近的一种趋势，名人效应常常被人讨论，例如2000年波西米亚风格的流行归功于女演员西耶娜·米勒（Sienna Miller），类似的现象也见于19世纪晚期，例如在亚历山德拉（Alexandra）王妃的带领下女性开始穿裁剪考究的套装。

本书以学术为基础，但读者并非仅限于学者。学生和任何对服饰历史及时尚动态感兴趣的人通过阅读本书都可以获得关于服饰演变或历史上那些可能有点熟悉的瞬间的详细信息，了解当时已经非常有名但尚未得到历史认可的设计师，也会发现某些长期以来存在的传言——例如保罗·波烈摒弃了紧身胸衣，香奈儿发明了小黑裙——是杜撰的还是真实的。大量的参考文献为进一步了解某些设计师、服饰话题和某个十年服饰的发展提供了信息。读者会发现随着时间的推移，时尚世界在不断成长。早期巴黎的高级定制服装是服装款式的来源，21世纪以来亚洲的影响意义深远。本书将详述现代服饰的自叙和对话，它是一种充满活力、迅速变化的文化形式，同时也是不断全球化世界的一个重要的组成部分。

致谢

在从事研究和撰写本书的这些年，我们得到了许多朋友、家人、同事和学生的协助和鼓励。

首先感谢克拉拉·伯格（Clara Berg）、奥黛丽·钱尼（Audrey Chaney）、拉里萨·雪莉（Larissa Shirley）和我们尊敬的同事罗德丝·方特（Lourdes Font）以及他指导的纽约时装学院（FIT）的研究生和工作人员。我们也要感谢纽约时装学院的教师迈克尔·凯西（Michael Casey）、克洛伊·查宾（Chloe Chapin）、希拉·马克斯（Sheila Marks）、帕拉梅·辛德－加拉赫（Pamela Synder-Gallagher）和纳恩·扬（Nan J. Young）的支持。纽约时装学院的校友伊丽丝·卡罗尔（Elyse Carroll）负责了最初的排版。纽约大学的伊丽莎白·马库斯（Elizabeth Marcus）和伊丽莎白·莫拉诺（Elizabeth Morano）一直鼓励我们，达米安·戴维斯（Damien Davis）和冯内塔·摩西斯（Vonetta Moses）一直给我们提供帮助，纽约大学的校友费利西蒂·皮特（Felicity Pitt）协助完成了本书参考文献的整理。

感谢纽约时装学院（FIT）卓越教学中心（The Center for Excellence in Teaching）的伊莱恩·马尔纳多（Elaine Maldonado）、杰弗里·里曼（Jeffrey Riman）和西莉亚·贝兹（Celia Baez）一直以来给予的支持。感谢国际服装技术学院基金会（IFFTI，International Foundation of Fashion Technology Institutes）的鼓励。李·里普利（Lee Ripley）是项目早期的支持者之一。感谢大都会歌剧院档案馆、理查德·阿维顿基金会（The Richard Avedon Foundation）的尤金妮娅·贝尔（Eugenia Bell）、罗纳尔多·巴纳特（Renaldo Barnette）、诺奥利夫·本·伊斯梅尔（Nooraliff Bin Ismael）、玛亚·德罗布纳克（Manya Drobnack）、克里斯特尔·费尔南德斯（Krystal Fernandez）、巴贝特·丹尼尔斯（Babette Daniels）、詹姆斯·豪泽（James Houser）、川村由仁夜（Yuniya Kawamura）、梅勒妮·雷姆（Melanie Reim）、亚历山德拉·拉米利亚斯（Alexandra Armillas）和史蒂文·斯托皮尔曼（Steven Stipelman）在项目寻找图片过程中给予的大力协助。陈建（Kien Chan）、约翰·保罗·兰格尔（John Paul Rangel）、伊德汉·瑞利（Idham Rously）、奥古斯特·萨斯特罗（Auguste Soesastro）和维维安·奥哈恩·尤（Vivienne Aurheum Yoou）在研究方面提供了协助。德雷塞尔大学罗伯特和彭妮·福克斯历史服装藏品部（Robert and Penny Fox Historic Costume Collection）的克莱尔·绍罗（Clare Sauro）和加拿大麦科德历史博物馆（The McCord Museum of Canadian History）的辛西娅·库珀（Cynthia Cooper）给我们提供了专业的指导。

没有格拉迪斯·马库斯图书馆特殊藏品和学院档案部（The Gladys Marcus Library Special Collections & College Archives）的支持，本项目也不可能开展。我们衷心感谢该机构的全体工作人员（无论是过去还是现在的），包括朱丽叶·雅各布（Juliet Jacobs）、苔丝·哈特曼·卡伦（Tess Hartman Cullen）和阿什利·克兰杰克（Ashley Kranjac），特别是凯伦·特里维特·卡内尔（Karen Trivette Cannell）和安普利尔·卡拉翰（April Calahan）。感谢劳伦斯·金出版公司（Laurence King Publishing）耐心和博学的指导，特别是安妮·汤里（Anne Townley）和费莉希蒂·蒙德（Felicity Maunder）出色的专业建议。感谢希瑟·维克斯（Heather Vickers）对图片的精彩编辑，图片非常出色，让页面生气盎然。感谢格拉塔·罗斯－英尼斯（Grita Rose-Innes）的精心设计，让本书得以呈现。同时感谢那些给过我们许多有益建议的匿名审稿者。

特别感谢以下人士的鼓励和支持：史蒂夫·戴尔（Steve Deihl）、福特·戴尔（Ford Deihl）、珍妮·戈莉（Jeanne Golly）、帕梅拉·格里莫德（Pamela Grimaud）、科斯林（Desirée Koslin）、布拉德福·马丁（Bradford S. Martin）、大卫·罗伯茨（David Roberts）、苏拉查伊·萨恩苏万（Surachai Saengsuwan）和弗利克斯·谢（Felix Xie）。

最后，感谢在我们多年的教学中和我们一起工作的无数无私奉献和不懈努力的学生。他们有趣的研究加深了我们对服饰史的理解。我们感激从他们那里学习到的，正如我们希望他们从我们这里学习到的一样。

谨以此书纪念伊莱恩·斯通（Elaine Stone）。

第一章

19 世纪 50—80 年代：现代服饰的黎明

1850—1890 年的服饰反映了工程学、化学和通信领域的最新进展。19 世纪下半叶，摄影的发展和新发明的出现——例如苯胺染料和缝纫机——都对服装的设计、生产和销售产生了影响。这个时代见证了服装设计发展成为一个职业和高级定制服装体系的萌芽。家族企业主宰了时尚界。沃斯（Worth）、科瑞德（Creed）、雷德芬（Redfern）和杜塞（Doucet）都是延续了许多代的时尚世家。国际社会政治和经济的波动强烈影响了时尚。政府更迭、贸易关系的变化、城镇化和社会流动性增强等都对服装产生了影响。19 世纪 50 年代，参观过任何一个国际性博览会——例如 1851 年伦敦举办的水晶宫万国工业博览会、1853 年纽约举办的世界博览会和 1855 年巴黎举办的世界博览会——的人都会发现人们对材料的兴趣与日俱增。

左页图　詹姆斯·迪索（James Tissot）的作品《女售货员》（*The Shop Girl*，1885 年），以写实的手法表现了 19 世纪晚期购物的愉悦。手拿包装仔细的包裹、身穿简洁黑色女裙的女装店女老板正在为准备离开的客人开门，看装考究的路人透过窗户的玻璃欣赏店内琳琅满目的商品

右图　1850 年代，商用缝纫机已普遍用于服装生产，家用缝纫机（如图所示）的销量也非常可观

通往 1850 年之路

18 世纪晚期，服饰的变化主要表现在廓形上。服装的廓形承自前代但开始以服饰史上前所未有的速度快速更新。时尚的引领者，例如法国的玛丽·安托瓦内特（Marie Antoinette）王后和英国的摄政王乔治（George），他们的穿着很快被人效仿。时尚的引领者建立了自己的圈子，随着人们模仿名人和虚构人物着装的风潮，流行文化对服装产生了影响。彩色时尚摄影对时尚出版业的发展起到了至关重要的作用。

19 世纪以来，历史主义和东方主义是时尚和艺术常见的主题。印度和中亚风格盛行，复古风格——包括中世纪、伊丽莎白时代（The Elizabethan Era）和 17 世纪——也卷土重来。异国情调和历史风格可视为当时浪漫主义艺术运动盛行的副产品。重要的女性时尚领袖有法国皇后约瑟芬·波拿巴（Joséphine Bonaparte）和美国总统夫人多莉·麦迪逊（Dolley Madison）。男士的着装主要体现了两位名人和他们截然不同的时尚观念及其影响:一位是乔治·布莱恩（George Bryan），即大家熟知的"美男子"布鲁梅尔（Brummell），他以穿着考究的定制服装出名；另一位是拜伦（Byron）勋爵，他倡导一种充满诗意的凌乱风格。女装和男装款式上的变化主要体现在下摆的造型和长度，以及领口、袖子、腰部、肩部和领饰的周期性变化。

从 1837 年起，维多利亚（Victoria）女王开始了她长达 63 年的统治。她是欧洲历史上强有影响力的君主，从在位直到 1901 年去世，她建立了一系列社会的准则。1840 年 2 月 10 日，维多利亚女王和她的表亲萨克森 – 科堡和哥达（Saxe-Coburg and Gotha）的亲王艾伯特（Albert）结婚，婚礼上她穿了一件白色的婚纱搭配橘红色的花环，从此成为一种固定的穿着方式。维多利亚提倡保守的社会价值观，改变了大不列颠摄政时期（The Regency Period）开放的社会观念。工业革命的影响和世界部分地区（包括澳大利亚和美国）的经济大萧条在 19 世纪 40 年代的服装上也有所体现。男装和女装的廓形都变得简洁，装饰和色彩也比较平淡，庄重是第一要务，服装的节制典型，特别是在英国和美国。

19 世纪 40 年代，女装以珠宝领和长袖子为特点。袖子通常简洁笔直，后来紧身上衣偶尔也有喇叭袖，搭配棉质或麻质内袖，通常还有与之匹配的领子。女性晚礼服采用露肩的敞领，但多数情况下只是一个宽领，很少暴露乳沟。19 世纪 30 年代流行长度较短的裙子，后来裙子开始变长，常长及地面，衬裙仍采用钟形廓形。腰线的位置略微降低，上衣前中向下延伸呈 V 形。前面有阔边帽檐的软帽成为一款主要的帽子样式，两侧帽身贴合头部，帽檐表现了这一时期强调的端庄。

双排扣长礼服是男士的典型着装，裤子笔直，前有暗门襟，多为暗色。虽然在晚会上长裤也日益常见，但正式礼服仍以黑色燕尾服为雅，有时也穿马裤，帽子以高礼帽最为常见。

社会和经济背景

在维多利亚女王的统治下，英国的工业快速发展。铁路运输的发展，劳动力涌入城市，以及殖民势力的扩张不但促进了英国的繁荣也改变了英国人的审美品味。英国的强大也体现在英国人可以从世界各地获取物资，人们可以穿一些特别的款式。

19 世纪中期以前，法国尽管政权动荡，但是巴黎仍然是毫无争议的时尚中心。1852 年，法国总统路易 – 拿破仑·波拿巴（Louis-Napoléon Bonaparte）宣称拿破仑三世，法兰西第二帝国拉开了帷幕。法国宫廷的成员，特别是拿破仑迷人的皇后欧仁妮（Eugénie）在时尚方面颇具影响力。欧洲其他国家的皇室成员，例如奥地利皇后伊丽莎白和奥地利驻

上图 1847年《美国时尚》(*American Fashion*)上的一张插画，描绘了19世纪中叶的一家人，家庭成员穿着当时的时髦服装

法国宫廷大使的妻子波林·梅特涅(Pauline Metternich)王妃也是重要的时尚领袖。另一方面，贵族为获得财富在财政、不动产、交通运输和制造业展开了竞争，因此皇室成员、贵族和暴发户都参与了巴黎的时尚生活，这些生活景象逐渐转变为有宽阔的林荫大道和广阔的开放空间的现代都市。1870年普法战争以后，第二帝国瓦解，1872年法兰西第三共和国成立。欧洲其他国家也出现了政治波动，例如德国经历1848年的系列巨变后，在首相奥拓·冯·俾斯麦(Otto von Bismarck)的领导下实现了统一；1866年，意大利发生第三次独立战争，朱赛佩·加里波第(Giuseppe Garibaldi)成为民族英雄。

世界其他地方也受到了类似的冲击，国际关系的变化影响了技术的发展和贸易的正常秩序。美国南北战争(1861—1865年)和废除奴隶制对美国的经济、西进运动和纺织产业产生了重大的影响。战争期间调动军人300余万使服装的大规模生产成为必然，并出现了最早的工业尺码标准。此外，从战争中获得的财富导致了一个新的富裕阶层——工业大亨的诞生。南北战争期间，英国不能从美国进口棉花，转向澳大利亚寻找进口源，因此促进了殖民地棉花产业的蓬勃发展。

珍妮·林德（Jenny Lind）

19世纪40—50年代初，瑞典女高音歌唱演员乔安娜·玛丽亚（Johanna Maria，即珍妮·林德，1820—1887年）在欧洲和美国巡演。她在美国的名气由P·T·巴纳姆（P.T. Barnum）一手炒作。珍妮·林德签约费用之高前所未有。巴纳姆出色策划了演出的宣传，并成功塑造了珍妮·林德的公众形象，这对她在美国巡演时座无虚席的场景起到了重要的作用。“珍妮热”（Jenny Rage，或称“林德热”（Lindomania））引起了粉丝的疯狂追捧和音乐厅内的骚动。有一天晚上，珍妮·林德的面纱从舞台上滑落至观众席，为争夺这一纪念品，粉丝竟将面纱撕成了碎片。赶时髦的女人模仿珍妮·林德的穿着，服饰史学家甚至认为19世纪50年代早期流行的一种三层结构的裙子也是受她的影响所致。林德成为媒体的焦点，作为一个歌唱演员，她的粉丝和官方纪念品的销售数量都是空前的，其影响仅次于上一个十年中钢琴家弗朗兹·李斯特（Franz Liszt）在欧洲引起的轰动。作为一个典型的流行文化偶像，林德的案例特别重要，对音乐的狂热迷恋和大肆宣传成为了20世纪60年代“披头士热”（Beatlemania）和20世纪其他类似现象的先驱。

1850年左右波士顿发行的一张名为《珍妮·林德作品集》的唱片

艺术

“实验精神”——甚至可以称之为“反叛精神”是这个时期艺术领域的关键词。历史主义和东方主义仍然是艺术和设计的主题。巴黎美术学院（The Académie des Beaux-Arts of Paris）和伦敦皇家艺术学院（The Royal Academy of Arts）认为历史题材的绘画是最重要的流派，那些描绘当下生活的绘画是低层次的。为了表明从学院中独立的态度，1874 年，印象派运动在巴黎正式拉开序幕。运动的起点是艺术家匿名社团（Anonymous Society of Artists）组织的一次展览，社团的成员包括克劳德・莫奈（Claude Monet）、埃德加・德加（Edgar Degas）、皮埃尔–奥古斯特・雷安诺（Pierre-Auguste Renoir）、古斯塔夫・卡特波特（Gustave Caillebotte）和贝尔特・莫佐里（Berthe Morisot）。取材于周围的生活，这些艺术家描绘了划船聚会、海滩休闲、乡村景观以及他们快节奏生活中活动的图像和瞬间的“火花”。正如合成染料让 19 世纪中叶的服饰更加鲜亮，艺术家也用新的化学颜料创作出了惊人的色调。服饰成为现代生活的一部分，印象派抓住了那些在斑驳树影下野餐和在咖啡厅、剧院及赛马场休闲娱乐的时髦男士和女士的形象。

浪漫主义艺术家，例如尤金・德拉克洛瓦（Eugène Delacroix）和让–里昂・杰罗姆（Jean-Léon Gérôme）保持了他们对亚洲和北非的兴趣，其表演艺术为东方主义添砖加瓦。1871 年，意大利作曲家朱赛佩・威尔第（Giuseppe Verdi）创作了歌剧《阿伊达》（*Aida*），这是一部以古代埃及为背景的作品。儒勒・马斯内（Jules Massenet）让巴黎人对戏剧格外痴迷。1877 年，他的作品《拉合尔城的国王》（*Le Roi de Lahore*）将观众的视线带往南亚；1889 年，他的作品《埃斯克拉芒》（*Esclarmonde*）又让观众的视线转向拜占庭。贾科莫・梅耶贝尔（Giacomo Meyerbeer）的作品《非洲》（*L'Africaine*，1865 年）和利奥・德里布（Léo Delibes）的作品《拉克美》（*Lakmé*，1883 年）描绘了欧洲男人和东方女人之间的禁忌之恋。芭蕾舞剧对这股东方主义的浪潮也起到了推波助澜的作用。许多东方题材的作品出现了，其中以凯萨勒・普尼（Cesare Pugni）的《法老的女儿》（*The Pharaoh's Daughter*，1862 年）最为离奇，内容涉及鸦片导致的幻觉和复活的木乃伊。

不仅在富裕阶层，人像摄影在逐渐壮大的中产阶级中也日益流行。卡斯蒂格利纳（Castiglione）伯爵夫人和莉莉・兰特里（Lillie Langtry）等名流深谙摄影对于塑造公众形象的重要性。纳达尔（Nadar）等法国摄影师以摄影的方式记录了这个时代，朱丽娅・玛格丽特・卡梅隆（Julia Margaret Cameron）拍摄了英国知识分子的唯美女裙，甚至普通的老百姓也让当地的摄影师为他们拍照，从带有肖像照的名片、肖像照和集体照的流行可以看到人们对这种新媒体的喜爱。

工业成就

欧洲的等级制度仍然森严，北美却经历了重大的社会变迁。1876 年（即美国建国 100 周年）以后，美国人的社会地位逐渐不再由出身而是由财富决定。纽约的范德比尔特家族（The Vanderbilts）虽然是荷兰农民的后裔，但凭借实力成为了纽约社会的领袖。同样，德国工人家庭出身的阿斯特家族（The Astors）建立了一个庞大的房地产帝国。这些杰出的家族成为可以和旧世界贵族抗衡的一类美国人。范德比尔特和阿斯特家族以及其他的一些杰出的纽约人，例如约翰・皮尔庞特・摩根（J.P.Morgan）等对一些重要的文化机构的创立起到了积极的作用。北美社会的时尚领袖来自于那些在各类产业中积累了大量财富的阶层，他们对巴黎的时尚具有举足轻重的作用。波士顿名媛伊莎贝拉・斯图尔特・加德纳（Isabella Stewart Gardner）

是纺织和矿业大亨的继承人；芝加哥时尚领袖赛勒斯·内蒂·麦考密克（Cyrus Nettie McCormick）的丈夫是机械收割机的发明者；贝莎·欧诺瑞·帕尔默（Bertha Honoré Palmer）的财富来自她丈夫的房地产生意；波特·帕尔默（Potter Palmer）以经营杂货店起家，后来波特·帕尔默公司发展成为零售业巨头马歇尔·菲尔德百货公司（Marshall Field & Co.）。美国百万富翁的女儿带着丰厚的嫁妆嫁入欧洲贵族家庭。某些以不义之财发家的家族通过这种方式获得了贵族的头衔。通过联姻，美国的"百万美元公主"（Million Dollar Princesses）为潦倒的贵族家庭带去了可观的急需资金。

工业也促进了城市化的发展和中产阶级的壮大。生产技术的进步让消费物资出现了前所未有的繁荣景象。伊莱亚斯·豪（Elias Howe，1819—1867年）发明了缝纫机。1846年，他获得了专利并逐步改进。19世纪50年代初，豪的竞争对手约翰·巴彻勒（John Bachelder）把他的专利卖给了艾萨克·梅里特·辛格（Isaac Merritt Singer，1811—1875年），当时这个机器的完善程度已经可以让胜家公司成功改良投入市场。50年代，商业缝纫机投入使用；1858年，胜家公司推出了最早的家用缝纫机"草蜢"（Grasshopper）。缝纫机按照19世纪中期的审美标准设计，有喷绘的花纹和弧形的铁质踏板。打褶、镶边、锁边和开纽眼等功能的配件拓展了家庭缝纫的空间并使服饰制作更加精益求精。年轻的女孩在陈列考究的展厅里演示如何使用这种新机器，产品的宣传在英国国内取得了极大的成功。到1875年辛格去世时，胜家公司缝纫机的年销售量已达180 000台以上。

百货商店的出现为大城市的时尚生活增添了活力。这些配备最新便利设施的宏伟建筑里陈列了琳琅满目的商品，商品贴有价格标签并由穿着制服的推销员展示和销售。百货商场还有餐厅和咖啡厅，并举办艺术展览，通常营业至晚上10点。货架和模特身上展示着每季的时尚新品。消费者可以在此买到现成的裙子、外套、内衣和配饰等，也可以买到布匹和花边等面辅料。购物开始成为一种新的具有吸引力的都市休闲活动。巴黎成熟的百货商店有：1852年开业的玻马舍（Le Bon Marché），1865年开业的巴黎春天（Le Printemps）和四年后开业的莎玛丽丹（La Samaritaine）。1883年，埃米尔·左拉（Emile Zola）在他的小说《仕女的乐园》（*Au Bonheur des Dames*）中描述了这项消费活动诱人的一面，同时也揭露了它的一些弊端，例如延长了工作时间，淘汰了小规模的专卖店，甚至滋长了铤而走险的女性盗窃行为。巴黎的百货商店在全球范围内产生了影响。1860年，麦吉尔街上蒙特利尔最大的时尚商店摩根百货（Morgan's）开业，店面很快得到了扩展，1866年，为了能更好地服务那些乘坐私人马车前来购物的富有顾客，詹姆斯（James）和亨利·摩根（Henry Morgan）在这里建造了一座四层的建筑。霍尔特·润福（Holt Renfrew）曾是19世纪30年代魁北克的一家帽子店，后来拓展到皮草类并在19世纪80年代获得了维多利亚女王颁发的王室供应许可证。美国出现了新一轮的百货公司全球化扩张潮流。1848年，做了二十年杂货生意后爱尔兰移民亚历山大·特尼·斯图尔特（Alexander Turney Stewart）在纽约百老汇街（位于钱伯斯街和瑞德街之间）开了一家名为"大理石宫"（Marble Dry Goods Palace）的百货商店。1862年，他的第二家店开在了富人区，这是一座六层高的建筑，全开放式空间，有一个巨大的楼梯和一个有玻璃圆顶的圆形大厅，后来还安装了蒸汽驱动的电梯。1877年，阿诺德·康斯坦波尔公司（Arnold Constable & Co.）在第五大道开了一个巨大的商店，商品品类繁多。在这个零售业扩张的重要时期，两个重要的公司——罗德＆泰勒百货（Lord & Taylor）和梅西百货（Macy's）也成立了它们的旗舰店。1876年，约翰·沃纳梅克（John Wanamaker）在费城第十三街和市场街的店即所谓的“大仓库”（The Grand Depot，沃纳梅克购买了一个废弃的铁路仓库并把它改建成一个大商场）开张。这家百货商店以奢华的内饰出名，包括染色的玻璃天窗和一个周长为 27 余米的中央柜台，柜台中间是一个用煤气灯照明的“暗室”，用来陈列和销售丝绸晚礼服。

至1870年，人们可以通过邮购商品目录邮购各种现成的商品。1872年，以蒙哥马利·沃德为名，阿隆·蒙哥马利·沃德（Aaron Montgomery Ward）发布了他的第一期商品目录。早期是一页商品目录，商品从蓬蓬裙到手帕，多数定价在1美元/件。十年以后，蒙哥马利·沃德的商品目录涵盖了 10000 余件商品，多达 240 页。受到沃德的影响，以手表生意起家的理查德·西尔斯（Richard Sears）和合伙人阿瓦尔·罗布克（Alvah Roebuck）发布了面向美国消费者的西尔斯和罗布克商品目录，甚至偏远的乡村也有邮购服务。二手服装代表了另外一个重要分支，大多数城市二手服装交易市场都很活跃。这些服装或保持原貌，或按照当下的流行趋势进行了改造。

时尚媒体

虽然法国的时尚刊物对全球有特别的影响力，但是全球主要的一些城市都有自己的时尚期刊。大多数期刊采取典型的小报形式，包括对最新款式的描述和编辑的评论，健康和美容建议，家务注意事项及连载小说。每一期都有时尚摄影照片和插画，提供最新款式的裙子、配饰和发型，并提炼当下的美丽标准。当时最流行的法文期刊有《时尚画报》（*La Mode Illustreé*）、《时尚箴言》（*Le Moniteur de la Mode*）、《艺术和时尚》（*L'Art et la Mode*）和《时尚手册》（*La Mode Pratique*）等。英国女性多读《女王》（*The Queen*），《女报》（*Ladies'Newspaper*）和《英国女士家庭杂志》（*Englishwoman's Domestic Magazine*）。柏林发行的《芭莎》（*Der Bazar*）报道了巴黎的流行趋势和时尚人士，马德里发行的《优雅的时尚》（*La Moda Elegante*）内容也大致相同。1867 年，美国开始发行《时尚芭莎》（*Harper's Bazar*），号称是“时尚、娱乐和指南的资源库”，该期刊联合了《歌德女士书报》（*Godey's Lady's Book and Magazine*）、《彼得森杂志》（*Peterson's Magazine*）和《德莫雷斯特月刊及德莫雷斯特夫人的时尚宝镜》（*Demorest's Monthly Magazine and Mme. Demorest's Mirror of Fashions*）等女性杂志。

19 世纪 50 年代开始，裙子和套装的纸样通过刊物传播。最初德莫雷斯特夫人通过歌德和德莫雷斯特的杂志出售不分档的纸样并以德莫雷斯特夫人的时尚商店（Madame Demorest's Magasins des Mode）为名在美国境内境外开设了 300 家商店。1863 年，裁缝埃比尼泽·巴特里克（Ebenezer Butterick）根据妻子提出的分档建议改进了这种一个尺码的纸样。巴特里克最早提供男士和男童服装纸样。1866 年，他推出了女裙纸样。至 1876 年，巴特里克已经发行了几个旨在发布新款和出售纸样的刊物。这些纸样可以通过邮购的方式在北美和欧洲的各个分店购得。

时尚是将设计和实践传递给日益注重时尚的大众的重要媒介。在一些主要的时尚刊物上，作者或编辑为读者开设了例如“巴黎来信”之类的特色专栏。当时时尚刊物用来描述衣服的时髦词语有“Toilet”（着装）、“Toilette”（全套装束）和“Costume”（服装）等。例如《时尚箴言》1869 年 1 月刊曾写道：“一般场合和特殊场合（例如宴会和舞会）的着装（Toilet）有很大的区别。每个巴黎人都深谙此道。”

时尚精英

拿破仑三世（Napoleon III）的妻子欧仁妮·德·蒙蒂若（Eugénie de Montijo）是西班牙的一位女伯爵。她曾在法国学习，熟悉法国社会，与拿破仑三世结婚后欧仁妮成为了19世纪中期欧洲最重要的名流之一。虽然和当时理想的女性审美标准相比，她有些矮胖，但欧仁妮依然是公认的美人，她的举止从容大方，极为优雅。她为法国宫廷和第二帝国增添了许多魅力，在时尚影响方面唯一能和她媲美的只有奥地利皇后伊丽莎白。直到第二帝国覆灭，在时尚方面欧仁妮始终有突出的影响力。弗朗兹·克萨韦尔·温特哈尔特（Franz Xaver Winterhalter）为她创作的肖像画不仅详细描绘了她的美貌，从中也可以看出她对服装的精致品味。当时许多服装款式和她有关，例如鸟笼形克里诺林（Crinoline）裙撑，她穿过的新款往往都能成为流行的款式。在第二帝国的宫廷里，欧仁妮周围有一群身穿巴黎杰出缝纫工制作的华丽服饰的时髦女性，其中特别重要的有奥地利大使的妻子波林·梅特涅（Pauline Metternich）王妃和意大利大使的妻子卡斯蒂格利纳伯爵夫人（Countess di Castiglione）。

哈丽特·莱恩（Harriet Lane）成为了美国历史上的第一位“第一夫人”，尽管她并不是总统夫人。1857—1861年詹姆斯·布坎南（James Buchanan）担任美国总统，他当时尚未婚配，因此由他的侄女哈丽特出任白宫官方的女主人。早在布坎南担任参议员和国务卿的时候，哈丽特就曾有幸得到前总统夫人同时也是时尚领袖的多莉·麦迪逊（Dolley Madison）的帮助和指导。1853年，布坎南奉命访问圣·詹姆斯宫（The Court of St. James），哈丽特随同叔父布坎南前

下图 1855年，弗朗兹·克萨韦尔·温特哈尔特（Franz Xaver Winterhalter）创作的《侍女环绕的欧仁妮皇后》（*The Empress Eugénie Surrounded by Her Ladies in Waiting*），从中可以看到当时法国宫廷流行薄纱面料、大敞领和特别宽大的蓬蓬裙

卡斯蒂格利纳伯爵夫人（The Countess di Castiglione）

卡斯蒂格利纳伯爵夫人维吉尼亚·奥尔多尼（Virginia Oldoini，1837—1899年）是活跃在拿破仑三世宫廷的一个意大利贵族。她以与国王的绯闻以及竭力支持意大利独立和统一而闻名。她是新闻报道中的蛇蝎美人，她在宫廷化装舞会上的亮相成为一个传奇。在抵达巴黎之前，这位伯爵夫人在都灵就已有名气。她和她的丈夫卡斯蒂格利纳伯爵弗朗切斯科·维拉西斯（Francesco Verasis，Count di Castiglione）经常出现在维多里奥·艾玛努埃莱二世（Vittorio Emanuele II）的宫廷。意大利首相发现了卡斯蒂格利纳伯爵夫人的潜力，1855年将夫妇二人派往巴黎。在那里伯爵夫人开始为意大利的事业出力并和拿破仑三世扯上关系。后来，一个意大利男人企图刺杀国王，据说杀手曾在一个晚上从她家离开，因此在法国社会的排斥下她离开了法国。1863年她回到了巴黎，她化装成埃特鲁斯坎（Etruria，意大利中部的古国名，表明她拥护意大利独立的立场）女王再次出现在杜乐丽宫（The Tuileries）的化装舞会上。她的穿着很大胆，从裙子的底部沿两侧向上开衩，从中可以窥见她光洁的腿部，蓬松的头发增添了几分野性。虽然她的风格与欧仁妮和伊丽莎白皇后不是同一类型，但是她多样的着装也很有名。她的服装通常由当时非常受欢迎的裁缝师罗杰夫人（Mme. Roger）制作。但或许这位伯爵夫人让人更加印象深刻的是她华丽的发型和频繁的染发。

着迷于摄影且醉心于自己的美丽，她逐渐痴迷于坐在镜头前面。她从1856年开始和摄影师皮埃尔－路易·皮尔森（Pierre-Louis Pierson）合作，常常自己担任造型师，并指导照片的润色和修改。在摄像机的角度和拍照的姿势方面他们一起做了一些新的尝试，甚至还拍摄了一系列暧昧的脚部和腿部的照片。她知道摄影对塑造名人形象的作用并有意识将自己的容颜记录下来传给后人。21世纪，这种想法已经非常普遍，但在她那个时代还是具有开创性的。

卡斯蒂格利纳伯爵夫人羞涩地看向镜中的自己，似乎是在嘲笑自己的虚荣，约摄于1865年

往伦敦，此行她得到了维多利亚女王的喜爱，并转道巴黎专程购买符合外交礼节需要的服装。1856 年，布坎南当选美国总统，便将哈丽特带到了华盛顿担任白宫的女主人。很快，外界便以“第一夫人”称呼她。她的低胸露肩敞领款式的晚礼服影响了当时的美国女性。

1863 年，威尔士亲王爱德华（Edward）和丹麦的亚历山德拉（Alexandra）结婚，一位新的时尚领袖由此诞生。亚历山德拉身材高挑苗条，和其他家庭成员的矮壮身材形成了鲜明的对比。她对时尚产生了重大的影响，这种影响在接下来的几十年里一直存在。嫁给爱德华后不久，一款“亚历山德拉”外套（即后来定制外套的前身）成为了时髦的服装，这只是她引领的众多流行款式中的一款。从 1863 年结婚至 1871 年春天，亚历山德拉生了六个孩子，孕期她减少了公众活动。但是生完第六个孩子以后她频频曝光于公众场合，这个时间刚好是第二帝国瓦解的时候。普法战争之后的几年间，巴黎的服装制作业重新振作了，但是法兰西第三共和国并没有为时尚界提供一位优雅可供效仿的皇后。因此人们把视线转向英国，1870 年至 1880 年间亚历山德拉对时尚的贡献备受赞赏。亚历山德拉脖子前面有一道伤疤，她佩戴的时髦项饰不仅掩盖了疤痕，还衬托了她纤细修长的脖子。她经常佩戴黑色天鹅绒缎带制作的项饰，后来还有珠宝装饰的领子和刻有她的名字的珍珠。

上图　作为詹姆斯·布坎南总统白宫的女主人，哈丽特·莱恩从巴黎购买的服装给华盛顿社会留下了深刻的印象，照片上她穿着就职礼服，摄于 1857 年

右图　时尚领袖弗朗西斯·福尔松·克利夫兰（格罗弗·克利夫兰总统年轻的妻子），身穿品味优雅的晚礼服，约摄于 1886 年

上图　威尔士王妃亚历山德拉，1876 年摄于詹姆斯·罗素父子工作室（James Russell & Sons）。为便于户外活动，她穿了一件裁剪考究的定制外套，这也是她引导的众多时尚款式中的一款。在她的口袋里随意插入了一条手帕，用巧妙的方式强调了服装的实用性

随着摄影的发展和对美女照需求的增长而出现了“职业美人”（Professional Beauty）一词，即那些纯粹以面庞和身体的美丽而出名的女人。威尔士亲王及其身边那些富有却无聊的男人也促进了“职业美人”的流行。这些职业美人不是宫廷里的贵族女子，而通常是女演员、富商的妻子或者贵族的情妇。其中最出名的是莉莉·兰特里（Lillie Langtry）。莉莉·兰特里原名埃米莉·勒·布雷顿（Emilie Le Breton），生于泽西岛，1874 嫁给爱德华·兰特里（Edward Langtry），后来这对夫妇在伦敦的贝尔格来维亚区定居。她在伦敦社交圈的首次亮相是在一个悼念一位近亲的场合，当时她穿了一条简单的黑色裙子，这是一段时间里她常见的着装。她的婚姻并不幸福，所以她很快抓住了威尔士亲王的眼睛并成为了他的情妇。撩人的莉莉和温柔的亚历山德拉形成了鲜明的对比。她来自泽西，因此被人称为“泽西莉莉”。在拉菲尔前派约翰·艾佛雷特·米莱（John Everett Millais）为她绘制的肖像画中，她总是手持一枝百合。她是公众形象的先驱，可能也是历史上最早为产品代言的名人，她曾为梨牌甘油皂代言，还有一种设计巧妙可以折叠的裙撑称为“兰特里裙撑”。1880 年，她的经济出现了严重的危机，因此她开始了演员的职业生涯。时尚杂志狂热地报道她的舞台服装，她身穿巴黎服装设计师设计的礼服频频亮相。她的名气也传遍了美国，她曾在美国巡回演出，并继续从事产品代言。

1886 年 6 月 2 日，22 岁的弗朗西斯·福尔松（Frances Folsom）嫁给总统格罗弗·克利夫兰（Grover Cleveland），成为美国历史上最年轻的第一夫人。这位来自水牛城的姑娘身材高大，面容姣好，瞬间成为风云一时的人物。杂志上随处可见她的照片，粉丝的来信几乎淹没白宫，她穿过的服装款式，甚至她在照片中的表情，都被人们狂热地模仿。在完成学业后不久，弗兰克（或弗兰基，即弗朗西斯的昵称）就嫁给了家族的世交克利夫兰。婚礼在白宫举行，来宾不多，但范围广泛。新娘穿着的礼服出自沃斯之手。作为第一夫人，弗朗西斯的发型比较简单，她光洁的后颈线条清晰，头上的假髻也因此出众。女士们纷纷效仿她的发式。她的小照片非常流行，她的肖像（未经允许）被广泛应用于各种产品中。

右图　爱德华七世的情妇，也是最出名的职业美人之一——莉莉·兰特里，摄于 1888 年。照片上的她穿着沃斯设计的裙摆丰满的礼服倚在躺椅上

右页左图 《格雷厄姆的巴黎时尚宝典》（*Graham's Paris Fashions*）中的一幅插画，展示了 19 世纪 50 年代早期的晚礼服。黄色礼服的外裙具有 18 世纪的风格，白色礼服的蛋糕裙是当时流行的款式。画中人物留有匹配装饰鲜花和缎带的中分发型，手持折扇

右页中图 1857 年《女士商店》（*Magasin des Demoiselles*）中的一张插画，上可见日用套装，两套均包含外套式紧身上衣、腰间装饰性小裙摆巴斯金、宝塔袖和白色内袖。两位女士佩戴室内使用的软帽，儿童的裙子反映了成人服饰的影响

右页右图 大都会艺术博物馆（The Metropolitan Museum of Art）收藏的两件 1855 年左右的日礼服。均为细棉布制作，有宝塔袖，左边一件有定位印花，右边一件可见醒目的佩斯利纹样

19 世纪 50—60 年代女装基本情况

时髦的女性贴身穿内衣和内裤，紧身胸衣穿在内衣外面，使得腰部看起来更加纤细，也起到支撑胸部和美化臀部线条的作用，另外还有助于保持良好的体态。用来支撑紧身胸衣的材料有多种，例如木头、骨头和金属，支撑部位从胸部一直延伸到腰线稍下的位置。紧身胸衣外穿紧身胸衣罩（通常是一件轻薄的无袖上衣）。早餐和上午居家时，女士常在身上搭一件披肩。

19 世纪 50 年代初流行上俭下丰的廓形，上身是紧身上衣，下身是钟形裙，上下相连，上衣底部前中位置略微呈向下的尖角状。颜色、面料、镶边和缝制细节都比 19 世纪 40 年代要丰富。为了让裙子适用于多个场合，时髦的女士通常备有两件和裙子面料相同可供更换的紧身上衣。保守的款式用于白天正式的场合或者正餐时间，短袖或可以露出脖子的款式用于晚上的正式场合，例如听歌剧或参加舞会。出于特别的需要，有些女士甚至会定制三件紧身上衣。这是一种经济的方式，因为时髦的大裙摆要耗费很多面料，当然，它也有可能是为了便于旅行时携带。紧身上衣上有丰富的结构和装饰细节。外套式紧身上衣非常流行，它看上去就像是在衬衫外面穿了一件外套。前中有假前胸，有时搭配仿男装风格的马甲。腰部通常有很大的装饰性裙摆（Peplums），称为巴斯克（Basques) 或巴斯金 (Basquins)。紧身上衣通常有假过肩，上有缀片和镶边，对比色的镶边非常受欢迎。紧身上衣前中位置常有开口，上有装饰性扣子，通常用别针固定，便于更换。袖子有 19 世纪 40 年代流行的拘谨直袖、向外展开的喇叭袖和其他许多袖型。到 19 世纪 50 年代，有些内袖（袖上褶边）已非常宽大且多褶。玛丽袖也很流行，呈糖葫芦形并在手腕处装饰荷叶边。晚礼服的袖子通常是小泡泡袖，紧身上衣的领口开至肩点或肩点以下。19 世纪 50 年代，晚礼服的领口变成宽而浅的 V 字形，有时会露出乳沟，所以经常另配一个实用的贝莎领（Bertha Collar）。坎恩阻（Canezous，一种由内衣、松散的蕾丝和真丝薄绸（Mousseline）外套和假衬胸（Dickey）组成的柔软上衣）让日礼服和夜礼服上身都变得宽肥。

裙身由多片组成在腰部聚拢，常常有抽褶（Shirring）或者管形褶裥。裙子上的荷叶边常分三层，或者以小褶边的形式堆积出现，有时以小荷叶边的形式出现在裙子的下摆处。随着时间的推移，裙子变得越来越宽大，因此需要穿多层衬裙来保持廓形，这样导致了一种新的支撑裙体的方式出现。编织的马鬃（法语称为“Crin”）常用做裙子的衬里。称为克里诺林裙（Jupons de crinoline）或者马鬃裙（Jupes de crin）的马毛衬裙可以让裙子的廓形更加饱满。全部衬有马毛的衬裙和横向衬有马毛条的衬裙开启了环形裙撑的时代。

大约 1855 年出现了环形裙撑，即鸟笼状的克里诺林裙撑。克里诺林一词用来指称由克里诺林之类的衬裙发展而来的一种环形骨架式裙撑。实际上这个新玩意有许多商品名，例如弹簧裙撑、环型裙撑和轮骨裙撑，另外，因为和欧仁妮皇后有关，甚至被称为“巴黎欧仁妮轮骨裙撑”。这种环形裙撑的确切起源尚不清楚，但是以穿这种裙撑为时尚最早可能出现在法国，虽然很多地方都曾使用这种裙撑。有报道称欧仁妮曾在官方访问温莎堡的时候穿过克里诺林，并受到了英国宫廷的狂热效仿。不计其数的克里诺林专利申请书说明了它在美国受欢迎的程度。克里诺林可以使用硬绳、藤条或者鲸须来制作圆环，然而以新出现的弹簧钢丝最为常见，同时它也是最能代表技术进步的材料。克里诺林上的圆环有两种常见的固定方式，一种是用系在腰带上的吊带悬挂固定，另外一种用布质衬裙，衬裙上有套管可以固定圆环。有时会用吊带将圆环的重量从腰部转移到肩部。有时会用荷叶边或绗缝的方式处理裙撑的底部，弱化最后一个圆环产生的坚硬线条。为了弱化裙撑的轮廓，

关于克里诺林裙撑

裙撑流行时，有无数漫画讽刺了这个款式，鸟笼形裙撑还被戏称为“鸟笼裙”，以此讽刺它的造型，也形象地表现了穿着裙撑的女性囚于笼中的状态。从那时开始，时尚史学家和理论家作出了各种各样的关于裙撑的解释，并试图分析它在更为广泛的文化环境中所起的作用。20世纪30年代，塞西尔·威利特·坎宁顿（Willett Cunnington）将它视为女权运动的一种表达：女性如今“决定占据更大的空间”。1968年，詹姆斯·拉弗（James Laver）提出了一些不同的看法。首先，他将裙撑容器一样的造型看作女性生育能力的标志，并将其与英国的人口增长挂钩，以生育了九个孩子的维多利亚女王作为解释的典范。拉弗还提到裙撑表明“不准接近女性”，因为这种裙子将男性隔在一臂之外。但是，他进一步暗示这个象征性的屏障实际上是“一个虚伪的骗术”，因为裙撑摇摆晃动的运动“一直在制造躁动不安的状态”，从这一点来看它更像是一个“引诱的工具”。特蕾莎·赖尔登（Teresa Riordan）在她2004年出版的著作《发明美丽》（*Inventing Beauty*）中将裙撑与19世纪50年代中期美国国会大厦翻修时新建的穹顶进行对比。穹顶的半完成形象广为流传，“这个不加修饰的铁质穹顶看起来像什么？就像一个巨大的环形裙撑，悬挂在美国政府所在的上方。”赖尔登甚至断言这个半完成的穹顶可能就是鸟笼形裙撑的灵感来源。

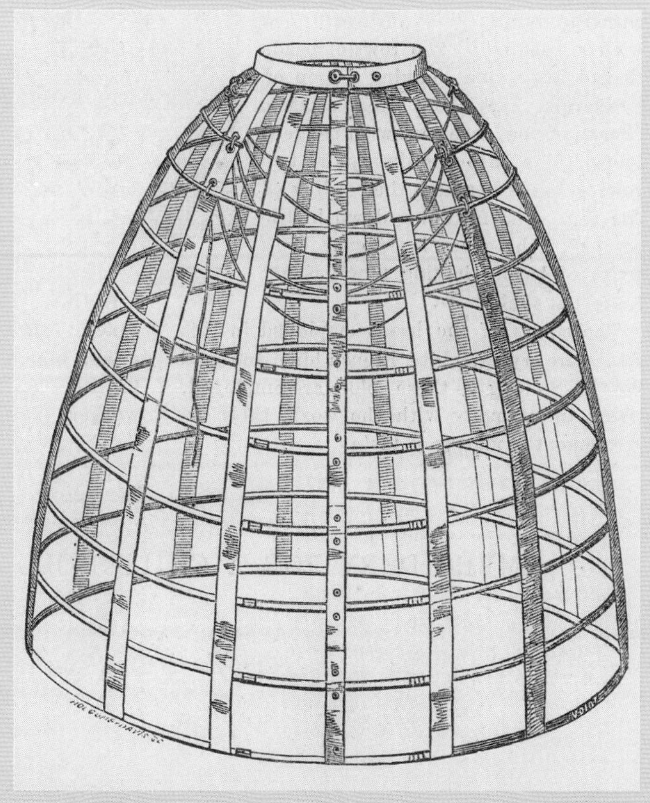

1858年《歌德女士书报》上一则道格拉斯与舍伍德（Douglas & Sherwood）的广告，清楚地表现了克里诺林裙撑的结构

右页图　一组表现裙撑处于各种荒谬情境的法国漫画，表现了这个时髦物的另类用途，例如用作温室、狩猎防御屏障和暖手笼

女士们常在裙撑外面穿一条轻薄的衬裙，有时还会在裙撑里面穿一条小衬裙，以防在户外穿轻薄的裙子时透过阳光看到腿部的轮廓。克里诺林如果翻倒会显得非常不庄重，所以有必要在里面穿衬裤或长裤。尽管考虑到庄重的问题，克里诺林还是会暴露女性的腿部或脚部，因为克里诺林的运动有延续性，在做某些动作的时候，比如就坐、爬楼梯和登上马车时常常会瞥见女性的双腿，因此长袜又成为了女士们关注的时尚要点，通常是彩色的并有刺绣装饰。复古的高跟鞋比以往任何时候都重要，颜色明亮的皮革制作的性感短靴也非常流行。穿着克里诺林使就坐成为一种挑战，因为会压扁圆环的后部。有些克里诺林的圆环用弹性材料制作，在广告上我们看到女士们可以直接坐在上面。虽然克里诺林的使用并不普遍，但它绝对是高度时尚的。某些中等收入阶层的女性喜欢穿这种裙撑，因为她们负担得起，并且克里诺林也不限于富有阶层穿着，尽管如此，许多女性还是继续穿多层衬裙代替克里诺林。大的克里诺林一般用于宫廷，例如舞会等正式场合，小的克里诺林则可以用于日常生活。

另一方面——正如在许多讽刺性的漫画中见到的那样——克里诺林又是人们嘲笑的对象，当时许多报纸和期刊都讽刺了这种款式。有报道形容克里诺林像肉干或者机器，因为穿着克里诺林的女性走动时这些有弹性的钢丝圆环会产生一种轻微的金属机械的嘈杂声。相对于穿多层衬裙带来的沉重感，克里诺林在这方面确实是一种进步，但是它也很笨拙、不方便，并且非常危险，因为穿上克里诺林的女性常常并不清楚自己占据了多大空间。许多工厂禁止女工穿克里诺林，因为她们有可能被卷入机器，克里诺林有时也很容易被卷入马车车轮。穿着克里诺林最大的危险是火灾，因为裙摆的背后可能容易伸入壁炉或者碰到小桌子并撞翻燃烧的蜡烛。面料的易燃性让情况更加糟糕，裙子底下的空气会让火瞬间吞噬整个裙体。美国诗人威廉・沃兹沃斯・朗费罗（William Wadsworth Longfellow）的妻子弗朗西斯・阿普尔顿・朗费罗（Frances Appleton Longfellow）正是死于克里诺林引起的火灾。

19 世纪 50 年代晚期出现了一种新型结构的裙子，传统的衣裙分割发生了变化，从肩部到下摆整体由上下相连的衣片缝合，不再有腰线。1859 年，时尚杂志对这种款式的称谓不一，例如加里布埃尔裙（Robe Gabrielle）和伊萨博款式（Isabeau Style），最终称为公主裙（Robe en princesse）或者公主款式（Princess Style）。这种裙子有时并非非常贴身，可以满足某种程度身体活动的需要，因此被归入散步服的类别。从某些时装插画和照片中可以看到这种款式的一些细节，例如类似军装胸甲（Plastron）的衣片或一排纽扣。裙子的丰满程度取决于公主线的形状，有时还有反向的箱形褶裥。公主线结构对接下来一些年里的服装产生了深远的影响，并且这个术语也最终用来描述具有类似垂直接缝的紧身上衣。

到 19 世纪 60 年代中期，有些时髦的女性不再使用克里诺林，可能是因为它已经大规模生产，不再是时髦的东西。有些女性则穿着最新款式的克里诺林，不再像以前那么庞大，而且强调的部位转移到了后面，有些款式仅在臀部略微有一点弧度。随着克里诺林使用的减少，短期内还流行过高腰款式，1867 年左右很短一段时间内大裙摆和第二帝国的繁复款式还曾经受到优雅简约风格的冲击。拼接裙形成了一个优雅的 A 字造型，装饰通常朴素、含蓄，这些特点都很突出。但是很快被一股复古潮流淹没了，随着波兰裙（Polonaise Skirt，以外裙和内裙对比鲜明为特点）的流行，日礼服和晚礼服都反映了一种强烈的 18 世纪的影响。臀部通常有臀垫，有时称为“裙子改良物”（Dress Improver），加上裙身在背后集中和垂下，臀部得到了强调。由于强调的部位转移到了后面，有些衬裙采用了“半克里诺林”（Half-crinoline）的款式，即仅保留了背后的一半圆环，且上部呈弧形。

ENCORE UNE CRINOLINE !!!!!
A moi ami ! le ressort ressort !!
M'ame Malakoff, v'là vot congé, vous dérangez trop les locataires.
Nouvelle application de la Crinoline par les émules de Gérard.
Heureuse idée d'un mari pour faire grossir sa femme.
La lune de miel de la Crinoline.
La lune rousse.
ENNEMIS de la CRINOLINE
Une variété du martyre de Saint Laurent.
Parole d'honneur, cher! nos dames ont des toilettes conversantes.
La crinoline au Théâtre.
Le Pilori des dames.
Supplice de Tantale.
Le Triomphe.
1er PRIX DE SIMPLICITÉ
1er PRIX D'HISTOIRE
Nouvelle distribution de prix.
Fabrique d'Estampes de Gangel à Metz. Déposé.

左上图　1867 年《时尚画报》（*La Mode Illustrée*）上的一张插画，从中可以看到中世纪风格对高级时装的影响，出现了垂袖（Pendant Sleeve）和锯齿边。使用新型的小裙撑，因此廓形较小

右上图　从麦考德加拿大历史博物馆（The McCord Museum of Canadian History）收藏的这件真丝塔夫绸午后茶礼服可以看到 19 世纪 60 年代服装的款式相对简单

宫廷穿的裙子保留了传统的拖裾，第二帝国时期它首先在法国流行，后来风行英国、澳大利亚和整个欧洲。年轻的女性在宫廷初次亮相时一般穿着白色的裙子，某些女性将她们的婚礼服稍作修改后用于宫廷场合。1863 年，威尔士亲王爱德华和王妃亚历山德拉举行婚礼，亚历山德拉的婚礼服采用了婆婆维多利亚 23 年前结婚时穿着的款式——一条白色绸缎制作的裙子，上面有蕾丝和薄纱的荷叶边，并装饰有许多和头饰上一样的橘红色花朵。这些面料都是典型的婚纱面料，虽然有时婚礼服也会用精细的薄棉布制作。亚历山德拉的伴娘头上戴着当时伴娘常戴的花环和白色头纱。和新娘一样，伴娘也常戴白色面纱。

这一时期有各种长度合体和半合体的外套和大衣，名称也多样，诸如“帕莱托”（Paletot）、“帕尔德叙”（Pardessus）和“普里斯”（Pelisse）等。有袖斗篷曼特莱（Mantle）款式宽松，有宽大的衣身和袖子，长度常到大腿位置。圆形斗篷塔尔马（Talma）有不同的衍生款式，名称也是混杂的，例如“普里斯曼特莱”（Pelisse-mantle）和“塔尔马曼特莱”（Talma-mantle）。还有使用奢侈面料制作做工精致的正式夜用斗篷，称为“舞会款”。佩斯利披肩是 19 世纪 60 年代非常受欢迎的配饰，真正的佩斯利披肩产自印度，但也有法国和苏格兰生产的仿制品。用绉纱或蕾丝制作的披肩也很时髦，长方形款式较受欢迎。

外出时手套是重要的配饰。女性可携带网状抽绳小提包（Reticule），白天可将装饰性的可拆卸袋子系在腰带上。女主人经常佩戴一条腰链，将钥匙、小工具甚至小笔记本时髦地挂在链子上，然后将链子系在腰带上。室外阳光明媚时，遮阳伞是女性必备的配饰。19 世纪 50 年代，前面有阔边帽檐的软帽依然流行，但遮盖范围更少，帽子常靠后戴以便露出更多脸部和头发。白天在室内有时也戴柔软的颌下系带的布质软帽。中分发型从 19 世纪 40 年代开始一直流行，只是到了 50 年代热

左上图　加拿大望族莫尔森（Molson family）的女眷穿过的一件正式的晚礼服，是当时流行网眼薄纱面料的一个例证

右上图　19世纪60年代末的一张时装插画，表现了一种从60年代的大蓬裙向70年代的拖尾长裙过渡的款式。红色裙颜色鲜亮，可能是用苯胺染料染色

左页底图　从19世纪初开始，印有佩斯利纹样的披肩就是时髦女性不可或缺的配饰，它可能也是最典型的东方主义影响时装的例子。法国、俄国和英国等都有工厂仿制这种南亚的披肩。图片上的这件披肩是1850年左右苏格兰佩斯利披肩生产中心生产的产品

度就没有那么高了。十年中，也出现了其他的发型，例如将头发全部向后梳的样式。早期流行侧边卷发，但没过多久更为整齐的波浪卷流行起来。脑后的发髻有时会用发网包裹，这种发型一直流行到19世纪60年代。头部两侧装饰对称的缎带蝴蝶结，并且经常搭配小型花束。

配套的晚礼服首饰使华丽的正装造型完美。低胸露肩晚礼服展现的大片肌肤为精致的珠宝首饰提供了展示空间，上流社会的女性因此成为展示丈夫财产的人体模特。常用装饰性的梳子等发饰点缀夜晚的着装。用蕾丝或网纱制作的连指和不连指的手套常用于夜晚。19世纪50年代初期正式的晚礼服需要搭配短款的夜用手套，因此短袖和手套之间露出长长的一截手臂。流行用各种各样的装饰性扇子搭配晚礼服。

19世纪70—80年代女装基本情况

由于普法战争失利和第二帝国瓦解，法国的时装贸易趋于停滞，巴黎的时尚统治地位受到威胁。但战争结束后巴黎的服装制造业再次蓬勃发展，高级时装行业不仅在危机中幸存了下来，而且发展壮大了。随着沃斯、皮格（Pingat）、拉费里埃（Laferrière）和费利克斯（Félix）等高级时装屋登上各自的顶峰，巴黎不仅成为了欧洲的时尚中心，更成为西方的时尚中心。1870年出现了一种新的廓形并流行了许多年。紧身胸衣进一步发展，腰部和躯干变得更加轮廓分明。另外一种裙撑——巴瑟尔成为时尚，之后二十年里女装世界都有巴瑟尔的身影：出现、消失、卷土重来，最终退出时尚舞台。时装插画和照片记录了高级时装发展的三个阶段：第一个巴瑟尔时期、胸甲款式时期和第二个巴瑟尔时期。民间的服装也经历了相同的发展阶段，只是区别没有那么明显。

巴瑟尔裙撑使用普遍且款式多样。不同的款式和造型有不同的名称，通常是商品名。“裙子改良物”一词依然使用频繁，也有“托尔”（Tournure，意思是臀垫）、“巴尼尔克里诺林”（Panier Crinoline）和“衬裙”（Jupon）等称谓。裙撑的种类多样，有臀垫类型的，用布带将臀垫系在腰上或固定在衬裙上；有钢圈类型的，用一组从小到大的半圆形弹簧钢圈组成骨架；有马毛类型的，将马毛一排排固定在衬裙臀部及以下位置。某些小型克里诺林裙撑还在使用，但是改成了流行的形状。一种有利健康的金属丝编织的网状臀垫得到了推广，因为这种透气的结构能避免臀部过热。

一种衣裤一体的女士内衣出现了，通常用棉布或亚麻布制作。内衣和家居服的另外一个变化是出现了茶礼服。茶礼服通常在下午茶时间穿着，但也适合用来会客，茶礼服使女性从紧身胸衣中获得短暂的解放。茶礼服有许多镶边和缝制细节，结合了包缠式服装的舒适和晚礼服的优雅。高级时装屋一般将这种新款礼服陈列在晚礼服和午后礼服的旁边。

第一个巴瑟尔时期大约持续到 1877 年，特点是强调女人味。波罗乃兹样式的罩裙无处不在，使女性的臀部呈现一种膨胀、蓬松的效果。蝴蝶结和织物制作的花朵是常见的装饰细节，大量的褶皱和花边也很典型。虽然第二帝国时期柔和的色彩尚未过时，但也出现了更加鲜艳的颜色。裙子通常采用同一种颜色，但深浅不同，套装在颜色、面料和图案方面则通常对比鲜明。早几年流行的小 V 领被运用到日礼服上，这种 V 领通常比较浅，偶尔也会开得深一点并装饰褶边或一个三角形的领巾。

左下图　1870 年，鸟笼形的克里诺林裙撑被一种强调臀部的新裙撑——巴瑟尔取代。除了裙撑，阿拉斯拉·道恩（Alaska Down）1877 年的这幅广告还展示了女士的背心式内衣、紧身胸衣和衬裙

右下图　洛杉矶县艺术博物馆（Los Angeles County Museum of Art）收藏的一条真丝塔夫绸散步女裙，装饰花边和真丝编结的流苏，隐约可见 19 世纪 70 年代早期的新廓形

方领的装饰和V领相似。日礼服通常采用长袖，七分袖也很常见。晚礼服也出现了各种各样的领型和袖型，包括露肩款和无袖款。

随着时间的推移，巴瑟尔裙撑的尺寸变小了。1878年，一种新的廓形出现了，它最大的特点是采用公主裙款式的纵向缝合结构。紧身上衣决定了服装的整体廓形，通常长至臀部（当时的腰线位置），甚至长及膝部或地面。当紧身上衣长及地面时，它实际上就成了长裙。至此，一款新的线条流畅、修身合体的公主裙诞生。尽管这款裙子以修身为特点，但通常不用服装结构或设计细节例如接缝和腰带等强调腰线。随着巴瑟尔裙撑尺寸的缩小和裙身逐渐修身，宽大的裙摆开始向地面延伸，后片裙摆经常展开呈巨大的鱼尾状。罩裙上偶尔还能看到垂褶，但裙体已不像以前那么宽大和蓬松。对这种款式而言，紧身上衣尤为重要，可以对臀部进行定型处理以保持时髦的线条。衬裙因为经常勒紧臀部而被淘汰，取代它的是多层内裙褶边，固定在裙子内侧的下部，可以拆卸，方便清洗。晚礼服的廓形和日礼服基本一致，褶边、蝴蝶结和之前流行的袖型及领型继续受到人们的青睐。此外，日礼服和晚礼服都流行不对称的款式，这在19世纪并不常见。日礼服采用几何、男士和军队风格的装饰。随着格呢的流行，礼服的颜色通常较前几年深。下摆有时采用风琴褶的形式，这种款式称为“苏格兰褶裙”。

简约优雅的胸甲款式只流行了几年。1882年，臀部的堆褶稍微增加了，开始回到膨胀的造型。1883—1884年间，巴瑟尔裙撑回归潮流——而且比以前更大

下图　詹姆斯·迪索的作品《太早了》（*Too Early*，1873年）描绘了第一个巴瑟尔时期的典型服装，有富有女人味的细节和大量的花边。在脖子上系缎带的做法源于威尔士王妃亚历山德拉

上图　从《彼得森杂志》1880 年 7 月刊上的这张插画可以看出，两个巴瑟尔时期之间（即胸甲款式时期）巴黎流行的女装款式

右页左上图　《时尚芭莎》1877 年 8 月 17 日刊的封面图片，表现一条“海边连衣裙”，其胸甲款式和贴身版型通过公主线实现，腰部连裁，臀部收紧，下摆向外展开。防尘褶边固定在裙子里面，必备的配饰有阳伞和装饰性的帽子等

右页右上图　1887 年《时尚画报》上的一张插画，上有两位女士，身穿第二个巴瑟尔时期的典型礼服，上有引人注目的几何图形和对比强烈的细节

右页下图　《时尚芭莎》1889 年 5 月 25 日刊上的一张插画，展示了一个时尚女性衣橱里必备的各种鞋子——包括马靴

了。第二个巴瑟尔时期裙子的很多方面和第一个巴瑟尔时期有很大差别。这时，巴瑟尔的造型是僵硬的，像一个架子，呈 90° 角从女人的身后鼓起。和胸甲款式时期一样流行深色，不过夏装通常采用白色的水手服款式搭配黑色或蓝色的镶边。裙子背后的裙裾几乎消失了，大多仅见于正式的晚礼服或宫廷服装。裙摆通常高于地面。褶裥和褶裥形式的花边取代了上一阶段流行的抽褶。

胸甲款式裁剪技术非常适合用来制作新兴的合体定制服装。外套和半裙组合的款式流行起来，这是一种起源于男装和马术服的定制服装，设计师约翰 · 雷德芬（John Redfern）推动了这种款式的流行。相对于晨礼服，亚历山德拉王妃更喜欢定制服装，实用的定制服装更符合她简约的着装风格。男装元素不仅出现在新流行的定制服装上，也用于礼服，主要体现在服装的装饰和细节上，例如类似肩章的饰片（但不一定出现在肩部）和装饰性的帽徽。虽然上衣和下裙的组合取代了胸甲款式的连衣裙，但上衣通常长而修身，腰间没有隔断，延续了胸甲款式。1888—1889 年间，巴瑟尔裙撑再次退出流行，伦敦的《每日电讯报》用华丽的语句描述了它的消逝：“根据时尚机构最近发布的一条不成文的规定，从今往后，‘淑女’的裙子改良物将成为历史文物，完全退出历史舞台。”19 世纪 80 年代末，一种相对女性化的款式开始流行，通常仍然包括外裙和衬裙。袖子在袖山处有一点隆起，19 世纪 90 年代流行的廓形已初现雏形。

外衣在款式上相对前面几十年基本没有变化，很多术语也在继续延用，例如帕莱托（Paletot）、普里斯（Pelisse）和曼特莱（Mantelette）。然而，值得注意的是，由于廓形的影响出现了更加贴身的外套和大衣。杜尔曼（Dolman）是一种女式外套，将背后的面料裁掉或提起以便容纳巴瑟尔裙撑，前面垂下的部分一般比后面长，后面收紧的位置通常会有一个装饰性的细节来强调这种廓形。日礼服和晚礼服都流行这种款式，后背较长的款式则在胸甲款式时期较为常见。除了这些考究的外套，还有具有“防水”功能和其他特制的实用外套。阿尔斯特（Ulster）大衣是胸甲款式时期特别流行的一款长大衣，它结合男装的缝制技术，运用了公主线结构干净利落的长线条，往往还包含可拆卸的覆肩短披风。

当时流行各种各样的帽子。窄帽檐的软帽戴在后脑勺位置，帽檐向上翘起。男帽也影响了女帽，有些帽子看起来像圆顶礼帽或高顶礼帽。第二个巴瑟尔时期流行一种由高顶礼帽变化而来的帽子，帽顶倾斜，看上去像一个倒置的花盆。虽然男帽给女帽带来了很多灵感，女帽通常还是会装饰花卉和花边。发型也很有趣，卷发如瀑布般垂下，与裙子上华丽的垂褶有异曲同工之妙。有时，人们会留蓬松的卷刘海。鞋子延续了前面几十年的造型。备受青睐的路易跟（Louis Heel）比以前更高，靴子的脚踝处更加平滑合脚。长手套恰好适合短袖或无袖晚礼服。

右页图　1880年左右沃斯时装屋制作的一款婚纱，上身可见公主线结构和该时装屋擅长的精致细节，收藏于克利夫兰西储历史学会（Western Reserve Historical Society in Cleveland）

设计师和裁缝师

查尔斯·弗雷德里克·沃斯（Charles Frederick Worth，1825—1895年）出生于伦敦，在伦敦时曾为面料商工作，1846年来到巴黎，之后两年在盖奇林－奥皮盖（Gagelin-Opigez et Cie）工作。盖奇林－奥皮盖是一家高品质、多样化的服装公司，经营高级面料、女式配饰和时髦女装（成品），也提供女装定制服务。1851年，这家公司在伦敦的水晶宫博览会上获得了一个女装制作的奖项。1853年欧仁妮皇后结婚礼服的面料据说也有一部分由这家公司提供。那段时间，沃斯可能为这家公司的时装屋设计女装。1855年在巴黎举行的世界博览会上，盖奇林－奥皮盖选送的沃斯设计的一款宫廷拖裾裙获得了这个类别的一等奖。沃斯娶时装屋的模特玛丽·韦尔娜（Marie Vernet）为妻，他为妻子设计裙子以展示自己的能力。最终，沃斯离开了盖奇林－奥皮盖，与奥托·古斯塔夫·保贝尔格（Otto Gustave Bobergh）一起创业，保贝尔格可能提供了大部分资金并主要负责管理工作。两人一起在巴黎和平街7号开了一家名为"沃斯与保贝尔格"（Worth et Bobergh）的商店。玛丽·沃斯与丈夫和保贝尔格一起工作，在创业早期也做出了重要的贡献。"沃斯和保贝尔格"的店面较大，除提供女装定制服务外还出售面料、披肩和现成的女装。

关于沃斯早期的传说大多出自波林·梅特涅王妃的回忆录。1859年，她与丈夫——奥地利大使理查德·冯·梅特涅亲王（Prince Richard von Metternich）—— 一起抵达巴黎。波林很快成为宫廷的常客，进入了最接近欧仁妮皇后的圈子。据这位王妃描述，玛丽·沃斯夫人带着一本时装屋设计的草图前来拜访，她订了两条裙子，不久后便穿着其中的一条参加杜乐丽宫的舞会：

"我穿着我的沃斯裙，我敢真心说，我从没见过比这更漂亮的裙子，或者更适合我的裙子。它用饰满亮片（当时正流行）的白纱制作，并装饰深红色花蕊的雏菊，雏菊周围有小簇的羽状草丛，这些花朵也都掩盖在薄纱中。一条白色绸缎制作的宽腰带围在我的腰上。"

根据梅特涅的描述，欧仁妮立即注意到了她的礼服，并留下了深刻的印象，第二天早上皇后传沃斯进宫，于是他们的合作开始了，查尔斯·弗雷德里克·沃斯从此一举成名。

梅特涅的这段回忆（后来被沃斯的儿子证实）和其他的情况似乎矛盾，因为1863年以前沃斯都未曾被法国的时尚报刊重点报道过。而且，直到1865年"沃斯和保贝尔格"才开始使用"皇后陛下的专利"（Breveté de S. M. l'Impératrice）的名号，也就是说1865年欧仁妮皇后才授予他皇家供应许可。

尽管如此，欧仁妮的大多数服装最终由"沃斯和保贝尔格"提供，包括宫廷礼服、晚礼服和化装舞会礼服，这个快速发展的品牌也因此得到了法国其他许多宫廷女性的追捧。沃斯为欧仁妮设计的服装增强了国家自豪感，因为它们不仅展示了巴黎女装界的成果，也让里昂的奢侈面料得到了推广。

沃斯有"男性女帽商"的绰号，意思是时尚领域非常挑剔的男性。沃斯的魅力部分源于他的创造力。人们认为他英式腔调的法语很迷人，他奢华的陈列室装饰得像是一间宫廷会客室，员工是有类似英式口音、衣着讲究的年轻男性。19世纪60年代，沃斯时装屋得到了许多客人的青睐，其中包括奥地利皇后伊丽莎白和挪威与瑞典皇后露易丝（Louise）。沃斯也为巴黎一些有名的交际花设计服装，也有伊莎贝拉·斯图尔特·加德纳（Isabella Stewart Gardner）等美国暴发户光顾他的时装屋。普法战争期间"沃斯和保贝尔格"停止营业，但是接下来几十年里，沃斯重振旗鼓，继续他的服装生意。

奥地利皇后伊丽莎白

奥地利和匈牙利皇后伊丽莎白是19世纪最重要的时尚领袖之一。1865年，温特哈尔特为伊丽莎白绘制了一幅肖像，画中的她身穿沃斯设计的精致薄纱礼服，显得优雅而宁静。但她的人生却并非如此。

巴伐利亚的“茜茜”（Sisi）作为女公爵被教养长大，远离了宫廷死板僵化的礼仪。她的姐姐本是堂兄弗朗茨·约瑟夫（Franz Joseph）——奥地利皇帝的妻子候选人，但他的目光却转向了伊丽莎白。1854年两人结婚时，约瑟夫24岁（但已在位16年），伊丽莎白刚满16岁。法国时尚期刊《鸢尾花》（*L'Iris*）报道了她的白色多层刺绣波纹婚纱。这段婚姻很快出现了不愉快，一方面是因为约瑟夫的母亲索菲大公夫人（Archduchess Sophie）一直批评伊丽莎白。另一方面，伊丽莎白没有接受过世故的教育，还没有准备好进入维也纳的上流社会，她对礼仪的无知导致她在贵族中不受欢迎。

最终，她对宫廷的厌恶和不愉快的婚姻使她很少在公众面前露面。她经常以养病为由离开维也纳。报刊频繁报道她的失踪、她没有丈夫同行的旅途以及她的疾病和奇怪的疗法。她的表弟巴伐利亚国王路德维希二世（Ludwig II of Bavaria）的反常行为暗示了疯癫在这个家族的蔓延，也助长了精神病的流言。伊丽莎白高挑苗条，腰身纤细，她开始沉迷于自己的外形，强迫自己锻炼，还患上了进食障碍。她热爱骑马，是骑马服的引领者。她长及膝盖的黑色卷发很有名。整个欧洲的女性都在模仿她的大发髻，但多数人需加上假发才能有她的发量。

1867年6月8日，匈牙利王后加冕礼上伊丽莎白穿着查尔斯·弗雷德里克·沃斯为她特别设计的礼服

尽管她不喜欢宫廷生活，她的魅力却不可忽视，奥地利宫廷因为她而成为法兰西第二帝国宫廷的竞争对手。甚至连她在欧洲最大的竞争对手欧仁妮皇后也曾提及伊丽莎白的美貌。伊丽莎白是沃斯的客户，但她的着装常带有民族特色。她推广了民族服装和地域款式。结婚前一晚在宫廷官方的接待处，她穿了一条白色欧根纱连衣裙，裙子上有绿色和金色金属线绣制的阿拉伯文字，这是典型的奥斯曼帝国风格服装。访问蒂罗尔（Tyrol）时，她穿着有当地传统元素的服装，也得到了较高的评价。1867年，弗朗茨·约瑟夫和伊丽莎白被加冕为匈牙利国王和王后时（这代表奥地利帝国认可匈牙利平等的政治地位），伊丽莎白穿着一件沃斯设计的礼服，这件礼服运用了匈牙利的民族服装元素，白色地上有银色刺绣和珍珠装饰，上身是黑色的天鹅绒。她喜欢匈牙利人，她在维也纳有多不受人喜爱，在布达佩斯就有多受人欢迎。伊丽莎白经常回到她的匈牙利城堡，她说：“（在这个城堡里）我不会时时刻刻处于显微镜下，我能幻想我是跟其他女人一样的普通女人，而不是为了供公众的恶意观察而特别创造的昆虫。”

伊丽莎白生活的很多方面——不愉快的婚姻、与婆婆的紧张关系、进食障碍和备受媒体关注——和20世纪末的英国王室偶像、威尔士王妃戴安娜（Diana）有许多相似之处。1898年9月10日，伊丽莎白被一名意大利无政府主义者刺杀，结局悲惨。

战后，沃斯重新开业，他的儿子加斯顿（Gaston）和让－菲利普（Jean-Philippe，1856—1926 年）也加入了沃斯时装屋。加斯顿是商人，菲利普有创造力，1889—1890 年间，沃斯退休，菲利普成为时装屋的首席设计师。这些年，沃斯时装屋取得了巨大的成功。沃斯的男人们对 1868 年创立的巴黎高级定制时装公会（Le Chambre Syndicale de la Haute Couture Parisienne）的发展做出了重要的贡献。1885—1887 年，加斯顿担任公会主席。公会为高级时装产业设立标准，并处理设计侵权的问题。在这一时期，查尔斯·弗雷德里克·沃斯为自己打造了一种“艺术化”的造型，据说他在工作时也穿着宽松的天鹅绒便袍，戴着柔软的贝雷帽。他建立了一种与女装裁缝师截然不同的形象。

埃米尔·皮格（Emile Pingat，1820—1901 年）与查尔斯·弗雷德里克·沃斯差不多同时开始创业。尽管皮格的时装屋规模较小，但是他设计的多款时髦礼服在上流社会和宫廷晚宴时亮相，包括能与“沃斯和保贝尔格”礼服媲美的薄纱晚礼服。皮格时装屋的客户也有欧洲望族和美国富豪。很多顾客称赞皮格的设计，它结构出众、工艺精湛，是巴黎时装屋最优雅精致的作品之一。他的设计常融合历史和东方的元素。

除此之外，这段时期还相继出现了几家其他时装屋，它们后来发展成为了巴黎时尚界的重要力量。19 世纪 60 年代菲利克斯（Maison Félix）创立了自己的时装屋，他可能曾为欧仁妮皇后和法国宫廷其他的一些女性设计服装。“即使在沃斯时装屋的鼎盛时期，菲利克斯时装屋也有它引以为傲的地方。它的顾客有美丽的王室女性，也有大西洋两岸的时尚领袖。”菲利克斯特别受戏剧明星的喜爱，例如莉莉·兰特里、埃伦·特里（Ellen Terry）和西比尔·桑德森（Sybil Sanderson）等。他的设计以质优价高闻名。19 世纪中期，玛德琳·拉费里埃（Madeleine Laferrière，约 1825—1900 年）开创了自己的事业，她精妙的手艺得到了大众的认可。她也曾为欧仁妮皇后设计服装，她的顾客除了宫廷女性，还有知名的交际花和女演员，女演员常委托拉费里埃设计舞台服装。据说她为女演员莎拉·伯恩哈特（Sarah Bernhardt）设计了多款舞台服装。在这几十年里，拉费里埃的生意得到了突飞猛进的发展。裁缝师巴尔米拉小姐（Mlle. Palmyre）、维侬夫人（Mme. Vignon）、罗杰夫人（Mme. Roger）都曾为欧仁妮皇后制作结婚礼服和其他服装，她们也吸引了其他的上流社会女性。女帽商卡洛琳·里波（Caroline Reboux）设计的帽子深得欧仁妮等上流社会客户的喜爱。

杜塞时装屋在巴黎时尚界的影响已经持续了几十年。“杜塞”创立于 19 世纪早期，也是一个多代经营的家族企业，产品类型包括服装（特别是女士内衣）、配饰和男性用品。拿破仑三世和其他欧洲皇室成员喜欢杜塞的衬衫。19 世纪 70 年代，雅克·杜塞（Jacques Doucet，1853—1929 年）加入了该企业。第二年，杜塞开拓了高级女装业务，由雅克担任设计师。雅克让这家企业加入了当时领先的高级时装屋的行列。

约翰·雷德芬（John Redfern，1820—1895 年）曾在英国怀特岛考斯镇经营一家面料公司，19 世纪 60 年代，他将业务转向女装。公司附近有一所维多利亚女王的官邸，常有各国的富人前来参加帆船比赛，雷德芬为讲究衣着的女性提供运动服和正装。19 世纪 60 年代末，雷德芬在业内站稳了脚跟，之后经过几十年的发展最终成为能与沃斯抗衡的品牌，其国际知名度甚至比沃斯更高。

水手服成为雷德芬女式海边服和帆船运动服的灵感来源，之后成为一种流行的款式。除了度假和帆船套装，雷德芬还是许多运动服的引领者，包括网球和骑马套装。

雷德芬推出了适合网球等运动穿着的紧身针织上衣，亚历山德拉（Alexandra）和兰特里（Langtry）对这个款式的推广起到了重要的作用。女式定制套装在稳步发展中也需要考虑许多因素，例如潮流趋势、皇室时尚领袖、体育和娱乐，甚至女权运动等，雷德芬比当时其他设计师更致力于这种套装的推广。

在上层客户的资助和鼓励下，雷德芬扩张了他的时尚帝国，1878 年伦敦分店开业，由弗雷德里克·博斯沃思·米姆斯（Frederick Bosworth Mims）负责。1881 年，查尔斯·潘宁顿·波因特（Charles Pennington Poynter）负责的巴黎分店开业，不久波因特又在法国开了几家其他的分店。米姆斯和波因特都以雷德芬的名义推广和宣传产品。1884 年，雷德芬的儿子厄内斯特·亚瑟（Ernest Arthur）负责的纽约分店在第五大道和百老汇大道开业。市区的分店不仅出售公司的拳头产品——运动服和度假服，还出售雷德芬设计的茶礼服和晚礼服。由于公司起家于度假小镇，雷德芬在罗得岛的纽波特和纽约的萨拉托加泉也开设了分店。此外，公司还开拓了利润可观的邮购业务。

除了在海外采购时髦的服装，美国名媛也会光顾私人裁缝店。伊丽莎白·凯科里（Elizabeth Keckly，1818—1907 年）生于弗吉尼亚州，原本是一个奴隶。1852 年，她获得自由，之后在华盛顿特区开了一家女装裁缝店。她最有名的客户是第一夫人玛丽·托德·林肯（Mary Todd Lincoln），她的顾客还包括政要的妻子，例如杰斐逊·戴维斯夫人（Mrs. Jefferson Davis）和罗伯特·爱德华·李夫人（Mrs. Robert E. Lee）——两位的丈夫恰好是当时局势紧张的南北两方的代表。

面料和织造技术

女装的面料注重装饰效果。历史和东方主题的图案很常见，佩斯利纹样依然流行。19 世纪 50 年代和 60 年代特别流行边缘印花——也称“定位印花”——适合用于荷叶边和宝塔袖的边缘。晚礼服常用波纹绸和织绵，尤其是没有荷叶边的时候。晚礼服上也常见 18 世纪中期鲜艳的花卉图案。与特定面料相匹配的丝带和流苏也被大量生产，它们对华丽的

下图 1885 年，约翰·雷德芬为维多利亚女王的女儿比阿特丽斯公主（Princess Beatrice）设计的结婚礼服被大西洋两岸的媒体广泛报道。这幅插画展示了礼服中的四套，出自《时尚芭莎》1885 年 5 月 16 日刊

服饰而言是至关重要的细节，也有金银线花边、穗带、绳编和球形流苏等装饰。塔夫绸和天鹅绒都是常见的日礼服和晚礼服面料。格纹和条纹是时尚永恒的主题。19 世纪初出现的提花织布机现已普及。19 世纪 80 年代，除了花卉主题，还有以树叶、羽毛和帷幕等为特色的提花图案，它们的规格通常较大。几年前发明了织珠罗纱的机器，因此，到 19 世纪 50 年代网眼薄纱面料变得重要——广泛用于晚礼服、婚礼服和夏季正式的日礼服。虽然网眼纱织机使蕾丝的大批量生产得以实现，然而手工蕾丝仍然是上流阶层的标志，祖传服饰上的蕾丝常被剪下并重新加以利用。巴黎的设计师——尤其是沃斯——与法国里昂的豪华面料厂形成了亲密的合作关系。面料厂在巴黎有代理人，负责从一流的制造商那里采集布料、花边和织带的样品，然后提供给其他时尚中心。

印花和染色技术的创新尤其是苯胺染料的发展也对时装产生了深刻的影响。在此之前，染料是从植物、昆虫和矿物中提取，有些原料并不健康，甚至有毒。鲜艳的绿色染料尤其是称为“舍勒绿”和“巴黎绿”的化合物主要从砷中提取，广泛用于服饰——甚至袜子，也用于服装和饰品上的纸花和布花。各种色调的红色和深蓝色染料也含有砷，砷会致病，引起从皮疹到神志失常等一系列症状。1856 年，一名 18 岁的英国化学专业学生威廉・珀金（William Perkin）利用煤焦油的提取物合成了一种染料。第一种可用的颜色即赫赫有名的珠宝紫，珀金称它为“Mauveine”（苯胺紫），后来简称“Mauve”。合成苯胺染料色彩鲜亮，并不会因为水洗或日晒而褪色。维多利亚女王参加长女维多利亚公主的婚礼时穿着一条苯胺紫连衣裙，媒体对此进行了报道。没过多久，英国和其他时尚地带都卷入了“苯胺紫热”。欧仁妮皇后也穿过这个颜色的服装，进一步提升了它的人气。珀金最终以他在化学和纺织交叉领域的贡献被授予爵位。另一位英国化学家约翰・麦瑟（John Mercer）发明了“丝光处理”技术，利用氢氧化钠增加棉纤维的光泽，这项技术仍在不断完善。临近 20 世纪，苯胺染料和丝光加工技术进一步推动了纺织业的发展。

下图　按照维多利亚时代的社会惯例，丧服是女性衣橱中必备的服装。墨尔本维多利亚国家美术馆（The National Gallery of Victoria in Melbourne）收藏的这件 1865 年左右制作的丧服由黑色塔夫绸制作而成，上有中世纪风格的三角形剪边黑色天鹅绒贴花，可能是服丧第二阶段的服装

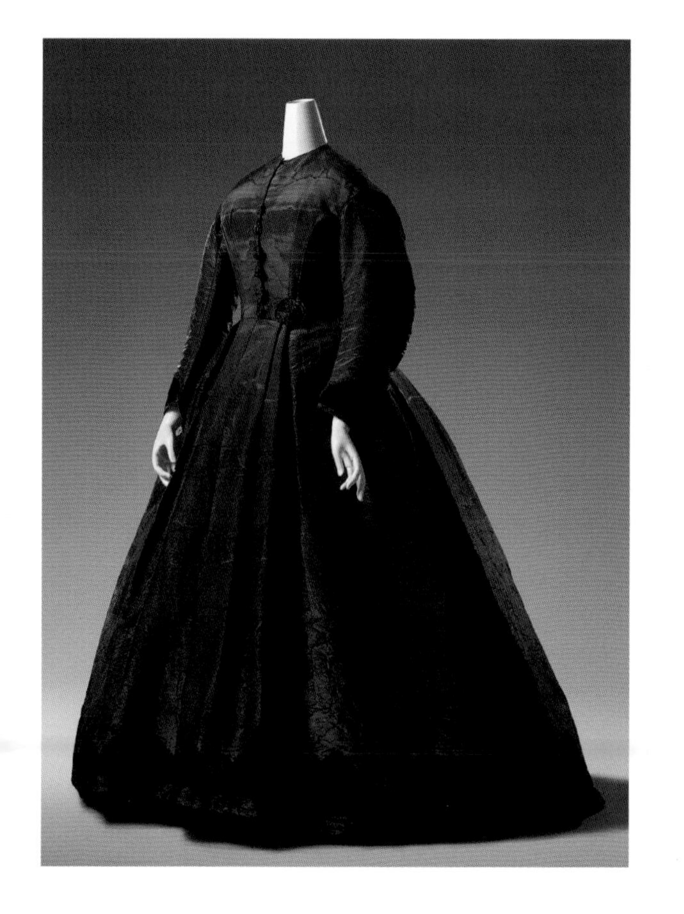

丧服时尚

19 世纪中期，服丧活动变得越来越严格和规范。黑色的臂环和帽圈搭配黑色服装是服丧男士的着装标准。女士的着装要求更高，尤其是寡妇。服丧第一阶段通常必须穿黑色绉绸完全覆盖的裙子。第一阶段后，寡妇需继续穿黑衣，但是可以选用相对华丽的面料和装饰，例如黑色蕾丝、流苏和黑玉珠饰。最后阶段，可选的颜色更多一些，包括灰色、紫色、淡紫色和白色。配饰、首饰和服装上的装饰和细节都必须符合服丧惯例。珍珠、明亮的金属和宝石不适合在服丧期间佩戴，出现了特殊的服丧首饰，它们通常有亡者的名字或形象。还有用来展示亡者“遗物”——多数情况下是一绺头发——的首饰。寡妇的服丧期长达两年多，第一阶段一年零一天。女性最好不要在进入下一阶段的第一天就改变着装，避免给人以十分渴望尽快完成服丧的印象。其他亲属的服丧时间相对较短但都有相应的规定。皇室成员或国家元首过世时，整个宫廷都须服丧，普通民众也要参加“大哀悼”并穿着相应的丧服。期刊、广告和产品目录上的丧服反映了服装的总体趋势。很多裁缝专门制作丧服，有些商店只出售黑色的商品。

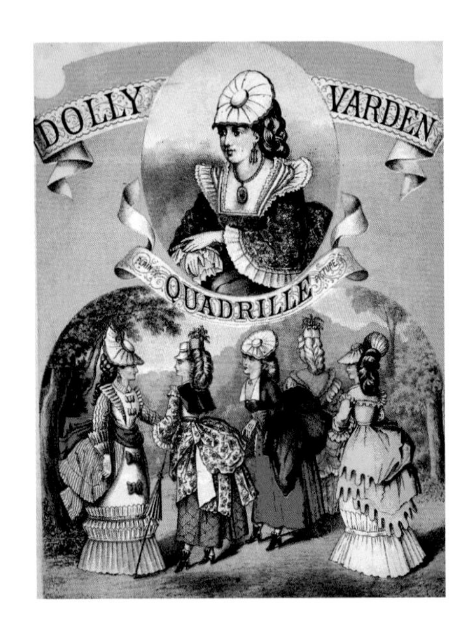

上图一 化装舞会非常流行，重要的时尚杂志上刊登了专门为这种场合设计的服装，包含异域风情和历史元素，图片来自1864年的《时尚画报》

上图二 19世纪70年代初流行的“多莉·瓦登”印花女服，灵感来源于查尔斯·狄更斯塑造的一个人物，具有18世纪70年代的风格，图片来自一张流行音乐活页乐谱

虽然许多西方国家都有丧服的风俗，但以英国最为典型。当然，这对维多利亚本人也非常适用。1861年，她的母亲肯公爵夫人（Duchess of Kent）和她的丈夫艾伯特亲王在10个月内接连去世。伤心欲绝的维多利亚在之后的人生中一直穿着黑色的丧服。一些寡妇也效仿她的做法，但只有少数人像维多利亚一样只穿黑色的衣服，很多人会随着阶段的发展从黑色改为灰色和紫色。伦敦的“杰伊哀悼用品店”（Jay's Mourning Warehouse）以供应这类服装出名。对丧服面料绉绸的需求刺激了英国纺织业的发展。考特奥德公司（Courtauld Company）因主要出售丧服用黑色真丝绉绸（有些还是防水的，用于制作外套）而获得了巨大的成功。

美国内战造成了60万人的伤亡，许多女性成为了寡妇或失去了孩子，她们穿的丧服与英国类似。1862年，林肯总统和夫人玛丽·托德·林肯18岁的儿子威廉因感染伤寒去世，林肯夫人因此第二次为孩子服丧（他们在1850年已经失去了一个儿子爱德华）。1865年林肯总统被暗杀后，林肯夫人余生都在服丧（像维多利亚一样）。1867年《时尚芭莎》首次发刊，在这一期的封面上展示的也是丧服。

历史和外来影响

从维多利亚早期开始化装舞会的服装就很流行，时尚杂志上常出现化装舞会服，有新古典主义和中世纪风格的，也有18世纪和东方风格的。肖像画中欧洲皇室成员和贵族也常身穿化装舞会服，由此可见这种服装对时尚的影响。不限于化装舞会服，巴黎高级时装滋长了人们对历史风格和异域款式的兴趣，这些品味也体现了艺术的历史主义和东方主义潮流。

从19世纪50年代早期到19世纪80年代，18世纪的款式以某种形式对女装产生了重要的影响。裙子前面开衩，内有衬裙、上衣前中位置有蝴蝶结，袖口有18世纪风格的衣袖褶边，这些都是典型的表现。最有名的是将裙身兜起露出衬裙的款式，这是波罗乃兹风格的再现。两边有垂褶的罩裙款式以18世纪的裙撑“巴尼尔”命名。19世纪70年代初流行“多莉·瓦登（Dolly Varden）印花女服”，其灵感源于1870年查尔斯·狄更斯（Charles Dickens）的小说《巴纳比·卢杰》（*Barnaby Rudge*）中的一个人物。尽管这部小说在1841年就已出版，但1870年狄更斯去世后，他的财产被出售，其中有一幅多莉·瓦登印花女服的插画，这幅插画被广泛复制，随后引起了这股时尚潮流。多莉·瓦登印花女服有一件波罗乃兹风格的外裙，这是对玛丽·安托瓦内特皇后的牧羊女款式（Shepherdess）的复兴。多莉·瓦登印花女服通常以18世纪风格的棉质印花面料制作，并搭配一顶18世纪80年代款式的草帽。

除了18世纪的风格，也出现了古典主义风格，尤其是希腊罗马式的珠宝和饰边。19世纪50年代和60年代早期，裙摆上装饰希腊饰边图案成为潮流，规格通常较大，以配合克里诺林裙撑撑起的宽大裙体，这种图案也可用于宝塔袖袖口。中世纪元素也不断出现在服装上，例如垂袖、扇形边和三角形剪边（Dagging，常制成贴花）。也有文艺复兴风格，当时流行的一种心形软帽，名为“玛丽·斯图尔特（Marie Stuart）款式”，源于16世纪的女王玛丽·斯图尔特。

虽然19世纪初已经开始流行的佩斯利纹样开士米羊绒披肩为欧洲的时尚带来了亚洲情调，但是日本风——对日本一切事物的热情——比对印度、中国和奥斯曼都更为狂热。居家时男女都穿着宽松的、和服样式的便袍（有一些从日本进口），

上图 克劳德·莫奈（Claude Monet）1876年的作品《日本印象》（*La Japonaise*）。画中人是他的红发妻子卡米尔（Camille），身穿精致的和服，手拿折扇。这幅画体现了西方人的日本品味，与日本建立贸易往来以后产生了这股热潮

有些女性穿着以和服面料制作的西方款式的定制服装。面料上流行菊花、樱花和鸢尾花等日式图案，裙子上也常绣制此类图案，日本扇是常见的配饰。日本风格（真实或想象的）对流行文化产生了巨大的影响。1860年，70名武士组成的日本代表团到达纽约，在纽约社会引起了轰动——纽约人举行了一场游行，并争先和这些外国访客合影。吉尔伯特（Gilbert）与萨利文（Sullivan）合作的歌剧《日本天皇》（*The Mikado*，1885年）有日式的场景和穿着和服的演员，以此嘲笑英国贵族。

欧洲的民族服装提供了另外一个灵感来源。民族服装尤其是中欧的民族服装（例如阿尔卑斯村姑式紧身束胸连衣裙旦多尔（Dirndl））影响了女装和童装。另外一个例子是瑞士腰带（也称瑞士束腰），这种腰带宽且挺括，通常用黑色天鹅绒制作，通常前中处上下都较尖，经常用来搭配半裙和衬衫。西班牙也为浪漫风格和异域风情提供了灵感来源，时髦的女性喜欢蕾丝披肩、流苏或球形穗饰和窄辫带饰边（Soutache），与斗牛士夹克上的装饰类似。还有一种由波蕾若外套变化而来的外套，称为"费加罗"（Figaro，出自《塞维利亚的理发师》）或"小姐"（西班牙文 senorita）外套。除了服装，西班牙的影响在文学和表演艺术上也有突出的表现。在乔治·比才（Georges Bizet）的歌剧《卡门》（*Carmen*）的推动下，1875年左右西班牙风格达到了顶峰。

受法国轻步兵（Zouaves，法国军中一支由阿尔及利亚人组成的队伍）制服的影响，妇女和儿童的外套上装饰编织带。克里米亚战争中连帽斗篷从土耳其和中亚传入西方，19世纪50年代这种有流苏装饰的女式连帽斗篷成为一款时尚的单品。意大利革命领袖朱塞佩·加里波第成为了最不可能的时尚偶像，当时流行一种宽松的名为"加里波第斯"（Garibaldis）的女式衬衫。他的追随者经常穿着鲜红色的加里波第衬衫，也有"马金塔"（Magenta，洋红）和"索尔费里诺"色（Solferino，品红）——两种鲜亮的以加里波第的战役命名的苯胺染颜色——还有白色和灰白色。加里波第款式的药盒帽也被列入女性的时尚清单，装饰金色穗带的加里波第外套也开始流行。另外一个和政治有关的时尚事件是意大利女性穿着黑色天鹅绒制作的伦巴底款式的裙子，原材料为本国生产而非从奥地利或德国进口，以此支持本国的羊毛生产。

右图 一个穿着轻步兵风格外套的男孩，摄于1865—1868年，可以看到欧洲民族服装对童装的影响，这种影响甚至远至北美

最右图 1867年左右《女士画报》（*L'Illustrateur des Dames*）上的一张时装插画，展示了两条特色连衣裙。右边的蓝色连衣裙有不对称细节、装饰性围裙和一个可拆卸的口袋，左边的杏色连衣裙在育克上有西班牙斗牛士风格的装饰

上图　诺伊斯（Noyce）1850年左右创作的一幅石版画。画中人是阿米莉亚·杰克斯·布鲁默和两名年轻的女性，都穿着布鲁默改革款式的连衣裙和宽松的裤子

服饰改革和唯美服饰

反时尚者（反对当前时尚的人）关注健康、卫生、女权主义和美感。紧身胸衣、多层衬裙和拖地的裙摆可能危害到女性的健康，因此反时尚者提倡服饰改革。19世纪50年代，美国女权运动的积极分子伊丽莎白·斯密斯·密勒（Elizabeth Smith Miller）、阿米莉亚·杰克斯·布鲁默（Amelia Jenks Bloomer）和伊丽莎白·卡迪·斯坦顿（Elizabeth Cady Stanton）等建议女性在裙子下面穿宽松的裤子，摒弃僵硬的裙撑。布鲁默在女性杂志《百合》（*The Lily*）上表达了对这种新式服装的支持，因此产生了一个专卖这种套装的品牌——"布鲁默服装"。虽然某些宗教派别的女性也穿裤子，但是"布鲁默服装"首次尝试推广和流行的廓形截然不同的服装。这个品牌的裤子宽松，和土耳其服装有些相似。改革连衣裙也与"水疗"社团和健美操运动有关，穿着者主要是女学生和年轻女性。服饰改革的支持者团结起来组成了各种各样的团体，包括国家服饰改革协会（National Dress Reform Association）。1859年左右，布鲁默不再提倡因她而赫赫有名的灯笼裤，一是因为她发现改革过的鸟笼形裙撑可以让传统着装更舒适，二是因为出现了比关注她的套装更重要的事情。

19世纪70年代，大西洋两岸的服饰改革者提倡穿更短的裙子、更实用的袜子和内衣、更低跟的平底鞋，使用可洗面料，去除面纱、沉重的帽子和假发。1874年，在波士顿举办的一系列讲座中，演讲者反复提到古老和非西方的服装，呼吁更纯粹、更优美的"暹逻女性"（Siamese Women）、"希腊与罗马少女"（Greek and Roman Maids）和夏威夷人的服装。改革议程强调社会平等，"布鲁默式"套装进化成为"美国服装"（The American Costume）。"美国服装"被一小部分前卫的职业女性采用，其中包括内科医生哈丽特·N·奥斯汀（Harriet N. Austin）和政治家玛丽埃塔·斯托（Marietta Stow），这类服装与阿米莉亚·布鲁默设计的套装相似，但选择了更加男性化的直筒裤。

英国的服饰改革——"理性服饰"（Rational Dress）发展迅速。1884年，伦敦举办的国际健康博览会（International Health Exhibition）推广了一系列符合美学和改革要求的服装，包括古斯塔夫·耶格（Gustave Jaeger）博士的羊毛服装。这位斯图加特皇家理工学院（Stuttgart Royal Polytechnic）的教授提出了一种服装理念，这种理念导致一系列男装、女装和童装的出现。耶格认为羊毛具有不同寻常的性能，他相信羊毛会引导产生愉悦情绪的物质，不同于棉花、亚麻和丝绸，这些面料会在使用的过程中积累污染物。他提倡日常穿着天然、未染色的针织羊毛内衣，休闲时穿简约的T形羊毛长袍。英国的一名耶格理论爱好者（非耶格本人）创建了耶格公司，并于1884年在伦敦开了第一家店。通过商品目录和店铺，耶格公司为客人提供贴身的羊毛衬衫和其他服饰，并推广男式马裤。耶格公司的知名度（剧作家萧伯纳（George Bernard Shaw）也是它忠实的客户）和商业成功有助于"理性服饰"运动的合法化。虽然耶格和其他早期的服饰改革者最初的影响并不广泛，但这种服饰改革对运动服和休闲服产生了一定影响。

“唯美服饰”（Aesthetic Dress）是另外一个反时尚运动，19 世纪 50 年代，拉斐尔前派兄弟会（Pre-Raphaelite Brotherhood）的艺术家在英国发起“唯美服饰”运动。他们拒绝矫揉造作的当代服装，提倡女性穿中世纪服装，男性重新穿及膝马裤和宽松的束腰短上衣。但丁・加百列・罗塞蒂（Dante Gabriel Rossetti）和威廉・霍尔曼・亨特（William Holman Hunt）等艺术家让他们的模特穿上简约、平滑的长袍，不穿紧身胸衣和克里诺林或巴瑟尔裙撑。拉斐尔前派将这种兴趣带入自己的生活，穿改良过的历史风格的服装。威廉・莫里斯（William Morris）及妻子简（Jane）和参与“工艺美术运动”（Aesthetic and Arts and Crafts Movements）的其他人也从历史中寻找设计灵感。他们也推崇更加简约的服装、更为柔软的材料、天然的染料和简单的发型。唯美服饰不仅有中世纪和文艺复兴的风格，也有古希腊和古罗马以及传统农民服装的元素，在时尚领域占有一席之地，受到女性艺术爱好者的喜爱。英国著名女演员艾伦・特里（Ellen Terry）将唯美服饰（中世纪风格的长袍和居家和服）作为日常服，且在这股潮流兴起前就剪短了头发。茱莉娅・玛格丽特・卡梅伦（Julia Margaret Cameron）为穿着宽松长袍、披着头发的亲友拍照以表达她的美学观点。奥斯卡・王尔德（Oscar Wilde）是支持男性唯美服饰的另类代表。对王尔德而言，唯美服饰与社会进步有关，尤其是女性问题和性解放。王尔德将艺术风格推向极致，他留着长发，穿着及膝马裤和天鹅绒外套，一副新式睿智文人的打扮。

左下图　乔・弗雷德里克・福林斯比（G. F. Folingsby）的作品《秋季》（*Autumn*，约 1882 年），上可见一位身穿高腰连衣裙，头发用希腊式发带绑起的唯美主义女性。该作品以澳大利亚为背景，可见唯美主义传播范围之广

右下图　奥斯卡・王尔德，1882 年拿破仑・萨罗尼（Napoleon Sarony）拍摄，其着装体现了男性唯美服装的精神，尽管他对男装没有产生实质性的影响

唯美服饰的爱好者常光顾“利伯提伦敦”（Liberty of London）——1875 年亚瑟·拉扎贝·利伯提（Arthur Lazenby Liberty）创立的品牌。这家公司最初从事东方货物进口生意并偶尔举办关于古代纺织品的展览。19 世纪 80 年代，它成为了伦敦最时尚的商店之一，有地毯、毛毯、家居面料、服饰面料、刺绣、珠宝首饰和“工艺美术运动”风格的装饰品。1884 年，利伯提参加了伦敦举行的服饰改革展，并于同年成立了服装部，专门提供唯美服饰。

上图　乔治·邓洛普·莱斯利（George Dunlop Leslie）的作品《寒冬》（*Frozen*），上可见两名女性，外裙兜起露出里面的彩色衬裙，这种很实用的服装在户外活动时很受欢迎，也反映了 18 世纪风格的复兴

下图　《芭莎》（*Der Bazar*）1871 年 6 月 26 日刊上的一张插画，上面的女式泳衣和儿童泳衣与阿米莉亚·杰克斯·布鲁默提倡的改革服饰非常相似

女式运动服

更加实用的运动服显得越来越重要。休闲服通常采用公主线结构，称为“散步服”或“海滨服”等。槌球是一种颇受欢迎的运动，男性和女性都可以参加。1860 年左右，在槌球和其他户外活动的影响下出现了一种新的实用短裙。外裙用一组内部系带和一种称为“裙子升降器”（Dress Elevator）的铁环兜起，衬裙因此变得重要，需要在底部装饰饰带或花边。滑雪运动的裙子也变短了。19 世纪 60 年代的泳衣和布鲁默的套装（10 年前曾遭到嘲笑）很相似，有宽大的裤子和短款的束腰外套。在服饰改革的推动下产生了实用的运动服。

女式骑马服通常由男装裁缝而非女装裁缝制作。19 世纪男装的优良剪裁因此运用到女式骑马服上，这促进了女式定制服装的发展。骑马服通常包含一件前面开口的小圆领紧身上衣，里面配一件基本款衬衫（通常是无袖的假衬胸）。骑马裙一般有长长的裙裾，女性坐在马鞍上能看到迷人的垂褶。裙子通常很长，女性需要在他人的帮助下才能上马和下马。这套服装还要搭配一顶海狸皮、毡或丝绸制成的高顶礼帽才算完美，这也是受男装的影响所致，但这种帽子通常装饰轻薄的面纱，女性骑马时面纱会随风向后优美地飘动。维多利亚女王和欧仁妮皇后都喜欢英国定制公司科瑞德的骑马服，这家公司从 1710 年开始制作男装。1850 年，创始人的曾孙亨利·科瑞德（Henry Creed）在巴黎开了一家分公司，很快将公司的业务拓展至定制女装。19 世纪 70 年代晚期，骑马裙的臀部收紧，反映了当时流行的廓形。虽然外套的胸部比较舒适，但是腰部通常收紧并使用鲸骨塑型。

受定制服装的影响，一些女装裁缝用轻便的面料制作适合温暖季节户外活动时穿着的外套和裙子组合的套装。当时重要的时尚偶像，例如亚历山德拉王妃、莉莉·兰特里和奥地利皇后伊丽莎白也经常运动，她们的运动服为其他女性设立了时尚标准。高尔夫、网球和射击等运动都很流行。伊丽莎白在远足和射击时穿着定制外套和配套的长至脚踝的裙子。有的网球套装有宽松的长裤（与布鲁默长裤类似），但更多时候人们穿连衣裙并通常有时髦的百褶裙摆，雷德芬推出的针织款式更加普及。射箭运动深受年轻女性的喜爱，射箭时她们通常穿着时髦的午后连衣裙而不是

专门的运动服。19 世纪 70 年代开始，“波罗乃兹”一词再次用来指称一种长及小腿的波西米亚风格的外套式连衣裙，通常搭配与之相匹配的衬裙，人们在从事滑冰运动和其他户外活动时常穿这种裙子。

男装

在女装变得复杂的同时男装则趋于简洁。与一直在变化的女装不同，这四十年里男装只有轻微的周期性变化并为下一个世纪的男装建立了标准。男装强调统一、规范、低调和优雅。好的面料能让服装的品质更加出众，并能显示穿着者的富裕程度和社会地位。女装的特点是大量的花边和丰富的色彩，而男装倾向于使用暗沉的颜色，偏爱黑色、深蓝色以及各种棕色和灰色。当时男性标准的日间套装由外套、长裤和马甲组成。19 世纪 50 年代，这三件服装通常用不同的面料制作，但后来使用同一种面料。

最接近人体的服装是内裤和内衣（通常称为“汗衫 ”），以棉、亚麻和梭织羊毛面料制作，富裕的人才使用丝绸。腰部束带的宽松内裤长度在膝盖以上。有些男性更喜欢能覆盖整条腿的紧身内裤，裤脚使用罗纹针织面料。汗衫有短袖款和长袖款，领口为圆形，穿着时胸部以下的纽扣需扣上。19 世纪 60 年代，汗衫和内裤结合的款式出现了。

下图　纽约服装品牌季诺 C. 斯科特 · 鲍德（Genio C. Scott Bold）1864—1865 年秋冬系列男式礼服和休闲服的宣传海报，上可见宽松、厚实的短外套套装，适合乡村漫步和户外活动，城镇的着装则较保守和正式

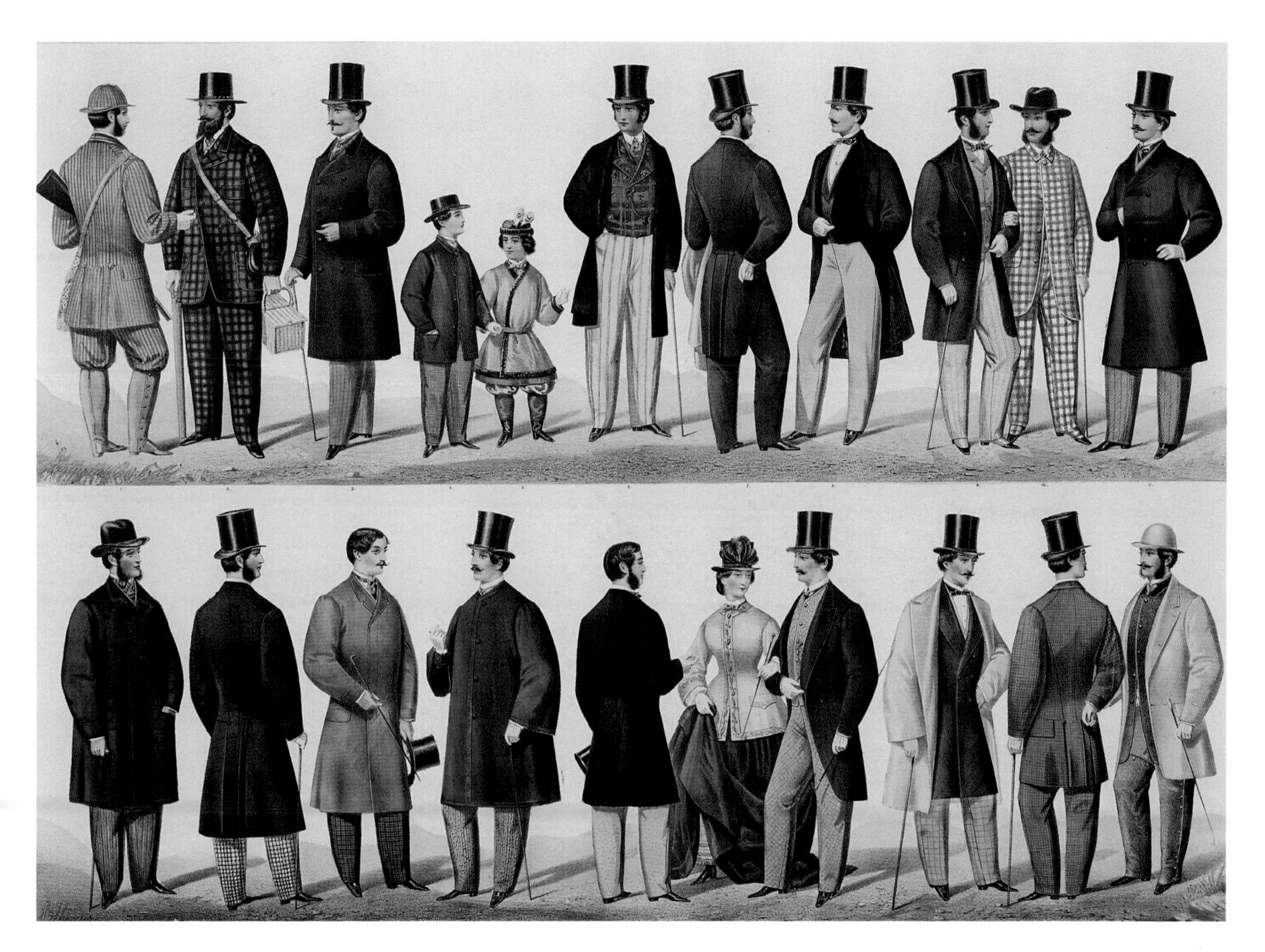

右图 古斯塔夫·卡勒波特（Gustave Caillebotte）的作品《戴高顶礼帽的划桨手》（*Oarsman in a Top Hat*），创作于1877—1878年。画中正在划桨的年轻男子头戴高顶礼帽，已经脱去外套，露出了里面穿着的马甲，马甲下面是一件活泼的条纹衬衫

衬衫一般采用白色棉布或亚麻布制作，前面平整，有可拆卸的衣领、微微收紧的衣袖和扣纽扣的袖口，白天穿的衬衫很少有装饰性的细节。由于成衣越来越受欢迎，定制的晚礼服衬衫开始出现较多细节，例如很细的缝褶和复杂精细的刺绣，以此显示衬衫出众的品质，保养也耗时费力。得体的着装只露出衬衫的衣领和胸部上方。体育活动或乡村休闲时，人们穿着条纹和彩色的服装。领饰有很多款式，例如活结领带、斯托克（Stocks，一种蝴蝶结固定的领带）、阿斯科特（Ascots，一种领巾式领带）、细窄领带、蝶形领结和垂坠式的宽大领巾。职场男性，例如办公室职员，白天佩戴黑色的领带。领饰以丝绸制作为佳，常饰以波点、条纹或小花纹。虽然艺术家和作家用独特的领饰让自己显得与众不同，但是多数男性会从蝶形领结、活结领带和正式场合佩戴的阿斯科特这三种普遍佩戴的款式中选择一种。19世纪70年代出现了预先系好的领带，但是真正注重时尚的男性会自己打领带。

马甲是男式套装的必备品。从1850年开始流行长度稍微超过正常腰线的双排扣马甲。精确的裁剪加上在背部装上带子、搭扣或打结，达到了男性期望的合身又平整的效果。马甲采用多种面料制作，通常与外套和长裤形成对比。羊毛（纯色、格纹、粗花呢或格子花呢）、绸缎、织锦缎及各种结构和表面处理的棉布都很流行。马甲上的翻领（V形槽口翻领和无驳头的翻领）、嵌线袋、袋盖、刺绣和金属冲压扣为原本暗沉的男装增添了色彩和特色。

19世纪50年代，长裤的臀部比较宽松，腰部有褶裥，裤脚呈锥形。长裤用吊裤带（背带）吊起，裤门襟用纽扣扣住。19世纪60年代到90年代，长裤收紧成烟囱状，按照流行的标准搭配配套的外套，整体修身合体。

有许多款式的外套，长礼服外套是最受欢迎的日装。时髦男士的衣橱应包含正式晚宴时穿着的燕尾服和宽松短外套（这种外套自1890年以来从运动服转变为日常装）。长礼服版型合体，长度通常在膝盖以上。通常用黑色或深蓝色的羊毛面料

右图 1887年的一张插画，展示了白天和晚上穿的各种面料和风格的男士马甲，可见马甲是男士套装中非常重要的组成部分

下图一 《绅士的时尚杂志》（*Gentleman's Magazine*）1877年3月刊上的一张插画，表现了19世纪末主要的三种外套：非正式的运动风格宽松短外套、晚会用的黑色燕尾服和与长裤配套的长礼服（从左往右）

下图二 《绅士的时尚杂志》1876年10月刊上的一张插画，描绘了一位穿着休闲短外套的男士和一对穿着骑马服的男士和女士。女式紧身上衣前面军装风格的纺锤形纽扣是当时非常流行的细节

制作，有V形槽口翻领或无驳头的翻领。后来，长礼服不再有腰线，衣身笔直呈圆柱形，但依然较长。圆角礼服从骑马服演变而来，和骑马这项早晨的运动有关，因此被视为晨礼服。

宽松短外套也是一款便服，成为非正式长礼服的替代物。它比长礼服更短（到大腿上部或中部）、更宽，有V形槽口翻领，无腰线，有袋盖，有单排扣和双排扣的款式，扣子一直扣到胸部。随着时间的推移，宽松短外套成为主要的一款男装。

黑色燕尾服是晚礼服的首选，后中处裁剪出一个燕尾造型，从腰部延伸到膝盖背面。奢华的燕尾服翻领正面使用绸缎或天鹅绒面料。男士穿黑色的晚礼服，衬托了女士礼服的华丽：《时尚箴言》1869年4月刊指出舞会上男士的黑色礼服有一点“沉闷”——但又补充道：“它们让女士的装扮松了一口气。”1860年出现了无尾的晚礼服塔士多（Tuxedo），成为一种替代晚礼服的大胆款式。据说维多利亚女王和艾伯特亲王的儿子——享乐主义者爱德华七世（Edward VII）是最早穿着塔士多的人。他的无尾晚礼服由他的萨维尔街（Savile Row）的裁缝亨利·普尔（Henry Poole）制作。这种有缎面翻领的无尾黑色外套常搭配裤腿外侧装饰一条绸缎边的长裤。燕尾服通常搭配白色的领结，塔士多则搭配黑色的领结。塔士多最初和马甲配套穿着，但到19世纪80年代，一种有褶的宽腰带取代了马甲。无尾晚礼服也是一种晚会套装，名称“塔士多”来源于纽约富人社区的塔克西多公园（Tuxedo Park），一个美国社会名流参加塔克西多公园俱乐部的活动时曾大胆穿着他在英国见过的这款服装，后来这种款式流行起来。

男性皇室成员和与宫廷有关的男性穿着的礼服体现了军队制服的影响，这改变了以18世纪的款式为基础的宫廷礼服。婚礼上，皇室成员穿全套军装，在肩部加饰白色绸缎制作的绶带。维多利亚女王制定了皇室成员和许多官员的制服标准：高领、有大量象征级别的金色穗带。1854年，詹姆斯·布坎南（即后来的美国总统）奉命访问圣·詹姆斯宫时曾对拘谨的宫廷规矩感到不满。与典礼官多次协商以后，

上图 《马比尔舞厅的花花公子》（*In Fops at the Mabille Ballroom*，约1865—1870年）。女性卷起了宽大的裙子，在公众场合挑逗性地露出及踝靴、长袜和衬裙。左边的年轻男性穿着短外套套装。在这种晚会场合，这是一种明显的非正式服装

布坎南穿着他所说的“一个美国公民的简单衣着——黑色外套、白色马甲、领巾和靴子”出现了。1869年，在承认时代变化以后，宫廷宣布早朝时男性可穿长裤，但在客厅进行社交活动时仍需穿及膝马裤。

英国男装品质出众，它延续从19世纪初发展起来的传统，甚至在法国这个公认的时尚中心，英国裁缝也备受尊敬。优雅的外套和大衣用羊绒和羊驼毛材质的粗花呢、罗缎和超细面料（Superfine）等制作，面料的处理方式也多种多样。外套有宽松的长及大腿中部的帕莱托，圆领、内衬毛皮的宽披肩和有插肩袖的斗篷。1856年，托马斯·博柏利（Thomas Burberry）在英国汉普郡贝辛斯托克（Basingstoke）开了一家店，这家店后来发展成为重要的户外活动服供应商。博柏利开发了一种名为“华达呢”的细密防水羊毛斜纹面料，从19世纪80年代开始用于旗下的产品。

配饰完善了男性考究的造型。高顶礼帽在城镇中依然常见，但也有其他款式的帽子，例如圆顶礼帽、草帽和不定型的帽子。鞋子和靴子用皮革或皮革与布料结合制作，有宽鞋头和尖鞋头两种，并有2.5厘米高的鞋跟。鞋子大多有系带或扣子，也有松紧口的及踝靴。男士在公众场合佩戴手套，佩戴怀表也很常见。发型和胡须也是表达个性的方式。短发流行时，几乎没有男性不蓄胡子，多数男性留络腮胡、八字胡和鬓角。

上图 《圣·詹姆斯宫的金禧客厅》(*The Golden Jubilee Drawing Room at the Court of St. James*)(曾刊登在1887年的《伦敦新闻画报》(*The Illustrated London News*)上)。维多利亚女王正在主持一个接待会，她穿着黑色礼服，与其他女性的浅色宫廷礼服形成了鲜明的对比。男士旧式的宫廷服装包括及膝马裤和装饰繁多的外套

1850年，男装成衣有宽松的外套、衬衫和裤子。有远见的服装公司，例如1818年成立于纽约的布鲁克斯兄弟（Brooks Brothers）早在1845年就开始供应成衣。到19世纪80年代，所有的男装款式都有成衣。产品目录会特别标注服装丰富的款式、色彩和材料，以增加这些标准化产品对大众的吸引力。例如，布里尔兄弟（Brill Bros.）的一个产品目录标注该公司提供的内裤和背心材质有“棉、巴尔布里根棉（Balbriggan）、丝光棉、美利奴羊毛和真丝”。这家公司还提供一种新颖的“外套式衬衫”，前面从上到下均用纽扣开合，穿上和脱下的方法与外套相同，布鲁克斯兄弟将这种衬衫推荐给需要快速穿衣的职场男性。

从1848年开始，加利福尼亚出现了持续将近四十年的“淘金热”，蓝色牛仔裤也因此在加州流行起来。涌入旧金山寻找金子的淘金工人需要经久耐穿的长裤。巴伐利亚移民李维·斯特劳斯（Levi Strauss）在纽约待了六年，和他的兄弟一起经营面料生意。1853年，他继续往西到达旧金山并开始创业，主要供应探矿工作服。刚开始时他出售的是别人制作的长裤，1873年，他开始大量生产专用的长裤。这些裤子有显著的特点——面料结实、缝线牢固且裤袋装饰铆钉，最后一个细节在当年获得了专利。这种裤子被称为“李维斯”（Levi's）裤或牛仔裤，面料是斜纹丹宁布（Denim，一般指牛仔布，也称“劳动布”）。虽然美国其他很多公司也供应工作服，但李维斯·斯特劳斯公司（Levi Strauss & Co.）最终发展成为一家备受

下图一 1852年法国期刊《鸢尾花》上的童装，裙子下面穿宽松灯笼裤的做法反映了19世纪40年代以来对端庄的要求。紧身上衣和颌下系带的软帽具有成人服装的特点

下图二 《女士和小姐资讯》（*Le Conseiller des Dames et des Demoiselles*）1862年7月刊上的一张插画，可见当时女孩也用裙撑。右边裙子和衬衫的组合具有宗教服饰的某些特点，左边两个女孩戴着和成人相同款式的帽子。男孩的两件套服装是典型的日装

尊敬且盈利丰厚的公司。1890年左右，这种基本款式有了一个编号"501XX"。斯特劳斯的设计为牛仔裤设立了一个标准，蓝色牛仔裤是美式服装审美发展的基础。

童装

维多利亚时期对家庭生活的重视和迅速发展的消费者文化使儿童的着装和打扮得到关注。儿童与成人一起出现在时装插画上，女性杂志刊登了时髦童装的图片和纸样。插画中常出现玩伦敦桥或蒙眼抓人游戏的孩童，背景是本国的场景。这个时期时装插画和许多群体画像描绘了穿着类似服饰的兄弟姐妹，这是一种从视觉上展示家庭成员关系的方式。这种穿类似服饰的做法会延续至成年期，姐妹和好友有时也会穿"同伴"款式的服装。

和成人服装一样，童装也受社会成规的约束。基于体形、活动和社会角色的需要，不同年龄的儿童穿着的服装有所不同。婴儿穿容易洗澡和有助于卫生的长袍。学步的男童和

右图　威尔士王妃亚历山德拉和她的孩子，摄于1879年。亚历山德拉的女儿们穿着类似的连衣裙，姐妹和闺蜜会遵从这个着装惯例直至成年

最右图　莫德·简·凯尼恩（Maude Jane Kenyon）和她的兄弟密苏里穿着他们最好的周日服，摄于迈尔斯工作室（Miles Studios）。莫德的连衣裙体现了成人女装流行的胸甲款式

女童穿无腰线的连衣裙和过肩以下有抽褶的罩衫。3至8岁之间，大人会让小男孩穿上裤子，这意味着他们从穿裙过渡到穿裤。通常是短裤或儿童“灯笼裤”——一种宽松及膝的裤子，在膝盖处用一根带子系紧。这个转变明显和儿童的如厕训练有关，也象征着男孩开始认知男性社会。男孩留短发且整齐地分出发际线。男孩的定制套装包括短裤、马甲和夹克，体现了成年男装的影响。正式的场合男孩穿白衬衫并佩戴蝶形领结。定制外套和灯笼裤组成的粗花呢套装用于户外运动和乡村休闲。男童穿水手套装是19世纪中叶以前的老传统，有夏款和冬款。

女孩一般穿连衣裙或半裙搭配衬衫，不穿裤子。大约从6岁开始，女童开始穿长度在膝盖以下且比学步时穿着的裙子更有形的连衣裙。1850—1870年，裙子是钟形的，之后出现的类似三角形，反映了女装的变迁。年龄更大的女孩穿的裙子常用腰带强调腰线。裙子下面有衬裙以增加体量，成年女性流行穿克里诺林裙撑时也出现了儿童款克里诺林。1870年左右成人时尚进入巴瑟尔时期，女孩的连衣裙也在背后增加了垂褶。荷叶边和花边在整个时期都很流行。形形色色的袖子再次反映了成人女装的多样性。青春期女孩穿着裁剪合体的上衣。长卷发很受欢迎，女孩用发带或丝带装饰长头发，快到成年时才把头发挽起。

成人时装对童装的影响还体现在其他方面。历史风格和民族元素特别受欢迎。加里波第衫（Garibaldi Blouse）和轻步兵风格的外套（Zouave Jacket）在儿童中流行。某些裙子使用了民族元素，例如抽褶的袖子和系带的上衣。苏格兰风格也影响了时尚，出现了男式苏格兰短裙套装，男孩和女孩也都穿格纹套装。

内衣裤包括宽松及膝的内裤和汗衫，也有上下相连的款式。夏季使用棉、亚麻或羊毛面料制作，为无袖款，冬款的袖子则较长。儿童款紧身胸衣很常见。广告和着装指南都强调紧身胸衣对健康的裨益——它不仅是为了塑造时髦的体形，更是为了给成长中的肌肉提供支撑以及改良体态。钟形裙流行的时候，儿童在裙内穿宽松长裤，裤脚装饰的花边会从裙子的下面显露出来。这种裤子裤腿也是管状的，膝盖上方用绳系紧。儿童穿及膝的羊毛或纯棉针织长袜，袜子通常为灰、黑和白色。所有年龄段的儿童都穿长及脚踝的平底靴。女孩也穿拖鞋款式的细跟鞋，

上图 1881年，《时尚杂志》（*Revue de la Mode*）或称《家庭公报》（*Gazette de la Famille*）上的一张插画，表现了多样的服装，包括一直流行的水手服

搭配特殊场合的连衣裙。在户外会戴帽子，帽子有无边软帽、宽檐帽和有帽舌的软帽。在着装讲究的场合，女孩会使用装饰性的发带和蕾丝发饰。

面料根据季节和场合变化。冬季使用黑色天鹅绒和羊毛面料，春夏则使用白色或淡色的透气棉布和装饰大量蕾丝花边的小碎花印花面料（适合女孩）。男孩的服装用轻便的羊毛和亚麻面料以及斜纹棉布制作，有窄辫带饰边和缉明线等细节。

时尚界的发展

澳大利亚和南美洲出现了时尚和文化的中心。美国的纽约、费城和芝加哥，加拿大的蒙特利尔和多伦多，澳大利亚的悉尼和墨尔本以及阿根廷的布宜诺斯艾利斯都在继续发展。这些新兴国家的上流社会怀念欧洲的精致生活，但遇到了意想不到的挑战。大城市的女士们适应了沃斯和皮格的最新款式，但乡村的女性尤其是美国西部寒冷地区、加拿大和阿拉斯加的女性在忙碌的日常生活中其实穿着裤子。在澳大利亚，一些有文化的都市精英按照英式时尚打扮自己，而内陆的原住民却完全处于另外一个世界。新世界的某些文化标准由以前的移民设立，信奉罗马天主教的加拿大法语区和清教徒聚集的马萨诸塞州即如此。欧洲的传统偶尔会与这些国家的现实情况发生冲突。一个特别的例子发生在1878年11月。加拿大的新总督与他的妻子露易丝公主（Princess Louise）在蒙特利尔市民面前初次亮相。他们规定参加招待会的女宾需穿着低领连衣裙，因为这是欧洲类似活动的着装标准，女性若能提供“疾病诊断书”，则能稍缓遵循穿衣标准。但他们没有考虑到这里人数众多的罗马天主教徒的着装标准，也没考虑到当地经济落后很多女性根本买不起正式的礼服，更没有考虑 11 月寒冷的天气。报刊将这个意外看作一个重大的政治失误，并批评这对夫妇忽视魁北克文化。

欧洲的时尚甚至对亚洲产生了影响。19 世纪 50 年代和 60 年代，暹罗国王拉玛四世孟克（Mongkut，King Rama IV of Siam）在位期间对西化做出了很大的贡献，包括将皇室的服装换成西式服装。日本明治天皇（Emperor Meiji）在位期间，西式服装影响了富裕且时髦的日本贵族的着装。鹿鸣馆（Rokumeikan）是天皇宫殿旁的一个西式会馆，1883 年开业，主要用于举办欧式舞会和音乐会。不久，皇后一条美子（Ichijo Haruko，又称“昭宪皇太后”（Empress Shōken））穿着西式礼服公开亮相。尽管有人强烈抵制西方的款式和习俗，皇后和宫廷女性还是继续穿着西式服装，她们的着装选择影响了东亚后来的服装款式。

临近 1890 年

这四十年里，巴黎的时装被视为优雅的典范，但是随着缝纫机等新的服装制作机器的问世，成衣业也日益发展。随着百货公司和邮购业务的发展，时装市场得到了拓展。宽大的克里诺林廓形向更加简洁流畅的廓形转变，以及定制服装的发展从中可以看出人们对服装实用性的重视，服饰改革理念影响了后来的服装款式。男装的尺寸、生产和款式标准化了。摄影用来提升名人的知名度和记录时尚及现代生活场景。1889 年，埃菲尔铁塔耸立在巴黎的天空下，它为巴黎世博会而建。博览会包括一个“机器展馆”（Galerie des Machines），展示了数百架机器，展览时间恰好在法国大革命推翻旧制度的一百年后。埃菲尔铁塔成为了这座城市的标志，它完美融合了旧世界的优雅和现代化的精神，这也是时尚界总体的发展趋势。

下图　杨洲周延（Yoshu Chikanobu）1888 年创作的一幅浮世绘，描绘了东京鹿鸣馆里的西式交际舞会，东京的上层人士身穿西式的服装在鹿鸣馆学习西方的风俗和礼仪

Mucha

Mucha
99

第二章

19 世纪 90 年代：极尽奢华的镀金时代

19 世纪最后一个十年还保持着维多利亚时代的行为规范，但在某种程度上只不过是覆盖享乐社会的一层薄纱而已。同样，在时尚方面，19 世纪后期人们对奢华的喜爱和简约现代的趋势形成了对比。实用、定制的特点出现在运动服和仿男装款式的女装上，尤其影响了职场女性的着装。在这个通常被称作“美好时代”（Belle Époque）或是“镀金时代”（The Gilded Age）的年代，高级时装代表了巴黎的服装制作业经历了四十多年的发展后所达到的精工细作的顶峰。高级定制时装的消费者喜欢巴黎时装屋的那些色彩丰富、装饰华丽和部件夸张（例如羊腿袖和锥形裙）的设计。东方风格、历史风格和新出现的新艺术风格交融在一起。一方面，维多利亚女王和亚历山德拉王妃刻板的举止体现了成年女性的得体；另一方面，“吉布森女孩”（Gibson Girl）代表了健康活泼的女性之美。但是时尚圈同样还是会被那些女性魅力十足的女人所左右。交际花是一个重要的社会角色，虽然她们的名声可能不好，但是她们中许多是修养良好的权威时尚领袖。

左页图　新艺术的代表作、捷克艺术家阿尔丰斯·穆夏的作品《报春花和羽毛》。这组作品抓住了这个时代理想的女性之美：向上挽起的发髻，珍珠的色调和凹凸有致的身材

右图　皮埃尔－维克多·加郎（Pierre-Victor Galland）在《马克西姆酒吧》（*The Bar at Maxim's*，约 1899 年）中对巴黎夜生活的生动描绘表现了伴随 19 世纪末的颓废出现的着装态度和风格

社会和经济背景

维多利亚的统治还在维系，但是她的儿子和继承人威尔士亲王艾伯特·爱德华（Albert Edward）才是英国社会的领袖。法国宫廷在法兰西第二帝国时期曾是万众瞩目的时尚焦点，但其体系在第三共和国时期（始于1870年）已不复存在。然而，巴黎仍然保持着时尚、设计和艺术的领袖地位，尽管内有领导者快速更替带来的政局动荡，外有和意大利与德国紧张的外交关系。在19世纪90年代初期维也纳的文化和时尚也处于衰退期。奥地利皇后伊丽莎白在她的儿子和王储鲁道夫（Crown Prince Rudolf）去世后不再关心时尚，在她的余生中始终穿着黑色的丧服，直到1898年被暗杀。

美国、加拿大和澳大利亚在移民的浪潮中受益匪浅，随着移民的不断扩张，工业的发展为政局带来了稳定。虽然许多国家经历了周期性的经济衰退，技术——特别是运输、能源、卫生和通讯领域的繁荣和稳步发展让这个时期充满决断、热情、愉快和对未来的信心。

随着制造、零售和广告业的发展以及中产阶级生活质量的普遍提高，人们的时尚消费水平也在增长。19世纪90年代初出现了诸如克利夫兰大拱廊（The Arcade）和莫斯科古姆百货（Glavnyi Universalnyi Magazin）之类的购物中心，将许多商店集中在一个屋檐下。庞大的百货商店和规模相对较小的商业中心迎合了各个社会阶层的各种消费需求——款式最新、品质优良、独具特色或者价格便宜。一方面产品急剧增加了，另一方面制衣工人通常在糟糕的工作环境里完成生产，劳动条件成为了大众监督的对象。雅各布·里斯（Jacob Riis）1890年出版的《另一半是如何生活的》（*How the Other Half Lives*）详细描述了纽约社会许多移民底层的艰难生活，其中也包括廉租公寓的住户，常常是那些在剥削劳动力的工厂里工作或是在家里为可怜的报酬从事缝纫工作的妇女和儿童。

下图　1897年的一件宴会上衣，来自蒙特利尔的商人维尔·古尔德（Vere Goold），丝质经纱印花塔夫绸上点缀淡淡的黑色，呈现蒂芙尼（Tiffany）的法夫莱尔（Favrile）玻璃般的斑斓色彩和类似掐丝工艺的图案，代表19世纪90年代富人的品味

艺术

后印象主义（Post-Impressionism）——虽然这个词直到1910年才真正出现——是当时风行于绘画领域的实验性运动，法国画家包括乔治·修拉（Georges Seurat）、保罗·高更（Paul Gauguin）、保罗·塞尚（Paul Cézanne）和亨利·德·图卢兹-罗特列克（Henri de Toulouse-Lautrec）是这项运动的领袖。用大胆的色彩、抽象的造型和毫不顾及传统的透视来反对印象主义，他们开创了新的天地并为现代艺术奠定了基石。1886年，让·莫黑（Jean Moréas）在《费加罗报》（*Le Figaro*）上发表了象征主义宣言，明确了已有几十年的历史以反对浪漫主义和拉斐尔前派为根本的象征主义运动（Symbolist Movement）。19世纪90年代，杰出的艺术家古斯塔夫·莫罗（Gustave Moreau）、奥迪隆·雷东（Odilon Redon）、皮埃尔·皮维·德·夏凡纳（Pierre Puvis de Chavannes）、阿诺德·勃克林（Arnold Böcklin）和爱德华·蒙克（Edvard Munch）等人掀起了象征主义的浪潮。

新艺术运动从视觉艺术的角度对时尚产生了显著的影响。新艺术运动的特点——包括程式化的自然形式和日本风格代表了艺术走向现代历程中的重要一步。新艺术风格体现在女裙的S廓形和珠宝、配饰表面发光的装饰。19世纪80年代以来“新艺术”一词已在使用，但直到1895年萨穆尔·宾（Siegfried Bing）的

莉莲·罗素，摄于1893年

奈丽·梅尔巴，摄于1890年

一代歌后

美国歌手和演员莉莲·罗素（Lillian Russell，1861—1922年）是这个时期最著名的人物之一。在美国和英国，罗素主要以轻歌剧和歌舞杂耍等闻名。经历四次婚姻，罗素最值得一提的是她与美国钻石大王詹姆斯·布坎南·布雷迪（James Buchanan Brady）长期的亲密关系。这段绯闻还让她得到了一个“钻石莉莉”（Diamond Lil）的绰号，因为布雷迪为她购置了大量被视为美国暴发户过度挥霍的奢侈品。身材丰满的罗素是这个时期理想女性的典型代表，她穿着紧身胸衣的身材比例表现了这个时期流行的沙漏廓形，梅伊·韦斯特（Mae West）和玛丽莲·梦露（Marilyn Monroe）等女性也纷纷效仿。

奈丽·梅尔巴（Nellie Melba，1861—1931年）是这个十年中最著名的歌剧女演员之一。梅尔巴原名海伦·波特·米切尔（Helen Porter Mitchell），出生于澳大利亚墨尔本附近，取艺名“奈丽·梅尔巴”是为了致敬墨尔本。19世纪80年代早期，梅尔巴开始了她的职业生涯，她前往欧洲寻求发展并很快取得了成功，她的国际知名度也因此得以提升。19世纪90年代，她的名气遍布巴黎、蒙特卡洛、纽约和芝加哥，获得前所未有的丰厚报酬，跻身一流歌唱家之列。作为这个时期最会穿衣的女性之一，梅尔巴曾是定制时装的重要客户，特别是沃斯时装屋，她认为让·菲利普比他的父亲更优秀。除了时装，沃斯时装屋还为她设计了多款舞台服。她的名气已超出舞台：法国名厨奥古斯都·埃斯科菲（Auguste Escoffier）创作了梅尔巴蜜桃冰激凌和梅尔巴吐司等食物向她致敬；她拍了许多广告，有些产品，例如一种一片式组合内衣，也是以她的名字命名。然而，她最大的成功是成为了澳大利亚第一个全球名人和时尚大使。1918年，她被授予英国司令勋章。

新艺术画廊开业，这个词才算真正确定下来。美丽的女性将新艺术的异国情调频频用作装饰元素，许多产品广告上出现着装时髦或裸体的女性。捷克艺术家阿尔丰斯·穆夏（Alphonse Mucha）在海报、日历和其他的作品中用珍珠色调巧妙地表现了柔弱的 S 形女性形象。穆夏的作品包括女演员莎拉·伯恩哈特（Sarah Bernhardt）的画像，集中体现了新艺术的异国情调和风格特点。于勒·谢雷（Jules Chéret）大胆的构图和鲜艳的三原色的运用表现了 19 世纪末女性的另外一面：引人注目、精力充沛、积极活跃。在美国，路易斯·康福特·蒂芙尼（Louis Comfort Tiffany）和他的工作室成员创作了许多重要的装饰艺术作品，包括彩色玻璃窗户、马赛克画、法夫莱尔玻璃灯和其他的一些物品。1896 年《青年》（*Jugend*）创刊后德国将新艺术称为"青年风格"（Jugendstil），在意大利则称为"新艺术"（Arte Nuova）或"自由风格"（La Stile Liberty，基于英国零售商"利伯提伦敦"的影响，Liberty 有自由的意思）。某些城市例如巴黎、巴塞罗那和维也纳因新艺术风格的装饰艺术和公共建筑成为新艺术运动的中心。

尽管宫廷生活衰落了，1897 年维也纳分离派（The Vienna Secession）成立后维也纳依然成为了一个艺术中心，杰出的艺术家约瑟夫·霍夫曼（Josef Hoffmann）、古斯塔夫·克林姆特（Gustav Klimt）、科罗曼·穆塞尔（Koloman Moser）、约瑟夫·马里亚·奥布里希（Joseph Maria Olbrich）和后来的奥托·瓦格纳（Otto Wagner）成为维也纳分离派的领袖。分离派反对维也纳学院派守旧的美学观点，向维也纳大众展示了具有挑战性的艺术和设计作品，其中包括印象派的作品。以统一美术和装饰艺术及建筑为目标，分离派和其他推崇分离派观点的装饰艺术家发展了一种风格，这种风格最初受到新艺术运动的影响，但很快就变得简约、几何化和严谨。

俄国经历了艺术和音乐的黄金时期。1894 年举行了年轻的新沙皇尼古拉斯二世（Nicholas II）的加冕礼。与此同时，在俄国的美术、装饰艺术和表演领域一种帝国西欧化以前的复兴风格正全面发挥它的力量，即所谓的"新俄国风格"（Neo-Russian）。画家米哈伊尔·涅斯捷罗夫（Mikhail Nesterov）、维克多·瓦斯涅佐夫（Viktor Vasnetsov）和伊利亚·叶菲莫维奇·列宾（Ilya Repin）的作品表现了俄国的民间故事和历史场景。歌舞剧作曲家为这种"巡回"做出了贡献，例如亚历山大·鲍罗丁（Alexander Borodin）的《伊果王子》（*Prince Igor*）和尼古拉·里姆斯基 – 科萨科夫（Nikolai Rimsky-Korsakov）的《萨德可》（*Sadko*）。但是西欧的影响依然存在，例如彼得·伊里奇·柴可夫斯基（Pyotr Ilyich Tchaikovsky）继续了浪漫主义的创作——芭蕾舞剧《睡美人》（*Sleeping Beauty*）和《胡桃夹子》（*The Nutcracker*）。他的作品《天鹅湖》（*Swan Lake*）用梦幻的爱情故事表现了一种象征主义的美学。柴可夫斯基的学生年轻的谢尔盖·瓦西里耶维奇·拉赫玛尼诺夫（Sergei Rachmaninoff）将老师的浪漫主义风格延续到了 20 世纪。

欧洲其他地区的管弦乐作品也普遍存在类似的浪漫主义和民族风格，例如大师安妮·德沃夏克（Antonin Dvořák）、古斯塔夫·马勒（Gustav Mahler）、爱德华·格里格（Edvard Grieg）和加布里埃尔·福雷（Gabriel Fauré）的作品。歌剧和芭蕾舞剧舞台上华丽花俏的历史的和东方的形式继续煽动观众，作品采用更加俗套的浪漫主义主题。朱尔斯·马斯涅（Jules Massenet）的歌剧作品《泰伊思》（*Thaïs*）根据阿纳托尔·法朗士（Anatole France）的同名小说改编，讲述了拜占庭帝国时期一个埃及名妓的故事。马斯涅还首次公演了基于歌德的《少年维特之烦恼》（*The Sorrows of Young Werther*）创作的歌剧。一种称为"写实主义"自然如实反映现实生活的风格开始成为意大利歌剧的主流。贾科莫·普契尼（Giacomo Puccini）的作品《波西米亚人》（*La Bohème*）讲述了贫困

左上图　珐琅彩工艺师尤金·弗伊拉特尔（Eugène Feuillâtre）制作的胸针，材质为金、珐琅和月长石，新艺术奇幻风格的代表作。蝴蝶翅膀和女人脸是珠宝和配饰常见的两个题材

右上图　奥伯利·比亚兹莱为奥斯卡·王尔德具有争议的作品《莎乐美》绘制的黑白插画，上可见孔雀裙——杰出的新艺术风格图案作品

潦倒的艺术家和一个患有结核病垂死的女裁缝的故事。皮埃特罗·马斯卡尼（Pietro Mascagni）备受欢迎的作品《乡村骑士》（*Cavalleria Rusticana*）和雷昂·卡瓦洛（Ruggero Leoncavallo）的作品《丑角》（*Pagliacci*）故事情节涉及社会底层激情的三角恋和谋杀。

大城市音乐厅内流行的娱乐活动包括挑逗性的歌舞、马戏风格的体操和离谱的东方喜剧小品。美国和加拿大出现了一种新的娱乐形式——歌舞杂耍。但是由于此时夜生活正处于最颓废的时期，众星云集巴黎，包括为贵族表演的康康舞明星拉·古丽（La Goulue）和音乐厅歌手伊韦特·吉贝尔（Yvette Guilbert），以及活跃于女神游乐厅（The Folies Bergère）和红磨坊（The Moulin Rouge）等大型场馆的歌舞女郎。巴黎的舞台上，美国人洛伊·富勒（Loie Fuller）是舞蹈界值得注意的先锋，她尝试将新技术用于舞台灯光并在她的舞蹈动作中表现希腊罗马式的灵感。在某些舞蹈中她在生动的彩色灯光下用旋转大块布料的方式表现类似云朵和花朵的造型——新艺术风格的动态表现。这个时期的艺术家为她着迷，她的形象出现在绘画、平面艺术和雕塑作品上。

奥斯卡·王尔德的喜剧作品《不可儿戏》（*The Importance of Being Earnest*）和《温夫人的扇子》（*Lady Windermere's Fan*）讽刺了英国人的处事方式。王尔德的小说《道林·格雷的画像》（*The Picture of Dorian Gray*）和他的法文诗剧《莎乐美》（*Salome*，圣经故事特别污秽的一个版本）表现了这个时代躁动的颓废。虽然《莎乐美》在英格兰被禁演，但是以天赋异禀却英年早逝的插画家奥伯利·比亚兹莱（Aubrey Beardsley，1872—1898 年）绘制的插画为一大特色的书籍版《莎乐美》却让两人的才华成为不朽的神奇。1894 年至 1897 年间英格兰发行季刊《黄面志》（*The Yellow Book*）宣传唯美主义和新艺术的美学观点，内容包括比亚兹莱、沃尔特·克兰（Walter Crane）、赫伯特·乔治·威尔斯（H. G. Wells）和亨利·詹姆斯（Henry James）的艺术及文学作品，杂志采用黄色封面，效仿当时法国用黄色纸张包裹色情小说的做法。虽然只发行了很短的一段时间，这本杂志却是这个时代的精神标志。

左上图　塑身用品例如紧身胸衣和衬裙沿用了前面几十年的款式特点，从1890年乔丹·马什的产品图录中可以看出巴瑟尔等裙撑依然存在，但是规格变小了

右上图　1891年左右时髦的日用套装，出自《女性时尚》（*La Moda Cubana*），以宽大的袖子、夸张的肩部和帽檐平直的帽子为特点

女装基本情况

上层社会的礼仪规定不同的季节、时刻、活动和场所有不同的着装标准。社交活跃的女性需要许多衣服来应付各种活动、场合和特定的风俗。过去的几十年日常的仪式发生了系列变化，高级时装定制体系和时尚媒体对此起到了推波助澜的作用。女性的一天从一件舒适的家居服开始，然后换上定制的步行套装参加早晨的事务或访问，下午再换上低调的日礼服参加社交活动，晚些时候在自己的房间里脱下紧身胸衣换上茶礼服获得片刻的休憩，最后一个环节是换上精心制作的适合舞会或招待会的宴会服或晚礼服。珠宝和首饰也根据时刻的不同选择佩戴或者卸下。

19世纪90年代初，女性的廓形延续了80年代干瘪的巴瑟尔造型，通常保留衬裙和罩裙，但摒弃了巴瑟尔裙撑造成的醒目廓形。这一时期廓型依然强调裙子的后面，虽然是以一种不太明显的方式，用小垫子或者网状物让臀部显得丰满而不再凸显它。袖子延续了19世纪80年代的发展趋势，袖子的上部多褶，接下来的几年里这种趋势更加明显。紧身胸衣依然非常紧身，塑造明显的沙漏造型，束紧的腰身与丰满圆润的胸部和臀部形成鲜

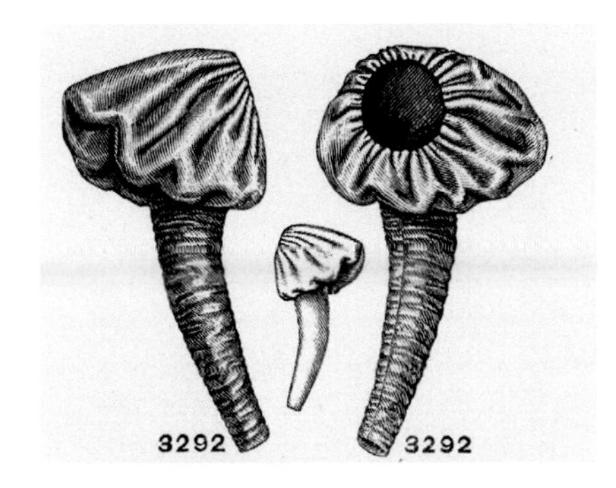

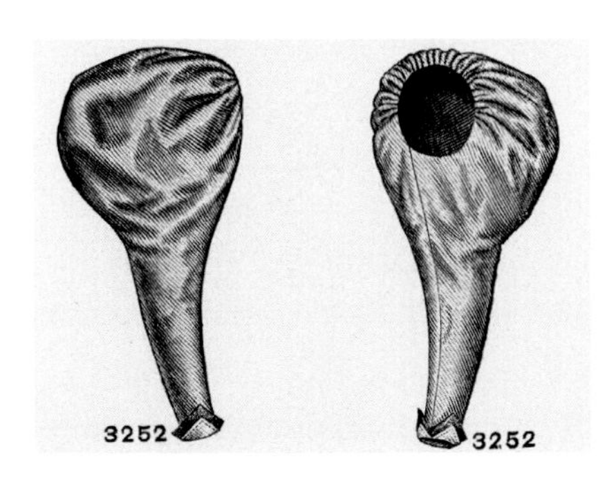

左上图　羊腿袖的两个类型，出自1896年的《设计师手册》（*The "Standard" Designer*），展示了这种时髦的服装部件不同的缝制方式

右上图　1893年《时尚箴言》（*Le Moniteur de La Mode*）上的一张插画，表现了一件沙漏廓形的日礼服，有巨大的羊腿袖和宽大的拼接裙

明的对比，这种腰身通常被称为“蜂腰”。宽大的袖子、紧束的腰身和锥形的裙摆形成了一个极具特色的沙漏廓形，整套装束让腰部显得更加纤细。

19世纪90年代初，公主裙仍是个时髦的款式，其纵向缝合方式很可能是拼接裙再度流行的原因。拼接裙由多片不规则布片缝合而成，呈锥形造型，后面常有一个小裙裾。十年之初，内、外裙组合的形式不再受欢迎，拼接裙流行起来。衬裙也采用拼接的形式，形成一种几何形式的尖锐而生硬的外观。为了让裙子呈现期望的廓形，生产商常使用马鬃为内里或内衬，裙子的下摆通常贴有让布料硬挺的材料。

宽松的袖型更受青睐，1893年左右，19世纪30年代流行的羊腿袖又卷土重来了。羊腿袖的造型因名称的不同而有所不同，主要有两种类型：一种上部呈巨大的球形，肘部以下紧窄合身，两部分裁片在肘部缝合；另一种为连续的一片，从肩部向腕部逐渐收紧。有些晚礼服的袖子和日礼服一样庞大，长至肘部，下面搭配长手套，但通常的情况是袖子明显缩小或采用无袖的款式。肩部是晚礼服着重强调的部位，当袖子不再庞大，肩部常成为垂饰、缎带和花结集中装饰的部位。有时用类似肩章的肩饰强调无袖女裙的肩部。

下图 《吉布森女孩》，插画家查理斯·戴纳·吉布森（Charles Dana Gibson）创作。画中人物通常穿着实用的分体式定制套装，喜欢户外运动

晚礼服的领口有许多类型，方领非常流行，圆领和 V 领也很常见。日礼服的领子变得高耸，十年里领子的上沿接近脖子的最高点。由于领子变得高耸，用来保持领子硬挺的各种方式也应运而生，用作支撑的材料有鲸须、马鬃和金属丝等。衣领还常用花边和缎带装饰。

媒体和业内对日礼服有不同的称谓，例如“马车服”“散步服”“午后服”和“访问服”等。这些名词与其说是某种特定款式的称谓不如说是时尚产业的产物。女性在白天仍然穿裙装，但与此同时女性的日装变得日益丰富，开始出现其他选择。十年里定制套装发展成为一个主要的服装类型，有些代表作出自知名的设计师。“散步套装”是 19 世纪 60 年代以来使用的一个名词，在这个十年里已经发展成为城镇白天正式场合颇具特色的一款服装。这款定制服装是用女裙而不是男士套装面料制作，并且通常采用更加华丽、女性化的花边和细节。

1897—1898 年间，女装的廓形再次发生变化，这一次夸张的羊腿袖和拼接裙僵硬的线条被削弱了。衣袖变窄，少量的蓬松取代了夸张的球体。依然使用肩饰，但规格也变小了并且通常采用在肩部装饰小褶边的形式。由于袖子变小，裙身用不规则布片拼接底部向外展开呈现一种更加优雅的廓形。这种裙子通常称为“喇叭裙”，造型也像百合，受到了新艺术曲线的影响。由于裙子的廓形变了，衬裙的造型也随之改变以适应廓形的变化。

某些职业（例如速记员和接线员）女性的数量逐渐增加，服装因此而变得简洁。一种新的职业风貌出现了，包括一件仿男式的女衬衫和一条拼接半裙，它本质上是一种美国风格。分体式运动服的概念产生了，虽然在未来的几年里并没有使用这个术语。仿男式女衬衫借鉴了男装的款式，是对时尚强调实用性的回应。这个十年见证了社会为争取女性权利而作出的巨大努力，并埋下了广泛改革的种子，时尚对此也有所回应。

左页上图　亚特兰大的四位年轻女性，1899年左右托马斯·艾斯丘（Thomas Askew）拍摄，从中可以看出当时流行穿仿男式女衬衫和半裙，搭配平顶硬草帽

吉布森女孩

查理斯·戴纳·吉布森（Charles Dana Gibson）的作品《吉布森女孩》以图画的形式表现了新女性的形象。吉布森是一位插画家，和美国多家重要的杂志社合作过。1895年，他与名媛艾琳·兰霍恩（Irene Langhorne）结婚，从婚姻中他获得了笔下女性角色的创作灵感——吉布森女郎的原型正是艾琳和她的姐妹。高大、健壮的吉布森女孩是社会地位发生变化、穿实用的分体式服装的新女性的代表。吉布森笔下的吉布森女孩穿着仿男式女衬衫和拼接裙，戴着平顶硬草帽，享受休闲时光。吉布森的插画广为传播，成为了美国流行文化的一部分，并对欧洲产生了影响。许多商品上可见吉布森女孩的形象。吉布森风貌被其他艺术家效仿并对美国这一代的插画家产生了很大的影响。

外套和女帽

女性的外套沿用前面几十年的款式，服装的名称也大致相同。斗篷因适合羊腿袖特别流行，有时模仿羊腿袖的造型在肩部额外增加松量。短披肩也很常见，用于运动、

上图　海滨服，表现了19世纪90年代末的服装变革——羊腿袖的体积缩小，肩部通常有整齐的肩饰，帽体增大，以适应不断增大的发型，装饰全鸟标本的做法不常见

右图　时髦的外出服，包括一件长袖外套和一件斗篷，肩部特别处理以适应当时时髦的大袖子。出自1892年的《时尚手册》

1
2
3
4
5
6
7

上图　户外活动的发展导致了专业运动服的出现。《小姐日志和夫人信使集刊》（*des Demoiselles et Petit Courrier des Dames Réunis*）1891年9月刊展示的女式猎装

城镇和夜晚活动等场合，有不同的细节和装饰。晚上使用的披肩通常有许多装饰，通常还包括一个有褶边的小丑领。外套需要宽肥的袖子容纳里面衣服的羊腿袖。男性化的款式用于娱乐和乡村休闲，延续了从男装借用元素的趋势。

规格较大的平顶帽取代了19世纪80年代流行起来的高帽子，某些三角款式仍然很受欢迎。1895年左右帽子的尺寸变大了，发型也随之增大，18世纪80年代托马斯·庚斯博罗（Thomas Gainsborough）绘画中的发型又卷土重来了。这种发型通常需要掺入假发。帽子上前面几十年流行的装饰显得更加重要，因为尺寸增大需要更多的装饰。羽毛——特别是鸵鸟和白鹭的羽毛——成为必要的装饰，羽毛的销售和交易形成了一个规模庞大的产业。鸟的整个翅膀，某些时候是整只鸟，用来戏剧性地装饰帽子。除大量有序排列的羽毛外，帽子上还装饰有蝴蝶结和织物花。一方面羽毛主宰着女帽时尚，另一方面奥杜邦协会（The Audubon Society）和其他组织抗议屠杀鸟类用作帽饰。

运动的影响

女性运动服分类更细，也更容易买到。以前仅限于贵族穿着的休闲活动专用的服装，例如骑行、高尔夫或是网球服，现在在中产阶级中更加普及了，对时装产生的影响也越来越大。浴袍延续了19世纪早期的发展趋势。射击和徒步套装更加普及，通常包含一条长度在脚踝以上的裙子。女式毛衣在休闲场合日益普及。女子学校对运动的强调让体育专用服装成为必需。

特别要提到的是骑行热。作为一种享受乡村美景的方式，这项新发明得到了广泛的提倡，狂热的爱好者还将此发展成为一项体育运动。女性在从事这项新潮的娱乐活动时穿的五花八门，挑战了当时的端庄标准。许多女性骑自行车时穿着定制的外套和长度在脚踝以上的裙子以及系带的靴子。更大胆的女性则穿上灯笼裤，这是服饰改革理念实际运用的第一个表现。1894年《时尚芭莎》记录了这种时尚变革——一位穿骑行裤装的女性成为杂

右图　1897年比利时艺术家卡尔·赫尔曼·屈希勒尔（Carl Hermann Kuechler）创作的关于奥斯坦德自行车赛的插画，上可见穿各式运动服骑车出发的男性和女性，许多女性大胆地穿着裤装

左页图　女帽上的装饰非常丰富，有蕾丝、羽毛和人造花等，因此特别有装饰效果。1897年杂志《纪实者》（*The Delineator*）的一张插画上可见各式宽檐帽，这种帽子在19世纪90年代中期出现并一直延续到20世纪10年代早期

志的封面女郎。1897 年，波士顿的乔丹·马什百货商店（Jordan Marsh）隆重推出"安娜·海德（Anna Held）骑行套装"。套装以率先穿着它的女性——身材匀称、穿着考究的安娜·海德的名字命名，"女性从自行车上下来时仿佛就是一条常规的裙子，女性在骑行时却能优雅地遮盖自行车的座垫。"1896 年的杂志上展示了一条固定在车把手上的"自行车腰链"，上可见卡片盒、香水瓶、针线包、手帕收纳格和其他女性旅行中可能想携带的物品。女性骑自行车的形象融入主流文化，暗示速度、自由和现代化成为可能。到 1890 年，巴特里克（Butterick）定期推出裙裤、运动外套和女衬衫的纸样。

设计师

这个时期，"高级定制时装"将富人穿着的衣服和成衣区别开来。"高级定制时装"为手工制作并出自知名设计师，非批量生产的成衣所能比拟。"高级定制时装"以为顾客量身定制和具有独特的装饰细节为特色。缝纫机缝合裙子和套装的大部分，其余则由经过专门训练的工人手工完成。刺绣和装饰对于时尚表达非常重要，因此使用了大量金银线花边、蕾丝、珠饰、亮片和人造宝石。巴黎的高级时装设计师吸引了欧洲、北美的许多客户，包括欧洲的贵族，美国的暴发户，歌剧、舞蹈和影视演员以及富人和权贵的情妇。高级时装定制体系将设计师独特的创意、生产奢侈面料的行业、服装制作作坊的手艺和消费者特定的品味结合在一起。19 世纪最重要的两个时装设计师——查尔斯·弗雷德里克·沃斯和约翰·雷德芬均于 1895 年逝世，他们的生意后来由他们的儿子或合伙人管理。这些成功的时尚世家说明了时装行业的成熟，品牌可以不因创立者的离去而消亡。

流行反复无常，面料的种类因此非常丰富，包括不同组织厚薄不一的丝、麻、毛和棉织物。许多面料有描述性的名字，暗示其新奇和异国情调，以此引起消费者的兴趣。除了全丝硬缎、双面横棱缎和波纹绸等较为常见的面料，印度绉绸和波斯塔夫绸也用于服装。天鹅绒等起绒面料特别受欢迎，处理面料的方式也多种多样。毛织物中织入金属线，为这种耐用的材料增加了光泽。19 世纪 90 年代末特别流行一种浅浅的珍珠色调，有时候通过深色的丝绸突出浅粉、象牙白和桃色等色彩。

沃斯在世时他的儿子就已参与他的生意很久了。随着沃斯逐渐淡出和晚年处于半退休状态，他的儿子让·菲利普·沃斯的设计才华得以施展，他或许比他的父亲更有天赋。在继续为已有客户服务的过程中让·菲利普·沃斯将许多风格上的创新运用到时装屋的作品上，例如混合唯美服饰、日本风格和新艺术风格。1897 年，沃斯在伦敦开了一家分店。

19 世纪 90 年代，埃米尔·皮格依然经营他的时装店。皮格有一批优雅有眼光的国际客户，因此他非常擅长于将新艺术的灵感运用到他的创作中。1896 年，活跃了将近 40 年之后皮格和另外一家服装制作企业沃利斯（A. Wallès & Cie）合并了。

在雅克·杜塞的主持下，杜塞时装屋越来越有影响力。杜塞最有名的客户是巴黎著名的女演员加布里埃·瑞尚（Gabrielle Réjane），他也为其他的演艺人士和交际花设计服装。1895 年，马尔伯勒公爵查尔斯·斯宾塞 – 丘吉尔（Charles Spencer-Churchill，the Duke of Marlborough）和康秀露·范德比尔特（Consuelo Vanderbilt）喜结连理，杜塞为康秀露·范德比尔特设计了结婚礼服。虽然这件礼

上图一　珊瑚色丝绸晚礼服，上有新艺术风格的图案，出自沃斯时装屋，让·菲利普·沃斯设计，1898—1900 年

上图二　荧光色晚礼服，雅克·杜塞设计，金银丝面料制作，上覆透明的丝绸，1898—1900 年。

两件晚礼服均廓形优雅，裙长曳地，后面有裙裾，肩部、前胸和后背袒露

服最后是由纽约的一位专业裁缝多诺万太太（Mrs. Donovan）缝制，媒体还是肯定了杜塞的设计。和沃斯、皮格一样，杜塞的设计常从历史服装中汲取灵感并采用了 18 世纪服装的许多细节。杜塞眼光敏锐、喜爱冒险，在时尚界取得了成功以后他便以艺术收藏家的身份定位自己并首先关注到 18 世纪的造型和装饰艺术。杜塞的首席服装设计师何塞·德·拉·佩纳·德·古兹曼（José de la Peña de Guzman）对维持时装的品质和时装屋的声誉起到了重要作用。

帕奎因（Paquin）时装屋始于 1891 年，由伊西多尔·罗内·雅各布（Isidore René Jacob）创立，出于营销的考虑他使用了帕奎因这个姓氏。同年，他和受过裁缝训练的珍妮·玛丽·夏洛特·贝克尔斯（Jeanne Marie Charlotte Beckers，1869—1936 年）结婚，珍妮后来负责时装屋的设计工作。“帕奎因先生”和“帕奎因太太”很快取得了成功，1897 年他们在伦敦开设了分店。

当然还有拉费里埃和菲利克斯，两家曾为法兰西第二帝国宫廷女性的行头立下汗马功劳现在依然蒸蒸日上的时装屋。德国出生的年轻设计师古斯塔夫·拜尔（Gustave Beer，活跃于 1890—1929 年）崭露头角，在接下来的二十年里他对时尚产生了重要的影响。1895 年左右开业的卡洛姐妹时装屋（Callot Soeurs）由一个艺术家庭的四姐妹——约瑟芬·卡洛·克里蒙（Joséphine Callot Crimont）、玛丽·卡洛·嘉宝（Marie Callot Gerber）、玛特·卡洛·伯特兰（Marthe Callot Bertrand）和蕾佳娜·卡洛·坦尼森－仙黛尔（Regina Callot Tennyson-Chantrelle）共同创立。

左下图　短款斗篷是时尚女性的衣橱必备。这件时髦华丽的斗篷由法国服装设计师埃米尔·皮格设计，以白色的毛织物制作，装饰大量绸缎、穗带、亮片、珍珠和水晶珠。1895 年左右制作，现收藏于费城艺术博物馆（Philadelphia Museum of Art）

右下图　步行外套，1893 年埃米尔·皮格设计，展示了他常用的材料组合和东方风格，现收藏于大都会艺术博物馆，为布鲁克林博物馆服装藏品（The Brooklyn Museum Costume Collection）之一

莎拉·伯恩哈特（Sarah Bernhardt）

莎拉·伯恩哈特（1844—1923年）可能是19世纪末最伟大的女演员。19世纪60年代从法兰西剧院（The Comédie Française）开始她的职业生涯，她的嗓音独特，有人将它比作金子的光泽。1870—1880年间她的歌唱事业获得了迅猛的发展，她为欧洲的许多皇室成员演出，还和威尔士亲王有绯闻。在她六十年的职业生涯中，“女神莎拉”（The Divine Sarah）曾在欧洲和美洲多地巡演。作为一位杰出的女演员，尤其是女悲剧演员，莎拉·伯恩哈特塑造的最成功的角色有圣女贞德（Joan of Arc）、美狄亚（Medea）和埃及艳后（Cleopatra）。在她职业生涯的晚期她主演了一些默片，她也是最早参与默片演出的舞台剧演员。

和这个时期的女性名流一样，莎拉·伯恩哈特也懂得用摄影来提升她的公众形象，法国杰出的摄影师费利克斯·纳达（Félix Nadar）为她设计了许多形象，有些照片不穿衣服仅用布料遮盖身体。她的肖像被人摹绘并深受欢迎。阿尔丰斯·穆夏以她中年时期依然美丽的形象创作了经典的海报，随着海报的广泛流传，她的知名度在19世纪90年代达到了顶峰。莎拉·伯恩哈特也是著名摄影师拿破仑·萨罗尼（Napoleon Sarony）镜头下的人物之一。正是19世纪90年代这些经典的摄影作品巩固了她在接下来几代人心目中的形象。她看起来无拘无束，穿着飘逸的服装，姿势具有挑逗性，“给人以神秘的印象，似乎暗示着某种禁忌的情感。”照片中的莎拉·伯恩哈特常以躺着的姿势出现，突出她凹凸有致的线条，也有一种捕食的蛇或雌虎的感觉。这样的姿势强调她的性感、独立和漠视社交传统的态度。

莎拉·伯恩哈特的行头出自著名的时装屋，但对于着装她也有自己的见地。19世纪80年代她成为明星，她的演出服由拉费里埃夫人为她设计，后来，她成立了自己的服装工作室。莎拉·伯恩哈特虽然也是女服改革的倡导者，但她的着装和理性服饰协会的健康理念以及提倡历史风格的唯美服饰相去甚远。她采纳了唯美服饰的某些主张，但用艳丽和手法主义（Mannerism）的形式来表现。她的衣服并不十分贴体，摒弃了紧身胸衣和裙撑这些时髦的小玩意，但是有大量的缝制和面料细节。莎拉·伯恩哈特喜欢拖曳的袍服，由一片面料裁出，采用公主裙的款式，下面有一个长长的华丽裙裾，她还常使用强烈的纵向细节，例如在侧缝装饰蕾丝花边。这些款式突出了她苗条的身材。在现实生活中，莎拉·伯恩哈特还是最早穿着裤装的女性之一，汲取了裙装改革的精神但对于款式有更多的领悟。居家时她常穿睡衣套装，她非常喜欢男小丑演出服上有褶边的衣领，所以她的许多裙子上都采用了这种领子。这种领子因此也被主流时装采用。她卷曲的头发被人纷纷效仿，上流社会追求时髦的女性甚至模仿她走路的姿势和面部表情等。

一些夸张的照片让莎拉·伯恩哈特的传闻更加离谱。她偶尔会反串男性角色，这些变装角色导致有人传言她实际上是一个有异性装扮癖的男性。她躺在家中棺木中的照片——虽然她声称躺在里面是为了帮助自己领悟悲剧角色的情感——滋长了她实际上是睡在棺木里的猜测。莎拉·伯恩哈特对于时尚和装饰的选择展现了一个具有东方色彩的舞台场景和象征主义画家古斯塔夫·莫罗（Gustare Moreau）幻想的颓废又芬芳的世界。

莎拉·伯恩哈特的摄影作品《埃及艳后》，拿破仑·萨罗尼拍摄

至19世纪90年代，雷德芬和他的儿子已经取得了国际性的成功，从一个备受尊敬的定制时装屋成长为一个成熟的时装企业。与其他时装设计师期望客户造访他们在巴黎的工作室的一贯做法不同，雷德芬对时尚的影响在伦敦和巴黎之外——通过他在英国、法国和美国开设的11家店来推广他的款式，它也是第一家横跨大西洋的时装企业。约翰·雷德芬去世以后，这个跨国的时装帝国由他的儿子斯坦利·雷德芬（Stanley Redfern）、查理斯·波因特和弗雷德里克·米姆斯共同管理。其中，波因特主要负责巴黎分公司，他是雷德芬公司最重要的设计领袖，并以姓氏雷德芬经营业务。时装屋的产品从日常服和运动服拓展到晚礼服、宫廷服、演出服和女士内衣，其顾客群仍然包括欧洲的皇室成员。他们和英国时尚期刊《女王》（*The Queen*）持续的合作关系对他们的成功有着举足轻重的作用。

在19世纪90年代，一位英国设计师新秀崭露头角，她在接下来的二十年里成就显著，并影响深远，她就是露西尔（Lucile，1863—1935年）。露西尔原名露西·萨瑟兰（Lucy Sutherland），生于伦敦，1884年与詹姆斯·华莱士（James Wallace）结婚，但这段婚姻只持续了六年。为了维持她和女儿埃斯梅（Esme）的生计，她以詹姆斯·华莱士夫人的名义从在餐厅地板上裁剪面料（据她晚年描述）开始她的裁缝生涯。这个时候她恰好接到了许多上流社会女性的订单，这促进了她事业的发展。1894年，她的时装店“露西尔之家”在伦敦西区开业，很快她颇具特色的设计出现在《女王》等重要的时尚杂志上。

服饰改革的深远影响

19世纪90年代，服饰改革还在继续，虽然还是有点超前，但随着时间的推移，改革的款式不再那么让人难以接受。有些款式使用了民族服装的元素，例如田园风格的衬衫。虽然刚开始时这些款式是非主流的，但是到19世纪80年代已具有一定的市场。伦敦的耶格（Jaeger）持续经营这类服装，利伯提伦敦则让这类服装更加普及。维也纳分离派的成员支持奥地利的服饰改革。

上图一　1894年沃斯时装屋设计的一款茶会女礼服，可以看到唯美服饰对时尚前沿的影响，采用宽松的廓形和芹菜绿的颜色——唯美主义者称这种颜色为“黄绿杂色”（Greenery-yallery）

上图二　1895年《纽约时尚》（*New York Fashions*）上的一张插画，上可见穿实用日装的男性和女性。女式定制套装和男士西服逐渐普及表明随着20世纪的来临服装也更加现代化

右图　1892年美国俄勒冈州的一家人。他们的着装可能有三个来源：工业生产、家庭自制和裁缝定制。从某些细节例如小丑领可以看到时尚前沿对主流服装的影响，男式外套款式多样

十年之初流行帝政风格的高腰女裙，反映了唯美服饰对主流时尚的影响。1893 年，第一夫人弗朗西斯·福尔松·克利夫兰（Frances Folsom Cleveland）在她丈夫重返总统职位的就职典礼上穿了一条帝政风格的女裙。虽然款式平平，却采用了直到下一个十年末才开始流行的高腰线。唯美服饰能够对时尚产生影响最重要的一个原因是茶礼服逐渐流行起来。19 世纪 90 年代，唯美服饰的款式依然有点新奇，时尚杂志仍然将它视为一种非常规的款式，但是许多重要的时装屋设计的茶礼服都采用了唯美服饰的廓形。

男装

女装的一些规律同样适用于男装，但男装的款式不及女装丰富。男装强调裁剪的品质，穿着考究的男性一般请英国或其他国家的英国裁缝定制服装。整个 19 世纪，男性注重服装的细节，采用优质的羊毛和亚麻面料制作，裁剪精准合体。但少量的配饰和修饰也是受欢迎的，例如修剪整齐的胡须、鲜花制作的花饰和挂在缎带上的单片眼镜。得体的着装还包括一顶合适的帽子、一双光亮的鞋子和一根独具特色的手杖。举手投足也很重要，男性也穿一种有支撑作用的紧身衣来表现一种军人的风度。继平整挺括的裤子和短期流行过的一种两边有褶痕的裤子之后，五十年以来终于开始流行一种中间有褶痕的裤子，这是男装时尚体现在细节变化的又一例证。19 世纪 90 年代，袖克夫（Cuff，也称袖口）成为男装常见的一个部件，虽然对于都市人袖克夫的实用性是有一些争议的，因为它们常与农民和乡村服装有关。男士长礼服开始退出流行并逐渐被西服外套取代，后者常搭配与之相配套的裤子。晚宴和酒会等场合塔士多（宴会服）有取代燕尾服的趋势。

套装外面常穿斗篷和大衣，例如阿尔斯特宽大衣和双排扣水手短上衣。运动服对都市男性着装的影响是显而易见的：街上可见防水服，商店里出售各种雨衣。博

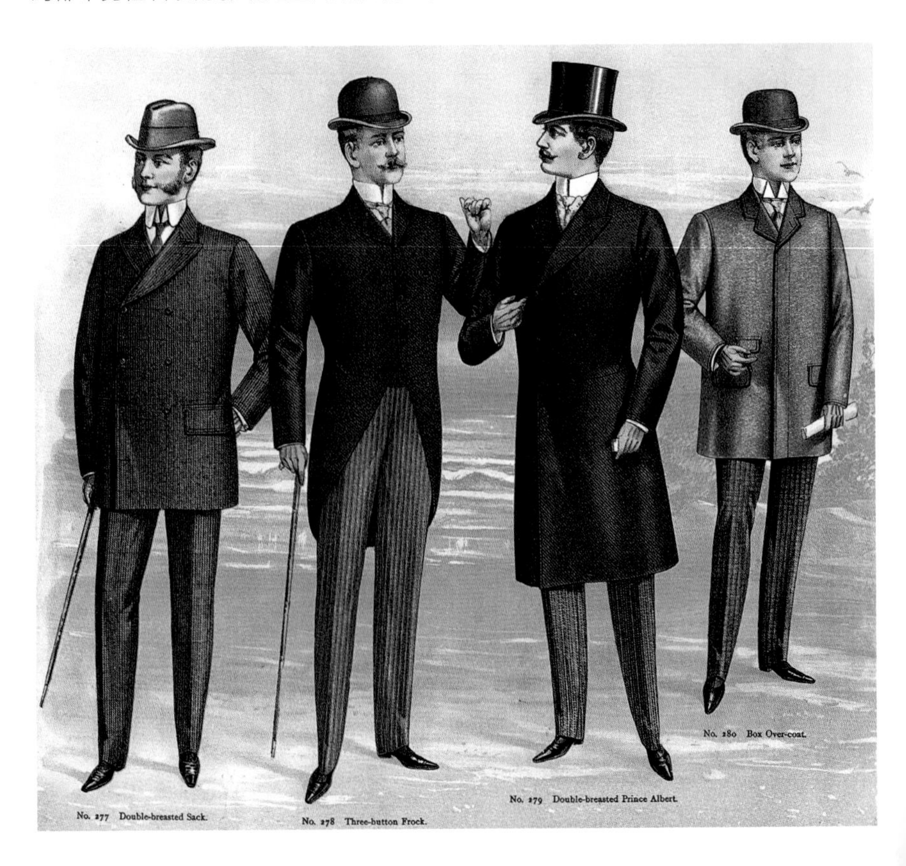

上图一 《纽约时尚》1896 年 6 月刊上的一张插画，上可见男士的夏日装扮，衣服和配饰多为浅色

上图二 家居服，包括吸烟服和宽松长袍，图片来自《纽约时尚》

右图 纽约爱德华·哈特·马默斯制衣公司（New York's Edward Hart Mammoth Tailoring Establishment）样本书上的一张插画，上可见 1898 年春夏不同款式的男装

威尔士亲王爱德华

威尔士亲王艾伯特·爱德华（1841—1910年）是维多利亚女王的长子，1901年登上王位，成为爱德华七世。尽管1901年才登上王位，但在19世纪后半期，人称“伯蒂”（Bertie）的爱德华王位继承人的身份是显而易见的，因此也对公众的品味产生了很大的影响。不管他的学习如何，爱德华在社交上展示出他的天赋，在他登上王位以前他曾游历许多地方。作为一位充满魅力又懂灵活变通的大不列颠的代表，他在北美、中东和整个欧洲都受欢迎。在他1863年与丹麦亚历山德拉结婚以前，爱德华的风流韵事也给他带来了来自家庭的巨大压力。维多利亚女王为艾伯特亲王的去世谴责爱德华，因为亲王在为爱德华的不良行为去剑桥期间生了病，于1861年去世。

尽管和亚历山德拉结了婚并育有六个孩子，爱德华一生中还是和许多令人瞩目的女性例如莉莉·兰特里和珍妮·丘吉尔（Jennie Churchill）等绯闻不断。爱德华喜欢运动和休闲，特别是骑马和打猎。在他的诺福克桑德林汉姆（Sandringham）的乡村府邸，爱德华喜欢穿着粗花呢制作的诺福克外套，搭配配套的马甲和灯笼裤。爱德华特别喜欢这种格子纹粗花呢，19世纪60年代，他的裁缝创造了后来称为塔士多的无尾礼服。1889年爱德华访问德国洪堡（Homburg），后来他采用了洪堡的毡帽，这种帽子帽顶挺括有折痕，帽檐有型，其他时髦男士也纷纷效仿佩戴。因为生活奢侈（或者至少是饮食丰盛）出现了两种跟“伯蒂”有关的男装——用一根装饰性的链子连接两个衣片的无纽男式长礼服和下面纽扣不扣的实用西服背心。虽然西服背心下半部分不扣纽扣的做法肯定在爱德华之前已经出现，但却是他让这种着装细节为公众所接受，直到今天依然还是一个重要的细节。尽管身材发福，爱德华对于运动风格和花俏服饰仍情有独钟，他对男性服饰的影响甚至超越了他的孙子，即后来的温莎公爵（Duke of Windsor）。

威尔士亲王爱德华，摄于1891年

柏利经典的风雨衣——一种有腰带的风雨衣诞生于 1895 年，在第二次波尔战争（1899—1902 年）期间它曾是英国军官的服装，这奠定了该公司的产品以实用和英伦风闻名的基础。以威尔士亲王爱德华的乡村府邸所在地命名的诺福克外套在打猎和打高尔夫等场合颇受欢迎。常以传统的混色粗花呢面料制作，长至大腿，款式宽松，背部有褶裥便于活动，前面有纵向的带子用来保护衣服因吊带摩擦而磨损。宽大的有盖口袋和贴袋可以用来装高尔夫球和其他物品。这个款式因带有浓厚的休闲味道而成为男士衣橱的必备。

那些原来只用于网球、板球和划船等运动的浅色服装逐渐成为时髦的男装。在社交场合男性穿着灰白色的法兰绒长裤，搭配同色或对比色的单排扣西服。度假回到城市后穿一身薄毛料或挺括的亚麻布制作的白色西服是男性常见的夏日装扮。

绅士们居家时穿长袍，常用精致的毛料制作，腰间用绳子松松地系上，绸缎制作的袖克夫和衣领内絮棉花。吸烟服已经成为绅士衣橱的必备，起初它被用来避免晚礼服沾上烟草的味道，仅在餐后吸烟时间使用，后来逐渐成为非正式场合穿着的常用款式。吸烟服常用天鹅绒、柔软的丝绸和织锦制作，穿在衬衫和裤子的外面，其中一些细节受到亚洲风格的影响，例如蛙形或弧形门襟。

童装

童装的许多款式延续了前面几十年的传统，仍未有变化。杂志和产品目录强调儿童的着装要合理，既要实用也要美观。换季时，父母要为孩子准备日常穿着的实用服装、特殊运动穿着的套装和社交场合穿着的正式服装。儿童穿紧身胸衣的现象仍然普遍，有些上面还有弹性长袜吊带。

童装也会采用成人流行的款式。小男孩和小女孩的罩衫和裙子以打褶的宽大袖子为特点，和女装的羊腿袖相似。学龄女童穿打褶的三角形裙子，佩戴装饰花朵和缎带的平顶帽——母亲的拼接裙和装饰性平顶帽的年轻化款式。男孩的外套常常和流行的诺福克外套相似，搭配儿童灯笼短裤。女童穿皮革、厚重面料和黑色天鹅绒（在最正式的场合）制作的暖腿套。太小不便穿裤子的男孩穿裹腿并搭配系带的及踝靴。

右图　用于训练站姿的儿童紧身胸衣，可在百货商店或通过产品目录购得。该图所示是乔丹·马什 1897 年春夏的产品

最右图　小男孩也经常穿成年男性喜爱的诺福克外套，该图所示小男孩穿着诺福克外套搭配皮革裹腿，适合寒冷的天气，图片来自 1896 年的一张插画

上图一和图二 1891年《小姐》(*Demoiselles*)杂志上展示童装款式的系列插画，特别引人注目的是格林纳威印花女裙和与棕色灯笼裤搭配的俄国风格的短上衣

儿童穿的水手服款式基本固定。男童穿水手衬衫、及膝的灯笼裤和能盖住膝盖的深色毛袜。这样的装扮通常还搭配柔软有系带的贝雷帽或有缎带装饰的翻檐草帽。女童穿水手衬衫搭配有褶裥或缩褶的裙子。为了保留水手服原来的风格，主要使用白色、海军蓝或浅蓝色。十四岁以上的女孩穿长及脚踝的裙子，有明显的腰线和修长的裙身，反映了成人装的影响。男童穿两件式的套装，上穿衬衫或外套，下穿长及膝盖或腿肚的裤子。青少年则穿长裤。

求异心理也影响了童装，特别是那些考究的套装，经常流行异国情调和历史风格。小女孩有时穿帝政风格长及脚踝的高腰长裙，这种长裙称为"格林纳威"裙，源自著名的童书插画家凯特·格林纳威（Kate Greenaway）。而男孩衬衫和女孩长裙上那些有特色的圈领、不对称的纽扣和有刺绣的育克则受到俄国元素的影响。

纹身时尚

许多世纪以来，欧洲许多地方都有人纹身，但到19世纪中期却不那么受欢迎，仅限于在水手、马戏演员和囚犯之间流行。英国和美国的海军从南太平洋文化中汲取了灵感。纹身在日本是违法的，部分原因是为了鼓励西化而打击这种"野蛮的"风气。日本人的纹身一般是隐蔽的并且常和黑社会有关。然而，在日本沿海的一些城市纹身艺术依然兴盛，因为许多纹身场所依然营业。日本的法律允许纹身从业者给非日本籍的外国人纹身，这些人通常是水手，但有一些好奇心强又大胆的日本平民也纹身。1862年，爱德华曾在耶路撒冷接受纹身，在其父的影响下，19世纪80年代，艾伯特·维克多王子（Prince Albert Victor）和乔治·弗雷德里克王子（Prince George Frederick，即后来的乔治五世）也在日本横滨接受了纹身。受英国表兄的影响，查雷维奇·尼古拉斯（Tsarevich Nicholas，即后来的沙皇尼古拉斯二世）也在日本接受了纹身。其他的欧洲贵族很快紧跟这股潮流。

尤金·山道（Eugen Sandow）

尤金·山道虽然只是两个单词，但蕴含了多少浪漫和魔力！对着这个名字沉思仿佛把人的思绪带回到神话故事，在那里瓦尔哈拉（Valhalla）的领主掌管着罗马和希腊传奇的英灵战士。要20世纪的物质世界接受这么一位活生生的个体并赋予他同样的魅力似乎不太可能。但是他确实存在。尤金·山道不是传说，他是鲜活的和你我一样有血有肉的存在。是的，他比你我更鲜活！

这是乔治·乔伊特（George F. Jowett）在《力量》（*Strength*）1927年3月刊上为尤金·山道写的颂词。如此尊崇和神话般的描述无论是在过去还是现在都是山道传奇的一部分。

尤金·山道（1867—1925年）生于普鲁士康尼斯堡。作为一个孱弱多病的孩子，他不认可当时人们一贯的看法——认为强壮是天生的，他练就了自己的体格并成为一个知名的摔跤运动员。通过参加一些力量比赛提高了知名度以后，1889年山道在伦敦开始了他的舞台表演生涯。他引起了剧院经纪人弗洛伦茨·齐格菲尔德（Florenz Ziegfeld）的注意，让他参加了1893年芝加哥的哥伦布展会和一些歌舞杂耍表演。

在山道以前，体格强壮的男性通常是马戏演员或杂耍演员。虽然这个时期从事表演事业、体格强壮的男性主要以强壮的特技吸引观众的注意，但是除了举重之外山道还向人们展示他的肌肉。在雕塑自己形体的过程中，山道对古希腊和罗马的雕像颇有研究。他分析了这些理想的古典体格的比例并将雕像展示体格的姿势用于表演。他成为了一名艺术模特，以模仿古典雕塑作品的摄影照片出名，其中特别有名的作品是《垂死的高卢人》（*The Dying Gaul*）。

这位"现代健美之父"（Father of Modern Bodybuilding）对健美发展成为竞技体育功不可没，他将他的方法以书本的形式记录下来，这也是该领域的里程碑。在他的影响下19世纪末擅长运动和健壮的男性形象流行起来，他的体格成就也影响了现代健身理念。19世纪90年代，作为这个十年的典型代表，山道未加修饰的（也可能是刻意的）、男子汉气概十足的形象和奥斯卡·王尔德（Oscar Wilde）阴柔的唯美主义形象形成了鲜明的对比，当然和威尔士亲王爱德华时髦潇洒的风度也有所不同。与奥斯卡和爱德华以考究的着装出名不同，山道以他的体格闻名于世。乔伊特（Jowett）声称"如摩西带领以色列的孩子逃离奴役，这个男人带领人们脱离了维多利亚时期的纨绔习气"。

尤金·山道，约摄于1900年

19 世纪 90 年代，纽约波威里街区的纹身艺术家塞缪尔·奥莱利（Samuel O'Reilly）发明了一种电动的纹身机器，纹身也因此在欧洲和北美迅速流行起来。这时贵族男女都纹身，主流媒体报道了这种令人担忧的堕落风气并指出它的“非本土”性质。虽然中产阶级乐于观看通体纹身的马戏表演者——例如“美丽的艾琳”（La Belle Irene）和巴纳姆的“君士坦丁”（Constantine）的演出，但很少有人真正采用通体纹身，通体纹身还是限于社会边缘人群。尽管纹身在纽约的四百显贵（The Four Hundred，纽约最著名的400位社交名流）中流行，社会评论家沃德·麦卡利斯特（Ward McCallister）还是称它为“一种庸俗和野蛮”的风气。

展望新世纪

随着新世纪的临近，人们对新发明和新技术的未来既期待又不安。19 世纪最后一个十年充斥着各种各样的科幻小说，其中以英国作家赫伯特·乔治·威尔斯（H. G. Wells）的作品影响较大，其名作《时间机器》（*The Time Machine*）和《星际之战》（*The War of the Worlds*）描写了危险的机器和外星访客抵达地球的惊悚场面。事实上某些看似天方夜谭的事物在不断的发展中已经初具雏形，例如电影、通讯和交通工具。1899 年，巴黎万国博览会（The Exposition Universelle of Paris）的准备工作如火如荼地进行，这是一个展望和庆祝新技术和发明的历史时刻，展示了人类对新事物的渴望。著名的时装屋也选送作品参加了此次博览会，这些作品预测了着装新纪元的到来，过去人们的着装主要由一天中所处的时刻决定，今后将越来越受到科学技术和生活方式的影响。这是时尚对现代生活的回应。

下图 《纽约世界》（*New York World*）1897 年 8 月 29 日刊上一张关于纹身的图片，原为《纹身——令人惊愕的法国潮流》一文的插图

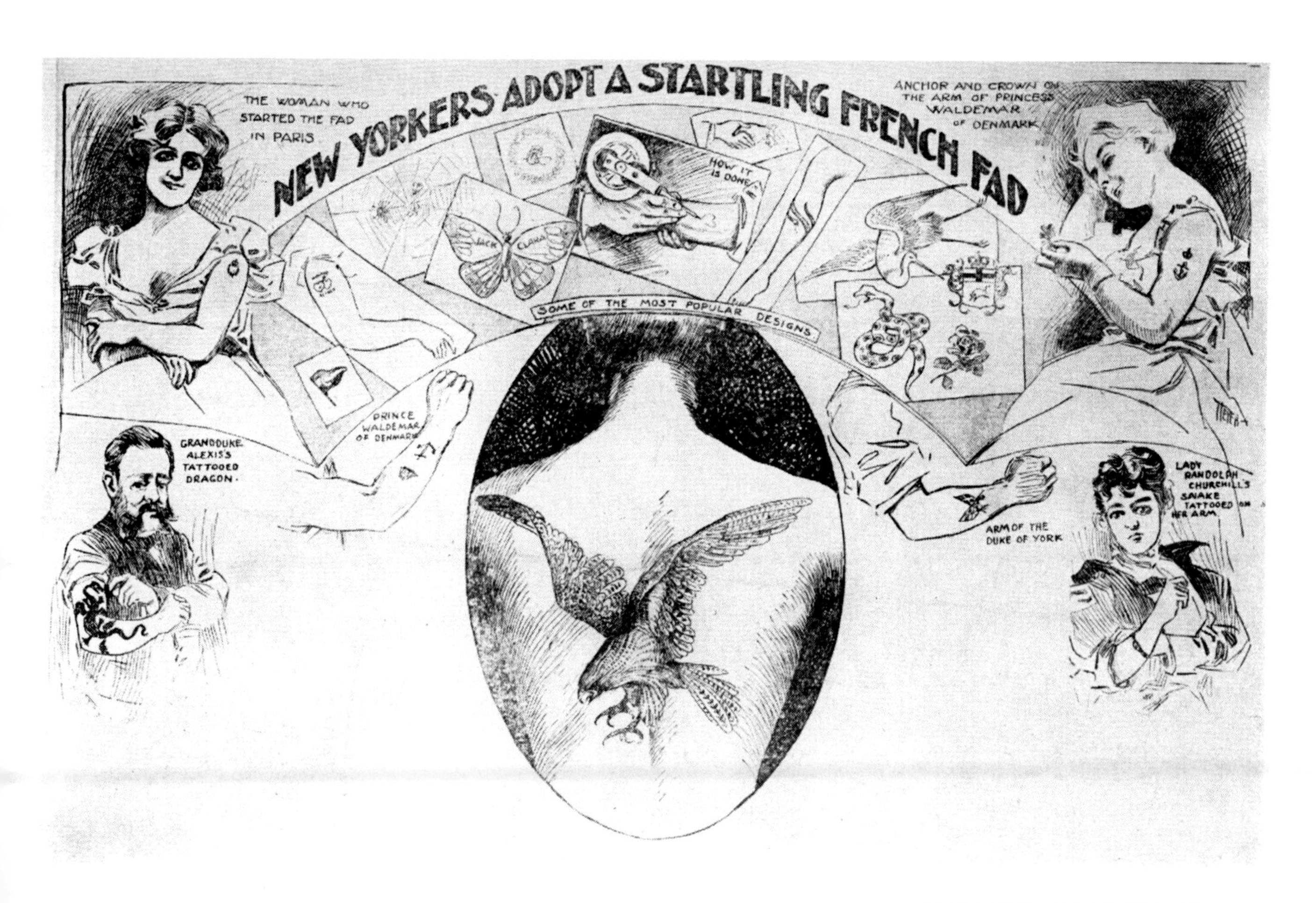

第三章

20 世纪前 10 年：新世纪伊始

在对现代化和新技术的欢呼中，西方世界迎来了新世纪。过去二十年里发明的设备在这个十年得到了普及。1900 年，人们一般都见过电话、电报机、留声机和汽车等新事物。1903 年，飞机试飞成功，空中旅行成为可能。1889 年，当电灯照亮埃菲尔铁塔的时候，电力还是新鲜的事物，但是到了 1900 年，许多家庭已使用电力，随着电熨斗的普及和洗衣机的出现它甚至还改变了衣服的保养方式。

不断发展的实用而现代的服装也体现了创新意识。1910 年，女性虽然还穿着紧身胸衣，但普遍提倡一种更加自然的廓形。男装摒弃了 19 世纪的某些拘谨形式，向实用性更强的款式发展。实用的工作服和休闲服成为重要的服装类型。

社会和经济背景

20 世纪之初，美国进入了世界强国的行列，它不仅是工业生产的强国，也是产品消费的大国，同时还是旧世界移民努力奋斗的天堂。随着移民的涌入，北美城市的人口迅速增长。虽然新移民的生活大多贫困，但是在一些新兴的城市例如纽约、芝加哥、蒙特利尔、费城和波士顿，

左页图 1907 年，插画家约瑟夫·克里斯蒂安·莱恩德克尔（J. C. Leyendecker）创作的一幅插画，表现了小汽车出现时人们的兴奋情景，司机和乘客都需要穿着专门的防护服

右图 威廉·高斯（Wilhelm Gause）的作品《维也纳的舞会》（*Ball der Stadt Wien*）描绘了热情洋溢的美好时代——1904 年某个官方舞会上穿彩色礼服的女士和着正装的男士

上图一　1901 年，巴勃罗 · 毕加索创作的作品《穿披风的女人》（*Woman with a Cape*，1901 年），他用前卫的现代艺术风格诠释时装

上图二　法贝热的香烟盒，上有蜻蜓图案，新艺术风格的代表作。俄国亚历山德拉王后送给她的兄弟黑森大公恩斯特 · 路德维希（Ernst Ludwig, Grand Duke of Hesse）的礼物

工业呈现一派欣欣向荣的景象，在一些成功以廉价移民劳动力发家致富的企业家的资助下涌现了一批新的文化机构。

服装生产的持续增长让大西洋两岸的联系更加紧密。1900 年，在纽约工人（通常是地中海和东欧移民）的努力下成立了国际女装工人联合会。巴黎数千名高级时装屋的裁缝参与了 1901 年的巴黎大罢工。罢工强调了产业中量身定制和成衣制作的分化，以男性为主的裁缝师试图联合以女性为主的女装制衣工参与到罢工组织中来。参与罢工的人还要求减少工作时间和建立薪资标准。1909 年，纽约两万名女装制衣工（衫裙工人）举行罢工，对产业中的中档价位服装产生了影响。

这个时期还有一个突出的特点是国际关系日益紧张。继 1898 年奥地利皇后伊丽莎白被刺杀后，20 世纪最初十年又发生了几起谋杀国家元首的事件。1900 年，意大利国王翁贝托（King Umberto）被一名无政府主义者枪杀，可能是受到此次事件的影响，1901 年美国总统威廉 · 麦金莱（William McKinley）也被无政府主义者刺杀。1903 年，塞尔维亚国王亚历山大（King Aleksander）和王后德拉加（Queen Draga）被武装分子残忍杀害。英国、法国和俄国的联盟相对稳定，普法战争以来的积怨成为德国和法国矛盾的根源。德国与英国和俄国的关系也紧张，讽刺的是三国的皇室都与维多利亚女王有血缘关系。非洲殖民领地的分歧引起了欧洲殖民势力的冲突。随着西化进程的推进，日本的国际影响力和军事实力也在增长，太平洋上的局势也日益紧张。某些欧洲国家则卷入了东南亚的殖民地冲突。

美国支持古巴脱离西班牙独立，因此 1898 年爆发了美西战争。战争的结果是古巴、波多黎各、关岛和菲律宾脱离了西班牙的控制。美军的胜利让美国随着工业实力日益增长的国家形象进一步得到了提升。战争中出现的传奇人物西奥多 · 罗斯福（Theodore Roosevelt）既是国家实力的化身也是新男性形象的代表。

艺术

亨利 · 马蒂斯（Henri Matisse）、安德列 · 德兰（André Derain）和莫里斯 · 德 · 弗拉曼克（Maurice de Vlaminck）等人用鲜艳、浓厚的颜色和直率、粗放的笔触描绘生动的人物和场景来表达情感，称为“野兽派”（Fauves）。1907 年，巴勃罗 · 毕加索（Pablo Picasso）以野兽主义（Fauvism）的手法创作了《亚维农的少女》（*Les Demoiselles d'Avignon*），非洲的艺术成为一种新的灵感来源。乔治 · 布拉克（Georges Braque）结合木片和纸片等材料创作了立体派的静物、风景和肖像作品。

在当代艺术、新艺术的装饰风格、青年风格和工艺美术审美的推动下出现了一批艺术精英。工艺美术运动在北美表现为一种朴实、简约、缺少装饰的美式风格。弗兰克 · 劳埃德 · 赖特（Frank Lloyd Wright）独树一帜的“草原住宅”（Prairie style）便是这种美式风格的体现。然而，复古风格仍未退出潮流，一些著名的建筑师例如纽约的斯坦福 · 怀特（Stanford White）仍在倡导学院派美学。

新艺术在欧洲仍然盛行，特别是在饰品领域。卡地亚（Cartier）、法贝热（Fabergé）和莱俪（Lalique）生产了精美的珠宝首饰和香烟盒等饰品。1904 年，法国钟表商路易 · 卡地亚（Louis Cartier）为飞行员亚伯托 · 桑托斯 – 杜蒙（Alberto Santos-Dumont）制作了一款手表，这可能是世界上的第一款腕表并最终取代了怀表。法贝热以为俄国皇室制作精美的复活节彩蛋闻名，他在俄国和英国有几家店，

上图一　1900 年巴黎喜歌剧院作品《路易丝》的海报，古斯塔夫·夏庞蒂埃创作

上图二　1908 年伊万·比利宾为舞台剧《金鸡》（*Le Coq d'Or*，1908 年）设计的服装，为俄国民间元素在艺术和舞台作品上运用的例证，这种趋势影响了接下来多年时尚的走向

也出售各种珠宝和配饰。勒内·儒勒·拉利克（René Jules Lalique）以眼镜设计闻名，但也提供珠宝和饰品，通常是哥特式暗黑风格的蛇和蝙蝠主题。

马塞尔·普鲁斯特（Marcel Proust）、杰克·伦敦（Jack London）、约瑟夫·康拉德（Joseph Conrad）、托马斯·曼（Thomas Mann）和西多妮－加布里埃·科莱特（Sidonie-Gabrielle Colette）等小说家创作了截然不同于 19 世纪的新作品。英国编剧哈雷·格朗威尔·巴克（Harley Granville Barker）创作了关于家庭礼仪的戏剧《沃伊齐的遗产》（*The Voysey Inheritance*），美国编剧兰登·米契尔（Langdon Mitchell）创作了以离婚为主题的戏剧《纽约理想》（*The New York Idea*）。约翰·米林顿·辛格（John Millington Synge）将爱尔兰人生活中坚韧不拔的一面搬上舞台，有喜剧也有悲剧。编剧兼制作人大卫·贝拉斯科（David Belasco）在百老汇舞台上展现了一种新的更加写实的戏剧类型，代表作有《蝴蝶夫人》（*Madame Butterfly*）和《西部女孩》（*The Girl of the Golden West*）。1907 年，佛罗伦兹·齐格菲尔德（Florenz Ziegfeld）的第一部时事讽刺剧在百老汇首演，随后涌现了大量的同类作品。

在维也纳，在备受欢迎的小约翰·施特劳斯（Johann Strauss II）风格的影响下，法兰兹·雷哈尔（Franz Lehár）创作了《风流寡妇圆舞曲》（*The Merry Widow*），巧妙地处理了守旧贵族的问题。1905 年，这部作品在维也纳首次演出时获得了巨大的成功，欧洲其他地方很快出现了其他版本。雷哈尔的肥皂剧和维也纳的现代潮流形成了鲜明的对比，西格蒙德·弗洛伊德（Sigmund Freud）的精神分析学和维也纳工作室的先锋设计都促进了这座城市人文景观的发展。

1910 年代，歌剧继续盛行。1905 年，理查德·施特劳斯（Richard Strauss）改编了奥斯卡·王尔德颇受争议的《莎乐美》，也延续了关于这部作品的流言蜚语。1904 年，普契尼改编了大卫·贝拉斯科的戏剧作品《蝴蝶夫人》。普契尼的版本试图在歌剧舞台上呈现一种新的写实的戏剧风格，但是他的女主角却穿着和服，反映了东方风格仍受欢迎。古斯塔夫·夏庞蒂埃（Gustave Charpentier）的《路易丝》（*Louise*）描绘了法国女装制作业从业人员的生活，在印象主义视觉艺术运动的影响下，法国作曲家克劳德·德彪西（Claude Debussy）和莫里斯·拉威尔（Maurice Ravel）创作了新的音色。意大利男高音恩里科·卡鲁索（Enrico Caruso）是录音史上的第一个超级明星，1906 年出现了最早的唱片机——维克多留声机（Victor Victrola），后来被广泛使用。

美国爵士乐的早期形式——雷格泰姆（Ragtime）音乐将非洲切分拍的影响和浪漫的旋律以及波尔卡舞曲（Polka）的元素融为一体。史考特·乔普林（Scott Joplin，1867—1917 年）是最重要的雷格泰姆作曲大师，他的音乐受到他的美国黑人背景和他的德国钢琴老师的影响，他继承了两者的特点并将两者融合形成一种新的风格，对流行音乐产生了重要的影响。雷格泰姆感染和颠覆了以白人为主流的大众。

电影，这种 19 世纪 90 年代出现的新奇事物现在已经是一种时髦的娱乐方式并发展成为国际性的产业。1902 年乔治·梅里爱（Georges Méliès）执导的《月球旅行记》（*Le Voyage dans la Lune*）和 1903 年埃德温·鲍特（Edwin S. Porter）执导的《火车大劫案》（*The Great Train Robbery*）是早期电影的杰出代表。至 1905 年，电影公司已经很常见。1906 年，澳大利亚人查尔斯·泰特（Charles

上图一　这个时代最美的女人——意大利歌剧演员莉娜·卡瓦列里，1901年乔瓦尼·波尔蒂尼绘制，她采用特别的中分发式而不是当时流行的向后梳的发式

上图二　女演员埃塞尔·巴里摩尔喜欢简约的风格，《戏剧杂志》封面照

Tait）执导的《凯利帮的故事》（*The Story of the Kelly Gang*）是最早达到正片长度的电影（70分钟）。这时电影演员还不是“明星”，但是有些演员包括电影角色牛仔吉尔伯特·安德森（Gilbert Anderson）和汤姆·米客斯（Tom Mix）都拥有一批忠实的粉丝。

20世纪10年代尼古拉斯二世统治期间，新俄国风格在俄国的艺术和设计领域得到了进一步发展。1903年，俄国宫廷举行了一个假面舞会，在这个舞会上所有的宫廷成员和来宾都穿着以古代俄国为灵感来源的服装。这种品味也影响了舞台艺术，其中以插画家伊万·比利宾（Ivan Bilibin）灵感来源于俄国民间艺术的作品最为有名。俄国芭蕾舞团最重要的场景和服装设计师莱昂·巴克斯特（Léon Bakst）发展了这种风格，1909年，在经理戴亚基列夫（Serge Diaghilev）的带领下该舞团首次在巴黎亮相。他们的作品促进了新俄国运动的发展，同时也包含一些前卫的元素，例如性感的舞蹈和生动的表演。

时尚与社会

上流社会的跨国社交仍在继续，爱德华七世登上王位后这类活动更加频繁。作为英国的国王和王后，爱德华和亚历山德拉的时尚影响力还在，他们可能是20世纪的人所知道的最年长的潮流引领者。维多利亚女王去世后英国有很长一段时间处于服丧期，因此爱德华和亚历山德拉在1902年正式加冕前实际已经做了一年的国王和王后。服丧期间亚历山德拉的衣橱里主要是黑色、紫色、淡紫色和白色的衣服，通常搭配黑玉。1906年，爱德华和亚历山德拉的女儿，威尔士公主莫德（Maud）成为挪威的王后。莫德的着装和她的母亲一样令人瞩目，她的品味细腻精致，服装一般出自重要的宫廷女装设计师和高级女装设计师。

当时还有以下女性对时尚产生了重要的影响。意大利歌剧女演员莉娜·卡瓦列里（Lina Cavalieri，1874—1944年）以美丽的容颜和柔软的蜂腰成为公认的世界上最美的女性，当时重要的艺术大师纷纷为卡瓦列里绘制肖像画，她优雅的着装也出现在名片上的照片里。

吉布森女孩的形象依然流行，标准的分体式套装成为主流的款式。舞台上受欢迎的吉布森女孩形象则有所不同，伦敦制作人西摩·希克斯（Seymour Hicks）将“吉布森女孩”打造成“欢乐女孩”（Gaiety Girls）和“芙罗洛多拉女孩”（Florodora Girls）等流行女子合唱团的竞争者。比利时出生的卡米尔·克利福德（Camille Clifford，1885—1971年）在一次声势浩大、连查理斯·戴纳·吉布森本人也参与了的竞选中被选为吉布森女孩的最佳形象代表。她在纽约和伦敦出演吉布森女孩的角色。她的形象出现在许多摄影纪念品上，在这些照片里她模仿和呈现插画里吉布森的姿势和所处的场景。讽刺的是，克利福德特别纤细的腰身、雕塑般的公主裙和庚斯博罗样式的发饰让她严重偏离了吉布森女孩原来的形象。

爱丽丝·罗斯福等美国进步女性成为吉布森原作中现代自由精神更为准确的代表。另外一个类似的女性是美国戏剧演员埃塞尔·巴里摩尔（Ethel Barrymore，1879—1959年）。巴里摩尔改变了人们对女演员的看法，她鼓励戏剧界抛开业内盛行的造星花样，更加认真地对待她和她的职业。巴里摩尔拒绝穿当时流行的有褶边的款式，青睐简约的服装。她喜欢简单的发型和线条流畅的裙子，不喜欢按照高级时装要求的那样根据一天的日程改变着装。

爱丽丝·罗斯福，
西奥多·罗斯福的长女，
摄于1902年

爱丽丝·罗斯福（Alice Roosevelt）

照片中的爱丽丝·罗斯福（1884—1980年）是一位身材苗条、姿势优美的年轻女性，有着浓密的栗色头发和自信笃定的神情。作为西奥多·罗斯福（Theodore Roosevelt）的长女，她见证了父亲成为纽约州长再到美国总统的历程。她引起了美国大众的广泛关注，年轻女孩纷纷效仿她的穿着打扮。在其父担任美国总统期间，爱丽丝是美国曝光率最高的女性。她出现在白宫的舞会和那些让她下定决心"好好享受时光"的活动中（她后来在自传中曾这样描述）。叛逆的爱丽丝热衷于社交聚会，她当众吸烟，和各国人士攀谈。在一次对亚洲的官方访问中，爱丽丝结识了来自俄亥俄州的国会议员尼古拉斯·朗沃斯（Nicholas Longworth），并于1906年与之完婚。公众关注到爱丽丝白色婚纱上的每一个细节，记者也尾随这对新人到古巴报道他们的蜜月之旅。流行音乐传颂了爱丽丝的时尚影响力，1919年，歌曲《爱丽丝蓝长袍》（*Alice Blue Gown*）即致敬爱丽丝的献礼。嫁给政治人物使爱丽丝能够始终处于公众的关注之下，她保持了时尚的外形和对时尚的兴趣。年轻时佩戴的宽大的时髦礼帽成为她一生的标志。

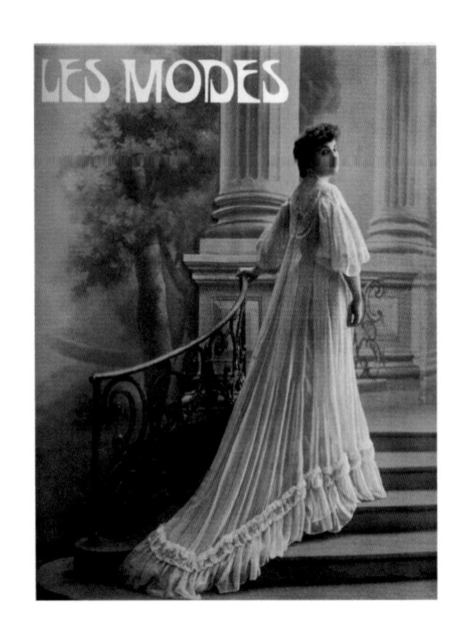

上图 歌手兼演员加布里埃·瑞尚（Gabrielle Réjane），身穿杜塞时装屋的室内礼服，本年代最负盛名的法国时尚杂志——《风尚》1902 年的封面照

下图一至三 波恩姐妹、欧内斯特·罗德尼茨（Ernest Raudnitz）和佩尔杜（L. Perdour）设计的女裙，见于 1900 年巴黎高级定制时装公会参加巴黎万国博览会时印制的时装宣传册

右页图 1902 年《裁缝手册》（*Façon Tailleur*）刊登的一组定制散步服。展示了多款帽子，其中也包括以 18 世纪三角帽为灵感的帽子

肖像画大师乔瓦尼·波尔蒂尼（Giovanni Boldini）、保罗·塞萨尔·艾利（Paul César Helleu）和菲利普·亚历克修斯·德·拉斯洛（Philip Alexius de László）等人的作品描绘了爱德华时代穿着华丽的服饰、佩戴耀眼宝石的名媛淑女。与此相反，漫画家乔治·古沙（Georges Goursat，笔名森（Sem））的作品嘲讽了有闲阶层。尽管政局日趋动荡，美好时代的时代精神仍然持续贯穿这个十年。富有阶层时常出入奢华的酒店和度假胜地，例如南欧地中海沿岸的里维埃拉。这样的生活方式需要财力支撑，财富成为社会地位的重要标签。因此出现了富有的美国女继承人嫁入有名但无力偿付债务的欧洲贵族家庭的现象。马尔伯勒公爵夫人康秀露·范德比尔特、波利尼亚克公主云娜丽达·辛格（Winnaretta Singer，Princesse de Polignac，胜家缝纫机公司的继承人）等国际时尚领袖也因此为高级女装设计师提供了必要的赞助。美国人的品味对巴黎高级时装屋的影响重大，伊西多尔·帕奎因（Isidore Paquin）甚至声称“时尚由美国人创造”。虽然美国的全球影响在与日俱增，但仍然没有出现能与法国和英国的设计师声望相匹敌的美国设计师，虽然从当时报道来看当时美国商人也努力想在巴黎的时尚产业里分一杯羹。

时尚媒体

时尚杂志报道了上层社会和时尚的发展。随着 1900 年 1 月 7 日《纽约先驱报》（*New York Herald*）时尚副刊的创立，纽约的时尚出版业也成长起来。《时尚芭莎》仍然是重要的时尚杂志，《妇女家庭杂志》除了时装之外还涉及家居主题。美国时装公司发行的《巴黎淑女》（*Les Parisiennes*）为读者提供“最新的巴黎时尚”信息，有英语、法语和德语三种语言。1909 年，美国出版商康泰·纳仕（Condé Nast）收购了《时尚》周刊并将它重新定位为时尚期刊。时尚出版开始和摄影结合，在过去的几十年里摄影在时尚中稳步发展。《时尚芭莎》从 19 世纪 90 年代末开始采用摄影照片。摄影对法国时尚杂志《风尚》（*Les Modes*）而言尤为重要，该期刊刊登了无数法国时装屋作品的照片。每一期都有非常优美的彩色封面照和内页照片。

1900 年巴黎万国博览会

从许多方面来看，1900 年举行的万国博览会都是举世瞩目的。第二届夏季奥林匹克运动会和博览会同时举行，博览会对巴黎地铁的发展起到了重要的促进作用。一个巨大的穿着珍妮·帕奎因（Jeanne Paquin）夫人设计的服装、象征巴黎女人

831
832
833
834
833
831
832
834

上图　正在读报的挪威皇后莫德（Maud），她时尚精致的着装出自巴黎拉费里埃时装屋

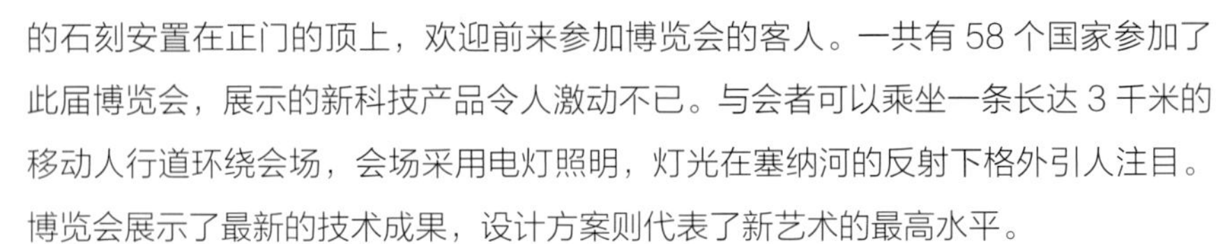

的石刻安置在正门的顶上，欢迎前来参加博览会的客人。一共有 58 个国家参加了此届博览会，展示的新科技产品令人激动不已。与会者可以乘坐一条长达 3 千米的移动人行道环绕会场，会场采用电灯照明，灯光在塞纳河的反射下格外引人注目。博览会展示了最新的技术成果，设计方案则代表了新艺术的最高水平。

当时许多重要的时装设计师参与了由珍妮·帕奎因夫人组织的博览会时装展示。时装用窗体展示并大量出现在宣传册上。沃斯时装屋以蜡像的形式展示服装，类似剧场的场景暗示了时髦女性的典型娱乐活动。

女装基本情况

1901 年 1 月，《画报评论》（*The Pictorial Review*）声称定制服装“如实反映了现代的礼仪和风俗”。套装因随性、实用更受人青睐已经成为女性衣橱的主要组成部分。对于实用的强调也反映了女性角色的转变，女性更加坚定地为争取女性权利而努力。衬衫式女衫仍受欢迎，款式简单，装饰多样，这个时期不论哪种款式的女衫通常都称为“Waist”。漫步服属于有较多装饰的定制服装，更加受到人们的欢迎。

鲜艳的颜色依然流行，但至十年末礼服和晚礼服都非常流行优雅柔和的颜色。虽然简约和现代变得重要，但时髦女性的服饰仍然注重装饰，色彩比起 19 世纪 90 年代中期的强对比色要柔和许多。女裙的装饰非常丰富，例如珠饰、金银线花边、蝴蝶结、褶边、泡泡、贴花、异国情调的流苏和对比鲜明的面料。一种灵感源自水手服的颜色广泛流行，和母亲一起穿过公园的孩子穿着水手衫。此时也正是英国、美国、日本和俄国的海军称霸海上之时，晚礼服也反映了这种趋势。

随着紧身胸衣的发展，上衣流行一种新的廓形，通常称为凸胸鸽式（Pouter

上图 1901年，一对美国夫妇的结婚照。新娘身穿内衣款式的丝绸长裙，头戴装饰橘色花朵的头饰

下图 皇家伍斯特和邦顿紧身胸衣（Royal Worcester and Bon-Ton Corsets）的广告，特点是采用夸张的S形造型，这种造型在1900年左右开始流行

左页下图 两款受到水手风格影响的长裙，左边的午后服来自《时尚画报》，右边的晚礼服来自《最佳风尚》（*Le Bon Ton*），都是1903年的款式

Pigeon Style）。通常后背合身，前面非常宽松，上部在颈根或育克位置收紧，下部在腰带位置收紧。裙身保持了19世纪90年代以来的喇叭造型，臀部更加合体，更加接近一种受到新艺术运动影响的百合花造型。裙子的长度不一，有拖曳款式的，也有裙摆稍微离地的，这取决于礼节和活动的需要。有些裙子和上衣合为一体，这种结构日益常见。

衣领还是高耸硬挺，任何形式的敞领，即使开口很小，都不用于日装。晚礼服延续了19世纪90年代的方领、圆领和V领，船领也很流行。十年之初，袖子一般简单合体，肩部有小小的泡量。袖子最重要的一个变化就是开始流行一种称为"主教袖"（Bishop Sleeve）的袖子，这种袖子的上部合体，下部手腕位置宽松但在袖口处收紧。有些衣服，特别是定制服装和散步服外套的袖子，笔直或稍呈喇叭形，长度为全袖的四分之三，露出里面衬衫的主教袖口。晚礼服一般无袖，搭配长手套，但也有泡泡半袖或袖口装饰18世纪风格褶边的紧身中袖。有些正式的午后服也采用半袖并搭配长手套。

腰线位置的变化成为了这个时期的特色。1900年以后不久出现了高腰款式的上衣，腰线的位置提到了肋骨的中部。有些裙子采用了双腰线的设计，既有结构线也有装饰线。1905年左右公主裙再次流行，常用作散步服之类的日装，也可用作晚装。有些款式某个部位（通常是前面）使用公主线分割，其他部位则使用腰线分割。至1908年，高腰线变成典型的分割线形式。

内衣款式的连衣裙常用棉布、亚麻布制作，有时也用平纹丝绸，采用内衣惯用的装饰手法，例如蕾丝、褶饰和小的褶裥花边。19世纪晚期以后，许多场合都穿着内衣款式的连衣裙，特别是春夏季。特别精美和装饰繁复的款式用于白天的正式场合，例如宴会、露天派对、毕业典礼，这种裙子也常用作婚礼服，有时也用作非正式的夏日晚礼服。

美体衣和内衣

19世纪90年代末紧身胸衣的变化导致了1900年S造型的流行。S造型用一种硬挺的紧身胸衣巴斯克（Busk）来实现，胸腔的上部向前凸起，骨盆位置则向后凸起。某些这种造型的紧身胸衣最初被作为一种健康的款式来宣传，因为它们减少了对侧腰的压力。实际上，这种"健康的裨益"和不自然的姿势带来的损伤两相抵消了。这种夸张的S造型通常需要使用额外的支撑物。臀部继续使用小型裙撑，双乳中间填入填充物以增大胸部的尺寸和降低胸高点。这时理想的女性形象是那些足够丰满和成熟的女性，曾经体态丰满的名人——例如弗朗西斯·福尔松·克利夫兰，奈丽·梅尔巴和莉莲·罗素等已经衰老过气。女性普遍穿着紧身胸衣罩、背心和内裤，这种组合的款式很流行。衬裙采用拼接裙的形式，为了使裙摆的喇叭口更加明显，还在下摆处装饰精致的褶边。1907年，德贝沃伊斯公司（The DeBevoise Company）宣称它的胸罩产品是一种"合身的、能支撑胸部的紧身胸衣罩"。诸如此类胸罩的早期形式因尺寸较大有时称为"胸衣"（Bust Bodice）。在日常生活中不起眼的长筒袜也很有装饰性。用丝、棉或细羊毛编织而成，通常有蕾丝图案，色彩丰富，并装饰刺绣卷须、蝴蝶结和其他新奇的细节。

孕妇装和大码服装

1904年，莉娜·希默斯坦·布赖恩特（Lena Himmelstein Bryant）在纽约的第五大道上开了一家服装店，因为一个笔误，这家店变成了莱恩·布赖恩特（Lane Bryant）。莱恩·布赖恩特主要为胖人提供服装，也经营孕妇装。那个时候怀孕被视为个人隐私，孕期也不可能穿得多么时髦，莱恩·布赖恩特的产品标志着一个重要的专业市场的开始。

孕妇用的紧身胸衣得到了广泛的宣传。纽约贝尔特·梅公司声称他们生产的孕妇用紧身胸衣“保证母亲的轻松和舒适，保护小生命的安全。能让母亲像平常一样穿着和保持正常的体形”。

外套和女帽

大衣和外套是女性冬季衣橱的基本款。全身长、四分之三身长、半身长和长至腰部的款式都有。大衣也反映了穿在里面的服装的时尚廓形。装饰通常可以看到军装的影响。箱形短外套是一种新出现的宽松款式的外套。1903年《时尚画报》上有一张关于外套的插图，上可见一件长至臀部半紧身的外套（Jaquette mi-ajustée），用于非正式的散步场合和城镇生活。长大衣——长度通常在膝盖和小腿之间——采用接近A字的宽松廓形，并有宽大的喇叭袖。这种款式称为“和服大衣”（Kimono Coat），虽然它并非真正采用日本服装的T字廓形，但其宽松的款式和和服殊途同归。和服大衣对20世纪10年代大衣款式的发展产生了强烈的影响，有日用和夜用之分，面料也多种多样。

这个十年帽子的尺寸继续增大。时尚杂志上常常出现18世纪的肖像画，它们成为女帽设计的灵感来源并反映了两个时期帽子款式的相似性。随着帽子尺寸的增大，帽子上的装饰也增加了，帽子也比以前更加引人注目和具戏剧性。随着帽子成为一种具有强烈的时尚特征的单品，戴帽礼仪多少有些改变，帽子也用于室内甚至和晚礼服搭配使用。时装插画和名媛画像中的女性通常身穿晚礼服头戴庞大夸张装饰羽毛的帽子。从毕加索和威廉·梅里特·切斯（William Merritt Chase）等人的画作可以看出他们对这个时期超大尺寸女帽的迷恋。

皮草外套

皮草外套格外受女士青睐，成为爱德华时代的一款重要服装。可能是受到1892年法俄同盟的影响，这个十年人们对皮草服装的喜爱增长，不仅因为俄国是主要的皮草供应商，也因为皮草在这里已经很普遍。主要的皮草商都参加了1900年的万国博览会，法国重要的时装屋都推出了皮草服装。这个时期男士的冬大衣都用皮草装饰或将其作为衬里，使用皮草的衣领、翻边和袖口。然而，最壮观的还是女士的皮草服——海豹、黑貂、水獭、白貂、臭鼬和松鼠毛应有尽有，通常采用组合的形式，即以一种皮草为主另外一种差异大的皮草为边饰。此外还流行用动物的头和尾巴做装饰。

加拿大和俄国是最重要的两个皮草供应国。西伯利亚乌拉尔是俄国的皮草交易中心。雷维永兄弟（Revillon Frères）是一家贸易横跨大西洋的巴黎皮草公司，它在加拿大北部建立了许多贸易站，并和加拿大本地的哈德逊湾公司（The Hudson Bay

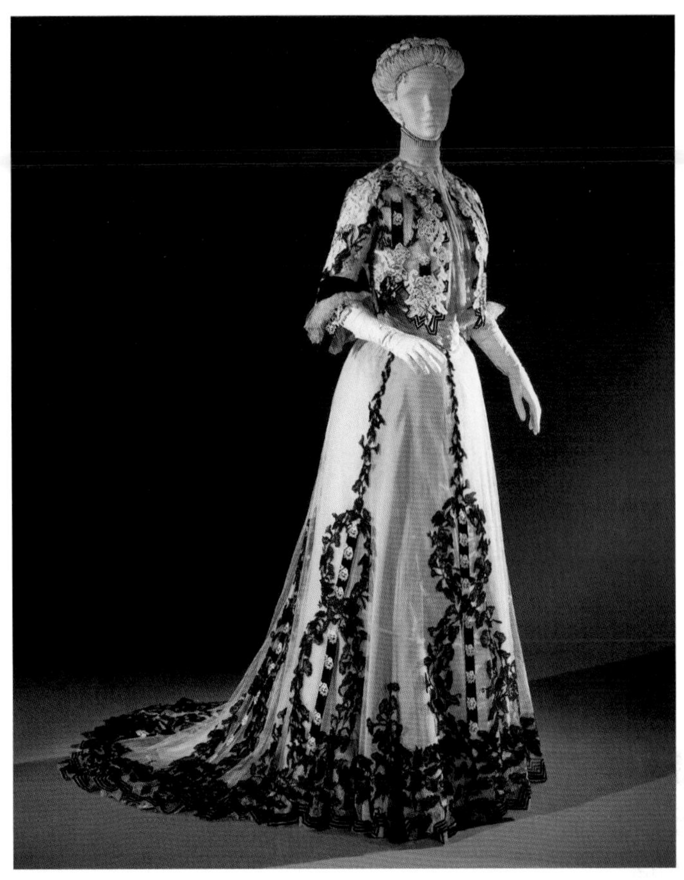

左上图　纽约名人弗雷德里克·奥古斯塔斯·康斯特布尔夫人（Mrs. Frederick Augustus Constable）的一件正式礼服，出自杜塞时装屋（约 1902 年）。这件礼服使用了多种材料，裙子上的花饰体现了日本风格的影响

右上图　古斯塔夫·拜尔为一个美国客户设计的宴会服，使用了大量对比明显的花边，和学院派建筑的细节相似

左页上图　1907 年，《时尚芭莎》刊登的"以和服线条为基础"的外套

左页中图　1908 年意大利 E&A 兄弟时装（Brothers E. & A.）的一幅海报。左边的女士穿着毛皮外套，戴着暖手筒，右边的女士披着毛皮披肩

左页下图　皮草外套经常使用多种动物的毛皮，例如雷德芬时装屋的这件大衣使用了黑貂毛皮和白貂毛皮。图片来自《风尚》1906 年 1 月刊

Company）一起为欧洲和北美市中心的时装制造商提供皮草原料。霍尔·特润福继续经营皮草业务，至 1900 年，该公司的店铺已经从魁北克扩展到蒙特利尔和多伦多。

设计师

从万国博览会可以看到法国的时装产业创意十足且组织有序。多数时装屋保留了装备齐全的沙龙，通常采用路易十六时期风格的内饰，并基本实现了电气化。在时装屋的入口处安排推销员或放置人体模特便于招徕顾客并为她们指导穿着。经营场所通常配备大的工作室但入口一般很隐蔽。除了顶级的时装屋，该产业还包括女装裁缝、男装裁缝、女帽商、皮草商和许多服装生产和销售必要的供应商。这个时期登上法国时尚期刊的品牌类型广泛。1902 年，弗雷德里克·利斯（Frederic Lees）在《蓓尔美尔》（*Pall Mall*，一个以大众艺术和生活方式为导向的英国期刊）上评论了巴黎的许多顶级时装设计师。利斯的文章记叙了他在巴黎时尚街区的见闻，他造访了帕奎因、雷德芬、拉费里埃、拜尔和沃斯等几个重要的时装屋。

老牌时装屋沃斯顾客群已经老龄化，其作品风格更接近 19 世纪 80 和 90 年代而不是新世纪。这种旧式的保守风格有时也会被媒体批评，但是大多数情况下，无论创意新颖与否，沃斯时装屋仍被视为时尚的主要力量和优雅服装的来源。1902 年，沃斯全套服务分公司的成立扩大了这家时装屋在伦敦的影响力。

20 世纪初，杜塞时装屋正处于顶峰时期。杜塞杰出的作品使用柔软、轻薄的面料，装饰蕾丝、缎带和对比柔和、颜色淡雅、日本风格的花卉纹刺绣。这个十年杜塞本人继续专注于艺术品收藏，较少参与时装屋的事务。时装屋的设计事务由杜塞的老员工何塞·德·拉·佩纳·德·古兹曼（José de La Peña de Guzman）主持。

雷德芬有限公司此时在实力和时尚影响力上都处于巅峰时期。十年中雷德芬公司关闭了它在考兹的分店，那里曾是这个时尚帝国的起点。公司将业务的重心转移到高级时装。一般认为雷德芬的伦敦分店经营英国式的定制服装和运动服，巴黎分店则以华丽的高级时装著称。事实上，在雷德芬的任何一家店都可以买到这两种风格的服装。巴黎分店现在成为主要的分店，1902 年，巴黎分店的查尔斯·波因特·雷德芬（Charles Poynter Redfern）成为了雷德芬公司的总裁。波因特·雷德芬在保持 18 世纪的传统方面颇有建树，他在斗篷、茶会女礼服和白色真丝薄绸罗姆尼裙上运用华托风格的褶裥。他还借鉴了帝政风格女裙提高腰线位置的做法。十年之初，波因特·雷德芬还设计了希腊风格和督政府风格（Directoire-style）的女裙。

拉费里埃此时已经是一个历史悠久、颇有名望的品牌了，时装屋的创始人玛德琳·拉费里埃（Madeleine Laferrière）何时去世尚不明确，但从当时的记载来看，这个十年在没有玛德琳的情况下该品牌依然持续经营。时装屋的事务由巴黎高级定制时装公会的活跃分子阿塞纳·波奈儿（Arsène Bonnaire）主持。其作品含蓄、高雅，细节精致。据利斯（Lees）所言，拉费里埃时装屋是英国宫廷最为重要的礼服供应商，也是亚历山德拉王后和挪威莫德王后代表性的着装品牌。

设计师古斯塔夫·拜尔（Gustave Beer）此时备受《纽约时报》（*The New York Times*）和《风尚》等时尚期刊的关注。拜尔技艺高超，品味出众，其作品有很强的艺术性，因此成为著名的礼服供应商，他的客户主要是一些着装考究的贵族阶层，其中包括德国皇后、葡萄牙女王和俄罗斯公爵夫人。利斯在《蓓尔美尔》的文章中曾评论：“他的作品最有贵族气派，也最昂贵。”拜尔在蒙特卡洛等城市也开设了沙龙，受到精英客户的喜爱。

左页上图　1908年帕奎因时装屋的一张插画，现藏于维多利亚与艾伯特博物馆（The Victoria and Albert Museum）

左页左下图　歌手兼演员简·哈丁（Jane Hading）是雷德芬忠实的客户，这是她为该时装屋拍摄的一张照片，身穿时装屋的午后礼服。图片来自《风尚》1901年5月刊

左页右下图　卡洛姊妹的一款礼服，是该时装屋本年代后期前卫设计的代表。图片来自《风尚》1909年4月刊

下图　奥尔巴尼·豪沃斯（A. E. Howarth）的一张水彩画，上可见一件帝国风格礼服。图片来自1905年利伯提伦敦的服饰和家居用品商品目录

十年中帕奎因的业务拓展了许多，巴黎和伦敦的分店都取得了成功。伊西多尔·帕奎因依然担任销售和业务经理，珍妮的设计则得到了广泛的认可，这在一定程度上归功于她在世界博览会上的突出表现。20世纪早期，帕奎因推出了一款督政府风格的礼服，通常使用多层柔软精致的面料制作，这是一种新兴的潮流，既挑战了19世纪90年代的传统，也是对未来的展望。

卡洛姊妹的作品以制作精良闻名，这些服饰通常装饰丰富，刺绣精美。她们的母亲是一名蕾丝女工，因此姊妹四人常在她们的作品上使用蕾丝表现缥缈的效果。她们接受了新艺术风格和亚洲文化的影响。玛丽·卡洛·嘉宝担任时装屋的首席设计师，以专业的技术和美学实验出名。

东方快车将西欧、中欧和巴尔干半岛连接起来。每年三月，这列列车被戏称为“高级时装列车”（Train des couturières），因为东欧顶级时装屋主要的设计师和售货员会乘坐这列列车前往巴黎为维也纳、布达佩斯和索非亚的客户挑选最新款式的时装。克里斯托弗·冯·德莱赛尔男爵（Baron Christoph von Drecoll）是东欧最著名的设计师之一，他主要活跃于维也纳。“他的时装屋在欧洲东部和黎凡特地区颇受欢迎，客户主要是罗马尼亚和塞尔维亚的上层人士、富有的希腊人以及亚历山大和开罗两个法属殖民城市的时髦人士。他的雇员中有一对雄心勃勃的奥地利年轻夫妇——瓦格纳（Wagner）先生和瓦格纳夫人。”瓦格纳夫妇获得了德莱赛尔的特许经营权，在巴黎开设了一家分店，由瓦格纳先生担任经理，瓦格纳夫人担任设计师。

1900年，露西尔与贵族科斯莫·达夫·戈登（Cosmo Duff Gordon）结婚，这段婚姻对她大有益处。达夫·戈登夫人是她众所周知的头衔，她的生意在这个十年发展迅速。她的妹妹埃莉诺·格林（Elinor Glyn）是一个作家，格林经常穿着露西尔设计的服装亮相，格林与上流社会的联系吸引了很多顾客光顾露西尔的商店。很多王室成员和贵族女性也成为了露西尔的客户。1905年，她重组了自己的生意，将其合并为“露西尔有限公司”（Lucile Ltd.）。她开始尝试那些可以用来描述她的作品的标志性主题——异国情调和浪漫主义。她的设计细节精致，富有女人味，她的风格非常适合优雅、性感的茶会礼服。露西尔不喜欢用数字编号来指称作品，她的作品经常有一些挑逗性的名字——例如“激情渴望”，让她的设计处于浪漫的情境中。这种戏剧化的特点吸引了一些有名望的女演员，露西尔常应邀担任舞台服装设计，例如1907年为英国女演员莉莉·艾尔西（Lily Elsie）设计在歌剧《风流寡妇》（*The Merry Widow*）中所穿的服装。其中有一款比当时流行的款式宽一点和高一点的帽子。很快这款在当时时尚的基础上进行轻微却明显改变的帽子成为了流行的单品，这款帽子也因此得到了一个称谓——“风流寡妇帽”。露西尔新颖、戏剧化的时装展示方式促使后来多年沿用的T台时装秀的诞生。

英国零售商“利伯提伦敦”依然是一个对时尚颇具影响力的经销商，其美学理念也被更多人接受。保罗·波烈（Paul Poiret）和马瑞阿诺·佛坦尼（Mariano Fortuny）的作品尤其反映了这一点。

保罗·波烈（1879—1944年）最初是一个速写画家，他将自己的设计卖给高级时装屋。后来，他担任杜塞时装屋的设计助理，之后担任沃斯时装屋的专职设计师。这段时间波烈负责日礼服的设计，他找到了

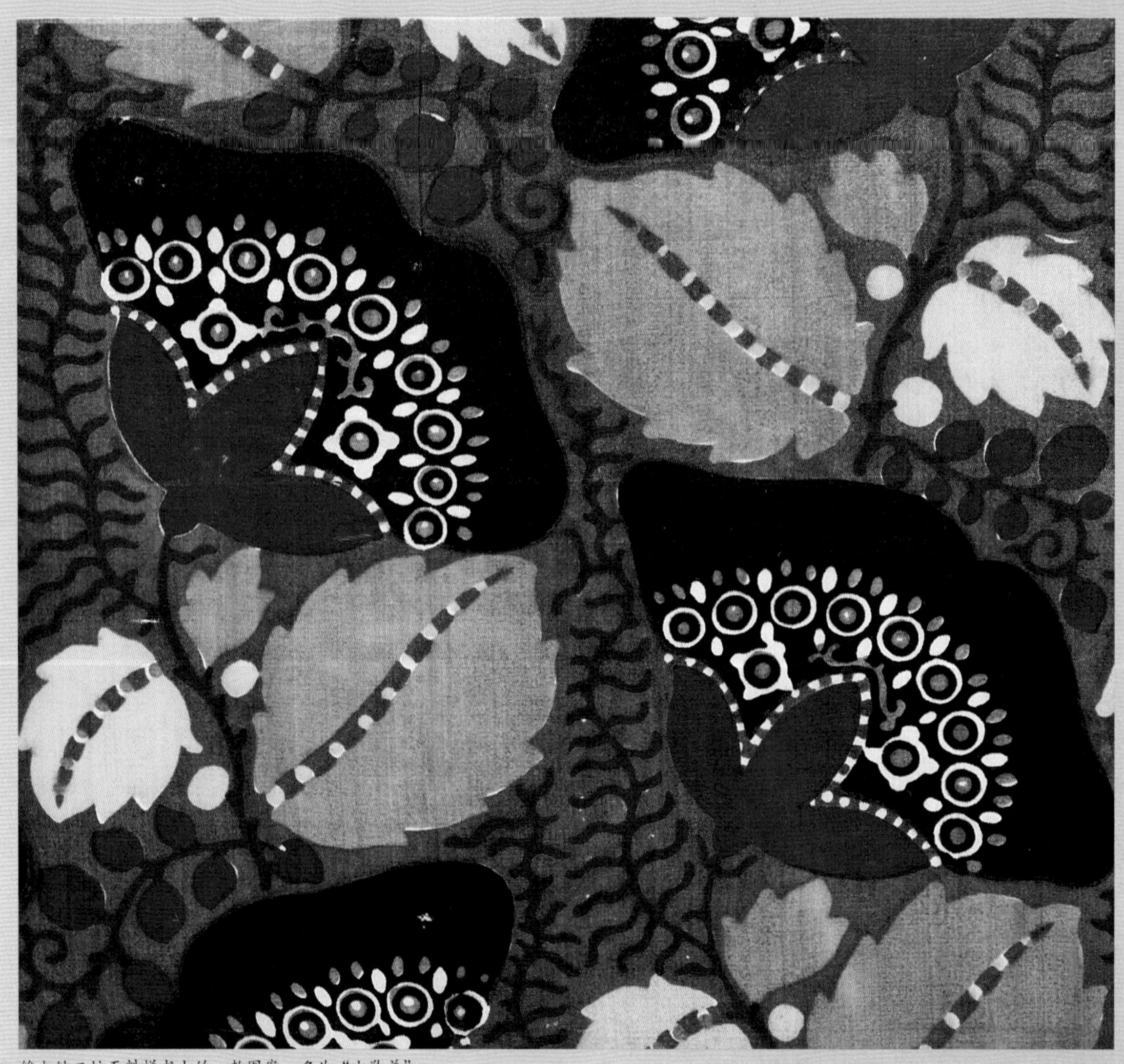

维也纳工坊面料样书上的一款图案，名为“小羚羊”

维也纳工坊（Wiener Werkstätte）

凭借引人注目的几何图案、大胆的色彩和前卫的廓形，维也纳工坊设计的面料和服装吸引了一批前卫的精英客户。维也纳工坊由约瑟夫·霍夫曼（Josef Hoffmann）和科洛曼·莫泽（Koloman Moser）于1903年创立，他们受到英国工艺美术运动的影响，相信通过设计改革实现美术与装饰艺术的统一能达到改变社会的目的。与维也纳分离派一样，他们也意识到欧洲的美学发展，并受到建筑设计师及产品设计师查尔斯·雷尼·麦金托什（Charles Rennie Mackintosh）作品的影响。这间工坊从事平面设计，也生产壁纸、家具、金属器皿、珠宝首饰、服装和面料，产品最初在维也纳的维也纳工坊商店出售，后来在德国、瑞士和纽约也设有分店。

维也纳工坊的设计师相信好的设计有多种用途，每一个参与创作的个体都应该得到表彰。虽然维也纳工坊设计师的风格各不相同，总的特点是严苛和建筑风，它也有民间艺术的图案和表现主义的风格，尤其是在面料上。华丽醒目的图案适合维也纳改革款式的简约女裙，在古斯塔夫·克里姆特（Gustav Klimt）为他的情妇——时装设计师艾蜜莉·芙洛（Emilie Flöge）及其他著名女性绘制的画作中可以看到这种类型的女裙。尽管创立者的初衷是让优秀的设计大众化，但是昂贵的材料和精细的工序让产品的价格居高不下，所以工坊的产品还是比较适合有钱人。维也纳工坊一直经营到1932年。

左上图　新古典主义风格高腰连衣裙、18世纪风格的蓬乱发型和发带是保罗·波烈1908年礼服系列的典型特点，图片来自保罗·伊瑞布绘制的彩色宣传册《保罗·波烈的礼服》

右上图　马瑞阿诺·福坦尼的德尔菲裙，这款裙子以独特的褶裥、异国情调和古典元素吸引了一批有艺术品味的顾客

自己擅长的领域，例如那款明显有东方特色的孔夫子风格的大衣。据波烈回忆，这款先锋派的大衣曾招致沃斯的一个重要客户的愤怒，但也引起了沃斯的另外一个重要客户——莉莉·兰特里的关注。

离开沃斯以后，1903年波烈成立了自己的时装屋。波烈的审美简约，他出售一些新奇的服饰，这些服饰让爱冒险的顾客耳目一新，价格却比其他的时装屋便宜。然而，直到1908年，波烈才公开表明自己的美学观点。波烈为他那一年的礼服系列发行了一本精彩的限量版对开本宣传册《保罗·波烈的礼服》（*Les Robes de Paul Poiret*），宣传册上的插画出自25岁的保罗·伊瑞布（Paul Iribe）之手。伊瑞布的彩色插画采用抽象的图形、大胆的几何图案和野兽派的用色，和当时常见的时装插画截然不同，预示了“现代风格”（The Moderne Style，后来称为“装饰艺术”）的到来。插画中的连衣裙采用宽松的督政府风格直筒廓形，不穿紧身胸衣，也不前凸后翘。波烈融合了督政府风格的某些细节（例如高腰线和发带）和日本及中东的元素。

波烈认为色彩很重要。当帕奎因、杜塞、卡洛姐妹和雷德芬等设计师纷纷转向新的色调时，他声称这要归功于他，仿佛这是他的创意。正如他在自己的回忆录中写到的那样：

“18世纪品味的改良让女性进入一种迷离的状态，以‘独特’为借口，所有的生机都被抑制了。差别细微的粉紫、丁香紫、淡紫、淡蓝、青绿、玉米黄和稻草黄，这些苍白无力、清淡无趣的颜色被人称赞。我往这个羊圈里扔进了一些粗野的狼，红的、绿的、紫的和蓝的，让其他人高声尖叫。”

波烈比任何一个设计师都更加抵制紧身胸衣。年轻的波烈设计的服装得到了一些精英人士的喜爱和时尚媒体最初的支持。波烈的口碑在敢于冒险的时髦女性中相传。1909年，伯爵夫人玛格丽特·阿斯奎斯（Countess Margot Asquith，英国首相赫伯特·阿斯奎斯

上图一　英国女演员莉莉·艾尔西（Lily Elsie）在《风流寡妇》中穿着的服装由露西尔设计，包括一顶非常有名的大帽子

上图二　女帽商珍妮·朗万将业务拓展至童装和女装，她的作品常以“母女”的形象进行营销，例如这张刊登在1909年《风尚》上的照片

（Herbert Asquith）的妻子，同时也是一位著名的时尚领袖）邀请波烈在唐宁街（Downing Street）10号展示他的设计。这引起了英国媒体的愤怒，首相官邸所在地也因此被戏称为“长袍街”（Gowning Street）。

威尼斯多才多艺的西班牙设计师马瑞阿诺·福坦尼·马德拉佐（Mariano Fortuny y Madrazo，1871—1949年）的作品包括灵感多样的服装和面料。福坦尼和波烈一样包容创新，但他是非主流的，他的设计更接近艺术创作，富有、时髦且喜爱艺术的女性会选择他的设计。

福坦尼是画家的儿子，因此他在美术和舞台设计等艺术领域颇有建树。1906年，他开始从事时装和纺织品生意。他设计的面料用于服装和室内家居用品。福坦尼也从事室内设计，他设计的灯具很有名。

福坦尼的灵感来源很丰富，包括博物馆收藏的古代艺术品。他对古代风格的诠释比当时任何一个设计师都更加准确。福坦尼也借鉴了北非、远东和近东的风格，尤其受到意大利中世纪和文艺复兴的启发，后来接受了以加布里埃尔·邓南遮（Gabriele D'Annunzio）为代表的文学思潮的影响。

“德尔斐褶皱裙”（Delphos）是他的代表作，取名于古希腊雕塑《德尔斐的驾车人》（*The Charioteer of Delphi*）。这是一款无袖的直筒连衣裙，福坦尼以他独特的手法打出非常细密、略微不规则的风琴褶，裙摆均匀地从正面、侧面和背面垂下，看起来像一朵倒置的牵牛花，通常还会沿两条侧缝装饰威尼斯玻璃珠。德尔斐裙有多种系法，可用有印花图案的配套腰带、绦带或其他系结腰带，这是从古希腊风格中获得的灵感。德尔斐裙通常搭配配套的褶皱套头外套。外面通常使用克诺索斯披肩（The Knossos Scarf，一种印有古代风格图案的矩形大披肩）。福坦尼的作品还包括用华丽的天鹅绒、织锦和印花面料制作的窄袖以及宽袖的T形套头外套、蝙蝠袖外套、线条流畅的女罩衫和连衣裙。在接下来的几十年里福坦尼的大多数设计一直在生产。

19世纪80年代，法国设计师玛德琳·维奥内特（Madeleine Vionnet，1876—1975年）在伦敦得到了她的第一份重要工作——为宫廷女装裁缝师凯特·雷利（Kate Reily）工作。1901年，维奥内特回到巴黎，之后在贝霍夫－大卫时装屋（Maison Bechoff-David）担任售货员，后来被卡洛姊妹雇用。维奥内特对她在卡洛受到的训练表示赞赏，卡洛姊妹高雅的品味和精湛的工艺对她后续的职业生涯产生了重要的影响。1907年，她加入了杜塞时装屋。她在杜塞的第一款设计是一件半透明的连衣裙，模特赤脚展示，也不穿紧身胸衣，体现了她堪比波烈的创新精神。维奥内特的设计得到了杜塞客户群中一些前卫的交际花和女演员的青睐，但是她的设计风格与杜塞时装屋的风格定位不符。最终她离开了杜塞，下个十年之初她成立了自己的时装屋。

19世纪80年代，珍妮·朗万（Jeanne Lanvin，1867—1946年）以经营女帽起家，一个偶然的契机她为女儿制作的衣服得到了朋友和客户的称赞，后来便开始设计服装。她很快接到了制作女孩连衣裙和母女亲子装的订单。朗万在19世纪80年代末推出的作品非常有远见，包括古代和中世纪风格的宽松T形女裙。1909年，她加入了巴黎高级定制时装公会。大概在同一时间，她开始被法国时尚报刊持续报道。

上图　1905年，美国新泽西州艾斯拜瑞公园一群正在享受海浪的人们，展示了这个年代常见的更加现代的泳衣

下图　一张表现男式和女式网球服的插画，图片来自维也纳的一本小册子《女士的节日》（*Der Tag einer Dame*），斯蒂芬妮·格拉科斯绘制（Stephanie Glax）

时尚媒体和广告还记录了当时巴黎其他的一些时装屋的作品和活动，例如罗夫时装屋（Maison Rouff）、马歇尔和阿尔芒时装屋（Martial et Armand）、罗德尼茨时装屋（Maison Raudnitz）和佩尔杜时装屋（Maison Perdoux）。在这个十年崭露头角并对下一个十年产生强烈影响的新锐设计师有波恩姊妹（Boué Soeurs）、夏瑞蒂（Chéruit）和乔治·道维莱特（Georges Doeuillet）。有证据显示，这一年代最后几年至少有两个美国人（格林（J. Green）和威克斯（Weeks））在巴黎成立了高级时装屋。

美容和美体

除了使用紧身胸衣，时髦女性还采取各种各样的“减少肉感”的措施，例如在上腹部穿橡胶内衣或围有弹性的“减肥带”，洗瘦身浴或者吃减肥药。女人渴望拥有“希腊人”的体形，断臂的维纳斯被视为最完美的女性形象。一位美女作家曾声称：“即使轻微的肥胖也会从女性的脸上和步伐中夺走所有的青春；达到标准体重后每重十磅都会让女性的衰老加重一次。”女士们为拥有更曼妙的身姿和更好的平衡能力，开始了锻炼以扩大肺活量和促进消化，通过按摩舒展面部的肌肉，敷自制或购买的面膜对抗皱纹。修正肤色的配方被广泛采用，有些成分令人惊讶——例如一种液体混合了杏仁粉、蒸馏水和二氯化汞。对于严重的面部问题例如痣和色斑，则需要使用电解疗法。1907年，人工合成的染发剂问世。

运动服

1900 年，汽车已在欧洲和美洲生产；1910 年，汽车在世界其他地区也投入批量生产。早期买得起汽车的人都是富人，1908 年福特推出 T 型车后中产阶级家庭也买得起汽车了。尘土飞扬的道路加上早期的汽车采用开放式的设计，导致一种新的特殊类型的服装产生。乘车时司机和乘客需穿着称为“防尘罩衫”的宽松长外套。百货公司和专业供应商都强调外观与实用的结合。背后闭合的长款橡胶“汽车衬衫”、披肩和斗篷也用作汽车服。女性一般在驾驶帽外戴上厚厚的面纱，也有包住整个头部只在眼睛处留下开口，嘴部有一层过滤薄纱的头饰。驾驶手套、护目镜和面具让司机看起来像是早期的飞行员。

有些女式泳衣采用连体款式，上为衬衫，下为灯笼裤，用宽松的及膝内裤或灯笼裤连接衬衫制成。通常在外面还穿一条长及腿肚的半裙。水手领、水手领结和蓝白配色顺应了女装的航海风潮，也有风格类似的男式泳衣套装。在某些地方男性游泳时只穿四角泳裤——通常在只有男性的游泳场合。多数情况下男性穿连体或两件套的泳衣，用深色羊毛针织面料制作，常装饰条纹。女性常穿系带游泳凉鞋和黑色长袜，男性则通常赤足。受到游泳明星特别是悉尼女性游泳运动员安妮特・凯勒曼（Annette Kellerman）的影响，人们对女式泳衣的态度正在经历重大的转变。人称“澳大利亚美人鱼”（The Australian Mermaid）的凯勒曼开发了一种用于比赛的连体泳衣，她在男童的针织泳衣套装上加上了长筒袜——一个惊人但有益的创新。

男装

男装继续朝休闲化的方向发展，服装风格的变化主要体现在帽子上。高顶礼帽（19 世纪优雅的象征）没有完全消失，但只有年老的绅士在非常正式的场合或穿骑马装时佩戴。高顶礼帽似乎与实用、休闲的男装格格不入。圆顶黑毡礼帽（即美国的德比帽）成为城市日装的标配。夏季随处可见平顶草帽和巴拿马草帽。随着运

上图 1900 年，芝加哥帝王裁缝公司为衣着考究的商务人士提供经典款式的套装

右图 1900 年，约翰・斯沃茨（John Swartz）为美国非法团伙“野战群”（The Wild Bunch）拍摄的照片。所有男性都穿着定制服装并佩戴一顶圆顶礼帽，这种帽子在美国称为“德比帽”

箭领男人

“箭领男人”（The Arrow Collar Man）是约瑟夫·克里斯蒂安·莱安德克（Joseph Christian Leyendecker，1874—1951 年）为箭领制造商克卢特和皮博迪公司（Cluett, Peabody & Co.）创作的人物。在接受该公司的委托前，莱安德克已经是知名的插画家，他的作品大量刊登在《星期六晚邮报》（*The Saturday Evening Post*）等美国杂志上。男式衬衫很难保养，新出现的可拆卸衣领能让衬衫每天都保持干净清爽。“箭领男人”是 1907 年推出的概念，它见证了从箭领到箭牌衬衫的过渡，对该品牌的成功功不可没。“箭领男人”被视为男版的吉布森女孩，代表了美国新兴的完美男性的形象，强调轮廓分明的外貌、宽阔的肩膀和健康的体形——体格健壮但气质优雅。“箭领男人”在所有场合——打高尔夫、参加晚宴，甚至读报纸时——都是衣冠楚楚的，他意味深长的凝视打动了消费者几十年。“箭领男人”的原型是查尔斯·比奇（Charles Beach）——莱安德克的经纪人和伴侣。“箭领男人”赢得了美国女性的芳心，甚至收到了粉丝的邮件和求婚。

莱安德克创作的典型的“箭领男人”

动风的继续发展，越来越多的鞋子采用系带的款式，与早期的带扣款式形成鲜明的对比。双色很流行，通常使用布质鞋罩获得这种效果。

多数男性——尤其在城市——穿更加现代化的西服（或休闲）套装，这种款式继续取代长礼服。套装包括外套、背心和长裤，是职场男性标准的着装。随着办公室工作和行政职位的发展，职场男性的地位也不断上升。男式外套每个季度都会有轻微的变化。单排扣或双排扣、带 V 形槽口翻领的西服外套搭配配套的 V 领背心和直筒长裤。出席重要的社交、宗教和公民活动时，各行各业的人都要穿上套装。百货商店和男装专卖店出售的成衣越来越多。裁缝——不管是独立工作还是受雇于时装店——还必须能制作现成的适合消费者的套装。英式剪裁依然备受尊敬，但不那么正式的美国款式也发展迅速。虽然大规模生产的套装缺乏定制的特色，但它们能让工人阶级的男性看上去也很时髦。

本年代商务衬衫常为白色，有可拆卸的硬挺衣领，领口高，和女装的情况相仿。活结领带更加流行，取代了之前的复杂款式。

布雷泽是新出现的一款定制外套，通常搭配不同颜色的长裤，这是运动风与休闲风结合的另外一个例子。海军风蓝色布雷泽适合参与或参观网球和帆船运动的人士，有一种上层阶级的休闲感，即使后来运动装淘汰了外套转向更加轻便的服装也还是如此。此时还出现了一种大腿处呈喇叭形的长筒骑马裤，从东印度的服饰改造而来，成为及膝马裤以外的一种选择。这种裤子略微带有军装的风格，卡其色或棕色更有粗犷坚毅的感觉（正如西奥多·罗斯福（Theodore Roosevelt）表现的一样）。

外套依然有很多款式，适合穿在西装外面。一些款式较为粗犷，适合乡村；另有一些款式适合城市。切斯特菲尔德大衣是单排扣的，版型宽松或半紧身，长度在膝盖以下，有前门襟和天鹅绒衣领，是一种流行的商务大衣。黑色的德比帽搭配黑色的切斯特菲尔德大衣的现代着装方式相当于以前高顶礼帽搭配长礼服的着装方式。

左上图 冯·托恩和塔克西斯（von Thurn und Taxis）家族的两位王子，穿着为某个特殊场合准备的优雅服装，摄于1908年

右上图 纽约约翰·沃纳梅克1906—1907年秋冬系列的商品目录中出现的男童服装，从玩耍服到套装，全都采用及膝马裤

下图 一张表现不同年龄的女童（与一名学步男童）着装的插画，图片来自《纪实者》1903年3月刊

童装

和以前一样，童装体现了成人时尚的影响。儿童的校服、玩耍服和特殊场合的服装区别很大。对健康、卫生和运动的考虑体现在童装上，甚至婴儿鞋的形状也是母亲需要着重考虑的。小女孩和学步女童一般穿低腰连衣裙，但随着年龄的增长，女孩穿的服装会反映成人款式的某些特点，例如宽松的上衣、高领和大量的装饰。

男孩的校服通常包括纯棉衬衫、及膝的裤子或灯笼裤、实用的箱形外套和配套的帽子。除夏季以外，男孩其他季节都穿黑色长袜和踝靴。男孩也穿针织套衫和背心。女孩的校服款式简单。年龄较小的女孩（十岁以下）常在纯棉或羊毛连衣裙外穿围裙或背心罩裙。围裙也用于衬衫和半裙组合的套装。围裙通常由正面和背面两片拼接而成，在侧面系结，以便孩子的衣服保持干净。玩耍服有一些描述性的命名，例如“摔倒连衣裙”和“打架套装”，杂志和商家强调这类服装使用耐用可水洗的面料。

特殊场合和典礼需要更有想象力的服装。商家推荐将小男孩打扮成“方特勒罗伊小爵爷”（Little Lord Fauntleroy），采用两件套天鹅绒套装——一件直身的单排扣外套和一条及膝的短裤或马裤。有花边的宽领、薄底鞋（有些有玫瑰花饰）和长发让整个造型更加完整。其他优美的款式包括有骑士风细节的“范戴克”（Van Dyck）套装、男孩的披风和女孩的蕾丝围裙。

独特的配饰为童装增添了魅力。发带是衣着考究、留精致卷发的女孩的最爱，通常在一侧绑成蝴蝶结。男孩佩戴有帽舌的软帽或卷边的草帽，搭配常年流行的水手套装。女孩的帽子尺寸较大，而且越临近年代末，帽子越大。

年代尾声

在这个十年的最后几年里服装发生了一些变化。在结构和廓形方面，腰线升高，裙体变窄，不穿紧身胸衣的做法得到了几位设计师的认可。紧身胸衣生产商推出了限制较少、更柔韧的款式，广告中的模特夸张地弯着后背。但S廓形依然流行。1908年，在新落成的风尚酒店里举行的礼服展以蜡像和人模展示了多位巴黎设计师设计的作品。采用明显的过渡廓形，提高腰线的做法与S形姿势和下部垫起的胸部相得益彰，显得稳重端庄。

为预测下个年代的流行趋势，1909年10月3日《纽约时报》报道了这一季的巴黎时装。文章整页都在评论异域风格的影响，提到了拜占庭、印度、埃及，但更多的是俄国。文章简单描述了一些重要的时装屋的情况，甚至断言俄国风格的流行是受到查尔斯·波因特·雷德芬（Charles Poynter Redfern）的影响：“雷德芬是使用俄国元素的大师，他在本季服装中也使用了大量的俄国元素。他刚从俄国回来，那是他几乎每年夏天都要去的地方。”天鹅绒、华丽的织锦、黑色和深蓝的绸缎是本季流行的面料，称一种灵感来源于中世纪的T形宽松女裙为“丘尼克长袍”（Tunica）。1909年出现的异域风情和历史风格为下一个十年流行的走向埋下了伏笔。

下图　风尚酒店中蜡像展示的是巴黎高级时装屋的作品，后面是乔瓦尼·博尔迪尼（Giovanni Boldini）的画作。1908年的这个展览捕捉到了时尚的变迁，本年代末流行的高腰线和存在多年的S形廓形结合起来

第四章

20 世纪 10 年代：异域幻想，战时现实

变迁与差异是 20 世纪 10 年代最大的特点。这十年里变迁与差异前所未有，但也为 20 年代的激变埋下了伏笔。年代之初，爱德华七世时期的欢乐气氛还在延续，异域风情和浪漫风格有各种各样的表现形式。时装屋——老牌和新兴的——为时尚世界提供了许多优雅生动的款式。华丽的东方主义和浪漫的历史主义依然左右着时尚，设计师为时髦的女士设计了阿拉伯风情和 18 世纪宫廷风格的服装。第一次世界大战的爆发结束了欢乐的气氛，并将一种新秩序强加给世界。许多国家各个阶层的男性都被强制参军，这有助于消除爱德华七世时期僵化的社会等级制度。女性对公众事务的影响力增强，她们为战争做出的贡献成为她们赢得女性投票权的资本。总体而言，这十年的时尚从僵化的社会陈规走向更加简约的现代风格。

左页图　恩斯特・路德维格・基尔希纳（Ernst Ludwig Kirchner）的作品《两个女人》（*Two Women*）（1911—1912 年），描绘了两个走在柏林街道上的缝纫女工。虽然这是一幅表现主义的作品，但从中可以清楚地看到两个女性典型的 20 世纪 10 年代的户外装扮：戴着大帽子，穿着有毛领的长至脚踝的直筒大衣

社会和经济背景

1912 年，泰坦尼克号处女航时沉没，导致 1500 余人死亡。这个十年里最重大的事件是第一次世界大战，1914 年 6 月 28 日奥地利大公弗朗茨・斐迪南（Franz Ferdinand）被暗杀成为一战的导火索，欧洲的紧张局势至此进入白热化。国际关系错综复杂，最终奥匈帝国联合多

下图　1911 年法国杂志《翡米娜》上的一张插画，表现一群穿午后礼服的时髦女性，从中可以看到 20 世纪 10 年代初帽子和服装的款式非常丰富

左上图　女权斗士找到了适合公共演讲和政治示威时穿着的定制日装。照片拍摄于 1914 年，右一是《为女性投票》（*Votes for Women*）的编辑伊芙琳·夏普（Evelyn Sharp，1869—1955 年）

右上图　1917 年，美国决定参战后，一名年轻的女性与恋人挥泪道别

个欧洲国家（德意志帝国、保加利亚和奥斯曼帝国）组成同盟国，与协约国（英国、俄罗斯和法国）形成对峙的局面。在接下来的四年里，年轻的一代奔赴战场，死伤人数史无前例。新型武器与致命化学药剂彻底改变了战争的作战方式。

澳大利亚和加拿大因为参战而一跃成为世界大国，在国际上享有更重要的地位。1917 年，美国加入协约国并进一步巩固了世界大国的地位。战争终结了德国和奥地利的君主制，并改变了整个欧洲的阶级关系。1917 年俄国革命标志着该国君主制的终结，它动摇了俄国的社会结构，导致很多富有的俄国人移民西欧。接踵而至的变化为后来在大半个 20 世纪内主宰东欧的苏维埃体系的形成打下了基础。

艺术

1910 年代，视觉艺术和表演艺术异常精彩。先锋派运动推动了概念创新的发展，探讨了艺术在现代社会中的作用。凯斯·梵·东荣（Kees van Dongen）在他的野兽派肖像画中描绘了女性时髦夸张的服装。巴勃罗·毕加索（Pablo Picasso）和乔治·布拉克（Georges Braque）进一步将绘画带入抽象领域，立体派的特点也出现在其他的艺术形式中，包括雕塑、平面设计和时装插画。1913 年纽约备受争议的军械库艺术展（Armory Show）提升了纽约在艺术界的地位。阿尔弗雷德·斯蒂格里茨（Alfred Stieglitz）的“291”画廊展示了马斯登·哈特利（Marsden Hartley）和乔治亚·欧姬芙（Georgia O'Keeffe）等美国现代主义艺术家的作品。

战争时期定居苏黎世的特里斯唐·查拉（Tristan Tzara）和吉恩·阿尔普（Jean Arp）等艺术家提出达达主义（Dada）并将其用于实践。达达主义者拒绝传统的艺术形式，创造了抽象风格的拼贴画和照片蒙太奇，还发动了煽动性的政治活动，包括反战示威——刻意而为的蠢事，反映了战时的混乱和动荡。意大利的未来主义者试图在绘画、雕塑和诗歌作品中表现现代生活的活力，他们将时尚也纳入艺术视域。1914 年，贾科莫·巴拉（Giacomo Balla）提出男装的未来主义宣言，呼吁终结男装黯淡的颜色和苛刻的剪裁。

卡萨提侯爵夫人（Marchesa Casati）

路易莎·卡萨提的着装体现了这个时代异域风格的顶峰。1881年，路易莎出生于米兰的一个富裕家庭。她是个有艺术天赋的孩子，而且她不循传统的兴趣得到放任发展。19岁那年，她嫁给了卡米罗·卡萨提·斯坦帕·迪·松奇诺侯爵（Marchese Camillo Casati Stampa di Soncino），但这对夫妇只同居了几年。她与意大利诗人加布里埃尔·邓南遮（Gabriele D'Annunzio）长期的婚外情加深了她对异域风格的喜爱。常年资不抵债的邓南遮视卡萨提为灵感女神（他众多的女神之一），称她为“科莱”（Kore，希腊神话中的冥界女神）。两人都喜欢化装舞会且涉足神秘学。

卡萨提是高级时装屋的顾客，她喜欢波烈和福坦尼的作品。但是她的着装总体而言是非时髦的，例如使用多层黑色面料制作的裙裾，搭配长至衣裙底边的珠串和在某些场合使用活蛇作为项链。她甚至蔑视最前卫的美丽标准，将头发染成火红色，在脸上涂过多的粉底，看上去如死尸一般苍白。为了让她绿色的大眼睛更明显，她使用大量的黑色眼影和长长的假睫毛，她有时会把一小块天鹅绒粘在眼皮上，用黑色胶带条做眉毛。

从各种意义上卡萨提都是一个好出风头的人，她曾赤身穿着皮草外套，和她的宠物猎豹一起漫步在威尼斯的月光下。她和各国的艺术家和作家来往，曾多次让乔瓦尼·波蒂尼（Giovanni Boldini）、奥古斯都·约翰（Augustus John）、阿道夫·迈耶（Adolph de Meyer）和曼·雷（Man Ray）等艺术家为她绘制肖像画和拍摄照片。1930年以前，她来往于罗马、威尼斯、巴黎和卡布里岛，之后退隐伦敦（在此直到1957年去世），当时她身负百万债务，因为花费大量钱财在衣服、珠宝、豪宅、派对和她的猎豹使用的奢侈品（例如镶钻的项圈）上面。

《侯爵夫人路易莎·卡萨提》，乔瓦尼·波蒂尼绘制

卡萨提对时尚最大的贡献或许在后世，她古怪夸张的风格启迪了许多现代时装设计师，包括迪奥的约翰·加里亚诺（John Galliano）和伊夫·圣·罗兰（Yves Saint Laurent）的汤姆·福特（Tom Ford）。乔治娜·查普曼（Georgina Chapman）和凯伦·克雷格（Keren Craig）设计的“侯爵夫人”（品牌 Marchesa，马切萨）系列晚礼服也是致敬路易莎·卡萨提的作品。

巴拉提倡高饱和度颜色的不对称拼贴夹克，让男装更符合现代生活。另外一个意大利人欧内斯托·迈克尔斯（Ernesto Michahelles，别名为塔亚特（Thayaht））发明了一种名为“图塔”（Tuta）的实用连体装。

戏剧方面，剧作家乔治·萧伯纳（George Bernard Shaw）首次将很多重要的作品搬上舞台，例如《卖花女》（*Pygmalion*）和《伤心之家》（*Heartbreak House*）。法国剧作家纪尧姆·阿波利奈尔（Guillaume Apollinaire）的作品《蒂雷西亚的乳房》（*The Breasts of Tiresias*）对新兴的超现实主义运动有重大的意义。“逃脱大师”哈里·胡迪尼（Harry Houdini）提升了自己的技艺，使其成为一门轰动一时的行为艺术。1911 年，奥地利人理查德·施特劳斯（Richard Strauss）的超浪漫主义歌剧《玫瑰骑士》（*Der Rosenkavalier*）在德勒斯登（Dresden）首次公演。1910 年，贾科莫·普契尼的歌剧《西部女孩》（基于贝拉斯科的戏剧创作）在纽约首演，讲述了 1849 年“淘金热”生活的一个片断。现代作曲家伊戈尔·斯特拉文斯基（Igor Stravinsky）和埃里克·萨蒂（Erik Satie）与巴黎的人文景观融合得如此完美以致主流的时尚杂志都在介绍他们的作品。威廉·克里斯多夫·汉迪（William Christopher Handy）的《圣路易斯蓝调》（*The Saint Louis Blues*）和欧文·柏林（Irving Berlin）的《亚历山大的爵士乐队》（*Alexander's Ragtime Band*）等歌曲将以前边缘化的非裔美国人的习语带入主流，爵士乐进一步发展。

俄罗斯芭蕾舞团（Ballets Russes）的节目内容对设计产生了强烈的影响。该舞团的节目包括异域风情的民间故事，有阿拉伯、波斯和俄罗斯的场景，加上莱昂·巴克斯特（Léon Bakst）设计的精彩服装。俄罗斯芭蕾舞团的领舞们闻名于法国上流社会，尤其是瓦斯拉夫·尼金斯基（Vaslav Nijinsky，舞团当之无愧的台柱）。舞团表现了显著的协作默契和创新精神，即便有些节目有争议。1913 年，由斯特拉文斯基作曲、尼金斯基编舞、俄国艺术家尼古拉斯·罗伊里奇（Nicholas Roerich）设计的《春之祭》（*The Rite of Spring*）首次公演就引起了轰动，这部作品的音乐和演出震撼了观众。

虽然大多数工业化国家都制作电影，但世界最大的电影制作中心在纽约的好莱坞。许多有才华的导演在本年代首次执导。大卫·沃克·格里菲斯（D. W. Griffith）导演的《一个国家的诞生》（*The Birth of a Nation*）和塞西尔·戴米尔（Cecil B. DeMille）导演的《男人与女人》（*Male and Female*）等为电影语言设立了标准。马克·森内特（Mack Sennett）的基石电影公司以制作“基石警察”（Keystone Cop）喜剧和以“森内特泳装美人”（Sennett Bathing Beauties）为特色的影片出名。

时尚与社会

1910 年 5 月 6 日爱德华七世逝世，在未来几个月里大英帝国进入国丧期。1910 年参加“黑色阿斯科特”（Black Ascot）赛马会的观众穿着不同程度和不同颜色的丧服，法国的时装屋也积极向英国的富人宣传它们设计的丧服。《女王》杂志立即提供了丧服的穿着建议。英国的新王后维多利亚·玛丽（即特克的玛丽公主（Mary of Teck））成为时尚杂志上的领袖，但到本年代末，她刻板的着装已经不能代表最新的时尚。俄罗斯的亚历山德拉王后（Alexandra of Russia）和罗马尼亚的玛丽王后（Marie of Romania）等其他欧洲王室成员相对更具代表性。

物质富有且思想独立的美国女性对时尚的影响越来越大。格特鲁德·范德比尔特·惠特尼（Gertrude Vanderbilt Whitney）是艺术家，也是艺术资助人，她的服装和艺术收藏品都体现了她的现代精神。她将法国的高级时装和亚洲的服饰结合起来，她是最早穿着裤

右图　爱德华七世去逝以后，时尚媒体上向大众宣传的薰衣草和白色晨服。这幅1910年代出自《女王》杂志的插画表明，在这个年代初期，S形廓形依然盛行，帽饰精致

装的女性之一。纽约人丽塔·德·阿考斯塔·黎迪各（Rita de Acosta Lydig）是古巴和西班牙混血，她的原创风格给人以深刻的印象，非常有名。黎迪各穿着卡洛异域风格的服装，其中很多服装上装饰了她收藏的古董蕾丝。黎迪各拥有几百双巴黎鞋匠彼得罗·杨特尼（Pietro Yantorny）手工制作的鞋子。

随着女性选举权运动的进一步发展，女权斗士们意识到统一形象的重要性。参加选举权运动的英国女性采用了白色、紫色和绿色的配色方案，分别代表纯洁、忠诚和希望。美国参加选举权运动的女性提倡穿白色和紫色的服装，上有金色或黄色。这些女性也经常穿着定制套装，给人一种严肃和商务的印象。

虽然高级时装的品味依然继续以巴黎为主导，但有些国家的服装产业也在国际化。尤其是美国，凭借充足的原材料、科技发展和持续输入的移民劳动力，服装贸易不断发展壮大。然而，当美国在为让人人都能穿上优质的时装而努力时，它的服装产业已经在几个方面出现了问题，例如工作环境恶劣和设计剽窃。1911年，纽约的三角工厂发生火灾，导致146名制衣工死亡，其中多数是年轻的移民女性。未经许可抄袭设计师的原创设计和彻头彻尾的剽窃也是美国服装业臭名昭著的现象。1913年，保罗·波烈

玛丽·碧克馥，穿着她标志性的少女风格的服装，搭配长卷发

蒂达·巴拉，《埃及艳后》剧照，摄于1917年

银屏美人

电影的影响远远超过其他的娱乐方式，电影院因此成为一个展示时尚的新场合。这个十年“电影明星”诞生了——他们同时也是时尚偶像。公众通过阅读电影杂志和时尚报刊来了解明星的喜好，女演员代言时装和美容产品。

当时最炙手可热的女星非加拿大演员玛丽·碧克馥（Mary Pickford，1892—1979年）莫属，她也是当时最有票房价值的女演员，她那些令人喜爱的角色为她赢得了“美国甜心”（America's Sweetheart）的称号。碧克馥以浪漫的着装风格出名，她经常穿着朗万和露西尔设计的服装。她的着装被杂志报道并广为效仿。露西尔为《桑尼布鲁克庄园的丽贝卡》（*Rebecca of Sunnybrook Farm*）中的碧克馥设计了全部的服装，据说这些服装更多体现了碧克馥的个人品味而非出自角色的需要。碧克馥同时也是一个很有生意头脑的女人，她是电影行业第一位通过协商签订合同的女演员，1919年她还成为联美公司（United Artists Studios）的合伙人。

丽莲·吉许（Lillian Gish，1893—1993年）与桃乐丝·吉许（Dorothy Gish，1898—1968年）两姐妹采用了与碧克馥类似的少女风格。但是两人的私服中都有福坦尼（Fortuny）的作品。葛洛丽亚·斯旺森（Gloria Swanson，1899—1983年）在青少年时就树立了华丽的形象，她虽然身材娇小但却以奢华的着装出名。她主演了塞西尔·戴米尔（Cecil B. DeMille）执导的几部杰作，包括异域风情的《男人与女人》（*Male and Female*）。公众的兴趣从舞台转向银屏，杰拉尔丁·法勒（Geraldine Farrar，1882—1967年）从歌手转向演员的职业经历反映了这种转变。作为纽约大都会歌剧院（The Metropolitan Opera）的明星，法勒引起了戴米尔的注意，后来戴米尔让法勒主演了自己改编的默片《卡门》（*Carmen*）、《琼女士》（*Joan the Woman*）和《被上帝遗忘的女人》（*The Woman God Forgot*）。

蒂达·巴拉（Theda Bara，1885—1955年）以荡妇的形象出名，人们称她为“Vamp”（吸血鬼英文vampire的缩写），后来她非常暴露的着装更强化了这一形象。她其实来自俄亥俄州，真名是西奥多西娅·古德曼（Theodosia Goodman），电影公司却刻意为她编造了异域的身世，说她出生于埃及，她因此画黑色的眼线，涂黑色的口红。

影片中使用的化妆品越来越有名，对普通民众也产生了影响。好莱坞出色的化妆师马克西米利安·法克托罗维兹（Maksymilian Faktorowicz，1875—1938年，其艺名“蜜丝佛陀”（Max Factor）更家喻户晓）为许多女演员提升了形象。他发明了第一款改善演员厚重妆容的清爽彩妆，这成为电影化妆的一个重要成就，“Make-up”（化妆）一词也是在他的鼓励下开始作为名词使用（以前只作为动词使用）。

在美国旅行期间曾为看到以他的姓名为商标的低档连衣裙和帽子而火冒三丈。高档服装制造商因此实行了新的商标措施。美国的服装生产和分销能力很强，但在设计上仍然过于依赖法国。察觉到这个问题加上战时美国与欧洲的来往受到限制，美国开始实行相关的举措鼓励美国设计师从美国文化中寻找灵感，例如1916年《女装》（*Women's Wear*）举办了名为“美国设计”（Designed in America）的比赛。

这时期每个大城市都有大型百货商店，它们对时尚界的发展功不可没。1914年，伦敦最重要的零售商哈罗德百货（Harrods）在布宜诺斯艾利斯开设了分店，这也是哈罗德百货唯一的海外分店。澳大利亚的迈尔百货（Myer）在墨尔本开设了分店，大卫琼斯百货公司（David Jones Company）也在积极地扩大规模。

时尚媒体

1910年代，时尚媒体得到了进一步发展，有专门针对不同地区、不同兴趣和收入的人群的报刊。摄影作为一种时尚传播的工具得到了显著的发展，但是本年代插画水平也非常高。保罗·伊瑞布依然当红，还出现了乔治·巴比尔（George Barbier）、乔治·勒帕普（Georges Lepape）和艾蒂安·德莱恩（Etienne Drian）等其他几位重要的法国时装插画家。不同于早年的插画，他们的作品经常包含诙谐或挑逗的剧情设定。

法国的杂志特别有影响力，其中最华丽的是《高贵品味》（*La Gazette du Bon Ton*），以颇具艺术感的方式展示了一流设计师的作品。出版商吕西恩·沃格尔（Lucien Vogel）于1912年创立了这本杂志，六名高级时装设计师也参与其中，包括夏瑞蒂、道维莱特、杜塞、朗万、波烈和沃斯，不久帕奎因和雷德芬也加入进来。

左下图　乔治·巴比尔为《风尚》1913年4月刊绘制的封面插画，表现波恩姐妹的一款晚礼服，背景奇特

右下图　乔治·沃尔夫·普兰克为《时尚》1914年11月1日刊绘制的封面插画，从中能看到超现实主义（Surrealism）对早期图案设计的影响

这本月刊使用优质的纸张，刊登了巴比尔、勒帕普、德莱恩和路易斯·莫里斯·布特·德·蒙维（Louis Maurice Boutet de Monvel）等当时一流插画家绘制的高级时装插画。在法国传统的高级期刊中，《高贵品味》采用全插画的形式，以此回应其他期刊增加照片的做法。《风尚》为高雅富有的女性展示优雅甚至略微有些保守的时装。《风尚》依然经常使用彩色照片，排版高雅有品味。《翡米娜》（*Femina*）以中产阶级为目标读者，用口语化的文字报道体育明星和戏剧演员。《翡米娜》刊登“如何做”的时尚小窍门，有一个名为“美丽的艺术”的专栏，专门刊登歌剧演员丽娜·卡瓦里艾莉（Lina Cavalieri）的美丽秘籍。《风尚》和《翡米娜》也刊登杰出插画家的作品。

《女王》依然是英国最重要的女性杂志，几乎囊括所有的女装类型，甚至刊登童装和佣人服。此外还涉及家居用品、食物、旅行资讯和宠物——包括猫展和皇室的宠物狗。用插画和照片记录了当时的时尚，“宫廷编年史”（The Court Chronicle）和“巴黎随感录（The Talk of Paris）”等栏目让读者时刻紧跟最新潮流。偶尔有文章报道澳大利亚日益成长的时尚精英，会针对澳大利亚相反的季节提供相应的最新时装的着装建议。

在美国，《妇女家庭杂志》及其竞争者《麦考尔》（*McCall's*）主要刊登与时装和家居有关的信息。《纪实者：时装文化和美术》（*The Delineator: A Journal of Fashion Culture and Fine Arts*）仍然是一个重要的时尚期刊。《时尚》和《时尚芭莎》比以前更具影响力并促进了美国时装插画的发展。《时尚》精彩的封面插画出自几个重要的插画家之手，包括海伦·德莱顿（Helen Dryden）、斯坦梅茨（E. M. A. Steinmetz）、乔治·沃尔夫·普兰克（George Wolfe Plank）和弗朗西斯·夏维尔·莱恩德克（F. X. Leyendecker，约瑟夫·克里斯蒂安·莱恩德克的兄弟）。

不过，摄影作为一种时尚传达工具越来越常见，摄影领域出现了一批重要的艺术家。19 世纪 90 年代，爱德华·史泰钦（Edward Steichen）已经是一个商业摄影师。从 1911 年开始，他以拍摄优雅的时尚照片出名，当时他为《艺术与装饰》（*Art et Décoration*）拍摄了波烈的一组作品，他将一种艺术的“情境”引入时尚摄影。1913 年至 1921 年阿道夫·德·迈耶（Adolph de Meyer）担任《时尚》的首席摄影师，后来又为《时尚芭莎》工作。他为社会名流拍摄的照片传达了一种慵懒而优雅的感觉，这正是当时的时髦女性所憧憬的。

波西米亚人和高级时装中的波西米亚风

波西米亚人指的是一小群藐视社会传统生活方式的人，主要活跃在旧金山、巴黎等大都市。纽约的女性知识分子披着凌乱的头发，穿着宽松的衬衫、没有形状的大摆裙和凉鞋走在格林威治村的街道上，她们的男性同伴则穿着宽松的开领衬衫，不系领带。英国的知识分子中也出现了一些重要的团体，例如“小圈子”（Coterie）和“布卢姆茨伯里派”（Bloomsbury Group）。1910—1919 年出现的波西米亚风在某种程度上是回归之前的唯美服饰理想，实际上这一代的波西米亚人中有一些人本来就是唯美主义者的后代。和从前其他古怪的时尚一样，波西米亚风格也成为舆论抨击的对象，罗伯特·本奇利（Robert Benchley）在《名利场》（*Vanity Fair*）1916 年 3 月刊上曾挖苦道：“某天，如果命运让你来不及洗衣……平静下来，尝试做一个波西米亚人。”

英国画家奥古斯都·约翰（Augustus John）的第二任妻子多萝西·麦克尼尔（Dorothy McNeill，即多丽莉亚（Dorelia））或许是英国最拥护波西米亚风格的人。多丽莉亚拒绝穿衬裙和美体衣，她的着装以“吉普赛”为灵感，包括宽松的衬衫、田园式的披肩、印花半裙，头巾和民俗风的串珠。多丽莉亚还以晒黑皮肤的方式表达对传统的蔑视。效仿她的女性从进口商店

右图 1914年，《时尚》推出花园罩衫，将波西米亚风格引入高级时装

购得有地域特色的服装和面料。1910年代中期，时尚杂志推出宽松的半裙、田园风格的罩衫、花园凉鞋和家居服，体现了波西米亚人的服饰对主流时尚的影响。

一些英国女性介于主流时尚和波西米亚之间，戴安娜·曼纳斯女士（Lady Diana Manners，即后来的戴安娜·库柏女士（Lady Diana Cooper））或许是最有名的代表。她是一名真正的风格引领者，也是这一代人中公认的最美的英国女孩之一。她曾是一名模特，也曾登上《女王》杂志的封面。除了活跃在知识分子团体“小圈子”中，战后她也曾短暂担任《翡米娜》的编辑。她后来的演艺生涯奠定了她在20世纪流行文化中的地位。曼纳斯的生活方式不依惯例，在她身上可以看到20世纪20年代年轻一代开放女性的典型特点。

右图 《翡米娜》1910年5月15日刊上的一张插画，展示了女性赛马会时穿着的女裙。修身的裙子上有各种各样的细节，例如褶裥、垂褶、镶边和装饰性纽扣

女装基本情况

女装款式丰富，廓形不断变化。虽然流行中性色，但是女装上也出现了明亮的颜色和强烈的色彩对比。尽管向现代化迈进，20世纪10年代的女装还是有三个特别的灵感来源：东方主义、18世纪的风格、古代和中世纪杂糅的风格。

这个年代流行的东方主义涵盖范围广泛，包括土耳其、北非、波斯和远东。时尚杂志满是东方主题，时装插画以异域场景为背景。垂褶披肩、织锦面料、串珠和流苏都是异域风格常用的元素。年代之初流行一款柔软的督政府风格的薄绸连衣裙，称为“雷卡梅尔夫人款式”（Mme Recamier Style）、“约瑟芬连衣裙”（Josephine Frock）或“帝政礼服”（Empire Gown）。路易十六时期的某些款式再度流行，包括棉质条纹女裙和荷叶边内袖；醒目的翻边和领饰让人想起18世纪的男装。三角形领巾为领口增添了浪漫的格调。古代和中世纪风格在20世纪10年代初非常常见，报刊常用“拜占庭”等词语描述这种风格。希腊和罗马风格的晚礼服让女性看起来像是来自古迹的蒙面战士，希腊回纹成为流行的元素。称简单的T形女裙为“丘尼克”（Tunic）礼服。

到1911年，S廓形基本消失了，细长的直线廓形和简约笔直的服装造型开始流行起来。腰线升高，上衣的侧面和背面不再那么紧身，正面也不再丰满，之前流行的主妇式的宽松束腰款式不再受欢迎。有些上衣使用了插肩袖，肩部没有缝合的痕迹。波烈强烈推荐一种新式的窄裙——蹒跚裙，这是当时最流行的一个款式，不过不太

上图 《翡米娜》1913年11月15日刊推荐的优雅的春日婚礼服，以丘尼克和巴尼尔式的设计、斜向的多层褶边和鱼尾裙摆为特色

敢冒险的女性仍然穿着宽摆裙。为便于活动，蹒跚裙的背面正中常有一个褶裥。这种裙子的基本特点是裙体合身、呈直筒形，长至脚背，也有许多细节上的变化，例如使用横向的绦带，抽褶或靠近裙摆底边处打褶等。有些款式还使用了饰片、多排纽扣和悬垂的衣片等细节。蹒跚裙和长至臀部的外套组合的定制套装颇受欢迎。连衣裙也做得像套装，和19世纪50年代的外套式紧身上衣有些相似。

衬裙式的棉质女裙也依然流行。这个时期的半裙相对简单，衬衫则不然，有很多装饰，且有很多款式。“Blouse”（女式衬衫）一词用于指称多种服装，从柔软飘逸的款式到修身类似过去紧身上衣的款式，“Shirtwaist”（仿男式女衬衫）仍指男式风格的女衬衫。上一个十年流行的硬挺领型已经过时，小倒挂领受到了人们的青睐。简约的元宝领和V领也受欢迎，19世纪80年代以来女性首次能在白天露出颈部和锁骨。门襟处偶尔不对称地露出棉质领饰。日装的衣袖缩短至七分长，半袖也很常见。

晚礼服非常华丽，丰富的色彩让时髦的夜生活更加有生气。晚礼服廓形流畅（因为新款美体衣强调年轻而不是成熟的体形），长长的项链从视觉上拉长了身体。一些年轻的女性晚上穿着轻薄的哈伦裤（Harem Pants）。日装和晚礼服都流行使用腰带，灵感来源于东方和古代的服饰。时尚杂志刊登了最新的腰带款式，通常反复缠绕再打上时髦的结，腰带的两端有装饰。

1912—1913年间，服装的款式独特、多样。上衣依然采用T形，但往往非常宽松。

保罗·波烈的“宣礼塔”（Minaret）女裙甚至影响了风格最保守的时装屋。同时也出现了这种款式的各种变体，例如将波烈僵硬的环形裙摆底边换成柔软的腰部小裙摆。也有“陀螺”形的裙子，臀部丰满，往下越来越细直到裙摆底边。裙身经常覆盖多层褶边或局部蓬起，着重强调臀部或裙身的上大下小。这种规则地分布于臀部两侧的堆褶称为“巴尔尼”式堆褶，有些裙子则采用了不规则的堆褶和垂饰。廓形取决于面料，可以柔软也可以挺括。有些裙子有裙裾，通常采用鱼尾的形式延长狭窄的裙摆底边。裙摆底边稍微升高了，脚踝露出更多，一些从前面包裹的款式偶尔会露出小腿肚。

战争期间，裙摆底边升高到19世纪30年代以来的最高点，裙身向外张开的款式再度流行。这种宽摆裙通常有许多层，有时采用内部支撑物。随着新廓形的流行，路易十六时期的风格受到了特别的关注。裙子上常有新奇的细节，例如波罗乃兹式的堆褶和强调臀部的细节。宽摆裙通常和紧身上衣搭配。美国版《时尚》1916年2月

Charming New Models

31T8660—Navy blue.
31T8661—Black.
EACH $26.95

A PLEASING MODEL DESIGNED IN ATTRACTIVE STYLE AND FASHIONED ON THE BECOMING STRAIGHT LINES that form one of the most distinctive features of the Fall and Winter suits. Made of ALL WOOL POPLIN, a good wearing and favorite suit material. The coat, in the season's new length, is lined with good quality silk and cotton TUSSAH. A dressy style touch is given by the overcollar of silk paon velvet. This suit is further enriched by fashionable tailor braid, which is used on large collar of self material, belt, sleeves and pockets. See small view for the pretty back this coat displays with rows of braid and buttons. Skirt is modeled on fashionable straight lines, has slash pockets and is shirred in back under belt of self material. Average SWEEP, 60 inches. For sizes furnished see size paragraph on this page. **When ordering state measurements required.**

31T8670—Navy blue.
31T8671—Taupe gray.
31T8672—Black.
EACH $57.50

TRULY A HANDSOME AND DISTINGUISHED SUIT. The "choker" collar of Australian opossum and the elaborate embroidery on sleeves and lower sides of coat show this suit of ALL WOOL VELOUR to be one of the most approved styles of the season. This material is soft napped, dressy in appearance and of splendid wearing quality. The coat, with buckle trimmed belt, is lined with an excellent quality fancy figured SILK TAFFETA. Collar is richly faced and can be turned down and the coat fronts thrown back in lapel effect. Back has knife plait at each side below belt. Skirt has inverted pockets with pointed tabs. Shirred in back under detachable belt. Has a fashionable button trimmed slit extending a few inches above hem at left side. Average SWEEP, 60 inches. See size paragraph on this page. **State measurements.**

31T8665
Serge
$24.75

31T8660
Poplin
$26.95

31T8670
Velour
$57.50

31T8675
Burella
$29.95

31T8665—Navy blue.
31T8666—Black.
EACH $24.75

GOOD GRADE MATERIAL AND LATE STYLE FEATURES make this suit a remarkable value at our price of $24.75. Serviceability is assured by the ALL WOOL DOUBLE TWISTED WARP SERGE we have used, a material which is always fashionable and wears well. Coat, in the proper Fall length, is lined with VENETIAN, a satin faced cotton fabric which will give good service. This suit has a vestee of fancy material in contrasting color, giving distinctive style, and is trimmed at bottom with rows of satin faced material. Collar of self material can be worn up to neck if desired. Further attractiveness is added by the rows of satin faced material in clever arrangement at sides of coat on pockets and on sleeves. Belt is in crossover style. See small view for trimming of buttons and satin faced material in back below belt. Neat tailored skirt is shirred at waist in back and finished with a loose button trimmed belt. Average SWEEP, 66 inches. For sizes furnished see size paragraph on this page. **When ordering be sure to state measurements required.**

31T8675—Navy blue.
31T8676—Gray.
31T8677—Brown.
EACH $29.95

A SKILLFULLY DESIGNED SUIT SHOWING NEW AND SMART STYLE IDEAS. The material, ALL WOOL BURELLA CLOTH, is an excellent weight suiting with slightly napped surface and will give splendid service. Notice the fashionable and becoming lines displayed in the coat in graduating length, with smart front points and becoming flare. Lined with silk and cotton TUSSAH. Collar and lapels are in one and can be buttoned up to neck if desired. Splendid tailoring shows to excellent advantage in the fine pin tucks at sides above belt and the slot seam effect below, forming hand opening to inverted pockets. The sleeves are also trimmed with slot seam effect and buttons. See small view for back with button trimmed slot seam above belt and soft folds below. The pretty skirt is shirred in the back under a detachable belt. Average SWEEP, 66 inches. You could hardly choose a suit that would give you better service. For sizes furnished see size paragraph on this page. **When ordering be sure to state measurements required.**

SIZES The Suits shown on this page can be furnished in women's regular sizes only, from 32 to 44 inches bust measure, proportionate waist measure and from 36 to 42 inches front length of skirt. **When ordering be sure to state chest, bust, waist and hip measures, also front length of skirt.** For simple measuring instructions see order blanks in back of catalog. Average shipping weight, 4 pounds.

上图一 《时尚》1915年8月刊的封面插图，表现了20世纪10年代中期的浪漫廓形。从宽摆裙、宽檐帽、三角形领巾和路易鞋跟能看到复兴的18世纪风格

上图二 珍妮设计、乔治·巴比尔绘制的一款晚礼服，强调诱人的后背和摇曳的串珠流苏。背景中的龙纹和红漆镜框突出了这款设计的异域风情

右图 1919年西尔斯百货商品目录中的女士套装，采用宽松的廓形，裙长在脚踝以上。有各种造型的小帽子

上图：《采尼丝绸》(*Cheney Silks*)上刊登的这两张春季时装促销插画，从中能看到1918年日装和晚装中都有"筒形"廓形

刊声称："人们穿着路易十六时期的紧身上衣和1870年强调臀部的蓬蓬裙，露出1916年的脚踝。"据《纽约时报》报道，设计师在1916年推出了多种风格的时装。道维莱特和雷德芬保持了一贯的"素雅风格"，帕奎因向人们展示了当季最短的裙子，沃斯陶醉在历史元素中，包括"欧仁妮皇后时期"。卡洛的嘉宝夫人推出了有许多金银线刺绣的宽摆裙。女式定制服装体现了战争的影响，采用军装的元素，用军用外套搭配时髦的宽摆裙。现代主义与浪漫主义并存，女性经常今天穿军装款式的外套，明天穿玛丽・安托瓦内特款式的裙子。

战争接近尾声时廓形再次发生了变化。腰线回到以前的位置，衣身略显宽松。裙子仍然长至小腿中部，腰部宽松，裙子底边变窄。总体廓形呈筒形，日礼服、套装和晚礼服均如此。20世纪10年代末，服装再次回到修身的廓形，但裙摆更高，裙身略宽松，腰线模糊。这种不定型的款式源自细棉布制作的衬裙式宽松连衣裙，这种裙子呈筒形，常用腰带松松地系结。晚礼服在一定程度上恢复了战前的地位。人们用紧身鱼尾裙、波浪状的流苏和吊带上衣庆祝战争的结束和迎接下个十年的到来。

宫廷礼服仍然保留了长长的面纱和裙裾。婚纱紧随礼服的潮流，采用时髦的午后礼服或晚礼服的款式，白色已完全成为标准色。婚纱通常有很长的裙裾和面纱。伴娘服有时也是白色，但开始出现其他的颜色。宽大的帽子也影响了伴娘服，教堂婚礼可用宽大的帽子——和流行的帽子一样宽大，也可选择18世纪风格的头巾式女帽。

外套

20世纪10年代初，女性的日用外套通常呈筒形，笔直紧身。和服风格的大衣和连帽斗篷是晚上特别流行的款式。茧形大衣白天和晚上都适用。"剧院大衣"(Manteaux de théâtre)和"晚会大衣"(Manteaux de soir)是和服大衣和茧形大衣的华丽版本，也是女性衣橱和设计师系列中光彩夺目的单品。这些大衣有时敞开穿，但斜襟的款式通常会在臀部位置扣上纽扣。

春夏季在宽松的高腰长裙外穿斯宾塞短上衣(Spencer Jacket)或披各种轻薄的披肩。战争时期，女裙的裙摆更宽，外套也随之变宽。夜用外套仍然有异国情调。到20世纪10年代末，外套随女裙变窄。

博柏利和雅格狮丹(Aquascutum)等公司出售各种实用的外套，伦敦的公司引领着这个市场。一些公司提供经过防水处理的粗花呢服装。时髦女性继续将皮草制品收入衣橱，包括大衣、帽子、围巾、披肩和暖手筒等。很多皮草商重新设计了以前的皮草制品，将它改成相对时髦的款式。20世纪10年代中期流行异域风情的皮草，例如豹皮、斑马皮和猴皮等，波斯羔羊皮也流行起来。亚洲狗皮是一种经济实惠的选择。整张毛皮披在肩部，毛皮边饰常见于布料制作的外套，小毛皮条常用于装饰女裙。

女帽和配饰

帽子是时尚的必需品，女帽醒目地出现在时尚杂志的封面插画里。1910年流行宽檐帽，宽大的帽子戴在宽大的发型上。宽大的帽子和窄细的蹒跚裙形成鲜明的对比，帽子夸张的尺寸受到了漫画家的嘲讽。

下图　珍妮·帕奎因设计的一款茧形剧场外套，左图是实物，收藏于西储历史学会，右图是高斯 1912 年为《高贵品味》杂志绘制的插画

右页上图　约翰·沃纳梅克 1918 年春夏商品目录中的一页，上可见各种各样的紧身胸衣、胸罩、吸汗垫布和其他款式的内衣

圆盘形的大帽子最为常见，但很多帽子都有宽大的帽檐，可以在不同的位置翻起来。不定型的帽檐可变换多种造型。平顶草帽依然存在，通常除了一条有条纹的缎带外再无其他装饰。帽子上的装饰很多，通常采用类似建筑的结构。蝴蝶结通常很大，有时和帽檐一样宽。鸵鸟毛依然受欢迎，白鹭有独特的白色羽毛，因为遭受捕杀已接近灭绝。帽子上的羽毛有时像动物的角一样向上竖起，也可用鸟的整只翅膀作装饰。白鹭羽毛很常见，单根或双根笔直地插在帽子上。假葡萄串是常见的装饰，织物花尤其是鸢尾花和樱花等亚洲品种很流行。

时尚杂志有专门的版面介绍帽子，帽子的种类丰富，包括缠头式大帽子、颌下系带的软帽、高高的药盒帽和无檐小圆帽等，也出现了新的帽型，1913 年开始流行。战争期间女帽受到了男帽的影响，高顶礼帽和德比帽常用来搭配男装风格的套装。某些女帽形似男性在战场上佩戴的头盔，近代史上首次出现帽身在头部以下的帽子。也有帽身较深、装饰较少的宽檐帽，用来搭配更具浪漫色彩的女裙。晚上头饰也特别重要。缠头式女帽很受欢迎，装饰白鹭羽毛的装饰性发带也很常见。

由于裙子变短，鞋子变得重要，脚部需要更多时髦的装饰。方形鞋跟很常见，但曲线形态的路易跟最受欢迎。鞋面通常装饰蝴蝶结、玫瑰花饰和带扣。受舞蹈鞋的影响，脚背有横向带子的鞋流行起来。短靴有时为双色，上部用帆布制作。有长带子的手袋非常流行，有时挎在肩上。扇子和阳伞依然流行，材质多样。雨伞也很重要，是搭配时髦套装的优雅配饰。

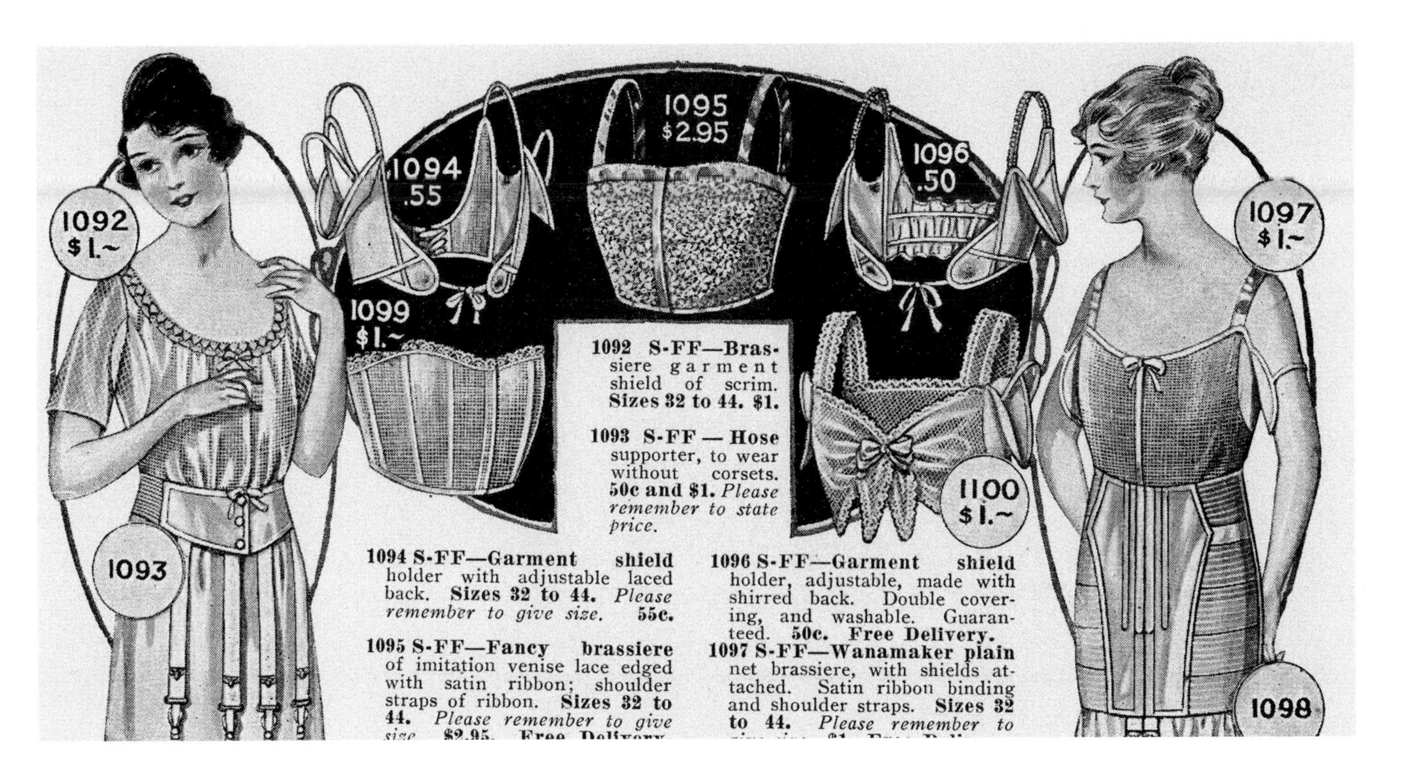

1092 $1.~
1094 .55
1095 $2.95
1096 .50
1097 $1.~
1099 $1.~
1100 $1.~
1093
1098
1092 S-FF—Brassiere garment shield of scrim. Sizes 32 to 44. $1.
1093 S-FF — Hose supporter, to wear without corsets. 50c and $1. Please remember to state price.
1094 S-FF—Garment shield holder with adjustable laced back. Sizes 32 to 44. Please remember to give size. 55c.
1095 S-FF—Fancy brassiere of imitation venise lace edged with satin ribbon; shoulder straps of ribbon. Sizes 32 to 44. Please remember to give
1096 S-FF—Garment shield holder, adjustable, made with shirred back. Double covering, and washable. Guaranteed. 50c. Free Delivery.
1097 S-FF—Wanamaker plain net brassiere, with shields attached. Satin ribbon binding and shoulder straps. Sizes 32 to 44. Please remember to

美体衣和内衣

20 世纪 10 年代初，人们仍然穿贴身背心、紧身胸衣、内裤（或衬裤）和组合的款式。更加修身的裙子出现后，衬裙也随之变窄，裙摆处去掉了多层褶边。紧窄的蹒跚裙有时必须搭配“蹒跚带”，即一条用来包裹小腿限制步伐的窄带子，可避免步伐过大撕裂裙子。

S 廓形曾短暂流行，但很快就过时了，取而代之的是直筒的廓形。新廓形要求胸部挺立、腰臀部线条流畅，紧身胸衣的线条因此变得柔和，并常用弹性材料制作。可调节款式和调整系带以适应穿着者的身材，织带款式则适合孕妇。20 世纪 10 年代初出现了“紧身胸衣带”，只覆盖胸下到臀部这一段，和后来的束腹带类似。很多新款的紧身胸衣只覆盖胸部以下，需要和胸罩一起穿着。胸罩有很多种，用于支撑和塑形，也有用来缩小胸部尺寸的硬质胸罩。结构不分明的款式称为“抹胸式”，在 20 世纪 10 年代末比较常见。随着内衣的减少，无袖吸汗垫布成为女性衣橱的必备。

绸缎制作的贴身背心和衬裤更加常见，也有两者组合的款式。20 世纪 10 年代末贴身背心还和衬裙组合成吊带款式的衬裙。20 世纪 10 年代中期，衬裙变得更短、更宽，以适应战时流行的廓形，通常镶有荷边叶，廓形硬挺，有时甚至嵌入圆环，因此被戏称为“战时克里诺林”。很多长袜上依然有很多装饰。除了沙滩服，腿部总是被遮得严严实实。有橡胶纽扣的男士紧身裤吊带在所有人群（男性、女性和儿童）中流行起来，用来吊长袜。

“茶会礼服”一词仍在沿用，但由于紧身胸衣和服饰对身体的限制减少了，与之有关的习俗也在弱化。“午后礼服”“休息礼服”“晨衣”和“室内便袍”等称谓依然沿用。利伯提伦敦继

下图　《妇女家庭杂志》刊登的一则温加滕兄弟（Weingarten Bros）紧身胸衣的广告，这款“热迪索”紧身胸衣有流畅的廓形，与 20 世纪 10 年代早期流行的 S 形相比它更加直身

续宣传它自称“艺术作品”的家居服。耶格等品牌推出的T形套头晨衣体现了服装业内的中世纪潮流。睡裙变得轻薄简约，但不是睡衣唯一的选择。《女王》1911年12月刊推荐了一套睡衣，将它描述为“实用主义者精确的告白……女式睡衣套装，新颖的分体式服装，它已经准备好攻城掠地了。”

运动服

奥林匹克运动会增长了公众对体育的兴趣。女性参与多个体育项目，专业运动服成为必需。其他国际性的体育比赛尤其是网球和高尔夫锦标赛也引起了许多媒体的关注。《高贵品味》杂志和西尔斯商品目录等刊登了专门为各种体育运动设计的运动服。越来越多的女性参与剧烈运动，并且表现出比以往更加浓厚的兴趣。参加羽毛球和射击等运动时，上流社会的女性穿时髦的“运动装”。针织毛衣和喇叭形及踝半裙让女性在参加很多运动时灵活自如。某些热爱运动的女性甚至参加马球、飞行、击剑和骑摩托车等运动。爱冒险的女性参加远足和其他类似运动时穿的裤子。为适应特定运动的需要，运动鞋也进一步得到发展。

除了外套，伦敦还是各种运动服生产的领导者，零售商的广告语是“（提供）女性运动所需要的一切”。有些定制运动套装由七分长外套和及膝或长至小腿的半裙组成——通常有褶裥或隐蔽的开衩。许多时尚杂志宣传毛衣，若干制造商推出了专为高尔夫等运动设计的针织外套。女士滑雪服由毛衣或针织外套和半裙组成，同样的套装也用于其他冬季运动，例如滑雪橇和滑冰。专业的运动内衣进一步得到发展。但是，某些女性参加运动时仍然穿着僵硬的紧身胸衣。

下图 《风尚》1914年6月刊刊登的一款露西尔设计的晚礼服，裙身采用多层面料，还使用了20世纪20年代流行的手帕形不规则裙摆底边

曲棍球运动员穿衬衫和半裙并搭配领带，同样的着装也用于高尔夫和网球运动。20世纪10年代末，女性的运动服体现了时装的变化，更短、更实用的裙子被越来越多人接受。更多女性参加游泳运动而并非仅仅“洗海水浴”，这推动了女式泳装的发展。另外一个重要的变革出现在美国俄勒冈州的波特兰市。波特兰针织公司（Portland Knitting Company）的卡尔·詹特森（Carl Jantzen）和约翰·泽特鲍尔（John Zehntbauer）为一个男士划艇俱乐部设计了针织套装，20世纪10年代末，这个创意演变成男女罗纹针织泳装。

多数女性骑马时仍然穿着夹克和裙子侧坐在马鞍上，有时会在裙子下面穿裤子。一些女性有时会戴三角帽，它和传统的高顶帽和德比帽一样，体现了当时流行的18世纪风格。20世纪10年代中期，为了体现女性解放，女性开始穿及膝马裤，这时女式骑马服已经和男式的没有区别。美国似乎更快采纳了这种时尚。

设计师

沃斯、杜塞和雷德芬等老牌时装屋都与《高贵品味》杂志有合作，期刊精致的现代插画为这三个品牌的产品注入了新鲜感。沃斯时装屋现在由查尔斯·弗雷德里克·沃斯的孙子让－查尔斯·沃斯（Jean-Charles Worth，1881—1962年）经营，依然备受尊敬。德·拉·佩纳（De la Peña）依然担任杜塞的创意总监，雷德芬有限公司在巴黎和伦敦依然设有分店，其他分店也正常营业。

右图 皮埃尔·布罗萨德（Pierre Brissaud）登在《女性》杂志1911年12月1日刊上的插画，描绘了客人在定制沙龙观看模特展示时装的场景

1910年，达夫·戈登（Duff Gordon）夫人开设了露西尔有限公司纽约分公司，充分利用了盈利丰厚的美国市场。1911年，她在巴黎开设分公司，并声称："入侵时尚神殿并在那里建立我的圣坛的想法深深地吸引了我。"《风尚》等法国时尚杂志随后对她在巴黎的工作室进行了重要的报道。但那段时间她也染上了丑闻。1912年4月14日，为回到纽约开设她的沙龙，露西尔夫妇和秘书登上了厄运笼罩的泰坦尼克号。据说这三人登上了第一艘离开沉船的救生艇，艇上所载乘客不到容量的一半，有传闻说她贿赂了船员。这次意外让这对夫妇遇到了巨大的挫折。

露西尔继续为自己和客户打造极为浪漫的形象，著名的匈牙利卡巴莱歌舞（Cabaret）表演明星桃丽姐妹（The Dolly Sisters）和美国舞蹈明星艾琳·卡斯尔（Irene Castle）都是她的客户。以轻薄光滑面料制作的具有东方色彩或历史风格的礼服是露西尔的代表作。她的某些设计也颇具现代感。随着露西尔戏剧风格时装秀的发展，时装模特的地位也得到了提升。

1914—1919年间，露西尔为躲避战争移居纽约，1915年，她在芝加哥开了一家分店。她在美国时曾为西尔斯百货设计成衣，并为《时尚芭莎》和《妇女家庭杂志》撰写专栏。她也继续从事戏剧和影视服装设计，为齐格菲歌舞团（Ziegfeld Follies）

伊莎多拉·邓肯，1915年

艾琳·卡索，1918年

舞蹈与时尚

舞蹈和舞者影响了当时的时尚。从1909年巴黎首秀以来，俄罗斯芭蕾舞团一直占有重要的地位，但其他舞者和其他类型的舞蹈也有强大的影响力。

现代舞舞蹈家伊莎多拉·邓肯（Isadora Duncan，1877—1927年）经常从古希腊文化中获取灵感。她在表演中经常穿着希腊款式的服装，仅仅在肩部固定并在腰间系带。人们喜欢看她的演出，有一部分原因是因为随着舞蹈动作和服装的滑动可以瞥见她诱人的身体。在日常生活中邓肯也会穿希腊风格的服装。尽管她对时尚的直接影响仅限于波西米亚的圈子，但是她的着装反映了高级时装中的希腊风，而且她的舞蹈有时也会在时装秀上被人模仿。邓肯喜欢福坦尼设计的礼服，甚至给她的孩子穿上这些礼服。由于特别喜欢飘动的长围巾和披肩，1927年在一个离奇的事件中邓肯被一条长围巾勒死，她成为真正意义上的时装受害者。

交际舞最重要的变化是融合了南美的舞蹈，尤其是布宜诺斯艾利斯的探戈和里约热内卢的玛嬉喜舞（即桑巴，1914年以前称为玛嬉喜）。这两种舞蹈都源自工薪阶层。新式舞蹈体现了流行音乐的变化，以展现活力和热情为特点，与19世纪末笔直的姿势形成鲜明的对比。应新式舞蹈的需要，女士的晚礼服裙子的长度变短有开衩，并在裙子下面穿哈伦裤（这种款式称为“裙裤装”）。紧身胸衣的广告强调它们适合新式舞蹈，甚至在插画上也出现了X光的场景。舞池也成为时装插画经常采用的背景。时尚杂志封面上有时会出现成对的舞者，还刊登了舞步图解。设计师构想动态的裙子，设计了能随着动作活动的装饰。“探戈”甚至还成为指称橙色的时髦用语。探戈影响了人们的仪式和举止，正如专栏作家弗朗西斯·德·米奥芒德（Francis de Miomandre）1911年在《翡米娜》上嘲讽的那样：“我们的雅士们热衷于这种舞蹈的一个结果是他们养成了在生活中其他所有场合也如此站立的习惯。因此在他们进入房间的时候，在他们喝茶的时候，在他们聆听、上车、试衣和等待网球飞过来的时候——简而言之在他们活着的时候都在跳探戈。”

新式舞蹈的流行也促使了舞厅、舞蹈明星的出现，其中最有名的是一对夫妻搭档——维农（Vernon）与艾琳·卡索（Irene Castle）。1906年英国人维农来到美国，1911年娶美国姑娘艾琳·福特为妻。后来这对夫妇一起在巴黎表演，将爵士舞介绍给欧洲。回到美国后他们创办了一个舞蹈学校，并在百老汇演出。他们以自己独特的方式跳探戈，他们标志性的舞步是“卡索步”（Castle Walk）。1915年艾琳剪发后，她的“卡索波波头”（Castle Bob）和发带（戏称“头痛带”）被广泛模仿。艾琳优雅的礼服通常来自露西尔和卡洛时装屋，她自己也设计了一些款式。维农在战争时期担任一名战斗机飞行员，1918年不幸遇害身亡。艾琳在未来的几十年里继续从事表演，名声依旧——她既是一名舞者，也是一名时尚领袖。

和一些有名的影片设计服装。20 世纪 10 年代末，她开始出售部分产业，这最终导致其时装屋走向没落。

保罗·波烈凭借其独特、先锋派的设计和出众的自我推销能力成为时尚界最瞩目的人物之一。1910 年，他频繁出现在一些重要的时尚刊物上，并被美国记者安妮·里滕豪斯（Anne Rittenhouse）特别报道。他将自己和自己的作品看作是某个世界的一部分，在这个世界里，品味、奢华、美术和文化都是相互联系的。他结识了很多当时有名的艺术家。波烈曾与野兽派艺术家劳尔·杜飞（Raoul Dufy）合作设计面料。乔治·勒帕普为波烈绘制了另外一本重要的对开本宣传册《保罗·波烈作品集》（1911 年），他还专门为时装屋设计了信纸。波烈曾使用维也纳工坊和福坦尼设计的面料。1911 年，他为舞台剧《尼布甲尼撒》（*Nabuchodonosor*）设计了服装，1913 年又为另一部中东主题的舞台剧《宣礼塔》（*Le Minaret*）设计了服装。1911 年 6 月 24 日，波烈在家中举行“一千零一夜派对”，他将房子装饰成“阿拉丁宫殿”（Aladdin's Palace），室内有许多丝绸坐垫，还有彩色喷泉和烟火。宾客需要穿“波斯”风格的服装，如果着装不当，将被引导到一个房间换上波烈设计的服装。1910 年代，波烈设计了裤装礼服，也称苏丹妮（Robe Sultane）礼服，这款礼服结合了拜占庭风格的套头上衣和伊斯兰风格的宽松哈伦长裤。宣礼塔套头连衣裙（名称出自舞台剧《宣礼塔》）源于他对东方风格的探索，年轻女性穿着这款服装参加他的派对，这款服装因此很快就成为了他的一款主打产品。

下图　一群模特展示波烈 1910 年设计的各种款式的服装

右图　丹尼诗·波烈（Denise Poiret）身穿“雪葩”（Sorbet）女裙，这款裙子最大特点是裙身像灯罩，爱德华·史泰钦摄于1912年

波烈环游欧洲举办讲座和展示作品。1913年波烈访问美国时被美国人视为时尚先知，受到了热烈的欢迎。沃纳梅克百货商店（Wanamaker）举办了一个华丽的展览展示波烈的作品。波烈也活跃于香水、化妆品和室内设计等领域。1911年，波烈推出以他的一个女儿的名字命名的“罗西娜”（Rosine）系列香水。同年，他成立了装饰艺术学院（Ecole d'Art Décoratif）和玛尔蒂娜（Atelier Martine）工作室（以他的另外一个女儿的名字命名）。学校为中等收入的年轻女孩提供艺术训练，反过来，她们的设计又用于玛尔蒂娜工作室生产的艺术装饰品例如墙纸、小毯和坐垫等。波烈曾为几部电影设计服装，包括莎拉·贝恩哈特主演的《伊丽莎白女王》（1912年）。

1914年，漫画家森在他的作品《真实和虚假的时髦》（*Le Vrai et le Faux Chic*）中曾称珍妮·帕奎因为“和平街女王”（La Reine de la Rue de la Paix，实质意思是“时尚女王”），他的观点得到了广泛的传播。1907年，45岁的伊西多尔·帕奎因突然辞世，《纽约时报》曾断言这家时装屋走到了尽头。但是珍妮·帕奎因继续经营她的时装屋，1911年，她的兄弟亨瑞·茹瓦尔（Henri Joire）和他的妻子苏珊娜（Suzanne）成为时装屋的合伙人。十年里，帕奎因时装屋参加了许多国际性的展览。1911年帕奎因在都灵举行的展览给人以非常深刻的印象，有自己的新古典主义风格的展馆，并出现了穿着希腊风格服装的赤足舞者和穿着帕奎因设计的服装的蜡像。帕奎因时装屋的巴黎分店主要经营高级时装，伦敦分店还经营运动服。帕奎因以为欧洲王室成员设计服装出名，她后来又将目光投向富有的客户。1912年，“帕奎因与茹瓦尔”

左上图　帕奎因的丘尼克式女裙，在风格和结构上均体现了古代和中世纪的影响，图片来自《风尚》1914 年 5 月刊封面

右上图　塔波特（Talbot）为《风尚》1912 年 5 月刊拍摄的照片，展示了朗万设计的一款晚礼服，礼服的颜色和边饰对比强烈

（Paquin & Joire）时装屋在纽约开业，这里的业务由她的一个亲戚负责。1915 年，帕奎因在布宜诺斯艾利斯开了一家分店，充分利用了这座城市作为时尚和财富中心的优势。马德里也被纳入了这个时尚帝国的版图。

和波烈、露西尔一样，帕奎因也举办了戏剧性的时装秀。帕奎因时装屋产品多样，备受称赞。帕奎因喜欢短一点的裙子（长及脚踝，例如她的“探戈裙”），因为便于活动。1913 年，杰拉尔丁·法勒（Geraldine Farrar）穿着帕奎因设计的一条号称可以“从白天穿到晚上的裙子”登上时尚杂志，体现了她优雅、实用、富有远见的设计理念。帕奎因提倡将黑色作为一种时尚的颜色，来自全球各地的文化元素都能融入她的设计。帕奎因也和伊瑞布、巴比尔和勒帕普等人合作推出华丽的作品。她曾协助伊瑞布完成《和平街》（*Rue de la Paix*）里的服装，这部以时尚为主题的戏剧曾于 1912 年在巴黎首演。帕奎因还与莱昂·巴克斯特合作设计了一个充满新古典主义和异域风情的系列。虽然当时很多有名的时装屋都推出波烈款式的哈伦裤，但是帕奎因坚决抵制这个款式。1913 年，珍妮·帕奎因以她在商业上的成就获得了法国荣誉军团勋章。至此，20 世纪之后女性在时装设计界的地位得以确立。之后，她于 1917—1919 年间担任巴黎高级定制时装公会主席。

珍妮·朗万转入高级时装业务后取得了巨大的成功。她的作品经常出现在时尚杂志上，以母女服装为特色。1911 年左右，她的女装开始单独在图片上出现，这确保了朗万作为高级时装品牌的成功。和这个时期其他跟随时代潮流成功转型的设计师一样，朗万也能为各种品味的

人提供不同的设计，包括盛行的东方主义和浪漫主义风格的服装。朗万在轻薄面料上使用柔和色彩的灵感来源于印象派。她经常使用贴花、刺绣和串珠装饰。1915 年，她参加了旧金山举办的巴拿马太平洋万国博览会（Panama-Pacific Exposition）。

1914 年，卡洛姐妹在巴黎的店面搬迁了并扩大了经营范围，在比亚里茨、伦敦和尼斯陆续开设了分店。卡洛姐妹是品质最好的服装品牌之一。在玛丽·卡洛·嘉宝的指导下，时装屋尝试推出光滑的、流线型的现代服装，但仍然延用品质一流的蕾丝、金银丝锦缎和织锦等面料，并有精美的细节，呈现优雅、奢华的效果。东方主义仍然是一个反复出现的主题，早在 1911 年卡洛姐妹推出前卫的衣裤套装。

19 世纪 90 年代，乔治·道维莱特（Georges Doeuillet，1865—1929 年）曾和卡洛一起学艺。1900 年，他在巴黎开设了自己的时装屋，同年参加了巴黎世博会，并很快以"设计微妙、细节精致"声名鹊起。道维莱特是参与《高贵品味》杂志的设计师之一。他偏爱新古典主义的款式和裙摆收紧的多层裙子。人们认为战争接近尾声时流行的"筒形"廓形是受他的影响，他的某些设计表现了 20 世纪 20 年代即将流行的现代风貌。

1906 年，马德琳·夏瑞蒂（Madeleine Chéruit，1935 年逝世）开设了自己的时装屋，在此之前她曾在罗德尼茨时装屋工作。1910 年代，她向巴黎高级时装界证明了自己的实力，《高贵品味》刊登了她的高水平作品。1914 年《纽约时报》的一篇时尚报道高度评价了她设计的新款蓬蓬裙，成为战时流行廓形的前身。夏瑞蒂是一个优雅美丽的女性，她也利用自己出众的外形来展示她的服装："夏瑞蒂夫人穿着优雅，时尚界对她观赏比赛、歌剧和戏剧时穿的每一件礼服、戴的每一顶帽子和每一条披肩都感兴趣。"

古斯塔夫·拜尔的店依然遍布欧洲，他的作品也频繁出现在报刊上。1910 年代初，他设计了非常优雅的新古典主义风格的垂褶礼服。1910 年代末，拜尔在他的作品中融入流畅的现代风格，这种审美一直延续到 20 世纪 20 年代。

德莱赛尔依然由瓦格纳夫妇经营。《风尚》频繁刊登他们的设计，这些作品体现了品牌一贯的堪为时代表率的优雅品味。世纪之交，波恩姐妹——赛尔维（Sylvie）和珍妮（Jeanne）开创了自己的事业，1910 年代该品牌已经非常有名。唯美浪漫是她们的典型特点，使用蕾丝、轻薄的面料和玫瑰花结，她们也设计了非常受欢迎的女式内衣。1915 年开设的纽约分店在 20 世纪 20 年代取得了巨大的成功，伦敦和布加勒斯特的分店也纷纷开张。贝霍夫 – 大卫时装屋推出的许多服装体现了波烈的强烈影响。1911 年他们推出的裙裤（或称"裤裙"）修改了波烈的哈伦裤创意并将之用于大众服装。时装屋的作品经常见于时尚报刊，例如《纽约时报》《风尚》和《翡米娜》。这个十年里巴黎其他著名的时装品牌和时装屋还有珍妮夫人（Mme. Jenny）、阿涅丝时装屋（Maison Agnès）、罗夫时装屋、马歇尔和阿尔芒、科埃姐妹（Cauet Soeurs）。其中很多时装屋在下一个年代依然有一定的影响力。

上图一 安德烈·爱德华·马蒂（A. E. Marty）为《高贵品味》1914 年 5 月刊绘制的一张插画，上可见乔治·道维莱特设计的一款多层午后礼服，采用了道维莱特典型的廓形

上图二 马德琳·夏瑞蒂设计的一款宽裙摆外套，也是她本人喜欢的款式，布里索（Brissaud）绘制，图片来自《高贵品味》1914 年 4 月刊

右页图 德莱赛尔设计的一款类似丘尼克有柔软褶裥的午后礼服，图片来自《风尚》1910 年 7 月刊

1911年，俄罗斯年轻的设计师罗曼·德·提托夫（Romain de Tirtoff，1892—1990年）来到巴黎，他曾使用笔名“埃尔蒂”（Erté），源自他的名字首字母的法语读音。不久后，他成为波烈的助手和插画师。1914年，因为战争，波烈关闭了他的时装屋，埃尔蒂开始为美国的一些零售商做设计，其中最有名的是亨利·本德尔（Henri Bendel）和奥尔特曼（Altman）。同年，他开始为《时尚芭莎》绘制插画，与《时尚》的插画师展开竞争。

除了威尼斯的豪华店面，马瑞阿诺·福坦尼在巴黎、伦敦和纽约也有分店。上个年代时髦的女性把德尔菲裙当茶会礼服使用，现在用作晚礼服，美国女性是第一批将这款礼服当作晚礼服穿出家门的人。玛利亚·莫娜奇·盖林佳（Maria Monaci Gallenga，1880—1944年）设计了类似的款式，她也使用类似的有历史感的奢华面料制作了有褶裥的紧身连衣裙和历史风格的套头外套。另外一个在巴黎工作的设计师维塔迪·巴比尼（Vitaldi Babani，活跃于1895—1940年）也设计了相似的款式，灵感明显来源于异域服装，例如阿拉伯长袍和和服。

维也纳工坊增设了时装部，由艾多拉德·约瑟夫·维默尔－威斯格里尔（Eduard Josef Wimmer-Wisgrill，1882—1961年）主持。维默尔－威斯格里尔非常擅长用维也纳工坊生产的面料表现巴黎的最新款式。他设计了优雅、前卫的女裙和套装，为他赢得了“维也纳波烈”的称号。

加布里埃·博耐尔·香奈儿（Gabrielle Bonheur Chanel，1883—1971年）青少年时期在孤儿院长大，由修女教习缝纫技艺，后来她获得了她的第一份工作——为一名女装裁缝师工作。她年轻的时候就表现出对简约款式和男装的喜爱，男装也是她衣橱的一部分。与一名富有的养马人交往后，香奈儿对跨开双腿骑马的方式和男式骑马服产生了兴趣。这个时候她还戴着从商店里买来的帽子，1909年，她在巴黎开了一家小型的女帽店。1910年，她将店面搬到康朋街并命名为“香奈儿时尚”（Chanel Modes）。她的女帽生意很快取得了成功，得到了时尚杂志的关注和许多巴黎女演员和女歌手的青睐。为了保护康朋街其他女装裁缝租户的利益，店面租约禁止香奈儿在这里卖女装。为了拓展服装业务，她在杜维尔度假小镇开了一家精品店。杜维尔是珍妮·帕奎因喜欢的度假胜地，雷德芬有限公司也在这里开设了运动服分店。杜维尔是香奈儿实践想法的最佳地，她也可以在富裕的度假者中发展一个规模虽小但不断增加的运动服客户群。1915年，她在比亚里茨开设了自己的第一家高级时装店，在富有客户的关照下她的生意发展迅速。通过三个城市的店铺，香奈儿的时尚帝国建立起来了。

运动服和男装（包括军队制服）影响了香奈儿的风格，她甚至将简约风格运用于高级时装。虽然她使用了很多颜色，但在她的职业生涯中她很早就表现出对中性色的喜爱。她将针织面料用于作品，时装屋因此赢得了“针织屋”（Jersey House）的美誉。同样，她进一步提升针织毛衣的地位，让它成为时髦女性的日装。香奈儿的品味和战末简单的生活方式正好契合，这推动了她的事业的发展。美国时尚杂志的报道对她的成功也功不可没。她个人的装扮和生活方式——晒黑皮肤和剪短头发——都成为新闻。到1919年，周围满是名人的香奈儿自己也成为了明星。

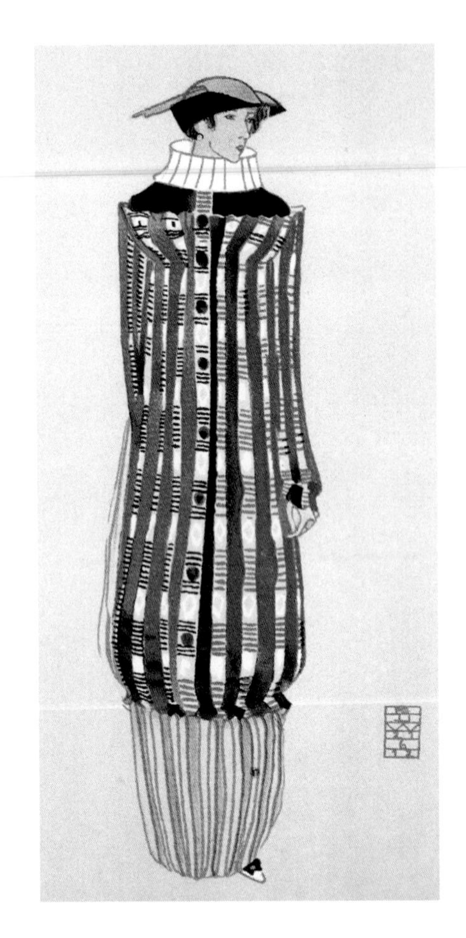

上图一　1913年左右艾多拉德·维默尔－威斯格里尔为维也纳工坊时装部绘制的设计草图，展示了维也纳工坊的几何美学

上图二　1916年左右美国马克斯·迈耶（Max Meyer）公司绘制的一张关于加布里埃·香奈儿早期设计的一款女裙的草图，突出了她对航海和军装元素的运用

美容业

1910年代不再流行“美好时代”的精致发型。这一年代中期，发型更加贴合头部。即使后面还留着长发，越来越多的女性喜欢将脸部周围的头发剪短，并在额前留刘海。1904 年烫发在伦敦问世，到 20 世纪 10 年代，这种卷发方式已经广泛采用。1910 年代末，短发（通常称为“波波头”）已经相对常见，这种短而齐的发型让频繁剪发和造型成为女性美容生活中的一部分。

人们对使用化妆品的态度也发生了变化。1913 年 10 月，《时尚》指出藏起胭脂盒和粉扑是“旧秩序”的一部分，化妆是“每位女性的权利，也是义务”。美容产品和美容护理备受欢迎，这一点从报刊上刊登的大量广告和照片上时装模特、社会名流和演艺人士靓丽的妆容可以看出来。20 世纪 10 年代，时髦的面孔是化妆品创造出来的——弯弯的浓眉、烟熏的眼睛、粉色的脸颊和玫瑰花瓣似的嘴唇。

三位女企业家为现代美容业的发展奠定了基础。澳大利亚人赫莲娜·鲁宾斯坦（Helena Rubinstein，1870—1965 年）出生于波兰，最初在墨尔本销售澳洲羊毛脂成分的面霜，到 1915 年，她的化妆品生意已经蓬勃发展，在伦敦、巴黎和纽约开设了沙龙。鲁宾斯坦在美国许多城市开设了连锁沙龙（有些提供水疗服务）。财富使她能够购买大量的时装、艺术品和开展国际慈善项目。鲁宾斯坦的竞争对手伊丽莎白·雅顿（Elizabeth Arden，1884—1966 年）也通过沙龙网络提供美容产品和服务，她是第一个提出“美容”（Makeover）概念的人。雅顿原名弗洛伦斯·南丁格尔·格雷厄姆（Florence Nightingale Graham），出生于加拿大安大略省。将自己包装成“伊丽莎白·雅顿”后，1910 年她在纽约时髦的第五大道开设了第一家“红门”（Red Door）沙龙，之后 15 年内她的业务在国际范围内不断扩展。沃克夫人（Madam C. J. Walker，1867—1919 年）原名萨拉·布里德拉夫（Sarah Breedlove），出生于路易斯安那州，她建立了一个非裔美国人专用护发产品的帝国。1910 年到 1920 年间，沃克夫人在印第安纳波利斯的业务包括工厂、培训学校、沙龙和代理商网络，所有的黑人女性都喜欢她。她最终定居纽约，在那里，她成为哈莱姆区（Harlem）的政治活动家，也是著名的慈善家。这三位美容业的先驱——鲁宾斯坦、雅顿和沃克夫人将科学运用到美容中，并且重视产品的品质，使用诱人的包装和训练有素的代理。在每个案例中，创始人的形象对于企业的定位都至关重要。

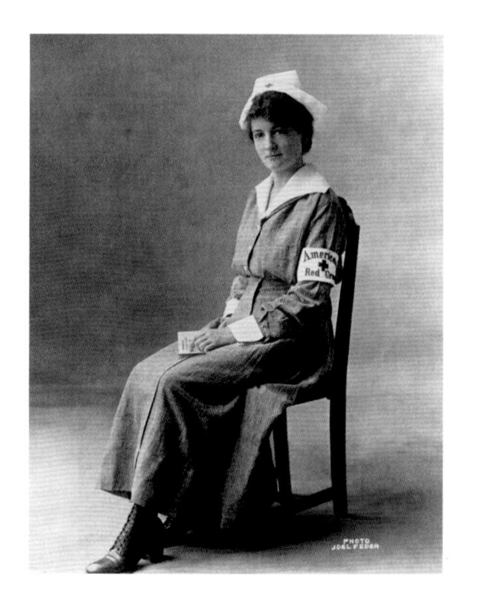

上图一　1918 年美国陆军女兵的一张征兵海报，上可见一位穿着便于战争工作和其他户外劳动的工装裤的年轻女性

上图二　一位红十字护士，穿着适合战地环境的灰色棉制服，乔尔·菲德（Joel Feder）拍摄，摄于 1918 年

战争与时尚

战争对时尚产生了广泛、多样的影响。纺织业需要提供军需，因此要求国民节约使用面料。时尚的主色调改变了，是对战时阴暗现实的回应，也是由于从德国进口的人造染料短缺。劳动力不足是另外一个影响因素。考究着装的惯例——例如上流社会的女性每天要在女仆的帮助下换三次衣服——似乎已经被摒弃了。军装影响了国民的着装。女性穿着男性化的服装，她们也接替了前往战场的男性的工作。在红十字会等机构服务的杰出女性和辅助服务人员都穿着制服，有些是专门为她们设计的。“可分离扣件”（即拉链）是军队使用的新物件——1913 年吉德昂·逊德巴克（Gideon Sundback）发明，并在 1917 年获得专利。“战壕风衣”一词源自壕沟战，是一种从博柏利著名的 Tielocken 风衣款式发展而来的系带外衣，由于英朗实用而被广泛穿着，成为男女现代衣橱中的常规款式。

上图　一名穿着风衣的英国军官，这款服装很快从军用转为民用

由于时尚产业的业主（例如波烈）和工人都需要服兵役，加上国际上熟客减少，奢侈品行业受到很大的影响。生产商、零售商和时尚杂志经常以战争为噱头进行宣传和营销。例如《时尚》杂志曾刊登《以战争之名着装》等文章，甚至将紧身胸衣也和战争扯上关系，声称采用了一种新的源自皇家伍斯特的军用曲线。沃纳梅克1918年春夏的产品目录中有一个“战胜”（Win-the-War）系列，以爱国人士为目标客户，产品包括军队制服款式的女士套装和战时简约的婴儿服等。经销商给人们灌输“羊毛赢得战争胜利”的思想，鼓励女士购买丝质或棉质的服装，将毛料留给军队。一种称为“全能女服”的连衫裤提供给那些“渴望在厨房或花园尽自己一份力量的爱国女性”。战争的某些方面对20世纪后来的时装也产生了意想不到的影响。迷彩服——或许是受立体派（Cubism）的影响——最早是因为一战诞生于法国。用于治疗在战争中受伤的男性的修复性整形手术为20世纪接下来数十年间迅速流行和普及的许多美容手术奠定了基础。

战争带来的高死亡率让人们开始质疑已有的服丧习俗。穿丧服的习俗必须摒弃，因为丧失亲友的女性——年轻寡妇、母亲和姐妹——数量是前所未有的，如果她们都穿得一身黑，恐怕人们那早已被战争击溃的意志只会更加脆弱。

男装

这一时期见证了19世纪男装审美标准的终结。萨维尔街最经典的服装定制老店亨利·普尔的休·坎德利（Hugh Cundry）曾说1914年标志着“文明的终结”。现在的男装注重服装的实用性，那些和有闲或精英阶层的生活方式有关的款式已经不再流行。

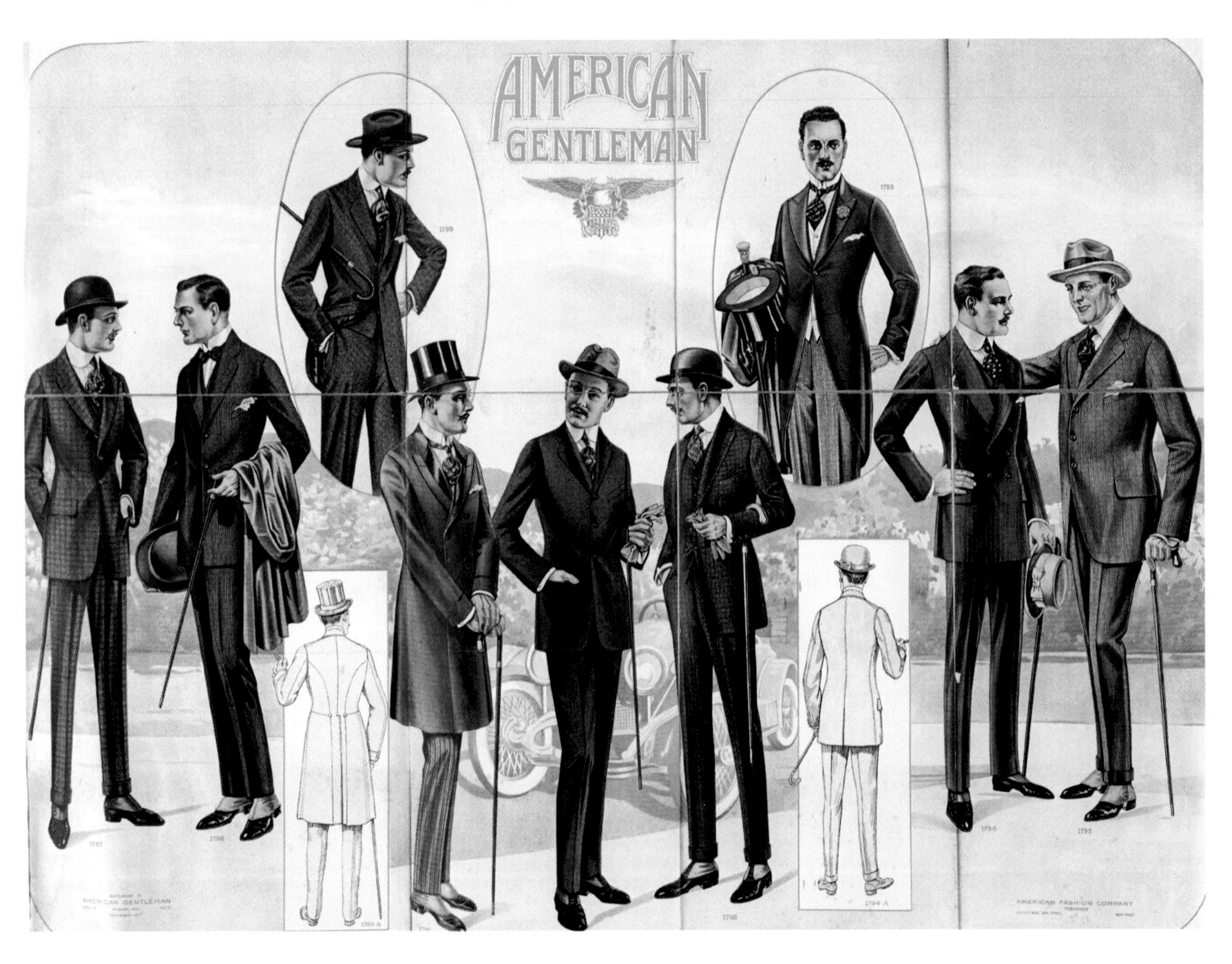

左页下图　男装定制杂志《美国绅士》上的一张插图，展示了1917—1918年秋冬系列的男装。从中可以看出当时流行修身、挺括的廓形，帽子的款式也很多

下左图　1911年一个巴黎零售商的宣传海报，上可见一名穿着卡其色套装的年轻男子，强调外套和配饰的运动风格

下右图　1914年前后丹嫩堡（Dannenberg）的一张插画，展示了宽松的男士外套和时髦的配饰

由于战争的缘故，男装在这个十年里没有发生太大的变化。不过，男西装的廓形更加流畅，一些相对陈旧的款式例如男士长礼服和晨礼服的使用率更低，流行修长的廓形。西服外套无论是单排扣还是双排扣都因收腰和窄袖显得特别修身。长裤也是紧身的，前面平整，中间有明显的烫迹线。有些长裤还有翻边，裤子通常偏短，裤脚在鞋面以上。面料有素毛料，也有提花的面料，例如细条纹、白条纹、窗格纹和几何纹的粗花呢。有些A字廓形的外套较为宽松，向外展开罩在修身的西服上。

卡其色西服的流行反映了制服的影响，也代表人们接受了更加宽松的规范。由于民用订单减少，裁缝们通过按照政府制定的定制规范制作军队制服，尤其是军官的制服来弥补经济损失。1917年，《美国绅士》（*American Gentleman*）曾声称："任何跟军装沾边的东西都会受到老少爷们的追捧。"该杂志还指出由于进口丝绸的短缺，"蝶形领结变得重要，成为全年的时尚单品"。虽然有蝶形或类似的领结，但活结领带才是主流，流行略宽的款式。由于开车和从军时不便使用怀表，越来越多的人开始佩戴手表。浅顶的卷檐软呢帽甚至斯特森样式（Stetson-style）的高顶宽边帽仍然很常见，但多见于比较正式的场合。

1919年6月28日签订《凡尔赛条约》（*Treaty of Versailles*）的时候，英国首相大卫·劳合·乔治（David Lloyd George）、法国总理乔治·克列孟梭（Georges Clemenceau）和美国总统伍德罗·威尔逊（Woodrow Wilson）都穿着下摆裁成圆角的晨礼服。意大利首相维托里奥·埃曼努尔·奥兰多（Vittorio Emanuele Orlando）和其他国家的代表团成员一样穿着短款西服。《纽约时报》特别提到，协约国领导人的"黑色外套"与1870年在凡尔赛举行的一个仪式形成鲜明的对比，主持仪式的德国首相奥托·冯·俾斯麦（Otto Von Bismarck）穿着一身华丽的白色制服。《泰晤士时报》强调着装的这一变化加快了打破旧秩序迈向新世界的步伐。

左上图　1916年前后美国儿童的典型着装。流行已久的水手服增添了几分令人心酸的色彩，因为当时美国正处于参战边缘

左下图　1918年约翰·沃纳梅克产品目录上的一张插图，可以看到成年男性的制服和卡其色流行趋势对男童服装的影响

童装

女装实用和装饰的冲突也体现在童装上。一方面强调要便于活动，另一方面仍用紧身衣纠正不良姿势。小孩和过去几十年一样穿罩衫和宽松的衣服。十几岁女孩的着装则反映了女装的流行趋势。男孩稍微长大以后，主要穿灯笼裤，不穿短裤，然后过渡到长裤，穿长裤的年龄比以前更早。童装也受到军装的影响。英语国家流行的童子军运动的发展又强化了这种影响。童子军穿不同深浅的卡其色、棕色和绿色制服，上有大口袋，头上戴着游击兵的帽子。成群结队的男孩、女孩穿着童子军制服模仿当兵打仗的大人。

水手服更加流行，从蹒跚学步的婴儿到青少年，所有孩子都喜欢。男孩和女孩穿一种套头衫，通常称为水手服，上有水手领、领带和其他航海元素的细节。休闲和考究的款式都有，甚至泳装也流行水手服款式。蓝白两色最常见，也有其他的颜色或条纹，例如卡其，甚至粉色和白色。外套采用成人服装的廓形，出门戴帽子。软帽是男孩白天最常见的一款帽子。

杂志继续推荐特殊场合穿的历史风格的服装，例如小男孩的花童装和小女孩的衬裙式连衣裙。适合温暖的季节穿着的考究服装以浅色为主。和过去一样，小孩在特殊的场合佩戴各具特色的帽子。女孩的帽子通常华丽多样，甚至年龄很小的女孩也戴夸张的大帽子。女孩的帽子紧跟成人女帽的流行趋势，超大的头巾式女帽、宽檐帽和高帽顶都是常见的款式。1910年代女孩穿着较为平直的低腰及膝裙，剪着波波头，甚至光着腿，后来这些成为了成人女性的时尚要点。

年代尾声

20 世纪 10 年代即将过去，总体简化的时装似乎和战后的社会很相宜。这个十年的最后几年里，有两位法国设计师——让・巴杜（Jean Patou，1880—1936 年）和卢西恩・勒隆（Lucien Lelong，1889—1958 年）——开始了他们简约美学的服装事业。让・巴杜的父亲是诺曼底的一个富有的皮革匠。1910 年左右他在巴黎创立了自己的时尚品牌。巴杜原本准备在 1914 年举办他的第一场时装发布秀，但战争迫使他改变了计划。他参军了，直到 1919 年才重新开业。巴杜从一开始就强调简洁，偏爱短裙，他对 20 世纪 20 年代运动风格和简约风格的发展起到了至关重要的作用。卢西恩・勒隆是高级时装设计师亚瑟・勒隆（Arthur Lelong）和艾琳诺・勒隆（Eleanore Lelong）的儿子，他们的时装屋虽然小，但发展良好。1918 年，卢西恩受伤退伍回到家乡接手了父母的生意。卢西恩的现代美学观念彻底改变了时装屋的风格，并对后来的时尚产生了很大的影响。

第一次世界大战不可逆转地改变了世界的秩序。没有什么比着装的变化更加明显了。战后爆发的一场流感夺去了数百万人的生命。在疫情最严重的 1918 年和 1919 年，欧洲的情况最为严峻，其影响是世界性的。工人戴上呼吸面罩，市面上出现有防护面纱的女帽，用来防止接触感染。这正是这个承受了过多悲剧的十年灾难的顶峰。随着男人从战场上回来，西方社会也在努力回复到“正常状态”。在一种新的美学观念的影响下，一种真正的现代生活方式逐渐形成：勒帕普简洁的插画、维默尔－威斯格里尔醒目的图案和香奈儿轻松的设计代表了一种新的审美标准。

左页右上图　1916 年《画报评论》上的一张插图，上可见各个年龄段的女童着装。蹒跚学步的女童穿罩衫式连衣裙，年轻的女孩降低了服装的腰线，这预见了接下来十年成年女性的时尚。不论哪个年龄段的女童都戴着夸张的帽子

下图　一张名为《战士回家》的插画，表现了一位战后回到家中的法国军人，迎接他的孩子们已经准备好了平民服饰。图片来自 1919 年的《今日时装》（*Les Modes et Manières d'Aujourd'hui*），安德烈・爱德华・马蒂绘制

VOGUE
Collars
SPRING SHOPPING NUMBER
MARCH 15 · 1927
© The Condé Nast Publications Inc.
PRICE 35 CENTS

第五章

20 世纪 20 年代：疯狂的岁月

20 世纪 20 年代沉浸在一种愉悦的、生机勃勃的氛围中。这个年代通常被称为“爵士时代”（The Jazz Age）、“咆哮的二十年代”（The Roaring Twenties）或“疯狂年代”（Les Années Folles）。度过战后初期经济的不稳定阶段后，放松、甚至狂喜成为社会的主旋律。第一次世界大战和 1929 年的经济危机让中间的这些年显得享乐和轻佻。探戈舞、狐步舞和新的活力舞步，例如查尔斯顿舞、黑人扭摆舞和希米舞一同分享舞池。夜晚，时髦的男士穿着燕尾服和塔士多，女伴则穿着闪闪发亮的紧身连衣裙，被大城市夜晚闪烁的灯光照亮。汽车更加普及，速度也更快，户外活动因此流行起来。由于顶篷和挡风玻璃等新设计的出现，专门的乘车服遭到淘汰。时尚的变化反映了汽车对日常生活日益增长的影响，汽车也成为了时尚摄影中的时髦物件。

社会和经济背景

一千多万人死于战争。如此沉重的打击不仅摧毁了人的意志，幸存者还要面对物资短缺和

左页图　电气化城市闪亮的夜生活反映了这个年代的活力和现代精神，正如 1927 年 3 月 15 日《时尚》的封面图片——乔治·勒帕普（George Lepape）为模特李·米勒（Lee Miller）绘制的插画——表现的那样

右图　乔治·巴比尔（George Barbier）的插画《再会》，描绘了一场盛大的晚会结尾的场景，展示了时尚男女多样的正式晚礼服。汽车轮胎和拱形窗户两侧流线型的雕塑体现了装饰艺术的美学特点

百废待兴的状况。《凡尔赛条约》改变了欧洲的权利结构，随着帝国的瓦解，独立的小国纷纷出现。国际联盟作为一个国际监督机构成立了。

1918 年，加拿大和斯堪的纳维亚的女性获得了选举权，然后 1919 年、1920 年和 1928 年德国、美国和英国的女性陆续获得了选举权。主要的欧洲国家只有西班牙、法国和意大利衰退了。20 世纪 10 年代许多国家颁布了禁酒令，1919 年 10 月美国政府也通过《第十八条修正案》禁止酒类商品的生产和销售。但美国人依然想方设法喝酒，从家酿的浴盆金酒到处方用的医用酒精，各有各的办法。地下酒吧和夜店非法供应酒精饮料，让那些年人们的精神保持愉悦，也让女性进入了原本只有男性的饮酒环境。

艺术

达达主义为 20 世纪最有影响力的艺术运动之一——超现实主义（Surrealism）奠定了基础。超现实主义的代表人物，例如马克斯·恩斯特（Max Ernst）、曼·雷（Man Ray）、萨尔瓦多·达利（Salvador Dalí）、勒内·马格里特（René Magritte）等艺术家致力于探索梦境和潜意识。立体主义的分支奥弗斯主义（Orphism）运用色彩表现现代生活的活力，罗伯特·德劳内（Robert Delaunay）和索菲亚·德劳内（Sonia Delaunay）的作品充分体现了这一特点。其他画家如美国的查尔斯·德穆斯（Charles Demuth）、乔治亚·奥·吉弗（Georgia O'Keeffe）和加拿大的劳伦斯·哈里斯（Lawren Harris）等用立体块面的形式精确表现城市和景观。大卫·赫伯特·劳伦斯（D. H. Lawrence）、弗朗西斯·斯科特·菲茨杰拉德（F. Scott Fitzgerald）、弗吉尼亚·伍尔夫（Virginia Woolf）和厄内斯特·海明威（Ernest Hemingway）用文学的形式表现了这个时期的愉悦和焦虑情绪。威廉·福克纳（William Faulkner）、辛克莱·刘易斯（Sinclair Lewis）和西奥多·德莱塞（Theodore Dreiser）的作品批判了当时的社会，托马斯·斯特尔那斯·艾略特（T. S. Eliot）和詹姆斯·乔伊斯（James Joyce）尝试了新的文学形式。剧院里，尤金·奥尼尔（Eugene O'Neill）富有挑战性的戏剧与诺埃尔·考沃德（Noël Coward）新潮的客厅喜剧形成对比。

爵士乐成为最受欢迎的流行音乐。美国和欧洲的许多著名夜店以黑人乐队的表演为特色。表演者路易斯·阿姆斯特朗（Louis Armstrong）、玛·雷尼（Ma Rainey）和贝西·史密斯（Bessie Smith）塑造了非裔美国人的时髦形象。在“美国黑人文艺复兴运动”（Harlem Renaissance）的早期，纽约邻近地区的艺术创作如雨后春笋般涌现。黑人表演者在巴黎也非常受欢迎，美国出生的约瑟芬·贝克（Josephine Baker）以充满活力的舞蹈和异域风情的服装名声鹊起。在一段著名的舞蹈中，她几乎全裸，只穿着一条假香蕉做的裙子。作为巴黎最有魅力的表演者之一，贝克成为了当之无愧的时尚偶像，她的美丽被当时伟大的摄影师捕捉，并永存于保罗·科林（Paul Colin）的海报中。

乔治·格什温（George Gershwin）的《蓝色狂想曲》（*Blue*，1924 年）和《一个美国人在巴黎》（*An American in Paris*，1928 年）融合了爵士乐的节奏和古典乐的形式。1922 年，他创作的一部以哈莱姆黑人住宅区为背景的爵士音乐剧《蓝色星期一》（*Blue Monday*）在百老汇上演。格什温的《小姐，对我好点吧》（*Lady，Be Good*，1924 年）和文森·尤曼斯（Vincent Youmans）的《不，不，南内特》（*No，No，Nanette*，1925 年）等音乐剧以有趣的形式表现了当时人们的生活片段。活页乐谱促进了包括音乐剧选段在内的流行乐曲的传播，对时尚信息的传播也起到了重要的作用。

电影业也出现了许多娱乐大众的作品，从查利·卓别林（Charlie Chaplin）和巴斯特·基顿（Buster Keaton）主演的喜剧到塞西尔·德米尔（Cecil B. DeMille）执导的圣经史诗《十诫》（*The Ten Commandments*，1923 年），再到华特·迪士尼（Walt Disney）创作的大受欢迎的动画角色米老鼠，种类繁多。大卫·格里菲斯（D. W. Griffith）的《风暴遗孤》（*Orphans of the Storm*，1921 年）和阿贝尔·冈斯（Abel Gance）的《拿破仑》（*Napoléon*，1927 年）等历史题材的作品产生了巨大的经济价值。东方异国情调的故事在电影中得以延续，例如鲁道夫·瓦伦蒂诺（Rudolph Valentino）主演的《酋长》（*The Sheik*，1921 年）和道格拉斯·费尔班克斯（Douglas Fairbanks）主演的《巴格达大盗》（*Thief of Bagdad*，1924 年）。由扮演黑人的歌舞杂耍表演明星阿尔·乔尔森（Al Jolson）主演的《爵士歌王》（*The Jazz Singer*，1927）是第一部声影同步的故事长片——这项电影制作技术的突破宣告着“有声电影”的诞生。1927 年创立了美国电影艺术与科学学院，1929 年 3 月 16 日举办了首届学院金像奖颁奖典礼，时长仅 15

左上图 美国的歌手、演员和卡巴莱歌舞表演明星约瑟芬·贝克，穿着开襟外套，留着她喜欢的涂有发油的短发，1925年左右埃米尔·比伯（Emil Bieber）拍摄

右上图 1922年某首流行歌曲活页乐谱上一对身穿晚礼服的年轻人，以芝加哥的轮廓线为背景

分钟。珍妮·盖诺（Janet Gaynor）成为第一位获得学院金像奖最佳女主角奖的女演员，她开启了奥斯卡最佳女主角引领时尚的现象，尽管她不是当时最迷人的女演员。

国际装饰艺术与现代工业博览会

1925年4月至10月在巴黎举办了国际装饰艺术与现代工业博览会（Exposition Internationale des Arts Décoratifs et Industriels Modernes）。这个盛大的博览会以创新为特色，展品包括勒·柯布西耶的新精神馆（Pavillon de l'Esprit Nouveau）和法国莱俪的水晶喷泉。“装饰艺术”一词即20世纪60年代基于这个博览会的主题而来，泛指和这次展览同类的风格。装饰艺术是一种简洁、优雅的审美风格，受到立体主义、古代近东和前哥伦布时期的设计等许多因素的影响，其主要特点是运用几何图形、重复和渐变。典型的图案有古典风格的人物图案和流线型的动物图案（例如瞪羚和黑斑羚）。装饰艺术对时尚的影响体现在珠宝、配饰和纺织品图案上。路易丝·布朗热（Louise Boulanger）、卡洛姐妹、道维莱特、珍妮、朗万、勒隆、波烈、维奥内特和沃斯等许多著名的时装设计师参加了此次博览会。法国纺织业展示了罗迪耶（Rodier）、科尔内耶兄弟（Cornille Frères）和比安奇尼－弗里耶（Bianchini-Férier）格外精彩的设计作品。装饰美学反映了当时男女的理想形象，以健美运动员和模特托尼·桑索内（Tony Sansone）接近立体的强健体态和约瑟芬·贝克优雅苗条的身段为代表。

鲁道夫·瓦伦蒂诺（Rudolph Valentino）

拉蒙·诺瓦罗（Ramón Novarro）

电影偶像

电影屏幕上满是帅气迷人的男演员，他们的着装被西方世界的男性争相效仿。温文尔雅的华莱士·里德（Wallace Reid）被称为“最完美的屏幕恋人”，时髦的约翰·吉尔伯特（John Gilbert）同样也被冠以夸张的称号。日裔美国人早川雪洲（Sessue Hayakawa）经常扮演危险的异国情人，因此成为一个特别的电影偶像。

道格拉斯·范朋克（Douglas Fairbanks）最初是舞台剧演员，后来到好莱坞发展并很快声名鹊起。作为玛丽·碧克馥的丈夫和联美公司及美国电影艺术与科学学院的创始人，道格拉斯·范朋克有“好莱坞之王”的称号。他的电影《佐罗的面具》（*The Mark of Zorro*）、《侠盗罗宾汉》（*Robin Hood*）和《黑海盗》（*The Black Pirate*）等都是典型的传奇冒险类影片，这恰是范朋克最擅长演绎的类型。他以历史片成名，即使穿着紧身衣裤也很有男人味。范朋克和碧克馥是最早在格劳曼中国大剧院（Grauman's Chinese Theater）的水泥上留下不朽的手印和脚印的人。

鲁道夫·瓦伦蒂诺出生于意大利，曾在纽约担任职业伴舞和歌剧演员，后来去好莱坞发展并成为这个十年最具票房号召力的演员之一。虽然是以“拉丁情人”（Latin Lover）的角色出名，但是他参演的《年轻的拉贾》（*The Young Rajah*）、《碧血黄沙》（*Blood and Sand*）和《酋长》（*The Sheik*）等电影都包含了东方的场景和故事情节。瓦伦蒂诺非常受女性喜爱，拥有大批女性粉丝。虽然男性观众有时会觉得他精心的装扮略显阴柔，但事实上他们多半是嫉妒他对女性的吸引力。他的发型——抹上发油后将头发向后梳的大背头——被许多人模仿，他的模仿者因此得到了“油头男”的绰号。瓦伦蒂诺曲折的爱情也很出名，其中最有名的一段是与设计师娜塔莎·兰波娃轰轰烈烈的婚姻。瓦伦蒂诺英年早逝，广大公众为之哀悼，他的女粉丝更是为此而歇斯底里。

关于“好莱坞拉丁情人”的称号，强壮帅气的拉蒙·诺瓦罗（Ramón Novarro）是瓦伦蒂诺最有力的竞争对手。诺瓦罗出生于墨西哥杜兰戈市的荷塞萨马涅戈，1913年到达洛杉矶，在后来的几年里出演的都是小角色。20世纪20年代，他终于在《美人如玉剑如虹》（*Scaramouche*）和《阿拉伯人》（*The Arab*）等影片中出演了重要的角色。他最有名的角色是宾虚（Ben-Hur），他在这部影片里的服装突出了他运动员般的体格，影响了电影对男性性感的诠释。

中国风和埃及热

中国风继续盛行，通常采用新奇的形式表现，例如中国流行的棋牌游戏——麻将。普契尼伟大的作品，也是他最后的一部歌剧《图兰朵》（*Turandot*）讲述了一个以北京为背景的传奇故事。1927 年，格劳曼中国大剧院在好莱坞开张，里面陈列了从中国进口的工艺品，包括一条 9 米长的石龙。卡地亚的珠宝和其他产品上出现了龙和荷花的图案。时装对这一流行趋势的反映体现在晚礼服和睡衣上装饰的刺绣和珠饰图案。

1922 年 11 月 4 日，英国考古学家霍华德・卡特（Howard Carter）和他的探险队发现了图坦卡蒙（Tutankhamun）法老墓室的入口。当时的新闻媒体上铺天盖地都是该墓发现的宝藏的图片，由此引发了一股追捧埃及风格的流行文化热潮——“埃及热”，对建筑、室内设计和装饰艺术产生了广泛的影响。时装业利用这个流行趋势推出了带有印花或刺绣的埃及风格图案的服装。埃及风的珠宝和配饰也在各级市场流行。

除了中国和埃及，其他许多民族风格也成为灵感来源。1917 年俄国革命前大批俄国人迁往巴黎，人们对俄国民间艺术的喜爱因此得以在服装上延续。刺绣、贴布、配饰和服装的廓形都深受俄国的影响。西班牙的影响在服装和建筑上有很多种表现形式，阿拉伯风格也一样。美洲印第安人、阿兹台克人和玛雅人的艺术形式影响了设计，非洲风格也成为灵感来源。

上图　1927 年一份亚洲报纸上刊登的奥斯特・瑞登绘制的插画，上可见两位穿着休闲睡衣的时髦女性，体现了当时的东方主义风格

下图　一款以图坦卡蒙为灵感来源的晚会礼服外套（法国，约 1922—1925 年），上以串珠绣出荷花、猎鹰和形似象形文字的埃及风格图案

上图　里尤波夫·波波瓦设计的一款日礼服，面料也出自她之手，反映了构成主义的美学特点

俄罗斯的艺术和时尚

俄国十月革命之后的一些年是俄国艺术和设计的繁荣时期。一批艺术家和设计师以革命前的艺术风格为基础进行创作。他们的作品受立体主义和未来主义的影响，推动了一种特殊的俄国绘画和建筑风格——构成主义的发展。其中起主导作用的是里尤波夫·波波瓦（Lyubov Popova，1889—1924 年）。除创作了大量的绘画作品，她还设计纺织品、舞台服和日常服。她的时装作品经常使用大块面料，结构简单。结构主义画家亚历山德拉·埃克斯特（Aleksandra Ekster，1882—1949 年）将结构主义的原理运用到舞台和服装设计。她的作品是未来主义和民俗艺术结合的最初典范。多媒体艺术家亚历山大·罗德琴柯（Aleksandr Rodchenko，1891—1956 年）引领了 20 世纪 20 年代早期“爆炸式”的创作。作为苏联文化生活的重要人物，和当时一群称为“生产主义者”艺术家一样，罗德琴柯也设法将设计融入新社会的日常生活，他设计了被他称为“工作服”的连体裤，还设计了结合几何和交错图形的纺织品图案（例如重复的类似波浪的图案）。

德国文化

第一次世界大战以后，德意志帝国被新政府取代，更名为“魏玛共和国”。这个短暂的政府提倡社会自由、种族多元化和生活方式多样化。与此同时也还存在社会动荡、通货膨胀严重和经济衰退等问题。热闹、颓废的夜生活发展起来，卡巴莱和爵士俱乐部繁荣兴盛。柏林成为西方世界最重要的文化中心之一，堪与纽约和巴黎相媲美。

新客观主义（The Neue Sachlichkeit （" New Objectivity "））从德国的表现主义（Expressionism）发展而来，在一战期间进入繁荣期。乔治·格罗兹（George Grosz）、奥托·迪克斯（Otto Dix）和克里斯汀·查德（Christian Schad）等艺术家现实的、往往令人不安的绘画作品再现了爵士乐时代柏林的放荡世界。1919 年，包豪斯设计学院在魏玛成立，创始人是建筑师瓦尔特·格罗皮乌斯（Walter Gropius），他是应用艺术领域颇具影响力的设计师，以简单的流线型闻名。德国的电影制作进入了表现主义阶段。《卡理加里博士的小屋》（*The Cabinet of Doctor Caligari*，1920 年）、《诺斯费拉图》（*Nosferatu*，1922 年）、《大都市》（*Metropolis*，1927 年）等电影以大胆的拍摄和高度风格化的设计为特色。《潘多拉魔盒》（*Pandora's Box*，1929 年）讲述了一个放荡的女人的故事，以美国女演员露易丝·布鲁克斯（Louise Brooks）的表演最为经典。剧作家贝尔托·布莱希特（Bertolt Brecht）和作曲家库尔特·威尔（Kurt Weill）合作创作的音乐作品常具有马克思主义的色彩。美籍奥地利作曲家恩斯特·克热内克（Ernst Krenek）将爵士乐引入他的歌剧作品《容尼奏乐》（*Jonny spielt auf*）。1927 年，《容尼奏乐》在莱比锡首演，主角是一个黑人爵士音乐家，由一名白人歌手扮演。这部在欧洲和纽约制作的作品取得了巨大的成功，带着达达主义的色彩，在管弦乐中融入了锯琴、闹钟和汽笛声。

时尚媒体

《高贵品味》杂志一直出版到 1925 年。《巴黎时装公报》（*L'Officiel de la Couture et de la Mode*）从 1921 年开始出版，读者涵盖了巴黎几乎所有的顶级设

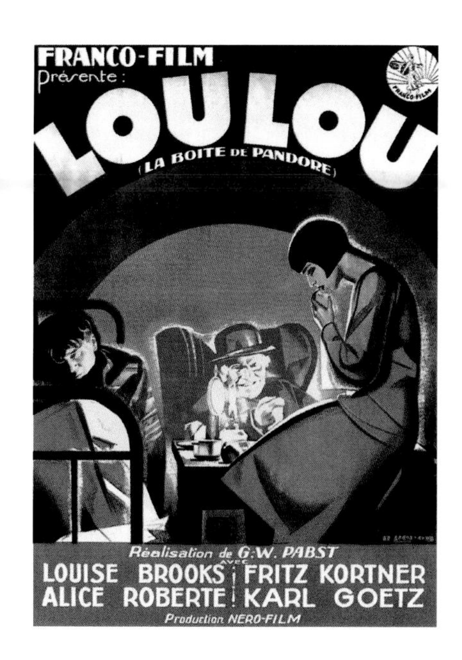

上图 1929年德国电影《潘多拉魔盒》法国版的海报。该片由露易丝·布鲁克斯主演，她饰演的露露是一个毫无道德观念、擅长勾引男人的女人。受布鲁克斯银屏造型的影响几何感波波头流行起来

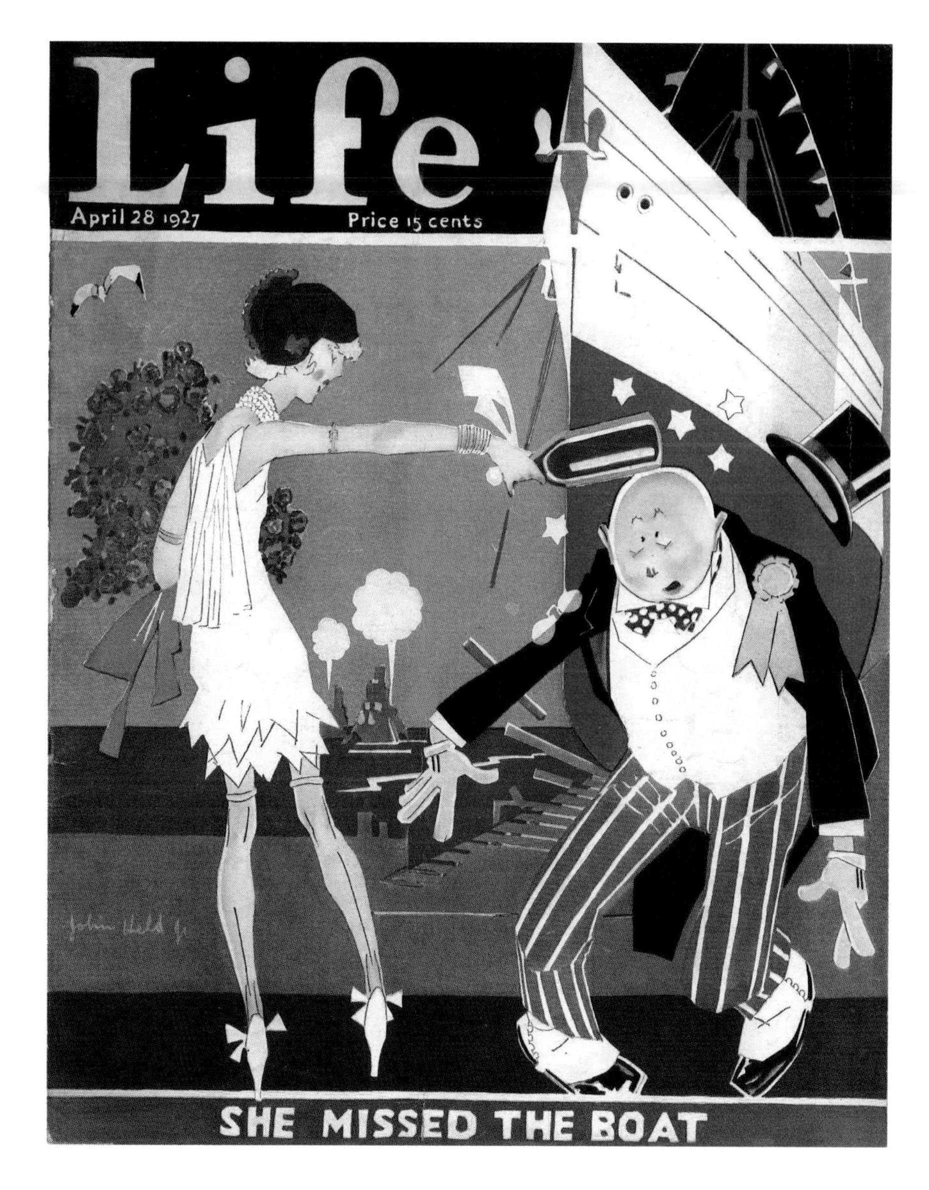

右图 小约翰·赫尔德（John Held Jr.）以诙谐的连环漫画《燃烧的青春》（*Flaming Youth*）成名。1927年4月28日《生活》杂志的封面展示了他创作的一个形象鲜明、爱好玩乐的飞来波女孩，她戴着钟形帽，穿着手帕边裙摆的连衣裙，长筒袜卷到膝盖的位置

计师。俄国期刊《阿斯卡斯多娃·奥德维斯切》（*Iskustova Odevastia*）和德国期刊《风格》（*Styl*）、《女士》（*Die Dame*）上展示了俄国先锋派的艺术风格。加拿大女性杂志《城堡女主人》（*Chatelaine*）1928年公开发行。男装杂志有1920年巴黎发行的《优雅男士》（*L'Homme Elegant*）和《先生》（*Monsieur*）。《时尚》和《时尚芭莎》大受欢迎，在大西洋两岸都是举足轻重的期刊。《时尚》的封面以精彩的插画为特色，包括乔治·勒帕普的作品，埃尔蒂与《时尚芭莎》（1929年杂志名由*Harper's Bazar*变更为*Harper's Bazaar*）继续合作。西班牙插画家爱德华多·加西亚·贝尼托（Eduardo García Benito）的装饰艺术风格的作品灵感来源于很多方面，例如文艺复兴时期的艺术和画家阿梅代奥·莫迪利亚尼（Amedeo Modigliani）的画作。古斯塔夫·克里姆特的学生奥地利艺术家奥斯特·瑞登（Ernst Dryden）在维也纳和柏林以时装设计师和平面设计师的身份开始了他的职业生涯，1926年他成为《女士》的时装插画师。瑞登的风格优雅时尚，并融合了东方主义和超现实主义的元素。这十年里插画固然重要，但时装摄影也进入了成熟期。爱德华·史泰钦继续为《名利场》和《时尚》拍摄时尚大片。多媒体艺术家曼·雷（Man Ray）成为了一个重要的时装摄影师。俄罗斯出生的乔治·汉宁金－胡恩（George Hoyningen-Huene）为《时尚》法国版工作，其风格以强烈的明暗对比和新古典主义美学为特点。

上图　克拉拉·鲍在电影《它》（1927 年）中的剧照，展示了北美飞来波女孩的形象

下图　从 1923 年商品目录提供的大众时装可以看出这些平价的裙子也反映了当时高级时装的流行趋势

假小子和飞来波女孩

假小子（La Garçonne）和飞来波女孩（Flapper）——这个时期时髦的年轻女性为女性的自由和时尚设立了新的标准。她们的行为可以看作是获得选举权的负面反应：既然已经获得了选举权，这些年轻女性便开始追求下一个目标——性解放。其中有些人来自波西米亚文化圈，崇尚先锋派、自由的政治体制和享乐主义的生活方式。塔卢拉赫·班克黑德（Tallulah Bankhead）、南茜·昆纳德（Nancy Cunard）、玛丽安·戴维斯（Marion Davies）、泽尔达·菲茨杰拉德（Zelda Fitzgerald）和科琳·摩尔（Colleen Moore）等人的大胆开放与玛丽·碧克馥和吉许姐妹少女的温柔形成了鲜明的对比。

“Garçonne”（法语，意思是“假小子”）一词出自维克多·玛格丽特（Victor Marguerite）1922 年出版的一本备受争议的小说《男人婆》（*La Garçonne*），小说里的女主角剪短了头发，穿男性化的服装，性生活放纵，有女同性恋行为。假小子代表的是一种苗条的、中性化的风格。20 世纪 20 年代中期，这种风格在大西洋两岸很流行，服装的款式多样，涵盖运动风格的套装和近似男装的女装。在巴黎和柏林，假小子形象的极端表现往往和另类的生活方式有关。1926 年 1 月，高级时装设计师马德琳为女性设计了一套塔士多套装。有些美国期刊和生产商不习惯使用法语，所以在营销中把这种新风格称为“男孩风”。

尽管飞来波女孩有时被描述为美国和加拿大版本的假小子风格，但它们是不同的。虽然“飞来波”一词的起源尚不明确，但到 1920 年已经普遍使用。飞来波女孩经典的慵懒姿势传达了一种随意又无忧无虑的态度，流苏和珠子装饰的晚礼服让她们活力四射。漫画家小约翰·赫尔德（John Held Jr.）在杂志封面和海报上创造了一个典型的飞来波女孩形象。赫尔德将她表现得随性、轻佻，充满活力。有一份出版时间不长的杂志《飞来波女孩》受到这些女孩的青睐，杂志自称“不适合老古板”。有两部颇受欢迎的小说以飞来波女孩为主角：安尼塔·卢斯（Anita Loos）的《绅士爱美人》（*Gentlemen Prefer Blondes*，1925 年）和埃莉诺·格林的《它》（*It*，或译为《攀上枝头》，1927 年）。《绅士爱美人》曾被改编登上百老汇舞台，《它》也迅速被改编成为热门的电影，主演克拉拉·鲍（Clara Bow）迷人的表演完美诠释了飞来波女孩的形象。“它”是性感的委婉说法，克拉拉·鲍因此被称为“性感女郎”。

女装基本情况

20 世纪 20 年代流行的款式延续了 20 世纪 10 年代的新风格。简洁的款式、流畅的廓形和暴露更多的肌肤成为常态。到 1925 年，男孩式造型成为理想的女性形象。虽然杂志上都是优雅、流畅的造型，但现实生活中采用这种风格的女性往往达不到杂志上那种苗条、骨感的效果。20 世纪 10 年代服装的廓形变化频繁，20 年代服装的廓形变化小而平缓。20 世纪 20 年代初流行宽松无型的内衣款式的连衣裙：直筒形，腰带松松地系上，腰线不明显，位置可高可低，裙子的下摆一般长及小腿肚。上衣款式宽松，往往没有肩缝。某些裙子和上衣的组合款式将裙子缝在衬裙上，再在外面套上长款的女式罩衫。结构简单的款式较为常见。设计师一般会在表面装饰细节或使用印花面料。用对比鲜明的面料拼接成的几何图案常用于运动服。剪裁和装饰细节不对称也很常见。

20 世纪 10 年代出现的长度稍短的裙子和开衩裙继续流行，腿部成为时尚的焦点。这个十年裙子的下摆降低了又上升，上升了又降低。随着裙摆高度的上下波动，裙摆的造型也变得多样，有手帕边裙摆、镶边裙摆、贝壳边裙摆和长短不一的不对称裙摆。1922 年秋，裙摆高度达到最低——脚踝处。之后，裙摆开始逐渐升高，到 1926 年大多数时髦的裙子长度刚好过膝，这个长度保持了许多年。

20 世纪 20 年代初流行低腰线，低至骨盆位置或臀部。裙长稳定在过膝时，低腰流行起来。但从当时有名的时尚偶像露易丝・布鲁克斯、约瑟芬・贝克、科琳・摩尔和克拉拉・鲍的照片可以看到虽然当时流行低腰，但是仍有女性把腰带系在自然的腰线位置。

虽然许多时装都力求简约，但也流行一种低腰的大蓬裙，可作为日礼服也可作为晚礼服，这种裙子保留了女性温婉的气质和甚至已经过时的优雅风格。低腰大蓬裙的流行离不开珍妮・朗万，不过其他时装屋也有这种款式。这种女裙保留了一战中期充满浪漫气息的宽大裙摆，加上较为宽松的上身和低腰的设计。使用衬裙甚至裙撑让裙子达到蓬松的效果，宽大的裙摆上装饰着各种细节，以多层裙褶和花瓣最为常见。

日装流行定制服装和针织衫，经常搭配百褶裙。外套的长度一般到臀部，人们有时会将腰带和纽扣系（扣）得比较低，以显得宽松。除了流行的假小子风貌，有些服装还体现了制服和男式运动服的影响。裙身平直，没有裙褶或单侧打褶。香奈儿和巴杜款式的针织套装是年轻时髦女性必不可少的装备，它既方便活动，又迎合了当时流行的男孩风。

衬衫和裙装的组合很流行。衬衫基本都是七分袖或长袖，款式很多，有水手风、田园风和更为男性化的前面扣纽扣的款式。衬衫通常被当作长罩衫穿，遮住臀部的上半部。衬衫采用时髦的低腰线，有些衬衫在底部系腰带或将底部塞到下装里面。

左下图　高登・康威（Gordon Conway）1929 年的插画作品，一款花园派对雪纺连衣裙，强调浪漫的风格、不规则的裙摆和装饰艺术的印花图案。作品反映了 20 世纪 20 年代时尚的另一面

右下图　20 世纪 10 年代中期浪漫主义的低腰大蓬裙依然受欢迎，图片来自《时尚》1921 年 2 月 15 日刊封面，海伦・德莱登绘制

下页图　随着交通工具的发展，旅行主题在时装插画中越来越受欢迎。1927 年皮埃尔・姆尔格（Pierre Mourgue）绘制的插画作品，表现了两套称为“半运动服”的香奈儿套装。两件羊毛外套都有羊毛衬里；右边一件条纹针织衫的面料也用作外套衬里，相同面料制作的条纹翻领非常醒目

裙摆

裙摆的变化和公众对裙摆变化的反应成为20世纪最重要的一个时尚主题。尽管裙摆的变化最早发生在20世纪10年代，但至20年代，裙摆底边的高度已经成为社会和媒体关注的重要话题，甚至影响到立法。20世纪40年代末和70年代初也出现了与20年代类似的情况。虽然一般认为20世纪20年代是及膝裙的年代，但这个长度实际上只流行了几年。

1922年裙摆底边降低（回到一战前最低的位置）引起了公众强烈的反应，但意见不一。1922年4月短短十天内《纽约时报》刊登了两篇文章报道这些矛盾的反应："因为裙子越短成本越低，纽约市贝德福德镇国家女子管教所的囚服没有做成外面时髦女性穿着的长裙款式。某些囚犯对裙子的款式不满，要求工作人员提供长裙。因此不久前囚犯的制服裙摆底边降低到离地一英尺以内。尽管裙子的长度比之前长，但女舍监承认也只是在以前流行的短裙和现在流行的长裙中采取了折中的方案。今天，管教所主管阿摩司·巴克少校（Major Amos T. Barker）对外声称：'新规定更经济，我们不会在这里赶时髦。'"

同时，在贝德福德镇以北约480公里的加拿大，人们的反应却截然不同：蒙特利尔20位最漂亮聪明的女孩反对时尚的创造者将长裙强加给女性，并组成了"反长裙联盟"。联盟成员宣誓要坚持穿短裙，并想尽办法让其他的年轻女性也穿短裙。

1926年，裙摆底边的高度升高到刚刚过膝，随后美国经济学家乔治·泰勒（George Taylor）通过研究发现优质丝袜的流行是社会富裕的一种表现，而短裙能更好地展示长袜。泰勒的研究被曲解，出现了所谓的"裙摆指数"（Hemline Index），这是一个得到广泛认同的经济谬见，它认为经济繁荣时期裙子更短，经济衰退时期裙子更长。尽管从那时起至今这个指数常常被提及，但如果仔细检验裙长和经济的关系，就能轻易推翻这种说法。讽刺的是，"裙摆指数"一边在发展，一边在反证自己：在1929年股市崩盘的前两年，即经济高度繁荣的时候，巴黎的高级时装设计师已经推出了长裙。

1925年伦敦荷兰公园时装展厅外的模特们，多样的裙摆反映了当时的时尚

右图　1921 年乔治·巴比尔为顶级时尚杂志《高贵品味》绘制的插画，展示了古斯塔夫·拜尔设计的一款礼服，上用珠子组成装饰艺术风格的樱花图案，并有夸张的裙裾拖曳到地板上

最右图　卡洛姐妹时装屋的一款设计，以醒目的色彩组合和独具特色的刺绣为特色，深受眼光敏锐的客户的喜爱。裙子（约 1922—1925 年制作）上大胆的花卉图案和当时华丽的披肩体现的审美意趣如出一辙

日间穿着的连衣裙往往很简洁，以各种针织或梭织的面料制作。上衣简单，通常为长袖，偶尔也能看到无袖和短袖的款式。领口一般比较端庄，通常有细褶、领子、褶边或镶边。外套和裙子组合的套装也流行了起来，成为城市着装的又一选择，也有假两件的形式，即在前胸有外套衣片，并于侧缝和肩缝处缝合。

20 世纪 20 年代流行短裙，而长裙只在剧院、婚礼、赛马场、花园派对、舞会、歌剧院、宫廷和正式的国事场合穿着。白天穿着的裙子裙摆出现了很多变化。手帕边裙摆在 20 年代中期特别流行，到 20 年代末有些裙子是前短后长，正面长至膝盖，后面经常拖到地上，长长的腰带在裙摆上夸张地拖曳。

20 世纪 20 年代早期，晚礼服通常强调臀部的装饰，例如在两边装饰“巴尼尔”式堆褶，或在不对称位置装饰堆褶。晚礼服流行低腰大蓬裙，但到 20 年代中期，很多晚礼服采用简约无袖紧身连衣裙的款式，在臀部有些装饰。

几乎没人带长手套，手臂是裸露的。晚礼服一般前后都是简单的圆领，肌肤比之前暴露得多。面料有镂空的雪纺丝绒、绸缎、绉纱和乔其纱等，颜色通常为淡雅的中性色或宝石色调，也有含金银线和金属粒的面料。晚礼服通常还装饰珠子和亮片。舞蹈服上流行使用穗带、流苏、羽毛和其他悬挂式的装饰，与流行的舞步相匹配。这样的款式在歌舞影片中很常见，例如琼·克劳馥（Joan Crawford）主演的《我们跳舞的女儿们》（*Our Dancing Daughters*，1928 年）。

白天穿的正式服装通常风格柔美，廓形和晚礼服相似，但没有那么暴露。正式的日礼服通常采用圆形袖、花瓣袖或透明的长袖，穿无袖装时会搭配可拆卸的蕾丝或雪纺的花边领。这个时期有些款式难以区分是正式的日礼服还是较为简单的晚礼服。根据时间和场合的不同，同一款礼服只要换一下配饰就能既可以穿去喝下午茶又可以穿去参加晚宴。

婚纱和伴娘服通常也采用晚礼服的款式，低腰大蓬裙再度受到青睐，手帕边等裙摆也一样。婚纱通常有蕾丝和薄纱制作的袖子，不过也有无袖款。向后拖曳的不是裙摆而是头纱，20 世纪 10 年代流行的超长头纱到这个年代仍然很时髦：由于裙子的长度变短了，头纱成为整套婚纱中唯一拖曳在地上的部分。宫廷和国事场合，一些年老的贵族和王室成

左上图　1928年观看板球比赛的时髦绅士和淑女，穿着日间的正装，戴着为这个场合精挑细选的配饰

右上图　1926年威廉·基萨姆·范德比尔特二世（William Kissam Vanderbilt II）的女儿康秀露·范德比尔特的婚纱照，这张照片刊登在《城市与乡村》（*Town and Country*，1926年2月1日刊）上，称康秀露为“有影响力的新娘”

员例如玛丽王后依然穿着长裙。只要配上曳地的头纱或斗篷，在这些场合也可以穿短裙。

外套

20年代初外套流行没有腰带宽松无型的款式，后来流行轮廓相对清晰的款式。从肩膀到下摆一般由一块面料裁出，其他部分分别裁开，腰带系在臀部。有些时髦的款式有长长的翻领或自带的围巾。外套纽扣的位置较低或用腰带在臀部固定。风衣改良后成为一种时髦的款式。某些外套较短，露出了下面的裙子。开衫没有合拢衣襟的装置，需要穿着者自己用手捏紧——虽然不实用但很流行。对于穿着讲究的女性而言，皮草外套是不可或缺的单品，狐狸毛、波斯羔羊皮和珍奇毛皮的外套很流行，皮草还用于披肩和斗篷等。时髦的短款皮草通常有超大的衣领环绕在脸周围。20年代末，单只或成对的狐狸毛皮流行起来。布料制作的外套也常用皮草装饰衣领、袖口和下摆。晚宴外套奢华昂贵。和服外套和茧型外套依然流行，但为了配合新款裙子的长度稍微变短了。平绒和织锦常用于披肩和头巾，一般有毛皮的包边。晚装版的手拿大衣很常见，窄小的披肩也可以用同样的方式抓在手上。有大朵刺绣花卉和长流苏的绉纱披肩也是很受欢迎的晚宴服单品。虽然采用拉丁的元素，但这些纱巾多数产自亚洲，所以通常被称作“中国披肩”或“马尼拉披肩”。

女帽和配饰

白天和晚上都流行丁字鞋面和脚背系带的鞋子，也出现了凉鞋。白天还流行穿浅口鞋和牛津鞋，通常有路易鞋跟。各种皮革和布料拼接的双色鞋也很常见。鞋跟成为了一个装饰部位，常饰以装饰艺术风格的珠宝，像连衣裙一样闪闪发光。“俄罗斯靴”是一种长及腿肚甚至膝盖的低跟长筒靴，当时很流行，人们甚至用它搭配小礼服参加滑雪后的社交活动。偶尔能看到靴筒起皱的短靴。橡胶套鞋很也时髦，且不限于雨天穿着，年轻女性将它视为一种别出心裁的时尚款式。她们通常不把套鞋扣好，走路时发出啪啪的响声。

钟形帽是一种贴合头部、造型似钟的帽子，是这个十年最流行的女帽款式，和短发的流行有关。钟形帽通常戴得很低，甚至遮住眉毛。女士针织帽也适合短发。20 世纪 20 年代依然可见塔盘（即缠头巾式女帽），尤其在晚上，但规格和造型都和钟形帽相似。相对从前帽子的装饰减少，往往是一些简单的几何细节。帽子上不再流行大羽毛，这对羽毛产业产生了严重的影响。在白天的正式场合，宽檐帽（又称阔边帽）尤其常见，常装饰布料制作的花朵。20 年代末在女演员珍妮・盖诺（Janet Gaynor）和克拉拉・鲍（Clara Bow）的带动下贝雷帽流行起来。晚宴场合常见发带和鹭鸶毛帽饰，人造宝石装饰的玳瑁梳子也用来装饰头发。留长发的女性将高高的西班牙发梳插在发髻里。

小巧的手提包很流行，从提手款到拉绳款都很受欢迎。手拿包一般指皮革或布料制作的信封包。手提包上通常装饰几何图案，或有民族或埃及特色，晚间使用的款式一般还装饰珠子。由于当时女性可以在公众场合抽烟，香烟盒和烟嘴也成了重要的配饰，它们常常有装饰艺术的风格特点。宫廷仍然使用羽毛扇，晚宴上偶尔也能看到。夜晚不再佩戴手套，短手套多用于白天。腕表越来越普遍。

长串的珠饰既能装饰晚礼服又能起到延长服装线条的作用，有些人会同时佩戴多串珠饰。耳坠和耳钉都很受欢迎，手镯和手链通常多只同时配戴。日礼服要搭配较短的珠链和配套的耳环才算完整，小胸针也很流行。立体主义和历史风格对珠宝设计产生了强烈的影响。

美体衣和内衣

虽然已经不再流行僵硬的塑形紧身衣，但体型的控制和身体的线条依然很重要。女性使用美体衣塑造凹凸有致的身材并尽量让自己看上去更苗条，但走男孩风路线的苗条女性可以只穿文胸不穿美体衣。当时的文胸用来抑制而不是凸显胸部，不过到 20 世纪 20 年代末，出现了许多凸显胸部的款式。衬裙依然流行，还有许多女性穿连裤内衣——一种内衣和内裤的组合。新出现的关于内衣的名词有“Step-in”（宽摆内裤）、“Teddy”（女式连衫衬裤）和“Panty”（女式内裤）。女式内衣裤上常有细腻的、富有女人味的装饰。

睡袍和晨衣的款式简单，通常采用柔和的颜色并带有精致的装饰。睡衣套装可以在睡觉时穿着，也可作为时髦的家居服。大多数顶级女装设计师将睡衣纳入商品目录，关于睡衣的报道也频频出现在媒体上，例如葛楚德・劳伦斯（Gertrude Lawrence）在舞台上穿着莫利纽克斯（Molyneux）设计的睡衣，玛丽娅・法尔康纳蒂（Maria Falconetti）在电影《男人婆》里穿着马歇尔和阿尔芒设计的中国风睡衣套装。1928 年《巴黎时装公报》上发布了威尼斯时髦宽松的沙滩服，并宣称“未完整着装的状态已经离开卧室和闺房等私人空间”。

20 年代中期，由于裙子变短很多女性露出了双腿，裸色长筒袜开始流行起来。真丝材质最受欢迎，但黏胶纤维（Rayon）也很普遍。长筒袜通常用吊袜带连接到美体衣上，有些大胆的年轻女性甚至将长筒袜卷至膝盖上方再用弹性吊袜带固定。最大胆的“飞来波女孩”将长筒袜卷至膝盖以下。

服装面料

20 世纪 20 年代初，奢华的面料供不应求，但到 1923 年高级丝绸、羊绒、棉布和亚麻布的生产已经恢复了。一战末，德国被迫交出了许多专利，包括染色和合成纤维技术。这尤其促进了英国和美国纺织技术的发展。黏胶纤维是最早大规模生产的人造纤维，作为真丝的平价替

左上图　1925 年的一张插画，展示了多款时髦的外套

右上图　1927 年的一幅广告，展示了一系列经典的时尚款式，包括衬裙、连体内裤和宽松睡衣。直身且低腰的女式内衣和睡衣反映了时装的廓形特点

代品，19 世纪末以来不断得到发展。它也被称为“Artificial Silk”（人造丝）或“Art Silk”（艺术丝），直到 1924 年才被命名为“黏胶纤维”。整个 20 年代都流行柔软和轻薄的面料，而女装简约的裁剪又产生了许多有趣的纺织品设计。之字纹和条纹等几何图案特别适合紧窄的廓形。花卉图案被程式化和平面化了，还有一些印花图案体现了现代的生活场景，例如网球运动、汽车和城市风光等。爱德华·史泰钦、劳合·杜飞、约翰·赫尔德、乔治·巴比尔，甚至网球明星海伦·威尔斯（Helen Wills）都设计了符合当时主题的印花图案。面料中织入金属丝，有微微发亮的效果，还可将金银丝面料和其他的装饰例如串珠和亮片结合制作装饰艺术风格的几何图案。

设计师：法国

本年代世纪之交创立的几个时装屋仍在营业。沃斯时装屋现在由沃斯第三代经营，仍是一个举足轻重的时装屋。数年前加斯顿的儿子让·查尔斯接任了设计总监的职位并在 1928 年登上了《时代周刊》（*Time magazine*）的封面。至 1920 年，雷德芬有限公司已经关闭了纽约的店铺和英国的几家分店，1923 年，巴黎和伦敦的分公司也在财务上独立。同年，查尔斯·波因特·雷德芬雇佣了年轻的法国设计师罗拔·贝格（Robert Piguet）负责巴黎分店，皮盖将现代的理念引入这个时装屋。在众多老顾客的光顾下杜塞维持到了 20 世纪 20 年代，但他和他的时装屋都已步入暮年。1929 年，雅克·杜塞去世，他的时装屋和客户被乔治·道维莱特接收了。德莱赛尔一直经营到 1929 年，然后与著名的拜尔时装屋合并了。1920 年，珍妮·帕奎因退休，玛德琳·沃利斯（Madeleine Wallis）出任设计总监，遗憾的是时装屋在沃利斯的带领下并没有

左上图　迷人的女演员兼设计师娜塔莎·兰波娃，围着装饰流苏和刺绣的大披肩

右上图　1926年波烈设计的奢华晚礼服披肩，面料由劳尔·杜飞设计，背景出自波烈的玛尔蒂娜工作室

保持原来的声誉。1923年，露西尔有限公司被出售和重组，达夫·戈登夫人不再向该公司提供设计，但仍然和私人客户及成衣品牌合作。

战争结束后，保罗·波烈的时装屋重新开业，他参与了《高贵品味》的制作，因此他的作品能持续以优雅的姿态出现。波烈喜欢丰富的颜色，他的作品上很少能看到其他设计师青睐的黑色或其他的中性色。他继续推出新颖有吸引力的服装——乐于尝试不同的剪裁和褶裥，同时保留了他的历史风格和异国情调。他继续使用劳尔·杜飞设计的令人回味的面料制作奢华的服装。他为约瑟芬·贝克设计的舞台服装很好地体现了他的异国情调。波烈同时还经营两家以他的两个女儿的名字命名的公司——罗西娜和玛尔蒂娜。罗西娜推出的香水和化妆品的名称也很有异国情调，例如“中国之夜”（Nuit de Chine）和“马哈拉尼”（Maharadjah），产品华丽的包装通常出自玛尔蒂娜工作室。在1925年巴黎举行的博览会上，波烈重金打造了一个奢华的展览，他将三艘分别命名为“恋情”（Amours）、“欢乐”（Délices）和“风琴”（Orgues）的驳船停泊在塞纳河左岸，为罗西娜和玛尔蒂娜做宣传。然而，他铺张浪费的展览导致了公司破产。1928年，他和丹尼诗——他的妻子及灵感女神——的婚姻破裂，资金困难和在时尚界的影响力减弱的问题更加明显。

卡洛姊妹时装屋的主管玛丽·卡洛·嘉宝也是巴黎高级时装制作业的显赫人物。嘉宝的设计线条简洁，便于展示各种亚洲风格的织物和细节。嘉宝使用了中国的织锦面料，采用古代近东风格的珠子、时装屋的商标和刺绣等装饰和细节。卡洛的设计延续了20世纪10年代的奢华，但同时也蕴含了更多的现代潮流。1927年，嘉宝夫人去世，后来时装屋由她的儿子皮埃尔（Pierre）和雅克（Jacques）管理。年轻一代保持了时装屋的奢华风格，但这个品牌在20世纪30年代失去了影响力。

左上图　乔治·勒帕普1923年为朗万绘制的时装插画，展示了一件装饰圆形图案带有装饰艺术和18世纪历史风格的蛋糕款低腰大蓬裙。另外，这张图片表现了朗万母与女的主题

右上图　塔亚特（Thayaht）的插画作品（1923年），展示了一款品牌标志性的自带围巾的维奥内特外套。塔亚特的立体派绘画风格衬托了维奥内特的几何美学

珍妮·朗万在一定程度上拓展了自己的事业。她延续了一战时期自创的浪漫风格，尤其以低腰大蓬裙出名，上面经常装饰漂亮的珠子、团花刺绣、蕾丝荷叶边、缎带和贴花。但是她也有时髦和现代的款式。1920年，她与建筑师、设计师阿曼德-阿尔伯特·雷图（Armand-Albert Rateau）合作成立了室内装潢部——“朗万装潢”。1923年，她在戛纳和勒图凯开设了精品店，随后走向世界各地。朗万从印象主义柔和的色调中汲取灵感，1923年她还建立了自己的染坊，用来制作独特的颜色。她开设了男装部，由她的侄子莫里斯·朗万（Maurice Lanvin）管理。朗万的香氛实验室——“朗万香水”的成立和发展可能是该品牌影响最为深远的事件，1925年，它推出第一款香水“我的罪”（Mon Péché）；1927年推出香水“光韵”（Arpège）。雷图为“光韵”设计的缁黑球形玻璃瓶有一个覆盆子形的金色瓶塞，瓶身上还有保罗·伊瑞布设计的母女标志的图案。1925年，朗万以服装协会副理事长的身份参加了巴黎博览会。1926年，她获得了法国荣誉军团勋章。

1912年，玛德琳·维奥内特在巴黎开设了自己的时装屋，她的风格延续了她在杜塞时装屋时浪漫无结构的特点。战争期间维奥内特关闭了店铺，1918年重新开业，至1920年她的审美已经进步了，表现在几何形的创新应用和裁剪方式的创新。维奥内特常常以速写的方式设计，不只是用铅笔和纸，还会使用棉质裙片。20世纪20年代早期，她的连衣裙经常出现在时尚杂志上，插画一般出自塔亚特之手。1922年，维奥内特将工作室搬迁到空间更大的场所，有布置精美的沙龙和更大的工作室以容纳相当数量的员工。1924年她的业务拓展到了纽约，1925年又拓展到了比亚里茨。

维奥内特设计了柔软的宽松束腰外套（灵感来源于古代和中世纪）和T形裙。她

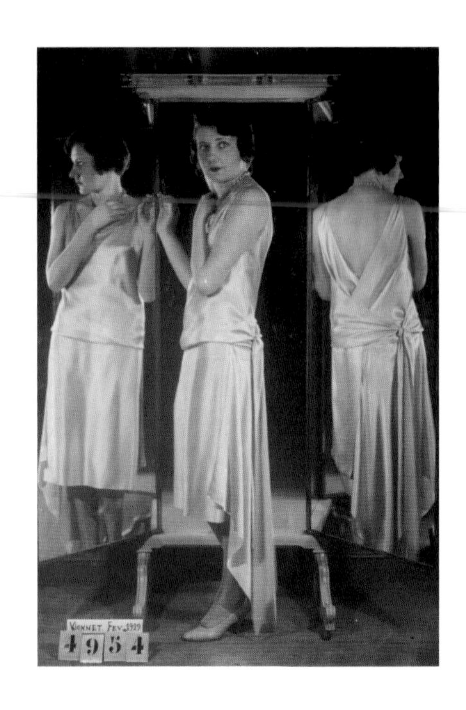

上图　为了防止设计被盗用，维奥内特保留了每一件作品的细节照片。她1929年设计的这款裙子表现了她一贯的古希腊灵感

下图　1920年香奈儿春夏系列的一款黑色绸缎套装，可能用于夜晚，将黑色的玻璃纽扣巧妙地用作精巧的装饰

的作品上经常出现不对称的设计，而且特别关注裙子的背面。围巾是必要的配饰，一般和裙子配套使用。维奥内特设计的袖子极具创意，采用翅膀的造型或和服的款式。虽然她20世纪20年代的许多作品使用直丝面料，但她也尝试过斜丝面料。维奥内特是第一个开发和利用斜丝面料潜力的设计师，她是最杰出的斜裁大师。20年代，她常在一条裙子上结合采用直丝和斜丝裁剪面料，发挥各自的优势。维奥内特经常使用重复的图案，这是一种典型的装饰艺术的设计元素。布制的玫瑰花重新成为流行的主题，堆叠的玫瑰装饰在夜用披肩的肩部，裙子上也布满玫瑰花。由重叠的花瓣形布片组成的蓬蓬裙形状就像倒置的花朵。其他具有鲜明特色的细节有挖花、编织、细褶、缎带和贴花。维奥内特设计的装饰上常有古印度和古希腊的图案，她有时会和塔亚特合作。服装上的刺绣和珠饰一般由莱萨基刺绣工作室（Maison Lesage）制作，为了适应维奥内特的斜裁，该工作室还开发了新的制作技术。虽然维奥内特以设计女裙出名，但时装屋也推出了定制套装、外套、皮草、运动服和配饰等产品。和其他的设计师一样，维奥内特也很注重设计的专利，为了保护自己的作品，她在服装的标签上按上自己的手印作为防仿标志。1929年，玛德琳·维奥内特获得了法国荣誉军团勋章。

加布里埃·香奈儿以两件套羊毛针织套装、无领开襟羊毛套装、简约的小黑裙和特色的配饰例如服饰珠宝和双色鞋等巩固了她的声誉。香奈儿紧跟多样化的潮流，1921年她推出了香奈儿5号香水，由化学家恩尼斯·鲍（Ernest Beaux）研制。装在摩登香水瓶里的香奈儿5号香水象征着设计师品牌香水的重要进步，香水等化妆品营销的成功最终也为她带来了巨额的财富。20年代，香奈儿的女装客户有欧洲王室成员，但她尤其受女演员的青睐，例如格特鲁德·劳伦斯和艾娜·克莱尔（Ina Claire）。香奈儿给人以神秘、高冷的印象，就算面对她最有名的客户也是如此。

20世纪20年代早期，香奈儿的设计受到了俄罗斯风格的影响，例如她的两件套套装的上衣灵感来源于俄罗斯一种传统的田园风格的女式衬衫。她的许多设计采用了俄罗斯风情的刺绣图案。俄罗斯风格的设计反映了她与侨居法国的狄米崔·帕夫洛维奇大公爵（Grand Duke Dmitri Pavlovich）的恋情。大量的装饰需要一个独立的刺绣工坊，这个工坊由帕夫洛维奇的妹妹玛利亚大公夫人（Grand Duchess Maria Pavlovna）管理。除了受到俄罗斯风格的影响，香奈儿还采用了流行的亚洲风格。随着时间的推移，这个十年也流行过其他的风格，但她的设计变得更加流畅，装饰也更加简洁。1923年左右，香奈儿的设计以直筒裙为代表，常带有缉面线或简洁的原身布制作的细节。这些简约的造型与香奈儿对黑色、米色和其他中性色的喜爱不谋而合，但她也会运用多种色彩，她偏爱从紫红、鲜红到粉红等深浅不一的红色系，尤其喜欢用在晚礼服上。她大力提倡外套和裙子组合的日装，这成为了香奈儿时装屋的标志性产品。她简约的设计和男装元素的运用推动了假小子风格的发展。她对针织衫的要求非常高，并为此专门开设了自己的工厂——“香奈儿针织”厂。她还建立了一个织布工厂——“香奈儿面料”厂。

香奈儿的基本产品还有“小黑裙”，其种类很多，例如运动款、适合白天穿的梭织款和装饰串珠和亮片的无袖晚礼服款等。一般认为“小黑裙”的概念与香奈儿有关，但其实有许多先例。1922年，以现代感闻名的普尔梅（Premet）时装屋的夏洛特夫人（Charlotte）设计了一款简约的名为“假小子”的小黑裙，有白色的衣领和袖口，看上去像一件女仆的工作服。夏洛特的裙子被广泛模仿，它也许是香

香奈儿传奇

1971 年可可·香奈儿去世后她的名声更加显赫，在公众的意识里她大概是 20 世纪最具影响力的设计师。香奈儿设计的很多款式其实在此之前就已经出现在人们的衣橱中，但是她的设计却被夸大成发明，例如“香奈儿发明了针织套衫”“香奈儿发明了小黑裙”“香奈儿发明了服饰珠宝”——甚至“香奈儿发明了现代服装”。

她并不是当时最有名的设计师，朗万、勒隆、巴杜和维奥内特等人同样负有盛名，她的设计同样也是以其他设计师的设计为基础。但是香奈儿白手起家的故事成为她持久的吸引力。这位成功进入上流社会的设计师常常有意掩盖自己卑微的出身，这让传记作者感到挫败，同时也增添了香奈儿的神秘感。

加布里埃·夏奈尔穿着她自己设计的针织套装

她在 12 岁时被她的鳏夫父亲送到孤儿院，在修女们的教育下长大。17 岁她搬到法国穆兰，进入一所女修道院学校学习。后来，她在一家女士内衣店当售货员，还在一家军官经常光顾的咖啡厅卖唱。她最有名的歌曲是《谁看见了可可？》，这也是她的别名“可可”的由来。那时，她遇见了艾提安·巴勒松（Etienne Balsan）。巴勒松很富有，有家族纺织产业，在附近的宅邸里养了马。1907 年，香奈儿与他同居，因此沉浸在赛马的环境里。巴勒松的社交圈是她学习时尚的基础。通过巴勒松，可可认识了她的下一任恋人——亚瑟·卡柏（Arthur Capel）。他是马球运动员，也是商人。香奈儿在巴黎的一个公寓里开始了她的女帽生意。卡柏帮她一起扩大业务，使她有了自己的女帽店，后来女帽店发展成为多维尔的服装店和比亚里茨的高级时装屋。1919 年，她将店铺迁至巴黎康朋街 13 号，这时她已经能够经营一家成熟的高级时装店了。

虽然有报道称香奈儿很少去工作室，但她对服装的结构有明确的想法，她痴迷于细节，而且永不停止对合身的要求。虽然她曾跟孤儿院的修女学过针线活，但她并没有接受过正式的时装店训练，这经常会导致她与店里的熟练工发生分歧，因为这些工人掌握的关于服装结构的知识比她多。

纳粹占领巴黎期间，香奈儿和德国军官汉斯·冈瑟·冯·丁克拉格（Hans Günther von Dincklage）一起住在丽兹酒店，她在那里长期订了一个套间，也许因为她是温斯顿·丘吉尔（Winston Churchill）的朋友的缘故，她在战后免于被驱逐出境或监禁。香奈儿的那些容易招致麻烦的政见更加突出了她矛盾反叛的形象。香奈儿对同行不够友善也很出名。她曾恣意批评波烈，公开声称：“（他）创作《天方夜谭》很容易，但设计一条小黑裙很难。”据她本人所说，在她的个人生活和职业生涯中，她代表了 20 世纪的一类女性：有主见、性开放、自力更生，并且很成功。

上图　1929年7月《艺术风尚之美》（*Art Gout Beauté*）上的一张插画，展示了勒隆和巴杜设计的日装，从中可以看到当时流行的直线线条，两个款式虽然廓形相似，但领口、袖型和其他细节均有不同

右页上图　爱德华·莫利纽克斯以闪亮的晚礼服见长，例如1925年他设计的这款女裙，裙摆下方悬挂的长珠链为裙子增添了活力

右页下图　时装模特马里恩·莫尔豪斯（Marion Morehouse），身穿路易丝·布朗热时装屋的蓬松羽毛连衣裙，1926年爱德华·史泰钦拍摄

奈儿小黑裙的灵感来源。其他的设计师也推出过类似的黑裙，特别是热尔梅娜·勒孔特（Germaine le Comte）（时装屋成立于1922年）。尽管如此，香奈儿1926年推出的长袖针织款小黑裙似乎成为了小黑裙的标杆，《时尚》美国版将这款裙子比作实用的福特汽车。然而，值得注意的是《时尚》同时也在这篇报道的反面刊登了德莱赛尔设计的一款小黑裙。

战后休闲活动盛行，香奈儿在杜维尔和比亚里茨的时尚精品店一直很成功。香奈儿本人的生活方式也带动了香奈儿运动服的流行，她还指出女性古铜色的肤色是休闲和富裕的标志。香奈儿穿她自己设计的衣服，而且很适宜，为她提倡的简约风格增添了她的个性魅力。1928年，香奈儿在她的沙龙里装上了鼎鼎有名的镜梯，成为20世纪法国高级时装界最有辨识度的事物之一。从香奈儿作品的照片和香奈儿本人的照片来看，这种简约、现代的设计风格在随后的多年里非常鲜明。

1919年，让·巴杜开设了自己的服装屋，他的设计以简约干净闻名。巴杜请建筑师苏和麦尔（Süe et Mare）重新设计了他18世纪的房屋室内，给人以豪华、摩登的感受。巴杜本人衣着整洁、精力充沛，巴黎味十足。1923年，他宣称他的作品重视舒适和和谐，和以前那些繁华的作品风格不一样。和香奈儿一样，1920—1922年巴杜设计的服装结合了简约的廓形和俄罗斯风情的细节。巴杜是伟大的针织衫革新者，他推出了所谓的“立体主义针织衫”（Cubist Knits），以条纹和几何的设计为特点。他的许多设计使用对比大胆的图形。巴杜与法国面料商合作推出新颖的颜色。1923年，一种特别的深蓝色——“巴杜蓝”（Bleu Patou）面世。巴杜设计的晚礼服廓形简约，上面装饰着不对称的褶皱、羽毛和闪亮的装饰。

有一个广为人知的故事：1924年巴杜去纽约旅行，他发现了一群腿长体健的美国模特并把他们带回巴黎。随着体育运动在上流社会日益风行，巴杜也推出泳衣、滑雪服和网球服。这些衣服在“运动角落”（Le Coin des Sports，他在巴黎的运动服商店，在时装屋一楼）和他在杜维尔和比亚里茨的时尚精品店出售。简单的款式上有他的名字的首字母，作为设计师品牌运动服的识别标志。巴杜还推出香水，“也是他的”（Le Sien）可能是世界上第一款中性香水，气味清新，男女皆宜。巴杜推出的防晒霜“迦勒底之油”（Huile de Chaldée）在法国里维埃拉海滨度假胜地非常受欢迎。1928年，维孔泰斯·德·西博尔（Vicomtesse de Sibour，百货公司大亨戈登·塞尔弗里奇（Gordon Selfridge）的女儿）和丈夫坐飞机环游世界，他为维孔泰斯准备了轻巧却全能的旅行装备，这次旅行和这些服装都被媒体广泛报道。巴杜其他的名人客户还有桃丽姐妹、美国女演员康斯坦斯·贝内特（Constance Bennett）和路易丝·布鲁克斯等。

卢西恩·勒隆的时装屋列入巴黎最有名的高级时装屋的行列，他的设计处于时尚前沿。从一开始，勒隆的设计就是面向有活力的现代女性。1920—1921年，他的时装屋名为“勒隆和弗里德”（Lelong et Fried），1922年更名为“卢西恩·勒隆”。1924年他将店面搬到了马提尼翁馆，这有助于提升时装屋的形象。工作室的员工也增至3000人左右，包括一个由他主管的设计师团队。1925年，《时尚》有篇报道称他为“他的作品集的发起人——推行自己品味并带来艺术的统一”。他反复宣称他的灵感只源于一个时代——他自

己的时代。他的设计款式简洁，注重直线并用笔直的剪裁、窄小的活褶和柔顺的面料来强调这一特点。他设计的日装采用几何印花和针织图案，具有主体主义的美感；他的晚礼服则经常装饰艺术风格的珠子。勒隆和他的设计团队认为运动是现代时尚必不可少的一部分，至 1926 年，勒隆时装屋已经以“活动的设计”（Kinetic Design）闻名。1927 年，他进一步发展了“活动的设计”的概念，推出了所谓的“动力光学”（Kinoptic Design）设计——结合了动力学和光学。例如他设计了静态的单色活褶，但当穿着者走动时，活褶便会打开，底下呈现另一种颜色。只要在廓形上稍作调整，这种效果就会更明显。勒隆巧妙地束紧了裙子的腰围，裙身则显得更加宽大饱满。

1925 年，法国政府派勒隆去美国调查劳工工作和生产方式，分析女性在美国时尚产业中所起的作用。1926 年，他启动了他的香水生产线并推出了适用于一天中不同情绪和场合的 A、B、C 三款香水，接下来他推出的两款香水是 J（名字来源于茉莉花（Jasmine））和 N（名字来源于娜塔莉・帕蕾（Natalie Paley））。1927 年，他与俄罗斯流亡的公主娜塔莉・帕蕾结婚，这巩固了他与上流社会的联系。帕蕾以美丽和时尚出名，在他们结婚前，她就是勒隆的服装模特，婚后也一直穿着勒隆设计的服装并进行拍摄，直到 1937 年与勒隆离婚。1926 年，勒隆获得了法国荣誉军团勋章。

爱德华・莫利纽克斯（Edward Molyneux，1891—1974 年）出生于爱尔兰，最初为露西尔画草图，后来在露西尔的巴黎分公司做设计工作。一战期间莫利纽克斯回英国参了军并升至上尉，但一只眼睛因受伤失去了视力。在他后来的时尚职业生涯中人们依然称他“莫利纽克斯上尉”。莫利纽克斯很快奠定了他的个人风格——简约而低调，并呼吁女性自我完善。莫利纽克斯的设计微妙、雅致，和战后的时代精神完美匹配。当其他人提倡避免过于简朴时，他将完美的品味和简约的风格融为一体。他设计的微微闪烁的晚礼服让那个时代璀璨的夜生活更加耀眼。他良好的品味和时尚的审美吸引许多贵族和王室女眷光顾他的沙龙。经历了一段短暂的婚姻后，莫利纽克斯对离婚的接受程度提高了，并为离异的人设计再婚的婚纱，婚纱通常选用柔和的颜色。

从十几岁时开始，路易丝・梅俄纳特（Louise Melenot，1878—1950 年）便在女装裁缝店工作。后来她加入马德琳・夏瑞蒂的时装屋成为一名职业设计师。嫁给路易・布朗热后，1927 年夫妇俩成立了自己的沙龙，结合两人的名字命名为“路易丝・布朗热”。这个新的时装屋迅速取得了成功，以领先于潮流而闻名。人们称赞路易丝对颜色和面料的使用，典雅而别致，路易丝设计的晚礼服非常受欢迎，以戏剧性的装饰为特点。她设计了不规则的裙摆，还设计了一种和低腰大蓬裙类似的蓬蓬裙。她设计的服装有些领口有一条围到背后的围巾和考尔式的垂褶。和她的前任老板马德琳・夏瑞蒂一样，布朗热夫人以她的美貌和时尚品味而闻名。

索妮娅・德劳内（Sonia Delaunay，1885—1979 年）是一个画家，后来从事面料和时装设计。她是索妮娅・特克（Sonia Terk）的女儿，出生于乌克兰，1910 年与罗伯特・德劳内（Robert Delaunay）结婚后搬到巴黎。德劳内夫妇将颜色作为一个探索的主题，他们把这种风格称为“同时性”（Simultaneity）。20 世纪 10 年代，德劳内为自己和丈夫设计了同时性套装，还为她的儿子做了一床多色的被子——这是她设计生涯中一个关键的作品。战争期间，德劳内在马德里开了一家名为卡沙・索妮娅（Casa Sonia）的时尚精品店，出售家居装饰品、配饰及成人和儿童的服装。1920 年她回到巴黎，开始为私人客户提供设计，1923 年受面料制造商的委托设计纺织品图案。简单、宽松的服装成为展示她鲜艳的类似绘画的圆形和之字等几何图案

右图　画家、服装设计师索妮娅·德劳内设计的具有俄国立体主义美学特点的新型泳衣

的最佳画布。索妮娅·德劳内与皮草商雅克·海姆（Jacques Heim）合作设计了他们在1925年巴黎博览会的时尚精品屋——“同时发生”（Simultané）。德劳内设计了外套、帽子和其他缀满刺绣的物品，以羊毛线和丝线绣制，运用渐变的色调呈现阴影的效果。她的定制服装吸引了一批有远见的客户，例如葛洛丽亚·斯旺森（Gloria Swanson）和南茜·丘纳德（Nancy Cunard）。德劳内和丈夫一起设计和出售印有轮廓线可供直接裁剪和缝纫的服装面料。索妮娅·德劳内是巴黎先锋派的积极分子，她的社交圈子包括画家、诗人和作曲家。受迪亚吉列夫委托，德劳内曾为俄国芭蕾舞剧《埃及艳后》设计服装，她还曾与作家崔斯坦·查拉（Tristan Tzara）合作，也曾设计电影服装。

追随哥哥保罗·波烈的脚步，20世纪10年代，妮可·格鲁尔（Nicole Groult，1887—1967年）创立了一个时装屋。格鲁尔的丈夫是一个著名的家具设计师，她因此发展了一个艺术家的圈子，到1920年，她的事业已有成色，拥有许

多名流客户，她的服装也在美国销售。格鲁尔的审美现代、有艺术感，时尚杂志也常常特别强调这一点。另外，妮可·格鲁尔还是一位戏剧服装设计师。

还有其他几位巴黎的设计师，他们的作品虽然不多，但也小有名气。香榭丽舍大道上詹妮夫人（Mme. Jenny）的时装屋出售各种服装，包括裙子、外套、女士内衣和皮草。她的作品青春、新颖，被有影响力的媒体报道。简·雷尼（Jane Regny）原来是一名网球运动员，后来转行做服装。1923年，她创立自己的时装屋的时候恰好赶上了香奈儿和巴杜引领的运动服浪潮的顶峰。雷尼主要提供运动服、针织衫和毛衣，常运用装饰艺术风格的几何图案，她也推出晚礼服。玛丽·库托里（Marie Cuttoli）负责的麦博尔时装店（Salon Myrbor）提供有美感的设计，作品来自几位设计师，最有名的是俄罗斯先锋派画家纳塔利娅·贡查罗娃（Natalia Goncharova，1881—1962年），她以立体派、野兽派和结构主义风格的贴布和刺绣闻名。著名的女帽制造商苏珊·塔波特（Suzanne Talbot）推出有地域特色的服装，包括非洲、东南亚和俄罗斯风格的作品。摄影师乔治·汉宁金－胡恩（George Hoyningen-Huene）的两个姐妹也开创了她们的高级时装业务。海伦在法国和美国使用品牌“海伦·德·华尼”（Helen de Huene）。更有名的是伊丽莎白，她的品牌Yteb源自她的昵称贝蒂（Betty）一个错误的反向拼写。她的设计以丰富的装饰和刺绣为特色，有些设计出自她的兄弟之手。

设计师：美国

20世纪20年代，当欧洲设计师已经意识到美国市场的重要性时，纽约的一小部分设计师和零售商开始发展自己的高端时装产业。杰西·富兰克林·特纳（Jessie Franklin Turner，1881—1956年）最初在邦维特·特勒（Bonwit Teller）百货公司从事设计工作，1922年她在派克大街开设了自己的时装屋。特纳以华丽的晚礼服和茶会女礼服闻名。她经常广泛汲取文化元素，从纽约各个博物馆的藏品中寻找灵感然后运用到设计中。当时富兰克林被称为最有创造力的美国时装设计师。位于西56街的“弗朗西丝夫人”（Madame Frances）是一个重要的制衣公司。老板弗朗西丝·斯平戈尔德（Frances Spingold，1881—1976年）是一名时尚专栏作家，同时也是一位有名的艺术品收藏家。

其他设计师有些是新移民，他们坚持自己的时尚品味。海蒂·卡内基（Hattie Carnegie，1889—1956年）生于维也纳，原名亨丽埃塔·卡内盖瑟（Henrietta Kanengeiser），以女帽生意起家，1923年在纽约开了一家服装店。作为一个有创造力的领导者，卡内基善于利用她旗下的设计团队，其中有些是极具天赋的新一代美国设计师。虽然她从来没有接受过专业的裁缝训练，但她的时尚品味出众。她经营一家能够满足挑剔客户需求的时装店，店里不仅出售她自己品牌的服装，还有从法国进口的服装。1913年，玛莉丝卡·卡拉兹（Mariska Karasz，1898—1960年）搬到了美国，很快就以她独特的定制服装在时装设计界崭露头角。卡拉兹大量运用了祖国匈牙利的民间艺术元素，同时融合了欧洲先锋派艺术的新观念。后来，卡拉兹的纺织品设计更加出名，风格大致相同。

时装设计界的瓦伦蒂娜指的是生于乌克兰首都基辅的瓦伦蒂娜·尼科莱夫纳·萨尼纳·施莱（Valentina Nicholaevna Sanina Schlee，约1899—1989年）。她一生擅长编故事，这掩盖了她早年生活的许多细节，包括她真实的出生日期。瓦伦蒂娜声称她是在俄国的一个火车站遇到了乔治·施莱（George Schlee），当时她正带着家传的宝石逃离革命。1923年到达纽约之前，施莱夫妇（他们可能结婚了，也可能没结）曾先后辗转雅典、罗马和巴黎。瓦伦蒂娜很快就以她独特的风格吸引了纽约社会。她的风格与当时流行的风格背道而驰，她留着长发，穿着自己设计的黑色天鹅绒长裙。1928年瓦伦蒂娜与俄国朋友索尼娅·利维昂纳（Sonia Levienne）合伙在麦迪逊大道开了一家店，由于她之前曾在欧洲表演，这家店倡导一种戏剧化的风格。除了她们自己设计的服装，还出售从其他地区进口的特色服装和配饰，例如刺绣披肩。虽然非主流，瓦伦蒂娜的风格还是受到了一小部分我行我素的女性顾客的喜爱，并且客户数量很快就增加了。

戏服设计与时尚

舞台和电影中的服装对时尚产生了很大的影响。历史片依然很流行，里面的服装经常明显不是真实的“历史”服装。当然也有大量当代题材的戏剧、音乐剧和电影的服装需要表现当时流行的元素。一些顶级的设计师同时从事跨界设计。女明星找知名的设计师和裁缝师为她们设计和制作戏服，零售商顺势推出和戏服相关的产品。电影里的服装广为人知，当红女演员穿过的礼服也以纸娃娃的形式出现在粉丝读的杂志上。1925 年，《电影》（*Motion Picture*）杂志声称：“好莱坞的款式口口相传，巴黎的设计师纷纷效仿。”好莱坞涌现了一批戏服设计师，电影公司为旗下的女演员配置了固定合作的戏服设计师。

法国插画家保罗・伊瑞布和乔治・巴比尔也应邀为电影设计服装。埃尔蒂曾与米高梅电影制片公司（Metro-Goldwyn-Mayer）签订一份当时被大肆宣传的合同，他为米高梅的几部电影设计服装，但这次合作并不愉快。1924 年，美国戏服设计师吉尔伯特・艾德里安（Gilbert Adrian，1903—1959 年）来到好莱坞，埃尔蒂离职后他成为了米高梅的

右图　女演员艾拉・娜兹莫娃，穿着娜塔莎・兰波娃为电影《莎乐美》（改编自奥斯卡・王尔德的同名作品，1923 年）设计的长及大腿的橡胶面料短裙

首席戏服设计师。艾德里安很快获得了成功，未来十年他成为时装界举足轻重的人物。霍华德·格里尔（Howard Greer，1896—1974 年）最初在露西尔的美国分店工作，后来到巴黎为其他知名设计师工作。他担任派拉蒙工作室（Paramount Studios）的设计师，同时经营自己的服装品牌。特拉维斯·班通（Travis Banton，1894—1958 年）曾是露西尔和弗朗西丝夫人的雇员，直到 1920 年玛丽·碧克馥与道格拉斯·范朋克（Douglas Fairbanks）结婚时穿着一条他设计的裙子，他才引起世人的注意。在他的第一部电影《巴黎裁缝师》（*The Dress Maker from Paris*，1925 年）中讲述了他的时装设计的故事。电影《为何要换掉你的妻子？》（*Why Change Your Wife?*，1920 年）有多个精彩的时尚购物场景，主演葛洛丽亚·斯旺森的服装由克莱尔·韦斯特（Clare West）设计。

娜塔莎·兰波娃（Natacha Rambova，1897—1966 年）生于犹他州，曾用名威妮弗雷德·肖西尼（Winifred Shaughnessy），她最有名的是与鲁道夫·瓦伦蒂诺持续了三年的婚姻。作为一个演员、制片人和设计师，她曾为丈夫的一些电影设计服装。也许她最大的成功之处便在于此了，她为电影版《莎乐美》（奥斯卡·王尔德原著，艾拉·娜兹莫娃（Alla Nazimova）主演）设计了以 1894 年奥伯利·比亚兹莱绘制的插画为灵感来源的服装。其中两条长及大腿的裙子是后来“迷你裙”的雏形。20 世纪 20 年代末和 30 年代初的几年里，兰波娃以时装设计师的身份为纽约的一个工作室兼商店工作。

时事讽刺剧（或讽刺时事剧）中艳丽的服装反映和启发了时尚潮流。埃尔蒂为百老汇和巴黎的歌舞女郎设计的服装尤其有名。英国设计师多莉·特里（Dolly Tree，1899—1962 年）为巴黎、伦敦和百老汇上演的时事讽刺剧设计服装。她设计的一款无肩带胸衣后来成为一款流行时装。

发型和化妆

20 世纪 20 年代的发型延续了 10 年代后期的趋势，剪得贴近头部，款式很多，例如“波波头”“颈上短发”（长度仅到耳下的短发）和“超短发”。卷发棒做出的波浪卷是男孩式发型之外一种相对女性化的选择。很多时髦的女性以独具特色的短发出名，例如露易丝·布鲁克斯的几何形波波头、格特鲁德·劳伦斯的微卷波浪发型，还有约瑟芬·贝克平整闪亮的卷发。

化妆毫无疑问成为现代时尚的一部分。女性会模仿她们喜欢的电影明星的妆容，希望能化出梅·默里（Mae Murray）一样丰满的嘴唇或者克拉拉·鲍一样的烟熏眼妆。随着公众场合化妆被接纳，口红壳、粉底盒和腮红成为了引人注目的时尚配件。眼影能突显眼部，很受欢迎。女性将眉毛修成纤细的拱形。《时尚》1925 年 10 月刊建议读者“化妆时，时间和场合都要纳入考虑范围，就像选择服装一样”，强烈建议读者下午增加妆容的浓度，晚妆则要更加浓艳。指甲油成为了梳妆台上的新品，可选的颜色很多。素净的指甲油能让人看起来整洁，大胆的女性留长指甲，选用粉色、红色甚至紫色和绿色等深色调指甲油搭配她们的服装。

除了化妆，还有很多极端的做法。1921 年，一种制造酒窝的器械申请了专利，用来给脸颊加上卖弄风情的凹痕。同年，美国整形外科协会（American Association of Plastic Surgeons）成立，体现了整形的专业化发展和建立实施标准的必要性。因为流行年轻的女性形象，早期的面部拉皮手术也流行起来。其他手术，尤其是鼻部的整形手术日益兴旺，一方面是受到好莱坞的美丽标准的影响，另一方面随着心理学的传播，人们认为生理上的“缺陷”会引起社会焦虑，应该加以纠正。1924 年，《纽约每日镜报》（*New York Daily Mirror*）举办了一场“平凡女孩大赛”（Homely Girl Contest），旨在寻找纽约相貌最平凡的女孩，用整形外科服务作为奖励让她变成一位美人。

运动服

随着体育活动的日益流行，专业的服装成为必需，不过运动服也影响了大众的着装。普通人纷纷效仿体育明星时髦的造型和运动休闲的着装。网球明星苏珊·朗格伦（Suzanne Lenglen）和海伦·威尔斯（Helen Wills）、游泳冠军格特鲁德·埃德尔（Gertrude Ederle）均对时尚产生了影响。从设计师角度看，勒隆、巴杜、香奈儿和勒尼都对现代运动服的发展起到了促进作用。俄罗斯芭蕾舞团布罗尼斯拉娃·尼金斯卡（Bronislava Nijinska）编舞和主演的作品《蓝火车》（*Le Train Bleu*）题名来源于将乘客载往法国南部度假胜地的豪华列车，香奈儿将运动服搬上舞台，表现了法国上层人士参与体育运动的场景。芭蕾舞剧中尼金斯卡的服装灵感来源于法国网球卫冕冠军苏珊·朗格伦的着装。朗格伦以进攻性打法出名，她穿着巴杜设计的漂亮的白色针织衫，赛场外也穿巴杜的服装。1926 年，《巴黎时装公报》从时尚的角度报道了朗格伦和美国人海伦·威尔斯即将进行的比赛，对谁会胜出表示好奇："是苏珊·朗格伦的丝绸头巾还是这个年轻的加利福尼亚女孩的帆布鸭舌帽呢？"

除了法国设计师，一些服装制造商对运动服的发展也起到了重要的推动作用。1920 年，詹特森（Jantzen）开始使用红色潜水女孩的标志，1921 年开始使用"泳衣"（Swimsuit）这个名词。西海岸针织工厂（West Coast Knitting Mills，后来更名为"加州科尔"（Cole of California））始于 1923 年，加利福尼亚的太平洋针织工厂（Pacific Knitting Mills in California）更名为"卡塔利娜"（Catalina）；1928 年，澳大利亚的麦克雷针织工厂（MacRae Knitting Mills）更名为"速比涛"（Speedo）。男式泳衣和女式泳衣的发展趋势都是更加短小，因为身体自由活动的需求增加了，"保持端庄"不再那么重要。泳装上的长袜已经过时，泳衣上装开口很大，方便自由活动和将皮肤晒成褐色。但是，这种新型的服装挑战了当时关于得体着装的法律规定，有人甚至因此被拘留。泳装主要使用羊毛面料，也有人造丝和丝绸。年纪较大、相对保守的女性仍然穿着宽松的浴衣套装，她们对小麦肤色不感兴趣，实际上对游泳也不感兴趣。

左下图　1924 年，网球明星瑞恩·拉克斯特（René Laacoste）和穿着巴杜运动服的网球冠军苏珊·朗格伦

右下图　卢西恩·勒隆（Lucien Lelong）设计的一款新式泳衣，1929 年乔治·汉宁金-胡恩拍摄

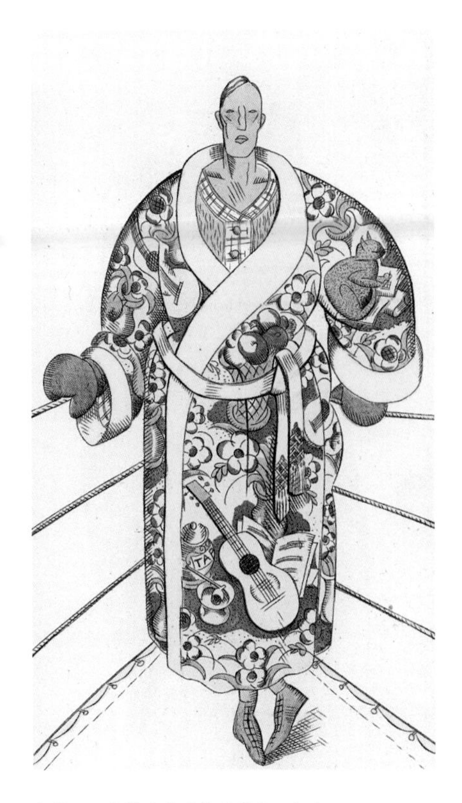

上图 一款拳击手风格的晨衣，上有鲜艳的印花图案，体现了杜飞与莱热的影响，从中可以看到异想天开的设计理念偶尔也出现在男装上。沙滩装也有类似的款式，男款和女款都有。图片来自《今日潮流》（*Le Gout du Jour*，1920 年）

下图 华特·迪士尼工作室的创意团队（迪士尼居中，他的左边是童星玛吉·盖伊（Margie Gay）），男士都穿着运动针织衫和高尔夫球裤，摄于 1926 年

"池边服"（防止女性被水溅湿的服装）盛行一时，在里维埃拉度假区流行用精美的珠宝搭配泳衣。

高尔夫运动更加流行。女式高尔夫服由针织上衣和百褶运动裙组成，与白天穿的套装相似。为沙滩、园艺或其他户外活动设计的长裤和工装日益被人们接纳。从事滑雪等冬季运动时女性穿着长裤，取代了以前的长裙。在活动较大的情况下，例如徒步或野营时年轻的女大学生会穿男式灯笼裤。

男装

20 世纪 20 年代，男装的特点是敢于尝试和不拘形式。精准的剪裁依然很重要，但个性化的细节也很受欢迎，因为"打破——或至少是稍微改变——缝纫的规则"是时髦的一部分。在快节奏的生活中时髦的年轻人改造了传统的英国服装款式，改造的结果让前辈大跌眼镜。战前被认为过分装饰的"花哨"服装在 20 年代成为了新鲜和年轻的象征，优雅被定义为新冷淡风格。流行的款式出现在大学校园里和运动场上。网球运动也影响了男装，网球明星瑞恩·拉克斯特（René Lacoste）的服装尤其有名。但是也出现了粗犷类型的偶像，例如棒球运动员贝比·鲁斯（Babe Ruth）和拳击手杰克·邓普西（Jack Dempsey），时髦的男性争相模仿他们。运动风甚至对内衣的结构产生了影响，方便行动成为设计的首要标准。

有各种廓形和风格的毛衣。V 领毛衣用来搭配衬衫和领带，有时外面还会穿一件外套。高领、水手领和披肩领也很流行。受威尔士亲王爱德华的影响，阿盖尔和费尔岛的提花针织面料被众多男士采纳，和他的祖父一样，爱德华也以喜爱户外运动和大胆的时尚品味出名。色彩鲜艳的针织套头衫、背心和袜子都很流行，通常用来搭配高尔夫灯笼裤（原来是一种打高尔夫时穿着的长到膝盖的宽松裤子，现在一般用作休闲裤）。和女装一样，生机勃勃的纺织品图案也让男装更有活力。活泼的当代图案例如彩色的几何图案和各种主题拼贴风格的印花图案出现在休闲服，尤其是休闲衫和晨衣上。

左上图 一个穿着牛津裤的英国男子，约摄于 1925 年

右上图 正在滑雪的默片演员本·莱昂（Ben Lyon），身穿浣熊皮大衣，这种款式和学院风有关，约摄于 1925 年

随着人们对游泳的关注度的增加和约翰尼·韦斯默勒（Johnny Weissmuller）等游泳明星的影响，海滩服和度假服成为重要的服装类型。男式泳衣与女式泳衣的款式类似——通常为一件式或两件式羊毛针织泳衣，低圆领、无袖、腰部有条纹或皮带，还有长度仅到大腿上部的短裤。穿着这些羊毛套装，在湿的状态下游泳者的体型会清晰地展现出来。除了运动风格，工装的款式也受到人们的喜爱。乡村和沙滩场合，男性穿着厚重的针织套衫和羊毛开衫，里面穿圆领的针织衫和开领对襟的衬衫，下身穿宽松的长裤。在法国的度假地区，前来度假的人会换上当地的装束——条纹水手针织套衫、麻底帆布便鞋和草帽。在较为正式的海滩——例如棕榈海滩和纽波特海滩——则穿着亚麻和热带专用羊毛制作的浅色套装或运动外套。

但并不是所有的男性都不再穿传统的西服和外套。20 年代初，短款、有翻边和熨烫线的裤子仍然很时髦。短上衣和运动外套采用修身的款式，纽扣扣至胸部，里面搭配马甲、硬领衬衫和领带，领带上通常夹着领带夹。到了 20 年代中期，大胆的革新全速发展，基于年轻人的喜好诞生了一种学院风格的服装，它采用了传统的款式例如花呢套装、毛衣和条纹丝绸领带等，却给人以意料之外的清新感。花呢外套裁剪得很合身，有溜肩和窄小的袖子。长裤达到了宽松的极限，产生了一种名为牛津裤（Oxford Bags）的款式，1925 年它最早出现在牛津大学，后来被英国其他学校和美国赶时髦的大学生模仿。最宽的牛津裤裤脚周长约 101 厘米。虽然牛津裤的宽度在某种程度上已经达到了极限，20 年代末主流款式的裤子甚至更加宽大。浣熊毛皮外套成为了男大学生非官方的“制服”，通常搭配男式费多拉帽（Fedora，一种浅顶卷檐软呢帽）。一款起源于网球和板球运动的条纹改良外套通常搭配白色法兰绒长裤和浅色或双色鞋。

面部的修饰也强调年轻。某些男性模仿鲁道夫·瓦伦蒂诺等电影明星将头发侧分或中分。虽然也有人模仿道格拉斯·范朋克蓄起稀疏的小胡子，但大多数男性还是喜欢整洁、光亮的造型，古铜肤色的流行强化了这一观念。

童装

20 年代童装已成为时装产业的一个特别分支。时髦的儿童衣服可以在百货公司和专门的零售店买到。女性杂志不断提出与童装有关的建议并展示每季的新品。刊登在杂志和报纸上的童装通常与开学或假期等特殊事件有关。和女装一样，童装以法国的影响最为显著。杂志持续报道来自巴黎的童装流行趋势。有几家时装屋提供童装，其中最有名的是朗万；米娜波夫（Mignapouf）专门生产高品质的童装。虽然时尚杂志使用的照片越来越多，但是以简单的笔触描绘的关于儿童的插画由于生动可爱仍然很受欢迎。小女孩穿的裙子非常短，没有腰线，装饰简单。小男孩穿着短裤，一般搭配丘尼克式套头上衣。男装毛衣和运动服的流行也影响了男童的服装。女孩和男孩都流行波波头。跟成人装一样，童装也强调舒适和便于活动，价格

右图　儿童的报童帽和针织毛衣体现了户外体育运动的影响，与成人合体的三件式定制套装形成对比。成人的着装延续了“箭领男人”的风格特点

右图 1925年《巴黎的孩子》(*Les Enfants très parisiens*)上的两张插画，展示了时髦的童装。各个年龄段的女孩都穿宽松的直筒裙，搭配平底鞋，戴着紧贴头部的帽子——和成年女性的钟形帽相似。男孩的短裤套装也体现了流行的直线廓形和几何图案

高的童装也采用简洁舒适的款式。面料的选择体现了日装和特殊场合服装的差异。由于用途广泛又耐洗，棉布成为了童装的最佳面料。亚麻和轻薄的羊毛面料也很常见。虽然婚礼和派对等场合需要精致的，有时甚至是有点怪异的服装，但是复古的款式和装饰性的褶边已不再流行。在一些特殊的场合常见十几岁的女孩穿着色彩柔和的低腰大蓬裙。

有扣的靴子不再流行，取而代之的是平底鞋。新的时尚也淘汰了以前几乎一整年都穿着的黑色长袜，取而代之的是针织的及膝袜或水手式短袜。总体而言，儿童的日常着装对身体的覆盖较少，服装更整洁、更短小和合身。必须戴帽的场合很少，手套也几乎不戴。青少年的内衣紧跟成人内衣的流行趋势。因为流行轻薄的服装和直线型的款式，女孩装饰褶边的衬裙和儿童的紧身衣因此被淘汰。小男孩不再穿裙

子，即使是学步的孩子也穿连衫裤和超短裤。外套也反映了简洁的趋势。双排扣大衣和外套上常有滚边和贴花，强化几何形感。迷你钟形帽戴在短短的波波头上，这让小女孩——从学步的年龄一直到青少年时期——看起来像她们的妈妈一样时髦。

年代尾声

随着年代尾声的临近，女装廓形上的诸多变化体现了转变的发生。早在 1927 年裙摆底边降低和凸显身体曲线的趋势就已出现，从卢西恩・勒隆等设计师的作品上能发现这些变化。这两个元素——长度和合身度——在 1929 年得到了进一步的发展。虽然媒体上有人称巴杜那一年的秋冬系列是一个巨大的飞跃，但这个系列其实只是将流行的趋势具体化了。裙子变得更长，款式更有型、更女性化，腰线的位置变化不定。20 世纪 30 年代的审美脱胎于 20 世纪 20 年代的包膜，端庄再次被提倡，但装饰减少了。总体而言，正如世界本身，时尚界也表现出变革和不确定性。

右图　蒙特利尔的 C・道斯小姐（Miss C. Dawes），她穿着的晚礼服体现了 20 世纪 20 年代后期流行的变迁。1929 年摄于著名的威廉・诺特曼父子工作室（Wm. Notman & Son Studio）

HARPER'S BAZAAR

INCORPORATING "VANITY FAIR"

AUGUST, 1934

HOLIDAY FICTION AND FASHIONS

EVELYN WAUGH
FORD MADOX FORD
ROSITA FORBES
MARGERY SHARP
HAROLD NICOLSON

TWO SHILLINGS NETT

第六章

20 世纪 30 年代：渴望华丽

1929 年美国股市的崩盘导致大半个西方世界陷入经济萧条，这对许多行业产生了影响，包括时尚产业和国际贸易。即使经济低迷，摩天大楼依然高耸入云，许多建筑表现出装饰艺术的风格特点。帝国大厦、克莱斯勒大厦和洛克菲勒中心的落成让纽约成为一个现代主义建筑的中心。好莱坞的电影中经常出现迷人的、充满异域风情的场景，甚至视觉艺术的主流超现实主义营造的幻境都给逃避现实的人提供了某种幻想。1933 年的电影《金刚》（*King Kong*）的最后一个镜头融合了这种多样化的文化趋势——走投无路的时期、奢华的时装、超现实主义和装饰艺术——一只庞大的猿悬荡在帝国大厦，它巨大的手里握着身穿金银丝锦缎晚礼服的女演员菲伊·雷（Fay Wray）。

左页图　《时尚芭莎》1934 年 8 月刊封面，插画由埃尔蒂绘制，流露了这个年代对奢华的渴望

下图　美国服装品牌哈蒂·卡内基、波道夫·古德曼、萨莉·米尔戈姆（Sally Milgrim）、杰伊·索普（Jay Thorpe）和班德尔（Bendel）推出的特色日用套装，图片来自《时尚》1932 年 3 月 1 日刊

社会和经济背景

这个年代美国许多地区处于经济困难时期，失业率高，政府因此实行救济计划。1932 年，富兰克林·德拉诺·罗斯福（Franklin D. Roosevelt）当选为美国总统，之后开始施行“新政”（New Deal），推行了一系列刺激经济复苏的措施。美国中西部的旱灾导致成千上万的人失业。大不列颠的“饥饿游行”（Hunger Marches）引起人们对当地的失业和贫困问题的关注。澳

大利亚和加拿大等其他国家和地区也受到了类似的影响。恶劣的经济状况加上一战后积累起来的紧张局势将德国和意大利推上了极权主义政府统治的舞台。德国国家社会主义工人党的崛起结束了魏玛共和国的自由民主制。在意大利，贝尼托·墨索里尼（Benito Mussolini）推动帝国主义发展的行径越来越激进。在抗日战争中日本对中国领土的侵占加剧了亚洲的紧张局势，日本还在中国东北建立了伪满洲国傀儡政权。1939 年，泰国总理銮披汶·颂堪（Plaek Phibunsongkhram）将国家的官方名称由"暹罗"（Siam）改为"泰国"（Thailand），并制定了国民服饰西化的措施。1937 年，兴登堡号空难摧毁了将客运飞艇用作民用交通工具的可能性。

艺术

超现实主义进一步发展，对装饰艺术和时尚都产生了重要的影响。乔治·德·基里科（Giorgio de Chirico）和皮埃尔·罗伊（Pierre Roy）等著名的艺术家为时尚杂志创作了不朽的插画。美国魔幻现实主义者保罗·卡德姆斯（Paul Cadmus）和伊万·阿尔布莱特（Ivan Albright）创作了梦幻般的景象和肖像。塔玛拉·德·兰陂卡（Tamara de Lempicka）有幅作品表现了一个身穿线条流畅的连衣裙的优雅女人，结合了魔幻现实主义的基调与装饰艺术的感性。

装饰艺术对建筑和装饰产生了广泛的影响。这种风格从最初的奢华风格和异国情调发展到更为立体的阶段——即所谓的"流线型"（Streamline）阶段。工业设计师把电器、家具，甚至珠宝都设计成流线型，让产品更具现代化感，更有吸引力。

格什温的歌剧《波吉与贝丝》（*Porgy and Bess*，1935 年）堪称音乐领域的一个里程碑，这部歌剧的特色是全体演员都是非裔美国人。百老汇上演了科尔·波特（Cole Porter）的作品《离婚闹剧》（*Gay Divorce*，1932 年）和《万事皆可》（*Anything Goes*，1934 年），还有罗杰斯（Rodgers）和哈特（Hart）的作品《娃娃从军记》（*Babes in Arms*，1937 年）和《来自西来库斯的少年》（*The Boys from Syracuse*，1938 年）。音乐剧《我和我的姑娘》（*Me and My Girl*，1937 年）让一种新的舞步——朗伯斯舞步（ Lambeth Walk）变得普及。诺埃尔·考沃德（Noël Coward）创作了《私人生活》（*Private Lives*，1930 年）和《设计生活》（*Design for Living*，1932 年）等喜剧作品。戏剧也有突出的表现：罗伯特·舍伍德（Robert Sherwood）的作品《石化深林》（*Petrified Forest*，1936 年）以美国的农村为背景，讲述了一个关于理想幻灭的故事；伦敦剧《救济中的爱》（*Love on the Dole*，1934）讲述一名工人阶级的女性为了养家被迫成为赌注登记经纪人的情妇的故事。舞蹈有现代舞先驱玛莎·葛兰姆（Martha Graham）诠释情感的作品和再度流行的浪漫芭蕾舞剧。

下图　卡乐·威林克（Carel Willink）的作品《威尔玛》（*Wilma*，1936 年），以魔幻现实主义风格表现时尚

电影成为大众消费得起的娱乐项目。随着有声电影的出现，观影人数急剧增长。1935 年出现了彩色印片法。为限制屏幕上性爱和暴力等内容，新出台了"电影制作守则"（Motion Picture Production Code）。音乐剧（例如 1935 年的《大礼帽》（*Top Hat*））、诙谐喜剧（例如 1935 年的《晚宴》（*Dinner at Eight*））、异国爱情故事（例如 1932 年的《上海快车》（*Shanghai Express*））、警匪片（例如 1931 年的《国民公敌》（*The Public Enemy*））和历史剧（例如 1933 年的《瑞典女王》（*Queen Christina*））都是受欢迎的电影类型。虽然华丽的场景是惯例，也有电影例如《美国的悲剧》（*An American Tragedy*，1931 年）和《人性的枷锁》（*Of Human Bondage*，1934 年）开辟了现实主义的新天地。

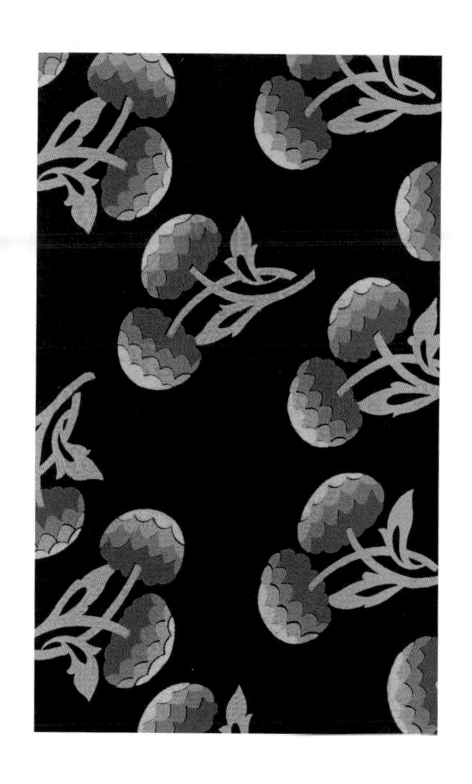

上图　绉绸面料上装饰艺术风格的绣球花图案

艺术与政治

20 世纪 30 年代，艺术与政治的联系紧密。美国公共事业振兴署雇用本・沙恩（Ben Shahn）和迭戈・里维拉（Diego Rivera）等不同类型的艺术家创作现实主义风格的壁画和其他的公共艺术品。在政府的资助下，摄影师多萝西娅・兰格（Dorothea Lange）和沃克・埃文斯（Walker Evans）拍摄了很多大萧条时期有纪念意义的照片。

德国的政治变化直接影响了文化生活，一场关于审查制度的运动宣告某些作品——包括魏玛时期最著名的作品——是堕落的艺术作品。作品被贴上“堕落”标签的乔治・格罗兹（George Grosz）、恩斯特・克热内克（Ernst Krenek）和库尔特・威尔（Kurt Weill）等艺术家和作曲家移民到了美国。这些人中有一部分后来在好莱坞发展得很成功。与包豪斯有关的建筑师和设计师也移民了。德国官方认可的艺术强调传统，鼓吹雕塑和画作中健全的“雅利安人”（Aryan）形象。德国早期的作曲家——尤其是贝多芬（Beethoven）和瓦格纳（Wagner）——的音乐作品得到复兴。雷妮・瑞芬舒丹（Leni Riefenstahl）的电影宣传了德国人编织的神话，例如《意志的胜利》（*Triumph of the Will*，1934 年）和 1936 年夏季奥运会的纪录片《奥林匹亚》（*Olympia*，嘲讽了美国黑人杰西・欧文斯（Jessc Owens）获得四枚金牌）。

时尚与社会

美国废除禁酒令后，一些繁华的场所例如 El 摩洛哥、21 和斯托克俱乐部（Stork Club）等娱乐场所成为了纽约夜生活的中心；在哈莱姆的萨沃伊舞厅（Savoy Ballroom）和棉花俱乐部（Cotton Club）里成双成对的人和着艾灵顿公爵（Duke Ellington）和贝西伯爵（Count Basie）的摇摆舞音乐跳舞。伦敦人则喜欢把晚上的时间花在剧院里，或者在萨沃伊餐厅（Savoy Grill）用餐，或者在柯曾影院（Curzon Cinema）看电影。巴黎的咖啡一族喜欢光顾上房牛（Boeuf sur le Toit）之类的咖啡馆。豪华游轮有奢华的住房并配有豪华的设施，可载着客人去异域旅行。印度、新西兰和南美是旅行广告新出现的时尚度假胜地。

公众对每一季的元媛（名门千金成年后会举办一个特别的舞会宣告她正式进入社交界，这样的女性称为“元媛”（Debutante），与之相关的舞会称为“元媛舞会”（Debutante Ball））都感兴趣。人造丝大亨的女儿玛格丽特・维汉姆（Margaret Whigham）成为 1930 年伦敦的“年度元媛”。1932 年，伍尔沃斯百货公司（Woolworth）的女继承人芭芭拉・赫顿（Barbara Hutton）请了四支管弦乐队和歌唱巨星鲁迪・瓦利（Rudy Vallée）来参加她的元媛舞会。元媛布伦达・弗瑞兹（Brenda Frazier）登上了 1938 年《生活》杂志的封面，被称为“名媛新宠”。20 世纪 30 年代，喧闹、傲慢的飞来波女孩的形象已经过时了，即使初入社交界的女性也会竭力打扮成成熟老练的样子。1937 年《时尚》建议女性：“让自己看起来像这个世界的女人——从容自若、经验丰富。”

前威尔士亲王爱德华的妻子沃利斯・辛普森（Wallis Simpson）无论婚前还是婚后都是新“硬朗”风格的典范。1936 年 1 月，爱德华登基成为英王爱德华八世，在此之前他夸耀的品味和纨绔子弟的生活方式早已闻名遐迩。不到一年，为了娶辛普森夫人——一个离过婚的美国女人，他将王位让给了他的弟弟（即后来的乔治六世）。1937 年 6 月他们举行了婚礼，成为了温莎公爵（Duke of Windsor）和温莎公爵夫人（Duchess of Windsor）。夫妇二人都是重要的时尚偶像。婚礼上，公爵夫人穿着梅因布彻（Mainbocher）设计的一款简洁的连衣裙，裙子为浅蓝色——为了与教堂内部的颜色相匹配而特别染制。作为一位重要的时装客户，公爵夫人以一种有所节制、几乎是严苛的风格闻名。她简约的套装来自梅因布彻、夏帕瑞丽（Schiaparelli）和巴黎世家（Balenciaga），还有其他设计师为了展示她壮观的珠宝首饰收藏品而设计的服装。公爵夫人的风格简约低调，公爵则以运动风和休闲风闻名，他的风格对男装的发展产生了深远的影响。爱德华让位后闲暇很多，所以他和夫人考虑将培养着装风格作为他们的一个主要事务。

上图　威尔士亲王、英王爱德华八世和他的妻子——再婚的美国女性沃利斯·沃菲尔德·辛普森（Wallis Warfield Simpson），1936 年摄于巴尔莫勒尔堡，两人当时都是上流社会重要的时尚领袖

时尚媒体

时尚杂志能给读者带来幻想，让他们逃离现实。有影响力的时尚编辑——例如 1933 年加入《时尚芭莎》的卡梅尔·斯诺（Carmel Snow）——能够赋予杂志以观点。时尚杂志强行推销奢侈品，用非常具体的语言描述时装，例如“桥形裙”（Bridge Frock）和“午宴裙”（Luncheon Frock）等，促使人们购买更多的服装，进而刺激时尚产业的发展。戴安娜·弗里兰（Diana Vreeland）在《时尚芭莎》开设了异想天开的“为什么不能是你？”专栏，正是时尚强调幻想的典型写照。但是杂志也为读者提供了省钱的技巧，反映了当时的经济现实。精心挑选的狗的品种也出现在杂志上，好像它们是一个时尚配件。名人促销的情况很多，包括穿戴展示和产品代言。这一时期出现了两本新的男装杂志：1931 年发行的《服装艺术》（*Apparel Arts*）和 1933 年发行的《时尚先生》（*Esquire*）。

照片和插画占据了杂志的大部分版面。爱德华·史泰钦和乔治·汉宁金－胡恩杰出的摄影作品为这个行业设立了标准。1932 年 7 月，史泰钦拍摄的一张泳装照片成为《时尚》法文版的第一张彩色封面照片。从 1931 年起，霍斯特·霍斯特（Horst P. Horst）为《时尚》拍摄作品。其他的新人摄影师也崭露头角：1936 年，约翰·罗林斯（John Rawlings）拍摄的照片首次登上《时尚》；路易斯·达尔－沃尔夫（Louise Dahl-Wolfe）在纽约开设了自己的工作室，开始为《时尚芭莎》工作；1931 年，纽约摄影师托妮·弗里塞尔（Toni Frissell）加入《时尚》。20 世纪 20 年代马丁·曼卡奇（Martin Munkácsi）为柏林的《女士》工作，1934 年他加入《时尚芭莎》，从体育摄影师转行成为时尚工作者。德国人欧文·布鲁门菲尔德（Erwin Blumenfeld）在巴黎以时尚摄影师的身份开始了自己的职业生涯，乔治·普拉特·莱斯（George Platt Lynes）为若干本杂志提供照片。20 世纪 20 年代末，设计师、摄影师塞西尔·比顿（Cecil Beaton）开始为《时尚》工作，他同时也以为英国王室成员拍摄照片闻名。

尽管时尚摄影得到了长足的发展，优秀的插画师依然是传达时尚概念的重要力量。最重要的时装插画大师依然是《时尚芭莎》的埃尔蒂和《时尚》的乔治·勒帕普和爱德华多·加西亚·贝尼托（Eduardo García Benito）。新人插画师则提倡一种和 20 世纪前 20 年中不一样的风格，主要的代表人物有克里斯蒂安·贝拉尔（Christian Bérard）、马赛尔·韦尔特斯（Marcel Vertès）、卡尔·埃里克森（Carl Erickson，一般简称“埃里克”（Eric））和勒内·格鲁瓦（René Gruau）。

时装业的科技进展

20 世纪 30 年代，滑动闭合装置成为一个非常重要的时尚元素。它通常以品牌名销售，例如“泰龙滑动扣”或“闪电扣”，不过最终定名为“拉链”。“拉链”一词来源于 20 年代本杰明·富兰克林·古德里奇（B. F. Goodrich）设计的橡胶套鞋。这种橡胶套鞋使用名为“拉链”的滑动扣闭合。女士紧身胸衣和上身修身的连衣裙都适合使用拉链。前置拉链让小孩能够自己穿衣服。至 30 年代末，男士长裤上普遍使用了拉链暗门襟。拉链有不同的颜色，用来搭配不同颜色的面料，但也有设计师开发了拉链的装饰潜能，将对比色的拉链作为服装的亮点。

合成纤维不断发展。人造丝和醋酸纤维面料很普遍，常用作丝绸的替代品，尤其适合内衣。高级时装也会使用新颖的面料，例如夏帕瑞丽偏爱有肌理的人造丝面料。玻璃纸也很流行，有闪光的特点，尤其适合晚礼服。橡胶松紧带（Lastex，一种加捻的弹力纱线）是运动服、胸衣和袜子不可或缺的材料。市场上也供应人造羊毛。尼龙是这个年代最重要的纺织品新发明，于 1939 年面世。从 20 世纪 20 年代中期开始，杜邦（DuPont）公司生产的这种强韧轻薄的纤维彻底改变了袜子原来的面貌。

女装基本情况

20 世纪 30 年代初期流行新古典主义风格的女装。白色或象牙白的斜裁长裙上常有希腊风的细节，例如大兜帽或瀑布般的垂褶。时尚杂志将裙子比作希腊建筑，摄影师让模特在古代的圆柱和雕塑旁拍照。世纪之交出现的内裙风格贡献了更大的帽子、带褶边的衬衫、拼接裙和白

右图　在斜裁方面唯一可以和玛德琳·维奥内特一争高下的是奥古斯塔·伯纳德，从乔治·勒帕普为她绘制的这张插画可以看到她对新古典主义风格的发展起了推动作用

上图一　30年代早期法国的一张时装插画，反映了过渡时期的一些特征——模糊的腰线、稍有变化的钟形帽——20世纪20年代末和20世纪30年代初风格的分水岭。20世纪30年代，银狐毛披肩成为了服装的亮点

上图二　1938年纽约时装屋“安德烈工作室”（André Studios）的一张速写稿，从中可以明显看到“吉布森女孩”风格的复兴

色的棉布裙，1932年《时尚》美其名曰“现代吉布森女孩”。随着时间推移也出现了其他的风格，1934年《时代杂志》提到了三种主要的风格：中世纪、克里诺林和帝政。中世纪风格的特点是绵长的哥特式线条、裙摆向外展开、三角形剪边和扇形边；克里诺林风格的特点是大裙摆、常装饰网纱和其他浪漫的细节；帝政风格的特点是高腰线和小蓬蓬袖。时尚杂志也提到了30年代中期其他历史风格的影响，例如巴瑟尔裙撑和垂褶等。30年代末，历史的和当代的军装元素都很流行。

受国外旅行和1931年巴黎万国博览会的影响，异域的影响强烈而多样。中国、印度和东南亚的风格固然很重要，也出现了墨西哥和美国西南部的风格。美国石油大亨亨利·罗杰斯（Henry Rogers）的继承人蜜丽·罗杰斯（Millicent Rogers）穿着蛋糕裙，戴着美洲印第安人的“节瓜花”项链。墨西哥画家迭戈·里维拉（Diego Rivera）的妻子弗里达·卡罗（Frida Kahlo）的穿着也很有启发性。随着美国西部度假牧场的流行出现了牛仔女孩的造型。此外，欧洲民族风格的田园风衬衫、围裙和其他细节也还在沿用。30年代后期流行以宽大的彩条裙为特点的吉普赛风貌，1937年《时尚芭莎》还对此进行了调侃：

“有人见过吉普赛人，有人想出了吉普赛条纹并把它们扔在了巴黎，否则你要怎么解释贯穿整个春季系列的强烈的吉普赛氛围？”

20世纪30年代初色彩最重要的变化是黑色不再流行，《时尚》1931年6月刊曾评论：“白色试图填补失去黑色后留下的空白。”白色广泛用于晚礼服、正式的日礼服和外出服。但是黑色并没有完全从人们的衣服上消失，只是通常与冷色调的柔和色或暖色调的饱和色搭配使用。随着三次色的流行，日装和晚装上可见多种颜色。花卉和波点都是流行的印花图案，条纹和格纹通过斜向裁剪形成斜纹。

许多时尚元素同时适用于日装和晚装。对二十几岁的女性而言，男孩式造型已经过时了，服装的线条依然简洁，但更有熟女气质，强调自然的身体曲线。凸显身材的款式一般采用斜裁。腰部再次被强调，或者利用衣服的结构和衣褶，或者使用皮带和腰带。20世纪30年代早期出现了各种各样的腰线，这标志着20世纪20年代廓形已经发生了变化。裙子上部的育克不仅展示了自然的腰线，也强调了臀部的线条。在腰部和臀部简单地加以装饰也能达到同样的效果。有的腰带很宽，宽度从胸部下方至骨盆位置。日装和晚装的下摆都降低了，裙子一般采用斜裁或用三角形布片或不规则布片拼接而成。日装和晚装都流行船领，露背装限于晚礼服，也用于正式的日礼服和酒会小礼服。

20世纪30年代早期，服装的装饰减少了，服装的特色主要由服装的细节体现，例如不对称的拼接、缝褶、自带围巾、超大的蝴蝶结、细长披肩、三角形领巾、领饰和腰部的装饰性小裙摆。后来出现了大胆的几何边饰，对称再次变得常见。日装和晚装仍然采用早期流畅的廓形，但袖子种类繁多，甚至造型奇特。维多利亚时期的羊腿袖（时而挺括，时而柔软）很受欢迎，一般肩部采用透明的网眼面料，可隐约露出肩膀。轻柔的圆形袖、小披肩和花瓣形款式都很常见，也可见主教袖、佛塔袖、和服袖和蝙蝠袖。随着时间的推移，为了匹配更宽大、更挺括的裙子，垫肩和大袖子也流行起来。

日装强调两个原则：合身干练和柔软优雅。套装和套裙依然流行，定制连衣裙也仍然受欢迎。外套和裙子配套穿着，里面搭配柔软的衬衫显示它们是定制服装。在连衣裙外穿外套（有宽松的也有紧身的）的做法非常流行，《时尚》称这股潮流

为“外套热”。斜裁依然很常见，但也使用直丝面料，常用于制作箱形褶裥。1931年流行更长的裙子，离地面大约25厘米。30年代中期，日间穿着的裙子开始变短，裙身或者更宽大或者更笔直，线条不像之前的裙子那么流畅。1939年，刚过膝盖成为了裙子的标准长度。很多衬衫和连衣裙与定制的款式相去甚远，采用了轻盈的细节例如荷边叶、超大蝴蝶结、领结和各种各样的袖型。前面丌襟的衬衫裙很流行，体现了爱德华七世时期的影响。日装中有斜襟的款式，这种款式的孕妇装由于易于调节格外受欢迎。

针织连衣裙和针织套装非常贴身。图案大胆、色彩鲜艳的毛衣很常见。“运动装”一词开始用来指称白天穿着的休闲服装。宽松长裤日益受欢迎，主要是受到著名女演员凯瑟琳·赫伯恩（Katharine Hepburn）、玛琳·黛德丽（Marlene Dietrich）和女飞行员艾米莉亚·埃尔哈特（Amelia Earhart）媒体形象的影响。特别休闲的场合甚至可以穿蓝色的牛仔服。

晚宴上到处都是华丽的景象，好像各个经济阶层的女性都希望自己的着装能对设计师和好莱坞有所启发。装饰以管状的珠子和圆形的亮片为多，流苏、皮草、小绒毛和凸纹布也很常见。用于晚礼服的面料很多，例如亚光绉绸、平绒、查米尤斯缎、蜡光缎和金银丝面料。蕾丝很受欢迎，30年代随着欧根纱和塔夫绸的运用而出现了蓬松的廓形。1931年，晚礼服通常长至脚背或垂到地板上。“领口或者故作端庄很高或者别有用心的低。”露背装或T字后背很常见，一般搭配三角形领巾和轻柔的荷叶边领口。30年代末流行圆领和心形领。虽然裙子通常线条流畅，不加装饰，但是常用荷叶边和褶边包裹整个身体。夜用外套从波蕾若外套到中式外套有许多款式，不是为了作为外衣使用，而是为了搭配连衣裙。由外套和长半裙组成的套装也很常见。酒会服和宴会服的穿着时间提前到傍晚的过渡时间，“五点后着装”一词被频繁使用。30年代末，长及小腿中部的酒会服和舞蹈服流行起来。紧身的款式被戏称为睡袍，1931年媒体调侃睡袍“进入晚宴场合”。

整个欧洲的宫廷活动都大幅度减少了，一成不变的宫廷服饰对时尚不再产生影响。然而，在赛马会和花园派对等白天正式的场合女性还是需要穿时髦、浪漫的长礼服（面料通

上图　玛琳·黛德丽，穿着她标志性的长裤套装

左下图　《时尚》1932年10月15日刊声称“宴会服的价值越来越无法估量”，插画上展示的是梅吉·罗夫、米兰达时装屋（Maison Mirand）和露西尔·帕雷（Lucile Paray）设计的宴会服（从左往右）

右下图　1933年参加英国皇家爱斯科特赛马会上的两款英式礼服，并搭配合适的女帽

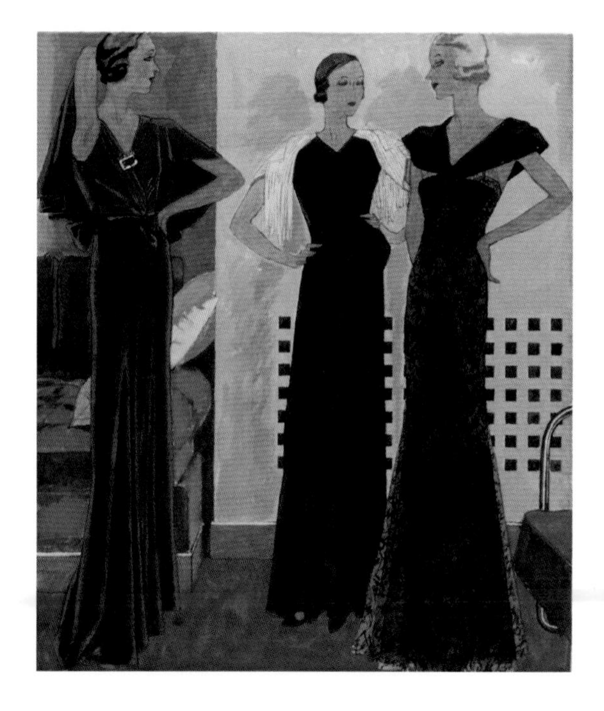

常采用丝质或棉质欧根纱和瑞士波点薄纱)，通常搭配阔边女帽。其他社交场合则穿类似的套装。婚纱受到当时流行的历史风格的影响，都是长裙，有高腰线和帝政风格的泡泡袖，面料一般选用白色或象牙白的绸缎或查米尤斯缎。也有新娘选择欧根纱或网眼面料制作大摆裙。头纱和从前一样夸张，往往很长，拖到地上。伴娘服和婚纱的款式大致相同，用色柔和，一般搭配花环或头纱。

上图　滑雪运动在滑雪的发源地阿尔卑斯山和北欧国家以外也越来越受欢迎。时尚杂志上经常展示滑雪服，例如《亚当》1934年11月15日刊上的这张插画展示了典型的男式和女式滑雪服

右页图　《时尚》1932年1月1日刊上的这张插画名为《1932年海滩一瞥》，描绘了里维埃拉度假区的沙滩服和度假服，包括巴黎设计师简·雷尼的设计。左下的这位女性用一条男式手帕披挂包缠在身上做成一件吊带背心，这种款式被大多数富有冒险精神的法国女性采纳

运动服

这十年里，滑雪服很受欢迎，反映了滑雪运动的日益普及，现在更多中产阶级的滑雪爱好者也能参与这项运动，1932年和1936年的冬季奥运会更是促进了滑雪运动的发展。人们完全能接受女性在滑雪场穿长裤，时尚杂志也刊登了滑雪服的款式。在奥运冠军索尼娅·赫妮(Sonja Henie)的影响下滑冰服也得到推广。马术服跟随男装的流行趋势，女性骑马时穿粗花呢外套。

开始使用“玩耍服”一词来指称普遍适用于沙滩、运动和花园派对等多种场合的休闲服装。20世纪30年代，专业的网球和高尔夫球选手的服装还是延续了20年代以实用为主的特点，但是业余爱好者的服装则没有那么实用，追随日常服装的时尚步伐，例如裙子很长和使用梭织面料。某些实用款式进一步得到普及，例如很多运动都采用了开衩裙。

泳衣在技术和造型上都有所改进。使用弹性的纱线和松紧线增加了泳衣的合身度。背部可调节的泳装让人们在晒出古铜肤色的同时减少晒痕，露背款式已有出售。泳帽制造商宣称改进

左上图 20世纪30年代的一款大毛皮领修身外套，时髦女性的衣橱里普遍都有的款式

右上图 30年代初期，钟形女帽和贝雷帽不再流行，取而代之的是其他各种样式的帽子，通常有夸张的宽帽檐

的设计可以防止头发被弄湿。两件套泳衣已经很普遍，这种款式会露出上腹但能遮住肚脐。梭织面料采用了动物主题和蜡染风格的印花图案，还对面料进行了抛光处理。受到名人代言热潮的影响，网球明星海伦·威尔斯为BVD品牌代言了一个泳装系列。越来越多的人穿着睡衣在海滩漫步，一些大胆的女性仅在里面穿一件抹胸或者甚至用大手帕做成吊带背心。

外衣

外衣的廓形紧随流行的变化。20世纪30年代初流行线条流畅、更加合身的款式，衣袖通常为长袖。随着廓形的改变，外衣也发生了变化，30年代末出现了有垫肩和较短的款式。通常使用粗花呢和仿羔皮呢等有肌理的面料。风衣被用作雨衣，所以风衣采用了最新的防水面料。

毛皮大衣以貂皮和海豹皮最受欢迎。制作大衣的面料和某些套装的袖口和衣领使用了貂皮、豹皮或波斯羔羊皮。但最炙手可热的是狐狸毛披肩，用来搭配大衣或连衣裙。大衣上经常有狐狸毛大衣领，就是模仿这种披肩。由于许多大衣采用了大衣领，所以狗毛成了廉价的替代品，这种做法被委婉地说成创造了一种更具异域风情（也更容易被接受）的产品。

华丽有垂坠感的大衣通常用来搭配晚礼服，外套上经常有毛皮边饰。斗篷短款和长及地面的款式都有，使用平绒或塔夫绸等面料制作。偶尔能见到伊丽莎白时代夸张的拉夫领。

女帽和配饰

帽子有很多款式。1930年《巴黎时装公报》声称：“当今时尚最迷人的地方就是无尽的款式。”巴黎的市场依然以女帽商塔波特和里波为主导，莉莉·达什（Lilly Daché）则是纽约市场的领先者。中等宽度帽檐的帽子和宽檐帽一般斜戴在头上。30年代早期流行紧贴合头部、细节突出的帽子，戴在头上时帽子倾斜的角度较大，遮住一边的眉毛。药盒帽和费多拉帽也是斜着佩戴，有时会装饰一根雉毛。高大的哥萨克帽通常用毛皮制作。也有弗里吉亚无边便帽（Phrygian Cap）和塔盘帽（包缠式头巾帽）。某些造型和装饰反映了超现实主义的美学特点。也有贝雷帽，30 年代早期特别流行贝雷帽。软边帽也很受欢迎，这款盖住前额的宽松型钟形女帽最早作为葛丽泰·嘉宝（Greta Garbo）的私服为大家熟知。30 年代中期，受中世纪风格的影响，发网流行起来。随着时间的推移，有时流行四方的小帽，戴在前额正中，向前倾斜，通常装饰大量的假花。阔边帽上一般有一圈蕾丝花边，或装饰假花束，让人联想起欧仁妮皇后宫廷里的景象。1938 年，《巴黎时装公报》再次评论："女帽业前所未有地不拘一格，女性没有理由不按自己的类型和性格佩戴帽子。"随着鸡尾酒会服和晚礼服的进一步发展，晚上佩戴的帽子也丰富起来，这类帽子有时称为"宴会帽或舞会帽"。晚上也有人佩戴装饰性的梳子、皇冠和羽毛制作的发带。

一个精挑细选的手提包是整套装束最后的点睛之笔。20 世纪 20 年代以来的信封包和有链条的手拿包尚未退出流行，但体积变大，有些还带有装饰艺术风格的细节。百宝匣（一种小巧精致的硬壳包）也通常作为宴会包使用，有些有装化妆品和香烟的隔层。虽然裙子常自带围巾，但单独的围巾也很多，而且款式丰富。围巾发展成为奢侈品，爱马仕（Hermès）开发了漂亮的印花丝绸方巾，往往是限量版。30 年代流行宽腰带，裙子上常自带腰带，用对比鲜明的面料或皮革（包括许多新颖的皮革）制作的腰带也常用来搭配套装。暖手笼成为一款重要单品，皮手笼则更普遍（有些装饰流苏），也有和服装配套的布手笼。夏帕瑞丽设计了一款超现实主义的达克斯猎狗手笼。组合体"手筒包"兼有手笼和包两种功能。

下图 《时尚》1934 年 10 月 15 日刊发布了"高卢趋势"（Gallic Gaieties）——一系列当季的配饰和女装单品。"达克斯猎狗"手笼、耳环、毛衣和粉色绳绒晚礼服短外套皆出自艾尔莎·夏帕瑞丽之手

对于漂亮的日用套装而言，手套是至关重要的配饰。手套还重新活跃在夜晚的社交场合。小巧的短手套（包括钩针编织的款式）固然很常见，17 世纪怀旧风格的长手套也流行起来，通常以纽扣、挖花和刺绣装饰。虽然有适合晚会和特殊场合的长手套，但大多数女性仍然保持 20 世纪 20 年代以来露出上臂的做法，因为长度在手肘以下的短款手套更加时髦。

人们在不同场合穿不同款式的鞋子，从平底的镂花皮鞋到夜晚穿着的鞋跟很高的鞋，款式应有尽有。日常穿着的鞋子大多有鞋跟，五颜六色的款式很时髦。为了匹配有跟的鞋子，雨靴甚至也设计成有跟的款式。观者鞋（Spectator Shoes）款式的双色拼接鞋特别流行，有些鞋头还有鱼嘴形开口。夏天外出穿的凉鞋一般有跟，挖空部分鞋身。皮革编织的平底凉鞋和麻底帆布鞋在度假地区很受欢迎。30 年代，鞋子变得更加笨重。大胆的女性穿厚底鞋，1937 年指挥家阿尔图罗·托斯卡尼尼（Arturo Toscanini）的女儿卡斯特巴尔卡公爵夫人沃利（Wally di Castelbarco）将威尼斯海滩的这种款式介绍给了纽约人。

华丽的动物或花朵胸针成为简单的连衣裙和日用套装上的点睛之笔，尤其受到温莎公爵夫人的喜爱。装饰艺术的水晶形式也继续影响了珠宝和胸针的设计，耳环设计得像摩天大楼；手链一般很大、很奢华；手镯很流行，漂亮的手链例如珍珠手链也很流行，甚至戴在手套外面。带有姓名字母和其他文字的珠宝也很受欢迎。镶嵌人造钻石的搭扣和别针常用于装饰晚礼服。

美体衣和内衣

随着腰线回到正常位置，纤瘦匀称成为理想的身材标准。某些苗条的年轻女性穿柔软的斜裁晚礼服时不穿内衣，强调了新古典主义的美感，也避免暴露文胸和内裤的痕迹。但多数女性为了得到优美的身材曲线还是会穿美体衣。广告中经常将女性塑造为身体柔软的装饰艺术女神。普林塞萨（Princessa）美体衣反映了人们渴望的理想身材和异国情调，号称能让女性如同“竹子般纤细”。为了拥有时髦的身材，体型壮硕的女性需要穿厚实的美体衣。1934 年，《时装艺术》（*Fashions Art*）上有这么一段话：

> “即使是世界上身材最完美的女性，如果没有穿某种美体衣也穿不上现在的流线型时装。如今，可双向拉伸的松紧线的出现让女性一边吃蛋糕一边保持好身材成为可能。”

滑动闭合方式（即拉链）运用到美体衣上，以前“无骨”的美体衣经常有滑落到大腿甚至分叉的尴尬，使用松紧线后这种情况得到了明显的改善。广告中通常仍然将美体衣称为“Corset”（紧身胸衣或束腹），但也出现了一些有商业噱头的名字，例如“Beautifier”（美体衣）、“Flexee”（弹力衣）或“Foundette”（打底衣）。

文胸采用分离的罩杯，罩杯有轻薄光滑和强力支撑等不同类型。女性穿高腰款式的服装时需要体现漂亮的胸形，文胸开始使用螺旋缝合的方式塑形。文胸的肩带有许多种，以适应穿露背或露肩装等不同的需要。媚登峰公司（Maidenform Company）成立了，并推出了加大码的文胸。有些衬裙有嵌入式文胸和限定衣片，这样可以尽量减少内衣的痕迹，使身形流畅。美体衣加上了荷叶边，因此不再需要衬裙，也出现了背心式文胸和美体裤组合的可拆卸款式。

长袜一般为单色，有些在外侧有装饰性的图案，偶尔有蕾丝或提花的款式。长袜的颜色很多，可搭配不同的肤色，还有各种诱人

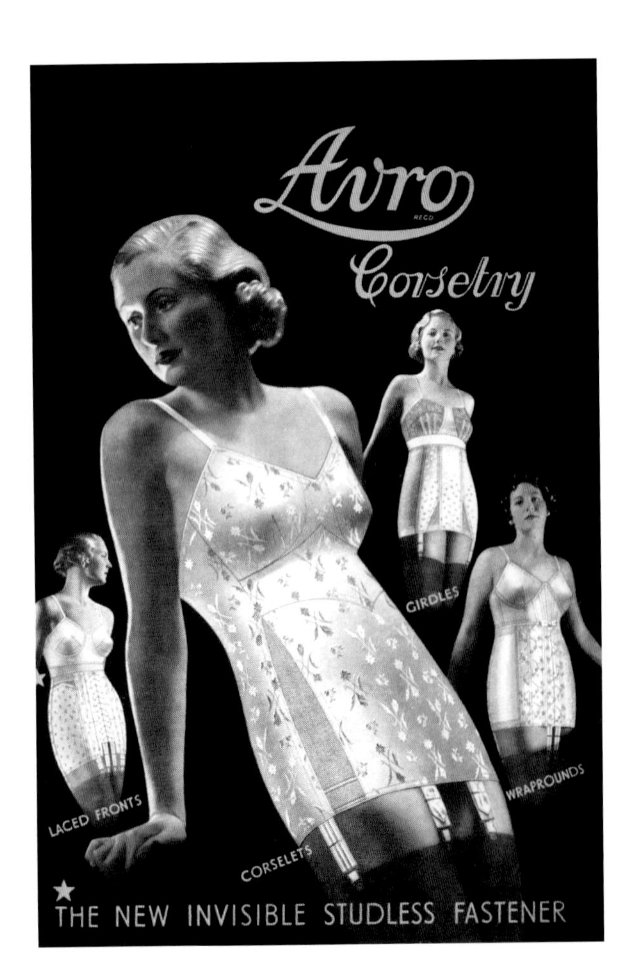

下图　爱弗罗（Avro Corsetry）的一则内衣广告，展示了当时经典的内衣款式。这张照片还体现了德国表现主义电影的影响

Be sure to remember
these things
9535
Take your neckline seriously,
wear your waistline high and
low, slash your sleeves, but
keep them voluminous, and
you're ready for the smartest
Spring gatherings.

上图　家庭缝纫得到了提倡，当地的报纸也经常提供纸样以满足家庭缝纫的需要

的商品名。1939年尼龙出现以前长袜的材质一般为真丝或人造丝。出现了不同长度的长袜，及膝袜很受欢迎，长至小腿肚的中长袜在日装中也很流行。

贴身的背心和宽松的打底短裤仍是内衣的组成部分。“舞蹈套装”通常包括文胸和配套的宽松打底短裤。光滑的睡衣和裤脚宽松的睡裤组合的套装更加普遍，不仅可以用作睡衣也可以用作家居服。斜裁法也运用在衬裙和睡衣上。有些睡袍和流畅的晚礼服甚至几乎一样。另一方面，女式内衣和家居服对时尚产生了强烈的影响。柔软、轻薄的面料常用来制作连衣裙，很多服装——特别是夏季的服装——借用了闺房的元素。

设计师：法国

1934年，《时代周刊》总结了法国高级时装制造业的现状：

“高级时装店或许可以粗略地分为三类（当然并非没有争议）。第一类是老牌的时装屋，声望颇高，但对时尚的影响不大。属于这一类的时装屋有沃斯、帕奎因、卡洛姊妹和雷德芬。第二类是数量众多相对年轻或已过鼎盛时期的时装屋，它们也不是当下最有时尚影响力的。这类时装屋中比较出色的有勒隆、香奈儿、路易丝·布朗热、简·雷尼、马歇尔和阿尔芒、马萨尔·罗莎（Marcel Rochas）、梅吉·罗夫（Maggy Rouff）、阿利克斯（Alix）和让·巴杜。最后一类是少数处于或接近鼎盛时期的时装屋，它们主宰了高级时装未来的走向。无论还有谁可能归入这一类，时尚专业人士几乎一致认可以下时装屋毫无疑问能归入这一类：维奥内特、朗万、奥古斯塔·伯纳德（Augusta Bernard）、梅因布彻、莫利纽克斯和夏帕瑞丽。”

20世纪20年代玛德琳·维奥内特发明的斜裁法不仅成为了她的标志，还成为了20世纪30年代前半期时尚的主流。和布朗库西（Brancusi）与莱俪的作品一样，维奥内特的作品如同雕塑般优雅流畅，她设计的白色和象牙色的连衣裙代表了新古典主义风格的顶峰。《时尚》杂志曾极力称赞：

“她做到了其他人没有做到的……她对人体本身的美和抛开颜色的线条有特别的感觉。她无视潮流。当香奈儿受欢迎时，维奥内特是过时的。而如今她们的位置互换了。但是不管维奥内特是否受欢迎，她的作品都始终保持古典优雅的风格，这正是裁缝艺术的最高境界。”

维奥内特和面料制造商合作开发了能增强斜裁特性的面料。斜向和非对称的款式，加上非凡的裁剪手艺，让她的日礼服和晚礼服都极具特色。有些礼服以包裹身体的悬挂面料为特色。乔治·汉宁金－胡恩在他“浅浮雕”式的照片中抓住了维奥内特的新古典主义设计精髓，让维奥内特与古希腊永久地联系在一起。

1934年，维奥内特将注意力从古典主义转移，开始采纳新兴的浪漫主义风格。她用缨穗和细绉等华丽的细节装饰宽大的裙身，她设计的某款这种风格的塔夫绸连衣裙被描述为“宽大蓬松，一如蓬帕杜夫人的礼服”。维奥内特使用法兰西第二帝国时期的金属斑点网，有些宽大的裙子上有横向的细节，看上去像克里诺林裙撑。但她依然继续运用新古典主义风格，有些设计巧妙地融合了新古典主义和浪漫主义的风格特点。20世纪30年代最后几年，维奥内特对印花和贴花结合的潮流感兴趣。1939年，在她职业生涯中最重要的十年结束后，维奥内特退休了。

作为“创意时尚界最引人注目、最独特的人物之一”，珍妮·朗万从未失去对女性气质的独特理解。20世纪30年代，她继续设计优雅浪漫的服装，采用轻薄的

左上图　梅因·布彻设计的一款经典的套装，上衣有宽褶花边领，裙身纤细，搭配棱角分明的帽子和长手套

右上图　1934 年的一张时装插画，展示了莫利纽克斯设计的一款套装。这套服装使用了流行的波点图案并搭配鲜艳的黄色配饰

面料，以及丰富的悬褶和漂亮的装饰。但是她也能适应正在流行的“女人味”，包括一种更为成熟的风格。她设计的许多晚礼服以低胸的款式和开衩的裙摆为特色，使用金银丝面料或亮片与亚光面料形成对比，传达了当时正处于鼎盛时期的装饰艺术的美学特点。

奥古斯塔·伯纳德（1886—1946 年）出生于普罗旺斯，最初是一名女装裁缝，从仿制当时著名的设计师的作品开始她的职业生涯。1923 年，她开设了自己的时装屋——奥古斯塔·伯纳德。20 世纪 30 年代早期她推出了她最重要的作品。她的斜裁作品在很多方面与维奥内特的作品不相上下。伯纳德以优雅的新古典主义风格的晚礼服闻名，她设计的礼服通常线条流畅，臀部贴合，宽大的下摆如翻滚的海浪般向外展开。她整洁漂亮的日装也很有名。日装和晚礼服上的装饰往往都比较简单，例如缉面线、拼接和原身布包边。奥古斯塔·伯纳德也得到了媒体的高度评价——1934 年《时代周刊》声称：“她的手艺卓越，因此她的礼服成为行家的最爱。”由于经济萧条期无法维持经济收入，1935 年伯纳德关闭了她的时装屋。

1890 年，梅因·卢梭·布彻（Main Rousseau Bocher，1890—1976 年）生于芝加哥。他曾担任《时尚》法文版的编辑，1930 年他在巴黎开设了自己的时装屋，对于一个美国人而言，这是一次不同寻常的冒险。或许是从路易丝·布朗热和奥古斯塔·伯纳德的命名中得到启发，他合并自己的名与姓，将时装屋命名为梅因布彻。20 世纪 30 年代，他为国际客户提供低调而奢华的服装。他的套装非常合身，常在海军蓝或黑色上使用浅色的装饰（例如纽扣、领子、褶边或翻边）。梅因·布彻还喜欢蓝白和黑白的双色印花。他是沃利斯·辛普森（即后来的温莎公爵夫人）特别喜欢的设计师，他为沃利斯设计了婚纱，后来的几年也继续为沃利斯设计服装。1939 年，第二次世界大战在即，梅因布彻关闭了他在巴黎的时装屋，将生意转移到了纽约。

爱尔兰设计师爱德华·莫利纽克斯日用的黑色或白色的连衣裙或运动套装上常有小巧的印花、波点和格子图案。剪裁简单的晚礼服常采用有趣的面料处理，例如浅色的水波纹印花或亚光和亮面的对比等。20 世纪 30 年代，时装和影视服装相互影响。他为葛楚德·劳伦斯在影片《私

上图　在宽大的摆裙上使用大胆的（通常稀奇古怪的）印花图案是艾尔莎·夏帕瑞丽的标志性特点

人生活》（*Private Lives*，1930 年）中设计的礼服成为了 30 年代优雅的标准。1934 年，希腊玛丽娜公主和肯特公爵结婚，莫利纽克斯为她设计了婚纱和礼服。莫利纽克斯其他著名的设计包括：搭配半裙的短上衣、搭配连衣裙的四分之三长外套，甚至还有晚上穿着的套装。

1922 年，罗马人夏帕瑞丽（1890—1973 年）和她年幼的女儿一起搬到了巴黎。以自由职业者的身份为其他设计师短暂地工作了一段时间以后，1927 年夏帕瑞丽从推出一系列新颖的毛衣开始了自己的职业生涯。1929 年，夏帕瑞丽精彩的套装和运动服为她赢得了声誉。1931 年，夏帕瑞丽在伦敦时穿了一条自己设计的裙裤（她还为西班牙网球明星设计了类似的裙裤），这引起英国媒体的强烈反响。

夏帕瑞丽尝试使用新材料，将拉链用作功能部件和装饰元素。从 20 世纪 30 年代早期开始，她经常使用垫肩来塑造方形的肩部轮廓，30 年代末，这种廓形颇有影响力。诙谐的细节——例如蜗牛或蟑螂造型的纽扣——让她做工考究的作品更具活力。她那些褒贬不一的配饰包括不定型的针织帽和一顶形似一只鞋子的黑毡帽。1935 年夏帕瑞丽开设了零售精品店，位于旺多姆广场 21 号夏帕瑞丽高级时装屋的一楼（曾是夏瑞蒂的房产），在这里能买到单品和配饰。夏帕瑞丽推出了多款香水，包括“震惊”（Shocking）、“睡眠”（Sleeping）、“鼻烟”（Snuff，男士香水），都采用古怪的、富有艺术感的包装。

夏帕瑞丽与当代艺术家特别是超现实主义者合作的作品很有名，让·谷克多（Jean Cocteau）曾为她的作品设计刺绣。夏帕瑞丽与萨尔瓦多·达利的合作尤其值得关注。1936—1937 年，受到达利的作品《带抽屉的人体》的影响，夏帕瑞丽设计了超现实主义套装：外套的袋盖上有塑料的抽屉把手。与达利的进一步合作产生了其他的优秀设计，包括一只巨型龙虾图案的丝绸晚礼服和一件碎肉印花图案的晚礼服。夏帕瑞丽的名人客户有著名的艺术收藏家玛丽－洛尔（Marie-Laure）、诺阿耶子爵夫人（ Vicomtesse de Noailles）、阿尔图罗·洛佩斯－威尔肖夫人（Mme. Arturo Lopez-Willshaw）以及社会名流兼时尚编辑的黛西·法罗（Daisy Fellowes）。

卢西恩·勒隆在巴黎高级时装界仍然很活跃。1934 年，他推出了“卢西恩·勒隆成衣”——第一个真正由巴黎高级时装设计师开发的成衣系列。这证明了他从商的胆量，也表现了他对美国时尚体系的欣赏。卢西恩·勒隆成衣系列的服装刊登在大众的时尚刊物上，满足了勒隆扩大客户群体的需要。时装屋的作品体现了他的现代主义审美。时装屋约有雇员 1000 人，为名人客户提供服装，包括玛琳·黛德丽、《时尚》编辑贝蒂娜·巴拉德（Bettina Ballard）和莉莲·“芭芭”·厄兰格公主（Princess Liliane "Baba" d'Erlanger）等人。1937 年，勒隆出任巴黎高级定制时装公会的主席。

香奈儿的设计有独特的审美，在紧跟潮流的同时保持了她一贯的风格。她那腰部有系带的针织或梭织套装依然很受欢迎，网球服和海滩服也是如此。虽然她避免使用斜裁，但为了和潮流保持一致，香奈儿也设计了白色、象牙白和浅色的晚礼服，常为多层，采用蕾丝和网纱等女人味十足的装饰。她的作品上仍然可以看到黑色，也有明亮的宝石色。金银丝面料也是一大特色，亮片用于晚上穿的紧身连衣裙和宽松衣裤套装。蝴蝶结也是常见的主题，常用于发带、连衣裙和珠宝。

为了建立与巴黎时尚界的联系和保持潮流领先的地位，电影制片人塞缪尔·戈尔德温

上图　阿利克斯是巴黎最有创意的垂褶大师。1933年刊登在《巴黎时装公报》上的这张照片展示了她的一件午后服，巧妙的垂褶显示了她高超的技艺

（Samuel Goldwyn）以每年高达一千万美元的报酬聘请香奈儿为他主要的几名女演员设计电影和日常的服装。然而，她最终只在1931年和1932年为他的三部电影设计过服装，而且合作并不愉快。香奈儿在法国继续从事影视服装设计，她为让·雷诺阿（Jean Renoir）的电影设计了服装。在舞台和影视方面，她还和让·谷克多有过合作，通常由时装插画师克里斯汀·贝拉尔（Christian Bérard）担任布景设计师。

珠宝是香奈儿时装屋的看家产品，可可·香奈儿本人就经常佩戴自己品牌的珠宝。20世纪20年代以来常用的珍珠和珠子等元素在这个年代依然重要。她与插画师保罗·伊瑞布（后来成为她的未婚夫）合作设计精美的钻石首饰，直到1935年保罗突然逝世。香奈儿还与佛杜拉公爵（Fulco di Verdura）合作，佛杜拉为她设计了镶嵌彩色宝石的烤瓷手镯，这成为了香奈儿的一款标志性产品。为了紧跟中世纪主题，佛杜拉从拜占庭帝国中汲取灵感，将马耳他十字作为标志性图案。两人的合作直到1934年佛杜拉离开欧洲去往美国纽约推出自己的产品。

香奈儿时装屋能够度过经济危机多亏了她的国际客户——包括日益时尚的南美和印度女性——以及新的商业冒险与合作。1931年，她与英国面料商弗格森兄弟有限公司（Ferguson Brothers Ltd.）合作推出了棉质珠地网眼布、欧根纱和其他棉质面料制作的晚礼服。她还为英国成衣制造商提供设计。1932年，她开设了“Au 23”——一家被《时尚》称为“女性缝纫用品专卖”的精品店。不过，香水和化妆品仍然是香奈儿盈利最多的产品。

20世纪20年代具有影响力的设计师路易丝·布朗热在30年代仍然是巴黎高级时装界重要的一员。这个时装屋提供设计优雅的日礼服和晚礼服，也以奢华的家居服闻名。路易丝·布朗热的审美结合了旧式的优雅和现代的风格。媒体对她的评价是“用独特不同寻常的材料大胆创造前卫款式的原创设计师”，她“对面料的独到运用”也备受称赞。1939年，她关闭了她的时装屋。

梅吉·罗夫（1896—1971年）原名玛格丽特·德·瓦格纳（Marguerite de Wagner），她是德莱赛尔董事的女儿。1920年，她加入家族企业，为该品牌提供设计。1929年，德莱赛尔和拜尔时装屋合并的时候，她离开并加入了另外一个老牌的时装屋——罗夫时装屋。有了新的合作关系，她把自己的名字改为“梅吉·罗夫”。罗夫时装屋提供日礼服、晚礼服、内衣和运动服。她的客户想要时髦精致，于是她为客户提供了能引人注目却不会过火的套装。她20世纪30年代设计的连衣裙流畅贴身，体现了那个年代的流畅和优雅。她以对面料和色彩的娴熟运用出名，使用拼接整齐的几何细节和有商标的布料包缠以便突出躯干与腰部。罗夫富有创意的袖子和引人注目的领口也很有名。媒体称她那些从历史时期汲取灵感裁剪特别的款式为“雅各宾式”和“督政府式”。她特许《美开乐》刊登她设计的服装的纸样。罗夫获得了法国荣誉军团勋章，还发表了《通过客户我看到了什么？》（1938年）和《优雅法则》（1942年）等时尚评论，阐明了她对风格的看法。

20世纪30年代，杰曼·埃米莉·克雷布斯（Germaine Emilie Krebs，1903—1993年）开始了她漫长的职业生涯。她用阿利克斯·巴顿（Alix Barton）这个名字从事设计，1934年4月又改为了阿利克斯。她是一个极富创意的设计师，她的作品启发了哥特和复古风格的线条。她的制作技术被认为堪与维奥内特和奥古斯塔·伯纳德媲美。她的日礼服和日用套装上通常有打结、交叉、荡领和喇叭袖等独特的结构细节。她设计的晚礼服种类繁多，肩部、腹部和下背经常挖空裸露。阿利克斯热衷于使用新材料，例如金银纱、玻璃纸、人造丝和弹力绒等。她提供了自己版本的古典主义风格的晚礼服。当其他的设计师使用斜裁的丝质软缎时，阿利克斯使用了有细密褶裥的针织面料。

1930年初，为迎接新年代的到来，让·巴杜推出了一款新香水——“鸡尾酒”（Cocktail）。作为20世纪20年代最早采用新廓形的设计师之一，巴杜推出一种流线型的款式——适合白天穿的纤细的连衣裙和半裙，这类裙子通常有斜向的细节，例如斜襟式上衣或臀部有棱角的拼接。他的运动服仍然卖得很好。由合身的外套和宽松的长裤组成的滑雪套装通常有毛皮或编织罗纹的镶边，再搭配有巴杜品牌标识的围巾。《时尚》将巴杜的时装秀称为“巴黎的社交活动之一”。1936年他的春夏系列发布不久后，他突然逝世。后来的几年里，他的生意由他的家人打理，香水是品牌最成功的产品。

克里斯托巴尔·巴伦西亚加·艾契加莱（Cristóbal Balenciaga Eizaguirre，1895—1972年）出生于西班牙巴斯克自治区的一个渔村——格塔里亚。他的母亲是一名裁缝，因此巴伦西亚加从小就学习缝纫，并掌握了能让他成功成为一名高级时装设计师的技能——学会了法语并与男装裁缝和女装裁缝一起工作。1919年，在自幼年便相识的卡萨·托雷斯侯爵夫人（Marquesa de Casa Torres）的支持下，他在旅游胜地圣塞巴斯蒂安开设了自己的时尚精品店。马德里分店紧随其后，1935年他将生意扩展到了巴塞罗那。

日益紧张的政治局势导致了西班牙内战，巴伦西亚加离开西班牙去往巴黎，1937年他在那里开设了自己的时装屋。他的一名雇员和世交弗拉齐奥·达威特（Vladzio d'Attainville）也跟随他去了巴黎，并成为他的商业伙伴。尽管西班牙分店依然存在，巴伦西亚加却将自己随后的职业生涯扎根在了巴黎。他在巴黎推出的第一个系列并没有吸引媒体的多少关注，但是通过口口相传的方式迅速建立起有影响力的客户群。本德尔（Bendel）、萨克斯（Saks）等纽约有名的商店开始出售他简洁漂亮的定制服装和引人注目的晚礼服。他从西班牙的事物中汲取灵感，

左下图　30年代，玛德琳·维奥内特的设计风格多样。在曼·雷拍摄的这张照片里可以看到她设计的这款裙子结合了特别宽大的裙摆和超现实主义的印花图案

右下图　克里斯托巴尔·巴伦西亚加在巴黎最早的作品之一，这款公主裙的灵感来自17世纪西班牙宫廷的女裙，并注入了装饰艺术的活力

左上图　皮埃尔·姆尔格（Pierre Mourgue）的一张插画，展示了妮娜·里奇的套装，在诸多外来文化的影响中，俄罗斯元素特别受欢迎

右上图　漫步在亚历山大三世桥上的一位巴黎女性，她身上穿着高级女装设计师罗拔·贝格设计的时尚套装

例如斗牛士的表演服、戈雅（Goya）画作中的玛哈和他的故乡格塔里亚的农夫。巴伦西亚加 1939 年推出的公主裙以委拉斯开兹（Velázquez）创作的 17 世纪公主的肖像画为灵感来源，以象牙色和浅色的绸缎为面料，以黑丝绒为镶边，以巴洛克风格的图案为装饰。巴伦西亚加有名的黑色晚礼服灵感来源于西班牙 16 世纪优雅的黑色服装。他的迪亚博罗（Diablo）系列以收紧的腰身和垫高的臀部为特色。在巴黎时尚界，巴伦西亚加给人以冷淡的印象，常有意回避个人宣传。

妮娜·里奇（Nina Ricci，1883—1970 年）出生于都灵，原名玛丽·尼纳（Maria Nielli），妮娜是她孩提时候的昵称。在她十几岁时全家搬到了巴黎。1904 年，在被一名巴黎高级时装设计师雇用的同时，她嫁给了珠宝商路易·里奇（Louis Ricc）。1932 年，49 岁的里奇在巴黎的卡普西纳街 20 号开设了自己的时装屋，她的儿子罗伯特负责管理。1939 年，时装屋的雇员从原来的 25 人增加到 450 人。虽然以法国高级时装行业的标准来看，这只是中等规模，但时装屋吸引了一个庞大的客户群。作为一名优雅的女性，里奇设计的服装富有女人味，既保守又悦目。她经常运用对比鲜明和规格较大的细节，例如精致的立体褶皱和凸纹肌理。里奇想象力丰富，以大胆的图案化形式重新诠释了新古典主义风格。

罗拔·贝格（1898—1953 年）曾为波烈和雷德芬工作，1933 年开设了自己的时装屋。贝格以戏剧化的设计闻名，常使用深色、高饱和色和他最爱的黑色。肩部和下摆宽宽的褶边或褶裥使简单的廓形得到了强调。大衣常设计有后摆，或对角交叉的围巾。高领和羊腿袖等富有历史气息的元素也频繁出现。1938 年，新人克里斯汀·迪奥（Christian Dior）作为设计助理加入该时装屋，更为贝格的成功助一臂之力。迪奥的历史风格与贝格时装屋的风格以及 20 世纪 30 年代晚期流行的款式融为一体，特点是紧身的有纽扣的上衣和内穿衬裙的克里诺林式大蓬裙。

巴黎时尚界其他值得注意的设计师还有布吕耶尔（Bruyère）、格鲁皮（Groupy）、帕雷（Paray）、博雷亚（Borea）和普尔梅（Premet）等人。1929 年德莱赛尔和拜尔时装屋合

上图 英国王后伊丽莎白，身上穿着1937年哈特内尔为她设计的“白色衣橱”（White Wardrobe）浪漫套装，让人想起19世纪中期高级时装设计师查尔斯·弗雷德里克·沃斯（Charles Frederick Worth）和埃米尔·皮格（Emile Pingat）设计的网眼薄纱裙

并，1931年又与艾格尼丝时装屋合并成为“艾格尼丝－德莱赛尔”。30年代杜塞道维莱特仍在维持经营，历史悠久的马歇尔和阿尔芒的产品中增加了经典的定制服装。最后一个在时装屋工作的科瑞德家族成员查尔斯·科瑞德（Charles Creed，1909—1966年）为眼光敏锐的客户设计整洁漂亮的套装。1929年，索妮娅·德劳内结束了自己的女装生意，但仍为阿姆斯特丹的一家商店魅姿可（Metz & Co）设计面料。德劳内曾经的合作者、皮货商雅克·海姆将经营范围拓展到大衣和女裙，在巴黎和比亚里茨都有店铺，出售被《时尚》杂志称为建筑风的高级时装。马萨尔·罗莎（Marcel Rochas，1902—1955年）的时装屋成立于1925年，主要提供日礼服和晚礼服，常使用鲜明的对比手法和历史的元素。简·雷尼继续推出五颜六色的现代主义服装单品、运动服和休闲服。

设计师：英国

沃斯伦敦分店的生意依然平稳，主要提供保守的款式。雷德芬的伦敦分店与欧尼斯特（Ernest，20世纪10年代约翰·雷德芬的儿子欧尼斯特创立）合并为“欧尼斯特与雷德芬”（Ernest and Redfern）。凭借传统的产品，博柏利和耶格等其他历史悠久的企业也依然兴盛。与此同时，新一代的设计师显示了他们的重要性。爱德华·莫利纽克斯一般被看作法国的设计师，1932年，他在伦敦开设了店铺，约翰·卡瓦纳（John Cavanagh）担任他的助手。南非移民维克多·斯蒂贝尔（Victor Stiebel，1907—1976年）曾担任高级时装设计师雷维尔的助手，1932年，他开设了自己的店铺，他低调优雅的裙子迅速为他赢得了声誉。拉切斯（Lachasse）品牌成立于1928年，迪格拜·莫顿（Digby Morton）出任设计总监。1934年，莫顿离开拉切斯成立了自己的品牌，他的职位由赫迪·雅曼（Hardy Amies）接任。

诺曼·哈特内尔（Norman Hartnell，1901—1979年）孩提时候喜欢在纸上涂涂抹抹画裙子，后来他曾说：“我对时尚的兴趣始于一盒蜡笔。”1921年，他在剑桥大学学习建筑，但他的志向是成为一名戏剧服装设计师。从剑桥辍学后，他曾为伦敦宫廷的一名女装裁缝德西蕾夫人（Madame Désirée）工作，但他很快开始独自创业。1923年，他在梅菲尔区开了一家小公司，他的家人给他提供了资金，他的姐姐菲利斯（Phyllis）还担任了公司的业务经理。至20世纪20年代晚期，他已经拥有了一个数量可观的名人客户群，在巴黎也有了名气。哈特内尔的设计浪漫别致，他较早使用了网眼薄纱面料，这在当时是相当不合时宜的。他为英国演员格特鲁德·劳伦斯（哈特内尔为格特鲁德设计了她在诺埃尔·科沃德（Noël Coward）的作品《今晚八点半》（*Tonight at Eight-Thirty*）中的服装）和巴黎音乐明星密斯丹格苔（Mistinguett）等人设计了演出服。他还为英国年轻的作家芭芭拉·卡特兰（Barbara Cartland）设计了服装，芭芭拉后来一直是他的客户，直到他退休。哈特内尔的产品也在美国销售，主要是通过纽约的维特·特勒（Bonwit Teller）百货公司；他的作品还特别刊登在《时尚》的英国版和美国版上。

1934年，哈特内尔将店面搬到了布鲁顿街26号。同年，他接受英国王室的委托为与格洛斯特公爵亨利王子（Prince Henry，Duke of Gloucester）结婚的艾丽丝·蒙塔古－道格拉斯－斯科特（Alice Montagu-Douglas-Scott）准备婚纱和礼服。他也为伴娘设计了礼服，包括年轻的伊丽莎白公主（后来成为英国女王伊丽莎白二世）和玛格丽特公主（Princess Margaret）。爱德华八世退位后，哈特内尔得到了为乔治六世加冕礼的侍女设计礼服的机会，不久后开始为伊丽莎白王后提供设计。哈特内尔为王后设计的礼服借鉴了19世纪中期的网眼薄纱大蓬裙。据他回忆，1937年拜访白金汉宫期间，乔治国王曾提议他去看看温特哈特为王室先祖绘制的肖像画以启发灵感。

上图 《时尚》1932年9月1日刊封面，上可见哈蒂·卡内基设计的一款套装，包括一件使用夹子闭合的外套、一顶斗牛士风格的帽子和一副超大尺寸的皮手筒

这种克里诺林风貌成为了哈特内尔的标志，在伦敦的社交圈中，晚礼服和初入社交界的少女裙都很流行这种款式。精美的历史风格的刺绣和珠饰也成为了他的标志。很多法国设计师将这些工作外包给弗朗哥斯·莱萨基（Lesage）之类的刺绣工坊，但哈特内尔仍然坚持由自己的工作室完成。

设计师：美国

为推动纽约高级时装行业的发展，几个行业团体成立了，包括时装集团（Fashion Group）和时尚创始人协会（Fashion Originators' Guild）。时尚集团的创建成员包括化妆品巨头伊丽莎白·雅顿、罗德泰勒百货公司经理多萝西·谢弗（Dorothy Shaver）、《时尚芭莎》编辑卡梅尔·史诺（Carmel Snow）和新人设计师克莱尔·麦卡德尔（Claire McCardell）。时尚创始人协会的宗旨是保护美国设计师的作品。1907年，得克萨斯州的零售商内曼·马库斯（Neiman Marcus）在达拉斯成立了该协会，1938年，内曼开始颁发协会的年度时尚大奖。

哈蒂·卡内基（Hattie Carnegie）在东49街开设的店铺备受好评。她仍然销售巴黎的时装，但销售的重点在自有品牌的产品，包括优雅的礼服和日装，也包括奢华的毛皮服饰，甚至拓展到配饰、人造珠宝和化妆品。温莎公爵夫人也是她的客户。继续培养未来的美国设计师也是她的工作室的任务之一。1932年，杰西·富兰克林·特纳（Jessie Franklin Turner）位于东67街25号的店铺还在持续经营。她宣传的重点是茶会礼服和不同寻常、别具特色的服装。她的设计引人注目，具有波西米亚的风格。1931年，20年代就已创业的内蒂·罗森斯坦（Nettie Rosenstein，1890—1980年）在西47街开了一家店，出售自己设计的优质日礼服、晚礼服和配饰，此外，她的服装在全国各地都有零售商。1938年，内曼·马库斯首次颁发时尚奖，她成为最早获得该奖项的设计师之一。亨利·邦杜（Henri Bendel）和波道夫·古德曼百货（Bergdorf Goodman）商店里的私人高级时装沙龙提供与法国设计师的作品类似的高品质女裙，是许多上层社会女性理想的选择。

瓦伦蒂娜的设计别具一格，20世纪30年代她依然活跃。她有自我推销的天赋，经常自己担任模特。或许相对纽约其他的设计师，她的名人客户更有名，在美国高级时装界的地位也更重要。1928年，瓦伦蒂娜和索尼娅·利维昂纳（Sonia Levienne）合伙在麦迪逊大道开了一家店，后来瓦伦蒂娜脱离出来单干。20世纪20年代瓦伦蒂娜的作品是背离主流风格的，30年代她紧跟流行趋势，尽管她依然保持了独特的个人风格。她不喜欢用“时髦”（Fashion）而更喜欢用“时尚”（Style）一词定义她的风格，努力设计有持久吸引力的服装。她的工作室推出的作品以出色的结构闻名，她对纹理、垂褶的运用很老练。她尝试过新古典主义和中世纪的风格，主张一种戏剧化的审美。由于早年受过舞蹈训练，她很重视服装的动态以及能满足人体做大幅度动作的需要。瓦伦蒂娜喜欢奇特的头饰。她设计的“劳工/苦力”（Coolie）帽白天和晚上都适合佩戴，她是最早使用中世纪风格的发网的设计师之一，她还设计了许多古怪的布质头巾。她声称她最早的记忆与俄罗斯东正教的修女有关，所以她在设计里融入了面纱和修女头巾等元素。20世纪30年代早期，瓦伦蒂娜开始设计演出服。

女高音歌手莉丽·庞斯（Lily Pons）于1932年在大都会歌剧院饰演《拉克美》（*Lakmé*）主角时的着装

莉丽·庞斯与露脐装

1931年，法国女高音歌手莉丽·庞斯（1904—1976年）首次在大都会歌剧院登台演出即引起了轰动。她饰演的都是那些既能体现她令人惊叹的歌声又能表现她富有魅力的外貌的角色，其中包括德里布的歌剧《拉克美》的主角。娇小的庞斯穿着以南亚传统服装为灵感来源的奢华服装，上衣类似印度的短袖小衫，露出了她玲珑的腹部。评论家提到她的着装的次数不亚于她的歌声，对她的着装的评价是“到印度教徒那里就能成功地找到她的服装”。

印度服饰对时尚有着广泛、多样的影响。印度卡普塔拉邦的卡拉姆公主（Princess Karam）活跃在伦敦和巴黎的时尚圈，还经常穿着高级时装设计师为她设计的服装登上时尚杂志。夏帕瑞丽、阿利克斯和瓦伦蒂娜设计的裙子上都有印度的元素。从珠宝到豪华汽车，很多商品广告中都提到印度。露脐的款式流行起来，尤其是在休闲服和泳衣上。也许是受到庞斯的影响，20世纪30年代，晚礼服上也频繁出现了露腹的设计。琼·克劳馥在《女人们》（*The Women*，1930年）中穿了一款用华丽的金银丝面料制作的礼服，上腹位置挖空，反映了当时流行的南亚风。

20世纪30年代，庞斯请瓦伦蒂娜为她设计了一套新的《拉克美》剧的服装，以及其他角色的服装。瓦伦蒂娜为庞斯在《金鸡》中饰演的舍马坎女王（Queen of Shemakan）这个角色设计的还是露脐装。庞斯以明星代言人和模特的形象出现在时尚报刊上。她还为好莱坞雷电华电影公司拍摄了三部电影。在与亨利·方达（Henry Fonda）合作《歌星绮梦》（*I Dream too Much*，1935年）中她饰演一个歌剧演员，将承自拉克美的露脐装展示给更多观众，也流传给后世。

上图 1934年，缪丽尔·金的一张手稿，上面可见一款斑马条纹度假风格的连衣裙

她的客户包括大都会歌剧院明星罗莎·庞塞尔（Rosa Ponselle）和莉丽·庞斯（Lily Pons），还有女演员琳·方丹（Lynn Fontanne）、凯瑟琳·科内尔（Katharine Cornell）和凯瑟琳·赫本（Katharine Hepburn）等。瓦伦蒂娜为赫本设计了她在《费城故事》（*The Philadelphia Story*）百老汇首演中的服装。瓦伦蒂娜设计的舞台服装形式美观创意出众，但也经常与真实的历史服装明显不相符。

莎莉·米尔格姆（Sally Milgrim，约1890—1994年）在曼哈顿下东区创立了自己的公司，1927年在西57街6号开设了店铺。她在自己的店里宣传设计师成衣的新概念，但也提供定制服务。她的设计时髦、干练，包括套装、皮草和优雅的颜色丰富的晚礼服。她吸引了一批名人客户，1933年第一夫人埃莉诺·罗斯福（Eleanor Roosevelt）在罗斯福总统的就职舞会上穿着的淡蓝色礼服是她最有名的设计之一。她在美国许多地方开设了店铺。20世纪20年代，伊丽莎白·豪斯（Elizabeth Hawes）在瓦萨学院（Vassar）读大学时已开始从事设计工作，并在波道夫·古德曼百货实习。1925年，她前往巴黎，做过几份和法国时尚行业有关的工作，包括担任妮可·格鲁尔（Nicole Groult）的助手。1928年，她返回纽约开设了自己的店铺。1931年，她回到巴黎展示她典型的“美国风”系列服装。和米尔格姆一样，她的品牌致力于设计师成衣的发展，产品中也涵盖了配饰。豪斯还提倡女性穿裤装。她1938年出版的回忆录《时尚是菠菜》里有一篇文章尖锐地评论了她从事的行业。1932年，缪丽尔·金（Muriel King，1900—1977年）在纽约开设了一家高级时装沙龙，同年，她通过罗德泰勒百货推出了一个价格较高的成衣系列。金曾学过绘画，20世纪20年代还担任过时装插画师，后来她将自己的天赋运用到设计上。金将她一丝不苟的设计图交给她的裁缝，制作出备受社会名流青睐的简约精致的服装。缪丽尔·金偶尔为电影设计服装，她1935年为凯瑟琳·赫本在《塞莉娅·斯卡利特》（*Sylvia Scarlett*）中设计的服装是她最早的电影服装作品。在与罗德泰勒百货合作的过程中，克莱尔·波特（Clare Potter，1903—1999年）促进了美国式运动服的发展。1939年，她获得了内曼·马库斯时尚奖。

好莱坞的电影服装设计

好莱坞的电影服装设计师创造了全世界模仿的服装。他们大量借鉴巴黎和伦敦的时装元素，但也有创新。电影明星是时尚前沿的代表，他们在电影中的着装对于提升他们的魅力有重要作用。玛娜·洛伊（Myrna Loy）是成熟女性的典型代表，她在《瘦人》（*The Thin Man*，1934年）里穿的服装由多莉·特里（Dolly Tree）设计。弗雷德·阿斯泰尔（Fred Astaire）和琴吉·罗杰斯（Ginger Rogers）是优雅的化身，阿斯泰尔的经典造型是一身黑色的燕尾服，而罗杰斯经常穿涡旋的白色女裙。人们很容易买到好莱坞同款的服装，而且广告、纸样和商品目录都承诺穿上这些衣服会让消费者看上去和他们喜欢的明星一样。

黄柳霜与旗袍

黄柳霜（Anna May Wong，1905—1961 年）出生于加利福尼亚，14 岁时第一次演电影。她的中国血统为她提供了进入电影行业的入场券，但也成为了她星途中最大的障碍。黄柳霜演了很多成功的电影，包括《龙女》（*Daughter of the Dragon*，1931 年）和《上海快车》（*Shanghai Express*，1932 年）。她饰演的角色基本上都是两种类型：不忠的轻浮女子和阴险的母夜叉。不管是哪种角色，她在影片的结尾都注定要死去。在她四十年的职业生涯里，大部分时间电影行业禁止跨种族的恋爱场景，所以黄柳霜从来没有在银屏上亲吻过一个白人演员。她常常因为黄皮肤输给白人女演员，拿不到主要角色。黄柳霜被认为是世界上最会着装的女性之一，但是她的风格是奇特的，体现了她的中国血统和西式生活方式。黄柳霜的风格融合了现代时尚和中国传统，她收集了许多漂亮的中式服装。宣传照中，她有时穿着泳衣，有时穿着旗袍。传统的旗袍是宽松的，现代的旗袍贴身且线条流畅，是上海时髦女性喜欢的款式。西方的审美容易接受旗袍，在黄柳霜的推动下旗袍成为了当时一个主要的流行款式。20 世纪 30 年代，特拉维斯 · 班顿（Travis Banton）为黄柳霜在《莱姆豪斯蓝调》（*Limehouse Blues*，1934 年）中设计了一款金光闪闪的龙纹旗袍，这让她的形象进一步得到了强化。

据说黄柳霜有着好莱坞最美的双手，她的齐刘海被很多人效仿。黄柳霜代表了迷人的亚洲美人形象。她可以说是第一个亚洲血统的时尚偶像，也开启了一扇更为包罗万象的时尚之门。

特拉维斯 · 班顿为 1934 年的电影《莱姆豪斯蓝调》中黄柳霜的角色设计的改良龙凤纹旗袍

华纳兄弟公司（Warner Brothers）有一批出色的设计师，特别是约翰·奥利－凯利（John Orry-Kelly），他为贝蒂·戴维斯（Bette Davis）在《时尚 1934》（*Fashions of 1934*）中设计了漂亮的形象。雷电华电影公司（RKO Pictures）的沃尔特·普朗克特（Walter Plunkett）擅长为历史剧设计服装，他为《乱世佳人》（*Gone With the Wind*，1939 年）设计的 19 世纪的服装虽然不准确但启发了很多设计师。

派拉蒙影业公司的首席设计师特拉维斯·班顿（Travis Banton）曾为克劳黛·考尔白（Claudette Colbert）、玛琳·黛德丽、卡洛尔·隆巴德（Carole Lombard）、梅·韦斯特（Mae West）和黄柳霜等人设计电影服装。他为考尔白在《埃及艳后》（1934 年）中设计了一款尼罗河王后的礼服，采用斜裁的金银丝面料制作。在《金发维纳斯》（*Blonde Venus*，1932 年）中班顿为黛德丽设计了一套白色的男性化正装。这套服装引起了观众的不满，但黛德丽在日常生活中也以穿西裤闻名。1924 年，伊迪丝·海德（Edith Head，1897—1981 年）进入派拉蒙公司担任助手，班顿还指导了海德早期的设计。班顿离开后，海德的事业发展迅速，她为多萝西·拉莫尔（Dorothy Lamour）在《丛林公主》（*The Jungle Princess*）中设计的服装得到了广泛的认可。

最有影响力的好莱坞电影服装设计师是米高梅电影公司的吉尔伯特·艾德里安（Gilbert Adrian，一般简称艾德里安）。在《晚宴》（*Dinner at Eight*，1934 年）中，他为“金发美人”珍·哈露（Jean Harlow）设计了多款白色的斜裁软缎礼服，灵感源于维奥内特和奥古斯塔·伯纳德的设计。哈露的礼服线条非常流畅，因此她没有穿内衣，而且拍摄间隙常常不能坐下，只能斜倚在特别制作的“倚板”上。艾德里安为琼·克劳馥设计的在《大饭店》（*Grand Hotel*，1932 年）和《红衣新娘》（*The Bride Wore Red*，1937 年）等电影中的服装都被广泛模仿。琼·克劳馥在《情重身轻》（*Letty Lynton*，1932 年）里穿了一款白色的欧根纱连衣裙，袖子是有褶边的泡泡袖——19 世纪末 20 世纪初的经典元素。这款连衣裙被大量仿制，在零售商店出售，

左下图　电影《晚宴》剧照，女演员珍·哈露穿着设计师吉尔伯特·艾德里安设计的白色斜裁礼服，艾德里安为她设计了一系列白色斜裁礼服，这是其中的一件

右下图　艾德里安为琼·克劳馥设计的在电影《情重身轻》（1932 年）中的服装也很有名。这款称为“情重身轻”款式的连衣裙是当时效仿最多的服装之一，据说仅梅西百货就卖出了几千件。这种蓬松的泡泡袖对时尚产生了重要的影响

据说光梅西百货就卖出了几千件。纸样的广泛流行让主妇在家里就能自己制作一条类似的裙子。其他袖子有褶边的连衣裙也被称为“情重身轻”款式。艾德里安为克劳馥设计的服装强调肩部，预见了20世纪40年代宽肩的流行。艾德里安为葛丽泰·嘉宝在《恋痕》（*Inspiration*，1931年）中设计的服装为嘉宝增色不少，他还为嘉宝在《美女间谍》（*Mata Hari*，1931年）中的角色设计了一系列奇异的东方风格的服装。克劳馥和瑙玛·希拉（Norma Shearer）主演的《女人们》（*The Women*，1939年）可能是好莱坞服装设计的巅峰之作。演员穿着艾德里安设计的漂亮礼服，虽然大部分镜头是黑白的，但是这部电影运用彩色印片法展示了一个时装秀片段。

虽然好莱坞的电影服装设计师能力不俗，但也有一些电影公司极力向法国的时装屋示好。例如，影片《国外的艺术家和模特》（*Artists and Models Abroad*，1938年）中的服装虽然出自派拉蒙公司的伊迪丝·海德之手，但也列出了阿利克斯、朗万、勒隆、帕奎因、巴杜、罗夫、夏帕瑞丽和沃斯的名字。

大众时装

尽管经济不景气，除了最穷困的人，时尚还是大众关心的事情，穿着迷人对维持体面事关重大。为了让大众穿得时髦，零售商给大众提供了许多选择，他们推出了“漂亮但节约”的款式，并宣传搭配性很强的单品。随着普通市民对高级时装的向往，涓滴效应出现了。授权生产巴黎原创的同款服装在高端零售业中占得了商机。大型商店和邮购时装店请名人代言，并打着设计师的名号。西尔斯百货推出“亲笔签名款”服装，包括标签上有菲伊·雷（Fay Wray）、洛丽泰·扬（Loretta Young）和克劳黛·考尔白等明星名字的裙子、单品和配饰等。有些服装则突出巴黎的影响，例如1938年推出的“维奥内特垂褶裙”。

大众时装在廓形和细节上紧跟潮流的变化，但很少使用奢华的面料（例如用人造丝替代真丝），而且很多裙子可以水洗，免除了干洗的费用。多数女性甚至包括从事体力劳动的女性（除

左下图　一款“情重身轻”款式的女裙，是这种款式影响广泛的一个例证

右下图　两个穿着清洁罩衫的女性，约摄于1935年。虽然华丽的服装总是得到媒体的高度评价，但大多数女性的日常着装是简朴实用的，当然也不乏时髦的元素

“纱笼女王”多萝西·拉莫尔身穿南太平洋风格裙装，约1937年

多萝西·拉莫尔（Dorothy Lamour）与纱笼

好莱坞的影片掀起了一股以异域岛屿和丛林为背景的热潮，包括《金刚》《最危险的游戏》（*The Most Dangerous Game*）和《人猿泰山》（*Tarzan*）。《丛林公主》（*The Jungle Princess*，1936年）是美国女演员多萝西·拉莫尔（1914—1996年）演出的第一部影片。这位出生于新奥尔良的白人女性拉莫尔饰演的是“尤拉尔”（Ulah），一位生活在马来西亚丛林中的女性。拉莫尔穿着性感的无带式裹身连衣裙，由电影服装设计师伊迪丝·海德根据东南亚沿海的纱笼设计。纱笼是一种传统服装，通常用一块布料围在身上作为半裙，有些布料缝成筒状或带有传统的蜡染图案。这个词语在马来语和印尼语中的意思是“紧身裙”，在英语里通常写作“Sarong”。在影片《飓风》（*The Hurricane*，1937年）中，拉莫尔饰演波利尼西亚岛的一个公主，再次穿上海德设计的服装。这两部电影中的纱笼款式的连衣裙引起了热烈的反响，成为拉莫尔和海德职业生涯中重要的一个里程碑。东南亚风格已经逐渐成为时尚。《时尚》早在1933年1月刊就曾评论（虽然地理信息错误）：“爪哇正在影响我们的海岸——一些新式的海滩服使用的面料和巴厘岛当地居民身上披着的华丽布料相似。”文中提到系带式裹身半裙和简单的带拉绳的矩形上衣。由于拉莫尔的电影，这些款式进一步为人熟知。纱笼半裙的特点是上面有大面积的热带印花图案，西方女性将它用作度假服和休闲服，在泳池边时经常穿在泳衣外面。当时有些晚礼服也采用了这种包缠式的款式。后来多萝西·拉莫尔又拍了几部“纱笼电影”，其中以1952年《夏日时光》（*Road to Bali*）里的服装最为有名，为她赢得了“纱笼女王”的称号。

了重体力劳动者）仍然穿着裙子。家庭缝纫提供了时尚的廉价选项。为了让设计惠及更多的人，许多重要的设计师与纸样公司展开了合作。和常规的商品相比，西尔斯百货等商店出售的“家庭完工”和“半成品”女裙让普通消费者的衣着也变得有点定制的味道。

发型和化妆

虽然在时尚方面女性减少了开支，发型和化妆却依然很重要。《时尚》杂志建议读者：“如果你不能穿着新衣服去参加晚会，那就换一个新发型。”市面上有各个价格区间的产品，因此人人都能消费得起新的口红、香水或发型。美宝莲（Maybelline）的块状睫毛膏和丹琪（Tangee）的口红物美价廉。化妆品和香水广告一贯承诺能让女性解脱和转变。1932 年勒隆的“细语”（Murmure）香水声称能让消费者“感受自我的最佳状态，甚至不止于此……这样的感受能持续一整年。”眼部的彩妆产品有眉笔、睫毛膏和眼线笔，还加入了眼影（有些眼影能产生五彩斑斓的效果）。但是《时尚》也警告读者“眼妆产品如果使用不好会比其他任何用在脸上的东西造成的后果都更加严重！”，因此强烈建议读者在使用腮红和口红前先画好眼妆。随着散粉和粉底的普及，化妆品公司开发了能让底妆发挥更大作用的妆前产品。整形手术进一步发展，面部拉皮手术更加常见。歌剧明星奈丽・梅尔巴和著名的室内设计师艾尔西・德・沃尔夫（Elsie de Wolfe）是较早接受面部拉皮手术的人。

下图一　一对时髦的夫妇，他们的着装体现了 20 世纪 30 年代利落成熟的风格

下图二　演员詹姆斯・斯图尔特（Jams Steuart），摄于 1935 年。他的着装运动而优雅，体现了温莎公爵的广泛影响

30 年代流行紧贴头部的波浪卷发，或轻轻往脑后梳，或抹上发蜡定型。烫发的方法有多种，弗雷德里克维他滋养烫发法深受康斯坦丝・卡明士（Constance Cummings）和珍・哈露（Jean Harlow）等著名女星的喜爱。电影明星将头发染成引人注目的颜色，染发因此也不再那么神秘。受珍・哈露的影响，当时特别流行浅金色的发色。沙龙通过许多不同的制造商宣传染发。甲油依然流行，一种时髦的款式是将月牙和指尖涂白，在中间刷上鲜艳的颜色。蔻丹和莉莲夫人等平价品牌提供各色甲油，供消费者搭配肤色或服装。

越来越多的广告将女性生理用品纳入美容产品。虽然 19 世纪 90 年代卫生巾就已经出现在商店和邮购产品目录女性内衣的名下，但时尚杂志上刊登的高洁丝（Kotex）的新广告将它宣传成一项能够帮助女性充分参与时髦生活的新发明。

男装

20 世纪 20 年代男装的休闲风和学院风两极分化，随着制作工艺的不断发展和电影明星、音乐家和体育运动员等名人的影响，30 年代男装变得线条流畅和挺括有型。时髦的男装展示了经典的英伦风格。定制服装的廓形以外套为代表，腰线偏高，肩部略宽，双排扣款式很流行。西裤也是高腰的款式，前面有褶裥。裤腿一般比较宽大，而且常有翻边。正装以黑色的塔士多晚礼服为主。在温暖的夜晚和度假胜地日益流行穿白色的宴会外套搭配黑色的长裤。轻便外套采用宽肩的廓形，风衣依然是流行的外套款式。配饰延续了过去几十年的类型。领带常见条纹和几何纹，通常没有衬里。

艺人对男装的发展产生了重要的影响。某些男性模仿弗雷德・阿斯泰尔（Fred Astaire）将领带用作腰带或穿着和艾灵顿公爵类似的丝绸套装。虽然电影公司

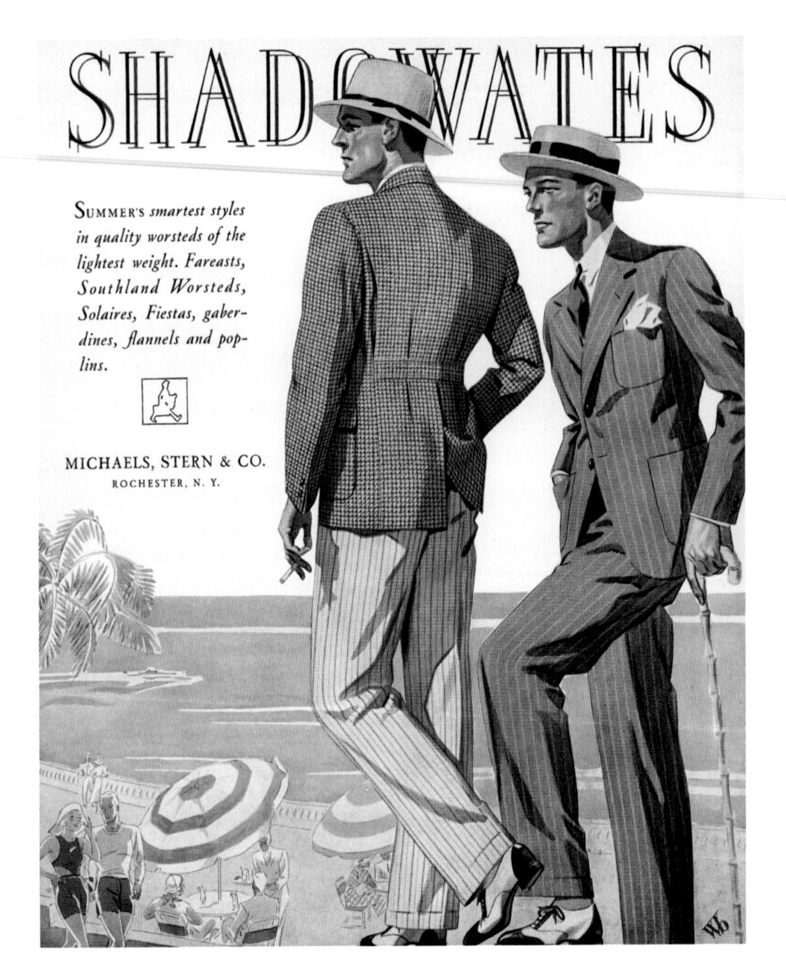

左上图 1932年夏，《服装艺术》上刊登的一则男士度假服广告，反映了前面几十年流行款式的影响，在运动外套的后面有腰带等细节

右上图 从1934年《服装艺术》上的这张插画可以看出当时流行白色、奶油色和浅色的宴会外套

右页上图 高尔夫俱乐部的更衣室是宣传男士内衣的理想场所。背心是曼斯高（Mansco）品牌的常规商品，常搭配有育克的拳击手短裤

右页下图 1935年《服装艺术》上一组有趣的插画，表现了各种各样的男童服装

在女演员的服装开支上从不吝啬，但一般却希望男明星能自带服装。加里·格兰特（Cary Grant）、詹姆斯·斯图尔特（James Stewart）和加里·库珀（Gary Cooper）等男演员的着装都有鲜明的风格。警匪片塑造了大反派的造型，例如芝加哥黑帮成员阿尔·卡彭（Al Capone）穿着醒目的条纹双排扣宽肩外套和真丝衬衫，搭配宽宽的短领带和棱角分明的费多拉帽。

20世纪30年代流行干净整洁的造型。发型有明显的分界线或向后面梳整齐。多数男性会把胡子剃干净，尽量让自己看起来整洁干净，不过像克拉克·盖博（Clark Gable）和威廉·鲍威尔（William Powell）那样蓄一点小胡子也很时髦。据说由于盖博在《一夜风流》（*It Happened One Night*，1934年）中没有穿汗衫，男式汗衫的销量下降了。虽然不能确定盖博对汗衫的影响是否果真如此，但是30年代服装的销量确实起伏不定。有些消费者对某些服装——包括汗衫、吊袜带和帽子——存在的必要性提出了质疑（即服装杂志所谓的“去除主义”（Go-withoutism）现象），这让男装行业感受到了压力。虽然“去除主义”可以看作是经济困难的表现，但是消费者的态度也很重要。1935年，美国内衣制造商库珀斯推出了一种革命性的款式，其居可衣（Jockey）品牌男式内裤有Y形的门襟，非常贴身，既能提供支撑，也很舒适。

1932年夏，英国和北美的很多男性开始和欧洲人一样不穿上衣游泳。棕榈滩很快接受了这种潮流并广泛流传开来。1934年，詹特森推出了一款在腰部用拉链连接泳衣和泳裤的泳装——“The Topper”。度假装成为一个重要的分支，从精英人士的浅色亚麻套装到非正式的水手针织衫和针织马球衫应有尽有。1933年，网球明星莱纳·拉格斯特（René Lacoste）推出了带有鳄鱼商标的针织衫。男士滑雪时穿灯笼裤或宽松的裤子（在脚踝处收紧），搭配五颜六色的毛衣和各种外套：有正面有纽扣或拉链的羊毛外套，也有军装风格或带帽款式的外套。

冠军公司（Champion Company）推出了一款连帽衫，最初用作工作服，后来改进后也用作运动服。这款服装强调便于打理和经久耐用。“速干纤烷丝”（Quick Dry Celanese）用于制作套头衫、泳裤、运动衫和内衣。很多服装和配饰上使用了松紧线，尤其是短袜。泰龙（Talon）的广告颇为强硬激进，说服男性相信拉链门襟比纽扣更好。

温莎公爵开创了许多男装款式。公爵与伦敦的裁缝弗雷德里克·斯科特尔（Frederick Scholte）合作，推动了许多款式的流行，例如正式的墨蓝色晚礼服、结构简单但强调肩部的“英式垂褶”（English Drape）套装、长裤翻边，甚至还有拉链门襟。许多休闲的款式也和他有关，例如费尔岛针织衫、格子花呢、大胆的图案组合和非常宽松的灯笼裤（称为“Plus Fours”，意思是裤腿从膝盖往下加长了 4 英寸（约 10 厘米），他称这种裤子为“Plus-twenties”（意思是让穿着者看起来像二十岁出头）。他还带动了衬衫领和宽领结的广泛流行。公爵大胆的搭配被广泛效仿。套装以格子纹、粗花呢和窗格纹面料最受欢迎。男士穿五颜六色的服装，图案自由混搭，甚至还出现了颜色鲜艳、材质出人意料的新奇马甲。

童装

和女装及男装一样，名人效应也是影响童装的一个主要因素。作为好莱坞收入最高的演员之一，童星秀兰·邓波儿（Shirley Temple）为西尔斯百货代言了许多女童装。从日常穿着的碎花连衣裙到全羊毛雪地套装，都是基于她的电影服装而设计的。参演《怒海余生》（*Captains Courageous*，1937 年）的著名童星费雷迪·巴

上图 巴黎童装杂志《儿童时尚》（*La Mode Enfantine*）上展示的女孩睡衣

右图 《儿童时尚》上为不同年龄段的女孩推荐的日常服装

塞洛缪（Freddie Bartholomew）代言了一个男童运动服系列。英国年幼的公主伊丽莎白和玛格丽特经常出席一些特殊场合，但也穿玩耍服。她们俩的打扮经常相同，发型偏分，穿罩衫式连衣裙、百褶裙、双排扣外套并搭配配套的帽子，她们的打扮被人广泛效仿。

适合儿童和青少年穿着的牛仔裤出现了，可以穿着去玩耍或做杂务。学龄期少女穿没有腰线的连衣裙和类似款式的背心裙，里面穿圆领或珠宝领的印花衬衫。半裙通常有褶裥或裙摆插入三角形布片，用来搭配毛衣或衬衫（底部塞入裙子）。格纹很受欢迎，有些连衣裙的裙摆采用斜裁，上身采用直丝面料。类似的款式也用于特殊场合，但用精致的面料制作，常有贝壳边裙摆和刺绣装饰。水手装依然流行。以红、白和蓝色为主色调的水手领上衣和双排扣外套搭配女童的百褶裙或男童的短裤。小男孩穿的套装包含短裤，通常以羊毛呢、灯芯绒（冬装）或全棉斜纹面料（夏装）制作。成人装对青少年服装的影响特别明显，青少年也接受了得体着装的法则。十几岁少女穿的连衣裙腰部和臀部线条流畅，颈部和肩部有垂荡或飘动的装饰，例如围巾、披肩袖和蝴蝶结。斜向的强调体现在交叉的围巾和不在中心位置扣纽扣。外套常配有皮领。十几岁的男孩也穿正装，通常是塔士多款式的宴会外套。

对苗条的强调甚至影响了童装。1937 年，《时尚》强烈建议女孩到了九岁即将出现“小肚子”的时候给她穿上束腹带。总体而言，女童内衣上的几何图案比以前少，粉色普遍用于汗衫、内裤、衬裙和睡袍。男童和女童的袜子长至膝盖或者刚好在膝盖以下，通常为白色，也有针织条纹款式。十几岁的少女穿长袜。针织和钩针编织的帽子普遍流行，尤其适合孩童，女孩喜欢小贝雷帽和宽边帽，男孩通常戴有帽舌的软帽。童鞋包括男式和女式的系带式及膝靴、男式拷花皮鞋和女式玛丽珍鞋。

年代尾声

1939 年纽约世博会“明日世界”（The World of Tomorrow）展示的新技术成果包括电视、荧光灯照明、彩色摄影、空调和尼龙。《时尚》将这个博览会与时尚联系起来，委托业内一流的设计师设计未来主义的套装。博览会也致敬了超现实主义，例如萨尔瓦多·达利设计的一个奇特的装置。但博览会展现的信心并没有体现世界整体的情况。尽管美国乐观地展望未来，但发生在欧洲和亚洲的突发性事件却给日常的生活带来了不稳定的因素。德国侵略奥地利、波兰和捷克斯洛伐克，意大利侵略阿尔巴尼亚，日本继续侵占中国的领土。意大利和德国签订的《钢铁条约》（*Pact of Steel*）承诺相互防御，划定对抗的国家。1939 年 9 月，英国和法国对德国宣战。

全世界的男性都将时髦的服装收进衣柜穿上军装。巴黎的时装屋举办了外界几年里能看到的最后一场服装秀。为了谨慎起见，很多美国的买家没有参加。有些设计师的作品表现了不加掩饰的伤感，将女性装扮成直面危险的浪漫女战士。但是，在某些女装坚持从前的浪漫主义的同时，某些女装也展现了军装的风貌。随着定制服装廓形的普遍流行，裙子变得更短、更直身，肩部更宽。20 世纪 40 年代早期的风格已初现雏形。

下图　1939 年法国期刊《体育理念》发布的夏秋套装，预测了未来几年的流行趋势

第七章

20 世纪 40 年代：战争与复苏

20 世纪 40 年代呈现出鲜明的对比：战争与和平、战时爱国主义的经济紧缩政策和战后振奋人心的经济复苏景象。十年里，女性的服装出现两种对立的情况——男性化的“实用”（Utility）和蓬勃发展强调女人味的“新风貌”（New Look）。但是，即使在战争期间容颜和着装也依然重要，伊丽莎白·雅顿的化妆品广告号召人们“向美丽前进”。40 年代末，世界上大多数男性参加了战争，他们也体会到穿上军装和脱下军装回归平民的差异。第二次世界大战对时尚的许多方面都产生了影响，它限制了时尚款式的正常演变。然而，战争接近尾声时，时尚体系已经基本恢复到战前的秩序了。

社会和经济背景

1940 年，战争正在如火如荼地进行，牵涉到轴心国和同盟国两大对立势力。由阿道夫·希特勒（Adolf Hitler）、贝尼托·墨索里尼（Benito Mussolini）和裕仁天皇（Emperor Hirohito）领导的德国、意大利和日本组成了轴心国。1941 年 12 月 7 日，日本袭击珍珠港之后，美国对日宣战加入了同盟国。此外加入同盟国的还有法国、英国、英联邦国家、苏联和中国。被占领

左页图　马萨尔·罗莎设计的两件外套，均搭配醒目的女帽，是巴黎被占领时期的经典款式，1943 年皮埃尔·姆尔格绘制。尽管当时巴黎处于战时的萧条期，还是有很多高级时装屋设法维持经营

右图　1942 年 6 月，英国歌手薇拉·琳恩，人称“战地甜心”（The Forces' Sweetheart），庆祝伦敦基督教青年会茶车的开张，茶车为军人供应茶点

国家的抵抗运动也成为了反轴心国战争的一部分。除欧洲大陆外，世界其他地区也有集中营，例如日本在中国、爪哇和苏门答腊关押囚犯的监狱。日裔美国人关押在美国西部的集中营，德国血统的人则关押在英国和加拿大。欧洲、亚洲和北非是主战场。1945 年 5 月 8 日，即“欧洲胜利日”宣告了欧洲战场战事的结束。同年 8 月 6 日和 9 日，美国轰炸广岛和长崎，8 月 15 日日本宣布投降，9 月 3 日这一天称为“抗日战争胜利日”或“太平洋战争胜利日”。这场战争对民众的生活产生了巨大的影响。征兵意味着数百万家庭的兄弟、儿子、丈夫和父亲加入军队。美国政府希望市民通过购买战争债券和节省、回收利用资源来支援军队。美国在参战前就已为盟军提供物资。因战时生产产生的经济活动推动了萧条期的结束。许多女性转变了角色，有些女性参军，有些女性从事与军需有关的工作，还有一些女性填补了男性从军以前的职位。

战后生产重建和经济复苏并行。欧洲的基础设施和农业受到的破坏尤其严重，流亡者努力重返家园。美国和加拿大不是二战战场，因此最快恢复。按照马歇尔计划，从 1947 年到 1951 年美国向欧洲国家提供粮食、燃料和机器援助。

艺术

超现实主义进一步发展，作品色调通常较为暗沉，这一点在时尚摄影和插画上也有明显的体现。现实主义风格占领了艺术市场的另外一半，代表性人物有美国的爱德华·霍普（Edward Hopper）、安德鲁·怀斯（Andrew Wyeth）和自学成才的画家摩西奶奶（Grandma Moses）。受到抽象表现主义的开篇——荣格心理学（Jungian Psychology）——的影响，马克·罗斯科（Mark Rothko）、阿道夫·戈特利布（Adolph Gottlieb）和杰克逊·波洛克（Jackson Pollock）等一批纽约的艺术家开始尝试抽象风格。20 世纪 40 年代前半期，家具、汽车等产品设计依然受到流线型风格的影响。因为战争，许多重大的建筑工程被耽搁了。在建筑领域装饰艺术风格衰落了，取而代之的是更加简洁和笔直的国际主义风格。1944 年，时尚史论家伯纳德·鲁道夫斯基（Bernard Rudofsky）在纽约的现代艺术博物馆策划了该博物馆的第一个时装展“服饰是现代的吗？”。

近期发生的事件为文学、舞台和银屏提供了扣人心弦的素材，代表作有阿瑟·柯斯勒（Arthur Koestler）的《正午的黑暗》（*Darkness at Noon*，1940 年，一部关于独裁的小说）和欧内斯特·海明威（Ernest Hemingway）的《丧钟为谁而鸣》（*For Whom the Bell Tolls*，1940 年，故事以西班牙内战为背景）。1941 年，丽莲·海尔曼（Lillian Hellman）适时创作的《守望莱茵河》（*Watch on the Rhine*）首演，随后还出现了电影版。《忠勇之家》（*Mrs. Miniver*，1942 年）和《卡萨布兰卡》（*Casablanca*，1942 年）从其他的视角反映了战争。甚至连迪士尼的动画长片《幻想曲》（*Fantasia*，1940 年）都有一个情节暗示了正义与邪恶的斗争，迪士尼的奥斯卡最佳动画短片奖作品《元首的真面目》（*Der Fuehrer's Face*，1943 年）以唐老鸭为主角，讽刺了纳粹的政治厥词。1940 年，阿尔弗雷德·希区柯克（Alfred Hitchcock）导演了战争题材的电影《海外特派员》（*Foreign Correspondent*）和充满悬念的《蝴蝶梦》（*Rebecca*）。黑色电影和惊悚片包含黑暗的故事情节，体现了这个时代的多疑和恐惧。以《黑水仙》（*Black Narcissus*，1947 年）、《红菱艳》（*The Red Shoes*，1948 年）和《风流海盗》（*The Pirate*，1948 年）为代表，色彩的运用在战后几年持续推动了电影的设计。电影《黄金时代》（*The Best Years of our Lives*，1946 年）和《君子协定》（*Gentleman's Agreement*，1947 年）也很有名。不再制作战争题材的电影（例如《撒哈拉分队》（*Nine Men*），1943 年）后，英国伊令电影公司（Britain's Ealing Studios）推出了《仁心与冠冕》（*Kind Hearts and Coronets*，1949 年）等喜剧。

《夜长梦多》（1946 年）中的洛琳·白考儿（Lauren Bacall）和亨弗莱·鲍嘉（Humphrey Bogart）

黑色电影

20 世纪 40 年代的黑色电影美学对视觉文化产生了深远的影响。战后法国评论家创造了“黑色电影”（Film Noir）一词，用来指称大约自 1940 年以后美国电影公司制作的黑暗主题的影片。这些影片经常以流行的犯罪小说（有时称为“硬汉小说”或“低俗小说”）为基础，例如《双重赔偿》（*Double Indemnity*, 1944 年）和《爱人谋杀》（*Murder, My Sweet*, 1944 年）等电影揭露了美国梦的阴暗面。受德国表现主义的影响，这些电影采用特别的摄制手法将现代都市的轮廓和影调与当时流行的硬冷风格结合来凸显当时社会生活的黑暗。

背叛、暴力和性是许多电影的主题，女性的穿着从男装款式的日装到曲线玲珑的晚礼服都体现了她们致命的诱惑。《玻璃钥匙》（*The Glass Key*, 1942 年）和《绿窗艳影》（*Woman in the Window*, 1944 年）等有关蛇蝎美人的电影展现了战争时期邪恶而强大的女性——利用她们的美貌引诱毫无戒备的男性落入陷阱。芭芭拉·斯坦威克是黑色电影的代表性女演员之一，她的造型硬朗，穿耸肩的套装和大衣，涂黑色口红，染金发。

黑色电影里的造型在屏幕外也很有影响力。时尚摄影显示这种风格的影响。在黑色电影的全盛时期，时尚照片常常利用充满阴影的室内和百叶窗透过来的光营造神秘的氛围。直到 21 世纪，黑色电影风格依然是时尚设计师、造型师和摄影师的灵感来源之一。

大乐团摇摆乐（Big Band Swing）成为了流行音乐的主流。艾拉·费兹杰拉（Ella Fitzgerald）、薇拉·琳恩（Vera Lynn）、宾·克罗斯比（Bing Crosby）和弗兰克·西纳特拉（Frank Sinatra）等歌手的事业在这十年里得到了蓬勃的发展。除了现场表演，唱片的销售也越来越重要。许多表演者应邀为世界各地的军队慰问演出。百老汇舞台上，理查德·罗杰斯（Richard Rodgers）的作品很有名。歌曲《派·卓依》（*Pal Joey*，1940 年）反映了经济大萧条时期的乐观精神，其歌词由劳伦茨·哈特（Lorenz Hart）创作。在 1943 年正值战争进入高潮时，罗杰斯与作词人奥斯卡·汉默斯坦二世（Oscar Hammerstein II）合作创作了《俄克拉何马》（*Oklahoma*）。这个淳朴的农民与牛仔的故事反映了国内的爱国情怀，1944 年，《俄克拉何马》获得了普利策奖（Pulitzer Prize）。同年，贝蒂·康姆顿（Betty Comden）、阿道夫·格林（Adolph Green）和伦纳德·伯恩斯坦（Leonard Bernstein）创作了《锦城春色》（*On The Town*），讲述了三个水兵在纽约的故事。为了表彰本国出色的戏剧作品，1947 年美国戏剧协会设立了托尼奖（Tony Awards），1949 年亚瑟·米勒（Arthur Miller）的戏剧作品《推销员之死》（*Death of a Salesman*，1949 年）获得了该奖项。《罗伯茨先生》（*Mister Roberts*，1948 年）和《南太平洋》（*South Pacific*，1949 年）这两部杰作说明战争题材依然有吸引力。

美国作曲家阿隆·科普兰（Aaron Copland）也创作了爱国主题的音乐。《平凡人的号角》（*Fanfare for the Common Man*，1942 年）致敬美国军人，灵感来源于副总统亨利·华莱士（Henry Wallace）的一个演讲。科普兰的芭蕾舞剧《马术赛会》（*Rodeo*，1942 年，阿格尼斯·德·米尔（Agnes de Mille）编舞）和《阿帕拉契之春》（*Appalachian Spring*，1944 年，玛莎·葛兰姆（Martha Graham）编舞）反映了美国本土的风格。当时的歌曲——无论艺术歌曲还是流行歌曲——也经常以战争为主题。法国作曲家弗朗西斯·普朗克（Francis Poulenc）为路易·阿拉贡（Louis Aragon）的诗歌《豪华的飨宴》（*Fêtes Galantes*）谱曲，诗歌描述了巴黎人如何逃离正在逼近的纳粹军队。从安德鲁斯姐妹（Andrews Sisters）欢快的《军号男孩》（*Boogie Woogie Bugle Boy*）到薇拉·琳恩伤感的《多佛白崖》（*The White Cliffs of Dover*）等歌曲将战争主题引入流行音乐。

时尚媒体

虽然有些杂志早期对于这场战争的回应显得有点漫不经心——例如“停电更适合白色的配饰”——但时尚杂志也在帮助读者适应这个剧变的时期。杂志将时尚打造成战胜恐惧的一剂良药和维持士气的必需品。在资深编辑埃德娜·伍尔曼·蔡斯（Edna Woolman Chase）的主持下，《时尚》美国版增加了对罐装食品的介绍，还建议读者为战争出力。战争为插画师提供了全新的创作灵感，也为杂志提供了全新的评论和宣传素材。所有主流杂志都采用了战争题材的封面，使用醒目的图案和爱国情怀的色彩。

前时装模特李·米勒（Lee Miller）成为了一位重要的摄影师，《时尚》英国版的主编奥德丽·威瑟斯（Audrey Withers）是最早发现米勒摄影天赋的伯乐之一。米勒拍摄了大量令人震撼的反映战争的破坏性的照片，包括布痕瓦尔德集中营（Buchenwald Concentration Camp）的解放等，发表在《时尚》的美国版和英国版上。托尼·弗里塞尔（Toni Frissell）的作品对于战争景象在时尚期刊上的流传也有重要的作用，主要是记录红十字会和妇女陆军军团的照片。资深摄影师欧文·布鲁门菲尔德、约翰·罗林斯和路易丝·达尔－沃尔夫（Louise Dahl-Wolfe）仍然是时尚传媒领域的重要人物。同时出现了欧文·佩恩（Irving Penn）和理查德·阿维顿（Richard Avedon）等新一代的摄影师。插画师勒内·格鲁瓦、雅克·德马奇、埃里克和韦尔特斯创作了戏剧化的时装插画。丽莎·芳夏格里芙（Lisa Fonssagrives）代表了新一代的时装“模特”（在英文出版物中，“Model”一词开始取代“Mannequin”)，并在追逐潮流的人群中享有知名度。

十年里有许多杂志中止了发行。战争期间，《时尚》法国版也有一段时间没有发行。英国版则是减少了发行的期数。以大量报道高级时装为特色的法国期刊《艺术与时尚》(*L'Art et la Mode*)减少了发行的期数，并增加了德语说明。1944年9月，《十七岁》(*Seventeen*)首次发行，这是第一本面向高中女生的杂志。赫斯特(Hearst)创办的《青年芭莎》(*Junior Bazaar*)面向年轻女性这个重要的新兴消费群体。

战争接近尾声时，时尚杂志呼吁读者重新找回自己的女性气质。《时尚》1946年1月刊呼吁：“女士们，找回女性的本质吧！”并声称“时装帮助女性记起自己的性别”。浪漫主义的回潮影响了封面设计。与战时坚韧的女性形象形成对比的是时尚杂志里也有男性出现。《时尚》1948年3月1日刊封面采用欧文·佩恩的摄影作品，一名穿着优雅的女性对着镜子微笑，梳妆台边上放着一个男士的配饰。这期杂志的主题是“男性视角的时尚”。战后，《巴黎时装公报》的几期封面描绘了穿着讲究的夫妇，强调战后的“和睦”。

上图　1943年4月，《时尚芭莎》上的一篇文章评论了黑色电影对时尚摄影的影响

时尚与社会

很多女性参加了战争救援工作，准备医疗用品、为军人缝纫和编织，还为慈善机构筹款。美国名媛哈里森·威廉姆斯夫人(Mrs. Harrison Williams)和埃克特·芒恩夫人(Mrs. Ector Munn)策划了1940年在纽约沃纳梅克百货举行的服装秀——“巴黎开篇”(Paris Openings)，旨在为以温莎公爵夫人和孟德尔夫人(Lady Mendl)为首的慈善机构“特里亚农物资”(Colis de Trianon)募集资金。这场秀展示了两位策展人和友人的高级晚礼服，赞美了战前愉悦的生活和法国高级时装的制作技艺。1942年12月21日在纽约举行了“胜利名媛舞会”(The Victory Debutante Cotillion and Ball)。这个在丽思卡尔顿酒店(The Ritz-Carlton)举行的舞会要求名媛的家庭积极购买战争债券而不是举办私人派对。爱国的装饰混合着节日的绿植和美国国旗，名媛们穿着白色和银色的服饰，与穿着制服的舞伴伴着流行歌曲(包括弗兰克·罗瑟(Frank Loesser)的《感谢上帝给我送来弹药》(*Praise the Lord and Pass the Ammunition*))一起跳舞。

战争与时尚

在很多方面时尚不得不屈服于战争时期产生的问题和需要等优先考虑的事务。一些设计师应征入伍，还有一些设计师为各个军种设计制服。1940年6月至1944年8月，德军占领了巴黎。潮流的正常流向——从巴黎流向世界各地——被打乱了。由于北美和欧洲的沟通和贸易中断，出现了三大时尚中心——巴黎、伦敦和纽约——服务于各自的市场。结果，美国的时尚产业前所未有地发展和壮大了。

在每一条战线上，时尚都成为政治宣传和表达爱国主义的手段，普通民众能够感觉到战争

右图　1944 年《妇女界》（*Woman's Own*）的封面是一位穿戴漂亮的模特和她的定量供给簿

对自己的着装的影响。由于资源被用于战争，北美和英国政府管控了服装的生产和消费。军队对资源的需求很大。纺织品是制服、帐篷、降落伞和其他补给的重要材料，因此民众能够使用的面料有限。羊毛的需求特别大，但棉花、亚麻和丝绸的使用也有限制。染料不如以前丰富，限制了面料的颜色。由于漂白剂的供应减少了，白色的面料和皮革也不那么白了。纯铜、黄铜和锡等原来用来制作人造珠宝和配饰的材料转用于军需生产。

受战争影响最大的可能是女袜行业。法国女性制作了绑腿搭配服装。早在 1941 年 9 月（甚至是在美国参战以前），美国政府禁止和日本进行丝绸贸易导致真丝袜紧缺，许多商店因此实行了真丝袜限购。当时，尼龙袜仅占长袜销量的 25% 左右，而且是在不限购的情况下。至 1942 年 10 月，尼龙供不应求，尼龙袜的价格到达了上限。至 1943 年，几乎买不到尼龙袜。由于长袜的短缺，费兹・华勒（Fats Waller）和小乔治・马里昂（George Marion Jr）甚至为此创作了一首流行歌曲《当尼龙再次繁荣时》（*When the Nylons Bloom Again*）。各个地方的女性因此不得不穿毛、棉或人造丝制作的长袜或往腿上抹化妆品。

德军占领下巴黎的时尚

1941 年，巴黎已经实行与服装有关的限制，限制消费者购买和使用布料。但是，巴黎高级时装业有所不同。40 年代初期，应国内市场的需要，巴黎高级时装设计师设计了一批反映战争的服装和配饰。空袭（法国称为“警戒”）的出现启发了实用服装和配饰的产生。科瑞德推出了有大口袋的“警戒格子呢”披肩。莫利纽克斯推出了黑色的丝质宽松短裤、连帽外套和“蓝色警戒”腰带。贝格和夏帕瑞丽设计了可作为防空洞服使用的连体装。有大口袋的连帽外套和大衣流行起来。法国女性日常穿着粗花呢套装搭配低跟皮鞋和发网或贝雷帽。由于石油定量配

左上图　在德军占领的巴黎，这位女士的短款皮草外套、精致的帽子和厚底鞋与背景中其他女士的实用性服装形成对比

右上图　叛逆的法国青年“爵士迷”，穿着惹眼的套装，佩戴夸张的配饰和墨镜。1944年阿尔伯特·阿兰格（Albert Harlingue）拍摄

给，很多人不得不骑自行车，因此贝格和巴伦西亚加推出了穿在半裙下面的裙裤。爱马仕推出了有拉链的可以藏匿贵重物品的腰带和类似狩猎包的单肩包。电力不稳定时，法国发型师杰维斯（Gervais）让人在地下室踩自行车踏板为吹风机提供电力。有些女性则喜欢骑着自行车兜风，让新鲜的空气风干头发和固定发型。1940年初，一些时装设计师出席了阿姆斯特丹的时装秀或参加了西班牙的交易会——少数未卷入战争的欧洲国家参与。法国的时尚杂志上随处可见对消费者爱国情怀的呼吁，《艺术与时尚》声称：“支持奢侈品行业是全体法国公民的责任”。德国占领巴黎后形势变得复杂。设计师和工人应征入伍，也无法买到品质好的面料。高级时装屋的顾客发生变化，从国际社会名流变成艺人、纳粹军官的妻子和情妇以及富有的通敌者。一些法国女性依然能买到高级时装，但是由于限量，她们必须获得德国人的许可才能购买。许多高级时装屋仍在维持经营，例如勒隆、贝格、巴杜、朗万、里奇、沃斯和罗莎，但多数进行了裁员。巴伦西亚加和莫利纽克斯的时装屋被德国人勒令关门。阿利克斯（即格蕾夫人）展示一个表现法国人爱国情怀的三色旗系列以后也关门了，但后来得以重新开张。夏帕瑞丽在德军占领巴黎前逃往美国，但她的时装屋还在营业。香奈儿中止了她的高级时装业务，但她的时尚精品店还在营业。战争期间，她和她的纳粹军官恋人住在丽兹大饭店。

意识到法国高级时装的经济和文化价值后，希特勒想把整个行业搬到柏林或维也纳，这是一个让时装设计师感到惶恐的计划。巴黎高级定制时装公会主席卢西恩·勒隆与德国人进行了谈判，达成的协议是巴黎现有的时装屋仍然留在巴黎，关闭的时装屋也重新开张，继续生产奢华的服饰品，但这些服饰品大多数供应德国的女性。德国人限制了发布会使用模特的数量。因此，从1940年到1944年，巴黎的高级时装业处于与世隔绝的状态，甚至没有对法国其他地区公开新品。

由于设计师的创作再次得到重视，服装的款式得到了发展，不再只有早期的实用服装。设计师借鉴 20 世纪 30 年代晚期的浪漫主义风格设计了有明显的腰身、宽大的下摆和袖子的女裙。有些设计虽然使用的面料很劣质，但是强调了女人味和装饰。普通的巴黎女性即使在困境中还在努力维持新奇的、充满女人味的形象。帽子特别夸张，女帽商绞尽脑汁充分利用一切可以得到的材料。1944 年解放巴黎后，这些打扮精致的巴黎女性的照片流传到巴黎以外。英国人和美国人对法国时装的艳丽程度感到吃惊。但是战争仍未结束，法国时装行业还被扣上了与纳粹合作的罪名。

巴黎的“爵士迷”（Zazous，源自美国爵士歌手凯勃·卡洛韦（Cab Calloway）的歌曲 *Zah-Zuh-Zah*）——美国摇摆乐（曾被德国侵略者禁止）的狂热者——代表一种叛逆的青年文化。男爵士迷穿长外套、上宽下紧卷到脚踝以上的裤子和颜色鲜艳的袜子，不论白天晚上都戴着大墨镜。女爵士迷穿肩部特别宽的外套和喇叭形半裙。无论男女都很讲究发型，流行把前面的头发向上高高卷起。

法西斯时期意大利的时尚

在意大利法西斯势力的上升时期，墨索里尼曾将时尚与他的政治意图结合，试图开发真正的意大利风格。他要求意大利人购买本国生产的服装。这个清除外国对意大利时尚的影响的意图甚至导致一本新的时尚词典的出现，即用意大利语同义词取代与时尚有关的法语单词和词组。国家鼓励各种职业制服，美化传统的民族服装。意大利有小规模的高级时装行业，但意大利的设计师面临原料短缺的挑战。一些著名的配饰生产商的形势尤为严峻，由于皮革短缺，萨瓦托·菲拉格慕（Salvatore Ferragamo）和古奇欧·古驰（Guccio Gucci）等设计师不得不使用软木、塑料和布料等替代。尽管如此，意大利最有名的时装屋之一——芾塔娜（Fontana）在这个时期发展壮大了。20 世纪 30 年代中期以前，芾塔娜三姐妹——佐伊（Zoe）、米可（Micol）和乔凡娜（Giovanna）在帕尔马附近的特拉韦塞托洛经营家族的女装生意，后来她们搬到了罗马，并于 1943 年创建了自己的时装屋。

下图　1940 年刊登在《女士》上的一张照片，照片中的年轻女性穿着有传统元素的套装，索尼娅·格奥尔基（Sonja Georgi）拍摄

纳粹政府时期德国的时尚

虽然纳粹政府明显欣赏法国的时尚产业，但也曾尝试打造德国风格。一个重要的举措是成立德国时装学院，由希特勒政府宣传部长的妻子玛格达·戈培尔（Magda Goebbels）担任第一任董事。在提倡德国的历史和传统的热潮下，女性重新穿上阿尔卑斯村姑款式的连衣裙（即旦多尔）和绣花衬衫，并从事编织等手工艺工作。提倡健康的女性形象，强壮、运动型的模特出现了——这是对 20 世纪 20 年代以来以苗条、精致的巴黎女性为主流的审美标准的反击。理查德·瓦格纳（Richard Wagner）的歌剧中对中世纪英雄的描述也对时尚产生了影响。德国一方面从法国的纺织厂获得了充足的资源，另一方面本国的纺织业发展良好，因此没有和其他国家一样出现战时原料受限的情况。

英国的定量配给和实用服装

英国时尚产业对这场战争的早期反应包括防护装——在空袭来临时可以快速穿上的连体装。1941 年 6 月，服装开始定量配给，通过配给券购买。在此项目实施的第一年，每个成年人有 66 张配给券。配给券右图 1943年6月，身穿英国贝克特克斯（Birketex）品牌实用连衣裙的三个年轻女模特。连衣裙均采用短袖，裙体合身，尽可能少用装饰

不作为现金使用，而是用来限制购买服装、鞋子和家用纺织品的数量。例如，买一条连衣裙需要7张配给券，买一件外套需要14张配给券。由于物资严重短缺，配给券逐年减少，到1945年每人只能分到24张配给券。二手市场和工作服等没有此项限制。家庭缝纫也不受限制，政府提倡缝缝补补，鼓励节约。海报和册子上虚构的“缝缝夫人”（Mrs. Sew-and-sew）为大家提供缝补内裤到外套等所有衣服及袜子和利用睡裤裤腿制作小孩汗衫的小技巧。英国的定量配给一直延续到1949年。

1941年，为了保证服装生产没有浪费资源，英国制定了“实用计划”（The Utility Scheme）。实用服装大体按照服装流行的廓形制作，淘汰了翻边、宽腰带和其他的一些细节。采用细小的易于搭配的印花和格纹。1942年，伦敦时装设计师协会（INSOC，The Incorporated Society of London Fashion Designers）成立（参照巴黎高级定制时装公会），随后协助设计了一批实用服装，其中的一些款式投入了生产，并贴上“CC41”（民用服装1941）的标签。参与此项项目的人员和机构包括设计师诺曼·哈特内尔、赫迪·雅曼、迪格比·莫顿、彼得·罗素（Peter Russell）、维克多·斯蒂贝尔（Victor Stiebel）、比安卡·莫斯卡（Bianca Mosca）、沃斯的伦敦分店、爱德华·莫利纽克斯、查尔斯·科瑞德和时尚编辑黛西·法罗斯。英国王后鼓励哈特内尔加入该项目，她说：“你已经为我制作了如此多迷人的衣服，如果你能为我国的女性做同样的事情，我认为那

右图　1944年2月，美国版《时尚》杂志对《L-85》服装限制的解读

The fashion that L-85 built

This is the Man (Donald Nelson)
who made the rule
that sent Design
to a strict new school.

This is the Skirt
and these the Shears
that narrow the line
to lean war years.

This is the Tunic
that's smooth over hips
that are cased in skirts
that are close as slips

This is the Jacket
that's boxy and square
that tops the tight skirts
that all of us wear.

This is the Cap Sleeve
next summer will bring;
it's best above skirts
that are slim as a string.

This is the Coat
that's belted and shorn
that always looks better
when tight skirts are worn.

会是非常美妙的。”政府号召人民努力工作，伊丽莎白公主和玛格丽特公主的着装为工作服的选择提供了参考。伊丽莎白公主加入了女子辅助服务团（The Auxiliary Territorial Service），她穿着汽车技工制服的形象格外有影响力。

北美时尚“靠自己”

战争期间，美国时尚报道洋溢着爱国主义热情。记者声称，得益于高度产业化和民主化的时装体系，美国人成为了世界上穿着最好看的人。《时尚》1940 年 9 月 1 日刊也宣称：“这是第一次，世界的时尚中心在这里——美国。”由于在设计方向上不能指望巴黎，美国转而积极宣传本土的设计师。美国的时装从高级时装（通常可以在高端商店的贵宾部买到）到大众时装可以分为许多等级。罗德泰勒百货新开设的“设计师商店”（Designers Shop）力推十位设计师，兑现了百货公司副董事长多萝西・谢弗（Dorothy Shaver）提升本土设计师的承诺。1942 年，大都会博物馆举办了一个展示美国设计师晚礼服作品的展览。1943 年，为了表彰优秀的美国时装设计作品，美国设立了科蒂奖（Coty Awards）。诺曼・诺雷尔（Norman Norell）获得价值 1000 美元的战争债券，帽子设计师莉莉・达什和约翰－弗雷特里克斯（John-Fredercis）各获得 500 美元的战争债券。

从 1942 年 4 月 8 日开始，美国时尚产业需遵守一般限定令 L-85（General Limitation Order L-85，简称《L-85》），该生产指南规定了服装制造商使用材料的数量。几乎与美国参战同时，战时生产委员会要求内曼·马可斯百货公司的史丹利·马库斯（Stanley Marcus）策划一个设计项目，既能节省面料，又不会造成款式太大的变化，因此也不会怂恿消费者淘汰已有的服装。其中以对羊毛服装的管制最为严格：外套的长度不能超过 63.5 厘米，半裙的长度不能超过 71 厘米，周长不能超过 162.5 厘米。有些款式和细节完全被禁止使用，例如法式袖口（French Cuffs）和蝙蝠袖，羊毛晚礼服和半裙也在被禁行列。衣服褶边限宽 5 厘米，大多数贴袋都不允许使用。比起羊毛面料，其他面料受到的限制相对要少。雪纺等轻薄的面料不受影响，因为其主要用于晚礼服和婚纱。另外，向家庭发放定量配给券，女性每年只能买三双皮鞋。芭蕾平底鞋、麻底帆布鞋和橡胶套鞋不受此限制。商店的定量商品和非定量商品分开销售。

1942 年的秋季系列是按照该规定推出的第一批新品，设计师展示了饱含创意的简单款式：使用抽绳而非金属扣件，使用毛皮衬里代替羊毛，还有亮片和穗带。一股非正式化的潮流影响了美国女性晚上的着装。出现了及膝长的宴会裙甚至晚礼服。晚上流行穿简单的短袖紧身连衣裙，作为珠宝和配饰优雅的"背景布"。

为应对劳动力和原材料短缺的问题，加拿大成立了战时价格和贸易委员会（WPTB，Wartime Prices and Trade Board）。WPTB 制定了类似《L-85》的生产指南，对晚装和婚礼服的限制甚至更加严格。时髦的服装也采用了简洁的战时廓形。

下图　阿黛尔·辛普森设计的套装，1942 年刊登于《时尚》，展示了 20 世纪 40 年代早期典型的整洁考究的线条

An Adele Simpson original
New suit silhouette ... an Adele Simpson original in pure wool. Fuchsia, beige, bride blue, black, with braid buttons. Suit under seventy dollars. Blouse separate. At Saks Fifth Avenue and other leading stores.

异域风格衰落了，部分是因为当时的服装普遍强调实用性。尽量避免使用日本元素，相反，号召民众采纳中国、南美、墨西哥和希腊等美国友邦的服装风格。美洲驼、棕榈树和香蕉等热带彩色印花图案被称为"好友邦"（Good Neighbor）。虽然多数女性不希望自己看上去像"铆工萝西"（Rosie the Riveter）——战争期间典型的男性化女工——但单件的服装和运动服还是得到了许多人的青睐。女式长裤越来越常见，尤其是在乡村和骑自行车时。1941 年《时尚》发布了《长裤入门指南》，宣扬有门襟的定制长裤最让人显得漂亮。

1940—1946 年女装基本情况

1939 年，女装发展了一种强调肩部线条、剪裁讲究、半裙偏短的款式。套装比以前更加常见，简单的外套搭配半裙（通常是铅笔裙或沿直丝方向裁剪裙摆稍宽的裙子）。外套一般采用男性化的——甚至是类似制服的——方正廓形，波蕾若外套和长度及腰的军装款式很受欢迎。有些套装采用两种颜色，外套和半裙的颜色形成对比。

日装一般很简洁。衬衫式连衣裙很普遍，短袖很常见，美其名曰"节约面料"。白天穿的半裙通常比较窄小，有时有翻转的箱形褶。阿尔卑斯村姑款式的连衣裙裙摆有抽褶或褶裥，相对宽大。男装风格的素

右图 芝加哥沃尔特·菲尔德公司（Walter Field）推出的一款通用制服，可用于服务行业，与简约的棉质连衣裙和醒目的爱国头饰同属1943年春夏系列的产品

色平翻领衬衫随处可见，小女孩、少女和成年女性都常穿田园风格的衬衫。连衣裙和套装的领子及袖口采用旧式的款式，强调了战争时期的保守作风。毛衣套装开始流行，在未来的几年这个趋势仍在发展。宽松长裤一般被当作休闲服，连体工作服也一样。

晚礼服延续了20世纪30年中期的款式。新古典主义风格与19世纪的大摆裙共存。即使在战时，婚礼服也强调浪漫。婚纱通常用人造丝面料制作，经常有宽大的裙摆、蓬蓬袖和鸡心领或高领。然而，战争的现实和气氛有时决定了新娘服装的不同，女性穿上她们衣橱里现有的最好的短裙，甚至套装参加匆忙举行的婚礼。

简单的大衣很受欢迎。箱形羊毛大衣和简洁合身的公主线款式很普遍，都以短为特色。驼色、海军蓝、灰色和格纹都很流行。毛皮大衣依然流行，各种价位的都有，因此许多阶层

都买得起。其标志性的廓形为宽肩、箱形，长度在臀部或膝盖以下。其他的毛皮服饰也很常见，毛皮衣领和装饰羊毛外套的毛皮翻边经常搭配毛皮药盒帽。

网球服采用简单的衬衫式连衣裙款式，裙摆在膝盖以上十几厘米。一件式和两件式的泳装都很受欢迎。1941年，西海岸针织工厂更名为加州科尔（Cole of California），并于1943年推出了两件式性感套装，特点是泳裤两侧和泳衣前面系带。弗莱克西斯（Flexees）和詹特森（Jantzen）等其他制造商也推出时髦的泳装。内衣和20世纪30年代的款式相比几乎没有变化，有白天穿的衬裙，流行及膝的长度。睡衣仍采用简洁的款式，有长袍和上衣下裤两种。

粗矮的鞋跟很常见，适合走路和骑行。乐福鞋、牛津鞋和低跟的无带轻便鞋用来搭配日装。厚底鞋仍然流行，材质多样。由于皮革数量有限，鞋子使用了许多替代材料，例如布料、稻草、编织纸、毛毡和软木。塑料也被频繁使用，表面通常抛光模仿漆皮。木质厚鞋底在法国尤其常见。方形的手提包很流行，但依然有人使用信封包。

胶木首饰很流行，20世纪30年代出现的笨重款式在战争时期依然流行。胶木首饰上常镶嵌莱茵石作装饰。超现实主义的趣味主题出现在动物和花卉形的珠宝首饰上。塑料、骨头和木材代替金属用来制造首饰、皮带扣、化妆箱和纽扣。

女帽业有许多奇思妙想。许多通常用于服装的装饰材料没有受到战时限制的影响，但是有些帽子上的装饰特别新奇。从夸张有趣的帽子到尺寸巨大的帽子，与简单的服装形成鲜明的对比。由于羊毛限量，通常用其他材料代替羊毛毡。巴黎的一个女帽商制作了一款有面纱的高顶礼帽，帽子上盖着报纸和网纱。从阿拉伯风格的药盒帽到费多拉帽再到尖顶绒线帽，帽子的造型多样。平顶贝雷帽有时设计得像英国上将伯纳德·蒙哥马利（General Bernard Montgomery）戴的帽子。20世纪30年代发网更加流行。城里的女性佩戴头巾，这也是工厂工作的实用之物，是工作场所安全须知推荐之物。缠头巾式帽子也很流行，从

左下图　1945年1月27日《澳大利亚妇女周刊》（*The Australian Women's Weekly*）刊登的一款华丽帽子，具有世纪之交女帽的特点

右下图　1944年，巴黎鞋匠卡米尔·迪·毛罗（Camille Di Mauro）制作的一款露跟厚底女鞋，用法国、苏联、英国和美国的国旗作装饰，致敬同盟国

漂亮的中间装饰人造宝石的针织款到简单的款式（例如莉莉·达什为国防工人设计的不易燃的缠头巾式帽子）一应俱全。夏帕瑞丽精品店销售的一款丝质条纹缠头巾式女帽是 1944 年巴黎解放后第一款进入美国的帽子——一个陆军上尉将它寄给了远在费城的妻子。

手电筒很普遍，一些女性用有带子的圆柱形盒子装手电筒，方便随身携带。防毒面具很重要，特别是在战时的英国，人们用有肩带的小盒子随身携带。伊丽莎白·雅顿推出了一款适合晚上使用的防水天鹅绒防毒面具收纳盒，里面还有一个袋子可以放化妆品。

发型和化妆

由于袜子短缺且限量供应，女性用腿部化妆的方法达到穿长袜的效果。因此，腿部化妆通常称为“液体袜”（Liquid Stockings）或“瓶中袜”（Stockings in a Bottle），它起到重要的作用，因为在多数场合，女性穿长裤不合礼仪，而光腿又仅在乡村或海滩可以接受。1942 年美国的化妆品公司开始供应腿部化妆品。美容栏目满是如何进行腿部化妆的建议。“液体袜”可以是液体，也可以是块状或条状的膏体，从西尔斯百货销售的“腿部魅力”（Leg Charm）到夏帕瑞丽推出的带有该品牌经典香味的“惊人长袜”（Shocking Stocking），有许多类型。由于当时多数长袜是在背后缝合，一些女性用眼线笔在腿部背后画一条线让假象更加逼真。英国女性显得更加不顾一切，她们用酱汁或可可粉涂黑自己的双腿。

下图 由于不能穿长袜，女性采用腿部化妆（摄于 1941 年）

海报女郎（The Pin-up Girl）

虽然铆工萝西是最为后方民众熟知的女性形象，但前线的士兵却渴望看到截然不同的女性形象。士兵们不想看到穿着工装裤的年轻女性而是衣着暴露的俏皮女郎。“Pin-up”一词源于将性感女郎的图片钉到墙上的做法，这种海报经常出现在私密的场所或仅有男子的地方，例如俱乐部、更衣室和洗手间。20世纪40年代出现的这个现象最早可追溯到19世纪后期带有肖像照的名片。20世纪20年代和30年代歌舞女郎和女演员的照片随处可见，对这股潮流也起到了推动作用。战争期间，士兵们用性感的照片提醒自己还有女人等他们回家，以此激励士气，继续战斗。

军队营房和海军舰艇经常（有时秘密地）用美女海报装饰。这类海报被改编成“机头艺术”（Nose Art）用在战斗机上，进一步推动了为鼓舞士气使用性感女郎的形象做装饰的做法。很多年轻的女演员和模特通过拍摄挑逗性的照片增加人气。其中最有名的是贝蒂·格拉布尔（Betty Grable），以美腿出名，在海报中经常穿着超短裤。作为当红的海报女郎，她的演艺事业也飞速发展。其他崭露头角的女明星也很受欢迎，例如维罗妮卡·莱克（Veronica Lake）、丽塔·海华斯（Rita Hayworth）、拉娜·特纳（Lana Turner）、多萝西·丹德里奇（Dorothy Dandridge）和简·拉塞尔（Jane Russell）——这些当时对流行文化有重要影响的女性。

这类海报也有插画的形式。美女海报艺术家阿尔贝托·瓦尔加斯（Alberto Vargas，1896—1982年）出生于秘鲁，20世纪10年代，他以时装插画师和商业广告艺术家的身份在纽约开始了他的职业生涯，后来他为电影《齐格菲歌舞团》（*Ziegfeld Follies*）和杂志《戏剧》（*Theatre*）绘制插画。20世纪30年代中期，瓦尔加斯搬到了好莱坞，为几个电影制片厂创作电影海报插画。没过多久，他将自己的天赋转向创作海报女郎日历，因此，从1939年开始他与《时尚先生》（*Esquire*）杂志（使用笔名“瓦尔加”（Varga））合作。瓦尔加斯为《时尚先生》创作的插画是战时最受欢迎的美女海报之一。瓦尔加斯女郎经常出现在海滩和闺房，这些场景让性感和暴露合理化。海报中也经常出现爱国主义主题，海报里的女郎挥动国旗或戴着军帽。与《时尚先生》的合作结束后，瓦尔加斯继续为《花花公子》（*Playboy*）和《男人》（*Men Only*）绘制插画。他的职业生涯一直持续到20世纪70年代晚期为歌手伯纳黛特·彼得斯（Bernadette Peters）和新浪潮摇滚乐队“车仔乐队”（The Cars）绘制唱片套封插画。

一个典型的爱国主义主题的瓦尔加斯女郎

海报女郎日历和图片在战后依然保持着人气——在加油站、学生宿舍和其他的男性场所。这种挑逗性的形象帮助一些女演员开启了她们的职业生涯，例如从战后的玛丽莲·梦露（Marilyn Monroe）到20世纪70年代的法拉·福赛特（Farrah Fawcett）。

这个十年，化妆品和化妆被视为“士气支柱”（Morale-Builder）。女士们听到的是，注重外貌是她们的责任，这有利于提高军人的士气和维持经济的运转。社会要求工厂提供场地给女性化妆，各地的零售商也积极向女工推销化妆品。口红特别重要，从许多流行色的命名可以看出来：例如杜西（Tussy）的“战斗红”（Fighting Red）和“吉普红”（Jeep Red）、杜巴丽（DuBarry）的“徽章红”（Emblem Red）和露华浓（Revlon）的“米尼费夫人的玫瑰红”（Mrs. Miniver Rose）。1943 年，丹琪时装屋的主管康士坦茨・勒夫特・胡恩（Constance Luft Huhn）声称口红“是我们为何战斗的一个理由……在任何情况下，女性都有展示女性气质和可爱魅力的宝贵权利。”

微卷发的类型有很多种。很多女性留长及肩部的头发，将前额和两鬓的头发向后拢，有时会用发卡固定形成大的波浪。“胜利卷发”（Victory Rolls）将头发中分，然后斜向卷起两边的头发，从后面看头发呈 V 形。好莱坞明星维若妮卡・蕾克（Veronica Lake）一直用她柔滑的金发遮住一只眼睛，后来英国和美国政府出于安全考虑，为了鼓励女工将头发别到后面，要求蕾克改变发型。

时装剧院

巴黎解放以后，为了振兴高级时装行业，1944—1945 年冬卢西恩・勒隆和罗伯特・里奇萌生了举办“时装剧院”展（Théâtre de la Mode）的想法。这个展览使用了 200 多个金属丝制作的人偶模特，每个高约 61 厘米。1945 年 3 月 27 日“时装剧院”展在巴黎开幕，展示了巴黎所有重要时装屋的最新设计。设计师展示了不同时间段的时装：晨礼服、午后礼服、鸡尾酒会礼服、晚宴礼服和晚礼服。每件衣服皆是精心制作，使用了当时能买到的最好的面料和高档优质的装饰细节。缩微的配饰和服装相辅相成，再搭配知名品牌的帽子、包包和鞋子。

在视觉艺术家的帮助下，勒隆为模特打造了奇妙的场景。以克里斯汀・贝拉尔（Christian Bérard）为首的 13 个著名艺术家再现了巴黎的公园和街道景观，贝拉尔本人还为展览在巴黎歌剧院的开幕之夜设计了令人惊叹的布景。让・谷克多的超现实主义作品《我的妻子是女巫》（*Ma Femme est une Sorcière*）参考了维若妮卡・蕾克在同名电影中的造型，长发模特穿着曳地的晚礼服。当时巴黎正处于占领结束后恢复的迷离期，展览鼓舞了巴黎人民的士气。当法国人民还苦于食物、衣物和燃料短缺时，“时装剧院”敲响了一个明亮、乐观的音符。这些人偶模特在巴黎首次亮相后，又在国际上展出，包括欧洲、英国、巴西和斯堪的纳维亚。入场费捐给了法国的慈善机构法国互助会（Entr'aide Française）。

在 1946 年 4 月纽约的巡展上，这些人偶换上了 1946 年春夏系列的新款，这是战争爆发以来第一个出口的系列。展览准备了精彩的图录。几个穿着晚礼服的人偶还佩戴了宝诗龙（Boucheron）、卡地亚和梵克雅宝（Van Cleef & Arpels）的珠宝，另外增添了一层魅力。

展览的评论提到了某些具体的细节：蜂腰、裙摆宽窄适宜的半裙、圆润平滑的自然肩线和新颖的帽子。总体而言，外套表现了曲线美，但有些款式还保留了战时的方肩造型。多数日礼服的裙长刚过膝盖。很多晚礼服有合身、无肩带、上衣紧身和裙摆宽大曳地的特点。尼娜・里奇推出了一款长及地面的连衣裙，以刺绣的白色欧根纱制作，配有荷叶边袖。巴黎世家的紫红色绸缎晚礼服点缀珍珠和红宝石珠。除了资深的设计师，也有年轻设计师的作品。杰奎斯・菲斯（Jacques Fath）设计了一套夸张的日礼服，上面是一件四分之三上身长的宽松束腰外套，下面是一条非常紧身长及小腿肚的半裙——他将这种裙子称为“笔杆裙”（Pen Line）。皮尔・巴尔曼（Pierre Balmain）推出了一款合身的两件套黑色晚装，搭配黑色的配饰和一件醒目的白色毛皮单品。“时装剧院”展示了法国高级时装业的创造力和活力，有利于恢复巴黎的时尚领袖地位和开启战后富有装饰性和女人味的时尚潮流。

上图　女子辅助服务团成员参观1945年伦敦举行的“时装剧院”展览

克里斯汀·迪奥的“新风貌”

迪奥（1905—1957年）生于诺曼底。1938年，他开始为罗拔·贝格工作，之后在部队服役了几年，1942年开始为卢西恩·勒隆工作。战争结束后，迪奥离开勒隆的时装屋。1946年，在面料制造商马塞尔·布萨克（Marcel Boussac）的支持下，迪奥创建了自己的时装屋。1947年2月12日，在这寒冷的一天他的第一个系列在巴黎亮相，之后很快被命名为“新风貌”（New Look）——《时尚芭莎》的编辑卡梅尔·史诺（Carmel Snow）为之命名。这不仅是巴黎的热门话题，不久后还升级成为全世界时尚圈的头条新闻。“时装剧院”展览后不久，迪奥的“新风貌”又一次使巴黎成为国际时尚的中心。《时尚芭莎》1947年4月刊在评价当季的新品时称他为“当代的密探和英雄”。

这一系列的特点是肩部更柔软、窄小，衣身合体有型，腰部收紧，臀部突出（有些款式甚至使用衬垫），裙摆非常宽大，比多年来所见的任何裙子都至少长30厘米。这个款式通常搭配一顶宽大的牧羊女款式的帽子。这个系列被称为花冠系列，模特的整个造型形似花朵，长裙使用了许多面料。《时尚芭莎》1947年4月刊曾评论“这种廓形表现了女性的气质本质。”这个系列有着不加掩饰的浪漫，唤醒了战争期间被抑制的优雅世界。黑色羊毛绉呢半裙搭配山东绸青果领收腰外套——这个系列最有辨识度的服饰之一——频繁见于照片和插画。其他的款式也有浪漫动人的名字，例如“甜心”（Chérie，一款晚宴连衣裙）和“秘境”（Mystère，一款黑色外套）。继该系列的成功之后，1947年，迪奥推出了他的第一款香水——“迪奥小姐”（Miss Dior）。

上图　收腰套装是1947年2月克里斯汀·迪奥推出的第一个服装系列的经典之作。沙漏形外套和华丽的长裙宣告了下一个十年主流的廓形

1948年春季系列“飞翔”（Envol）有垂褶垂至一侧的裙子，裙摆很宽大甚至有穿着巴瑟尔裙撑的蓬松效果。维多利亚时代的马术服也成为迪奥的灵感来源。同年秋季系列“之字形”（Zig Zag）主打尖领和后面闭合的外套。1949年迪奥推出了一些紧身的款式，也有一些有趣的设计，例如怪诞的风车裙和黑天鹅礼服。但迪奥这一年最有名的设计是“朱诺”（Junon）和“维纳斯”（Venus）晚礼服，上面装饰了无数精美的珠子，极尽奢华。尽管迪奥的作品具有历史风格和奢华气息，但是他也有现代的设计。他的某些款式，例如带贴袋的男式衬衫式简约鸡尾酒会礼服具有明显的当代特色，可能还显示出受到美国设计师特别是瓦伦蒂娜和麦卡德尔的影响。

所谓的“新风貌”其实有许多特点在此之前就已经出现在服装上。许多设计师（包括朗万、里奇和罗夫）的设计采用了与20世纪30年代晚期相似的廓形。皮格的“双耳瓶”（Amphora）系列和巴黎世家的“迪亚波罗”（Diablo）系列都以垫高的臀部为特色。款式上的一些元素已经明显出现在“时装剧院”展示的作品上，包括迪奥本人为勒隆设计的服装。收腰款式的内衣——例如“微丝”（Wisp）——已经能够在很多商店的女士内衣区买到。20世纪40年代早期特雷纳－诺雷尔（Traina-Norell）和瓦伦蒂娜都设计了以紧身胸衣为灵感来源装饰花边的收腰女裙。迪奥1947年推出的欧仁妮舞会礼服同样使用了温特哈尔特的灵感，十年前诺曼·哈特内尔为伊丽莎白王后设计的礼服也采用了这个创意。虽然已有先例，迪奥的这个系列依然非常重要。纤腰和曲线是每个时髦女性的时尚必需，迪奥的设计不仅仅是收紧了衣服的腰部和突显了衣服的胸部，而是表达了时髦女性的心声。不过在延长裙长方面，迪奥发展已有的款式并完成了他最重要的飞跃。裙子重新回到较长的长度，《时尚芭莎》曾宣称“裙长最清晰地记录了时尚的变化。”

法国和美国普遍出现了反对“新风貌”的意见，而且有时还非常强烈。某些人认为长裙是战后消费的粗俗表现。巴黎的民众举行了游行示威，包括聚集在迪奥时装屋外抗议。对于某些人来说，在女性的双腿露出多年之后再重新覆盖的想法令人极其厌恶。《时代》杂志记录了当时的抗议：

“对新时装的愤怒升级为尖锐的抗议声。美国的几百名女性和城市的新闻编辑加入抗议的队伍。她们的大本营是得克萨斯州，她们的“圣女贞德”是一个达拉斯家庭主妇博比·伍德沃德（Bobbie Woodward）。”

24岁的伍德沃德夫人“有一双美丽的腿和倔强的精神”，她创立了“略低于膝盖俱乐部”（LBKs，Little Below the Knee Club）并很快在美国48个州和加拿大发展了分会。这个俱乐部在得克萨斯州特别受欢迎，创始人所在的得克萨斯州达拉斯分会号称成员超过1000人。俱乐部举行了一场粗暴的游行，并猛烈攻击内曼·马库斯，强烈要求保持短裙。圣安东尼奥的分会声称“阿拉莫教区倒塌了，但我们的裙摆不会”。佐治亚州的一名政客试图制定法规禁止长裙，底特律的一份公告称较长的裙摆可能会在登上有轨电车时发生危险。《剧本》（Script）杂志声称：

“正如阿德里安会采纳的那样，好莱坞的设计继续展示美国人自然的身材，虽然肩部略微夸张，但腰臀纤细。阿德里安代表着20世纪，而迪奥让人联想起19世纪90年代繁荣的法国。”

尽管在某些市场销售困难，但最后女性接受了这种风靡各种价位的产品。高级时装的客户购买迪奥的原作和其他女装设计师的类似款式。中上层的女性从百货商店购买或从女装裁缝师那里定制仿冒品。普通民众也开始在梅西百货和西尔斯百货等大众市场零售商选购长裙。讽刺的还有，1947年迪奥获得了内曼·马库斯奖。

在战争结束时新风貌给多年饱受苦难的人们提供了幻想。资源不再短缺，限量得到解除，世界已经准备好迎接华服和拥抱浪漫。新风貌最重要的是它出现的时机。多年后在迪奥的手记中提到了这种风格取得成功的原因：

“新风貌……会成功仅仅是因为它反映了当时公众内心的渴望——在机械、冷漠的生活中寻求庇护，回归传统和恒久的价值观。”

1947—1949年女装基本情况

相对1947年媒体对迪奥的爆发式反应，大众对新风貌的接受和采纳要平缓许多。方形垫肩继续流行了一段时间，20世纪40年代早期的一些特点例如箱形廓形也依然存在。大众市场反对全盘接受新风貌，因此主要的零售商店提供的连衣裙和套装往往裙长较长并配有垫肩。连衣裙的其他细节例如心形领口和带三角形领巾的船形领延续了战争时期的风格。鸡尾酒会礼服更加流行。欢乐的战后，新一代年轻新娘走向圣坛时穿着强调魅力和浪漫的婚纱。白天穿的连衣裙裙摆一般更宽大并采用时髦的裙长。宽大的短袖、七分袖和长袖都很流行。宽摆裙通常搭配异域风情、维多利亚时代风格或甜美风格的女衬衫。

下图　《时尚芭莎》1948年3月刊封面，强调新款裙子的长度

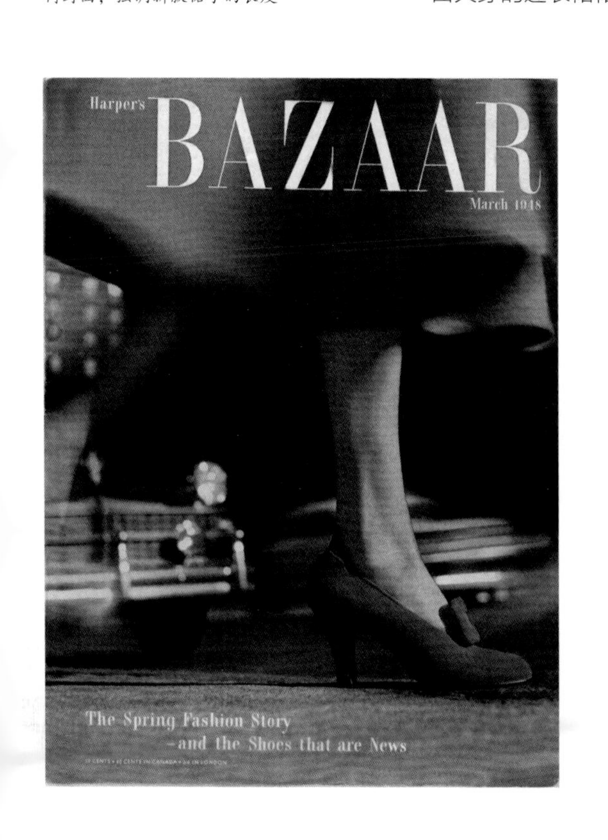

紧随巴黎的流行趋势，套装被广泛用作日装。百货商店通常提供更加直身的裙子，即使有宽摆裙也很少像迪奥裙那样宽大。外套式连衣裙是一种假两件，腰部有装饰性小裙摆模仿外套的下摆。外套采用套装流行的廓形，同时也具有浪漫的色彩。一般用18世纪的一个词语——“鲁丹郭特”（Redingote）来指称紧身的女式大衣，也有漂亮的华托式连帽斗篷。皮草依然受欢迎，新的处理工艺使毛皮的防水性能更好。

鞋子、帽子和手提包都发生了变化。虽然依然有人穿厚底鞋，但总体流行更有女人味的鞋子。露趾高跟鞋很常见，也有透明塑胶鞋。也能见到复古风格的装饰鞋扣和路易跟等细节。有可洗款式的便鞋，例如橡胶底的科迪斯（Kedettes）。总体而言，帽子的款式比战时含蓄（尽管也有花哨甚至离谱的款式）。帽檐更宽的帽子例如阔边花式帽和牧羊女帽特别常见。手提包保持了战时的大尺寸，但造型一般更优美，还有抽绳手提的款式。珠宝首饰风格优雅，跟随其他服饰配件的历史主义潮流。由于放松了战时管制，许多材料重新得到应用。美体衣成为获得新风貌廓形的利器。有结构分明的一片式连体紧身衣，也有包含文胸和紧身裤的两件式款式。衬裙上部经常和束腰带相连。胸罩更加有型，用螺旋线缝出尖尖的罩杯。

1949 年，美国媚登峰公司推出“我梦想……”的广告宣传活动，这个活动持续了 20 年。著名的女士内衣零售商“好莱坞的弗雷德里克（Frederick's of Hollywood）”创建于 1947 年。泳衣巨头詹特森（Jantzen）进军紧身衣市场，称它生产的束腰带可以“让你身材苗条、体态轻盈、线条优美”。让各地的女性倍感欣慰的是尼龙袜重新回归市场，并出现了无缝款式和新的肌理。既然现在女性的位置是在闺房而不是飞机库，家居服和睡衣变得越来越重要，也越来越有装饰性，女性的便服公然出现在时尚杂志上，“茶会礼服”一词再次被使用。

休闲装上越来越流行牛仔面料，特别是工装和运动装。泳衣有一件式和两件式，格纹、波点和印花——包括热带鱼图案——都很常见。但最劲爆的还是比基尼——尽管很少有人真正穿。

比基尼的出现归功于时装设计师雅克·海姆和汽车工程师路易斯·里尔德（Louis Réard）。两人都声称自己 1946 年在里维埃拉推出了简单款式的泳装，灵感可能来源于卷起泳装的日光浴者。海姆从 20 世纪 30 年代早期开始开发沙滩装，“时装剧院”展览中展示了他设计的沙滩套装。里尔德的服装经验仅限于经营他母亲的巴黎女士内衣店。海姆发布了他设计的“原子弹”（Atome）套装，非常简洁，符合当时流行的标准。里尔德的款式更加暴露，是首个获得专利并使用“比基尼”名称的款式。“比基尼”一词源于 1946 年马绍尔群岛核弹试验的地点。他的设计由四个布片组成。一名歌舞女郎穿上最早的比基尼登上媒体。同款出现在当年夏天巴黎举行的一场泳装秀。这款简洁的泳装没有马上被公众接受，法国人认为它有伤风化，欧洲其他地区更是如此。1947 年，《时尚芭莎》将这种套装定位为“日光浴装”。这种款式在美国也直到很久以后才被大众接纳。尽管如此，里尔德还是实现了商业上的成功——他在歌剧院大街开了一家泳装店。

设计师：法国

杰奎斯·菲斯（Jacques Fath，1912—1954 年）曾经担任演员和股票经纪人，1937 年他创建了自己的高级时装屋。战争服役后，作为有创新能力的设计师，他在高级时装界站稳了脚跟。菲斯相貌英俊，着装造型夸张，他的设计具有戏剧的效果而非优雅。甚至连他无可挑剔的定制套装都给人以妖冶的感觉。1948 年，《巴黎时装之苑》称菲斯为奇才并称赞他非凡的审美品味。菲斯热衷于造型和色彩的对比，亮橘色和绿色的条纹泳衣与三角形的红色高领外套搭配黑色紧身“雪茄”裙都体现了这一点。甚至白天穿的简单的衬衫式连衣裙也采用了收腰细节。关于度假服，他推出了鲜艳的印花及膝短裤和修身的外套。菲斯的晚礼服通常戏剧性地使用色彩不同寻常的薄纱面料。有套礼服由一件装饰珊瑚珠的紧身上衣和一条外为珊瑚色薄纱下衬花朵形巴瑟尔裙撑的裙子组成。他有许多名人客户，阿根廷第一夫人伊娃·贝隆（Eva Perón）也穿过他设计的礼服。1949 年，丽塔·海华斯（Rita Hayworth）与阿里·可汗（Aly Khan）王子大婚，他为丽塔设计的婚纱和礼服再次为他赢得了声誉。

1945 年秋，皮尔·巴尔曼（Pierre Balmain，1914—1982 年）推出了他的第一个服装系列并受到广泛的称赞。他从孩提时开始接受时尚的熏陶。他的父亲是面料商，他的母亲经营了一家精品店。巴尔曼在巴黎学习建筑，并向女装设计师展示自己的时装设计草图，1934 年，他被莫利纽克斯聘用。1938 年，巴尔曼加入勒隆时装屋，但因服兵役离开。1941 年，他回到勒隆时装屋担任设计师，与克里斯汀·迪奥一起共事。后来他成立了自己的时装屋，并使他的品牌成为一个重要的新名字。巴尔曼的设计有不同寻常的细节，例如日礼服肩部的水果形装饰和奶白色绸缎衬衫上的黑色亮片漩涡，非常独特，备受称赞。1946 年，他提倡一种圆润的臂部线条并推出宽摆（即他所谓的“钟形”）和直身（即他所谓的“哨形”）款式的裙子。他的套装、外套和披肩常常装饰异国情调的皮草。1948 年，他推出一款黑色羊毛面料制作周围镶美洲豹猫毛皮的“纱丽”。巴尔曼很快建立了他的国际客户群，他在纽约举办了时装秀并开设了一家成衣精品店。

20 世纪 30 年代马萨尔·罗莎（Marcel Rochas）提倡现代主义，战后他推崇一种更加浪漫的风格。1945 年，他推出了“女士”（Femme）香水，随之而来的是一段探索女性主题的时期，这可能是受到他的第三任妻子海伦娜（Hélène，1944 年两人结婚）的影响。他使收腰的款式得以复兴，他的晚礼服尤其有名。

右图　杰奎斯·菲斯设计的一款戏剧性的日礼服，采用菲斯典型的廓形。插画由雅克·德马尔奇（Jacques Demachy）绘制，出自法国杂志《时尚和工作》（*Modes et Travaux*）1949年4月刊的封面

他经常使用的黑色尚蒂伊（Chantilly）蕾丝成为他的标志性面料。

1939年，麦德·马尔蒂佐（Mad Maltezos）和苏西·卡尔庞捷（Suzie Carpentier）在法国创建了麦德·卡尔庞捷（Mad Carpentier）品牌，两人都曾是维奥内特的员工。马尔蒂佐担任设计师，卡尔庞捷担任业务经理，麦德·卡尔庞捷继承了维奥内特的一些特点例如富有想象力的垂褶和拼接。在法国被占领期间他们幸存下来并参加了“时装剧院”展览，他们的品牌成为战后重要的品牌之一并受到媒体的广泛报道。浪漫主义、历史风格和采用昂贵的面料是他们的特点。他们提供晚礼服、鸡尾酒会礼服、日礼服和定制套装，他们的外套尤其受人称赞。1945年，美国版《时尚》称赞了他们“新颖的披肩式肩部、宽大的袖窿和女性化的细节”。

设计师：英国

虽然英国主要的设计师大多都参与了 CC41（即 CC41 标签，二战期间英国实用服装的标志，它代表了 1941 年开始配给的平民服装），但是他们的创造力在战后得以重现，有些时装屋的作品可以与巴黎的媲美。战后诺曼·哈特内尔重新营业，推出奢华的礼服。1946 年，他前往巴西和阿根廷推广他的服装。他在布宜诺斯艾利斯的哈罗兹百货（Harrods）举办了一场成功的时装秀，阿根廷第一夫人伊娃·贝隆（Eva Perón）也出席了。1947 年 10 月 20 日，伊丽莎白公主与菲利普王子在威斯敏斯特教堂举行婚礼，哈特内尔为伊丽莎白设计了象牙白绸缎制作的心形领连衣裙，裙体以塔夫绸为内衬，并用马鬃塑形。哈特内尔的刺绣工作室用刺绣的百合花、香橙花和玫瑰极力美化这条裙子。由于 1947 年还存在战时限量的许多规定，伊丽莎白公主不得不省下配给券购买制作裙子的材料。伊丽莎白公主唯美浪漫的婚纱象征着战时物资匮乏状态的结束，并被全世界新娘效仿。

20 世纪 30 年代赫迪·雅曼（Hardy Amies，1909—2003 年）在伦敦高级时装屋拉切斯（Lachasse）工作并获得了成功，1941 年他加入沃斯时装屋。然而不久后他应征入伍，参加了比利时的特种部队。他的指挥官对他的评价是，不论身体还是心理都比外表看起来“坚强得多”。战争结束后，雅曼在萨维尔街开设了自己的店铺，并迅速以优质的男女定制服装声名鹊起。他很快获得了成功，得到了知名媒体的关注，成为英国战后时尚界最重要的人物之一。他这些年的设计以精致高雅出名，最具代表性的是奢华材料制作的晚礼服。他采纳了新风貌的设计，但具有典型的英国风格。他的定制套装和迪奥的基本款相似，但融合了 19 世纪英国骑马服和雷德芬定制服装的特点。

查尔斯·科瑞德（Charles Creed）是一名士兵玩具的狂热收集者，因此他的设计明显带有军装风格，有穗带和纽扣等细节。媒体评价他的作品“具有军人的风范”，看起来像“军乐队指挥”的着装。上层社会的女性非常喜欢他的套装，并将其作为衣橱中常年必备的款式。迪格拜·莫顿（Digby Morton，1906—1983 年）也以品质出众的定制服装闻名。正如他的竞争对手赫迪·雅曼所说，莫顿的套装“裁剪卓越，设计精妙，时尚大方，即使穿着它在丽兹酒店亮相也能让你自信满满”。莫顿的服装类型多样，他推出了连衣裙和漂亮的外套组合的款式，与他的套装相似。战争结束后，维克多·斯蒂贝尔（Victor Stiebel）继续为杰玛（Jacqmar）品牌设计高级时装，依然主要是奢华的晚礼服。1946 年，斯蒂贝尔成为伦敦时装设计师联合会主席。斯蒂贝尔非常成功，他的客户包括当时的一线女演员、王室成员和贵族。

上图　1947 年，赫迪·雅曼在他的“新风貌”款式的设计中应用了英国传统的裁剪

设计师：美国

法国设计师的缺席让哈蒂·卡内基（Hattie Cornegie）的事业得以顺利发展。她的作品经常出现在《时尚》和《时尚芭莎》上，她设计的波尔卡圆点套装登上了 1944 年《生活》杂志的封面，与一篇关于美国时尚的文章有关。1943 年，她为《生活》杂志设计了适合家庭缝纫的改良版本，该杂志称之为万能裙，声称它是“每个衣着考究的女性衣橱中的主打款”。媒体和公众都对她感兴趣，1942 年《大都会》（*Cosmopolitan*）和 1945 年《生活》（*Life*）杂志刊登了她的简介。公众对卡内基的时尚观点感兴趣，她的人生经历——一位成功的犹太移民——被当作实现美国梦的一个典范。

和卡内基一样，瓦伦蒂娜（Valentina）的生意也从法国高级时装的缺失中受益匪浅。她时髦、特别的设计很受欢迎，尤其在纽约的上层社会，她自己就是其中之一——一直穿自己设计的服装。种族和修道院主题继续影响了她的设计。她尝试设计以生活方式为导向和可变换的多用服装，将美国运动服的概念引入高级时装，例如晚礼服上也有实用的口袋。瓦伦蒂娜以多种方式回应了战争。她支持哥谭袜业（Gotham Hosiery）生产不透明的人造丝袜子，为本杰明·阿特曼（B. Altman）百货公司提供低价的缠头巾，甚至还为战时的工人设计工装裤。1942 年，基于《L-85》限定令规定她设计了一款灵巧的巴什利克大衣（Bashlyk Overcoat），以前面包裹的闭合方式、一个独立的针织风帽和一个夹手电筒的夹子为特色。瓦伦蒂娜战后的设计遵循了许多流行趋势，但仍然保持自己的特色。她用华丽的塔夫绸和雪纺制作的历史风格的奢华晚礼服吸引了追求个性的消费者，这些作品对于几何的运用和剪裁都很出色。瓦伦蒂娜设计了一款拜伦风格的衬衫，有“诗人”衬衫的领子和宽衣袖，米利森特·罗杰斯（Millicent Rogers）穿着这款衬衫登上了《时尚芭莎》。20 世纪 40 年代末期，瓦伦蒂娜总结了她的作品历久弥新的经验：“简洁经受住了时尚变迁的考验。现在的时髦女性穿着 1936 年从我这里购买的连衣裙。它们适合一个世纪，而不仅是一个年代。”

索菲·吉伯尔（Sophie Gimbel，1898—1981 年）——人称“萨克斯的索菲”（Sophie of Saks）——是萨克斯第五大道精品百货店的设计师。她的作品陈列在该店有名的“现代沙龙”（Salon Moderne）里。这位萨克斯百货的董事长夫人不仅自己设计作品，还将其他设计师的作品引入这家时尚精品店。1943 年吉伯尔推出一个成衣系列，在萨克斯百货的分店和其他零售商店出售。1947 年，她登上了《时代周刊》的封面。

右图　哈蒂·卡内基的设计集中代表了美国几十年以来的高品质时装。这款贴身的针织连衣裙由约翰·罗林斯拍摄，大约摄于 1943 年

上图 瓦伦蒂娜的时装反映了她怪诞的个人风格。照片中她拿着自己的一件作品，摄于1943年

左页图 瓦伦蒂娜设计的一款优雅的红色女裙，与军人制服形成鲜明的对比，搭配她标志性的“苦力”帽

战争爆发时梅因布彻（Mainbocher）离开了巴黎，他在纽约开了一家高级时装屋，他的名人顾客包括芭芭拉·“贝比”·佩利（Barbara “Babe” Paley）和格斯特（C. Z. Guest）。他设计了搭配长裙的晚装毛衣，这种款式符合低调优雅的总体趋势。他为志愿应急服役妇女队（W.A.V.E.S., Women Accepted for Volunteer Emergency Service）和美国红十字会等多个志愿服务组织设计了制服。

查尔斯·詹姆斯（Charles James，1906—1978年）生于萨里郡，他的父亲是英国军队的教官，母亲是富有的芝加哥名媛。最初詹姆斯被人看作不懂时尚和生意的门外汉，他的品性让他声名狼藉。在他的职业生涯的早期，他往返于美国、英国和巴黎，创建和关闭了几家企业，包括女帽和定制服装。1934年，他在巴黎开了一家店，并于1937年举行了他首次的巴黎发布秀。他早期的作品显示了他对结构和细节的尝试，包括使用拉链。詹姆斯称自己是“服装的建筑师”。随着战争的逼近，1939年他返回纽约并以自己的名义成立了公司。20世纪40年代早期，他的朋友伊丽莎白·雅顿在她的化妆品公司增设了一个定制时尚的部门，由詹姆斯担任设计总监。1944年举行了第一场秀，展示了詹姆斯设计的25件作品，目的是为红十字会筹集资金。两人的合作持续时间不长，1945年詹姆斯离开了雅顿，在麦迪逊大街699号开设了自己的沙龙。战后，他通过努力而名声大振。詹姆斯的作品出现在赫迪·雅曼伦敦的沙龙里，此后不久，在一些法国设计师的帮助下，他在巴黎的雅典娜广场酒店举办了一场壮观的时装秀，这场秀深受好评。詹姆斯认为时尚是敢于冒险且有品位的女性与有天赋的设计师合作的结果。詹姆斯认为自己是一名伟大的艺术家，他的作品有恒久的品质。他的设计有雕塑般的感觉，以华丽的造型和类似建筑的垂褶为特色。詹姆斯风格的发展和他在结构工艺方面的探索，例如几何形状、内部结构和缝合方式等息息相关。这些年里，除了少数例外（例如为纽约外套和套装品牌菲利普·曼戈（Philip Mangone）设计过一款外套），詹姆斯一直坚守在定制领域。他最有名的是晚礼服，此外也提供晚会和鸡尾酒会穿的半裙和上衣以及白天穿的连衣裙、外套和套装。1946年他设计了一款傍晚时分穿着的女裙（称为“公主裙”（Infanta）），与20世纪30年代巴黎世家的同名女裙非常相似。他设计的新颖的短款舞会礼服具有前瞻性，可能是20世纪50年代某种款式的原型。富有的客人将詹姆斯设计的女裙捐给博物馆，他的作品因此被视为艺术品。1949年，布鲁克林博物馆举办詹姆斯女裙展，所有的展品均来自他的名人客户米莉森特·罗杰斯。他的客户还有芭芭拉·佩利（Barbara Paley）、玛丽埃塔·特里（Marietta Tree）、格特鲁德·劳伦斯（Gertrude Lawrence）、莉丽·庞斯（Lily Pons）和盖普西·罗丝·李（Gypsy Rose Lee）等上层社会名媛和舞台名人。

诺曼·诺雷尔（Norman Norell，1900—1972年）最有名的是将高级时装的品质引入美国成衣。诺雷尔早期做过电影服装设计，20世纪30年代曾为哈蒂·卡内基工作。1941年，他加入安东尼·特雷纳（Anthony Traina）服装制造公司。因为采用的工艺标准非常高，特雷纳－诺雷尔品牌的成衣价格高昂。他的设计强调简约和持久，线条简洁，细节极少，这种审美恰好符合《L-85》限定令。战争期间，他设计了亮片晚礼服（亮片不是受限的材料），搭配细皮带，这种款式成为他的标志性设计。他设计的男式女衬衫和紧身裙组合的日用套装用途广泛、穿着舒适——这是美国时装的特点，略微带有吉布森女孩的风格。1943年，凭借出色的设计他首次（总共五次）获得科蒂奖。

右图　诺曼·诺雷尔为特雷纳－诺雷尔设计的“探戈丘尼克”（Tango Tunic），他有名的亮片紧身裙的变体，符合《L-85》限定令

克莱尔·麦卡德尔（Claire McCardell）是美式审美的伟大先锋。她出生于马里兰，很早就对时尚感兴趣。20 世纪 20 年代，她就读于纽约美术及应用艺术学院（New York School of Fine and Applied Art，即后来的帕森斯设计学院），并在巴黎完成她第二年的学习。她对玛德琳·维奥内特的作品产生了兴趣，维奥内特的设计影响了麦卡德尔的整个职业生涯。1931 年，她为汤利·弗洛克斯（Townley Frocks）品牌工作，担任设计师罗伯特·特克（Robert Turk）的助手，由于特克意外死亡，她成为了汤利的设计师，一直到 1939 年。在汤利，麦卡德尔实践了她的许多想法，例如“意大利面”原身布系带、原身布包边以及露出挂钩和扣眼等设计，

TRAINA-NORELL'S "Tango Tunic"...
superb new silhouette...
bateau necked, beaded and fringed...
exclusive with
T.A.Chapman Co.
Milwaukee

上图 克莱尔·麦卡德尔1942年推出的“烤松饼式”女裙，采用独创的裹身式设计并搭配配套的微波炉手套，是麦卡德尔的一款热销商品

这些成为了她的标志性特征。1937年，她为该品牌设计了第一款泳装。麦卡德尔喜欢风帽，曾从修道院服装中获取灵感，也尝试设计以生活方式为导向的服装。她曾短暂离开汤利一段时间，为哈蒂·卡内基提供设计，1940年她又回到汤利，品牌里也增加了她的名字。她为汤利·弗洛克斯设计的作品被摆在罗德泰勒百货显眼的位置。1941年，受到乡村服装的启发，她设计了一款“厨房晚宴裙”，并有配套的围裙。同年，她还推出白色羊毛针织面料制作的修道院式婚纱，并有配套的头巾。1942年，她推出了“烤松饼式女裙”（Popover Dress），最初使用蓝色牛仔布制作，后来很快出现各种面料制作的版本。这款女裙是40年代最畅销的服装之一，特点是有一个大贴袋和一只配套的微波炉手套。关于这款女裙，罗德泰勒百货的广告语是“时尚的实用主义原创设计”。麦卡德尔的系列设计经常包含长及小腿的裤子、连体短裤和三角裤款式的泳装。1944年，她用卡培娇（Capezio）芭蕾舞鞋搭配她设计的服装——这是对皮革定量配给的时髦回应。麦卡德尔尽量回避男装元素，提倡一种简单、女性化、青春洋溢的风格。数年来，她先后获得了柯蒂、美国时尚评论家协会（American Fashion Critics Association）和《小姐》（*Mademoiselle*）杂志等颁发的奖项，1943年，她的设计登上《生活》杂志的封面。1945年，她在《华盛顿明星报》（*Washington Star*）上声称未来人们将使用高性能面料。在同一篇文章中，她还预测了廓形的变化，在迪奥的“新风貌”出现两年以前预见接下来将流行更圆润的肩部和更长更宽的裙子。

1946年2月，《时尚》刊登了一张布鲁门菲尔德拍摄的克莱尔·麦卡德尔穿着自己设计的未来主义女裙的照片，这条裙子由三角形衣片缝合而成，有缉面线——她的标志性细节之一。这款设计结合了休闲风格和精细工艺，两者都是麦卡德尔的强项。1947年，麦卡德尔采纳了流行的“新风貌”，但就她个人而言，她将实用的面料和更女性化的廓形结合起来。更长、更宽的裙子和溜肩，常用插肩袖表现圆润的肩部，巧妙地使用条纹和格纹，通常呈人字形，这些是她常见的设计特点。麦卡德尔还用松紧带调节紧身胸衣让它更加合身，这种做法也用于泳衣。她一般不使用拉链，以钩子和系带等有创意的闭合方式为特点。她对时装的贡献频频得到媒体的称赞，1948年，她获得了内曼·马库斯奖。

维拉·麦斯威尔（Vera Maxwell，1901—1995年）曾为第七大道上的若干个公司提供设计。她的设计经常体现了男装的影响，注重服装的材质和实用性。她设计了一个“周末衣橱”，包含一些能相互搭配的单品——一件外套、一条长裤和两条半裙——都是实用的羊毛服装。她偏爱柔软的材料，经常使用针织面料。她的定制套装也比其他设计师的更加简约舒适。她曾经做过舞蹈演员和时装模特，这些经历让她意识到衣服舒适的重要性，这是贯穿她职业生涯的一条指导性原则。战时她为斯佩里陀螺仪公司的女工设计的棉质连体裤提升了她作为一个优秀的实用服装设计师的形象，受到媒体的广泛报道。

缪丽尔·金（Muriel King）虽然仍然为好莱坞和百货公司提供设计，但她也受到了战争的影响。1943年，波音公司请她为工厂的女工设计全套工作服。金的“空中堡垒”（Flying Fortress Fashions）系列以波音公司的轰炸机命名，包括从工装裤到办公室职员裙等多件工作服。出于安全的考虑，金设计了合身的廓形，不使用垂悬的布片或其他可能有安全隐患的细节。

蒂娜·莱塞（Tina Leser，1910—1986年）的父母是费城的有钱人，孩提时候她已经周游世界，后来在宾夕法尼亚美术学院（Pennsylvania Academy of Fine Art）和索邦大学（Sorbonne）学习。1931年结婚后她定居夏威夷岛，在那里她开了一家女裙店，出售用夏威夷本土和太平洋地区的面料制作的服装。1940年，一次前往纽约的商务旅行为她带来了萨克斯百货的订单，随后她在纽约开了一家分店。珍珠港事件以后，她搬到了纽约，并很快成为福尔曼（Foreman）的设计师。莱塞从世界各地的文化中汲取灵感，她延续了她的夏威夷主题，也使用了墨西哥和南美等“友邦”的元素。她为福尔曼提供的设计在业内深受好评，1945 年，她获得了柯蒂奖。她战后的设计尤其有创造力。她设计了一个用海勒针织面料制作的周末旅行衣橱，其中甚至包括一件针织晚礼服，她还设计了典型的美国风格的海滩服，以红白相间的桌格桌布为面料，灵感源于战时的代用做法。从莱塞许多作品的裁剪和制作上可以看到印度的影响。1948 年，在与第二任丈夫的蜜月旅行中，她在日本举办了一个旨在鼓励将传统服饰和现代风格融合的时装设计大赛。获奖的作品次年在日本的一个时装秀上展示。莱塞 1949 年的度假系列使用了和服丝绸，她是最早使用吉姆・汤普森泰丝公司（Jim Thompson's Thai Silk Company）生产的面料的设计师之一。

波林・特里格里（Pauline Trigère，1909—2002 年）生于巴黎的皮嘉尔区，父母是俄国人。她的父亲是裁缝，所以她很小就开始学习裁剪和制版。她较早涉足服装领域，从业时间也长，她的职业生涯始于在马歇尔和阿尔芒当学徒。做过一段时间裁缝后，她和哥哥一起在巴黎开设了时装屋，她别致的款式很快得到了认可。1937 年，她和丈夫及家人一起离开法国定居纽约，她在那里开了一家裁缝店，但她的婚姻和生意都失败了。后来她为哈蒂・卡内基工作了一段时间，1942 年她再次和哥哥合伙经营自己的品牌。她的第一个系列只有为数不多的一些女裙，但很快声名鹊起，40 年代末她已站稳脚跟，1949 年她获得了柯蒂奖。

汤姆・布利冈斯（Tom Brigance，1913—1990 年）曾在帕森斯设计学院和索邦大学学习，后来在伦敦为耶格工作。20 世纪 30 年代，他为罗德泰勒百货提供设计，以漂亮的运动服、休闲装和便于活动的服装闻名。1941 年，他离开罗德泰勒百货前往南太平洋，在美国情报局服役，1944 年服役结束后返回美国。阿黛尔・辛普森（Adele Simpson，1903—1995 年）曾在布鲁

左下图　女演员芭芭拉・布瑞顿（Barbara Britton），穿着缪丽尔・金为工厂女工设计的工装做宣传，摄于 1942 年

右下图　“世界旅行家”蒂娜・莱塞设计的两件套异国风情的休闲装，图片出自《假日》（*Holiday*）杂志 1949 年 11 月刊

上图 《费城故事》剧照，人物为詹姆斯·斯图尔特、露丝·赫希（Ruth Hussey）、约翰·霍华德（John Howard）、凯瑟琳·赫本和加里·格兰特。赫本穿着阿德里安设计的多层裙，反映了设计师对格纹棉布的钟爱

克林的普瑞特艺术学院（Pratt Institute）受训。20 世纪 30 年代，她的职业生涯已经起步。辛普森嫁给了一个面料制造商。战争时期，她为玛丽·李时装（Mary Lee Fashions）提供设计，同名品牌的作品在萨克斯第五大道精品百货店和其他高端零售店出售。辛普森的设计遵守了当时的规定，但显得特别时髦和雅致。克莱尔·波特（Clare Potter）继续设计国际风格的运动服和简洁、优雅的晚礼服。波特似乎未曾受到战时限制的困扰，她曾说："一个真正的设计师欢迎一些限制，因为它们有助于激发想象力和创造力。"1946 年，她以新颖的设计作品获得了柯蒂奖。

1941 年，吉尔伯特·阿德里安（Gilbert Adrian）离开了米高梅电影制片公司。《费城故事》（*Philadelphia*，1940 年）是他参与的最后一批电影之一，主演凯瑟琳·赫本在影片中饰演一位上流社会的女继承人。她的行头包括一件田园风欧根纱衬衫和一条多层格纹棉布半身长裙组成的套装。阿德里安曾为《绿野仙踪》（*The Wizard of Oz*，1939 年）中的朱迪·加兰（Judy Garland）设计了蓝色的格纹棉布裙，紧接着是为赫本设计的格纹棉布裙，在赫本的影响下格纹棉布成为潮流。阿德里安对格纹棉布的认识起源于 1938 年在阿帕拉契亚（Appalachia）的旅行，在那里他接触到这种美国乡村的布料。

1942 年，阿德里安在比弗利山庄（Beverly Hills）开设了自己的时装屋，在余下的职业生涯里他主要集中精力于时装设计。因长期从事影视服装设计他的作品具有强烈的戏剧感。他设计的晚礼服特别戏剧化，常常带有新古典主义的特点，但也受到军装的影响，并使用规格较大的绘画风格的图案。他继续采用他一贯的宽肩，在上个十年里他将宽肩推向流行。阿德里安的套装展示了他作为时装设计师真正的天赋，一直保持卓越的做工。阿德里安常使用普拉·斯托

上图　芝加哥历史博物馆收藏的一套1948年阿德里安设计的套装，展示了设计师经典的宽肩廓形和在拼接中对水平和垂直条纹的娴熟运用

特（Pola Stout）设计的条纹和人字形面料，通过拼接产生漂亮的几何和波浪效果。与传统的收省方式不同，阿德里安经常使用拼接和放松的方式来制作合体外套。时髦的细节有自系带、军服穗和带扣。1943年，他获得了内曼·马库斯奖，1945年又获得了柯蒂奖。阿德里安抵制新风貌，保持40年代早期的廓形，尤其是继续使用宽垫肩，但在裙长方面他让步了。1946年，他推出了香水。1948年，他在纽约开了一家时尚精品店，他的首次时装秀大获成功。他偶尔也回到电影行业，例如他曾为阿尔弗雷德·希区柯克执导的惊悚片《夺魂索》（*Rope*，1948年）设计服装，还为《银海香魂》（*Joan Crawford*，1946年）和《藏娇记》（*Possessed*，1947年）中的琼·克劳福德（Joan Crawford）设计礼服。他一直经营他的时装屋，直到1952年因心脏病退休。

电影与时尚

战争期间，虽然很多欧洲的电影制片公司几乎陷入停滞状态，但是好莱坞依然创造了很多伟大的作品。然而，和普通大众一样，影视服装设计部门同样面临许多限制。进口材料难以获得，因此用劣质的材料代替昂贵的材料。彩色电影更加普及，一方面影视服装设计师面临的挑战升级，另一方面也发挥了电影服饰对于流行色的引导作用。

影视服装采用了时装的简洁风格，例如《卡萨布兰卡》（*Casablanca*，1942年）中英格丽·褒曼（Ingrid Bergman）漂亮简洁的浅色套装和棱角分明的帽子（奥利－凯利（Orry-Kelly）设计）。同时，《忠勇之家》（*Mrs.Miniver*，1942年）中的葛丽亚·嘉逊（Greer Garson）是这种风格和战时女性英勇精神的典型代表，她因此获得了奥斯卡最佳女演员奖。《罗拉秘史》（*Laura*，1944年）中吉恩·蒂尼（Gene Tierney）简洁雅致的服装出自邦妮·卡辛（Bonnie Cashin）之手，预测了战后的流行风貌。女性魅力仍然是好莱坞影视时装要传达的信息。伊迪丝·海德为《淑女伊芙》（*The Lady Eve*，1941年）中的芭芭拉·斯坦威克（Barbara Stanwyck）设计了多款时髦的服装，对主流时尚产生了积极的影响。影视服装设计师海伦·罗斯（Helen Rose）为巴西艺人卡门·米兰达（Carmen Miranda，她继续推动了厚底鞋的流行）设计了极具女性魅力的服装，她也为《暴风雪》（*Stormy Weather*，1943年）中莉娜·霍恩（Lena Horne）设计了精彩的礼服。

这些年电影也刺激和反映了人们对丰满圆润的胸部持续增长的兴趣。飞行员霍华德·休斯（Howard Hughes）执导的《不法之徒》（*The Outlaw*，1943年）未经好莱坞审查机构的批准在限定放送频道播出。1944年，童星秀兰·邓波儿15岁时参演《我将来看你》（*I'll Be Seeing You*），她在影片中穿过的一款紧身毛衣引起了轰动。这个造型被人广泛模仿，年轻女性穿毛衣的风尚也因此一直延续到20世纪50年代。

好莱坞继续推出令人印象深刻的黑色电影，电影中的服饰也对时尚产生了影响。艾琳·伦茨（Irene Lentz）为《邮差总按两次铃》（*The Postman Always Rings Twice*，1946年）中扮演蛇蝎美人的拉娜·特纳（Lana Turner）准备了多款漂亮的白色服装，包括一套两件式的运动服。利亚·罗兹德（Leah Rhodes）为《夜长梦多》（*The Big Sleep*，1946年）和《盖世枭雄》（*Key Largo*，1948年）中的亨弗莱·鲍嘉（Humphrey Bogart）与洛琳·白考儿（Lauren Bacall）设计了时髦的行头。在《杀人者》（*The Killers*，1946年）中，艾娃·加德纳（Ava Gardner）首次担任主演，凭借影片中的服饰树立了自己的时尚偶像形象。意大利女演员阿莉达·瓦莉（Alida Valli）在《凄艳断肠花》（*The Paradine Case*，1947年）和《第三者》（*The

上图　电影《忠勇之家》（1942年）的女主角葛丽亚·嘉逊（Greer Garson）代表了战时理想的女性形象

右图　丽塔·海华斯，身穿影视服装设计师让·路易斯为她在《吉尔达》（1946年）中饰演的角色设计的黑色抹胸晚礼服

Third Man，1949年）中惊艳出场，为战后意大利风格进军北美起到了推动作用。

让·路易斯（Jean Louis，1907—1997年）生于法国，他最初担任哈蒂·卡内基的设计师，1944年来到好莱坞。1946年，他为《吉尔达》（*Gilda*）中丽塔·海华斯扮演的电影同名角色设计服装。她令人惊艳的行头里有一条19世纪风格的黑色抹胸裙，但也预见了未来十年的性感魅力。这条裙子后来成为好莱坞历史上最著名的礼服之一。

1948年奥斯卡金像奖首次设立了最佳服装设计奖，对黑白和彩色两类电影分别进行提名和颁奖，罗杰·肯布尔·福斯（Roger K. Furse）凭借《哈姆雷特》（*Hamlet*）获黑白影片最佳服装设计奖，芭芭拉·卡林斯卡（Barbara Karinska）和多萝西·杰金斯（Dorothy Jeakins）凭借《圣女贞德》（*Joan of Arc*）获彩色影片最佳服装设计奖。《哈姆雷特》对时尚没有明显的影响，英格丽·褒曼（Ingrid Bergman）在《圣女贞德》中的童花头被广泛模仿，直到20世纪50年代。

"sextette" from Jantzen
"ROMPER"
"AMPHIBIAN"
"ECSTASY"
"WATER BOY"
"ECLIPSE"
"HI-DIVER"
Jantzen
thoroughly man-tailored
sunclothes
come on you sunners...line up for the best looks of
your life! Jantzen has everything you need...the smartest,
best-fitting, best-performing man-tailored sun classics...
finest quality washable fabrics...special-for-Jantzen
wonderful-looking fast colors. Jantzen is famous
for girls' shorts...fly-front shorts of Crompton finest
cotton corduroy as in "Romper", left, 5.95...other shorts,
2.95 to 9.95. Jantzen is famous for tee shirts of finest
quality combed cotton, as the striped shirt, for men, too,
come on you swimmers...Jantzen has for you
the world's finest swim suits and swim trunks...
marvelous new exclusive Lastex-powered fabrics...
famous Jantzen girdle control and uplifting bras for
girls...flawless-fit, trim athletic lines for men. "Eclipse",
in light-as-air Cordo-Lastex, with detachable shoulder
straps is 9.95..."Ecstasy" (opposite page) finest quality
satin Lastex with terrific new Jantzen Stay-Bra 15.95
...one-piece like it 17.95...others 8.95 to 17.95.
Jantzen
"Lastex-powered figure-control
swim suits

上图　詹特森的一则广告，展示了流行的男式和女式沙滩装与泳装

下图　夏威夷的阿罗哈衫通常以热带图案为特色。这件1948年来自火奴鲁鲁“王氏面料店”（Wong's Drapery Shoppe）的衬衫上印有竹子和异域风情的叶子图案

男装

大量男性应征入伍意味着制服成为了日常服的一部分。由于缺乏成年男性购买民用服装，定制服装制造商把目标客户转向老人和孩子。和一战时一样，制服由男装制造商生产，某些军官的制服则由裁缝量身制作。制服经常作为正装穿着，在战时举行的很多婚礼中，参加婚礼的男性都穿着制服。政府的限制使男装趋于简化，因此所有同盟国的男性都为战争牺牲了背心、口袋和裤脚翻边。法国禁止使用后育克和裤袢。裤子只能有一个后袋，只允许使用假的裤脚翻边（用缝褶的形式模仿）。英国的实用套装去掉了马甲、裤脚翻边和袋盖。英国军人从军队遣散时收到的复原套装（或称“反暴”套装）即采用了这种简单的款式。美国的“胜利”套装没有贴袋、裤脚翻边和褶裥。双排扣套装由外套和长裤组成——没有背心。含两条裤子的套装不再另外增加长裤，大衣上的腰带、燕尾服和双排扣塔士多礼服在战争时期都免了。37号外套长度最长不超过76厘米，其他服装也有类似的限制。

户外运动、步行或骑自行车旅行时人们穿运动服和工作服。彩色休闲服颇受欢迎，并且体现了异域风格的影响。1942年，《纽约时报》曾报道运动衫和短袜的色彩如此鲜艳，甚至“在黑暗中也能看见”。夏威夷衫是20世纪30年

代以来流行的款式，采用与战时相关的爱国主义元素，主要流行于夏威夷和南太平洋。阿罗哈衫通常采用人造丝面料制作，融合了植物图案和各种海岛风情。

阻特装（Zoot Suit）最初和美国黑人爵士音乐家及表演者有关。有宽肩、衣身长大的外套，裤腿宽大、裤脚收紧的锥形裤，并搭配夸张的配饰。阻特装及其穿着者都有反传统的意味。加利福尼亚的墨西哥裔美国人接受了阻特装，他们把这种款式作为他们边缘化的象征。战争时期，绚丽夸张的款式不符合规定，被认为是不爱国和有害的，因此，1943 年，在墨西哥裔美国人和洛杉矶军人之间发生了“阻特装暴乱”。阻特装和“爵士迷”装都是非主流，但是它们的美学元素影响了主流男装。战时限制解除后，男式长裤回归宽松款式，裤腰上经常有许多褶裥，裤脚紧窄，从裤腰至裤脚逐渐缩小。外套采用阻特装的款式，通常较长，并扣得较低。

战争中出现的英雄人物成为战后男装的一个重要主题。陆军元帅伯纳德·蒙哥马利（Bernard Montgomery）穿的羊毛粗呢外套影响很大，特别是对年轻的一代，这款外套成为他们的主打外套。上将德怀特·戴维·艾森豪威尔（Dwight D. Eisenhower）

右图　20 世纪 40 年代早期，哈莱姆区著名的夜总会萨沃伊舞厅（Savoy Ballroom）里穿阻特装的观众

右图 1948年男装出现的“粗犷风貌”，以宽肩外套和宽松的裤子为特点。领带通常有规格较大的彩色几何图案。《服装艺术》1948年5月刊上安德沃（Andover）的一则广告

喜欢穿长及腰部的制服外套。这种款式也进入了平民的衣橱，称为“艾森豪威尔外套”。该款式在战争期间最初是女性的套装外套，后来发展成为男性的休闲装。男装回到了与20世纪30年代类似的廓形，1948年《时尚先生》（*Esquire*）杂志称其为“粗犷风貌”（Bold Look）。外套有宽肩和大翻领。裤子是有褶裥的高腰款式。领带很宽，有热带主题图案、装饰艺术风格图案和新颖的印花图案，色彩通常较鲜艳。其他完善整体造型的配饰包括口袋手帕和宽檐帽。在正装的基础上男装继续发展了较为休闲的款式。宴会外套更加普遍，有许多颜色和材质，搭配对比鲜明的配饰。流行的颜色和图案对家居服和睡衣也产生了影响。

童装

童装以实用为主。学步和学龄女童继续穿连衣裙或在衬衫外面穿背心裙或穿上衣和半裙组合的服装。男孩上学或玩耍时穿短裤或灯笼裤，搭配衬衫和毛衣。正式场合穿着的定制套装也

右上图　醒目的彩色图案出现在男士的运动服、配饰、家居服和睡衣上，广告有助于一种诙谐的战后氛围的发展

包含短裤或灯笼裤。战争也影响了儿童的着装。在特殊场合，一些家长给小孩穿上迷你版本的男兵和女兵制服。作为避免浪费和发扬艰苦朴素精神的一个重要方面，大人穿过的衣服经常改小或直接给孩子穿，会织毛衣的女性自己动手为小孩织毛衣、便帽和连指手套。许多关于节约和修补的言论或项目为制作和缝补小孩的衣服提供指导和建议。

青少年市场受到了更多关注。高档商场有青少年专柜，大众市场产品目录和零售商也提供面向女高中生和女大学生的款式。美国设计师艾米莉·威尔肯斯（Emily Wilkens，1917—2000 年）是开发该市场的伟大的先行者。威尔肯斯曾在普瑞特艺

右下图　战争期间西尔斯百货的商品目录提供特殊场合穿着的儿童版本的军队制服

右图 1946年，艾米莉·威尔肯斯设计的一套少女装，裙摆宽大，有节日的气氛。模特还戴着一条流行款式的手链，适合各个年龄段的女性

术学院学习，最初担任插画师。后来她开始使用女装中的流行元素为青少年设计服装。她将现代精神引入童装，1944年她为维特·泰勒（Bonwit Teller）公司设计的一个系列中包含的少女宴会连衣裙甚至使用黑色这种非常规的颜色。她声名鹊起，很快取得了成功，1945年她获得柯蒂奖。她设计的少女装经常出现阿尔卑斯村姑和其他民族风情的款式，还有19世纪的灵感和美国拓荒者的服装。其他经典的青少年服装包括运动服例如毛衣（有时穿一种称为“Sloppy Joe”（原意是“碎牛肉三明治”）的宽大套衫）和半裙、定制套装和各种材质与款式的连衣裙，例如简单的纯棉或化纤裙和有甜美的女性细节的“约会裙”。尽管越来越多人穿休闲长裤，但人们依然认为它只适合非正式场合或当作休闲运动装。从牛仔布到羊毛法兰绒有各种各样面料制作的休闲长裤，裤腿宽松，高腰，而且总是在侧面和背后闭合。小孩日常穿平跟和低跟的绑带鞋。年龄稍大的女孩穿不系带的乐福鞋，双色马鞍鞋很受欢迎。对于少女而言，穿高跟鞋是成长和社交的一个里程碑，反映了青少年市场的变化。

解除面料限制对战后的童装产生了影响，尤其是在美国——首个结束面料限制的大国。1946年，杂志和商品目录上出现少年穿着的长裤套装（称为“和父亲一样”），他们以前只穿短裤和灯笼裤。女孩的衣服反映了女人味的回归，体积更大，细节更多，特殊场合的服装尤其如此。母女装和姐妹装得到推广。战后另外一个变化是童装设计师的数量增加了。20世纪40年代末，汤利推出了克莱尔·麦卡德尔设计的“麦卡德尔宝贝”（Baby McCardells）和“青少年版本”（Junior Editions）两个系列。关于高档童装，雅克·海姆战前成功推出的“年轻女孩”系列得到了更多的关注。总体而言，少女装反映了成人女装宽裙摆和更低的裙摆底边等廓形的变化和浪漫唯美风格的回归。

年代尾声

战争使不同国家的人联系在一起。特别是美国、加拿大和澳大利亚的许多军人借此机会首次在国际文化圈中亮相。战时的发明和创新迅速被改造转为民用，包括从首次在欧洲战场上使用的盘尼西林到水宝宝防晒霜——最开始为军人防晒配制。

战争让世界上大部分男性穿上了军装，那些没有参加战争的男性则通常穿着 20 世纪 30 年代的服装。相对而言，战后人们更希望看到男性穿着时髦并在平民生活中能继续保持男性的阳刚之气。战争期间全世界的女性都提倡节俭、穿实用的服装，有时还要充当男性的角色。战后人们竭力支持她们再度展现女性的气质，穿廓形优美、更长和更宽大的裙子。克里斯汀·迪奥的新风貌及其美学主张不仅主导了 40 年代末的时尚，还为 50 年代的着装风貌奠定了基础。美国崛起成为世界政治的领袖，巴黎则以它的优雅再次主宰了世界时尚。

右图　马克西姆·德·拉·菲拉斯（Maxime de la Falaise）穿着奢华的迪奥礼服，从中可以看到 40 年代末时尚正在向奢华、精致的方向转变，诺曼·帕金森（Norman Parkinson）拍摄

第八章

20 世纪 50 年代：丰富的高级时装和舒适的郊区风格

在某种程度上，20 世纪 50 年代时尚处于停滞状态：这十年里基本延续了战后几年建立的时尚语录。新风貌取得成功后，法国重新回到高级时装的最高位置和女装引领者的角色。优雅三巨头——迪奥、菲思和巴尔曼设立的时尚基准被世界各级市场效仿。高级时装行业以奢华的面料、毛皮和精致的手工装饰维持声誉，大众市场则推出免熨烫化纤面料的时装承诺给消费者“更好的生活”。虽然法国主宰着时尚界，但是流行文化却以美国为主导，美国的电影和音乐得到广泛传播。然而，全球化的影响是显著的，并越来越得到主流文化的认可。旅游变得普遍也更平价，对时尚也产生了影响——旅游纪念服穿回家，异域风格继续影响主流时尚。

社会和经济背景

经过数年的限制和节约，战后政府开始鼓励社会全方面消费以促进发展。欧洲的战后重建工作得到了提倡消费和强调家庭生活等政策的支持。战后采取了许多形式的恢复措施，例如

左页图　战后的女性形象——1947 年迪奥推出的新风貌在 50 年代被强调和夸大了，伊斯塔（Esta）绘制的这张插画表现了 20 世纪 50 年代理想女性的优雅和女人味

右图　二战后很多西方国家出现了“婴儿潮”，因此人们重视家庭价值，崇尚简单愉悦的郊区家庭生活

1951年英国举办“英国节”（Festival of Britain）、法国政府对高级时装行业给予补贴和美国颁布《退伍军人权利法案》（*G.I. Bill of Rights*）。住房和娱乐等成为和平时期需要优先考虑的事项，战时发展的科技用于民用领域。1950年，美国一百多万户家庭拥有电视机。20世纪50年代，这种强有力的新媒介在大量日用消费品的促销中发挥了重要的作用。电视和报刊上大部分广告针对重新回归家庭生活的女性，她们在购买决策上起重要的作用。郊区扩大了，更多家庭拥有小汽车，“汽车文化”的发展对时尚也产生了影响。设计师品牌的孕妇装反映了当时的高出生率——即所谓的战后“婴儿潮”。20世纪50年代，男性既是顾家的男人又是商人、消费者和休闲爱好者，他们的穿着显示了他们的富裕程度和兴趣爱好。然而，家庭价值和经济繁荣掩饰了时局的动荡，包括刚刚开始的呼吁结束种族隔离的民权运动。反时尚（通常是青年主导的）的着装宣言表达了年轻人对社会从众的不满。

艺术

从欧洲艺术家让·杜布菲（Jean Dubuffet）和安东尼·塔皮埃斯（Antoni Tàpies）的作品可以看出，抽象主义主宰着绘画和雕塑领域，出现了纽约学派（New York School），代表性人物有罗伯特·马瑟韦尔（Robert Motherwell）和海伦·弗兰肯瑟勒（Helen Frankenthaler）。具象艺术（Figurative Art）喜欢将现实中的事物扭曲变形，从阿尔贝托·贾科梅蒂（Alberto Giacometti）、弗朗西斯·培根（Francis Bacon）、亨利·摩尔（Henry Moore）和乔治·图克（George Tooker）的作品中能看到这一点。50年代晚期，随着理查德·汉密尔顿和罗伯特·劳森伯格等人将日常物和流行文化元素引入他们的作品，通俗艺术得到了发展。

格尔顿·本夏夫特（Gordon Bunshaft）、瓦尔特·格罗皮乌斯和路德维希·密斯·凡·德·罗（Ludwig Mies van der Rohe）等人设计的国际主义风格的玻璃幕墙奠定了城市风光基调。埃罗·沙里宁（Eero Saarinen）和勒·柯布西耶（Le Corbusier）的作品表达了一种更加自然的审美。装饰艺

下图　这个时期理想的女性形象通常是矛盾的。庸俗艳丽穿着紧身或暴露的狐狸精与时髦端庄的完美家庭主妇形成鲜明的对比

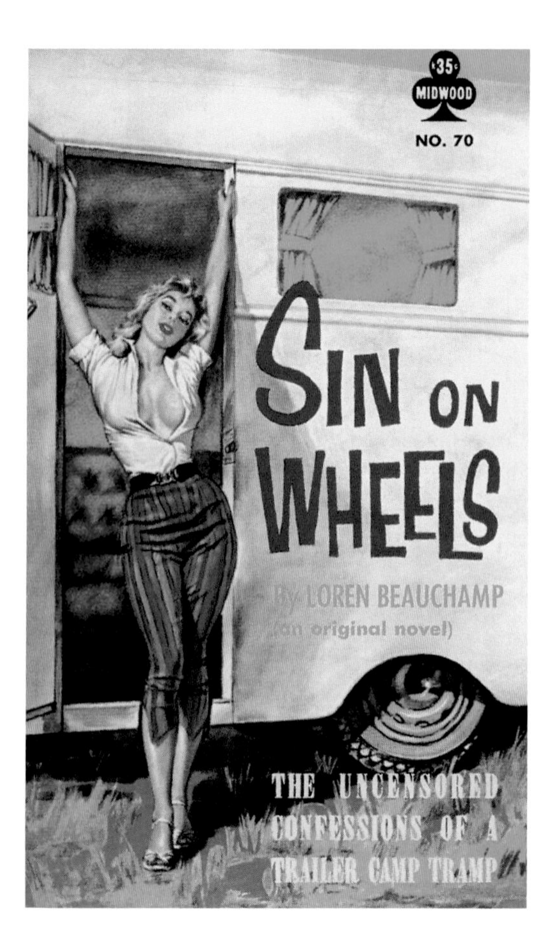

术作品有许多形式和价位，让越来越有设计意识的大众也消费得起。在不断扩大的郊区，殖民复兴风格的建筑和装饰与相对现代风格的建筑和装饰形成鲜明的对比。对家庭生活和日常娱乐的强调激发了人们对简单的木制家具和生动活泼的纺织品的兴趣，例如英国设计师吕西安娜（Lucienne）和罗宾·戴（Robin Day）以及美国设计师雷（Ray）和查尔斯·伊姆斯（Charles Eames）的设计。

许多重要的文学作品反映了年轻人的躁动不安，例如杰罗姆·大卫·塞林格（J. D. Salinger）的《麦田里的守望者》（*The Catcher in the Rye*，1951 年）、法兰丝瓦·莎冈（Françoise Sagan）的《日安忧郁》（*Bonjour Tristesse*，1954 年）、威廉·戈尔丁（William Golding）的《蝇王》（*Lord of the Flies*，1954 年）、弗拉基米尔·纳博科夫（Vladimir Nabokov）的《洛丽塔》（*Lolita*，1955 年）和艾伦·金斯伯格（Allen Ginsberg）的诗《嚎叫》（*How*，1956 年）。赫尔曼·沃克（Herman Wouk）的《马乔里辰星》（*Marjorie Morningstar*，1955 年）和格雷斯·麦泰莉（Grace Metalious）的《冷暖人间》（*Peyton Place*，1956 年）都是最畅销的小说。平装本价格便宜，内容劲爆，在书的封面上印有各种胸部丰满、穿着暴露的女性，表现了那个年代对紧身衣的迷恋。剧作家亚瑟·米勒、田纳西·威廉斯（Tennessee Williams）、约翰·奥斯本（John Osborne）和哈罗德·品特（Harold Pinter）创作的具有挑战性的戏剧在舞台上大获成功，欧仁·尤内斯库（Eugène Ionesco）和塞缪尔·贝克特（Samuel Beckett）的荒诞派戏剧作品也是如此。

在约翰·凯吉（John Cage）和皮埃尔·布列兹（Pierre Boulez）的作品的影响下，实验音乐（Experimental Music）有了更多粉丝。本杰明·布里顿（Benjamin Britten）创作的《比利·佰德》（*Billy Budd*，1951 年）和伊戈尔·斯特拉文斯基创作的《浪子的历程》（*The Rake's Progress*，1951 年）等歌剧在传统的音乐形式内运用了现代主义的一些原则。1949 年，理查德·施特劳斯辞世，一年后他最后的杰作——极具浪漫色彩的《最后的四首歌》（*Four Last Songs*）首次公演。关于流行音乐，大乐团和弗兰克·西纳特拉、艾拉·费兹杰拉、哈利·贝拉方提（Harry Belafonte）和迪恩·马丁（Dean Martin）等歌手的事业继续发展，但是他们也面临了埃尔维斯·普雷斯利（Elvis Presley）、比尔·海利和他的彗星合唱团（Bill Haley & His Comets）以及巴迪·霍利（Buddy Holly）等摇滚新星的挑战和竞争。

一批国际性的导演推动了电影事业的发展。意大利导演维托里奥·德·西卡（Vittorio De Sica）和费德里科·费里尼（Federico Fellini）执导的电影真实表现了人的经历。黑泽明（Akira Kurosawa）颇具影响力的作品《罗生门》（*Rashomon*，1950 年）和《七武士》（*Seven Samurai*，1954 年）为日本的电影产业赢得了国际声誉。瑞典导演英格玛·伯格曼（Ingmar Bergman）执导了《第七封印》（*The Seventh Seal*，1957 年）和《野草莓》（*Wild Strawberries*，1957 年）等神秘、有艺术感的作品。印度导演萨蒂亚吉特·雷伊（Satyajit Ray）执导的电影促进了印度电影的发展。一批年轻的法国导演成为了“新浪潮”（New Wave）的先锋，其中包括著名导演让－吕克·戈达尔（Jean-Luc Godard）和弗朗索瓦·特吕弗（François Truffaut）。好莱坞继续制作各种类型的电影。华丽的大型歌舞片有《雨中曲》（*Singing in the Rain*，1952 年）、《花都艳舞》（*An American in Paris*，1951 年）和《星梦泪痕》（*A Star is Born*，1954 年）。也有战争主题的影片，例如《乱世忠魂》（*From Here to Eternity*，1953 年）和《再见》（*Sayonara*，1957 年）。《正午》（*High Noon*，1952 年）和《原野奇侠》（*Shane*，1953 年）等西部片也很流行。

电视提供新闻、体育、综艺、肥皂剧和情景喜剧等节目，越来越多人喜欢看电视。情景喜剧通常以家庭生活为主题，《父亲什么都知道》（*Father Knows Best*）和《反斗小宝贝》（*Leave it to Beaver*）等节目宣传了“理想的”家庭形象。英国的《蓝色彼得》（*Blue Peter*）和美国的《胡迪·都迪秀》（*Howdy Doody*）等受欢迎的儿童节目以及《米老鼠俱乐部》（*The Mickey Mouse Club*）为商品搭售提供了机会。爱德华·默罗（Edward R. Murrow）的《面对面》（*Person to Person*）等访谈节目有对时装设计师的采访。1953 年伊丽莎白女王加冕典礼是 20 世纪 50 年代收视率最高的事件之一，有两千多万人收看。

右图　演出中的巴迪·霍利和蟋蟀乐队（The Crickets）。霍利的黑框眼镜和他们修身的套装被许多音乐人和粉丝效仿穿戴

下图　虽然社会鼓励女性成为妻子和母亲，但是媒体也经常取悦职业女性，鼓励她们购买工作场合穿着的服装，例如《魅力》杂志1954年9月刊登的这张照片

时尚媒体

虽然勒内·格鲁瓦、埃里克和雅克·德马奇等伟大的插画师为时尚媒体带来了生气，但摄影照片依然成为了《时尚》《时尚芭莎》《翡米娜》《巴黎时装公报》和《女王》等老牌期刊封面和内页主要的视觉表现形式。摄影师塞西尔·比顿、约翰·罗林斯、欧文·布鲁门菲尔德和路易丝·达尔·沃尔夫依然活跃。一批新的摄影师加入了他们，其中包括理查德·阿维顿、欧文·佩恩、诺曼·帕金森（Norman Parkinson）和约翰·弗里奇（John French），他们的时尚作品中融入了非传统的运动精神和技术试验。他们走出工作室，马戏团、夜总会甚至地铁都可以作为他们拍摄时尚大片的场所。他们的摄影作品令人印象深刻，朵薇玛（Dovima）、芭芭拉·戈伦（Barbara Goalen）和苏齐·帕克（Suzy Parker）等模特因此成为人们熟知的名人而不是匿名的"面孔"。

时尚写作的风格是说教性质的，甚至是专横的。杂志强化了时尚规则驱动的系统方法，每一季都建议一个"蓝图"，经常有详列服装、配饰、面料，甚至化妆品颜色的表格。举个例子，杂志告诉读者，蓝色套装搭配白衬衫是行政工作者理想的春季着装，四点以后不能穿粗花呢外套，晚宴需要穿领口漂亮的连衣裙。有影响力的知名杂志编辑（多数是女性）包括美国版《时尚》的埃德娜·伍尔曼·蔡斯和杰西卡·黛芙斯（Jessica Daves），英国版《时尚》的奥德丽·威瑟斯和法国版《时尚》的米歇尔·德·布伦霍夫（Michel de Brunhoff，后来由艾德蒙·查理－鲁斯（Edmonde Charles-Roux）接任）。卡梅尔·史诺掌管《时尚芭莎》直到1957年，戴安娜·弗里兰也是其中的一员。专制的时尚编辑成为了人们熟悉的一个角色，1957年的电影《甜姐儿》（*Funny Face*，温和地讽刺了时尚产业）中饰演普雷斯科特女士（Miss Prescott）的凯·汤普森（Kay Thompson）让这个角色成为不朽的银幕形象。

下图一 郊区生活经常包含鸡尾酒会，有特定的着装规范。这些带有装饰的开襟羊毛衫一般穿在鸡尾酒会礼服的外面

下图二 法国重新回到高级时装的主导地位，从这件刊登在《艺术与时尚》1952年11月刊上妮娜·里奇的礼服可以明确看到这一点

新发行的杂志迎合读者的兴趣，并将时尚与艺术结合。《魅力》（*Charm*）自称为“职业女性的专属杂志”，推荐女装和最容易“结识男性”的旅游地点。《乌木》（*Ebony*）杂志首次推出它的“时装交易会”，这是一场面向美国黑人的高级时装巡演。1951年发行的《绅士》（*Gentry*）为男性提供高端的生活方式和时尚建议。1954年《体育画报》（*Sports Illustrated*）首次发行，大量内容和运动服有关。

女装基本情况

20世纪50年代女式日装和晚礼服大多流行两种廓形。一种是修身上衣搭配不规则布片拼接或打褶形成的大摆裙，另一种是同样款式的上衣搭配窄小包臀的“铅笔裙”。着装严格遵守时间和场合的要求，每个场合都必须穿戴正确，不仅要穿上合适的衣服，配饰也要合乎场合。正如《时尚芭莎》1953年宣称的那样：“这关乎造型的完美无瑕——从线条流畅的头部到穿鞋适宜的脚趾。”由于杂志提供顶级设计师设计作品的纸样，所以家庭裁缝都能穿上最新款式的日装或晚礼服。

时尚中心讲究衣着的女性吃午饭和参加下午的社交活动时通常穿着定制套装。套装强调入时和有品味，设计师品牌的套装使用特别奢华的羊毛面料，夏天则用亚麻布。虽然大摆裙通常用来搭配定制外套，但直筒裙更常见。配饰对于套装而言非常重要。七分袖（或称“手链袖”）让女性可以展示她的手饰，手套通常戴到手肘位置。领口通常开得很大，便于展示珍珠和宝石项链。衣领和袖口有漂亮的细节，其他的特色装饰有包扣、钩编扣子和缉面线等。50年代早期女式套装就已出现50年代末盛行的相对宽松的款式。巴伦西亚加等几位设计师推动了这股潮流，一些套装的外套变得方正，1953年《时尚芭莎》称赞它“入时、利落、现代”。

白天穿的一件式连衣裙也主要采用这两种廓形。设计师使用了优雅的丝绸、绉绸和欧根纱，甚至塔夫绸面料，还有各种棉织物例如珠地网眼布、细点瑞士布、小提花织物和其他结构新颖的面料。虽然廓形有些一成不变，但领口、衣袖和制作细节有许多变化。许多场合都能穿无袖和短袖的连衣裙并搭配合适的外套，塑造整洁端庄的形象。衬衫式连衣裙也很常见，原身布制作的腰带让整个造型变得完整。彼得潘小圆领特别流行。夏装有无袖和颈部系带的上衣。春秋通常用毛衣搭配半裙，两件套毛衣尤其常见。适合郊区生活的休闲日装有各种图案的衬衫式印花连衣裙，多以纯棉和化纤面料制作。

晚装多用奢华的面料，并使用大量面料制作，裙体更加蓬松。修身的款式不多但偶尔也有人穿，以此追求与众不同的效果。晚礼服和舞会礼服通常很长，造型夸张，上面装饰的垂褶让人想起19世纪的服装。50年代初这类服装也出现了较短的款式，甚至舞会礼服也有短款，“芭蕾”和“华尔兹”长度（长至脚踝）的裙子都很普遍。人们更加重视鸡尾酒会的社交礼仪，鸡尾酒会礼服因此也成为衣橱的重要组成部分。虽然男士有时穿着商务服直接从办公室赶往鸡尾酒会，但女性会穿上华丽面料制作的精致短裙，通常装饰珠子并搭配漂亮的珠宝首饰。某些鸡尾酒会礼服还搭配配套或相宜的外套或波蕾若开襟短外套。晚宴服有类似的款式，但也有设计师推出新奇的晚宴套装，用粗横棱纹丝绸、马特拉塞凸纹布和泡泡纱等面料制作，并经常在衣领和袖口装饰毛皮。女主人套装是另外一个重要的组成部分。这种服装独具特色，结合了一条修身长裤和一条前面开口的蓬蓬裙，通常还搭配装饰性的女主人围裙，让整套装束更加完美。

外套继续延用了20世纪40年代晚期流行的修身款式，但从肩部向下展开的宽松款式也日益常见。这种外套的袖子通常也很宽松，有时采用和服袖或插肩袖。外套和套装一样，有时也采用七分袖。礼服外套和里面的礼服或套装相匹配，讲究衣着的女性有多件不同材质不同颜色的外套。由于款式宽大，人们更加重视衬里。有时外套和礼服或套装上都使用同一种面料。四分之三上身长度的外套用来搭配半裙，同样采用肩部以下向外展开的廓形。"汽车外套"（Car Coat）一词用来指称四分之三上身长长度的外套，反映了女性郊区生活的需要。晚上穿的外套一般向外展开很大，常用绸缎、塔夫绸、波纹绸和山东绸制作。皮草继续流行，包括寒冷季节常见的毛皮外套和晚上尤其是参加鸡尾酒会时流行穿着的毛皮小披肩和长披肩。貂皮、黑貂皮和狐狸皮都很常见，七分袖毛皮短外套也非常流行。阿斯特拉罕羔羊皮和波斯羔羊皮等卷曲的动物毛皮常用作外套、大衣、帽子或用作羊毛服装上的装饰边。人们特别喜欢豹皮和斑马皮的外套和镶边。

婚纱通常很长，风格唯美浪漫，使用绸缎、网眼薄纱和蕾丝等传统婚礼服面料制作。伴娘裙则通常使用轻柔的浅色面料。用料多、体积大的长款婚纱有时需要在下面穿缝入了圈环的衬裙。好莱坞的电影对婚纱时尚产生了重要的影响。短款的婚纱在1950年就已出现，巴尔曼曾推出一个"裙摆及地日装长度的款式"。纪梵希（Givenchy）为奥黛丽·赫本在《甜姐儿》中设计的经典短款婚纱延续了这股潮流。

上图　婚纱在时尚产业中有特别重要的地位。好莱坞通过电影中的婚礼和女演员的真实婚礼为婚纱设计提供了灵感。图中所示为1956年格蕾丝·凯莉与摩纳哥雷尼尔王子结婚时穿着的婚纱，海伦·罗斯设计

下图　50年代末纽约的一个制造商推出的一款外套，廓形受到了巴黎时装的影响

西方的出生率直线上升，孕妇装得到了蓬勃发展。纪梵希和哈特内尔等设计师品牌推出了孕妇装，生产商也在重要的时尚杂志上宣传自己的孕妇装。腰线略高的款式和罩衫最受欢迎，体现了主流款式的影响。露西尔·鲍尔（Lucille Ball）真实的怀孕形象出现在热播电视剧《我爱露西》（*I Love Lucy*）1952—1953年的几季中，推动人们采纳更加时髦的运动服。

休闲装中长裤越来越常见，年轻女性甚至在休闲场合穿蓝色牛仔裤也很普遍。总体而言，长裤的裤腿相对紧窄。非常紧身的"斗牛士"裤、长及小腿的"卡布里"裤和"百慕大"中裤反映了国际旅游业对时装的影响。衬衫通常无袖，白色或浅色，但也有仿男式衬衫的简洁款式和有彼得潘小圆领充满女人味的款式。休闲套装上衣为开襟毛衣或短外套。在树林中休闲时流行穿羊毛格子半裙。俄勒冈的彭德尔顿羊毛厂（Pendleton Woolen Mills）推出第一款女装——"49er"（49的），以1849年的淘金热和这款衬衫推出的时间1949年命名。这是一件有贴袋的外套式格子衬衫，款式以该厂生产了几十年的男式户外衬衫为基础。由于露营越来越受欢迎，这款衬衫成为常年畅销的产品。

体育活动成为了富有且热爱运动的女性生活中的一部分：网球服一般为白色，滑雪服反映了纺织技术的进步，短裤运动装依然流行，也出现了女款的针织马球衫。有些泳装增加了鲸骨和罩杯并进行了定型处理，这种设计在一件式和两件式套装上都能看到。然而，重要的制造商都积极推出使用新型面料制作的实用泳衣。当时一些著名的法国设计师为美国泳衣制造商提供设计，例如迪奥为加州科尔，纪梵希为詹特森。比基尼依然过于前卫，大众的接受度鲜有提高。1956年，匈牙利移民莱亚·戈特利布（Lea Gottlieb）创立了以色列泳装品牌高太丝（Gottex），产品以多彩的图案闻名。

白天，女性经常戴各种形状紧贴头部的小帽子。另外还有各式贝雷帽、钟形帽、软帽和无檐帽。面纱很普遍，粗网相对更常见，但也有细网，颜色有黑色也有浅色，戴起来会盖住脸部。鸡尾酒帽新颖奇特，形似巨大的花朵，用尖羽毛和蝴蝶结装饰。某些缠头的款式用网眼薄纱、蕾丝和细羊毛织物完全裹住头部。也有宽檐帽，通常用来搭配宽摆裙，和 18 世纪的风格类似。巴黎杰出的女帽商有波莱特（Paulette）、克劳德·圣–西尔（Claude Saint-Cyr）和萝丝·瓦卢瓦（Rose Valois），但高级时装设计师对女帽流行趋势的影响越来越大。伦敦的制帽商奥格·特哈让普（Aage Thaarup）和鲁道夫为伊丽莎白女王制作的帽子为他们赢得了声誉，美国帽子设计师莉莉·达什和约翰·弗雷特里克斯的事业发展蒸蒸日上。

战时流行的单肩包已经过时，女性一般更喜欢拎手提包——以一种更为淑女的姿势。多数包袋方方正正、挺括有型，包带较短。皮革和绒面革颇受欢迎，但夏季使用的包袋常用秸秆、酒椰叶纤维或各种颜色的面料制作，适合搭配服装。“Sac à dépêches”是爱马仕推出的一款包袋，因为与格蕾丝·凯莉（Grace Kelly，摩洛哥王妃格蕾丝）有关而出名。1956 年，凯莉在照片里拿着这款包，这种款式因此被称为“凯莉包”。

佩鲁贾（Perugia）、菲拉格慕（Ferragamo）、罗杰·维威耶（Roger Vivier）和德尔曼（Delman）等著名的鞋类品牌推出了华丽的鞋子，许多用奢华的丝绸制作，上有大量装饰。为了和服装相匹配，晚会用的鞋子还特别用和服装相同的面料制作。大概从 1954 年开始，维威耶设计了细高跟，用金属杆加固很细的高跟，改变了鞋子的造型。整个 50 年代鞋形都在变化。鞋头变尖，不像以前那么圆，鞋面变低，鞋跟变得更细。流行的款式包括晚上穿的系带凉鞋、芭蕾舞平底鞋以及适合运动和休闲活动的乐福鞋和帆布运动鞋。

四季都可以用手套搭配日装和晚礼服，甚至短袖的款式。冬天使用皮革和绒面革，夏天使用钩针编织或有新奇的印花图案的棉质面料。还有各种形状的印花丝绸围巾，佩戴方式也多种

左下图　彭德尔顿羊毛厂的一则广告，上可见一个穿着该厂经典的格纹衬衫参加郊区休闲活动的快乐女性。露西尔·鲍尔在《我爱露西》中有关野营的一集也穿过这款“49er”（1949 年推出）衬衫

右下图　1951 年美国《魅力》杂志刊登的一款运动服套装，以多图的形式呈现了上衣的多种穿法

多样，例如把丝巾系成阿斯科特结或蝴蝶结，系在脖子、头部或手袋上作为一个彩色的装饰。五彩缤纷的丝巾上印有各种图案：绘画式的花卉、图形式的纹样、波点和几何纹。设计师品牌的丝巾负有盛名，颇受欢迎。精致的配件烟嘴回归潮流。白天和晚上都可以佩戴珍珠。无论什么档次的珠宝耳环、项链和手链都成套配戴。手镯也很流行，有时人们会佩戴多个并不匹配的手镯。纽扣式耳环和其他贴近耳朵的款式白天和晚上都适宜，镶嵌珠宝闪闪发光的悬挂式耳环则适合晚上。莱茵石非常受欢迎，装饰在首饰、胸针、发夹、纽扣或鞋子和包袋的带扣上。

服装面料

面料是区分服装档次的重要依据，高级晚礼服使用奢华的丝绸，朴素的日装则使用明亮的印花棉布。20 世纪 50 年代，经济的繁荣引起了现代化以前风格的回潮，重现了 19 世纪的奢华。真丝锦绸、印经塔夫绸（Warp-printed Taffeta）、西塞莱天鹅绒（Ciselé Velvet）和蕾丝的使用到了令人惊叹的程度。晚礼服面料还通常用华丽的刺绣和串珠装饰。

法国、瑞士、意大利和英国都生产高档面料。里昂老牌的面料制造商罗迪尔（Rodier）和比安基尼－弗勒莱（Bianchini-Férier）仍然生产高端奢华的面料。伦敦的阿谢尔公司（Ascher）在顶级设计师中很受欢迎。该公司生产多种独特的安哥拉山羊毛织物，并委托杰出的艺术家为其设计面料图案。许多公司开发了艺术家设计的印花面料，例如 1955 年美国的富勒面料（Fuller Fabrics）推出了欧洲顶级画家设计的“现代大师”系列印花面料，该系列曾被克莱尔·麦卡德尔采用。印花面料全年都很流行。时尚报刊推荐每季的新图案，风俗画印花图案特受欢迎。

人造纤维是战后技术让生活更简单理念的一个成果。到 1955 年，最新的合成纤维——涤纶在大西洋两岸都已经投入商业化生产。在制造商猛烈的营销下，合成纤维得到了消费者的信任，这对全世界存在已久的纺织业造成了威胁。合成纤维的一些缺点（手感粗糙、发黄和吸水透水性差）通过和自然纤维混纺得以改善。随着合成纤维的品种日益丰富，品牌变得重要。人们的衣橱里满是达克纶（Dacron®）、克林普伦（Crimplene）、奥纶（Orlon®）、福特勒尔（Fortrel）、阿克利纶（Acrilan）和莱卡（Lycra®）等大公司开发的纤维品牌。

下图　美体衣对 20 世纪 50 年代大部分时间提倡的优美体形而言至关重要

美体衣和内衣

定型文胸和束腹带塑造了时髦的身材——坚挺的胸部、紧致的腰部和翘凸的臀部。许多女性有多件不同长度、支撑方式和颜色的美体衣。白色和浅色最流行，但也有黑色甚至印有动物图案的款式。多功能美体衣有时称为“Corselet”（意思是“胸衣”），它结合了文胸和束腹带，有时底部还有褶边，以便于支撑宽摆的裙子。腰封有很多称谓，例如“Waspie”（意思是“法式肚带”）、“Guêpière”（意思是“紧身带”）和“Waistliner”（意思是“束腰”）。虽然大多数美体衣是为了塑造苗条紧致的线条，但也有带铰接式后片的束腹带，能让臀部看起来更圆润。很多文胸罩杯使用圆形的缝线强调坚挺的形状，一些文胸还使用钢圈支撑和塑形。许多款式没有肩带或有多种穿法，某些款式的肩带距离很宽适合晚礼服流行的深领和宽领。浅口文胸有类似搁板的半罩杯和距离较宽的肩带，在低领下呈现特别诱人的高胸线，并在视觉上延长了躯干。美体衣的营销猛烈。

有些商品名非常诱人，例如加拿大一家公司生产的“魔术文胸”。媚登峰公司开展的“我梦想”广告宣传活动始于20世纪40年代晚期，至50年代达到了标新立异的新高点。美体衣广告也针对青少年，由十几岁模特穿着，让消费者以为美体衣对穿着得体至关重要。弹力合成面料的发展让美体衣既贴身又能拉伸。很多束缚带有拉链和弹力衣片。女式内衣的面料甚至蕾丝都常用轻薄柔软的尼龙面料，1959年，用途广泛的弹力面料莱卡问世。

许多衬裙采用尼龙面料制作并有蕾丝花边，经常穿在裙子里面、美体衣外面。睡衣几乎透明并装饰蕾丝花边，以白色、奶油色或浅色为多。流行长及地面的晨衣，常有女性化的细节。睡衣裤可作为睡衣也可作为家居服使用。

20世纪50年代一种典型的风俗画印花图案，以流行的主题——贵宾犬为特色

异想天开的印花图案

彩色印花图案是贯穿整个50年代的一个时尚关键词，从高级定制礼服到邮购的家居服几乎所有的服装上都有彩色印花图案。当时流行的宽大裙子为有趣的印花提供了完美的媒介，相对贴身的款式也因彩色印花图案而生动活泼。出现了大量新奇的风俗画印花图案。食物是受欢迎的主题之一。1953年，纪梵希推出了有葡萄、牡蛎和红黄彩椒印花图案的夏季连衣裙。一年后，阿黛尔·辛普森推出了印有虾纹的丝质连衣裙。龙虾、樱桃、玉米、西红柿和其他诸如此类的图案在中档服装上很常见。青少年的服装和日用品上流行小丑、牛仔和各种动物（从农场动物到动物园饲养的动物）的印花图案，普遍见于衬衫、睡衣、寝具和床帘。旅行也是灵感的来源之一。新奇的印花图案展示了英国伦敦的地标建筑、中国的佛塔和塔希提的棕榈树。法国的埃菲尔铁塔和罗马的角斗场也出现在不计其数的女裙、女式衬衫和围裙上。

印花图案也受到当代艺术的影响。有些印花图案是委托艺术家设计的，但是很多印花图案设计师只是简单借鉴了抽象艺术中的常见元素，例如自由的笔触和大胆的用色。设计师也从科学发现中汲取灵感。衣服和家具上出现了分子形态和晶体结构。贵宾犬图案因为有巴黎人神气的派头而特别流行。

发型和化妆

这个年代优雅和成熟是美的标准。这种风貌由于化妆品的使用而得以实现——1950 年《时尚》称之为“坦率的伪妆”。粉底和散粉用于打造亚光的妆面，有些公司推出了合二为一的粉饼形式。用黑色的眉笔描画出弯弯的眉毛。眼线也有神奇的效果，画在上眼睑能让眼睛看上去更大，有时也画在下眼睑。眼影有粉状、笔状和膏状的三种。口红有许多颜色，但最受欢迎的还是红色系，例如 1953 年露华浓推出的经典款“雪中樱桃”。打磨过的长指甲很时髦，指甲油和口红的颜色相匹配或适宜。

有各种各样的发型，多数长至下巴或更短，常常烫成卷发，有时将前额的头发向后梳或剪成尖尖的刘海（即“小精灵”发型）。通过上色或染发改变发色也很时髦。有些发型的名称体现了它的国际影响力，例如“意大利波波头”和“左岸”刘海。50 年代晚期，蓬松的发型、不太厚重的妆容包括淡淡的口红成为了一种更加年轻的选择。

20 世纪 50 年代晚期廓形的变化

50 年代中期，一些设计师使用了不同于流行的廓形，这对 50 年代最后几年的廓形产生了显著的影响，日装的款式更加宽松，套装和女裙通常呈箱形或直筒形。腰线位置发生改变：一些款式没有腰线，很多女裙采用了帝政时期的高腰线，有些款式则采用了低腰线。“修米兹”（Chemise）一词用来指称一种一片式半紧身裙的衍生款式。这种像包袋的宽松裙子采用了低腰线，风格和 20 世纪 20 年代类似，通常搭配升级版钟形帽。这些宽松的款式虽然在报刊上频频亮相，但并不流行，尤其是在美国，美国的许多女性仍然坚持新风貌廓形。然而，这些廓形上的某些变化，预见了 20 世纪 60 年代的流行趋势。日装中宽松款式日益增多，一些晚礼服的廓形更接近几何形，因为采用了建筑的造型并常用塔夫绸和硬缎制作。泡泡底边常见于鸡尾酒会礼服。1958 年《巴黎时装公报》介绍了白天和晚上都适合穿着的“现代印象”女裙——裙摆底边在膝盖位置，裙体不贴合身体，廓形从 A 字形到泡泡形有许多种。许多晚礼服反映了当时的变化，以裙裾或前短后长的不规则下摆底边为特点。

下图 50 年代晚期，塔夫绸裙将女人味与几何形结合起来，例如梅吉·罗夫 1958 年设计的这款有裙裾的“泡泡”裙

设计师：法国

1950 年，克里斯汀·迪奥已成为全世界最著名的时装设计师。这一年《时尚》曾声称：“迪奥演绎了高级时装界的无限创意并预见了未来的流行。迪奥的某些设计的确有轰动性，但更重要的是某些设计预测了流行的趋势。”迪奥的服装秀被媒体广泛报道，他的设计奠定了主流时尚的基调。不过，腼腆的迪奥退休后过着平静的生活，他并非人们所想象的光鲜亮丽的那一类设计师。

迪奥的公司商业上取得了巨大的成功，为法国时尚行业的创收做出了巨大的贡献。他增加了许可证经营，并拓展到配饰领域，包括与设计师罗杰·维威耶和赫伯特·德尔曼合作的鞋子。1951 年，迪奥还开了一家皮草沙龙。他的全球供应系统前所未有。继 1948 年纽约时尚精品店开张以后，迪奥在伦敦、加拉加斯、圣地亚哥和悉尼等城市开设了几家国际分店和顾客沙龙（有驻店设计师）。迪奥与霍尔特润福签订协议，允许后者在加拿大

独家销售迪奥的产品并使用迪奥巴黎和纽约沙龙的设计版权。迪奥与哈瓦那的埃尔恩坎托（El Encanto）和墨西哥的希罗宫（El Palacio de Hierro）也签订了类似的协议。1953年，日本的大丸百货（Daimaru）得到在日本生产迪奥的服装的许可，常用日本面料制作迪奥设计的服装。

迪奥时装屋的设计以奢华著称，代表了巴黎高级时装发展高峰时期的审美。迪奥的作品大量使用精美的面料和装饰，与19世纪晚期著名时装屋的作品相似，又或者参考了玛丽·安托瓦内特的牧羊女款式。花园主题的图案反复出现在迪奥的作品上，用刺绣、贴布和印花等方式表现，铃兰（山谷百合）图案也很常见。篮筐主题不仅出现在牧羊女帽上，还用于面料处理。迪奥的作品还明显受到了墨西哥、南美洲和日本等异域风格的影响。他尝试用拼接和垂褶表现新颖的几何图形。他的几个系列里，面料从一侧的肩部垂至另外一侧的臀部并成为裙身的一部分。“迪奥哈玛”晚礼服（Diorama，1951年）将马鬃条装饰在裙子的顶部，“奥黛特”（Odette，1952年）使用了缀满黑色康乃馨的白色丝绸，让人想起让-菲利普·沃斯的设计，“热米赫”（Zemire，1954年）上为简单的紧身上衣，下为圆形的宽摆裙，搭配一件和迪奥定制日装类似的外套。这套服装很受欢迎并授权允许复制生产。

迪奥1954年推出的H形和1955年推出的A形和Y形体现了他在廓形上的创新。H形笔直纤细，有轻微的挺括感，被媒体亲切地称为“法国豆荚”。A形有高腰线和宽摆裙，以“A套装”——一款灰色丝毛法兰绒套装最具代表。Y形的特点是V字形的宽阔船领和紧身的廓形。

继“迪奥小姐”和“迪奥哈玛”获得成功之后，1956年，迪奥推出了他的第一款香水“迪奥之韵”（Diorissimo），主要的香味来自铃兰。1957年，迪奥登上《时代周刊》的封面，他在照片中挥舞着一把大剪刀。同年，他英年早逝。在此之后，迪奥时装屋的设计由伊夫·圣·罗兰（1936—2008年）主持。圣·罗兰从1954年开始就为迪奥效力。1958年，圣·罗兰为迪奥推出了他的第一个系列，他将廓形从A字形改为“秋千”形，有几种不同的款式，包括一件

左下图　罗杰·维威耶为克里斯汀·迪奥设计的一款鞋，体现了迪奥品牌经营的多样化和精致的配件对服饰外观整体的重要性

右下图　20世纪50年代，迪奥处于巴黎时装界的最高位置，他在全球的销售量超过以往任何一位设计师。零售商巨头霍尔特润福的这则广告请知名模特朵薇玛代言，目的是宣传它在加拿大的迪奥独家销售权

左上图　克里斯汀·迪奥和他1954年推出的H形灰绿色套装，模特是蕾妮，亨利·克拉克（Henry Clarke）拍摄

右上图　1957年迪奥去世后年轻的伊夫·圣·罗兰接管了迪奥时装屋的设计并于1958年推出"秋千"裙，这暗示服装廓形即将发生变化

有实用贴袋的日装和一件泡泡裙摆底边的鸡尾酒会礼服。这个系列的成功让时装界消除了迪奥去世后迪奥时装屋能否继续发挥既有的影响力的疑虑。

杰奎斯·菲斯（Jacques Fath）将业务拓展到香水、配饰和成衣等领域。配饰在时尚精品店销售，包括围巾、领带、帽子、耳罩和袜子等。菲斯也推出了价位较低的"菲斯的菲斯"（Fath de Fath）成衣系列，通过约瑟夫·哈尔佩特（Joseph Halpert）在美国销售。哈尔佩特生产的女裙标牌为"杰奎斯·菲斯美国设计"（Designed in America by Jacques Fath）。他经常使用独特的面料组合，例如针织面料、蕾丝和黑貂皮，并使用大蝴蝶结和花束等戏剧性的装饰细节。菲斯喜欢在同一套服装上使用明显的宽松和紧身的对比，例如非常紧身的裙子搭配"秋千"款式的大衣或腰部有长大的装饰性裙摆的外套。他的很多作品使用了黑白对比，配饰的尺寸也通常很大。菲斯奢侈铺张的作风和时装屋紧张的气氛远近闻名，这位设计师和他的妻子一起工作，两人的作风都很雷厉风行。1954年，杰奎斯·菲斯死于白血病。此后，他的遗孀热纳维耶芙（Geneviève）继续经营时装屋，直到1957年。

皮尔·巴尔曼（Pierre Balmain）在时装界的地位继续上升。随着国际声望的提高，巴尔曼的设计——尤其是他那些优雅的、巴黎味十足的晚礼服得到了媒体的称赞。1950年，《时尚》对他的作品的评价是结合了穿着的舒适性、"强烈的想象力和法式的精妙"。因为受到美国上流社会的喜爱，1952年他在美国开了一家时尚精品店销售成衣，1955年，他还获得内曼·马库斯奖。巴尔曼的日装和晚礼服有明显的区别。他的日装优雅精致，其中包括精致的几何形套装，豹皮边是一个常见的细节。至于晚礼服，他注重奢华和装饰。他的很多鸡尾酒会礼服和晚礼服都体现了18和19世纪风格的影响。他用刺绣、蝴蝶结、褶边、巴尼尔和巴瑟尔造型的裙子表现历史风格。巴尔曼的香水也很成功，特别是"朱莉

右图 杰奎斯·菲斯的设计是巴黎时装的典范。1951 年推出的这套服装在紧窄的裙子外面有一个宽大的腰部装饰性裙摆，威利·梅沃德（Willy Maywald）拍摄

夫人（Jolie Madame）”。他还为戏剧和电影设计服装，例如为 1952 年百老汇上演的《百万富翁》（*The Millionairess*）中的凯瑟琳·赫本和《不幸时刻》（*En Cas de Malheur*，1958 年）的主演碧姬·芭铎（Brigitte Bardot）设计服装。

克里斯托巴尔·巴伦西亚加（Cristóbal Balenciaga）参与了“时装剧院”展览，这有助于巩固他在时尚界的地位。在风格上，巴伦西亚加完全不同于迪奥设立的模式，但是他的作品也受到了媒体的高度赞赏，也得到了有眼光的顾客的青睐。巴伦西亚加以晚礼服、披肩和适合白天穿的套装和外衣见长。他继续使用了 20 世纪 30 年代的主题，并从他的祖国西班牙汲取灵感，例如，以弗拉明戈舞为灵感来源设计了合身的公主线款式的女裙。此外，巴伦西亚加的晚礼服和鸡尾酒会礼服通常使用大量的塔夫绸和透明的丝质欧根纱制作，采用直裁，对矩形衣片进行抽褶或打褶处理。他的作品广泛运用该手法，因此产生了建筑风格的长礼服和泡泡裙摆底边的鸡尾酒会礼服。他的女裙有些不加装饰，但是大多数女裙使用了大量的巴洛克式或斗牛服式的镶边。他也设计了多款晚礼服披肩，有些是矩形的，有些则参考了斗牛士披肩的造型。他的套装和外套非常有名，顾客对它们的评价是：能穿好几季，时尚、前卫、永不过时。他在套装中尝试合身、有创意的接缝和垂褶，并使用独特的袖型，粗花呢是他喜欢的面料。巴伦西亚加也许是最早采用“新风貌”沙漏廓形的设计师，他推出了较为温和的合身款式。1947 年，他的“茧形”（或“筒形”）套装和宽松的外套就已出现，1952 年，他推出了袋形廓形。20 世纪 50 年代巴伦西亚加的作品继续创新。1958 年他推出了衣身宽松、腰线偏高或偏低的款式，预测了 20 世纪 60 年代的流行趋势。

上图 皮尔·巴尔曼设计的一款花卉纹晚礼服，图片出自《时尚》1953年5月刊的一篇评论，结合了摄影师霍斯特·P·霍斯特和插画师马赛尔·韦尔特斯两人的才华

让·季米特里·伍吉尼尔（Jean Dimitre Verginie，1904—1970年，人称“让·德塞”（Jean Dessès）生于埃及，具有希腊的血统。20世纪20年代中期他来到巴黎投身高级时装行业，1937年他在乔治五世大街开设了自己的时装屋。战争年代，他的店依然维持经营，后来他参加了“时装剧院”展。1948年，他将时装屋搬到埃菲尔酒店，并开始在美国销售他的服装。1950年，美国版《时尚》对他的评论是“德塞用潇洒无畏的手创作”。战后，他取得了巨大的成功，赢得了一批身份显赫的客户。尽管他提供高品质的定制服装，但是他最有名的是鸡尾酒会礼服和晚礼服。他的经典作品灵感来源于他的祖先——古希腊人，以细褶雪纺和垂褶效果

左上图 1951年，克里斯托巴尔·巴伦西亚加设计的一款鸡尾酒会套装，体现了他擅用宽摆塑造几何造型的高超手法

右上图 1955年2月《埃尔塞维尔周报》（*Elseviers Weekblad*）上康斯坦斯·维博（Constance Wibaut）绘制的一张插画，以先锋派的插画风格表现巴伦西亚加的廓形实验

极佳的乔其纱为特色。德塞的女裙通常上身挺括有型，下身裙体如同波浪。他使用中性色、浅色和非常饱和的颜色，有时在透明面料下使用对比明显的衬裙以营造特别的色彩效果。和迪奥一样，他的一些女裙上使用了篮筐主题，上衣纵横交错的衣片一直延续到下裙裙身内。1960年德塞关闭了他在巴黎的时装屋，但还在希腊继续从事设计。

雅克·格里夫（Jacques Griffe，1909—1996年）出生于法国南部的朗格多克地区。他自幼开始学习缝纫和制衣。从1936年开始格里夫为玛德琳·维奥内特工作，维奥内特是他重要的老师，她还把一个用来练习悬垂技艺的半身玩偶赠给了格里夫。1940年，格里夫应征入伍，作为战俘被囚禁了18个月。战后，他扩大了自己的时装生意，并搬到了皇家路莫利纽克斯原来的房产内。格里夫设计了许多服装，还开设了时尚精品店并增加了成衣线。他是最早一批提倡箱形套装和外套的设计师。他在裙体上下了很多功夫，常采用缝褶、褶裥和褶边等细节，与简单的上身形成对比。1952年，短款舞会礼服开始出现。格里夫设计了一款拼接复杂的网眼薄纱裙，裙摆前短后长。格里夫的工作涉及范围广泛——为戏剧和电影设计服装、推出香水和为《美国时尚女装》（*Vogue Patterns*）提供设计。

加布里埃·香奈儿（Gabrielle Chanel）在阔别高级时装界十几年后重返时尚圈，并于1954年2月推出了她的"回归"系列。媒体普遍报道了香奈儿的回归。《时尚》轻描淡写地介绍了这位设计师的个人经历，还声称香奈儿在重新出现向新一代人传播她的现代理念之前已经于1939年"退休"。香奈儿回归后的第一个系列并没有收到很好的反响，因为这种箱形的定制套装似乎与当时高级时装流行的合身廓形和女性化细节不合拍。但是没过多久，香奈儿简洁的套装开始影响其他的设计师，尤其是美国的职业装设计师。就像《时尚》曾经评论的那样："即使她简洁的廓形不是全新的……其影响是毫无疑问的。"香奈儿简洁的套装包含一件用仿羔皮呢和粗花呢制作的开襟针织衫式外套，推动了20世

本页图　雅克·格里夫设计的这款宽摆欧根纱鸡尾酒会礼服（下）和让·德塞设计的这款上身为编织结构的雪纺晚礼服（上）展示了巴黎高级时装界杰出的女装制作技术

右页图　1954年，在法国勒图凯赌场身穿格蕾夫人设计的晚礼服的珊妮·哈尼特（Sunny Harnett），理查德·阿维顿拍摄，照片版权归理查德·阿维顿基金会所有

纪60年代时装廓形的发展。1955年，她推出了有链条提手的绗缝手提包，后来成为香奈儿的经典产品。1957年，香奈儿获得了内曼·马库斯奖。

格蕾夫人（Madame Grès，Alix即阿利克斯）尤其以“古希腊式”晚礼服出名，衣身使用大量精细的丝质针织面料或雪纺面料打褶形成，形似古希腊建筑上有凹槽的圆柱。尽管很多衣服裸露穿着者的手臂、肩膀和背部，这些礼服以使用隐形的骨架、文胸模杯和开合部件为特色，深受顾客的喜爱。尽管使用美体的部件，她的设计强调一种略微直筒的衣身，与当时流行的沙漏廓形形成对比。她的日装和鸡尾酒会礼服也具有较高的辨识度，常使用塔夫绸或粗花呢等干净挺括的面料，使用斜裁营造雕塑般的效果。格蕾设计了具有世界各地风情的服装，包括阿拉伯长袍和和服。50年代末，格蕾推出了她的第一款香水“倔强”（Cabochard）。她的礼服做工一流，得到一批忠实客户的喜爱，其中包括温莎公爵夫人和美国女继承人多丽丝·杜克（Doris Duke）。

1937年巴黎国际博览会展示的时装启发了年轻的于贝尔·德·纪梵希（Hubert de Givenchy，生于1927年）。他曾在巴黎国立高等美术学院（Ecole des Beaux Arts）学习，1945年开始为杰奎斯·菲斯工作。一年后，纪梵希为罗拔·贝格工作，不久后加入卢西恩·勒隆的时装屋，然后又在夏帕瑞丽工作了四年。1952年，纪梵希在阿尔弗雷·德·维尼大街（Rue Alfred de Vigny）上开设了自己的时装屋，提供衬衫和半裙套装，人们用“炫目”和“年轻”形容这些套装。他很快就取得了成功。这位年轻的设计师开始以浪漫迷人的款式闻名：连衣裙的领口经常开得很宽，肩部裸露或领子立起远离脖颈，突出模特的苗条部位。纪梵希的套装合身但不紧身，肩部圆润。1953年，他推出了一款称为“纪梵希鸡蛋”（Givenchy Egg）的紧小帽子。他的设计含蓄优雅，有点睛之笔，例如宽松的外套使用对比明显的衬里。1955年，他的设计转向简洁、略微宽松的直筒裙和无腰身的宽松连衣裙，有些裙摆底边较高——刚刚过膝盖——甚至鸡尾酒会礼服和晚礼服也是这样。纪梵希的风格由于他为奥黛丽·赫本设计的电影服装和私服而为大众熟知。赫本在《龙凤配》（*Sabrina*，1954年）中穿的黑色晚礼服受到广泛的称赞。《甜姐儿》（*Funny Face*，1957年）中出现了一个完整的纪梵希“衣橱”——从卡布里紧身长裤到旅行套装再到婚纱——得到了媒体的许多关注，这有助于巩固纪梵希的声望。

皮尔·卡丹（Pierre Cardin，生于1922年）是50年代最有创新性和前瞻性思维的设计师之一。皮尔·卡丹做过裁缝和戏服设计师，也曾在多个高级时装屋担任助理，1953年他推出了他的第一个系列。卡丹出生于意大利，战后开始了他的时尚职业生涯——在帕奎因时装屋担任助理。他还曾为夏帕瑞丽工作，然后是迪奥。1947年，他协助迪奥推

上图 1957年，奥黛丽·赫本在电影《甜姐儿》中穿着于贝尔·德·纪梵希设计的塔夫绸花卉纹晚礼服

出了重要的首秀。卡丹高超的裁缝技艺和新颖的廓形让他的作品脱颖而出。1954年他推出了泡泡裙，随后出现了其他雕塑风的款式，许多都有超大的衣领。1957年，他开设了名为“亚当”和“夏娃”的时尚精品店，分别售卖男装和女装。1957年在日本旅行期间卡丹发现了他特别喜欢的模特松本裕子(Hiroko)，并为日本热心求学的学生讲授了一堂关于高级时装制作技术的课。1959年，他推出了一个女装成衣系列，并暂时退出巴黎高级定制时装公会。50年代末，卡丹对于几何造型的强调、大胆的图案和更短的裙摆已经具有他在20世纪60年代提倡的未来主义审美的某些特点。

夏帕瑞丽、贝格、麦德·卡尔庞捷、珍妮·拉弗瑞（Jeanne Lafaurie）和玛塞尔·肖蒙（Marcelle Chaumont）本年代初仍然活跃。妮娜·里奇时装屋在罗伯特·里奇的管理下继续运营，由尤莱－弗朗索瓦·克拉海（Jules-François Crahay）担任首席设计师，他曾是简·雷尼的销售员，二战期间曾沦为战俘。1948年里奇时装屋推出的香水“比翼双飞”（L'Air du Temps）是20世纪50年代热卖的单品。雅克·海姆（Jacques Heim）继续推出各种类型的服装——包括新颖的运动服和时髦的定制套装。他开设了一系列海姆精品店，1958年被选为巴黎高级定制时装公会的主席并任职到1962年。安东尼奥·卡斯蒂略(Antonio Castillo，1908—1984年)是西班牙人，为逃避西班牙内战迁居法国，20世纪40年代时曾为罗拔·贝格和伊丽莎白·雅顿工作。1950年，他成为朗万的创意总监，不久后，这个品牌更名为“朗万－卡斯蒂略”。他保持了这家时装屋优雅的传统，推出非常奢华的晚礼服。20世纪40年代中期卡门·德·托马索（Carmen de Tommaso，生于1909年）开了一家名为“卡纷”（Carven）的高级时装屋。她以具有年轻气息的服装（灵感来源于她的全球旅行）和非常成功的“玛姬”（Ma Griffe）香水闻名。

设计师：英国

英国战时的经济紧缩被战后时装屋的奢华和优雅所取代。尽管法国的时装吸引了媒体主要的注意力，但是英国的设计师也同样推出了华丽的礼服和精致的定制服装。法国和英国的某些公司相互交换年轻的设计师和技工，法国人向英国人学习定制服装的缝制技术，英国人向法国人学习高级时装的缝制技巧。英国的时装一般没有法国的那么夸张，也没有美国的那么休闲。总体特点是优雅，强调适合特定的场合。1953年，年轻的女王伊丽莎白二世的加冕典礼需要大量的礼服，不仅要满足官方典礼的需要，还要满足无数相关的上流社会社交活动的需要。这为英国高级时装设计师带来了工作，也为时装屋带来了巨大的经济收入。

伦敦时装设计师协会继续推动伦敦成为时尚之都。借鉴法国“时装剧院”的展览模式，英国举行了一场玩偶巡回时装展，募集的资金捐给伦敦助盲基金会。这场玩偶秀无可争议的明星是“弗吉尼亚·拉切斯小姐”（Miss Virginia Lachasse）——以拉切斯时装屋的首席模特为原型的一个玩偶，展览展示了她的一套完整的行头，包括配饰和美体衣。战后迈克尔·多尼兰（Michael Donéllan，1917—1985 年）曾担任拉切斯时装屋的裁缝。1953 年，他建立了自己的高级时装屋卡洛斯广场的迈克尔（Michael of Carlos Place）。这个品牌以套装出名，细节经常颇有创意。

诺曼·哈特内尔依然是英国时装界最著名的设计师。1951 年，他在巴黎展示了他的一个高级时装系列。整个 50 年代他依然为几位王室女性提供设计。1952 年，乔治六世去世，伊丽莎白公主成为了英国的女王。哀悼期结束后，1953 年英国举行了伊丽莎白的加冕礼，伊丽莎白委任哈特内尔为她设计加冕礼礼服。应新任女王的要求，这件礼服采用了她的婚纱的基本造型，有鸡心领和宽裙摆。哈特内尔的工作室为这件礼服装饰了大量的串珠、珠宝和刺绣，装饰主题是花卉和植物组成的象征王权的徽章，例如象征威尔士的是一棵优雅卷曲的韭葱。除了伊丽莎白女王的加冕礼服（及配套的全部行头），哈特内尔还为女王的母亲玛格丽特公主、肯特公爵夫人（Duchess of Kent）和伊丽莎白的女傧相设计了礼服。哈特内尔为加冕设计的系列礼服灵感来源于之前他为王室成员提供的设计，成为英国高级时装屋最杰出的作品之一。

20 世纪 50 年代，设计师维克多·斯蒂贝尔（Victor Stiebel）主要为杰玛时装屋工作，他以华丽的高级晚礼服出名。他还为皇家女子海军部队和皇家女子空军部队设计了制服。1958 年，他离开杰玛并再次以自己的名字创建了一个品牌。查尔斯·科瑞德（Charles Creed）的服装在美国限量销售。作为对 50 年代末廓形改变的回应，科瑞德建议女性为自己而穿衣打扮，避免穿“新风貌”风格的服装，除非它们真的适合自己。1950 年，赫迪·雅曼接到了伊丽莎白公主的第一个委托，1955 年，他获得王室御用的许可，这对他的事业有很大的帮助。1954 年，他出版了一本自传《到目前为止》（*Just So Far*）。

下图　诺曼·哈特内尔为伊丽莎白女王二世设计的加冕礼礼服草图，上有象征大不列颠联合王国不同国家和领地的植物、花朵、树叶和蔬菜纹样

1951 年迪格拜·莫顿（Digby Morton）在杰玛发布了一个系列，之后他移居美国，1955—1958 年他为海瑟薇衬衫公司（Hathaway Shirt Company）工作，推出了“海瑟薇女士”（Lady Hathaway）系列。1956 年，在接受《体育画报》的采访回答体育如何影响时装时，他曾说：“影响了款式和面料，‘运动衫’已经成为时装中的基本款。我设计了‘海瑟薇女士’运动衬衫，这表明我完全赞成这股潮流。”1958 年，莫顿将他的公司与英国运动服制造商雷尔丹（Reldan）合并组成“雷尔丹－迪格拜·莫顿”。

罗纳德·帕特森（Ronald Paterson，1917—1993 年）出生于英格兰。20 世纪 30 年代，他在伦敦学习设计。战争爆发前他曾在伦敦高级时装界短暂工作，1947 年他开设了自己的时装屋并取得了成功。帕特森也设计纸样。他要求模特在 T 台上按照特定的步伐和姿势走路，1954 年媒体称之为

上图 1952年，摄影师约翰·弗里奇记录了迪格拜·莫顿设计的这套服装，背景是伦敦塔桥

“帕特森步”（Paterson Walk）。展示铅笔廓形时，他偏爱非常紧窄的“蹒跚”裙，他也经常使用格子和粗花呢面料制作定制服装。

约翰·卡瓦纳（John Cavanagh，1914—2003年）生于爱尔兰，20世纪30年代曾担任莫利纽克斯的秘书和助理。二战期间，他曾是英国情报部队的一名军官。战争结束后，1947—1952年他协助皮尔·巴尔曼工作。1952年，他返回伦敦在柯曾街26号开设了自己的时装屋，时装屋采用全白装饰，很有名气。虽然是一家新开的时装屋，但他1953年为加冕礼设计的礼服让他取得了巨大的成功。在整个职业生涯中，卡瓦纳以精致的裁剪、微妙的色彩和卓越的做工闻名，他设计的优雅的晚礼服和鸡尾酒会礼服也很有名。

设计师：美国

知名设计师继续在运动服和定制服装领域创新，这些服装有国际影响力。尽管法国高级时装的地位最高，但是美国的高级时装市场在上流社会女性的推动下持续发展。美国的时装简洁、优雅，但没有多数欧洲时装的夸张。1950年《时尚》承认“时装有国际潮流”，但又声称美国的设计师知道“美国女性的特点和喜好”。美国的设计师每一季都有成功的作品，既符合穿衣“规范”，但也越来越取悦住在郊区有更多非正式场合和户外活动的女性。

哈蒂·卡内基（Hattie Carnegie）一直工作到1956年去世。1950年，她为妇女陆军军团（The Women's Army Corp）设计了新制服，因此1952年她获得了国会自由勋章。1950年，瓦伦蒂娜推出香水“我自己”（My Own），并继续为考究的客户服务，直到1957年退休。梅因布彻仍经营高级时装生意，和瓦伦蒂娜一样，他的客户名单上也不乏名人。1959年，他为百老汇音乐剧《音乐之声》（*The Sound of Music*）中的玛丽·马丁（Mary Martin）设计了戏剧服装。

上图 波林·特里格里设计的一款格子外套，配饰完美，巩固了她在第七大道的声望

人们常称波林·特里格里（Pauline Trigère）为潮流的缔造者，她个人的穿着打扮也非常有名。她的套装简洁朴素、面料独特。1951年和1959年特里格里两次获得柯蒂奖。维拉·麦斯威尔（Vera Maxwell）的套装适用于多场合，非常有名，包括粗花呢套装、旅行套装和连衣裙套装。阿黛尔·辛普森精彩的套装、连衣裙和晚礼服通常有比较明显的腰线，她始终处于媒体的关注之下。1950年，特雷纳－诺雷尔的诺曼·诺雷尔仍是服装行业的领袖，他提倡一款有型但无腰线的宽松连衣裙，《时尚》对这种裙子的评论是：“剪裁如此复杂，裙子本身已经具备了一条整洁的腰线不需要特意裁出。”诺雷尔设计的亮片紧身“美人鱼”晚礼服依然是他最受欢迎的作品之一。内蒂·罗森斯坦仍有很高的声望，从1953年她为第一夫人玛米·艾森豪威尔（Mamie Eisenhower）设计的就职舞会礼服就能看到这一点。

克莱尔·麦卡德尔得到了表彰和嘉奖。1950年，她得到女性新闻俱乐部的表彰，并获得了哈里·杜鲁门（Harry Truman）总统颁发的荣誉证书。1953年，比弗利山庄的一个美术馆为她举办了作品回顾展。1955年，麦卡德尔登上《时代周刊》的封面。1955年，《生活》杂志的一张照片得到了广泛的关注，照片上是麦卡德尔用夏卡尔、杜飞、米罗（Miró）、莱热和毕加索等著名艺术家设计的面料制作的服装。另外，1956年麦卡德尔还获得了《体育画报》和《魅力》颁发的奖项。麦卡德尔一直与汤利·弗洛克斯合作，1952年两人变成合作伙伴。麦卡德尔的设计依然坚持她在20世纪30年代和40年代提出的休闲和创新理念。烤松饼式连衣裙依然流行并有了更多的款式，

右图 克莱尔·麦卡德尔的休闲款式特别适合北美的郊区生活，例如这里展示的露背女裙，摄于1957年

她的短裤连体运动服和泳衣仍有新意。她早期的许多手法仍在延用，例如原身布系带和原身布包边、显露挂钩和扣眼、风帽、缉面线、用日装面料制作晚礼服、包缠式结构和插肩袖。1956年出版的《我该穿什么？》（*What Shall I Wear?*）记录了麦卡德尔的设计观点。1958年3月，她死于癌症，数周前她完成了她的最后一个系列，在这个系列中她尝试了前卫的极简抽象风格。

20世纪50年代是查尔斯·詹姆斯（Charles James）职业生涯中最重要的十年。形式和空间主题在他最有名的一些作品中得到充分的探索。詹姆斯注重服装的结构，深谙其规律，尝试了省道的运用和有造型的腰线。虽然他继续推出各种日用套装和外套，并且经常使用奢华精美、肌理丰富的面料，但是他的晚礼服更有名气，尤其是他的名人客户穿过的晚礼服。本年代初，詹姆斯设计了优雅的垂褶丰富的礼服，廓形的灵感来源于19世纪的克里诺林和巴瑟尔裙撑。他的作品越来越有雕塑的感觉。他设计的礼服非常僵硬，人们穿上后除了站着几乎什么都不能做。其中以1953年推出的"苜蓿叶"（Cloverleaf）最为有名，它的裙体向外鼓起，就像四叶草的形状。这是詹姆斯的第一款为大众熟知的礼服。以白色绸缎制作，裙子中间有一条弯曲的黑色丝绒饰带，饰带以下使用了象牙色罗缎。裙子的内部结构体现了高超的制作技艺，使用了尼龙网、塔夫绸、鲸骨和复杂的缝合与拼接技巧表现这种廓形。他有些作品结合运用了凹面和凸面元素，上常见不对称造型。詹姆斯还设计了和巴伦西亚加类似的弗拉

明戈风格的晚礼服。20 世纪 50 年代，他开始了许可证经营，涉及外衣和套装以及一个新生儿和学步期儿童的童装系列。

安妮·福格蒂（Anne Fogarty，1919—1980 年）来自宾夕法尼亚，曾在卡内基理工学院（Carnegie Institute of Technology）学习戏剧，后来去往纽约追逐她的演艺梦想。一份高级时装屋模特的工作将她带进了时装行业。她的第一个重要的设计工作是 1948 年为青少年俱乐部（Youth Guild）提供设计，这家公司以青少年和年轻人为目标消费群。1950 年，她跳槽到另外一个青少年服装品牌马戈特女裙（Margot Dresses）。福格蒂很快取得了成功。1951 年，她获得了柯蒂奖，1952 年她获得内曼·马库斯奖。她的审美反映了当时大众的品味——不加掩饰的女人味。她的服装受到很多已婚年轻女性的喜爱。福格蒂设计了体现战后"新风貌"潮流的连衣裙，这些裙子裙摆特别宽大，需要用网状衬裙支撑，福格蒂选用新型尼龙马鬃毛为材料制作。她的设计作品有稀奇古怪的名字，例如"茶壶"和"纸娃娃"。她也借鉴了公主线和衬衫式连衣裙正面的造型。后来，她还推出了宽松和紧身款式的连衣裙，与巴黎的风向保持一致。家庭裁缝可以参考《美国流行纸样大全》（*Advance Patterns' American Design Collection*）制作福格蒂设计的服装。1957 年，她开始为萨克斯第五大道精品百货店提供设计，除了女裙，她也设计配饰。1959 年，福格蒂为讲究着装的已婚女性撰写了一本着装指南——《妻子的衣着》

下图　纽约名流贝比·佩利，穿着查尔斯·詹姆斯设计的雕塑风连衣裙，照片出自《时尚》1950 年 11 月 1 日刊，约翰·罗林斯拍摄

上图 安妮·福格蒂设计的“茶壶套”女裙，有纸样提供，深受家庭裁缝的喜爱

（*Wife Dressing*），在书里她主张：“你选择的衣服和你选择它们的方式总体上非常清晰地体现你的人生观和对生活的态度——特别是作为一位妻子。”

邦妮·卡辛（Bonnie Cashin，1907—2000 年）是 1950 年柯蒂奖和内曼·马库斯奖的得主。1951 年，她创立了邦妮·卡辛公司，生产新颖的运动服，产品以对材料的娴熟运用为特色。她设计的剪裁简单的大衣、套装和外套上有许多口袋，是旅行者的最爱，常使用纹理丰富的粗花呢面料，有时会织入卢勒克斯金属细线作为面料的亮点。卡辛还以在外衣上使用实用的金属棒形纽扣出名。有些设计风格简约，几乎可以称为极简风格，例如搭配透明欧根纱围裙的黑色紧身连衣裙。关于滑雪服，她设计了时髦的踩脚裤、款式简单的风雪大衣和女式长罩衫，其中一个款式曾登上 1952 年 12 月美国版《时尚》的封面。卡辛的作品使用了大量的黑色和土黄色。她的针织衫很有名，很多毛衣特意设计得看上去像手工编织的一样。卡辛还设计了一条衬衫式针织连衣裙——这种裙子成为衣橱中针织版本的基本款女裙。卡辛也喜欢用多萝西·利比斯（Dorothy Liebes）生产的蓬松的马海毛面料或粗花呢面料制作女主人服装或居家套装。使用了皮革和毛皮的作品也是她职业生涯中重要的设计之一。

在 20 世纪 20 年代，纽约人莫莉·帕尼斯（Mollie Parnis，约 1900—1992 年）开始了她的时装工作，最初是在第七大道的一家女式衬衫公司担任销售员。到 20 世纪 50 年代，她已经成长为一个著名的设计师，主要设计线条简洁的单品和套装。她设计的许多日用和夜用的宽摆连衣裙装饰了小莱茵石，表现出美式风格安逸精致的一面。帕尼斯是美国第一夫人玛米·艾森豪威尔最喜欢的设计师之一，也是有名的艺术品收藏家和沙龙女主人。

詹姆斯·加拉诺斯（James Galanos，生于 1924 年）出生于费城，成长于新泽西州，他是第一代希腊裔美国人。他在崔弗金时装学院（Traphagen School of Fashion）学习了两个学期，1944 年进入哈蒂·卡内基时装屋工作。后来发生的一些事将他带到了加利福尼亚，在那里他担任了让·路易斯的草图设计师。战后，他前往巴黎为罗拔·贝格效力。1948 年，在纽约旅行期间他曾与达维多时装屋有过短暂的合作。1951 年，他回到加利福尼亚。1952 年，他在当地建立了自己的品牌“加拉诺斯原创”（Galanos Originals）。不久后开设了纽约分店并接到了零售商萨克斯百货和内曼·马库斯百货的订单，受到了媒体的好评。加拉诺斯的设计以优良的做工、对面料的巧妙运用和一流的品味闻名。有些作品有新古典主义的风格特点，其他则使用了对比鲜明的亮色，这也许和他在贝格的工作有关。他使用了大胆的印花图案、弹带形的褶裥和建筑风的造型。他在 20 世纪 50 年代晚期的某些设计明确预测了下个年代的流行趋势。此外，他还为许多电影女明星设计了全套服装，其中包括著名女演员罗莎琳德·拉塞尔（Rosalind Russell）。1954 年加拉诺斯获得内曼·马库斯时尚大奖，1954 年、1956 年和 1959 年他都获得了柯蒂奖。

阿诺德·斯嘉锡（Arnold Scaasi，生于 1930 年）出生于蒙特利尔，原名阿诺德·艾萨克斯（Arnold Isaacs），是一个皮草商的儿子。他在很小的时候就显示了对时装的兴趣，他开始在蒙特利尔学习设计，然后继续在巴黎高级定制时装公会学校深造。他在帕奎因时装屋当过学徒，1952 年去往纽约，担任查尔斯·詹姆斯的助手。很快，他也成为了一名自由设计师，为其他设计师、女帽商莉莉·达什和约翰·弗雷特里克斯提供设计。他为通用汽车公司的营销活动设计了一些晚礼服，这使他的名字从“艾萨克斯”（Isaacs）变成拼写相反的“斯嘉锡”（Scaasi）。辞去詹姆斯的助手一职后，他加入了“休闲女装制造”公司（Dressmaker Casuals），负责一个成衣线，他的名字也出现在标签上。斯嘉锡的作品以大胆的造型和鲜艳的色彩为特色。他喜欢将外套和短款夜用套装设计成四四方方、向外展开的宽松款式。他的作品表现了他的老师詹姆斯和巴伦西亚加的影响。他的事业发展迅速，服装在许多商店出售。1958 年阿诺德・斯嘉锡获得了柯蒂奖，1959 年他又获得内曼・马库斯奖，这是对他的成就的肯定。

蒂娜・莱塞（Tina Leser）继续将夏威夷、亚洲和其他非西方国家的风格融入她的设计，推动了国际主义潮流的发展。她为伽巴尔（GaBar）品牌设计的泳装使用的面料体现了她从旅行中汲取的灵感。20 世纪 40 年代卡洛琳・施努勒（Carolyn Schnurer，1908—1998 年）开始了她的职业生涯。施努勒主要为年轻女性设计运动服、礼服和单品，她的度假服也颇有名气。和莱塞一样，施努勒也喜欢环球旅行，将普罗旺斯和印度等文化的灵感运用于她的作品中。她 1951 年推出的“飞向日本”系列非常有名，其中有一条“饭碗”连衣裙，领口的灵感源于和服后面的垂褶，还有一条从遮阳伞获得灵感纵向插入鲸骨的半裙。

20 世纪 50 年代，马努尔・佩特加斯（Manuel Pertegaz，1917—2014 年）的时装事业在大西洋两岸都得到了发展。佩特加斯出生于西班牙的奥尔巴，孩提时去了巴塞罗那，十几岁做了裁缝。1942 年，他在巴塞罗那开设了自己的高级时装屋，然后 1948 年在马德里也开了一家店。这时，他还开始为西班牙的电影设计服装。1954 年，他迁居美国，在纽约和美国其他主要的城市展示他的设计。他的作品在美国、加拿大、南美洲、欧洲和埃及的高端零售店销售。20 世纪 50 年代，佩特加斯的风格特点是优雅有女人味。他从西班牙的文化中汲取灵感，例如弗朗西斯科・德・戈雅的画作中优雅的玛哈和西班牙吉普赛人的彩色连衣裙。

设计师：意大利

《时尚》1947 年 1 月刊用读者熟悉的语言笼统地评论了意大利的时装：“这些衣服能让人感官愉悦，它们适合社交且引人注目，是为（或由）优雅美丽的贵族设计的”。意大利时装中也经常出现旅行服装，强调意大利是一个划算的旅游胜地。到了 20 世纪 50 年代早期，意大利不仅以制作精良的鞋子和配件闻名，还以既有欧洲风格又不会过于正式或昂贵的意大利时装出名。《时尚》称赞意大利“出色的单品……甚至最便宜的毛衣也是时髦的。”最初提倡的是华丽的运动服——这种风格受到富有的美国人的喜爱，他们的生活方式变得越来越不那么正式。意大利时装也以晚礼服见长。1952 年《时尚》曾评论：“意大利人最懂夜生活。”1951 年佛罗伦萨出现的一批重要的意大利设计师引起了国际媒体的注意。埃米利奥・舒伯特（Emilio Schuberth，1904—1972 年，在罗马有一家时尚精品店）为好莱坞和意大利电影城（Cinecittà）的许多明星设计过服装，其中包括索菲亚・罗兰（Sophia Loren）、安娜・马尼亚尼（Anna Magnani）和吉娜・劳洛勃丽吉达（Gina Lollobrigida）。阿尔贝托・法比亚尼（Alberto Fabiani，1910—1987 年）来自罗马，他卓越的裁缝技艺为人称赞。他的妻子西蒙妮塔・维斯康蒂（Simonetta Visconti，生于 1922 年）也是一名设计师，她富有魅力的个人风格非常有名。埃米利奥・璞琪（Emilio Pucci，1914—1992 年）的运动服很有名：条纹毛衣、紧身裤子、休闲连衣裙和滑雪服都能在卡布里岛的时尚精品店和高档零售店买到。璞琪是一个运动员，也是一个贵族，他将欧洲人的威望和悠闲舒适结合，集中体现了意大利时装的多姿多彩和运动精神。赫尔马纳・马鲁

下图　美国女演员艾娃・加德纳，身穿意大利时装屋索列尔・方塔那设计的套装，灵感来源于牧师服，摄于 1955 年

切利（Germana Marucelli，1905—1983 年）战后在意大利成名，她的设计表达了她对迪奥“新风貌”的理解，但是她的很多设计都使用了文艺复兴早期绘画的壮丽色彩。索列尔·方塔那（Sorelle Fontana）品牌（媒体通常称为“方塔那”）的方塔那三姐妹——佐伊（Zoe）、米可（Micol）和乔凡娜（Giovanna）以奢侈的晚礼服、婚纱和影视服装设计出名。她们经常为艾娃·加德纳（Ava Gardner）设计服装，包括她在《赤足天使》（*The Barefoot Contessa*，1954 年）中穿着的礼服，她们的客户还有玛格丽特·杜鲁门（Margaret Truman）、洛丽泰·扬（Loretta Young）和伊丽莎白·泰勒（Elizabeth Taylor）等电影女演员以及社会名流。1930 年，罗伯托·卡普奇（Roberto Capucci）出生于罗马，曾在当地艺术专科高中和佛罗伦萨美术学院（Accademia di Belle Arti）学习。毕业后，他曾为埃米利奥·舒伯特短暂地工作过一段时间，1950 年他在罗马创建了自己的时装屋。卡普奇很快声名大噪。20 世纪 50 年代媒体着重报道了他大胆的用色、强烈的几何形和令人惊叹的裁剪技艺。1958 年，他的“箱形”廓形（比“袋形”廓形更加挺括和有型）取得了巨大的成功。

电影与时尚

在一个相对宽松的电影制片公司体系下，设计师和明星可以更加自由地为不同的制片公司工作。好莱坞的影视服装设计师为他们负责的电影提供了和巴黎的时装类似的服装，以顺应当时流行的优雅风格。好莱坞的电影将这些时装传播给全世界。

设计师威廉·特拉维拉（William Travilla，1920—1990 年）设计了这个年代最有影响力的两款电影服装，都是为玛丽莲·梦露设计。在《绅士爱美人》（*Gentlemen Prefer Blondes*，1953 年）重要的片段“钻石是女人最好的朋友”中，梦露穿着一件糖果粉色的晚礼服，集中体现了她的性感和魅力。在《七年之痒》（*The Seven Year Itch*，1955 年）中，梦露站在地铁

左下图　50 年代标志性的礼服之一——威廉·特拉维拉为电影《绅士爱美人》（1953 年）中高唱“钻石是女人最好的朋友”的玛丽莲·梦露设计的糖果粉色晚礼服

右下图　伊迪丝·海德为伊丽莎白·泰勒在《阳光照耀之地》（*A Place in the Sun*，1951 年）中的角色设计的服装草图。这款女裙奠定了毕业舞会和名媛舞会礼服的款式基调

通风口上时，她的绕颈系带白色百褶连衣裙在空中飞舞，这一幕成为了 20 世纪流行文化中最令人难忘的场景之一。

伊迪丝·海德的工作依然出色，设计了许多 50 年代最受称赞的电影服装。1950 年，海德为《彗星美人》中贝蒂·戴维斯设计了一款惊艳的晚礼服——有梯形的领口和口袋。她为《阳光照耀之地》（*A Place in the Sun*，1951 年）中伊丽莎白·泰勒设计的一件白色晚礼服被初入社交场合的女孩广泛效仿穿着。海德和阿尔弗雷德·希区柯克的合作尤其有名。格蕾丝·凯利在《后窗》（*Rear Window*，1954 年）和《捉贼记》（*To Catch a Thief*，1955 年）中穿着的服装体现了对法国高级时装的时髦演绎，金·诺瓦克（Kim Novak）在《眩晕》（*Vertigo*，1958 年）中穿着的灰色套装和黑色轻便鞋则体现了对定制套装的理解。

海伦·罗斯设计的婚纱最为有名。她为《岳父大人》（*Father of the Bride*，1950 年）中伊丽莎白·泰勒设计的婚纱体现了好莱坞对婚礼的礼赞（以及婚礼在上流社会的重要性）。最具人气的礼服甚至有官方授权的同款出售。1956 年，格蕾丝·凯莉与摩纳哥王子雷尼尔三世（Rainier III, Prince of Monaco）结婚，她穿着罗斯设计的婚纱（米高梅电影公司送给凯莉的结婚礼物），这件婚纱成为 50 年代的另外一款爆款。凯莉的伴娘穿着米色欧根纱礼服，也是女性纷纷效仿的对象。

历史片里的服装在大西洋两岸都很受欢迎。夏帕瑞丽和马赛尔·韦尔特斯为《红磨坊》（*Moulin Rouge*，1952 年）以及塞西尔·比顿为《琪琪》（*Gigi*，1958 年）设计的电影服装反映了人们对性感迷人的巴黎高级时装和影片中旧式场景的喜爱。对于圣经题材的电影例如《十诫》（*The Ten Commandments*，1956 年）里的服装，设计师常常为了时尚牺牲准确性，里面的礼服和当时设计师设计的作品款式相仿。

下图　詹姆斯·迪恩在《无因的反叛》（1955 年）中穿着的红色防风夹克、T 恤和牛仔裤，推动了年轻潮流的发展，反映了正在崛起“垮掉的一代”的亚文化

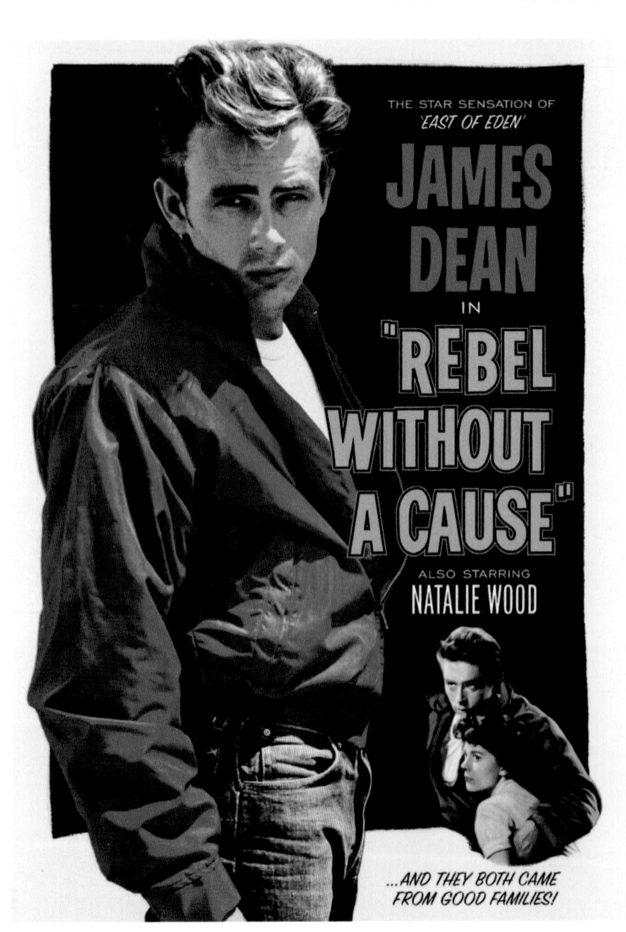

女明星大多拥有优美的体态。例如梦露、泰勒、安妮塔·艾克伯格（Anita Ekberg）、索菲亚·罗兰、吉娜·劳洛勃丽吉达和简·曼斯费尔德（Jayne Mansfield）。法国女演员碧姬·芭铎原来是一名模特，她在《上帝创造女人》（*And God Created Woman*，1956 年）等电影中饰演了性生活混乱的女性角色。奥黛丽·赫本身段优美，具有模特的身材比例，与当时普遍的丰满女性形象形成鲜明的对比，她的成名片是《罗马假日》（*Roman Holiday*，1953 年）。多丽丝·黛在《擒凶记》（*The Man Who Knew Too Much*，1956 年）和《枕边细语》（*Pillow Talk*，1959 年）等电影中塑造了完美的美国女性形象——体态健康，能完美演绎高级时装和两件套羊毛衫。露西尔·鲍尔塑造了类似女性的喜剧形象，她饰演的电视剧角色盲目向往时髦漂亮。作为杂拼连续剧的女主持，洛丽泰·扬是电视上着装最佳的女性之一。

男明星塑造了各种各样的时尚形象。加里·格兰特和詹姆斯·斯图尔特展示了温文尔雅的时尚形象。路易斯·乔丹（Louis Jourdan）和让·马莱（Jean Marais）让欧洲观众体会到了帅气的优雅。伯特·兰卡斯特（Burt Lancaster）在《乱世忠魂》中塑造的是一个强健、擅长运动的形象，约翰·韦恩（John Wayne）和加里·库珀在经典的西部片中塑造了充满男子气概的形象。马龙·白兰度（Marlon Brando）在很多影片中的工薪阶层形象成为了他的标志。歌手兼演员埃尔维斯·普雷斯利

1951年，马龙·白兰度在《欲望号街车》电影中的剧照

白兰度——坏男孩

1947年，在为百老汇的戏剧《欲望号街车》（*A Streetcar Named Desire*）设计服装时，露辛达·巴拉德（Lucinda Ballard）利用了她从街上的一群挖沟工人身上获得的灵感，他们的工作服满是泥土和汗水，粘在身上，让他们看起来像雕像一样。这正是她想要的效果——既优雅又原始，她用这种造型塑造了"演技派"新人演员马龙·白兰度（Marlon Brando，1924—2004年）出演的斯坦利（Stanley）。白兰度穿着一件紧身T恤和一条湿了贴在身上的牛仔裤，整体呈现雕塑般的感觉。或许正是因为这套服装才有了后来几十年如此重要的紧身牛仔裤的概念，牛仔裤也因此从工作服变成时髦的服装。白兰度在1951年出演的同名影片中采用了相同的造型（依然由巴拉德设计），再次巩固了它的（和他的）地位。这部电影获得奥斯卡最佳服装设计提名。1953年，白兰度在《飞车党》（*The Wild One*）中饰演非法机车团伙头目，也是采用类似的"坏男孩"打扮。他再次穿上紧身牛仔裤，搭配黑色机车皮衣和军装风格的报童帽。

白兰度的这身装扮很快流行起来并成为20世纪50年代机车党等叛逆青年的典型装扮，同时影响了"黑衣党"（Les Blousons Noirs）——50年代晚期在巴黎和欧洲其他地区活动的一个类似帮派的穿着。20世纪50年代晚期，日本青年也采纳了一种融合白兰度和猫王（即普雷斯利）及其他美国歌手的装扮的造型，称为"山地摇滚族"（Rockabiri-zoku）。从那时起一直到现在，这种造型反复出现并继续在亚洲和西方流行。20世纪60年代早期欢乐的"海滩派对"（Beach Party）电影中穿皮衣的恶霸和电视连续剧《欢乐时光》（*Happy Days*，1974—1984年）中的喜剧角色方兹（Fonzie）滑稽地效仿了这种造型。其中最持久的一个影响是以《芬兰的汤姆》（Tom of Finland）"同志"绘画作品中的皮革男为代表的男性同性恋亚文化，直到21世纪依然活跃。

在他的电影作品中穿着整洁利落的皮夹克和牛仔裤，这种打扮是受到他的音乐中的工薪阶层根源所致。他标志性的蓬巴杜式发型也被大众效仿。普雷斯利在《监狱摇滚》（*Jailhouse Rock*，1957 年）和《硬汉歌王》（*King Creole*，1958 年）等影片中总是穿着牛仔服（偶尔赤膊）。在其悲剧式的短暂人生中，詹姆斯·迪恩（James Dean）只参演了三部重要的影片。他在《无因的反抗》（*Rebel Without a Cause*，1955 年）中饰演一名苦恼的青少年，这部影片非常有名，既巩固了他的形象，也对时尚产生了影响。他在这部电影中的服装由莫斯·马布里（Moss Mabry）设计。马布里为他准备了 T 恤和牛仔裤，搭配一件红色的防风夹克，这身打扮被广泛效仿。当时其他的一些演员例如蒙哥马利·克利夫特（Montgomery Clift）和威廉·霍尔登（William Holden）在某些影片中也有类似的造型。

男装

男装强调品质和类型适合特定的场合，和女装一样分为正式和非正式两类。对于着装考究得体的渴望让男性重新回到萨维尔街。能重新使用优质面料，一些资深的英国裁缝推出了和爱德华七世时期类似的考究款式。略微合体的黑色套装（有些配备条纹长裤）搭配切斯特菲尔德大衣、圆顶礼帽和一尘不染的黑色牛津鞋。

商务装的标准依然是套装，传统的剪裁和颜色对企业文化特别重要。斯隆·威尔逊（Sloan Wilson）1955 年出版的小说《一袭灰衣万缕情》（*The Man in the Gray Flannel Suit*）反映了套装的这种象征性，这本小说讲述了一位美国商人为了从众和成功牺牲个性的故事。1956 年，威尔逊的小说改编成电影，由格利高里·派克（Gregory Peck）领衔主演。

战争刚刚结束时美国的“粗旷风貌”（Bold Look）到 50 年代中期演变成“常春藤风格”

下图　欧洲的男装依然品质出众、风格保守。这张插画上的两套男装出自老牌时装屋科瑞德和朗万，并搭配了完美绅士应配备的配饰。出自《亚当》（*Adam*）1950 年 2 月和 3 月刊

Relax... unwrinkled!
Nothing equals the lightweight blend of Dacron and fine worsted to keep you cool, calm and unwrinkled when thermometers get rambunctious. Viracle and Virasil tropicals by Hart Schaffner & Marx are an HS & M "first"... America's favorites, first and last. They're long on mileage, short on trips to the presser, and even soggy weather doesn't faze their just-bought look and lines. You'll like the fabric's breezy weave, made even breezier by summer-weight tailoring.
VIRACLE*...the original blend of Dacron and choice worsted in tropical suits of exclusive patterns and solid shades.
VIRASIL*...equally wonderful tropicals in the famous Viracle tradition, but with silk added for a luminous look.
*Reg. U.S. Pat. Off.
HART SCHAFFNER & MARX

Famous Jockey Innerliner
You're socially secure in
The "Mayan"
New exclusive
Jockey sport set
It's a beauty . . . this unusual and distinctive new sport set exclusively yours from Jockey . . . "The Mayan." Rich primitive design in 3 smart color combinations on non-shrink, washable cotton.
Style-leading, of course. And like all the new Jockey Sport Sets, plenty practical, too: fabrics famous for long wear . . . and each short with the one-and-only Jockey inner liner (see picture) for snug fit and social security! See this and other new sport sets . . . in a variety of colors and exclusive patterns . . . at your Coopers dealer's. The low price will surprise you.
The Mayan
The Zambo
The Madras Plaid
JOCKEY SPORT SETS by
Coopers
Kenosha, Wisconsin
Makers of famous JOCKEY brand Underwear
100

左上图　20世纪50年代，40年代晚期男装的"粗犷风貌"被线条更加流畅的"常春藤风格"取代，后者的特点是窄领带、翻领、衬衫领和有檐帽

右上图　"男士海滩服"——翻领衬衫搭配游泳短裤——是非常受欢迎的男士休闲服和度假装

（Ivy League）。"常春藤风格"的外套为单排扣，有一点宽松，领子为三角凹口领，肩部轻微垫起，有后中衩。长裤通常无褶，裤腿笔直并有裤脚翻边。这种款式和布鲁克斯兄弟等传统男装制造商有关。20世纪50年代早期出现了尖角翻领，只用在双排扣外套上。根据季节选择不同厚度的法兰绒或精纺毛料为面料。纯色、细条纹、粉笔条纹、粗花呢和窗格纹都很流行。新款面料用于制作西装，包括羊毛和合成纤维混纺的面料和颜色若隐若现的"鲨鱼皮"（Sharkskin，即板丝呢）。

另外一种风貌是起源于意大利线条更流畅、更合身的"欧洲大陆"款式。1952年，意大利男装行业在圣雷莫组织了一个"男士时尚节"，目的是展示意大利的设计、裁缝技术和精细面料。以现代设计为重点，意大利长久以来卓越的配件制作工艺再次大放异彩。比起法国的时装，意大利的时装价格更低，更具吸引力。意大利套装包含更短、更直身的外套，常有两条背衩，还有无褶无翻边的紧身长裤。长及大腿的大衣剪裁成适合骑韦士柏（Vespas，意大利都市流行的小型摩托车）的款式。这些流线型的套装和外套搭配薄底的柔软鞋子。意大利男装产业的扩张引领了现代主义风貌——出现于20世纪50年代晚期，流行于60年代。

战后男装出现的一个重要变化是朝彩色和更多样化的正式服装发展。高档时尚男装与传统款式不同，例如午夜蓝燕尾服搭配浅灰色马甲和威尔士亲王款式的格子花呢长裤。参加社交活

动时，男性穿着各种颜色和图案的宴会外套，包括宝石色调、花格和彩虹色。乐队成员表演时经常穿着协调的彩色宴会外套，花哨的晚礼服因此流行起来。男性居家时通常穿蓝色、褐红色和灰色平绒面料制作的相对休闲的外套。1953 年《绅士》推荐了一款适合非正式聚会的“电视外套——宽松，长及指尖，有大口袋”。

上图　彩色、图形化和有趣的图案（常带有超现实主义的色彩）直到50年代末都是领带的一大特色。伯爵夫人马拉等生产商成为领带领域的明星厂家

男士时髦的休闲装种类繁多，其中一些色彩非常丰富。及腰长的休闲外套和有鲜艳的印花图案的开领式衬衫很流行。夏季衬衫外不穿外套，这种潮流演变成为全年适用的更为普遍的休闲穿着方式。休闲衬衫底部有时会塞进有褶裥的高腰长裤，下摆平直、侧缝开衩的衬衫一般不塞进裤头。有些衬衫腰部拼接了罗纹带。市面上出售不同价位的休闲衬衫，有亮色的、新颖印花的和格纹的款式。单色衬衫多有对比鲜明的育克。格子衬衫经常有格纹贴袋，贴袋上的格纹旋转 45°。有假马甲的款式也很受欢迎，尤其在温暖的天气和度假区，这种新颖的衬衫称为“迈阿密式”或“加利福尼亚式”。阿罗哈衫和太平洋及南美洲服饰的继续流行体现了国际风格的影响。西部服饰也影响了男士的休闲装——有对比鲜明的育克、装饰性的绢面线和类似珍珠的按扣或纽扣的牛仔风格的衬衫流行了很长时间。在非正式场合，男性穿及膝的百慕大短裤搭配轻便的短上衣和领带。仍然有人穿针织泳衣，但多数男性穿拳击手款式的游泳短裤（平角四角紧身短裤），上面经常有鲜艳的图案。这种短裤有时搭配毛圈内里的短袖上衣，这样的一套服装被称为“男士海滩服”。“他的和她的”休闲套装很受欢迎，反映出人们对关系和睦和家庭生活的重视。

20 世纪 50 年代初，外衣衣身宽大，但到后面几年开始稍微变窄。大衣通常宽松并且不系腰带，常设计有插肩袖。雨衣有风衣的款式也有向外展开的款式。华达呢很流行，颜色有米色、浅棕和灰色。尼龙的使用越来越普遍，用于制作有风帽的防寒夹克和其他适合剧烈运动的运动服以及商务款式的雨衣。

配饰多种多样。醒目的领带依然流行，除了经典的佩斯利纹、圆点纹和条纹，还有各种稀奇古怪的图案，例如国际象棋棋子、鸡尾酒、风景和古董车等。一些领带的图案反映了当时的新闻事件，例如体育明星和股票市场。除了伯爵夫人马拉（Countess Mara）等久负盛名的领带生产商，设计师品牌也不容小觑，因为包括迪奥在内的顶级女装设计师在他们的时尚精品店里也出售昂贵的真丝领带。爱马仕从 1953 年开始销售领带。这十年里，领带的宽度被削减至“骨瘦如柴”。从简单的白色手帕到彩色的印花丝巾，口袋巾常用来完善整个造型。人们一般在需要穿套装的场合佩戴帽子。费多拉帽和特里比式软毡帽很流行，寒凉的季节使用毡帽，夏天或度假区使用原料为稻草或其他梭织物的帽子。男性也非常注重仪表，尽管偶尔能看到男性脸上留浅浅的胡须，但多数男性会刮净胡须，留边分短发。

人造丝、尼龙和最新的合成纤维——涤纶和羊毛混纺的面料适合用来制作套装，这样的面料轻盈、能永久定型（适合长裤的烫迹线）和抗皱（适合手肘等易皱部位）。电影《白衣人》（*The Man in the White Suit*，1951 年）讽刺了男装的现代化，主演亚利克·基尼斯在该片中饰演一个发明了合成面料的化学家。在某些程度上，合成面料是“现代”的。由于针织衫越来越被人们所接纳，合成纤维也用于内衣、袜子和运动服。一些撞色的休闲服结合了针织面料和梭织面料。

除了著名的裁缝店和高档的生产商，顶级设计师也开始推出男装。皮尔·卡丹是最早涉足男装的设计师。1957 年他开设了“亚当”时尚精品店。卡丹的男装将“欧洲大陆”审美发挥到极致，推出了无领外套和紧身无褶的长裤，搭配高领或圆领衬衫和窄领带。

童装

和成人时装一样，童装也品类丰富。童装生产商采取积极的营销策略，童装的款式也比以前丰富许多。生产商用容易打理的混纺或经过后期处理的面料吸引妈妈们。彩色单品适合所有年龄段的孩子。上学时，女孩穿连衣裙和背心裙，或半裙搭配衬衫或毛衣。男孩穿长裤和有纽扣的衬衫。条纹和格纹衬衫特别受欢迎。在学校不穿牛仔裤，但玩耍时经常穿。电影和电视影响了儿童的穿着。在《罗伊·罗杰斯秀》（*Roy Rogers Show*）和《大卫克罗传》（*Davy Crockett*）的启发下，市场上出现牛仔和边疆款式的玩耍服——流苏套衫、绒面裤和浣熊皮帽，《飞侠哥顿》（*Flash Gordon*）则推动了一种太空风貌的流行。

右图　童装反映了社会强调的有益健康的理想款式。图片上的童装类似玩偶的服装，在当时的童书插图中也常常能看到这样的款式

在派对和其他社交场合儿童也要精心打扮。女孩穿有褶边的连衣裙，男孩穿套装或外套搭配长裤。女孩的舞蹈服和派对服的裙体通常很宽大，需要用网眼薄纱制作的克里诺林裙撑支撑，婚礼上的花童也常采用这种款式。柔和的颜色和印象主义风格的印花图案都很流行。派对连衣裙常装饰蝴蝶结。小男孩十岁之前都穿短裤套装。年级稍大的男孩和青少年的正装与男士的正装基本一致，各种颜色的宴会外套很受欢迎。

女孩经常穿成套的外套套装。大衣和帽子也是成套的，寒冷的天气会在连衣裙下穿配套的长裤，到目的地后再把长裤脱掉。男孩穿实用的外衣，天气凉爽时穿及腰的外套，冬天穿厚尼龙或羊毛风雪大衣搭配滑雪裤。儿童上学时穿平底鞋、牛津鞋、乐福鞋、玛丽珍鞋和芭蕾舞平底鞋，玩耍时穿运动鞋。及膝袜和短袜是重要的配饰，保持小孩的袜子干净整洁也很重要。青春期和非青春期的女孩都讲究发型。童花头特别流行，对于特殊的场合，女孩会事先在沙龙或家里做好发型。男孩像成年男性一样留边分短发。

十几岁的女孩流行穿圆形的裙子，图案通常能反映穿着者的兴趣，例如马、贵宾犬、音符和电话机等。伊丽莎白公主在出访加拿大时穿着这种款式的裙子跳方块舞，这种裙子因此流行起来。青少年市场得到了进一步开发。1948 年，美国设计师安妮・克莱恩（Anne Klein）创立了“少年老成”（Junior Sophisticates）服装公司，提供青少年尺码的精致运动服，满足青少年和大学女生希望穿得更加成熟的愿望。1955 年克莱恩因此获得柯蒂奖。1959 年弗兰基・阿瓦隆（Frankie Avalon）的金曲《短袜至长袜》（*Bobby Sox to Stockings*）反映了女孩从穿及踝短袜的少女到尼龙长袜的女郎的这一转变。1959 年，芭比娃娃的出现体现了儿童希望变得成熟的愿望。芭比的名字来源于玩具设计师露丝・汉德勒（Ruth Handler）正值青春期的女儿，芭比“生来”拥有丰满的胸部、纤细的腰身，穿着高跟鞋，脸上画着全套的妆容。芭比娃娃被设定为一个青少年的模特，讽刺的是它是以德国性感的“莉莉娃娃”为原型。不过芭比确实满足了年轻女孩对成熟的渴望。

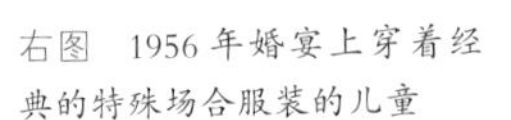
右图　1956 年婚宴上穿着经典的特殊场合服装的儿童

右图　可口可乐的一则广告，提倡一种健康的青少年生活方式

下图　1950年，伊丽莎白公主穿着一条装饰贴布图案的圆形宽摆毛毡裙，这种款式后来在女性青少年中流行起来

右图 一款主流的女式玩耍套装（出自《时尚》1956年3月1日刊），表明了“披头士”服装的强烈影响，甚至出现了以邦戈鼓为灵感的长筒枕

时尚与反叛

青少年和年轻人通过着装来宣告他们的独立主张，他们的服装通常和喜欢的流行音乐（摇滚乐或爵士乐等）有关。反主流文化在许多方面对时尚产生了影响，尤其是通过电影和文学作品。欧洲的“存在主义者”（Existentialists）经常光顾圣日耳曼大道的咖啡店，喜欢民间风格的服装：粗犷的毛衣、灯芯绒裤和肌理粗糙的外套。支持毒品、自由政治和东方元素“垮掉的一代”的艺术家和作家也有类似的审美。“披头士”（即“Beatnik”，1958年后披头士的自称，结合了“Beat”和“Sputnik”——1957年俄罗斯发射的斯普特尼克人造卫星）的服装混杂了格子衬衫、运动衫、牛仔裤和民族风格的毛衣。披头士经常留络腮胡或山羊胡——在提倡刮净胡子的年代。女性披头士喜欢穿舞蹈演员穿的紧身连衣裤和田园风上衣搭配包裹式半裙、卡布里紧身长裤或牛仔裤。奥黛丽·赫本在《甜姐儿》里的服装体现了披头士的影响，担任书店店员时她穿着慵懒无形的针织套衫，后来在巴黎的一家夜店里穿的是半截裤和平底鞋。赫本的假小子风貌被年轻女性广泛效仿并且影响了下一个年代。

1954年左右伦敦出现了“泰迪（或泰德）男孩”（Teddy Boys），这些年轻人穿着爱德华七世时期风格的套装，以此表现他们叛逆的审美。“泰迪男孩”风貌最初源自伦敦的一些艺术家和设计师例如塞西尔·比顿和尼尔·“邦尼”·罗杰（Neil "Bunny" Roger）喜欢的花花公子风格。工薪阶级的男孩穿着天鹅绒领长外套和紧身长裤，搭配绉绸厚底鞋和细窄的领带，梳着被称为“鸭臀”发型的大背头。这种发型灵感来源于美国摇滚音乐人。随着“泰迪男孩”风貌的流行，这个造型也出现了一些与都市帮派有关的变化，他们使用特定的颜色和细节区分不同的帮派。

年代尾声

1959 年，诺曼・诺雷尔在《女装日报》上发表评论，批判美国生活的标准化及其对时装的影响。相对美国女性，这位设计师更加责备她们的丈夫："美国丈夫本质上守旧又随波逐流，唯恐自己的妻子看上去跟其他女人不同。"诺雷尔举了"袋形"款式的例子，这种款式在美国并不怎么受欢迎。"如果一个女人碰巧买了这种款式，她的丈夫对此倒吸一口冷气，当天晚上电视上的一个喜剧人恰好又拿它来开玩笑，那么第二天，这个女人就会把衣服退回店里。"袋形裙的失败归根于人们反对背离让他们舒适的现状以及女性不愿意隐藏她们的身材曲线。然而，迪奥的新风貌出现以后人们严格遵循的巴黎时尚法则现在开始失去影响力。更多个性化的品味很快能被设计师和零售商认可。反主流文化的时装虽然大多是小众的，但在这一年代仍然有重要的地位，在接下来的一些年也很有影响力。年轻人和非主流群体作出了和时尚主流相反的选择。

右图　"袋形"女裙（这款为纪梵希设计）体现了在造型和合体方面的超前实验，但是市场反应平平。不过，这个款式有助于下一个年代审美的发展

第九章

20 世纪 60 年代：未来风貌

20世纪60年代是世界发生巨大社会变革的年代。战后第一波“婴儿潮”出生的孩子已经成年，电视的影响力增强，越来越多的年轻人关注流行音乐，避孕药流入市场，这些变化是促使明显有更多自主权的新一代出现的原因，他们挑战现有的家庭、教育、政治和社会观念。这个年代不同于其他年代的特点是年轻人的时尚得到了新的关注，英国的影响尤其明显。巴黎的顶级服装设计师承认现在流行更加年轻的款式，着装规则也正在改变，“新一代不打算把宝贵的时间浪费在无休止的试衣上；对服装的选择有即时性，价值的持久性不再重要。”作为时尚永恒的要素，时间比以往更加重要：追逐最新的款式意味着设计师和零售商积极推出的服装不是为了流传久远而设计或制造。“经典”的概念消失了，取而代之的是“现在”。美国和苏联在太空旅行方面的进步让人们觉得在可以预见的未来实现太空时代不再是梦想。从科幻电影到家居用品再到时装，太空旅行和未来主题在通俗文化中流行。1962 年西雅图世界博览会被戏称为“21 世纪博览会”，博览会的标志性建筑太空针塔形似火箭。安迪・沃霍尔（Andy Warhol）的话概括了那个时代加速的本质——“未来任何人都能在十五分钟内闻名世界。”名人文化和个人崇拜比以往任何时候都更加明显，而好的名声也比以往任何时候都更容易转瞬即逝。尽管汇聚了年轻的活力和对未来乐观的想象，但这是一个混杂纷乱的年代，从比以往更加复杂多样的时装上就能看到这一点。

左页图　60 年代流行的多款男装：从经典的现代风格的高领套头衫和粗花呢套装到有褶边的衬衫搭配爱德华七世时代复古风格的外套，纽约艺术家道格·约翰逊（Doug Johnson）绘制

右图　电影《2001：太空漫游》展现了一个美好的、机器制造的未来

上图 1966年的电影《乔琪姑娘》表现了无拘无束的伦敦年轻文化，海报上大胆的人物形象强调了这一主题

社会和经济背景

非洲的殖民地纷纷获得独立。1967年以色列在六日战争中获胜，显示了它在国际事务中的重要性。

1961年，苏联宇航员尤里·加加林（Yuri Gagarin）乘坐东方一号宇宙飞船绕地球一周，成为进入太空的第一人，由此美国和苏联进入新一轮的科技竞争。每一年两国都在激烈的太空竞赛中取得新的成绩，1969年随着美国的阿波罗11号登陆月球，太空竞赛达到了顶峰。

1963年美国总统约翰·菲茨杰拉德·肯尼迪（John F. Kennedy）遇刺身亡，1968年民权领袖马丁·路德·金（Martin Luther King）遇刺身亡，这让社会变得更加动荡不安，社会抗议普遍存在。美国爆发了联合抵制、静坐示威和集会等各种形式的民权运动。1969年纽约格林威治村的“石墙暴动”拉开了同性恋维权运动的序幕。60年代最后几年，欧洲、加拿大和美国的暴力罢工、学生暴动和反战抗议层出不穷。但也有一些集会让年轻人聚集起来沉浸在欢乐的气氛中，包括1967年的“爱之夏”和蒙特雷国际流行音乐节、始于1968年的怀特岛音乐节和1969年的伍德斯托克音乐节等大型户外活动。

艺术

一种有影响力的风格——波普艺术出现了。罗伊·李奇登斯坦（Roy Lichtenstein）、詹姆斯·罗森奎斯特（James Rosenquist）和安迪·沃霍尔等众多艺术家创造了基于食品杂货和连环画等常见的大众文化视觉元素的波普艺术作品。理查德·安努斯科维奇（Richard Anuszkiewicz）、布里奇特·赖利（Bridget Riley）和维克托·瓦萨雷里（Victor Vasarely）等人探索了欧普艺术。这两项运动都对时装和纺织品设计产生了影响。复合媒体的视觉艺术和称为“即兴表演”（Happenings）的表演艺术在当代艺术中也占有重要的位置。彼得·马克思（Peter Max）、韦斯·威尔森（Wes Wilson）等设计师迷幻的绘画作品传递了反主流文化的理念。超自然场景的音乐会海报、广告和专辑封面表现了一种药物导致的幻觉。甲壳虫乐队（The Beatles）的动画电影《黄色潜水艇》（*Yellow Submarine*，1968年）是在影片中使用幻觉影像的一个例子。复古风格尤其是新艺术运动和装饰艺术的复兴也对设计产生了影响。

蕾切尔·卡森（Rachel Carson）的《寂静的春天》（*Silent Spring*，1962年）和贝蒂·弗里丹（Betty Friedan）的《女性的奥秘》（*The Feminine Mystique*，1963年）等非小说类畅销作品揭露了新出现的种种社会问题。其他各种类型的畅销书还有安部公房（Kobo Abe）的《砂之女》（*Woman in the Dunes*，1960年）、欧文·斯通（Irving Stone）的《迷狂与痛苦》（*The Agony and the Ecstasy*，1961年）、穆丽尔·斯帕克（Muriel Spark）的《简·布罗迪小姐的青春》（*The Prime of Miss Jean Brodie*，1961年）、约翰·勒·卡雷（John le Carré）的《柏林谍影》（*The Spy Who Came in From the Cold*，1963年）和加西亚·马尔克斯（Gabriel García Márquez）的《百年孤独》（*One Hundred Years of Solitude*，1967年）。戏剧的种类也同样丰富，包括爱德华·阿尔比（Edward Albee）的《谁害怕弗吉尼亚·伍尔夫？》（*Who's Afraid of Virginia Woolf?*，1962年）和乔·奥顿（Joe Orton）的《款待特隆先生》（*Entertaining Mr. Sloane*，1964年）等话剧和《屋顶上的提琴手》（*Fiddler on the Roof*，1964年）、《梦幻骑士》（*Man of La Mancha*，1965年）和《梅姆》（*Mame*，1966年）等音乐剧。理查德·罗杰斯的音乐剧《无附带条件》（*No Strings*，1962年）以民权为主题，讲述了巴黎的一名小说家和一个时装模特跨种族的浪漫故事。英国出口了许多有影响力的电影，包括历史片《阿拉伯的劳伦斯》（*Lawrence of Arabia*，1962年）和《汤姆·琼斯》（*Tom Jones*，1963年）以及当代喜剧《诀窍》（*The Knack*，1965年）、《阿飞外传》（*Alfie*，1966年）和《乔琪姑娘》（*Georgy*

左上图　歌手弗兰基·阿瓦隆，与《肌肉海滩派对》（*Muscle Beach Party*，1964年的歌舞片）全体演员正在热舞。这部电影是众多以加利福尼亚的冲浪活动为主题的影片之一

右上图　至上女声合唱团出现在20世纪60年代早期，她们逐渐形成了优雅成熟的着装风格，经常穿着款式相同或类似的长裙

Girl，1966年）。好莱坞的成功之作有音乐剧《西区故事》（*West Side Story*，1961年）和《音乐之声》（*The Sound of Music*，1965年）；恐怖片《惊魂记》（*Psycho*，1960年）和《满洲候选人》（*The Manchurian Candidate*，1962年）；历史片《埃及女王克娄巴特拉》（*Cleopatra*，1963年）和《安妮的一千日》（*Anne of the Thousand Days*，1969年）；以及当代片《毕业生》（*The Graduate*，1967年）和《午夜牛郎》（*Midnight Cowboy*，1969年）。欧洲其他的电影代表作有让－吕克·戈达尔（Jean-Luc Godard）的《绿头苍蝇》（*Breathless*，1960年）、阿兰·雷奈（Alain Renais）的《去年在马里昂巴德》（*Last Year at Marienbad*，1961年）、费德里科·费里尼（Federico Fellini）的《甜蜜的生活》（*La Dolce Vita*，1960年）、卢奇诺·维斯康蒂（Luchino Visconti）的《豹》（*The Leopard*，1963年）、罗曼·波兰斯基（Roman Polanski）的《冷血惊魂》（*Repulsion*，1965年）和佛朗哥·泽菲雷里（Franco Zeffirelli）的《罗密欧与茱丽叶》（*Romeo and Juliet*，1968年）。

流行音乐的影响进一步扩大，音乐的类型比以往更加丰富。摇滚、流行音乐、民谣、爵士和黑人灵魂乐都是颇受欢迎的类型。服装与音乐密不可分，因为粉丝通过着装来表现自己的喜好。新的舞蹈类型出现了，其中主要有扭扭舞、扭摆舞和猴舞。尽管职业生涯不长，摇滚歌手珍妮丝·贾普林（Janis Joplin）和吉他手吉米·亨德里克斯（Jimi Hendrix）古怪的着装和他们的音乐一样备受尊崇。“英伦入侵”登陆美国的乐队有披头士、滚石（The Rolling Stones）、谁人（The Who）和奇想（The Kinks），他们引导了时装的潮流，也在粉丝中掀起了狂潮。鲍勃·迪伦（Bob Dylan）、西蒙和加芬克尔（Simon and Garfunkel）演唱的主题歌曲为自我反省的年轻人带来了抚慰，民谣歌手琼·贝兹（Joan Baez）和皮特、保罗和玛丽（Peter Paul & Mary）的歌声也有同样的效果。马撒和范德拉斯合唱团（Martha and the Vandellas）以及至上合唱团（Supremes）等女声组合为汽车城底特律的音乐增添了声誉。中国香港的夜明珠合唱团（Reynettes）采用了类似造型。法国的Yé-yés摇滚浪潮（因歌曲中常出现类似“Yeah，Yeah”的低吟浅唱）让流行歌手冯丝华·哈蒂（Françoise Hardy）和雪儿·薇瓦丹（Sylvie Vartan）等人成为人气偶像。电视节目《美国舞台》（*American Bandstand*）和英国的《各就各位，预备，开始！》（*Ready Steady Go*）有迷人的主持和年轻的观众，主要介绍流行乐队及其作品，这些节目成为传播时尚潮流的重要媒介。

时尚媒体

新出现的以年轻人为目标读者的杂志有 1960 年英国发行的《亲爱的》（*Honey*）和 1967 年发行的日文版《十七岁》（*Seventeen*）。伦敦的老牌期刊《女王》（*The Queen*，特指）更名为《女王》（*Queen*，泛指），目标读者重新定位为“嬉皮士”，内容更加年轻化，图片也更加鲜艳。年轻艺人的着装出现在音乐杂志上，诸如美国的《虎派》（*Tiger Beat*）、英国的《难以置信 208》（*Fabulous 208*）和法国的《你好，朋友！》（*Salut les copains*）。老牌杂志的内容依然以时装、生活方式和艺术等为主要，但同时也面临如何让它们的外观和内容更有活力的问题。即使是高端时尚杂志对成衣的报道也不亚于（甚至超过）对高级时装的报道，“青年震荡”（Youthquake）的款式得到了媒体的特别关注。

鲍比·希尔森（Bobby Hillson）和卡洛琳·史密斯（Caroline Smith）等年轻的艺术家推崇一种全新的时装插画风格。日本插画师中原淳一（Junichi Nakahara）的作品是东西风格不断融合的代表。大卫·贝利（David Bailey）和威廉·克莱恩（William Klein）等新人加入了理查德·阿维顿和欧文·佩恩等知名摄影师的队伍。

美丽的新标准——年轻、纤瘦——与 20 世纪 50 年代流行的成熟和女人味形成了鲜明的对比。报刊上经常出现的不再是高傲的成年模特，而是大眼长腿摆着几何形姿势的青少年模特，例如崔姬（Twiggy）、简·诗琳普顿（Jean Shrimpton）和佩内洛普·特里（Penelope Tree）。60 年代最后几年，美国的劳伦·赫顿（Lauren Hutton）和马里莎·贝伦森（Marisa Berenson，艾尔莎·夏帕瑞丽的孙女）成为知名模特。时装模特也反映了民族和种族的多元化。卡丹最喜欢的日本模特松本裕子成为了人们熟知的面孔。1961 年，波林·特里格里雇用黑人模特贝弗利·巴尔德斯（Beverly Valdes），成为了媒

左下图　模特经常摆出几何形姿势，例如《巴黎时装公报》1965 年 6 月刊封面上的这两个，服装由纪·拉罗什设计

右下图　设计师波林·特里格里让贝弗利·巴尔德斯成为第一个被美国大品牌雇用的非裔模特

体争论的焦点。1966 年，混血模特唐耶尔·露娜（Donyale Luna）登上了英国版《时尚》的封面。《生活》杂志 1969 年 10 月 17 日刊的封面故事题为“黑人模特成为舞台的焦点”。在制作了崔姬的模型后，人体模型设计师阿德尔·罗丝坦（Adel Rootstein）又制作了一个以唐耶尔·露娜为原型的人体模型。T 台展示逐渐与表演结合。一些时装秀混合了男装和女装，设计师让模特穿上她们风格极端的作品配合音乐走着猫步，这种形式变得越来越普遍。

时尚与社会

时尚领袖来自社会的各个阶层。20 世纪 60 年代时尚女性名录虽然依然以西欧女性为主，但也出现了黛汉恩·卡罗尔（Diahann Carroll）、蕾昂泰茵·普莱斯（Leontyne Price）、雪儿（Cher）、托罗的伊丽莎白公主和泰国的诗丽吉（Sirikit）皇后，由此可见偶像的多样化。有影响力的歌手、女演员、女继承人和社会名流都有一个共同的特点——年轻。正如《纽约时报》评论的那样：“突然发现，巴黎和第七大道穿花衣的吹笛手都是年轻人。”伦纳德·霍尔泽夫人（Leonard Holzer）是最重要的潮流引领者之一，她有时被人称为“宝贝简”（Baby Jane），以一头浓密的金发出名，她曾宣称：“不再有阶级之分。人人平等。”安迪·沃霍尔的工作室称为“工厂”，是新社会的重要活动场所，霍尔泽等名流和其他社会上层的叛逆者在这里活动，其中也包括伊迪·塞奇威克（Edie Sedgwick）——一位媒体宠儿，绰号“青年震荡者”。1966 年杜鲁门·卡波特（Truman Capote）在纽约广场饭店举办的黑白舞会是这一年代媒体报道最多的社会事件，也是郊区和市区融合的典范。卡波特聚集了社会名流和有号召力的年轻人，化装舞会的着装要求体现了当时流行的颜色。

下图 1962 年，杰奎琳·肯尼迪访问印度时穿着奥列格·卡西尼为她设计的连衣裙

名人的婚礼随着电视和媒体的发展广为人知。法拉·笛芭（Farah Diba）和伊朗国王雷扎·巴列维（Mohammad Reza Pahlavi）结婚时穿着伊夫·圣·罗兰设计的服装。比利时法比奥拉王后（Doña Fabiola de Mora y Aragón）与国王博杜安（King Baudouin of Belgium）结婚时穿着巴伦西亚加设计的婚纱。英国玛格丽特公主的婚纱则出自诺曼·哈特内尔之手。这件欧根纱礼服虽然裙摆宽大，但线条简洁流畅，与 13 年前哈特内尔为玛格丽特的姐姐伊丽莎白设计的婚纱形成鲜明的对比。这两条连衣裙清楚地展示了战后传统的浪漫主义与 20 世纪 60 年代新出现的现代风格的差异。电视直播了玛格丽特公主的婚礼，因此在典礼结束几小时后这条裙子就有同款出售。

白宫风格

约翰·菲茨杰拉德·肯尼迪的妻子杰奎琳·肯尼迪（Jacqueline Kennedy）是 20 世纪 60 年代早期一位重要的时尚领袖。作为美国历史上最年轻的第一夫人之一，杰奎琳·肯尼迪受到了大众的喜爱，她的着装也被人广为议论。她原名杰奎琳·李·鲍维尔（Jacqueline Lee Bouvier），出生于纽约南安普顿，1947 年她在社交场合的首次亮相就非常有名。1953 年她在婚礼上穿着纽约设计师安·洛韦（Ann Lowe）设计的婚纱。她的丈夫还是参议员时，她经常光顾纽约的定制商店和高级时装店。波道夫·古德曼为肯尼迪夫人参加 1960 年的就职舞会设计了一套由晚礼服斗篷和连衣裙组成的套装，灵

感源自维克多·斯蒂贝尔的设计。肯尼迪夫人还任命美国人奥列格·卡西尼（Oleg Cassini）担任她的官方设计师，卡西尼为她参加就职典礼设计了米黄色的外套和连衣裙。此外，卡西尼为肯尼迪夫人设计的服装还有紧身连衣裙、帝政风格的抹胸礼服、修身的A字形和几何形套装以及舒适合身有大纽扣的外套，明显受到法国顶级服装设计师设计风格的影响。1962年肯尼迪夫人对印度进行国事访问，卡西尼为她设计了杏色的连衣裙和外套套装，这套服装出现在许多照片中。虽然卡西尼为肯尼迪夫人设计的服装并非原创，但是服装的风格很快被确定下来，并在多套服装上使用了肯尼迪夫人喜欢的粉色。肯尼迪夫人穿其他设计师设计的服装也保持这种风格，因为她本人的品味才是风格的基础。除了卡西尼，肯尼迪夫人还特别喜欢纪梵希和美国人古斯塔夫·塔塞尔（Gustave Tassell）的设计。1963年她的丈夫被暗杀的当天，她穿着仿香奈儿款式的粉色套装。媒体认为“杰姬风格”（Jackie Look，即杰奎琳的风格）对全球的政界夫人甚至至上女声合唱团都产生了重要的影响。《纽约时报》曾评论肯尼迪夫人的广泛影响：“因为她，女性开始留高耸蓬松的发型，戴朴素的药盒帽，将自己的曲线隐藏在几乎什么装饰都没有的连衣裙里，把她们的眼睛藏在巨大的墨镜后面。”约翰·菲茨杰拉德·肯尼迪也影响了时尚，只是没有那么明显。这位年轻的总统穿常春藤风格的时髦套装，在很多场合都不戴帽子，男帽在美国甚至美国以外的人气因此下降。肯尼迪政府带给白宫的自信只与他的总统任期一样长，这种自信在他被暗杀后就消失殆尽了。人们常用音乐剧《凤宫劫美录》（*Camelot*）形容他童话式的执政。这部剧的宣传语“只为短暂的闪亮一刻”也讽刺了这一点。

亚文化风格与个性化服装

20世纪60年代初，伦敦的青年亚文化对时尚产生了重要的影响。现代派或摩登派的生活离不开音乐和时装。爵士乐很重要，自诩为流行音乐团体的“小脸乐队”（Small Faces）和谁人乐队等也很重要。摩登派出行时骑小型摩托车，尤其喜欢韦士柏（Vespas）。男性穿有小翻领的意大利式修长套装和紧身短衬衫，通常由精于制作欧洲大陆式服装的裁缝手工制作。摩登派的服饰还有针织上衣、针织细领带和尖头鞋。在仪容方面摩登派也煞费苦心，他们喜欢有层次的发型。到60年代中期，摩登派的男装中增加了更多运动的款式，例如腰部有拉绳的风雪大衣和其乐（Clarks）沙漠靴。虽然摩登派女性的风格没有男性那么鲜明，但是通常也留长直发或几何形短发。她们也喜欢简约的造型，

右图　参加1969年伍德斯托克音乐节的很多粉丝穿着民俗风格和波西米亚风格的服装

穿着直筒裤、短裙和靴子。虽然摩登派的生活方式体现了一种亚文化的美学观点，但是它也高度依赖消费。流线型的摩登派造型也反映了当时其他的一些潮流，包括太空风貌对高端和主流时装的影响。

另外一个与年轻人有关的运动是基于反战和反主流文化的情绪产生的源于披头士和波西米亚风的嬉皮士运动。这场运动的中心是旧金山的海特－阿希伯里（Haight-Ashbury）街区。嬉皮士的生活方式以走出社会、共同生活和吸食毒品为典型特点，彻底与20世纪50年代以来确立的传统的、以家庭导向的社会结构决裂。使用人体彩绘，讽刺地穿着军装和老式制服，偏爱牛仔服和皮革、绒面革以及毛茸茸的皮草制作的衣服都是嬉皮士着装的典型特点。扎染极受欢迎，常在自家的浴缸里完成。嬉皮士通过参加户外音乐会、政治示威和“友爱大聚会”宣传这种风格。音乐剧《长发》（*Hair*）反映了嬉皮士的生活方式。1969年，著名零售商盖普在旧金山开设店铺销售李维斯牛仔裤、唱片和磁带，以精品店的形式吸引年轻人。店铺名意为“代沟”，意指20世纪60年代年轻人与父母之间能感受到的隔阂。进口商店的商品找到了融入嬉皮士衣橱的方式，瓦伦蒂诺、璞琪和阿诺德・斯嘉锡等设计师很快意识到民族风未来在T台的潜力。《我爱你，爱丽丝・托克拉斯》（*I Love You，Alice B. Toklas*，1968年）和《逍遥骑士》（*Easy Rider*，1969年）等电影将嬉皮士运动搬上银屏，嬉皮士运动在伍德斯托克音乐节达到顶峰，参加表演的有詹尼斯・乔普林（Janis Joplin）、吉米・亨德里克斯（Jimi Hendrix）、杰斐逊飞船乐队（Jefferson Airplane）等众多摇滚歌手和乐队。

女装基本情况

巴黎传统的高级时装屋仍然是时尚界关注的重点，伊夫・圣・罗兰和约翰・贝兹（John Bates）等与时俱进的设计师却开始从当代文化中汲取灵感。所有年龄段和所有社会阶层的人都可以获得年轻、现代的设计作品。伦敦仍然是高级时装的中心，通过电影加利福尼亚的运动装也得到了推广，主要针对青少年。纸裙子曾短暂地流行过一段时间，表现了一种有趣的时尚新精神和对一次性消费的关注并揭示了时尚瞬息转变的本质。

尽管20世纪60年代前几年在服饰上能够看到很多50年代遗留下来的款式特点——例如合身的廓形和细高跟——但是新的设计理念很快出现了，并在十年里发展形成独特的风貌。60年代前几年，50年代香奈儿和巴伦西亚加提倡的几何形和箱形款式开始成为主流。套装和外套都采用这种廓形，

左下图　皮尔・卡丹1962年春夏系列的一套服装，从这套服装上可以看到他的设计从20世纪50年代的整洁利落向后来的未来主义风格转变

右下图　模特简・诗琳普顿穿着线条利落的粉色套装，搭配简单的配饰，1962年摄于伦敦

左上图　芬兰公司玛丽麦高推广形状渐变和色彩鲜艳的抽象图案

右上图　摄影师斯利姆·阿伦斯（Slim Aarons）专为社会名流拍照，这是他1964年在棕榈海滩拍摄到的两个身穿莉莉·普历兹品牌彩色印花连衣裙的女性

左页图　1967年，女演员弗朗丝·安格拉德（France Anglade），身穿马克·博昂设计的一件表面装饰亮片和珠子的迪奥晚礼服

套头上衣搭配半裙的两件套日装也是如此。常用结实的面料，例如粗花呢和仿羔皮呢。颜色通常采用微妙的中性色和三次色。特别大的纽扣和贴袋等几何形细节很常见。连衣裙通常向外展开呈A字形，常常是无袖款。晚礼服的款式也趋于简洁，常为无袖款，用绸缎、立体蕾丝和缀珠布料等女性化的面料制作，再装饰羽毛和毛皮。

宽松的彩色直筒连衣裙在温暖的季节和度假的时候特别受欢迎，甚至还用于夏季的鸡尾酒会，裙子上的印花体现了嬉皮士“花的力量”（Flower Power）。芬兰玛丽麦高公司（Marimekko）推出了有鲜艳的抽象花卉和几何图形的印花女裙，自杰奎琳·肯尼迪穿过之后这种裙子在美国更加流行。美国设计师莉莉·普历兹（Lilly Pulitzer）设计了类似的简洁款式。她标志性的作品“莉莉”是一条宽松的无袖直筒连衣裙，为了让这款裙子能在休闲的场合不穿内衣而特别设计了内衬。普历兹的印花图案通常是花卉，但也有奇特的风俗画印花。意大利的埃米利奥·璞琪（Emilio Pucci）也使用明亮的颜色，常在丝质针织衫上使用迷幻的印花图案。白色、奶油色和其他的浅色，例如淡黄绿色、淡草绿色、浅蓝色、蓝绿色、浅黄色和杏黄色依然流行。花卉纹印花依然存在。几何化的雏菊是一种常见的图案，许多花卉以黑色为背景。

裙摆底边继续升高，从1962年到1965年有些设计师的作品已经把裙摆底边提高到大腿中部。这种款式的出现与安德烈·库雷热（André Courrèges）、鲁迪·简莱什（Rudi Gernreich）和玛丽·奎恩特（Mary Quant）等设计师有密切的关系。这种高度的裙摆底边从出现后一直持续到60年代末，至70年代也还迟迟未消失，甚至在受到其他高度的裙摆底边的挑战下。年龄较大和相对保守的女性很少采纳这种长度的裙子，还是让裙摆底边保持在膝盖位置，更新潮、年轻的女性则接受了迷你裙。鸡尾酒会礼服和舞会礼服也经常出现短裙。

这一时期由于对新型面料的尝试出现了各种价位的时装，包括从帕科·拉班（Paco Rabanne）手工制作的塑料和金属连衣裙到面向大众市场的乙烯基雨衣。塑料受到了人们的喜

纸衣时尚

1967年左右，随着“一次性”成为现代（而不是浪费）的象征，一股短暂但激烈的纸衣潮流席卷了时尚界。就像“舒洁”面巾纸被称为“纸手帕”，纸衣也是一种新事物。但和纸手帕不同，纸衣从来没有取代布衣，它的重点在于时尚，而非卫生。厂商尝试制作各种纸质面料。一些像纸巾，一些像毡制的无纺衬布。没有任何一家公司或个人宣称自己“发明了”纸衣，但很多人赶上了这股浪潮。多数纸质连衣裙是大批量生产的宽松直筒连衣裙，有醒目的印花图案。欧普风格图案很流行，条纹、波点、佩斯利纹样和视幻图案也很受欢迎，某些连衣裙以皱巴巴的肌理为特色。奥西尔·克拉克和帕科·拉班等知名设计师将纸作为他们面料实验的完美延伸，推出了彩色的纸质连衣裙。某些纸裙使用了通俗文化的元素，例如哈利·戈登推出的一款非常有名的纸裙子印有鲍勃·迪伦的照片，坎贝尔汤制品公司（Campbell，即金宝汤）推出的“金宝汤裙”印有金宝汤罐头图案，上有一美元和两个汤标签，具有波普艺术的特点，也确实让这些产品打开了销路。当时流行的简单廓形本来就适合用纸制作，这说明纸是表达时尚理念的完美媒介：轻薄、轻松和即时。除了纸质连衣裙，市面上也出现了纸帽和有塑料涂层的纸质雨衣。人们能买到鲜艳的彩色男式纸衬衫，适合时髦活跃的“孔雀”男。纸衣在派对上也特别流行。有家公司推出了全套的纸质产品，从配套的纸桌布、纸杯、纸盘到餐桌中心的纸摆饰再到女主人的纸裙子，一应俱全。伦敦记者普鲁登斯·格林（Prudence Glynn）称赞了纸衣给儿童带来的裨益：“迄今最明智的想法。便宜、漂亮还能防火星，巧克力蛋糕和香蕉冰激淋掉在衣服上也没有损失……而且妈妈也不会唠叨责骂。”格林也称赞纸衣给成人带来的好处：“如果你能在衣服的下摆上写字，何须带日记本？如果你能直接在一个设计师的作品上记录你对另外一个设计师的印象，何须带笔记本？如果你忘记带手帕也不要紧，从衣服上撕一片纸就行。”

20世纪60年代末德国生产的一件纸衬衫，现藏于费城博物馆（Philadelphia Museum）

爱。蜡光面料、有光泽的乙烯基和更柔软的聚氯乙烯（PVC）用于制作夹克、半裙、连衣裙和配饰。风格上的其他创新包括频繁使用金银丝锦缎、合成针织面料、塑料和乙烯基——受太空风貌的影响所致。合成纤维依然时尚前卫。它们着色力好、色泽鲜艳，非常适合欧普和波普风格的服装。保守派也能接受合成纤维面料。1966年，第一夫人克劳迪娅·“伯德夫人”·约翰逊（Lady Claudia “Lady Bird” Johnson）参加女儿的婚礼时穿着一套阿黛尔·辛普森设计的“抗皱”服装。针织面料不再限于运动服，而被越来越多的高级时装采用，用来制作连衣裙和套装。双面针织的羊毛或合成纤维面料常用于简约的直筒连衣裙和其他不需要裁剪的服装。紧身罗纹“穷男孩”风格的毛衣无论短袖和长袖都很受欢迎，搭配迷你裙或紧身的长裤。从非正式半裙到长及脚踝的大衣，灯芯绒几乎适用于一切服装，通常还带有鲜艳的佩斯利印花图案。

尽管女式长裤还存在争议，但更常见了。几位设计师推出了长裤套装和裙裤套装，还有背心和长裤搭配的款式。20世纪60年代后期越来越流行长裤套装，甚至用作晚装，包括塔士多套装（即伊夫·圣·罗兰推出的吸烟装）、宽松衣裤套装和哈伦裤套装。60年代中期，低腰裤和类似水手裤的喇叭裤流行起来。摩登派喜爱的连体装得到了普及，一个重要的原因是女演员戴安娜·瑞格（Diana Rigg）在影片《复仇者》（*The Avengers*）中穿了一件称为“猫服”的弹力紧身连体装。这种款式影响了滑雪服，连体滑雪服取代了两件式的款式。

随着时间推移，迷你裙受到了相对较长的裙子的挑战，60年代末更是如此。由于迷你裙变得普遍并且几乎过时，上衣逐渐成为了人们关注的焦点，有宽大的荷叶边袖，和背心一起穿着并搭配常见的配饰——围巾。1968年《伦敦时报》（*London Times*）曾这样评论：

“自迷你裙出现以来，女性衣橱里上衣第一次变得比裙摆底边更有趣。突然没人关心裙子是短是长、是连体还是分体，甚至不在乎是裙子还是裤子。时尚焦点变成了你穿什么来搭配已选好的下装。”

左下图　西尔斯百货1969年春夏商品目录中的连衣裙，款式年轻，适合不同年龄段的女性，从中可以看出人们普遍接受了短裙

右下图　乙烯基雨衣也采用了当时流行的明亮颜色和直身廓形

迷你裙（Miniskirt）

迷你裙是20世纪60年代服装款式的标志之一，以至于很难相信这个款式实际上是到60年代中期才成形。《时尚》1962年3月15日刊明确表示“不接受”“裙摆底边在膝盖上方8～10厘米的裙子”和“扭摆舞服的时尚建议”。这暗示争夺时尚主导权的斗争开始了：维持现状对抗年轻改革。到了60年代中期，在主流时装领域，年轻化和迷你裙明显获胜。服饰史学家通常想找到款式的“起点”，但实际的情况是服饰史上几乎每一种新款都是之前已有款式的延续。1965年是超短裙人气暴涨的一年，一般认为设计师玛丽·奎恩特和安德列·库雷热“发明”了这种款式的裙子。奎恩特可能创造了“迷你裙”一词，因为据她所说是以自己最喜欢的车迷你库珀（Mini Cooper）来命名这种短裙。但是如果深究迷你裙的发明宣言和权利归属，就会发现问题。约翰·贝兹比奎恩特早一年推出了这种短裙，因此一些人认为是贝兹发明了超短裙。但是超短裙在20世纪50年代甚至更早就已经有迹可循。阿诺德·斯嘉锡和詹姆斯·加拉诺斯在20世纪50年代末就已推出长度在膝盖以上的连衣裙。影视服装也预见了这股潮流：海伦·罗斯为《禁忌星球》（*Forbidden Planet*，1956年）中安妮·弗朗西丝（Anne Francis）设计的服装采用的就是20世纪60年代流行的裙长和版型——她为科幻片设计的女裙十年后出现在国内的T台上。再早一些，20世纪30年代末的女式网球连衣裙一般是长及大腿，20世纪20年代“爵士时代”的歌舞女郎也经常穿这种裙长的演出服。最有名的例子是爱拉·纳兹莫娃（Alla Nazimova）出演1923年电影版《莎乐美》时穿着娜塔莎·兰波娃设计的长及大腿的橡胶连衣裙。不管超短裙最终源自哪里，这股潮流势不可挡。1966年，之前持反对意见的《时尚》也声称：“迷你裙是当今时尚中最傲慢的存在。”正如裙长变短不可避免，20世纪60年代末和70年代初裙长变长也不可避免。

约翰·贝兹设计的一条迷你裙

左上图　1965 年喜剧《诀窍》（*Knack*）以伦敦年轻人的曲折爱情为主题。在这部影片中墨镜和定制小型摩托车仍然是现代派的标志

右上图　1966 年，身穿长裤套装的新娘和身穿及膝短裤的伴娘，展示了当时时髦的婚礼服，与新郎相对传统的着装形成鲜明的对比

随着嬉皮士和其他反主流文化运动日益增多，民族风和田园风开始影响时尚。以 19 世纪末 20 世纪初至 20 世纪 40 年代的服装为灵感的复古风格很受欢迎，因为受到 60 年代中期太空主题的影响，复古的款式采用了一种更加紧身的廓形。

高级定制婚礼服的类型非常丰富，从迷你裙和蕾丝连体短裤到袒胸露肩的民族风款式甚至比基尼应有尽有。1965 年，圣・罗兰设计了一款手工编织的婚礼服——表面覆盖针织绞花和绒球并装饰缎带蝴蝶结——反映了民族风的流行，并用一个风帽式的罩子罩住新娘的头部。1967 年巴伦西亚加推出了圆锥形绸缎连衣裙，并搭配类似太空头盔和修女头巾的帽子。虽然宽摆裙从 20 世纪 50 年代晚期一直流行到 60 年代中期，但是早在 1960 年帝政风格的裙子就已经很常见。1967 年，美国总统的女儿琳达・伯德・约翰逊（Lynda Bird Johnson）结婚时穿着一条杰弗里・比尼（Geoffrey Beene）设计的紧身裙，有可拆卸的华托式裙裾、帝政式高腰线、长袖和假的高领，并装饰了醒目的立体蕾丝。

用网眼或蕾丝面料制作的短款婚纱在摩登派中流行，其他时髦的新娘一般采用前卫的巴黎造型，甚至用白色摇摆靴（即 60 年代中期跳摇摆舞穿的靴子）搭配短裙。60 年代末，嬉皮士的审美走上了圣坛，也出现了波西米亚和中世纪风格的婚纱。有面纱的药盒帽很流行，有硬挺框架支撑的小型面纱和用硬挺的绸缎制作的大蝴蝶结也很受欢迎。60 年代中期，像头盔一样颌下有系带的帽子很受欢迎，花环让嬉皮士的着装风格更加完美。伴娘服通常采用明亮或柔和的颜色，从迷你裙到及地长裙有许多款式。提供给家庭裁缝的成套伴娘服纸样既有短款又有长款。

美体衣和内衣

服装的变革对内衣产生了影响，女性开始抛弃塑形美体衣。1964 年，“精致外形”公司（Exquisite Form）推出了一款鲁迪・简莱什设计的“无胸罩”内衣，由两个有肩带的三角形轻薄尼龙布片和缠绕身体的一条细长带子组成。有人公开谴责这款内衣有伤风化，也有人称赞它让女性获得了解放并为女式内衣提供了新的概念。在连衣裙和半裙下穿短款的直身衬裙，有时也称“中衬裙”（Demi-slips）或“修米兹”（Chemises）。和 20 世纪二三十年代流行的踢踏裤类似的一种女式半裤用作内裤和

上图 轻薄的尼龙内衣采用彩色的有时是迷幻的图案

下图 查尔斯·卓丹（Charles Jourdan）的一款专利皮鞋，采用流行的方头粗跟并有几何形装饰

衬裤。在网眼薄纱或其他轻薄透明面料制作的上衣和衬衫里面穿一片式肉色紧身衣。睡衣也体现了时装的影响，出现了哈伦款式的睡裤和裙摆底边很高的超短睡袍。

女袜的重要性日益凸显，有各种颜色和质地的袜子。罗纹、棱形图案和蕾丝都很流行，另外还有不透明的横编针织面料、花卉纹、格纹和条纹。一些袜子在晚上有微微发亮的效果。到 1964 年，长袜被紧身裤袜和“连裤袜（重量和长袜相仿的紧身裤袜）”取代。但让女性普遍接受连裤袜花费了几年的时间，在这个过程中，生产商和消费者采取了各种有趣的方式缩短女袜和升高的裙摆底边之间的距离。某些女袜商推出了更长的袜子。凯塞（Kayser）推出了一款非常长的袜子，能穿在一条特别的“裤腰带”里。女性有时将袜子穿在紧身褡内裤里面，这样一方面紧身褡能继续提供支撑，另一方面新款女袜又能覆盖腿部。苏内尔玛（Sunerama）推出了“臀袜”：两条袜腿是分开的，在腰间系结，如果有一只袜子破损或“抽丝”，可以仅更换单只袜子。更短的裙子产生的另外一个影响是及膝袜重新流行起来。

配饰

精心制作的发型常用喷雾定型并用假发装饰，这种做法开始取代帽子。然而，女帽业依然制作帽子，顶级服装设计师起了示范作用。紧贴头部的帽子早在 1961 年就已出现，通常称为“头盔”或“婴儿帽”。库雷热经常推出能够修饰脸型的系带软帽，在他的影响下这种颌下系带的软帽更加流行。变化的费多拉帽也很流行，有些有圆形的帽顶，有些体积更小、帽檐更窄。60 年代晚期，贝雷帽和宽檐毡帽流行起来。

1961 年，巴黎的新品中开始出现方头低跟鞋。整个 60 年代，鞋子依然比较窄，但变得笨重。春夏季流行露跟鞋。鞋子通常装饰带扣、纽扣、花朵和几何形细节。香奈儿的双色鞋对主流款式产生了重要的影响。靴子极其流行。库雷热推出了秀气的白色皮革平底靴，长度到小腿下部。这种独特的比例和微微翘起的方鞋头广为效仿。此外，还有及踝靴和皮革或乙烯基制作的紧身及膝长筒靴。某些鞋子借鉴了靴子的款式，有鞋带一直系至膝盖下方。低跟鞋的流行和不断升高的裙摆底边有关，因为这个比例更加可爱和显年轻。手提包和单肩包都很受欢迎。很多包袋是定型的，经常采用稻草、编织塑料和乙烯基等材料，有时有链条式肩带。很多配饰以波普艺术、几何图案和抽象的花朵为装饰主题。雏菊特别常见。耳饰有长耳坠、超大耳环和泪滴形塑料耳钉。彩色胸针很常见。肯尼思·杰·莱恩（Kenneth Jay Lane）是一个著名的时尚珠宝品牌。长串的“情爱珠”体现了反主流文化的影响。墨镜成为重要的配饰，有些形状奇特，镜框有图案，有些体现了未来主义风格的影响。某些小眼镜（称为“老奶奶眼镜”）有金属镜框和椭圆形、圆形或矩形的镜片。

时尚精品店

富有冒险精神的设计师提出了时尚精品店的概念，指的是小规模的特色商店，它们为更加年轻和大胆的消费者提供价格不那么昂贵的服装（包括青少年尺寸的服装）和妙趣横生的配饰。“精品概念？有趣的想法——可谓五花八门。”每个款式只有少数几件且不补货，店内服务往往比较随意（甚至有点态度冷淡）。当代音乐是烘托气氛的重要手段，配乐和每个商店推广的款式有关。一些精品店内设咖啡厅和吧台，将购物和社交结合起来，商店变成一种风景。

玛丽・奎恩特和芭芭拉・赫兰妮可（Barbara Hulanicki）是最早提出精品店概念的设计师。安娜卡（Annacat）、车轮上的胡萝卜（Carrot On Wheels）和哈丽特（Harriet）都是伦敦有名的精品店。意识到这种潮流的重要性，百货公司在内部也设精品店，招纳个体设计师，在销售楼层开设主题商店。1964 年，彼得・罗宾逊百货公司（Peter Robinson）成立了拓扑肖普（Topshop）品牌，设在地下室，目标客户是年轻人。1966 年塞尔福里奇百货（Selfridges）开设的卡丹店（Cardin Shop）和 1967 年哈罗德百货开设的入口店（Way In）出售男装和女装，布置得像购物街上的小商店。

1965 年，帕拉费内里尔（Paraphernalia）在纽约的麦迪逊大道开张，出售年轻设计师设计的时髦服装，店面采用光洁的白色并有镀铬装饰。设计师贝齐・约翰逊（Betsey Johnson）曾这样评论："帕拉费内里尔所有的衣服都是试验性的，永远在

右图　精品店的创始人之一玛丽・奎恩特，留着维达・沙宣的几何形发型，店里的两名女性身上穿的是她设计的新潮年轻的服装

变化。这与顾客无关，只关乎此时此刻。”帕拉费内里尔的顾客包括社会名流、艺人和名不见经传的普通人。女演员朱莉·克里斯蒂（Julie Christie）曾穿着迷你裙在店里拍照留念。该店最早是纽约著名制造商普瑞登（Puritan）的分部，创始人是保罗·扬（Paul Young）。他销售奥西尔·克拉克（Ossie Clark）和玛丽·奎恩特等著名设计师的时装，也出售纽约尚在起步阶段的设计师的作品，例如约翰逊·迪尤（Johnson Dew）和戴安娜·迪尤（Diana Dew），戴安娜设计了电池供电的连衣裙，这种裙子照亮了纽约的“麦克斯的堪萨斯城”（Max Kansas City）等夜总会。

设计师：法国

巴黎的高级时装正在经历更新换代。让·德塞（Jean Dessès）、雅克·海姆（Jacques Heim）、卡纷（Carven）和罗夫（Rouff）等老牌时装屋仍然代表巴黎的优雅，但年轻一代的设计师意识到了年轻顾客和休闲风格的重要性。高级定制时装仍然受到忠诚客户的青睐，但设计师成衣越来越被人接受并日益受到媒体的关注。皮尔·巴尔曼设计的历史风格的奢华晚礼服非常有名。他拥有一批地位非常高的精英客户，其中包括泰国的诗丽吉王后。香奈儿继续坚持她一贯的风格，推出了颜色更加鲜亮的经典开襟羊毛针织套装。1960 年，她推出了仿羊羔皮呢套头衫和百褶裙组成的套装，这是对她早期设计的套头衫套装的创新发展。虽然克里斯托巴尔·巴伦西亚加 20 世纪 50 年代的设计清楚预见了 60 年代的时尚，但是他对席卷时装界的年轻化潮流不感兴趣。尽管他抵制潮流，他却是最早推出透视款式的设计师之一，也曾采用了 20 世纪 20 年代流行的廓形。他继续尝试新的结构、空间和剪裁，设计了接缝极少的连衣裙，这种款式通常使用真丝薄纱制作。直至他最后的一个系列，巴伦西亚加都始终如一坚持自己的高标准，他的设计具有“全世界技术最好的服装作品”的美誉。1968 年，巴伦西亚加突然关闭了自己的时装屋，对当时的时尚产业似乎不再抱有幻想。1962 年，朱尔斯－弗朗索瓦·克拉海（Jules-François Crahay，1917—1988 年）为妮娜·里奇推出了以 20 世纪 20 年代的假小子形象为基础的“假小子”系列，凭借该系列，克拉海获得了当年的内曼·马库斯奖。他也在美国市场开辟了成衣产品线“里奇小姐”（Mademoiselle Ricci）。1963 年，克拉海离开妮娜·里奇，取代安东尼奥·卡斯蒂略成为朗万的设计师，他在朗万的第一个系列被认为“充满了想法”。他在朗万时装屋多年的工作中一直坚持优雅的品味和传统的高级定制标准。

下图　1963 年，朱尔斯－弗朗索瓦·克拉海为妮娜·里奇设计的一款套装，以奢华的南美栗鼠毛领和 20 世纪 20 年代的怀旧风格为特点

伊夫·圣·罗兰巩固了他在时尚界的地位，他为世界上许多最著名的女星设计服装。圣·罗兰的灵感来源多样，包括“街头”风格，例如 1960 年他为迪奥设计的秋季系列以披头士元素为特点，体现了“街头”风格的影响。该系列包含黑色的高领毛衣、皮风衣、贝雷帽和针

上图从左往右　伊夫·圣·罗兰的作品：1966年推出的女式塔士多长裤套装（即“吸烟装”）、1966年推出的以波普艺术为灵感的连衣裙和1967年推出的“非洲风格”系列连衣裙

织帽，由“僵尸脸模特”穿着演绎。这个有争议的系列引起了迪奥内部保守的管理层的不悦，后来这位年轻的设计师应征入伍让他们松了口气，并终止了迪奥和圣·罗兰的雇佣关系。不久，圣·罗兰入院治疗然后退伍。他起诉迪奥违约成功，后来与皮埃尔·贝杰（Pierre Bergé）一起创立了自己的时装屋。1962年，圣·罗兰推出了同名品牌的第一个系列，媒体相提并论了这个系列的套装和香奈儿的套装。同年，秋冬系列包含他的一些经典款式：套头外衣搭配修身半裙、田园风罩衫和水手双排扣厚呢短大衣。圣·罗兰的早期系列中还有女式长裤套装和有白色衣领的小黑裙。他很快成为了媒体的宠儿（尤其受到《时尚》的编辑戴安娜·弗里兰的赏识），并在巴黎时尚的前沿站稳了脚跟。1965年他设计的“蒙德里安”（Mondrian）撞色羊毛针织连衣裙有“明日之裙”的美誉，也是公认的60年代标志性的时装设计作品之一。

他1966年推出的系列包含诙谐的波普艺术风格的连衣裙，其中一些具有夏帕瑞丽和让·谷克多20世纪30年代晚期的超现实主义效果。他还推出了他的第一款“吸烟装”——一款以20世纪20年代的审美为基础的女式塔士多礼服长裤套装。1966年，他在图尔农街21号开设了他的第一家“左岸”成衣精品店。他1967年推出的“非洲”系列女裙备受称赞。这些女裙将非洲部落的服饰风格和20世纪20年代的紧身连衣裙结合，装饰木珠、塑料珠、贝壳、鲜艳的印花和稻草等，戏称“原始宝石的幻想”。第二年，他推出了更加经典的设计，包括声名狼藉的“透视”装和猎装。这些年里，圣·罗兰也从事戏剧影视服装设计和舞台设计，他为几部电影设计了服装，其中最有名的是为女演员凯瑟琳·德纳芙（Catherine Deneuve）设计了在《白日美人》（*Belle de Jour*，1967年）和《骗婚记》（*La Sirène du Mississippi*，1969年）中的服装。

在巴黎出生和长大的马克·博昂（Marc Bohan，生于1926年）最初在罗拔·贝格工作，后来先后为爱德华·莫利纽克斯和巴杜时装屋效力。1958年，博昂成为迪奥伦敦分店的设计师。1960年，在伊夫·圣·罗兰备受争议的系列之后，迪奥聘请博昂担任巴黎总店的设计师和创意总监。他在巴黎的第一个系列采用了20世纪20年代流畅的廓形（称为“苗条风貌”（Slim

Look）），其影响可媲美迪奥时装屋 1947 年和 1958 年的时装秀，记者卡丽·多诺万（Carrie Donovan）称之为“猛烈的一击”：

“今天早上，呐喊声、鼓声和涌动的人群……让这个优雅的沙龙里混乱不堪。人们把马克·博昂推到墙壁护壁板上，亲吻他、拍打他和祝贺他。椅子翻倒在地，香槟酒杯被打碎，人被撞倒。体现了这位设计师彻底的胜利。”

后来，博昂不断为眼光敏锐的客户提供优雅时髦的设计。他的作品频繁出现在时尚报刊上，他依然保持着 20 世纪 50 年代高级定制的标准，没有屈服于当时活跃的年轻风格。从晚礼服到日装再到外出服，博昂将每个品类都做得很好，他甚至推出了“迪奥运动”（Dior Sport）滑雪服。他 1965 年的两场秀都备受称赞。亚洲元素和历史风格结合了复杂的颜色、面料、剪裁方式和垂褶细节，一名时尚记者曾称赞博昂“继续证明了他能做出巴黎最漂亮的衣服”。

于贝尔·德·纪梵希与一些追求震撼效果的新人设计师不同，他保持了自己独特的风格，将青春和优雅巧妙地融为一体。他的设计略微呈现流行的几何造型，连衣裙和套装简约却不平凡。无论日装还是晚装，纪梵希更注重材质本身的美和高超的剪裁技术而非表面的装饰。纪梵希与奥黛丽·赫本的合作继续提升了他的声誉。他的重要客户还有戴安娜·弗里兰、杰奎琳·肯尼迪以及女演员珍·茜宝（Jean Seberg）和洛琳·白考儿。

1960 年，媒体对皮尔·卡丹日益强化的几何审美的评价是“极简的，几乎是超现实主义的”。他推出了简洁的直身大衣，通常搭配紧贴头部的头盔式毡帽。卡丹设计的未来派男装、女装和童装结合了完美的裁剪和年轻风格，例如类似于女学生穿的羊毛针织直身裙和做工考究的圆领套装。卡丹致力于多样化经营，因此也提供配饰。他是最早让模特穿上纹理清晰的深色裤袜的高级时装设计师之一。1966 年，他推出了首个童装系列，1968 年，他开了一家童装精品店。卡丹的设计通常采用纯色面料，基本上没有什么装饰，但从 1965 年开始，他的一些款式装饰了“太空时代”的图形或字母“PC”（设计师名字的首字母），或作为贴花，或用在带扣上。1966 年，他推出了“宇宙”系列，以适合全家人穿着的简约服装为特色。虽然剪裁简洁且服装实用，但是多数顾客还是认为“宇宙”款式——尤其与卡丹骇人的帽子和靴子搭配时——过于古怪。1968 年，卡丹与联合碳化公司合作开发了“卡纳丁”（Cardine），这是一种可塑的合成面料，卡丹用它来制作无缝连衣裙。对于 20 世纪 60 年代晚期裙长的变化，他的应对方法是提供混合长度的套装，例如用长至脚踝的外套搭配迷你裙，还推出了长及小腿的服装。

1961 年，安德烈·库雷热（生于 1923 年）推出的第一个系列迅速获得了成功。库雷热注重精确的裁剪和服装的结构细节，这体现了他在巴伦西亚加得到的训练——1950—1961 年他曾在巴伦西亚加时装屋工作。他被称为时装界的“建筑师”，并获得了一批前卫女性的忠诚追随，其中包括简·霍尔泽（Jane Holzer）和冯丝华·哈蒂（在戈达尔 1966 年执导的电影《男性，女性》（*Masculin Féminin*）中她穿了一套库雷热设计的服装）。他推出了简约的 A 字裙、套头外衣和大衣，领口和袖窿位置常有包边。库雷热支持女性穿线条利落的长裤套装，甚至支持在正式场合这样穿。他提供各种款式的长裤套装，用紧身长裤搭配短外套、套头外衣和长度在脚踝以下的夜用大衣。库雷热是最早提倡短裙的设计师之一。1963 年，他设计的裙子长度大约在膝盖位置，但一年后他将裙摆底边提到膝盖以上。《纽约时报》曾评论：“多年以来第一次，时装中的‘福特’不再只有香奈儿的套装，还有库雷热简洁的超短裙。”1965 年春，他结合太空时代和西方元素，推出了白色、亮色、条纹和格纹的连衣裙、长裤套装和外套。有些现代款式的牛仔帽有彩色的镶边，让整体造型更加完美。和卡丹一样，库雷热有时也将自己名字的首字母作为一个装饰细节。他的客户包括温莎公爵夫人和盖伊·德·罗斯柴尔德男爵夫人（Baronne Guy de Rothschild）。1965 年，库雷热因重组而暂时关闭了自己的时装屋，1967 年重新开张，开发了成衣产品线“未

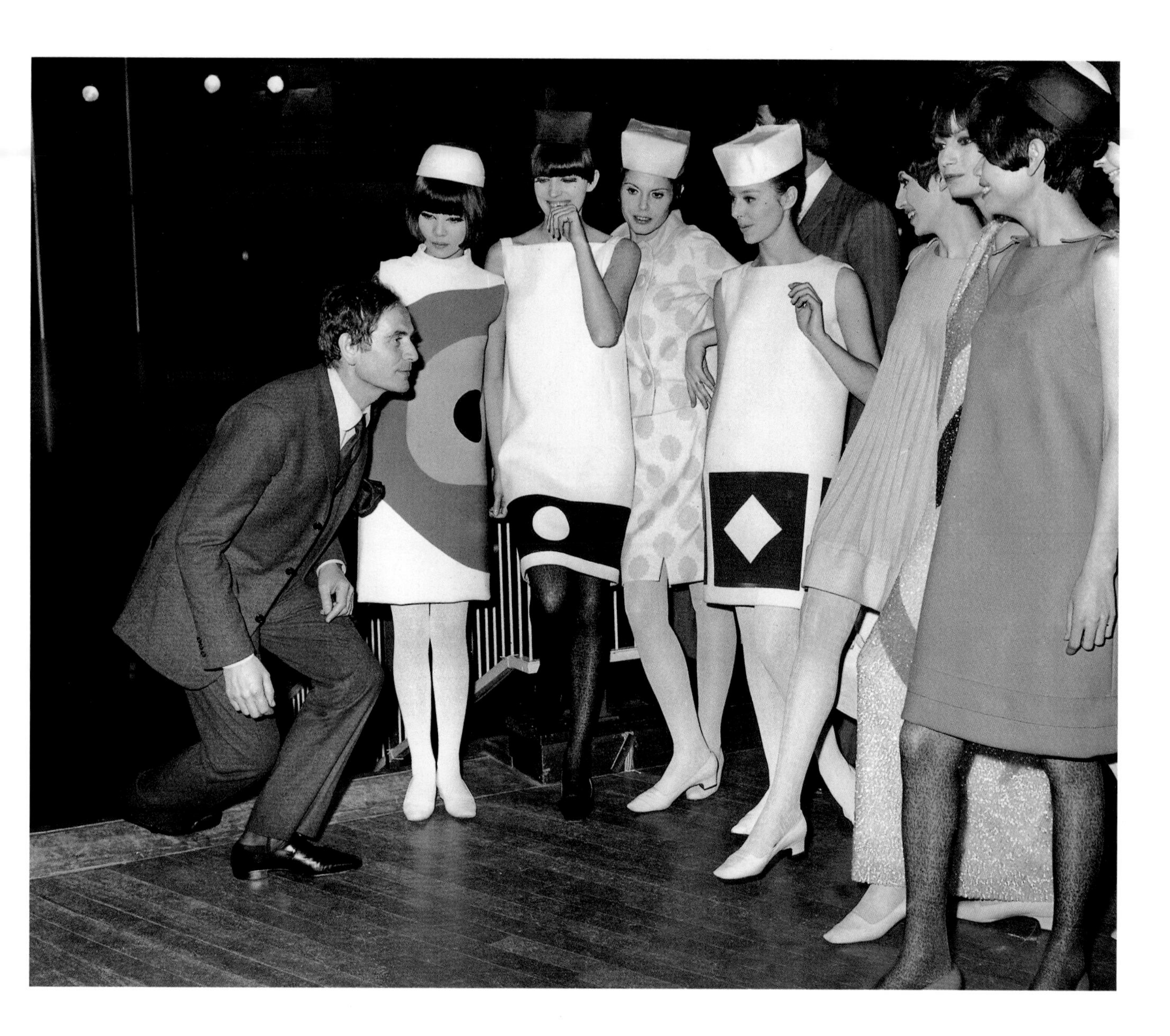

上图 1966年，皮尔·卡丹与模特在伦敦。模特的装扮体现了卡丹的超现代审美

来时装”（Couture Future）。20世纪60年代末，为保持对年轻风格和服装机能的重视，他推出了针织装，尤其是针织紧身衣。

1965年，另外一个在巴伦西亚加工作过的设计师伊曼纽尔·温加罗（Emanuel Ungaro，生于1933年）开设了自己的高级时装屋，并很快获得了“超现代”的评价，他是前卫的新一代法国高级时装设计师之一。他的作品以令人震惊的色彩组合和硬朗廓形出名。在最初的几季里，温加罗强调裙子的几何廓形：全身长的连衣裙从肩膀到裙摆底边几乎呈三角形，完全不贴身。温加罗推出了非常短的裙子，甚至推出了套头上衣和短裤的套装，通常搭配闪亮的靴子或过膝的袜子。他所谓的“现代”显然等同于性感，这成为了作品的特征之一。

帕科·拉班（Paco Rabanne）1934年出生于西班牙，他曾在巴黎学习建筑，后来从事服装和珠宝设计。1966年，拉班推出了他的第一个服装系列，名为“12件当代材料制作的不可穿女裙”——裙子用金属链连结塑料片制成，有些是荧光色的。拉班是当时敢于实验的典范，他称自己为“Accessoriste”。他推出了金属连衣裙、丘尼克套头衣、文胸式上衣和其他采用与锁子甲类似的工艺制作的服装，适合现代的“斗士公主”。他也推出了用金属珠链制作的性感的流苏女裙。拉班令人惊叹的（也有人说是令人感到不适的）作品受到了媒体的广泛报道（尤其是在美国）并引起众人的效仿。1968年他为电影《太空英雌芭芭丽娜》（*Barbarella*）设计

上图　安德烈·库雷热推出的太空时代风格的服装，裁剪考究，做工精致，通常以裤子套装为特色

的服装具有未来派的风格。60 年代末，他尝试使用其他材料，包括毛皮、皮革、注塑以及金属蕾丝和网眼薄纱来表现他独特的审美。

雅克·艾特若（Jacques Esterel，1917—1974 年），原名查尔斯－亨利·马丁（Charles-Henri Martin），也是当时最有实验精神的设计师之一。他原来学工程专业，他对时装的看法是：只是“一场游戏”。虽然他在 20 世纪 50 年代中期才建立自己的高级时装屋，但 1959 年碧姬·芭铎与雅克·夏理尔（Jacques Charrier）结婚时他为芭铎设计的简约粉色格纹裙为他赢得了声誉。艾特若同时还写歌并参加演出，因此他的作品常带有戏剧的元素。除了使用欧普艺术图案的女裙，他还推出了内置电灯的服装和用厨房用具制作的配饰，后来还推出了中性服装。

纪·拉罗什（Guy Laroche，1921—1989 年）最初从事女帽业，后来在让·德塞的时装屋工作了近十年，1957 年他开设了自己的时装屋。1961 年，他搬到更大的店面，开始设计成衣并开了一家精品店。和卡丹及库雷热一样，拉罗什也推崇现代主义（有时是未来主义）的审美。然而，他以鲜艳的色彩和性感的款式出名。尽管他的客户遍及全球，但他尤其受到巴黎女性的青睐，他的时装通常被认为是法式时尚的代表。1961 年，拉罗什大胆进入男装成衣领域并开了一家精品店。

设计师：英国

萨维尔街依然代表着全世界服装裁剪和制作的领先水平，诺曼·哈特内尔的礼服是传统优雅的典范。但某些资深设计师开始接受当代的观点。赫迪·雅曼（Hardy Amies）继续为伊丽莎白女王设计服装，并继续经营他的女装系列和男装系列。但他为电影《2001：太空漫游》设计了新鲜的服装，1966 年为世界杯英国队设计的队服也更加新颖。爱德华·莫利纽克斯退休后复出，并在 1964 年创立了他的成衣工作室——“莫利纽克斯工作室”。然而，在苏豪区、卡纳贝街和其他伦敦街区的小型工作室和精品店工作的年轻设计师推出了以年轻人为导向的服装，影响力遍布全球。“弗莉与塔芬”（Foale & Tuffin，即玛丽昂·弗莉（Marion Foale）和萨莉·塔芬（Sally Tuffin））设计团队是最早推出大胆前卫的女裙和套装的设计师之一，她们的很多套装都包含裤子，为有冒险精神的客户准备。她们在卡纳贝街的彩色商店以出售欧普艺术风格的服装为特色，很多是黑白的针织款式。她们也通过帕拉费内里尔和彭尼百货（J. C. Penney）等各种商店出售她们的产品。

上图　帕科·拉班的作品，使用金属、拼接皮革和塑料片等非传统材料制作

1955 年，玛丽·奎恩特（Marry Quant，生于 1934 年）和她的丈夫亚力山大·普朗凯特·格林尼（Alexander Plunket Greene）及友人阿奇·麦克奈尔（Archie McNair）在伦敦文艺街区切尔西的国王路开设了自己的“市集”（Bazaar）精品店。作为伦敦人，奎恩特曾在伦敦大学金匠学院（Goldsmiths College of Art）学习，在开“市集”店以前曾短暂地做过女帽生意。这家店的派对式氛围和橱窗展示（有些橱窗以真人模特为特色）吸引了许多人，很多服饰一售而空。“市集”规模最大的时候共有三家店面，但是 1968 年它们都关闭了。奎恩特特别以提倡超短裙和使用“迷你裙”一词来描述超短裙而闻名。奎恩特从未建立一种标志性的风格。她的设计从无袖连衣裙到橄榄球元素连衣裙再到贴身的 PVC 风衣应有尽有。这些服装都是按精品店标准小批量生产的，因此盈利不多。1963 年，她成立了批发部“活力小组”（Ginger Group），更广泛的分销和合作因此得以实现，奎恩特与美国零售商彭尼百货也建立了合作。到 60 了年代中期，奎恩特已成为时装界的权威人物，她的设计几乎无处不在，除了年轻化的成衣，她抽象的雏菊商标还出现在从托特包到围裙等一切饰品上。奎恩特是唇彩和假睫毛等大众化妆品营销的革新者，维达·沙宣（Vidal Sassoon）为她剪的波波头成为英国时尚新精神的代表。1966 年，她获得了赫赫有名的大英帝国勋章，领奖时她身上穿得正是迷你裙。

约翰·贝兹（John Bates，生于 1938 年）创立了自己的服装品牌“约翰·贝兹——为吉恩·瓦伦而设计”（John Bates for Jean Varon），他的设计具有两种截然不同的风格。他为《复仇者》中戴安娜·瑞格设计了线条分明的几何形服装，其中很多款式采用了黑色或白色皮革制作，与他的浪漫风格形成鲜明的对比。他浪漫风格的设计以直筒宽松连衣裙和帝政风格的连衣裙为代表，其中很多裙子使用了蕾丝、平绒和雪纺面料。作为一名伟大的实验者，贝兹自如地使用了塑料和乙烯基，他还是最早提倡短裙的设计师之一。1964 年美国版《时尚》刊登了一篇关于他设计的轻型晚礼服的时尚评论，声称贝兹代表了“玩闹的、浪漫的和彻底的”英式时尚。1965 年，他设计的 条中腹部采用了尼龙网的亚麻连衣裙被评为当年的“年度女裙”。

芭芭拉·赫兰妮可(Barbara Hulanicki)1936 年生于华沙，她就读于布莱顿艺术学院(Brighton School)，曾是一名时装插画师。1964 年，她与丈夫史蒂芬·菲茨 – 西蒙（Stephen Fitz-Simon）创立了她们的邮购品牌“碧芭的邮政精品”。他们最初以一条格纹宽松女裙出名。同年，赫兰妮可和菲茨 – 西蒙在阿宾顿路开了一家名为“碧芭”的精品店，这家店也迅速获得了成功。这家店以大龄青少年和二十几岁的女性为目标消费群，出售时髦有趣的平价原创服饰。这家店的陈列随意不拘一格，产品挂在古董的曲木衣帽架上，店铺里摆放着维多利亚时期的二手家具。赫兰妮可曾为电视名人凯西·麦高恩(Cathy McGowan)设计服装，麦高恩是现代派的关键人物，这提升了碧芭的知名度。邮购产品的种类大量增加后，这家店搬到了肯辛顿教堂街更大的店面，新店的装饰花哨地混杂了新艺术风格和装饰艺术风格。她的客户有摇滚明星，也有女售货员，在公共试衣间前排成长队。赫兰妮可也是新出现的复古审美最早的提倡者之一，她的灵感来源广泛，从 19 世纪 90 年代到第二次世界大战期间的历史服装，尤其是 20 世纪 10 年代、20 年代和 30 年代的好莱坞电影服装。碧芭的标签和吊牌上印有一个新艺术风格的图案。赫兰妮可喜欢使用深三次色，包括各种色调的紫色，例如紫红色、深紫红色和绛紫色（她称之为“姨妈色”）。她早期的设计体现了她对 60 年代中期流行的迷你裙的兴趣——她曾设计了一条裙身不到 26 厘米长的裙子——但她很快又开始推出长及小腿和脚踝的裙子。碧芭出售旧式织绵面料制作的长马甲。柔软的天鹅绒和充满诗意的印花图案常用于连衣裙和长裤套装。该店也出售宽檐帽、羽毛围巾、披肩和服饰珠宝。赫兰妮可影响了 20 世纪 70 年代早期的着装风貌，她的零售生意也延续到下一个年代。

奥西尔·克拉克（Ossie Clark，1942—1996 年，原名雷蒙德·克拉克（Raymond Clark）），出生于利物浦，战争时期举家迁往兰开夏的奥斯瓦尔德特威斯尔，这个小镇成为

左下图　碧芭的一件连体装，体现了流行的欧普风格。照片以精品店为背景，模特的姿势随心所欲，捕捉到了“摇摆伦敦”的精髓

右下图　随着流行的风向转向长裙，奥西尔·克拉克用西莉亚·伯特威尔 1968 年设计的面料制作的手帕形不规则裙摆连衣裙

他别名的来源。克拉克从孩提时起帮母亲缝制服装，1958 年他进入曼彻斯特地区艺术学院（Regional College of Art in Manchester）学习。在这里，他与年轻的艺术家大卫·霍克尼（David Hockney）成为了朋友，还结识了后来成为他的合作伙伴和妻子的西莉亚·伯特威尔（Celia Birtwell，生于 1941 年）。1962 年，克拉克就读于皇家艺术学院（Royal College of Art），他 1965 年的毕业作品非常成功并登上了英国版《时尚》。从此之后，克拉克开始青睐流畅的线条、修身的结构、复古的风格和大胆的用色。1966 年，克拉克的设计在爱丽丝·波洛克（Alice Pollock）开的伦敦潮流精品店"珂洛"（Quorum）出售，克拉克也开始使用伯特威尔设计的面料进行创作。不久后，这些作品在欧洲和纽约的班德尔商店出售，并因米克·贾格尔（Mick Jagger）和玛丽安娜·菲斯福尔（Marianne Faithfull）等著名音乐人的穿着而流行起来。1967 年，"莱德利礼服"（Radley Gowns）买下了珂洛，这家公司发展了奥西尔·克拉克品牌。

克拉克的作品展现了高超的剪裁技艺，有时他以舞蹈为灵感的柔美设计与 60 年代中期太空时代流行的挺括款式形成鲜明的对比，为 20 世纪 70 年代的流行款式奠定了基础。克拉克常使用面料拼接的方式来实现多样的色彩，他用这种技法创作了异国情调风格大胆的皮质外套。他也借鉴了 20 世纪二三十年代的风格，其复古风格常常和乡村元素结合。克拉克推出了宽摆的裙子、手帕形不规则裙摆、蓬蓬袖和柔软的长裤套装。他推出的系列经常使用伯特威尔设计的面料（甚至用于大衣），面料上有以装饰艺术为灵感的花卉图案或传统的印花图案。1969 年，克拉克和伯特威尔结婚。同年，他们设计的雪纺印花宽松衣裤套装被巴斯服饰博物馆（The Museum of Costume in Bath）评为"年度最佳服装"。

设计师：意大利

意大利时装依然以舒适和华丽出名，以一款非常流行的非正式华丽晚装为代表，当时称为"宫殿套装"（Palazzo Pajamas，一种宽松的女式长裤套装）。罗马、佛罗伦萨和米兰的服装产业出现了分裂，60 年代早期，几家老牌的意大利时装屋迁往巴黎。"从台伯河到塞纳河的迁徒队伍"包括罗伯托·卡普奇、帕特里克·德·巴伦岑（Patrick de Barentzen）及设计师夫妇阿尔贝托·法比亚尼（Alberto Fabiani）和西蒙内塔·维斯康提（Simonetta Visconti）。

皮诺·兰塞蒂（Pino Lancetti，1928—2007 年）最初为其他设计师提供设计草图，1961 年，他在罗马开设了自己的时装屋。兰塞蒂秉承传统的优良工艺，常使用自己设计的面料，他的灵感来源于著名的现代艺术家。他的国际客户有意大利电影明星西尔瓦娜·曼加诺（Silvana Mangano）和莫妮卡·维蒂（Monica Vitti）。米拉·舍恩（Mila Schön，1916—2008 年）生于南斯拉夫，结婚后搬到米兰。1966 年，她在时髦的蒙特拿破仑大街开设了自己的店。虽然她结构优美、风格有点严肃的服装没有得到太多的宣传，但是她的著名客户包括菲亚特（Fiat）总裁的妻子马雷拉·阿涅利（Marella Agnelli）和美国第一夫人杰奎琳·肯尼迪的妹妹李·拉齐维尔（Lee Radziwill）以及后来的伊朗王后法拉·笛芭（Farah Diba）。

埃米利奥·璞琪（Emilio Pucci）设计的色彩明亮的彩色连衣裙和单品受到喜欢现代和年轻风格的女性的青睐。璞琪的丝质印花针织连衣裙（名为"埃米利奥"（Emilio））特别适合旅行，及地长裙和宫殿套装适合娱乐活动。璞琪的设计能在大型百货商店内的精品店买到，他也与许多零售商签订了许可证协议允许他们销售璞琪的运动服、配饰和家居用品。独特的璞琪印花还用于袜子和手提包。璞琪曾是一名奥林匹克滑雪运动员，他喜爱滑雪服，他设计的印花滑雪外套特别精彩。当时空中旅行变得更加容易实现也更加流行，璞琪不仅为喜欢旅行的人设计了旅行的装备，也为布兰尼夫航空公司的空姐设计了制服和配饰。

左上图　埃米利奥·璞琪的品类和授权范围广泛，拓展到滑雪服

右上图　罗伯托·卡普奇 20 世纪 60 年代的代表作，一件欧普风格的黑白外套，装饰羽毛

1962 年，罗伯托·卡普奇（Robert Capucci）在康朋街开了一家巴黎工作室。卡普奇 1965—1966 年秋冬以欧普艺术为灵感的系列使用了意大利面料设计师卢西亚诺·福尔内里斯（Luciano Forneris）设计的欧普风格的面料。他的作品“向瓦沙雷利致敬”（Homage to Vasarely）上的黑白线条和图形看上去像是在有规律地跳动，领口和袖口装饰了驼鸟羽毛。之后，他开始尝试塑料服装和太空服头盔式的帽子。1967 年，他推出更加流畅优美的连衣裙，裙摆底边在膝盖以下，搭配靴子穿着。媒体因此称他为“巴黎最勇敢的设计师”。虽然卡普奇在巴黎取得了成功，但是 1968 年他又回到了罗马。

1962 年，阿尔贝托·法比亚尼（Alberto Fabiani）和西蒙内塔·维斯康提（Simonetta Visconti）夫妇集二人之力在巴黎创立了品牌“西蒙内塔和法比亚尼”，他们还在巴黎开了一家精品店。两位设计师各有所长：法比亚尼精于裁剪，以外套见长；西蒙内塔则以华丽戏剧化的晚礼服见长。他们的合作持续了多年，后来法比亚尼返回罗马工作。20 世纪 60 年代西蒙内塔继续设计高档时装，后来她将注意力转向宗教和人道主义活动。

艾琳·葛莉辛公主（Princess Irene Galitzine，1916—2006 年）以出色的裁缝技艺闻名，她也推出彩色的海滩装和晚装。葛莉辛的审美和其他意大利设计师一样将美丽和休闲融为一体。她的晚装通常以“宫殿套装”为基础。葛莉辛也设计了有装饰的宽松套装，用锥形裤搭配从臀部到及地不同长度的上衣。

瓦伦蒂诺·加拉瓦尼（Valentino Garavani，生于 1932 年）的高级时装事业始于 1959 年，他在罗马时尚的康多提大道上开设了自己的时装屋，几年后，他进入让·德塞时装屋工作，后来到纪·拉罗什时装屋。1960 年，吉安卡洛·贾梅蒂（Giancarlo Giammetti）成为瓦伦蒂诺的合伙人，贾梅蒂的商业头脑对瓦伦蒂诺的成功至关重要。1962 年，瓦伦蒂诺在碧提宫发布了他的首个高级时装系列，立即被业内誉为冉冉升起的新星。从 1966 年开始他在罗马展示他的时装。瓦伦蒂诺的晚礼服经常采用鲜亮的番茄红，这种颜色因此成为他的标志，称为“瓦伦蒂诺红”。他的套装往往将黑白混合做到极致。1968 年夏季系列的晚礼服全部采用白色。瓦伦蒂诺的灵感

左上图　艾琳·葛莉辛公主，身穿她标志性的长裤套装，这套服装优雅迷人可作用现代晚礼服

右上图　瓦伦蒂诺设计的一款白色套装：一条迷你连衣裙、一顶俄罗斯风格的毛皮帽和一个夸张的披肩，搭配一双系带的靴子

来自不同历史时期和不同文化背景，他将 17 和 18 世纪的廓形和细节与波斯地毯及代尔夫特陶器上的图案结合。到 60 年代中期，他已跻身一流设计师的行列，受到人们的敬仰，他的设计以华丽精美出名，同时也充满活力，使穿着者显很得漂亮。1967 年，他获得了内曼·马库斯奖。瓦伦蒂诺的名人客户包括世界上最有名的女性伊丽莎白·泰勒和杰奎琳·肯尼迪。

设计师：美国

美国的时装产业有各种各样的声音。一部分设计师以英国和巴黎的高端时装行业为标杆，紧跟顶级设计师的设计趋势。另外一部分设计师致力于已经成为美国时装标志的运动服领域，但是用非常当代的方式来诠释。

从化妆品到私人飞机，波林·特里格里（Pauline Trigère）的套装出现在许多知名产品的广告里。特里格里喜欢用质地考究、制作精细的面料来制作女裙，她的作品风格成熟优雅始终如一。安妮·克莱恩（Anne Klein）在青少年装上获得了成功，并以此为基础进军美国时装市场，1968 年她创建了自己的品牌。1969 年，她获得了柯蒂奖和内曼·马库斯奖。约翰·韦茨（John Weitz）以实用、设计出色的基本款出名，他的服装被认为是完美的旅行服。他的名字出现在各种各样的男式、女式和儿童产品上。切斯特·温伯格（Chester Weinberg）曾为第七大道的几家公司提供设计，1966 年他创建了自己的品牌。

奥列格·卡西尼（Oleg Cassini，1913—2006 年）生于巴黎，父母分别是俄罗斯和意大利的贵族。卡西尼的母亲在时装行业工作，在母亲的鼓励下，他开始学习时装设计并在罗马开设了自己的店铺。后来，这名年轻的设计师搬到了美国，为好莱坞的派拉蒙影业公司和 20 世纪福克斯公司提供设计。卡西尼的影视服装设计一直很成功，他曾为维罗妮卡·莱克和丽塔·海华斯等著名明星设计服装。在美国陆军服役以后，20 世纪 50 年代早期卡西尼搬到了纽约，在这里，他推出了自己的女装系列，得益于罗德泰勒百货的出色营销，这个系列获得了成功。为杰奎琳·肯尼迪设计服装以后，卡西尼在全球一举成名。卡西尼也开发了男装线，他的男装时尚前卫、充

上图 1969年，芭芭拉·史翠珊奥斯卡领奖时穿着一套阿诺德·斯嘉锡设计的雪纺长裤套装，从中可以看出人们对裤子的态度在不断改变，甚至可以在正式场合穿着

满活力，例如他的“尼赫鲁外套”和彩色衬衫。他曾为美国电视脱口秀节目主持人约翰尼·卡森（Johnny Carson）提供套装。他还签订了许多许可证经营协议，这进一步提升了他的知名度。

詹姆斯·加拉诺斯（James Galanos）依然拥有许多上流社会的忠诚客户（被称为“加拉诺斯女孩”），他的服装品质一流。他的设计保守又大胆，并非紧跟潮流：“他一直在走自己的路，常‘逆势而行’，背离时装界的主流”，但是“他对其他的美国设计师产生了深刻的影响”。加拉诺斯的服装有精心的装饰。他的晚礼服以单肩和蕾丝风帽为特色。他设计了一款用织带制作的鸡尾酒会礼服，他 1964 年设计的长至脚踝的针织晚礼服震惊了媒体。他获得了许多奖项，1968 年他获得《星期日泰晤士报》国际大奖（*Sunday Times*（London）International Award，伦敦），还在自己的家乡领取了费城时装集团（Fashion Group of Philadelphia）和德雷克塞尔技术研究所（Drexel Institute of Technology）颁发的奖项。

早在 60 年代初年轻的阿诺德·斯嘉锡（Arnold Scaasi）就已经是一名资深的设计师了，他推出的几个不同的系列都获得了成功。1964 年，他集中精力于他的高级时装沙龙，推出品质为人称赞的奢华晚礼服。1969 年，芭芭拉·史翠珊（Barbra Streisand）领取奥斯卡最佳女演员奖时穿了一套斯嘉锡设计的长裤套装。这套服装引起了争议，它由装饰珠子的黑色透明雪纺喇叭裤和套头上衣组成，有白色的大领子和袖口，虽然使用了衬里，但因为是裸色根本不易察觉，这套装如此有挑逗性让人浮想联翩。媒体的关注大大提升了斯嘉锡的名气。

邦妮·卡辛（Bonnie Cashin）依然以皮革制品闻名。1962 年，她开始为皮革用具公司“蔻驰”（Coach）提供设计，1964 年开始为巴兰缇妮针织服装公司提供设计。她善于将皮革与其他材料创意组合。其他设计师可能会用毛呢外套搭配皮裙，但是卡辛的做法刚好相反，她用柔软的小山羊皮、鹿皮和绒面革衬衫及外套搭配毛呢的裙子或裤子。她用纺织品制作的外套和女裙甚至短裤套装也常常装饰皮革。她的服装从合身定制的款式到宽松自然的款式应有尽有。20 世纪 60 年代中期，卡辛用管状裁剪和浅色诠释了时尚，设计了经典的白色皮革套头上衣，60 年代末，她将嬉皮士风格运用到高端时装，设计了流苏绒面裙。1968 年，她获得了柯蒂奖。

鲁迪·简莱什（Rudi Gernreich，1922—1985 年）出生于维也纳。1938 年，简莱什逃离奥地利，和他的母亲一起前往洛杉矶。他曾在洛杉矶城市学院学习艺术，后来成为了一名舞者并设计现代舞演出服。早期的这些经历培养了他后来对时装的鉴赏能力。20 世纪 40 年代，他转行先后从事面料设计和时装设计。20 世纪 50 年代，他为加利福尼亚和纽约的几家不同类型的公司工作。海蒂·卡内基和戴安娜·弗里兰都支持这位年轻的设计师。简莱什成为生产商沃尔特·巴斯（Walter Bass）的合作伙伴，设计代表美国运动服传统的休闲服装。他开始为巴斯和韦斯特伍德针织工厂（Westwood Knitting Mills）设计泳衣，他设计的泳衣获得了《体育画报》的一个奖项。1960 年，他在洛杉矶创立了自己的品牌“GR 设计”（GR Designs）；1964 年又创立了鲁迪·简莱什股份有限公司。60 年代简莱什获得了许多奖项，包括 1961 年获得内曼·马库斯奖和四次获得柯蒂奖。

简莱什与模特佩姬·莫菲特（Peggy Moffitt）及其丈夫——摄影师威廉·克拉克斯顿（William Claxton）建立了合作关系，莫菲特成为了简莱什的灵感缪斯和长期合作伙伴。简莱什的设计有时具有未来主义的风格特点，例如他设计的针织紧身衣和使用乙烯基及塑料制作的头盔。少数民族的影响体现在尼赫鲁套装、穆斯林头巾、加乌乔牧人裤和纱笼等单品上。他的用色生动自如，混合印花图案，结合圆点和条纹，还大胆地使用动物图案。他通过镂空和嵌入透明塑料等方式展现身体之美。简莱什的套装经常搭配配套的袜子，有时衣服与袜子上的条纹或图案是一体的。60 年代末，简莱什开始尝试设计中性装。某些作品包含了他的社会学声明，特别是对性别与端庄的态度，1964 年他推出了一款“臭名昭著”的袒胸泳衣，由佩姬·莫菲特担任模特。和这件半裸的泳装一样，他的很多设计惊世骇俗的特色相对它们受欢迎的程度（尤其是销量）而言更加重要。尽管如此，他对时尚界的影响仍然是重大的。凭借略显宽松的直身廓形和凸显人体的设计，简莱什成为了 60 年代最具影响力的设计师之一。

比尔·布拉斯（Bill Blass，1922—2002 年）在印第安纳州长大，孩提时就显示了对时装的兴趣。十几岁时就已出售时装设计草图。高中毕业后，他直接前往第七大道，从为戴维·克里斯特尔公司（David Crystal）设计运动服开始了自己的职业生涯。二战服役后，布拉斯曾先后为安妮·克莱恩和莫里斯·伦特纳工作，逐渐建立了自己的运动服款式的美国风格。布拉斯设计的高级成衣获得了成功，特点是款式简单、材质出众，时尚报刊称之为“有眼光的投资”。布拉斯将男装元素引入女装，推出了做工考究的西服、套装和连衣裙，这些服装和配饰搭配以后显得非常有个性。布拉斯设计了复古风格的衬衫裙和日用与夜用的紧身裙，并推出了精彩的泳装。1961 年和 1963 年，他获得了柯蒂奖。1967 年他拓展到男装领域，推出了一个男装系列，并在下一年获得他的首个男装柯蒂奖。

20 世纪 40 年代杰弗里·比尼（Geoffrey Beene，1927—2004 年）曾学习医学预科课程，但却显示了对服装的兴趣，他曾在他的解剖学教科书的人体结构图上画时装草图。后来，比尼从医学预科辍学，之后曾在纽约的崔弗金时装学院学习，1948 年他前往巴黎，在巴黎高级定制

左下图　邦妮·卡辛 1964 年绘制的简约粉色绒面革套装草图，皮革运动服依然是她的主要品类

右下图　鲁迪·简莱什与他最喜欢的模特佩姬·莫菲特，男装和女装都非常前卫

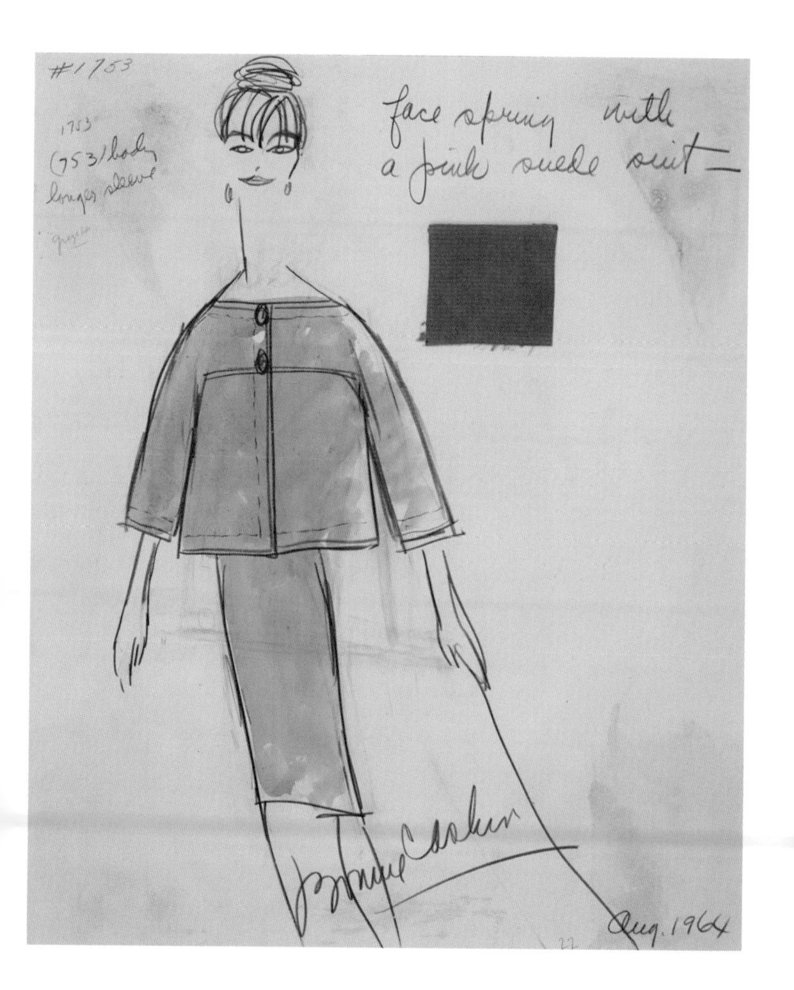

左页图 两个身穿杰弗里·比尼设计的长款连衣裙的模特，展示了高度时尚的发型和迅速发展的新艺术复兴风格，戈登·帕克斯（Gordon Parks）拍摄，出自《时尚》1965年3月刊

右图 贝齐·约翰逊为帕拉费内里尔提供的设计之一——1966年设计的几何印花连衣裙

时装公会学校学习，并私下跟随莫利纽克斯的一名裁缝学习缝制技艺。1951年，比尼回到纽约时已经全面掌握了设计和结构的知识。20世纪60年代，他成为纽约提尔·特雷纳（Teal Traina）旗下一名优秀的设计师。1963年，比尼成立了自己的公司并一直受到媒体的正面报道。版型舒适、材料独特成为了20世纪60年代比尼作品的特点。1965年，他推出了简约的柱状丝质连衣裙，裙子上有特别设计的印花图案。他设计的晚礼服经常很有趣，例如上身缀满珠子的绸缎娃娃裙、1967年推出的装饰亮片的“足球针织衫”和1968年推出的格纹礼服。1964年比尼获得了柯蒂奖，1965年又获得了内曼·马库斯奖。

唐纳德·布鲁克斯（Donald Brooks，1928—2005年）生于康涅狄格州，曾在几所名校学习戏服设计和时装设计，后来担任罗德泰勒百货的橱窗设计师并负责几个成衣系列。克莱尔·麦卡德尔去世后，布鲁克斯接替他成为汤利的设计师，并为亨利·本德尔店推出了一个定制系列。1964年，布鲁克斯开设了自己的商店，同时也设计了许多精彩的戏服，例如为百老汇音乐剧《承诺，承诺》（*Promises, Promises*）和《无弦》（*No Strings*），电影《巨星》（*Star*）和《红衣主教》（*The Cardinal*）设计的服装。他获得了奥斯卡奖和托尼奖提名。1967年，《生活》杂志刊登了他设计的凸显曲线的黑白晚礼服，以一张放大的奥伯利·比亚兹莱绘制的插画为背景，象征了新艺术的复兴。

奥斯卡·德·拉·伦塔（Oscar de la Renta，1932—2014年）出生于多米尼加共和国，十几岁时开始学习艺术。他的时装职业生涯始于马德里，最初为巴伦西亚加的艾萨（Eisa）等时装屋提供设计草图。后来，德·拉·伦塔前往巴黎，在朗万－卡斯蒂略协助安东尼奥·卡斯蒂略的工作。1962年，他开始担任伊丽莎白·雅顿的首席设计师，他的作品一夜成名。用厚重面料制作的外套体现了他对结构和廓形的重视。关于晚礼服，德·拉·伦塔推出了柔软蕾丝和多层透明面料制作的小礼服和色彩微妙的厚质丝绸制作的适合庆典场合的款式。他的作品以褶边、小蝴蝶结、花饰细节和甜

美的色调为特色。1965 年，德·拉·伦塔离开雅顿创立了一个成衣品牌，该品牌于 1969 年面市。1967 年和 1968 年他两次获得了柯蒂奖。

贝齐·约翰逊（Betsey Johnson）1942 年生于康涅狄格州，孩提时就表现出了对舞蹈和服装的兴趣，后来进入普拉特学院和雪城大学学习。在《小姐》杂志的实习期结束后，约翰逊担任了纽约精品店帕拉费内里尔的设计师，她标新立异的审美在此得到了发展。她成为时尚前沿最有影响力的美国设计师。约翰逊设计了用透明塑料制作的无袖连衣裙，上有消费者可自由粘贴的不透明的片状物。她还推出了用金银丝面料制作的宽松直筒连衣裙："这是十足的宇宙飞船风格。'你在月球上会穿什么？'这是 60 年代的大问题。" 1969 年，约翰逊和另外两个合伙人一起开设了"贝齐·邦奇·妮妮"（Betsey Bunky Nini）精品店。富家女出身的伊迪·塞奇威克是约翰逊的第一个模特，在安迪·沃霍尔执导的电影《再见！曼哈顿》（*Ciao! Manhattan*）中她穿了约翰逊为她设计的服装。

乔治·迪·圣安格鲁（Giorgio di Sant'Angelo，1933—1989 年）出生于佛罗伦萨，成长于阿根廷。他曾在佛罗伦萨、巴塞罗那和巴黎学习。1962 年，他来到美国，从事了许多其他应用艺术的工作，包括珠宝设计。后来，他成为了《时尚》的造型师，他为崔姬和沃汝莎卡（Veruschka）设计了很多有名的人体彩绘形象。20 世纪 60 年代晚期，圣安格鲁推出了自己的服装系列，人们用"富有的嬉皮士"形容他的设计，代表了嬉皮士风格进军高级时装的顶峰。圣安格鲁通常在他的一个作品里混合各种灵感来源，例如将美洲印第安人和欧洲的民族服装元素与中世纪风格融合创造出梦幻的童话效果。花卉和佩斯利印花图案、流苏、绒面革、扎染和刺绣工艺在他的作品中都很典型。媒体对这位设计师的评价是："如果时装界真的有天才，乔治·迪·圣安格鲁一定是其中的一个。"

下图　杰拉尔丁·卓别林（Geraldine Chaplin）和奥玛·沙里夫，电影《日瓦戈医生》（1965 年）剧照。这部影片中的皮草和外套对时装产生了重要的影响

电影、电视与时尚

电影和电视对时尚的传播进一步产生影响。奥黛丽·赫本在《蒂凡尼的早餐》（*Breakfast at Tiffany's*，1961 年）中穿着一款纪梵希设计的黑色紧身晚礼服被广泛效仿并成为 60 年代最经典的时尚镜头之一。与赫本联合的主演帕德里夏·妮尔（Patricia Neal）也展示了波林·特里格里提供的一个时髦衣橱。由帕特里克·马克尼（Patrick Macnee）和女演员霍纳尔·布莱克曼（Honor Blackman）、戴安娜·瑞格（Diana Rigg）等人主演的英国电视剧《复仇者》（*The Avengers*，1961—1969 年）为前卫的时装提供了灵感来源。瑞格在该剧中穿着的一些服装由约翰·贝兹和艾伦·休斯设计，马克尼的所有服装都出自皮尔·卡丹之手。这部剧非常流行，启发了多个男装和女装系列。青少年的许多服装也受到电视节目的影响，其中《帕蒂鸭子秀》（*The Patty Duck Show*）和《吉杰特》（*Gidget*）特别有影响力。

历史片体现和影响了当时的流行款式。《窈窕淑女》（*My Fair Lady*，1963 年）中的服装由塞西尔·比顿设计，包括《阿斯科特加沃特舞曲》（*Ascot Gavotte*）唱段中著名的的黑白礼服，反映了当时艺术和时装作品对黑色和白色的喜爱。奥玛·沙里夫（Omar Sharif）和朱莉·克里斯蒂（Julie

Christie）主演的《日瓦戈医生》（*Doctor Zhivago*，1965 年）由菲丽丝·道尔顿（Phyllis Dalton）担任此剧的服装设计，她俄罗斯风格的设计以俄国为灵感来源并受到马克·博昂、伊夫·圣·罗兰和瓦伦蒂诺的影响。沙里夫在影片中穿着的水手双排扣呢子短大衣后来成为多年的经典款式。《蜜莉姑娘》（*Thoroughly Modern Millie*，1967 年）中的服装出自让·路易斯之手，体现了克拉海和奎恩特等高级时装设计师设计的“飞来波女孩”风格服装的影响。历史片也推动了复古风格的发展。在《雌雄大盗》（*Bonnie and Clyde*，又称《邦妮和克莱德》，1967 年）中，设计师西娅多拉·范·朗克尔（Theadora Van Runkle）为菲·唐纳薇（Faye Dunaway）准备了 20 世纪 30 年代早期的服装，包括被人广泛模仿的诺福克款式的外套、黄色毛衣和贝雷帽。《生活》1968 年 1 月 12 日刊封面标题为《邦妮：时尚新星》，《时尚》也刊登了唐纳薇穿着邦妮风格服装的照片。其他一些影片也促进了复古风格的发展，包括：《妙女郎》（*Funny Girl*，1968 年），芭芭拉·史翠珊在影片中饰演范妮·布莱斯（Fanny Brice），穿着由艾琳·沙拉夫（Irene Sharaff）设计的服装；另外还有《他们射马，不是吗？》（*They Shoot Horses, Don't They?*，1969 年），讲述 20 世纪 30 年代舞蹈选手参加马拉松大赛的故事，由唐菲尔德（Donfeld）担任服装设计师。

《第七星球之旅》（*Journey to the Seventh Planet*，1962 年）和《神奇旅程》（*Fantastic Voyage*，1966 年）等科幻电影反映并推动了时装中的未来主义潮流。卡通电视剧《杰森一家》（*The Jetsons*，1962—1963 年）中角色穿着的服装预见了未来几年流行的太空风貌。《2001：太空漫游》（*2001: A Space Odyssey*，1968 年）中的服装由赫迪·雅曼设计，其中太空站空中小姐的制服体现了当时伦敦现代派和巴黎先锋派作品的影响。电视剧《星际迷航》（*Star Trek*，1966—1969 年）

上图　菲·唐纳薇在《雌雄大盗》（1967 年）中的着装推动了时装中复古潮流的发展

下图　电影《埃及艳后》（1963 年）的影响扩大到化妆品，例如露华浓推出的“斯芬克斯粉”口红

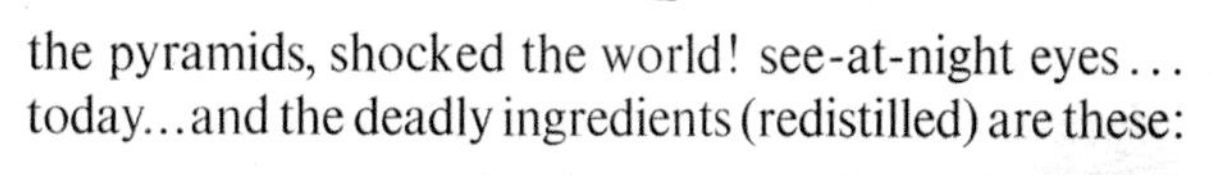

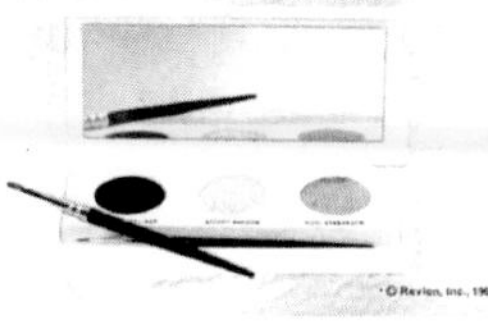

肖恩·康纳利饰演的詹姆斯·邦德

乌苏拉·安德丝在《诺博士》（1962年）中饰演哈妮·莱德（Honey Ryder）

时尚偶像詹姆斯·邦德（James Bond）

随着男装日益休闲化和时尚化（例如廓形和配饰跟随潮流不断变化），现有的男装传统崩塌，这让很多男性感到迷惑。詹姆斯·邦德这一银幕形象出现得正是时候，他提醒男性——保持男性的英朗和优雅还是有可能的。尽管有几名男演员扮演过007，但是肖恩·康纳利为男性设立了英朗和优雅的标准，从1962年参演007之《诺博士》（*Dr. No*）开始，他一共参演了六部邦德电影。当被问起枪是谁为他准备的，他回答："我的裁缝，在萨维尔街。"即使在危险情况下，他依然不失风范。康纳利穿了一件其他人基本不穿的白色晚宴外套，让这种款式得到了复兴并且抹去了男装中的娘娘腔气息。邦德通常穿着做工考究的西服套装，但他也穿过泳裤、潜水服、猎装外套和浴衣（许多浪漫插曲的合理后续装扮）。在《诺博士》中，他还穿过一套引人注目的前卫服装——用山东绸制作的中国风外套，预测了20世纪60年代后几年将流行异国情调的男装。

邦德电影不仅影响了男装。影片中出现了很多女性角色，她们通常美丽性感又危险致命，统称"邦德女郎"，她们的着装对于普通人也有一定的引导性，例如乌苏拉·安德丝（Ursula Andress）在《诺博士》中穿着的一款白色比基尼就成为了风靡的款式。未来主义的小玩意和时髦的汽车让电影的氛围更加高雅，而詹姆斯·邦德利落的套装和简洁的配饰定义了这个角色。不管在赌场时穿着的塔士多还是秘密侦察时穿着的开领马球衫，詹姆斯·邦德的着装都非常迷人，始终是现代男性的穿衣楷模。

上图 1964年圣特罗佩的一张街拍，一对情侣穿着欧洲大陆式休闲服

中的部分服装出自威廉·韦尔·泰斯（William Ware Theiss）之手，这些服装与卡丹和库雷热的作品非常相似。史前几乎与未来一样重要，例如在《公元前一百万年》（*One Million Years BC*，1966年）中，拉蔻儿·薇芝（Raquel Welch）穿着卡尔·汤姆斯（Carl Toms）设计的奇异的鹿皮比基尼。

时尚行业本身就充满传奇。电影《亲爱的》（*Darling*，1965年）中朱莉·克里斯蒂（Julie Christie）饰演一名不断攀登职业高峰的模特。时装摄影师威廉·克莱恩执导的《你是谁，波莉·玛古？》（*Qui êtes-vous, Polly Maggoo?*，1966年）讽刺了当时巴黎的时装舞台，包括讽刺拉班和艾特若的作品。悬疑片《放大》（*Blow-Up*，1966年）以佩姬·莫菲特和沃汝莎卡等顶级模特本色演出为特色。

发型和美容

眼睛成为时尚的一个重点，人们用浓厚的眼线、睫毛膏和假睫毛（有时同时用于上下眼睑）来强调眼睛。1963年电影《埃及艳后》由伊丽莎白·泰勒主演，在影片中她画着夸张的眼线，这影响了眼妆的风格，露华浓的“埃及艳后妆”将这股风潮推向了顶峰，这个系列的化妆品除了深色的眼线笔，还有“斯芬克斯粉”（Sphinx Pink）口红。大眼睛与白皙、肤色均匀的脸形成对比，产生一种娃娃一般的形象，这种风貌的流行和模特简·诗琳普顿（Jean Shrimpton）有关。相对之前流行多年的红唇，淡色口红是一个重大的改变，早在60年代初已经流行，有些色号甚至接近白色，有些口红具有磨砂的效果。指甲流行的颜色和唇色基本相同，而且常与唇色匹配。时装模特——尤其是佩内洛普·特里和佩姬·莫菲特用引人注目的眼妆强调她们的大眼睛。巴勒罗（Pablo）是伊丽莎白·雅顿罗马沙龙的一名化妆师，善于利用珠宝、蕾丝和羽毛打造惊艳的效果。受到沃汝莎卡(Veruschka）的影响，狂野的眼妆和人体彩绘在时尚造型中日益普遍。

一些时髦的发型出现了。高耸蓬松的发型（或称为“蜂窝”发型）在60年代初特别受欢迎，这种发型需要倒梳和定型，利用定型喷雾获得高耸和蓬松的效果，达斯蒂·斯普林菲尔德（Dusty Springfield）曾采纳过这种发型。伦敦美发师维达·沙宣则推出不需要定型喷雾的几何形短发。这种发型因玛丽·奎恩特、美国女演员关南施（Nancy Kwan）和模特格蕾丝·柯丁顿（Grace Coddington）而流行。超短发也很时髦，崔姬和米娅·法罗（Mia Farrow）的短发都很有名。1966年电视剧《那个女孩》首播，经过5季的播放，马洛·托马斯（Marlo Thomas）的“外翻”发型成为一个经典的美国式发型。随着时间的推移，长直发也变得流行。头发自然卷的女性使用大卷发棒就能做出像歌手玛丽·特拉沃丝（Mary Travers）和弗朗索瓦丝·哈迪（Françoise Hardy）那样顺滑、灵动的发型。

由于帽子退出流行，一些发型师将金属丝甚至发胶引入高端时尚。坦白来说，假发——马尾辫、披发、辫子和小束假发——都是戴着玩的。代尼尔（Dynel）是一种合成纤维，用于制作各种颜色和样式的假发，是“想要在冬季宴会引起轰动的女孩”的理想选择。一些披发被固定在宽发带上，也有帽顶有假发的缠头巾式女帽。另外一个有趣的现象是使用在黑暗中会发亮的喷发雾。

男装

自20世纪20年代后，男装第一次鼓励多样化和个性化，当时的电影反映了这种趋势。男演员阿兰·德隆（Alain Delon）在1960年的电影《怒海沉尸》（*Plein Soleil*，即《紫色正午》（*Purple Noon*））中穿着具有欧洲大陆风格的男装。法兰克·辛纳屈（Frank Sinatra）和小萨米·戴维斯等好莱坞“鼠帮

下图　甲壳虫乐队的着装风格和他们的音乐一起变化。这是《一夜狂欢》（*A Hard Day's Night*，1964年）的剧照，照片上他们穿着整洁的现代派套装

上图 1969年，法国哈鸠赫勒（Rasurel）公司推出的长度不一、图案醒目的泳裤

下图 皮尔·卡丹1968年推出的系列女裙体现了他的太空美学，甚至小女孩的连衣裙也是这种风格

乐队”成员的着装也对男装产生了影响。肖恩·康纳利（Sean Connery）饰演的邦德提供了各种场合文雅着装的典范。

男性在穿衣上有了新的自由，所谓的“孔雀革命”也拉开了序幕。甲壳虫乐队是这种实验性着装的典范，他们的穿着从60年代早期的现代派风格过渡到迷幻风格再过渡到印度风格，他们的粉丝一直追随他们的脚步。过去，伦敦设立了传统的男士着装标准，今天，新的伦敦风貌给人们带来惊喜和创意。卡纳贝街是创新的中心，并成为了“摇摆式”男装的代名词。1958年，约翰·斯蒂芬（John Stephen）在卡纳贝街开设了自己的精品店，名为“他的服装”。20世纪60年代，他逐渐成为男装界的一个重要人物。苏活区也是一个时尚中心，有很多男装商店。另外一个时尚中心是皮卡迪利大街，1966年衬衫制造商迈克尔·菲斯（Michael Fish）在此开设了自己的精品店“菲斯先生”。“菲斯先生”注重装饰，甚至强调异域风情，以使用利伯提印花等非传统面料制作男装为特色。虽然最大胆的款式大多是为都市的同性恋男性准备的，但是异性恋男性也穿包臀的紧身裤、彩色衬衫和修身外套。为了吸引年轻人，格子呢、马甲和领巾等传统的英国元素以明亮的颜色和夸张的搭配重新诠释时尚。精品店模式也影响了传统男装的销售模式。1967年，具有一个世纪历史的英国服装品牌雅格狮丹开设了“92俱乐部”，出售该品牌的知名产品，包括色彩鲜艳的新式外套、长裤和大衣等。

20世纪60年代早期依然流行欧洲大陆式和常春藤式的西服套装，西服套装成为实验的重点。60年代早期，西服外套较短且紧身，纽扣高，有翻领窄。长裤也紧窄。后来，外套加长，翻领加宽——尤其是双排扣款式——但是腰部是收紧的。再后来，为了和翻领相匹配，领带也被加宽了。用于制作西服套装的面料也多样。除了常规的单色面料、粗花呢、羊毛格纹和条纹面料之外，还出现了灯芯绒、天鹅绒和织锦。长裤演变成喇叭裤。衬衫通常还是一样大胆，使用条纹、波点、佩斯利纹和欧普风格的印花图案。英国裁缝汤米·纳特（Tommy Nutter）推出挺括有型的外套，常有宽翻领和大胆的彩色图案。汤米·纳特曾在萨维尔街受训，他的手艺得到了许多音乐家的肯定，其中包括米克·贾格尔和甲壳虫乐队等老客户，1969年他开设自己的商店“萨维尔街的纳特”。影响女装的异域风情和历史风格也影响了男装。有些男性穿着挺括的西服和有褶边的衬衫，呈现了一种浪漫的风貌；有些男性则穿着异域风情的服装，例如有立领的尼赫鲁真丝修身外套或彩色的非洲风格的大喜吉装（Dashikis，一种黑人穿的颜色花哨的短袖套衫）。

越来越多设计师进入男装领域，包括奥列格·卡西尼、纪·拉罗什和泰德·拉皮迪斯（Ted Lapidus）。在男装领域皮尔·卡丹是一个特别优秀的创新者。1960年，他推出第一个男装系列，以大学生为模特，并在一年后成立了成衣部。卡丹的设计将现代派风格发挥到了极致。他去掉了翻领、袋盖和袖扣等传统的男装细节。最初用无翻领的圆领口外套

和紧身长裤搭配白衬衫和领带。后来推出的系列依然保持修身的廓形，用锥形衬衫搭配合成或混纺弹性面料制作的没有后袋的低腰长裤。卡丹推出太空风貌的男装，例如拉链式连体装，搭配高领衫和罗纹靴。

20 世纪 60 年代末，男装受到嬉皮士风格的影响。年轻的男性穿着有流苏的外套和背心，以及阿富汗风格、有蓬松毛边的刺绣外套。牛仔外套可以按照客户的要求增加刺绣、徽章和贴花。国旗和国旗主题通常用于讽刺政治和服从。1966 年，谁人乐队的吉他手皮特·汤森德（Pete Townshend）穿了一件有英国国旗图案的定制外套。在 1966 年的电影《逍遥骑士》（*Easy Rider*）中，彼得·方达（Peter Fonda）穿了一件背面缝有美国国旗的皮夹克。牛仔裤几乎成为了一种制服。很多男性刻意做旧他们的牛仔裤，磨损裤边，拆除裤袋，使用漂白剂做出反复水洗和泼溅污迹的效果。

男性仪容的多样化反映了越来越宽泛的时尚理念，也体现了演员和音乐家的影响。甲壳虫乐队刚出道时，留着整洁的发型——长刘海和鬓发，他们的发型影响广泛。后来，他们的头发长及肩膀，还留着小胡子和络腮胡，体现了反主流文化潮流的影响。罗杰·道雷（Roger Daltrey）等从多层次的现代派发型转变为长发，预示了未来流行的"华丽摇滚"风格。罗伯特·雷德福（Robert Redford）、保罗·纽曼（Paul Newman）和瑞恩·奥尼尔（Ryan O'Neal）的仪容干净整洁，与多诺万和米克·贾格尔的雌雄同体形成鲜明的对比。

随着女性偶像日益多民族化，也出现了来自更多文化背景的男性偶像。埃及出生举止优雅的奥玛·沙里夫主演了几部非常有名的电影，摇滚吉他手、非裔美国人吉米·亨德里克斯推广了艳丽的嬉皮士风格，以及武术明星华裔美国人李小龙成为首位性感的华裔男性代表。

虽然大众不能完全接受现代派无领的款式和尼赫鲁外套作为商务装，但是主流男装体现了来自这些另类美学的影响，并且随着着装规则不再那么严格甚至不再必须遵守，潮流也朝休闲化方向发展。某些男性穿平绒面料制作的晚礼服套装代替标准的塔士多礼服，还有一些男性结婚时穿套装替代正装。领巾甚至高领衫（搭配外套）成为了领带的替代物。生产商依然宣称合成面料既现代又时髦，在 1963 年的电影《谜中谜》（*Charade*）中，加里·格兰特穿着套装洗澡，出现了"自然滴干"的场景——他全身湿透，但衣冠楚楚一如既往。

上图　西尔斯百货 1968 年春夏系列的女童装色彩明亮，搭配时髦的配饰，从中可以看到青少年和成年人的服装款式上有相似之处

下图　一张缝纫纸样，为男孩提供多款尼赫鲁外套的变化版本，也有有腰带的升级版诺福克外套

童装

和早些年相比，60 年代童装的品类基本没有发生变化。对童装而言媒介搭卖非常重要。电视和电影中的卡通人物提供了稳定的灵感来源，也为制造商提供了稳定的收入。《蝙蝠侠》（*Batman*）、《青峰侠》（*The Green Hornet*）和《杰森一家》（*Jetsons*）等节目都颇受欢迎，并出现了相关的授权服装和配饰以及音乐组合。宇航员受到人们的钦慕，小男孩经常穿着太空主题的玩耍服和睡衣。拉链连体装就像微型飞行服，装饰行星和原子贴花。衬衫和睡衣上的风俗画印花出现了火箭、宇航员和星星等图案。女童穿紧身尼龙裤和长及臀部或大腿的上装来表现太空风貌。除了高领衫和女式衬衫还流行穿 A 字形无袖连衣裙。年长的女童和她们的母亲一样穿靴子，有时长至小腿肚，有时长至膝盖。虽然母女装已不是新概念，但多数成年女性的年轻化着装自然会让媒体评论成年女性与年轻女孩服装的相似之处。直线条、平底鞋、及膝的裙长以及淡色和亮色都是这两种群体的着装特点。

到 60 年代末，复古风潮和浪漫风格也影响了童装。越来越多男孩留长发，在特殊场合，有些男孩穿着与父亲一样的缩小版尼赫鲁外套或平绒套装。一些女孩的穿着具有民族风情，常搭配方巾。

年代尾声

裙长是 20 世纪 60 年代接近尾声时的时尚的头条，也是争论的焦点。裙长不断变化，至 60 年代结束之际也没有统一，1969 年巴黎推出的系列服装中有各种长度的裙子。多样化意味着有更多的选择，但也为女性带来了困惑。普卢登斯・格林（Prudence Glynn）在《伦敦时报》中将裙子至少分为五种长度——“迷你、标准、迷笛（长及小腿肚）、偏长和全长（长及足踝）”，并这样评论迷笛裙：

“小腿曲线不同，穿迷笛裙的效果也不同，可能年轻、俏皮和迷人，也可能老气、保守、让男性望而却步。或许穿着这个长度的裙子最重要的是让它看上去像你想要的效果。新款的迷笛裙轻微呈 A 字形，而且非常挺括。你 20 世纪 50 年代买的背后打褶的铅笔裙完全不是这个效果。”

格林还建议女性尝试在裤子外面穿着“标准”长度的裙子（即长度在膝盖以上 5 厘米），这种穿法让人耳目一新。不仅有不同长度的裙子，也有不同长度的外套、围巾和马甲。设计师有时会混合不同长度的服装，例如用长及脚踝的外套搭配迷你裙。

嬉皮士风格混合着复古风格，男装和女装的着装观念都不那么清晰，各式各样的品味和风貌都存在。嬉皮士风格被主流时装很好地吸收了，但讽刺的是失去了它早期的意义。曾被全球化意识所提倡的民族风格仅限于时装，其他的潮流例如根植于维多利亚等时代的复古风格对不喜欢变化无常和无法确定当下的人可能有一定吸引力。

下图　20 世纪 60 年代晚期多姿多彩的伦敦时装，体现了嬉皮士文化的影响，波西米亚风格预见了 20 世纪 70 年代将流行多层服饰和复古风格

第十章

20 世纪 70 年代：复兴与个性

20 世纪 70 年代的时尚主题是多样化的。20 世纪 60 年代晚期确立的潮流趋势在 70 年代被设计师进一步发展了。复古风格和民俗风格、尝试不同的长度和造型以及男装女穿或女装男穿都是这个时期服装的特点。电影和电视对男装和女装的款式都产生了重要的影响。女性解放和黑人权利运动等在发展的各个阶段都考虑到了着装的重要性。风格的种类更加丰富。这是一个政治化特别明显的年代，政治和音乐的影响让时装更加兼收并蓄。设计师的影响逐渐遍及时尚行业的各个领域，顶级设计师推出了自己品牌的副线。许可证经营变得普遍，甚至中档的运动服和牛仔裤都有一流设计师的授权许可，并产生了设计师牛仔裤这个新的类型。70 年代服装的变化体现了婴儿潮一代年龄的增长，从早些年的爱玩和个人主义变得务实和成熟。

社会和经济背景

20 世纪 70 年代早期，不得人心的东南亚战争迟迟未结束、经济波动以及美国著名领导人遭暗杀等事件让美国的社会和政治阴霾重重。1973 年，在美国印第安人运动的追随者占领南达科他州十七天后发生了“伤膝事件”，美国原住民与美国政府之间的紧张局势升级。1974 年，美国总统理查德·尼克松（Richard Nixon）因水门事件辞职。对未来的乐观态度和信心曾是 60 年代的特征之一，到 1975 年越南战争结束时已荡然无存。从 1973 年石油输出国组织（OPEC）

左页图　史蒂文·斯提贝尔曼（Steven Stipelman）为《女装日报》绘制的具有民族风情的家居服插画，民俗风格也是 20 世纪 70 年代众多的时装主题之一

右图　伊夫·圣·罗兰与模特。模特身穿圣·罗兰 1972 年的新装，更长的裙摆和更加流畅修身的廓形预示了新年代的来临

开始石油禁运，大半个工业化世界陷入经济困境，并让 20 世纪 70 年代晚期欧洲和北美洲的石油定量配给达到了顶峰。中东冲突频繁，1972 年在慕尼黑举行的夏季奥运会由于巴勒斯坦恐怖分子谋杀以色列运动员而染上污点。1978 年，埃及和以色列的领导人签订了《戴维营协议》，承诺区域和平。伊朗 1979 年的革命产生了一个新的领导——阿亚图拉·鲁霍拉·霍梅尼（Ayatollah Ruhollah Khomeini）。世界范围内，共生解放军（Symbionese Liberation Army）、红色旅（Brigate Rosse）、巴德尔－迈因霍夫集团（Baader-Meinhof Group）、巴斯克民族分裂组织“埃塔”（ETA）、爱尔兰共和军（Irish Republican Army）和魁北克解放阵线（Quebec Liberation Front）等组织实施了一系列的暴力行动。1975 年，弗兰西斯科·佛朗哥（Francisco Franco）逝世后西班牙人民获得了更多的社会自由。1978—1979 年英国“不满的冬天”爆发了一系列反对工党试图冻结工资增长的罢工。作家汤姆·沃尔夫（Tom Wolfe）贴切地称 70 年代为“自我年代”（Me Decade），这个时期有各种特殊的利益团体在政治和经济上要求获得发言权，彰显影响力，增加了文化的不和谐感。社会的动荡体现在当时款式多样、表现力十足的时装上。

上图　保罗·戴维斯（Paul Davis）为尼托扎克·尚吉的舞台剧《彩虹艳尽半边天》（1976 年）创作的海报，反映了头巾的流行以及非裔美国人的着装对主流时装的影响

艺术

维托·艾肯西（Vito Acconci）、约翰·巴尔代萨里（John Baldessari）和约瑟夫·博伊斯（Joseph Beuys）等艺术家通过写作、表演和其他短暂的行为探索观念，他们的作品被称为“观念艺术”（Conceptual Art）。更多不朽的艺术杰作包括克里斯托（Christo）的《谷幕》（*Valley Curtains*）等大型项目以及罗伯特·史密森（Robert Smithson）的《螺旋防波堤》（*Spiral Jetty*）和瓦尔特·德·玛利亚（Walter De Maria）的《闪电原野》（*Lightning Field*）等地景艺术作品。理查德·埃斯蒂斯（Richard Estes）等写实主义画家创作了描绘现代生活细节的作品。欧普艺术依然重要，以大卫·霍克尼和伟恩·第伯（Wayne Thiebaud）为代表。女性主义艺术提供了另外的视角并批判了占主导地位的男性艺术机制。朱迪·芝加哥（Judy Chicago）庞大的装置艺术作品《晚宴》（*The Dinner Party*）不加掩饰地展示了女性的热情。平面设计的风格不尽相同，很多海报、专辑封面和广告作品表现了流动的笔触和彩虹的颜色。另外一些作品则用柔和的大地色表现一种“西方旧式”的审美。1970 年 4 月 22 日是第一个“世界地球日”，保护生态的活动体现了人们回归自然的心态，这些活动都有自己的旗帜和徽标。1974 年在华盛顿州斯波坎市举办的世博会以环保为主题，和其他强调科技的世博会截然不同。随着手工艺的复兴加上全球化的发展，编织、蜡染和之前流行的扎染工艺流行起来。同时，这也是计算机时代的开端，美国国际商用机器公司（IBM）推出的商用新产品和苹果计算机让新科技成为设计的一个要素。其他对人们日常生活有影响的新产品有便携式计算器、微波炉和电话答录机。室内装饰和家居设计都体现了这两股盛行的潮流：手工艺之美体现在木制品、长绒小地毯和柔和的配色，颜色鲜艳的喷漆或模压塑料家具则展示了新兴的高科技。零售商店的建筑普遍采用未来派风格。摩天大楼比以往更加高耸，纽约的世界贸易组织中心、芝加哥的西尔斯大厦和多伦多的加拿大国家电视塔陆续建成。伦佐·皮亚诺（Renzo Piano）和理查德·罗杰斯为巴黎的乔治·蓬皮杜（Georges Pompidou）中心创作的高科技美感对后来的项目产生了重要的影响。

大型展览吸引更多观众进入博物馆，也影响了时装。前时尚专栏编辑戴安娜·弗里兰在纽约大都会博物馆的服饰馆策划了一系列精美的剧院模式的展览，展示了历史和民族服装，非常受欢迎。展览主题包括“好莱坞浪漫和迷人的设计”（*Romantic and Glamorous Hollywood Design*，1974年）和“俄罗斯服装的辉煌”（*The Glory of Russian Costume*，1976年）。从1972年到1979年图坦卡蒙墓出土的珍宝在世界各地展览，其元素被反复用于时装、设计和通俗文化，创造了20世纪的第二次“埃及热”。

20世纪70年代的畅销书体现了“自我年代”的精神，《如何做自己最好的朋友》（*How to Be Your Own Best Friend*，1971年）和《照顾好自己》（*Looking Out for #1*，1977年）等自助类作品探索了这种精神。理查·巴哈（Richard Bach）的励志寓言故事《海鸥乔纳森》（*Jonathan Livingston Seagull*，1970年）也是本年代最畅销的书之一。许多人气小说很快被改编为电影，例如威廉·皮特·布拉蒂（William P. Blatty）的《驱魔人》（*Exorcist*，1971年）、彼得·本奇利（Peter Benchley）的《大白鲨》（*Jaws*，1974年）、斯蒂芬·金（Stephen King）的《卡丽》（*Carrie*，1974年）和亚历克斯·哈利（Alex Haley）的《根：一个美国家庭的历史》（*Roots: the Saga of an American Family*，1976年）。除了穆丽尔·斯帕克和格雷厄姆·格林（Graham Greene）陆续推出的作品，英国小说的多产时期还出现了一些新人的作品，例如约翰·福尔斯（John Fowles）的《法国中尉的女人》（*The French Lieutenant's Woman*，1970年）、玛丽·瑞瑙特（Mary Renault）的《波斯少年》（*The Persian Boy*，1972年）、理查德·亚当斯（Richard Adams）的《海底沉舟》（*Watership Down*，1975年）和艾丽丝·默多克（Iris Murdoch）的《大海，大海》（*The Sea*，1977年）。

20世纪70年代重要的音乐剧有《耶稣基督万世巨星》（*Jesus Christ Superstar*）和《福音》（*Godspell*），这两部剧1970年在百老汇首演，后来在全球出现了许多版本；此外还有新版的《圣经新约》（*New Testament*）。长期上演且颇有影响力的音乐剧有《歌舞线上》（*A Chorus Line*，1975年首演）、《安妮》（*Annie*，1977年首演）。1978年上演的《二十世纪快车》（*On the Twentieth Century*）反映了复兴的装饰艺术美学。纽约莎士比亚戏剧节推出的《三分钱歌剧》（*The Threepenny Opera*）让库尔特·威尔和贝尔托·布莱希特的作品再度风行。1978年，《贝隆夫人》（*Evita*）在伦敦首演。1975年在百老汇上演的音乐剧《新绿野仙踪》（*The Wiz*）不久被改编为电影。获奖的戏剧有汤姆·斯托帕德（Tom Stoppard）的《戏谑》（*Travesties*，1974年）、彼得·谢弗（Peter Shaffer）的《马》（*Equus*，1975年）、尼托扎克·尚吉（Ntozake Shange）的《彩虹艳尽半边天》（*For Colored Girls Who Have Considered Suicide When the Rainbow is Enuf*，1977年）和哈罗德·品特（Harold Pinter）的《背叛》（*Betrayal*，1978年）。

伍迪·艾伦（Woody Allen）、罗伯特·奥特曼（Robert Altman）、彼得·博格丹诺维奇（Peter Bogdanovich）、弗朗西斯·福特·科波拉（Francis Ford Coppola）、布莱恩·德·帕尔玛（Brian De Palma）、乔治·卢卡斯（George Lucas）、马丁·斯科塞斯（Martin Scorsese）、雷德利·斯科特（Ridley Scott）和弗朗索瓦·特吕弗（François Truffaut）等新生代导演追求个性的视角。电影的主题和类型多样，有历史片、怀旧片，也有反映现实的当代片。电影的里程碑作品有《瑞安的女儿》（*Ryan's Daughter*，1970年）、《最后一场电影》（*The Last Picture Show*，1971年）、《发条橙》（*A Clockwork Orange*，1971年）、《日以作夜》（*Day for Night*，1973年）、《龙争虎斗》（*Enter the Dragon*，1973年）、《东方快车谋杀案》（*Murder on the Orient Express*，1974年）、《巴里·林登》（*Barry Lyndon*，1975年）、《表兄妹》（*Cousin Cousine*，1975年）、《出租车司机》（*Taxi Driver*，1976年）、《天外来客》（*The Man Who Fell to Earth*，1976年）、《从容的快板》（*Allegro Non Troppo*，1976年）、《星球大战》（*Star Wars*，1977年）和《异形》（*Alien*，1979年）。然而，电影受到新的娱乐方式的挑战比以往更加严峻，例如有线电视、盒式磁带录像机和电子游戏。

流行音乐和时装的联系尤其重要。美国电视节目《灵魂列车》（*Soul Train*）1971年首播。它播放黑人的舞曲，并强调个性化的舞蹈和时装风格。70 年代中期出现了迪斯科，双人舞和队列舞再次流行起来。纽约的“54 俱乐部”（Studio 54）、旧金山的“特罗卡迪罗运站”（Trocadero Transfer）、巴黎的“宫殿”（Le Palace）和蒙特利尔的“石灰光”（Lime Light）等夜店，唱片播放员（DJ）通过打碟混音创造了无数的舞曲组合，并凭借巨大的声音系统和华丽的灯光效果营造舞厅的气氛。这种放纵的迪斯科场所常伴随酗酒、吸毒和随心所欲的性行为。从夜店的装饰和“欧陆迪斯科”（Eurodisco）的代表波妮埃姆迪斯科演唱组合（Boney M.）以及阿巴乐队（ABBA）等表演者的衣着可以看出迪斯科的审美特点——华丽、考究，有时带有未来主义的风格。甚至《星球大战》的主题曲也包含迪斯科混音。“迪斯科女王”唐娜·莎曼（Donna Summer）通过《我感受到了爱》（*I Feel Love*）和《最后的舞曲》（*Last Dance*）等歌曲大获成功，她的热门歌曲《坏女孩》（*Bad Girls*）中包含口哨声和取自街道上重复的“哔哔”声。

上图　1970 年左右“杰克逊五兄弟（The Jackson 5）”的前卫着装，穿在嬉皮士风格的背心下面的鲜艳衬衫是摩城（Motown）音乐人的标志之一

音乐也反映了一些其他的服装潮流。美国歌手茱蒂·柯琳丝（Judy Collins）和英国歌手克莉·欧莲恩（Cleo Laine）采用了一种有艺术感的波西米亚造型。丽莎·明尼里（Liza Minnelli）、曼哈顿转运站合唱团（The Manhattan Transfer）和指针姊妹合唱团（The Pointer Sisters）的服装、表演和音乐体现了复古怀旧风格。怀旧歌手贝蒂·米勒（Bette Midler）甚至翻唱了安德鲁斯姐妹战时的流行歌曲《军号男孩》。切罗基歌手丽塔·库莉姬（Rita Coolidge）的成功反映了社会对种族多样化的尊重，雪儿的热门单曲《混血儿》（*Half Breed*）是她血统的写照。她们的演出服具有美籍印第安人的风格特点。玛丽亚·马尔道（Maria Muldaur）的《午夜绿洲》（*Midnight at the Oasis*）和阿曼达·丽儿（Amanda Lear）的《唐人街女王》（*Queen of Chinatown*）等歌曲的歌词反映了时装中的东方风潮。

1974 年左右，在厌弃主流和流行音乐的氛围中英国产生了朋克（Punk）音乐。英国重要的朋克乐队有性手枪乐队（Sex Pistols）、冲撞乐队（The Clash）和苏克西与女妖乐队（Siouxsie and the Banshees）。美国著名的朋克组合有雷蒙斯乐队（The Ramones）、理查德·赫尔（Richard Hell）和巫毒小子乐队（the Voidoids）。朋克的着装和造型让性手枪乐队的《英国无政府主义》（*Anarchy in the U.K.*）和理查德·赫尔的《空虚的一代》（*Blank Generation*）等歌曲的音乐显得更加不协调，歌词也更加虚无缥缈。

时尚媒体

促进时尚传播的新杂志有 1974 年创刊、聚焦名人的《人物》（*People*）和 1970 年创刊、以黑人女性为目标读者的《本质》（*Essence*）。崔姬和马里莎·贝伦森等许多名模开始涉足演艺事业。劳伦·赫顿（Lauren Hutton）是这个年代的一个重要模特，她笑时露出宽宽的齿缝，有一种特别的魅力。总体而言，模特的类型是快乐、活泼和健康的。模特的知名度变得更加重要。美国模特中的新面孔大多是金发女郎，她们成为登上时尚媒体的主要群体，其中包括斯碧尔·谢波德（Cybill Shepherd）、克里斯蒂·布林克利（Christie Brinkley）和帕蒂·汉森（Patti Hansen）。德欧·哈顿（Dayle Haddon）、莎莉·哈克（Shelley Hack）和玛葛·海明威（Margaux Hemingway）因为与化妆品公司的合作特别出名。继娜欧蜜·席姆斯（Naomi Sims）之后也出现了其他有名的非裔美籍模特，例

1979年举行的一场音乐会上牙买加裔德国人组成的迪斯科演唱组合波妮埃姆正在演唱她们的热门单曲《拉斯普廷》（*Rasputin*），她们穿着俄罗斯风格的服装

民族风潮

从20世纪70年代开始，异域风格全面征服西方世界，其势头远远胜过前面几十年甚至前面几个世纪东方风格的流行。《国家地理》（*National Geographic*）及同类期刊将异域文化的图片呈现在西方人眼前。嬉皮士潮流融入了西娅·波特（华丽的阿拉伯长袍卡夫坦）和乔治·迪·圣安格鲁（浓郁的吉普赛风情）推出的民族和田园风格的高级时装。20世纪60年代玛丽·麦克法登曾在非洲居住，后来成为了一名非洲艺术的狂热收集者。1971年，桑德拉·罗德斯首次到达澳大利亚并创造了"艾尔斯岩石"（Ayers Rock）印花。

到70年代中期，各种档次的市场上都有"民族风"和"田园风"的服装，款式非常丰富。田园风女衬衫搭配荷叶边半裙成为一种时髦的组合，进口服装店里的选择极为丰富。进口服饰珠宝对打造这种风貌极为重要。不断变化的异域影响有俄罗斯风格和中国风格（伊夫·圣·罗兰尤其提倡），民族风造型让在工作场合的女性看起来像是一群"都市农民"。俄罗斯的影响体现在侧扣、立领以及和裤装搭配长至臀部的宽松上衣。披风和裙裤搭配绒面靴，这让女性和女学生看起来像南美加乌乔牧人。男性也会穿民族风的服装。薄纱和平纹细棉布制作的宽松衬衫依然延续了波西米亚嬉皮士的审美，大喜吉装继续流行。吉拉巴长袍也颇受欢迎，甚至有长款家居服的款式。晚上穿的哥萨克真丝衬衫体现了俄罗斯的影响，大胆的男性白天也穿，搭配一条腰带。印度的佩斯利纹样在领带和有许多装饰的衬衫上比以往更加常见。

从非洲和印度进口的货物主要以零售的方式出售，远东为顾客提供了多种家居用品。西方文化对全球文化的接纳远不止于时装和设计。超觉冥想和奎师那知觉等精神运动与瑜伽和佩斯利纱布床单一起从印度传入了西方。西方主流社会也受到国际化的影响，例如很多人尝试嫩巴黎沙拉、巴巴酱、皮塔饼、寿司，甚至沙拉等异域风情的事物。

时髦的西方世界在接纳来自全球的风格，而世界其他地区则以不同的方式复兴传统服饰。1938年，泰国总理銮披汶·颂堪几乎将传统的服装款式都废除了，因此20世纪60年代诗丽吉王后向泰国民众推荐了一种重新设计的国服。王后和她的裁缝从大城时期获取灵感，开发了多套适合外交和节日场合穿着的服装，她还舍弃了她时髦的西方服装，转而选用新式传统服装。泰国其他的女性效仿王后接受了这种服装。其他的国家则努力让民众现代化以跟上世界不断发展的步伐，例如对许多民族服饰进行立法。印度尼西亚位于新几内亚岛的一些部落男性穿葫芦制成的遮阴器（阴茎鞘），这已经成为数代人传统服饰的一部分。

如帕特·克利夫兰（Pat Cleveland）和贝弗莉·约翰逊（Beverly Johnson），后者1974年成为了《时尚》的首位黑人封面女郎。后来，索马里模特伊曼（Iman）从1976年开始也担任《时尚》的模特。《桃花心木》（*Mahogany*，1975年）讲述了一位非裔美国女性成为时装设计师的故事，黛安娜·罗斯（Diana Ross）主演的电影表明黑人女性也能进入时尚界。

欧洲杂志率先采用了一种新的时尚摄影风格，到70年代中期，这种风格为美国和英国的出版物所采纳。赫尔穆特·牛顿（Helmut Newton）曾经拍摄过一张在一条黑暗的巷子里有一个身穿圣·罗兰塔士多礼服的模特的照片，这样的照片挑战了曾经主导时尚的优雅风格。和盖·伯丁（Guy Bourdin）及克里斯·冯·旺根海姆（Chris von Wangenheim）的作品一样，牛顿的作品也通常包含对暴力和施虐受虐性爱（SM）的暗示并成为电影《神秘眼》（*Eyes of Laura Mars*，1978年）的灵感来源。另有一种缥缈的摄影风格，摄影师莎拉·莫恩（Sarah Moon）和蒂波娃·特碧维莉（Deborah Turbeville）用冷漠有距离感的模特拍摄了神秘、飘逸的照片。史蒂文·斯提贝尔曼（Steven Stipelman）、肯尼斯·保罗·布洛克（Kenneth Paul Block）和乔·欧拉（Joe Eula）继续为时装插画增添活力。

右页上图 1979年，韩国新锐设计师安德烈·金（André Kim）和模特。金设计的半透明女裙采用了伊夫·圣·罗兰和奥斯卡·德·拉·伦塔等许多设计师钟爱的浪漫主义风格

下图 1970年《生活》杂志的封面照片捕捉到了时尚变迁中的重要一刻——这位穿着璞琪迷幻风格印花迷你裙的购物者正凝视着一条20世纪70年代早期典型的大地色田园风绒面革迷笛裙

女装基本情况

精品店和小规模的零售店继续繁荣发展，为进一步细分的市场提供了更多个性化的服装。人们对个性化审美的认可永久地确立下来。20世纪60年代出现的几种潮流趋势——包括嬉皮风、田园风、民族风、复古风和中性风主宰了20世纪70年代早期和中期的时尚。战后建立的穿衣规范在20世纪60年代已经受到挑战，如今彻底崩塌了。越来越多人穿休闲装，下午、晚宴或鸡尾酒会着装的区别全部消失殆尽。大部分女性的晚礼服不那么正式，只有最重要的社交场合才需要穿设计师设计的服装。裤子在各种场合都越来越普遍。随着越来越多人接受女性穿裤子，出现了新的较为宽松的着装礼仪和端庄标准。20世纪60年代兴起的年轻精神和性解放理念对时装产生了持续的影响，T恤和外穿背心成为广为接受的街头服装。女性穿系颈露背背心、露脐装和抹胸时里面不穿胸罩是一种可接受的休闲着装方式。

人们接纳迷笛裙和长及脚踝的裙子的速度放慢了。女性最初拒绝穿这样的裙子，因为觉得这些款式让她们看上去老气横秋又身材臃肿。迷你裙依然畅销，因为零售商发现新长度的裙子很难卖出去。与1947年巴黎发布的长裙时尚布告不同，这种变化相对缓慢，让不情愿的公众接受长裙需要一个过程。直到70年代中期迷笛裙才流行起来，迷你裙虽然衰落了，但在民间风格的服装中仍然占有一席之地。长度和迷你裙相仿的热裤将人们的注意力集中在腿上。有几年长款和短款的服装同时流行，长毛衣和修身外套搭配短裙和热裤。但到了70年代中期，迷笛成为普遍流行的长度，长及脚踝的长度则通常见于休闲的夜晚、假日和特殊场合。

20世纪60年代流行的箱形廓形依然见于民间风格的服装，新廓形更柔软、更苗条、更贴身。有些长裙由不规则布片拼接缝合而成，让下半身的概念得以明确，这种概念从50年代铅笔裙出现以后就从时尚里消失了。卡尔文·克莱恩（Calvin Klein）清晰地表达了一种流行的观点：衣服应该是“舒适、自由而不是僵硬的”。“当衣服简约又美丽，穿着它们的女性一定也能感受到这一点。”

总体而言，时装是优美流畅且柔软贴身的。柔软贴身有时通过收紧腰部来实现。裹身结构是实现流畅和贴身的一种重要方式，例如和对比鲜明的上装搭配穿着的裹身式半裙。很多斜裁的半裙上有V字形排列的条纹。太阳褶很受欢迎。针织T恤和衬衫式连衣裙在各个档次的时装中都很常见。

丰富多样的裤子为女性提供了更多的时尚选择。以伊夫·圣·罗兰为代表，设计师继续推出男装风格的高级女式长裤套装，解决了在着装考究的社交场合女性得体着裤的问题。裤子有阔腿喇叭裤、灯笼裤和加乌乔牧人裤以及70年代末流行的紧窄的吸烟裤。宽松女式长裤套装常见于鸡尾酒会和晚间场合。70年代末，裤子的上部更宽并通常打褶，脚踝处以多种方式收紧。

虽然长裤套装很受欢迎，但上衣和半裙的组合依然是衣橱中的常规款式。女式外套一般比较有男子气概。后来几年，更宽的肩线出现在定制外套上。女式衬衫种类丰富。除了合身的衬衫式连衣裙，很多衬衫有垂褶领或系成蝴蝶结的领巾领。高领也很流行。

1976年，随着田园风的盛行出现了体积更加宽大的服装。宽松的衬衫有时会收紧，通常为多层或有柔软的活裥。上装也变得更加宽松。宽松的上装和女衫通常搭配皮带或腰带。袖子也变得更加肥大。某些罩衫款式的服装用柔软的镂空棉布和印花面料在腰间系结。

针织衫是一种重要的类型，一般多件叠穿。腰带系得较低，袖子紧身，让人体的曲线毕现。随着服装体积的增大，1975年以后的针织衫以厚重为特点，使用罗纹针织、横向针织、绞花针织和其他花型新颖的针织面料。1978年秋，意大利新锐设计师詹尼·范思哲（Gianni Versace）甚至推出了绞花针织长裤。

颜色和面料的鲜明对比也体现了时代的矛盾和多样化。基于环保意识，部分时装开始流行大地色、牛仔蓝、暗色和杂色。然而，颜色鲜艳的合成面料依然受欢迎。服装的细节丰富，大纽扣和拉链、缉面线（有时称为“牛仔裤线迹”）、罗纹和贴袋都很流行。

修长的公主线大衣体现了时髦的苗条廓形，也有厚重的男式风格的定制大衣，有些有宽翻领，体现了19世纪的影响。汽车大衣、及膝大衣和及踝大衣都有人穿着。有腰带的风衣体现了传统款式的影响，腰带通常系结而不使用搭扣。披肩和斗篷都很流行，体现了民族风的影响。贴袋和滚边是常见的细节。70年代中期以后，随着女裙体量和类型的多样化出现了小斗篷、连帽斗篷和披肩等。到70年代晚期，马球大衣、单排扣和双排扣水手上衣等较为传统的款式又重新出现了。休闲装和正装都特别流行皮革和绒面革面料。一些大衣和外套装饰皮革，袖口和下摆的毛皮镶边具有复古风味和俄罗斯风情。从短小的“巧比”（Chubbies）外套到长而奢华的大衣，皮革都是时髦的面料。长毛皮革特别受欢迎，还被染成多种颜色。

上图 1976年，德国插画家汉内洛勒·布鲁德林（Hannelore Brüderlin）绘制的一张插画，上有女裙和背心组合的套装，拼接结构是一个明显的时尚要素

内衣和家居服

不穿文胸越来越普遍，对那些想要胸部有支撑或多穿一件衣服的女性而言内衣也越来越简洁和轻薄，但颜色通常很丰富。很多款式将接缝减至最少，以便减少穿着贴身针织上衣时看到内衣的痕迹。女式内裤有简约款、比基尼款和高腰款。"看到内裤的痕迹"（该短语出自 1977 年的电影《安妮·霍尔》（*Annie Hall*））是一种着装失利的表现。女性也穿短衬裤，常搭配贴身背心，有复古的味道。文胸、衬裙和睡衣通常采用 20 世纪 20 年代或 30 年代的款式，颜色柔和，使用了斜裁、蕾丝镶边并在面料中拼接蕾丝。查米尤斯绸缎制作的细吊带紧身背心甚至被用作夜礼服的上装。女式内衣和家居服成为时装的一个重要类型。凯泽·罗斯（Kayser Roth）推出的"图坦卡蒙法老"睡袍（灵感源于图坦卡蒙的展览）和埃米利奥·璞琪继续为福美特·罗杰斯（Formfit Rogers）公司提供的设计都是时髦内衣的典范。

配饰

个性化时尚经常通过配饰来体现。靴子、单肩包和有五金与花边装饰的宽腰带是最受欢迎的几种配饰。戴帽成为一种时尚选择而不是社会需要。有各种形状的帽子：贝雷帽、苏格兰便帽、仿男式的费多拉帽、特里比式软毡帽、宽檐软毡帽、钟形帽、紧贴头部的针织帽、蒙古风情装饰宽皮草边的尖顶织锦帽。

上图　针织连衣裙表现了一种休闲感，两条连衣裙都是袖子宽松、袖口收紧

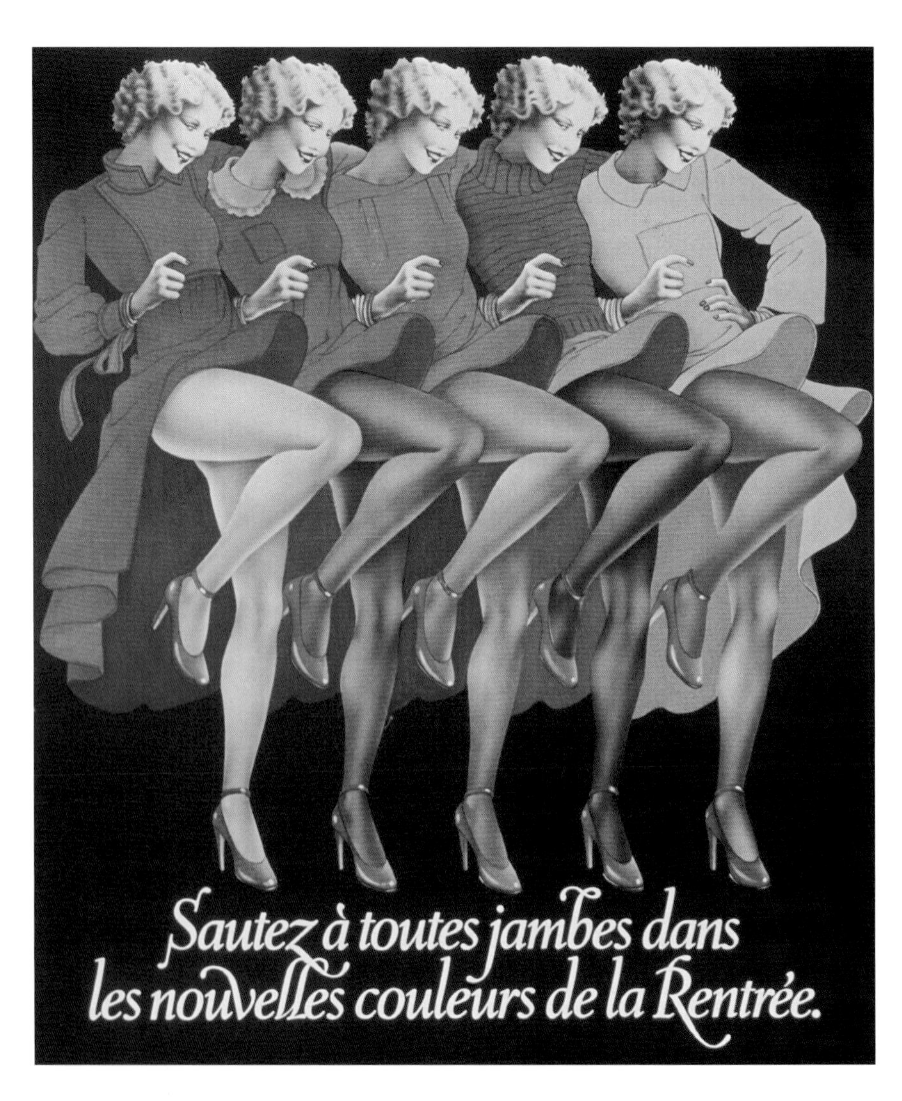

Sautez à toutes jambes dans
les nouvelles couleurs de la Rentrée.

右图　一幅推销法国长袜的广告，不仅展示了时髦的袜色，还展示了当时时髦的鞋子、裙子和发型——反映了 20 世纪 30 年代风格的复兴

左上图 1977年，奎阿纳（Qiana）推出的尼龙衬衫，展现了70年代中期和晚期流行的领型——垂褶领、领饰或“领巾”领

右上图 法拉·佛西、凯特·杰克逊（Kate Jackson）和杰奎琳·史密斯（Jaclyn Smith）是70年代最有时尚影响力的女性，她们都是1976年播出的电视剧《查理的天使》第一季的演员。佛西的羽状发型尤其有影响力

鞋子和靴子的款式也很丰富。厚底鞋和靴子通常为方头或圆头，不过也有20世纪40年代风格造型更加优美的款式。木底鞋、绳索底楔形跟平底鞋和麻底帆布便鞋也很流行。有些薄底的靴子具有爱德华七世时期的特点，前面有系带。出现了几个主张生态学和人体工程学理念的鞋子品牌，包括地球鞋和FA休闲鞋。弗赖伊靴（Frye）曾是一种传统的工作靴，现在也非常流行。至70年代中期，这些兼容并蓄、非常休闲的款式让位于更加精致的款式，包括造型优美的平底鞋和5厘米细高跟露跟鞋，浅口高跟鞋重返潮流。更宽大、蓬松的半裙和连衣裙要求女性拥有更纤细、更有女人味的双脚。70年代早期，腿部的配饰（袜套和袜子等）肌理感强且色彩丰富。袜套有时是针织套装的一个组成部分，有时用来搭配热裤，有时甚至穿在牛仔裤外面。袜子的时髦穿法是袜口向下卷起，或搭配短靴穿在卷起的裤腿下面。短袜用来搭配半裙，有些装饰蕾丝。

包袋从柔软的大单肩包到定型的手拿包应有尽有，有些带有装饰艺术的风格特点。小巧的迪斯科包是晚间活动的必备单品，通常装饰金属的穗带或流苏并配有适合斜跨长度的包带用来携带夜晚的必备品。腰带有时松松地系在腰部或臀部，让衣服看起来像一件宽松的束腰短上衣。有些腰带上有许多装饰，例如尺寸很大的金属纽眼、饰钉、压印图案和流苏。有弹性的金属细腰带使腰部得到强调。70年代晚期流行类似腰封和和服腰带的款式。

有各种形状和尺寸的围巾：针织长围巾通常有长长的流苏，丝质小方巾系在颈上或用作头巾，印花大方巾用作披肩、纱笼和胸罩式上衣。手套作为装饰或用于保暖，但和帽子一样不再是着装的规范。首饰的佩戴有时具有吉普赛的特点，例如戴多个手镯、多条项链和摇曳的耳环。有些首饰体现了装饰艺术风格的复兴或埃及风格的影响，天鹅绒颈链的流行则体现了“美好时代”的复兴。艾尔莎·柏瑞蒂（Elsa Peretti）为蒂芙尼设计的配饰体现了一种简洁的美。1975年，她设计了一件极简风格的黄金网状文胸，她说：“（穿上这件文胸）就像佩戴了一件珠宝，上身感觉好，而且很有趣。”电子手表赋予了计时器新的外观和技术。眼镜和墨镜通常非常大，镜片有圆形、方形和椭圆形。飞行员镜框极其流行。

发型和美容

20世纪70年代早期流行自然的妆容。唇色较淡且有光泽，眼影粉颜色丰富，从冰蓝色、淡红色到铜棕色一应俱全。20世纪60年代流行的假睫毛不再受欢迎，人们更喜欢根根分明的睫毛。眉毛或者像30年代那样拔得只剩下淡淡的拱形，或者像女演员艾尔丽·麦古奥（Ali MacGraw）那样浓密自然。70年代中期以后流行浓艳的妆容，深色的烟熏眼妆、浓重的腮红和右图 1977 年《雅芳家庭时尚》(*Avon Family Fashions*)推出的休闲套装，男女皆穿牛仔装和合成面料制作的有几何图形的衬衫

更深的唇色受到欢迎。香水强调颓废和性感，例如圣・罗兰的“鸦片”和许多男女都喜爱的麝香基调香水（例如 1975 年候司顿（Halston）推出的一款代表性香水）。

发型是时尚的重要组成部分，名人的发型特别有影响力。20 世纪 70 年代初，假小子样式的短发已经过时，因为崔姬等曾经剪短头发的模特都留起了飘逸的长卷发。艾尔丽・麦古奥在电影《爱情故事》（*Love Story*，1970 年）中的中分长直发被广泛效仿。20 世纪 70 年代早期，民权活跃分子安吉拉・戴维斯（Angela Davis）意外成为了时尚偶像，她的爆炸头（或“天然发型”）也被人广泛效仿。简・方达（Jane Fonda）和朱迪・卡恩（Judy Carne）也采纳过这个蓬松的发型，它在 70 年代早期很流行。花样滑冰运动员多萝西・哈蜜尔（Dorothy Hamill）1976 年夺得奥运会金牌后，她的碗盖头在全世界年轻女性中也流行起来。法拉・佛西（Farrah Fawcett）在电视节目《查理的天使》（*Charlie's Angels*）中标志性的羽状长发看起来像头发刚吹干一样。至 70 年代中期，羽状短发也流行起来。贴头辫已经成为黑人女性的时尚发型，但白人女演员波・德瑞克（Bo Derek）在 1979 年的电影《十全十美》（*10*）中采用珠子装饰的贴头辫发型以后刮起了一股风靡各个种族的女性和女孩的贴头辫热潮。吉布森女孩样式的头顶髻也很流行，通常以梳子或筷子装饰。70 年代末有许多款时髦的发型。女性通常将光滑的头发往后梳，绑成各种各样的发髻。电烫卷发也很常见，通常中分，遮住半边脸。

牛仔面料的流行

牛仔面料承载了越来越多的信息，其产品出现在各个档次的市场上。各地的年轻人都穿牛仔裤，他们接受了牛仔裤蕴含的民主信息。《时尚》曾宣称："李维斯牛仔裤搭配套头衫和漂亮的腰带成为了全世界通行的着装，这是我们喜欢的穿着方式，让我们感到轻松和便捷——这也正是我们的生活方式。"由于男性和女性都穿牛仔裤，所以牛仔裤又象征性别平等，还消除了社会各个阶层的壁垒。另外，由于这种款式是从工作服发展而来，所以其内涵也延伸至性解放。包臀牛仔裤强调胯部、大腿和臀部，公然成为性感的服装。有些喇叭裤裤脚特别宽（称为"大象"裤），这种裤子裤腿通常较长且向后拖曳。有些款式非常低腰。

20 世纪 70 年代，人们对牛仔面料的喜爱进一步得到发展，不限于蓝色牛仔裤。从头到脚都穿牛仔服也是一种选择：牛仔裤通常搭配及腰的牛仔外套或配套的牛仔衬衫。男女都流行牛仔面料制作且通常有丰富装饰的背带工装裤。牛仔面料用于制作所有能想到的配饰，包括牛仔靴或包紧小腿的及膝系带靴。对于那些需要着装相对正式但又想追赶潮流的人，1970 年伊夫・圣・罗兰在他的"左岸"精品店推出了一款牛仔套装，比尔・布拉斯和奥斯卡・德・拉・伦塔也提供定制的牛仔男装。牛仔面料的处理被当作一种艺术，出现在很多书籍和展览中。扎染、漂白、刺绣、补丁、珠饰和金属饰钉是最初的流行元素，但后来个性化的牛仔裤让位于价格高昂、彰显身份的设计师牛仔裤。与生产商默加尼公司（Murjani）合作的社会名流和艺术家葛洛莉娅・范德比尔特（Gloria Vanderbilt）也成为这个市场的开拓者。1976 年，卡尔文・克莱恩在自己的产品目录中增加了牛仔裤。两年后，他在牛仔裤上获得了真正的成功——20 万条"卡尔文"（Calvins）牛仔裤在到达店铺的一周内一售而空。甚至 54 俱乐部也授权了一个牛仔裤系列，将它的商标绣在一个后袋上。70 年代末，牛仔裤变得非常紧身，有些人甚至不穿内裤，生殖器和臀部因此成为视觉的焦点。约达西（Jordache）、萨松（Sasson）和希思黎（Sisley）也是非常有名的牛仔裤品牌，它们尖锐的广告风格和姿势具有挑逗性的模特让设计师牛仔裤更加火热。

下图　侯司顿的泳装非常时髦，例如 1977 年推出的这款不对称泳装

运动服

人们对健康和锻炼的关注使运动服市场得到了拓展。慢跑服和热身服通常用针织棉或维罗绒面料制作，男女都流行。很多人运动时穿腰部有弹性、边饰醒目的短裤，这种款式被称为"健身短裤"。运动鞋开始成为时尚单品，著名运动员代言运动鞋更加推动了运动鞋的发展，例如篮球运动员沃尔特・弗雷泽（Walt Frazier）为彪马（Puma）的克莱德系列（Clyde）代言，网球冠军斯坦・史密斯（Stan Smith）为阿迪达斯（Adidas）代言。网球服仍然以白色为主，紧身的衣身反映了时髦的廓形。许多网球明星对时尚产生了影响，以美甲和钻石手链出名的克里斯・埃弗特（Chris Evert）的影响特别大。长头发扎发带的金发帅哥比约恩・博格（Björn Borg）运动时穿贴身的针织衬衫和超短裤。

适合徒步和户外运动的款式进入了大众的衣橱。法兰绒衬衫和帆布野战风衣非常受欢迎。尼龙羽绒外套和背心都很流行，有些公司为家庭裁缝提供制作羽绒服的全套工具。海军用品店流行起来，顾客能在店里买到风雪大衣、伞兵裤和连体服等实用服装。滑雪服依然保持几十年以来的基本廓形，但使用了合成面料。

鲁迪・简莱什推出男式和女式的丁字裤泳装，系带式比基尼也问世了，但是多数泳装都不会这么暴露。侯司顿推出的连体泳装令人震惊，通常使

用不对称裁剪。1976 年，舞蹈服巨头丹思金（Danskin）开始推出尼龙和氨纶混纺面料制作非常贴身的泳装。男式泳装有许多款式，有些设计非常简洁。市面上能买到比基尼和短款泳裤，有些在正面或侧面系带。奥林匹克金牌得主马克·施皮茨（Mark Spitz）在照片中穿着一款印有星条旗的速比涛泳裤，推动了这种款式的流行。日光浴仍然很时髦，但人们也关心护肤，出现了防晒指数（SPF）的概念。

上图 设计师和生产商推出的很多中性服装都很流行，“中性”服装常在女装中添加明显的男装元素，但男装几乎没有变化，例如 1972 年玛丽麦高推出的这些休闲套装

右页图 薇薇恩·韦斯特伍德与伦敦的两个朋克爱好者，薇薇恩穿着一套自己设计的格子花呢绑带套装，约摄于 1977 年

下图 简·方达在电影《柳巷芳草》（1971 年）中穿着安·罗斯设计的服装。方达在该片中饰演一个电话应召女郎，她穿着的过膝靴因此得名“妓女靴”，她蓬乱的发型也被广泛效仿

中性风格

中性风格出现在 20 世纪 60 年代，70 年代初真正走向成熟。“中性”服装通常以男性化服装为基础。伊夫·圣·罗兰的女式长裤套装在 20 世纪 60 年代女装的男性化潮流中发挥了重要的作用，70 年代他继续推出男性化女装。1970 年，鲁迪·简莱什在一篇杂志的访谈中曾大胆预测服装以后将不再有标示性别的作用。同年，他推出的中性服装包含半裙、比基尼和猫服（一种将腿和胳膊都包起来的紧身连衣裤），甚至还有男女通用的乳贴。他设计的有醒目印花图案的阿拉伯长袍不仅有未来主义的风格特点，还以一种戏谑的手法再现了耶格的 T 形长袍和“维也纳工坊”的家居服。玛丽麦高的芬兰籍服装和面料设计师阿尔米·拉蒂亚（Armi Ratia）也推出了色彩鲜艳的“他的和她的”休闲套装。名人夫妇穿着“他的和她的”套装亮相于公众场合，男女通用的苏格兰短裙别具神秘感。名人碧安卡·贾格尔（Bianca Jagger）经常穿着跨性别的服装。1970 年，一场在法国凡尔赛门举行的时装秀将这股潮流发挥到极致，让一名男模和一名女模同时穿着相同的迷笛裙和配套的高跟靴走上 T 台。

朋克时尚

朋克摇滚乐的男女粉丝创造了一种独特的风格。男女都穿着和 20 世纪 50 年代类似修理工的款式——牛仔裤、外穿背心、工作靴和皮夹克——还通过浆纱、裂口和金属饰钉使服饰更具挑衅性。某些服装（尤其是 T 恤）上有挑逗性的，甚至是淫秽下流的图像和标语，通常以一种涂鸦的风格表现，表达朋克运动反主流文化的立场。性挑逗是朋克风貌的重点之一。性虐暗示很常见，包括绑带裤和皮革及乙烯基材料制作的服装。朋克风貌还包括另类的发型——常为刺猬头且凌乱不堪，朋克的身体通常有多处刺穿和多个纹身。以妩媚的主唱德波拉·哈莉（Deborah Harry）出名的纽约金发女郎乐队（Blondie）带来了一种花俏的受流行音乐影响的朋克音乐和时尚。随着朋克运动的发展，英国设计师薇薇恩·韦斯特伍德（Vivienne Westwood）开始与早期的朋克乐队合作。虽然从本质上而言朋克是一种街头风格，但这种风貌很快被各个层次的服装所采用，包括从桑德拉·罗德斯（Zandra Rhodes）的高级时装到性手枪等乐队穿着的大众化 T 恤。

电影与时尚

许多电影对时尚产生了影响。安·罗斯（Ann Roth）曾为《柳巷芳草》（*Klute*，1971 年）中饰演妓女的简·方达设计服装，在这部电影的影响下一种称为“妓女靴”的高筒靴成为流行的单品。20 世纪 70 年代“黑人剥削”（*Blaxploitation*）电影有重要的影响，在《女煞星》（*Cleopatra Jones*，1973 年）中乔治·迪·圣安格鲁为塔玛拉·多布森（Tamara Dobson）准备了非常漂亮的服装。这种类型的电影也促使非裔美国男性时尚偶像的出现。《洛基恐怖秀》（*The Rocky Horror Picture Show*，

TELEPHONE
TELEPHONE

右图 塔玛拉·多布森在《女煞星》中饰演克莉欧佩特拉·琼斯（Cleopatra Jones），她充满生气的造型由乔治·迪·圣安格鲁设计，推动了爆炸头的继续流行

最右图 约翰·特拉沃尔塔在《周末夜狂热》（1977 年）中穿的服装成为 70 年代最有代表性的电影服装之一

1975 年）反映了流行的朋克和华丽摇滚风格，主演蒂姆·克里（Tim Curry）因为穿着网眼袜、紧身衣和戴着性感的珍珠项链成为性别颠倒的着装偶像。《周末夜狂热》（*Saturday Night Fever*，1977 年）赞美了热情洋溢的迪斯科舞蹈，设计师帕特里齐亚·冯·布兰登斯汀（Patrizia von Brandenstein）为约翰·特拉沃尔塔（John Travolta）设计了一款白色的三件套套装搭配黑色的开领衫，特拉沃尔塔因此成为这个时代最有代表性的时尚偶像之一。女演员凯伦·琳恩·高妮（Karen Lynn Gorney）穿着的红色连衣裙采用了当时流行的两用领。在 1979 年的电影《异形》中，约翰·莫洛（John Mollo）为西格妮·韦弗（Sigourney Weaver）准备了一件实用的连体装，反映了连体装从实用服装到时装的变迁。

下图 米娅·法罗和罗伯特·雷德福在《了不起的盖茨比》（1974 年）中穿着西奥妮·阿尔德雷吉设计的 20 年代风格的服装，推动了复古风格的继续流行

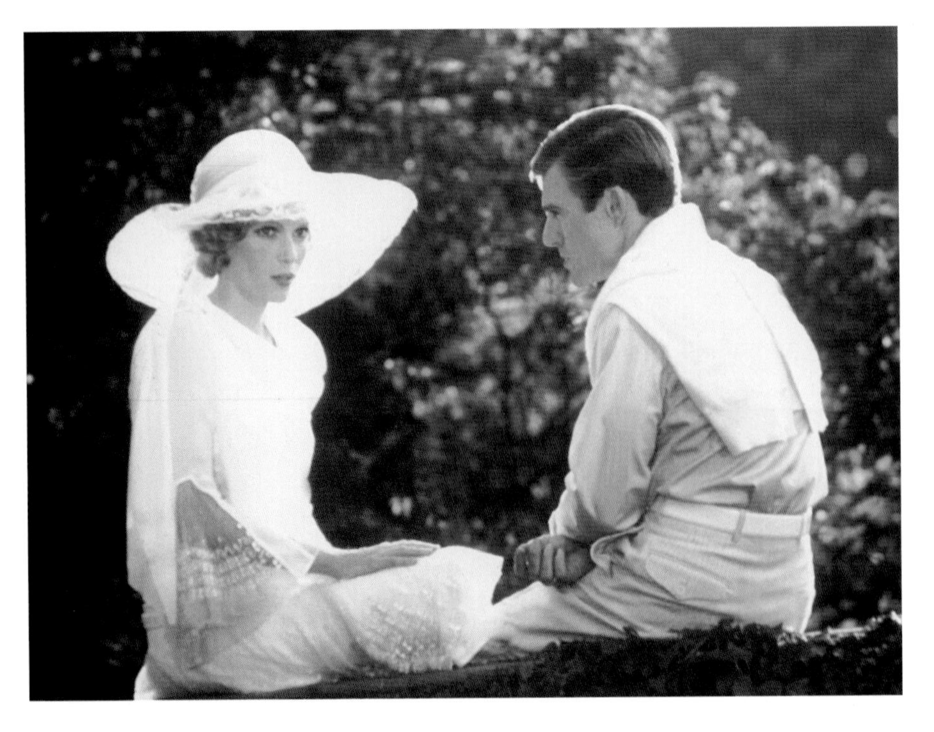

很多历史片推动了复古风格的流行。其中最有影响力的是《男朋友》（*The Boyfriend*，1971 年），这是一部效仿 20 世纪 20 年代风格的歌舞片，雪莉·罗素（Shirley Russell）为主演崔姬准备了“飞来波女孩”款式的连衣裙和当时流行的许多款式。夏洛特·弗莱明（Charlotte Flemming）为《歌厅》（*Cabaret*，1972 年）设计了反映德国魏玛共和国时期颓废风格的服装，以此强调魏玛共和国时期与 20 世纪 70 年代的相似之处，丽莎·明尼里（Liza Minnelli）戴着圆顶礼帽的形象成为了时尚摄影和评论的灵感来源。20 世纪 30 年代的服装出现在《纸月亮》（*Paper Moon*，1974 年，波莉·普

"安妮·霍尔风貌"

1977年4月，伍迪·艾伦执导的电影《安妮·霍尔》上映。在这部影片中，女演员黛安·基顿（Diane Keaton）出演了在其职业生涯中颇有代表性的一个角色，并因此获得了奥斯卡最佳女演员奖，她也成为70年代最迷人的银屏女性形象之一。这部影片本身也成为了经典，获得了另外三个奥斯卡奖项，包括最佳影片奖。基顿也获得了金球奖和英国电影学院奖等其他奖项的最佳女演员提名。

基顿参演了百老汇的音乐剧《毛发》（*Hair*），她因在《教父》（*The Godfather*）中饰演的配角而崭露头角，但在《安妮·霍尔》中饰演的同名角色让她家喻户晓。基顿在电影中的服装很独特，主要是由男装拼凑而成。她穿着宽松的男式裤子和外套，打着男式领带，生动地演绎了邻家假小子的形象。基顿穿了很多自己的衣服，"安妮·霍尔风貌"主要源于她不同寻常的时尚品味（正如这个角色的灵感源于基顿本人）。基顿借鉴了纽约苏豪区波西米亚外籍居民宽松休闲的着装风格，她在电影中佩戴的大大的男式费多拉帽是从一名女演员朋友那里借来的。她个人的着装通常是古董和二手店的服装——通常是男装的拼凑和组合，包括背心、正装衬衫、松垮的卡其布大裤子、靴子和领带，有时搭配长半裙。基顿羞涩、神秘、低调甚至孤僻的性格让这种风貌更具魅力。

在该片中，基顿和艾伦都穿过美国设计师拉尔夫·劳伦为他们设计的私服，劳伦的名字因此也出现在电影的致谢名单上。这导致当时的报刊误以为劳伦是这种风貌的"创造者"，忽视了本片的服装设计师鲁思·莫利（Ruth Morley）和基顿的贡献。不管起源如何，"安妮·霍尔风貌"对时尚产生了巨大的影响，年轻的女性纷纷效仿，甚至效仿安妮的口头禅"La-di-da"，女高中生则是打着父亲的领带去上学。杂志、商店橱窗和产品目录都推销这种风格的服装，它们是时尚界公认的抢手货。"安妮·霍尔风貌"继续成为国际T台上和时尚评论的热点，有很多名称，例如"El Estilo Annie Hall（西班牙文"安妮·霍尔风貌"）"和"Le Look Annie Hall（法文"安妮·霍尔风貌"）"。有人将新一代名人女性奇特的男性化着装与基顿的着装相提并论，但是基顿本人已经成为多年的风格设立者，保持着"安妮·霍尔风貌"最初的多数精髓。

WOODY ALLEN
DIANE KEATON
TONY ROBERTS
CAROL KANE
PAUL SIMON
JANET MARGOLIN
SHELLEY DUVALL
CHRISTOPHER WALKEN
COLLEEN DEWHURST
"ANNIE HALL"
A nervous romance.

电影海报中，黛安·基顿穿着"安妮·霍尔风貌"的服装

拉特（Polly Platt）担任服装设计师）和《中国城》（*Chinatown*，1974 年，安西娅·西尔伯特（Anthea Sylbert）担任服装设计师）中。伊迪丝·海德为《骗中骗》（*The Sting*，1973 年）设计的服装仍然可以看到 20 世纪 30 年代的影响。在《布鲁斯歌后》（*Lady Sings the Blues*，1972 年）中，鲍伯·麦其（Bob Mackie）和雷·阿加扬（Ray Aghayan）为戴安娜·罗斯（Diana Ross）设计了 20 世纪 30 和 40 年代风格的服装。在《美国风情画》（*American Graffiti*，1973 年，艾姬·古拉德·罗杰斯（Aggie Guerard Rodgers）担任服装设计师）和《油脂》（*Grease*，1978，艾伯特·沃斯基（Albert Wolsky）担任服装设计师）等几部影片的影响下，年轻人开始流行穿 20 世纪 50 年代风格的服装，其中，《油脂》尤其为高中生和大学生的着装提供了 50 年代的灵感来源。以 50 年代为背景的电视喜剧《快乐时光》（*Happy Days*，1974—1984 年）进一步加强了这股 50 年代的复古风潮。《动物屋》（*Animal House*，1978 年）的背景设定为 1962 年，其中有一个古罗马长袍派对，服装出自黛博拉·纳杜曼·兰迪斯（Deborah Nadoolman Landis）之手，后来年轻人在世界范围内中掀起了罗马长袍派对的热潮。

西奥妮·阿尔德雷吉（Theoni V. Aldredge，1922—2011 年）是 70 年代最有名的电影服装设计师。在《了不起的盖茨比》（*The Great Gatsby*，1974 年）中，她为男演员准备了白色的法兰绒套装，为女演员准备了带珠饰的紧身连衣裙，还塑造了许多仅仅因为服装出名的银屏形象。凭借这部电影，阿尔德雷吉获得了奥斯卡最佳服装设计奖。阿尔德雷吉还为《电视台风云》（*Network*，1976 年）中的菲·唐纳薇设计了性感的真丝衬衫，这种款式后来成为 20 世纪 80 年代流行的款式之一。《神秘眼》（1978 年）是一部和时尚有关的影片。在这部凶杀悬疑片中，唐纳薇饰演一名时尚摄影师，她充满暴力色彩的摄影作品中出现了大量的高级时装。阿尔德雷吉在百老汇也很有名，她为《平步青云》（*A Chorus Line*，1975 年）设计的戏服使得舞蹈练功服成为一款街头和迪斯科服装。

下图 《时尚》对伊夫·圣·罗兰 1976—1977 年秋冬系列的评价是“最开胃的系列——并不是说许多女性能穿得起这样的服装，而是许多女性开始以这样的方式思考着装”

右页图 伊夫·圣·罗兰推出的独具魅力的民俗风格很快被本国市场采纳，图片出自 1977 年的一个产品目录

设计师：法国

1971年，可可·香奈儿去世，一个时代也随之结束。虽然巴黎的高级时装屋依然为少数精英客户提供高档日装和特殊场合穿着的礼服，但是时尚的热点主要来自于那些强调活力和多样化的新锐设计师。成衣和精品店品牌越来越受重视。

1973年11月在凡尔赛宫举行了一场备受瞩目的时装秀，汇集了五家法国时装屋（圣·罗兰、迪奥、纪梵希、温加罗和皮尔·卡丹）和五个美国设计师（比尔·布拉斯、史蒂芬·巴罗斯、候司顿、安妮·克莱恩和奥斯卡·德·拉·伦塔）的作品，这场秀的目的是为修复凡尔赛宫筹募资金。端庄但是昂贵的巴黎高级时装与充满活力的美国成衣形成了鲜明的对比，而且（也许是无意中）增长了世界对美国设计的兴趣。作为对新秩序的回应，时装秀的模特呈现了高级时装行业前所未见的多样性。

温加罗、纪梵希和迪奥时装屋的马克·博昂的作品仍然保持高标准，受到了人们的关注。安德烈·库雷热升级了他的未来主义风貌，服装变得更加柔软，并开始推出男装。皮尔·卡丹成功地让他的服装向折衷主义和多样化过渡。他积极地推出针织和各种长度的服装，设计了短款和长款服装结合的套装，颇具吸引力。虽然他的审美还是具有较强的实验色彩，但是他对流畅和创意的重视让他的设计没有脱离时代。通过许可证经营，品牌的曝光度进一步增加。他标志性的男士香水的包装形似男性生殖器，非常畅销。

1973年3月，《时尚》声称"圣·罗兰为时尚的引路者"。的确，伊夫·圣·罗兰可能是70年代最重要的设计师——没有之一，他影响了其他一些主要的设计师和大众市场。他1971年推出的服装系列灵感源于20世纪40年代早期，其中包括色彩明亮的"巧比"皮草外套，灵感来源于巴黎街头拉客妓女的服装。该系列有些元素涉及卖淫和二战因此遭到指责——二战无疑仍然是许多巴黎人糟糕的回忆。尽管如此，这款"巧比"外套还是成为了一款流行的服装。1970—1971年冬季系列汇集了几种折衷的时尚元素，包括装饰民间艺术风格贴花长及小腿的绒面革外套、爱德华七世风格的系带靴和男性化的帽子。1974年推出的罩衫外套和"纯真衬衫"（NaÏve Chemise）采用了当时流行的波西米亚风格，被广为效仿。

圣·罗兰极具影响力的1976年秋冬系列融合了俄罗斯、北非、吉普赛和波斯等多种民俗风格，有宽大的裙子和袖子、宽腰带、缠头巾和奢华面料制作的有大量装饰的宽大斗篷：

> *"如今，在迷人的女性穿着简朴的定制长裤套装以后，在这个少即是多、休闲即是一切的冷静时期，这位世界上最有影响力的高级时装设计师停下了他的脚步，推出了一个返璞归真的田园风格系列，她是那么的不切实际、荒诞离奇又傲慢自大，但又是那么的微妙优雅、华丽奢侈、性感迷人和充满女人味。接下来势不可挡的反应是化装舞会开始了。"*

虽然在时尚界民俗风格已经持续存在了好多年，但圣·罗兰把这种风格发挥到了极致，并且通过保持这种风格的活力和这个年代盛行的流线造型和简约审美形成了对比。该系列的影响在第二年得到了强化，圣·罗兰推出了一个以中国为灵感来源、魅力不相上下的系列，使用了鲜艳的颜色和奢华的丝绸、金银丝锦缎、织锦和毛皮等面料，加上流苏装饰的配饰和圆锥形的帽子。虽然只有少数高级时装客户真正穿上秀场上发布的服装，但是圣·罗兰在"左岸"精品店推出的服装都很流行，他对主流时尚的影响巨大。在圣·罗兰的信条——"心机让女人变美丽"的影响下，妆容也更具异域风情，流行烟熏的金属色泽的眼影，舞厅里出现了迪斯科流苏包。大众市场零售商店和产品目录中也出现了紧身衣款式的上衣，波蕾若款式的背心穿在田园风女衬衫外面，流行

上图 1973年，卡尔·拉格菲尔德与一名模特，模特身上穿着他为蔻依设计的连衣裙，保持着该品牌一贯的波西米亚风格

锦缎制作的马褂式外套，甚至家居长袍上都有中国结。圣·罗兰70年代末推出的服装系列包含了多种风格，包括维多利亚时期和爱德华七世时期的风格，甚至出现了男丑和女丑的图案（70年代一种流行的装饰主题）。他在70年代最后的一个系列灵感来源于毕加索的作品，服装的廓形成为了80年代的主流。

1954年，卡尔·拉格菲尔德（Karl Lagerfeld）获得国际羊毛局赞助的一个设计比赛的冠军，他因此进入时尚圈。他1935年出生于汉堡市，很小的时候就已经对时尚产生了浓厚的兴趣，十几岁时前往巴黎生活。他先后在巴尔曼和巴杜时装屋工作。60年代早期，他离开高级时装界，成为几个成衣品牌的特约设计师。1966 年，拉格菲尔德出任法国品牌蔻依（Chloé）的首席设计师，对品牌既有的波西米亚风格进行了升级。1952 年，加比・阿格依奥（Gaby Aghion）创立了蔻依，该品牌强调自由的精神。碧姬・芭铎和玛丽亚・卡拉斯（Maria Callas）等时髦女性穿着它的长裙、阔腿裤和精致的田园风服装，蔻依因此成为 20 世纪 70 年代最有格调的品牌之一。拉格菲尔德也为其他品牌提供设计，包括芬迪（Fendi），作为设计师，他以不断从艺术史中寻找灵感和多才多艺闻名。

在法国的一些重要的新生品牌的发展历程中，针织服显得特别重要。巴黎出生的索尼亚・里基尔（Sonia Rykiel，生于 1930 年）以奢华、新颖的针织服赢得了声誉，具有"针织女王"的称号。20 世纪 60 年代，她曾为罗拉精品店（Laura Boutique）设计服装，1968 年创立了自己的品牌。她推出适用性很强的层次感单品，标志性的细节包括服装外面的紧身罗纹和裸露的接缝。她的很多套装是单色的，包括优雅的黑色、灰色和非常规的颜色。20 世纪 60 年代，高级时装模特艾曼努尔・坎恩（Emmanuelle Khanh，生于 1937 年，原名蕾妮・米泽热（Renée Mezière））转行成为自由设计师，她的客户有米索尼和卡夏尔（Cacharel）等。1971 年，她创立了自己的品牌，1977 年她在巴黎开了一家精品店。从修身针织衫到装饰繁多的田园风套装坎恩提供各种类型的服装。另外一个在巴黎创立的重要品牌是多罗特・比斯（Dorothée Bis），它是埃利・雅各布森（Elie Jacobson）和雅克利琳・雅各布森（Jacqueline Jacobson）创立的时尚精品店多罗特（Dorothée）旗下的一个品牌。20 世纪 60 年代，该品牌以针织服闻名，70 年代继续推出独特的针织服，一般以结合不同长度和肌理的多层套装为特色。多罗特・比斯连锁精品店以当代风格（通常是有趣的）的运动服为特色。20 世纪 60 年代，让・布斯凯（Jean Bousquet）创立了卡夏尔，70 年代早期成为一个重要的品牌，以

左下图　从《时尚》1973 年 3 月刊刊登的这套服装的毛衣和帽子可以看出索尼亚・里基尔对针织面料的创意运用，有超大裤袋的七分裤成为整套服装的亮点

右下图　1977 年高田贤三设计的一款充满活力的垂褶领波点连衣裙，裙子有巴尼尔式垂褶，是他的经典作品之一。报童帽、宽腰带和皱筒靴让整套服装更加出彩

利伯提印花面料制作的柔美衬衫和女裙以及充满女人味的针织服闻名。营销广告强化了卡夏尔的浪漫风格，尤其是莎拉·莫恩为该品牌1978年推出的“安妮”（Anaïs Anaïs）香水拍摄的广告。

两个在日本出生和学习的设计师加入了巴黎时装界。高田贤三（Kenzo Takada，生于1939年）是日本著名的东京文化服装学院（Bunka Fashion College）的第一批男学生之一，他1964年到达巴黎时就预示了日本风格将对全球时尚产生影响。他以“贤三”（Kenzo）之名从事设计，1970年，他开设了自己的精品店“丛林中的日本人”（Jungle Jap），主要销售多彩有趣的服装。其中一些服装的廓形有和服和其他日本服装的影子，但他将图案、颜色和材料自由组合，并试验性地使用了针织面料。在创造性的搭配中（例如用紧身橄榄色绒面革长裤搭配亮粉色宽松羊毛套衫），他创造了一种融合了日本传统元素和欧洲高级时装元素的风格。

三宅一生（Issey Miyake，生于1938年）曾在东京多摩美术大学（Tama Arts University）学习绘画，后来进入巴黎高级定制时装公会学校学习。他曾在纪·拉罗什时装屋工作，后来去了纪梵希。1969年，三宅前往纽约，担任杰弗里·比尼的助手，一年后回到东京并在东京开了自己的设计工作室。1971年和1973年，三宅分别在纽约和东京推出新的服装系列，他因此赢得了国际声誉。从进入时尚行业的早期开始，他就已经通过自己对材料的探索建立了一种独特的风格。他的作品经常运用包缠、系结和世界各地传统服饰的元素，例如包缠式的旗袍裙和连帽斗篷式的外套。70年代晚期，他开创用超大的上装搭配非常紧身的裤子或腿套的穿着方式，有些裤子在脚踝处束紧。三宅的设计个性有创意，他曾声称他的设计“能做到任何顾客想要的”。

设计师：英国

伦敦生机勃勃的时尚景象和几位设计师的出色创意密不可分。1973—1974年，玛丽·奎恩特在伦敦博物馆举办了一个名为“玛丽·奎恩特的伦敦”（Mary Quant's London）的展览。事业最兴旺的时期，她的经营范围包括男装、女装、香水、化妆品和玩具，甚至还有葡萄酒。奥西尔·克拉克继续工作到70年代中期，他的重点依然在剪裁的创新和对材料的大胆混用。除了继续为珂洛工作，他还为一家法国公司和米克·贾格尔、碧安卡·贾格尔等私人客户提供设计。克拉克还将设计范围拓展到男装。约翰·贝兹是伦敦最资深的设计师之一。尽管他在商业

左下图　20世纪70年代早期赫布·施密茨（Herb Schmitz）拍摄的一张照片，模特是伊卡·欣德利（Ika Hindley），身穿奥西尔·克拉克经典款式的连衣裙，裙子上的郁金香印花图案由西莉亚·伯特威尔设计。这种款式的连衣裙、模特的发型、长长的珍珠项链和厚底鞋都借鉴了20世纪20至40年代的元素

右下图　碧芭的一张时装照，约摄于1970年，从中可以看到品牌的很多风格特点，例如复古元素和丰富的“姨妈”暗色

上图　崔娅是20世纪60年代和70年代早期特别有名的模特，这张照片1971年在大碧芭拍摄。70年代，大碧芭这种华丽、惊艳的装饰艺术风格的装潢被很多零售商店效仿，复古风格的内饰是对时装的复古潮流的反应

上已经取得成功，但他依然努力保持创新。另外一个著名的设计师是比尔·吉布（Bill Gibb，1943—1988年），以能让客户"容光焕发"的裙子闻名，他的审美兼容并蓄。

芭芭拉·赫兰妮可（Barbara Hulanicki）在20世纪60年代创立的碧芭品牌获得了成功，20世纪70年代早期更加有名。碧芭的广告依然采用经典的蛇蝎美人的形象，也依然采用复古风格，搭配夸张的宽檐帽和各种长度的拼接裙。1972年的系列包括各种全白的服装，让人回想起20世纪30年代的银屏形象，还有古怪的睡衣风格的宽松套装，例如"猫咪套装"（以20世纪20年代的俚语为灵感的印有猫咪图案的套装）。1969年，碧芭搬迁到肯辛顿高街的时髦地段，1974年，又搬迁到了同一条街的一座七层楼的建筑里，这栋装饰艺术风格的楼房建于20世纪30年代，曾是一个百货商店。碧芭品牌使用面积达3.7万平方米，因此发展成为"大碧芭"百货商店，提供女装、配饰、化妆品，还有男装、童装、家用器皿、书籍，另外还有一家餐厅。屋顶露台上饲养了许多粉色的火烈鸟，并有一个有巨星音乐团体表演的剧场。"阿拉伯古城"层出售中东的商品。商店的多数区域都保留了30年代的风格，有复古的人体模特，装有镜子的墙面，摆放着组合沙发、棕榈盆栽和装饰艺术风格的小塑像，并有营造气氛的灯光。大碧芭的影响在世界其他地方清晰可见，例如纽约布卢明代尔百货商店（Bloomingdale）剧场风格的"事件"店（Happenings）和俄勒冈州波特兰市的"商业街廊"（The Galleria，从一家旧式百货商店改造而来的一个大型购物商场）的装饰艺术风格的室内设计。然而没过多久，因为赫兰妮可和菲茨－西蒙的生意伙伴出售股权，大碧芭风光不再。新的合伙人降低了这家百货商店的形象和眼光，这对夫妇又被排挤在管理层外，大碧芭因此倒闭。

英法混血儿西娅·波特（Thea Porter，1927—2000 年）出生于耶路撒冷，成长于大马士革。她在叙利亚度过了童年，年轻的时候生活在黎巴嫩，又曾在这个地区多次旅行，因此她非常欣赏黎凡特和中东地区的艺术和设计。波特最早从事装潢设计。1966 年，她在伦敦苏豪区开了一家店，出售异域风情的东方面料。她曾进口土耳其长袍，将其剪开做成抱枕，不久以后，随着 20 世纪 60 年代末民俗风格的流行，土耳其长袍成为了时髦的服装。随着生意的进一步发展，她在巴黎增加了一家精品店。她那些昂贵的异域风情的服装成为 20 世纪 70 年代富豪的着装，她的客户包括伊丽莎白·泰勒、玛格丽特公主、米克·贾格尔、碧安卡·贾格尔、阿迦·汗王妃（Begum Aga Khan）、简·霍尔泽和艾尔莎·柏瑞蒂。波特的服装也在美国的 I. 马格宁（I. Magnin）、内曼·马库斯百货和乔治奥比华利山（Giorgio of Beverly Hills）出售。1971 年，她在纽约上东区开了一家精品店，出售阿拉伯长袍式的礼服，颜色丰富，面料柔软，上面印有或织有传统的图案。她对东方风格的演绎包括亚洲风格的珠宝首饰和头饰，具有文化融合的特点。

劳拉·阿什利（Laura Ashley，1925—1985 年，父姓芒迪尼（Mountney））生于威尔士，二战期间曾在皇家海军女性服务队（The women's Royal Naval Service）服役。20 世纪 50 年代，她和丈夫伯纳德（Bernard）一起创业。受到维多利亚与艾伯特博物馆收藏的手工艺品的启发，他们对头巾和家用亚麻布制品进行手工印花。印花图案包括几何图案、风俗画图案和已经成为公司标志的花卉图案。劳拉·阿什利品牌拓展到服装领域，推出了罩衫、摄政和爱德华七世时期风格的礼服以及波西米亚风格的“挤奶女工”款式，通常用棉质面料制作。20 世纪 70 年代，公司发展迅速，并在加拿大、澳大利亚、日本和法国开设了店面，成为一家名副其实的跨国公司。1974 年，旧金山分店开张，1977 年，纽约分店开张。同年，公司获得出口成就女王奖。到 70 年代末，品牌拓展至香水领域。从伊夫·圣·罗兰到杰西卡·马克兰托克（Jessica McClintock），阿什利的风格影响了许多设计师。

上图 1971 年，西娅·波特推出的奇异套装，融合了一些折衷主义的元素，例如中亚的经纱防染面料

右图 1974 年，劳拉·阿什利推出的一款花边棉布连衣裙，这种和草帽搭配的裙子是阿什利 18—19 世纪“挤奶女工”款式的典型代表

最右图 1979 年，吉恩·穆尔推出的两件式女裙套装，搭配英国女帽商格拉汉姆·史密斯（Graham Smith）颜色匹配的帽子和莫罗·伯拉尼克（Manolo Blahnik）的黑色浅口高跟鞋

吉恩·穆尔（Jean Muir，1928—1995 年）生于伦敦，她有苏格兰的血统，很小的时候在针线活和艺术方面就表现了天赋。她早期曾为一些老牌的英国时尚公司工作，包括为利伯提伦敦提供草图和为耶格开发一个青少年品牌。1962—1966 年，她为简和简（Jane & Jane）品牌提供设计，其中针织连衣裙大获成功，获得了巴斯时尚博物馆授予的年度最佳服装奖。1966 年，她创立了自己的公司——吉恩·穆尔有限公司，她的丈夫哈里·路科特（Harry Leuckert）是生意伙伴。吉恩·穆尔有限公司主要推出简单、修长的廓形，注重使用一流的面料和结构以及微妙的缝制细节，人们经常用“经典优雅和永不过时”描述她的服装。穆尔并不盲目跟随潮流，而是坚持自己朴素的审美。她线条流畅的设计符合 20 世纪 70 年代的风尚。她在巴黎展示了她的作品，在《时尚》和《巴特里克》上还能找到作品的纸样。她最有名的是黑色和中性色的连衣裙，她对色彩的感觉很敏锐。女演员乔安娜·林莉（Joanna Lumley）为她的品牌代言，她的名人客户还包括著名女演员黛安娜·里格（Diana Rigg）和夏洛特·兰普林（Charlotte Rampling）。1968 年和 1979 年，穆尔再度两次获得巴斯时尚博物馆授予的奖项，1973 年，她还获得了内曼·马库斯时尚大奖。

薇薇恩·韦斯特伍德（生于 1941 年）将街头时装业务发展成为精品店业务，体现了音乐和时装越来越重要的关联。她与性手枪乐队的经纪人马尔科姆·麦克拉伦（Malcolm McLaren）合作经营了一家商店，这家店在 70 年代随着不断变化的潮流不断发展。1971 年，这家名为“尽情摇滚”（Let It Rock）的精品店开张，主要出售 50 年代的唱片和复古风格的服装。1972 年，麦克拉伦和韦斯特伍德将这家精品店更名为“人生苦短”（Too Fast to Live ,Too Young to Die）。1974 年，这家店更名为“性”（Sex），出售皮革和橡胶制作的 SM 服以及带有故意制造的裂口、暴力暗示和挑逗性话语等朋克细节的服饰。1976 年，这家店更名为“煽动者”（Seditionaries），依然以朋克风格闻名。70 年代末，这家店更名为“世界末日”

上图　桑德拉·罗德斯设计的一款雪纺连衣裙，从中可以看到她对民族图案的运用和对饱和颜色的喜爱

右图　70 年代晚期薇薇恩·韦斯特伍德和马尔科姆·麦克拉伦设计的一件 T 恤，上有摇滚音乐场景的印花图案

右图　1975年米索尼推出的一款套装，上有米索尼典型的条纹和巴杰罗锯齿纹（Bargello Patterns）。枕套也使用了米索尼的面料

（World's End），销售与新兴的新浪漫主义音乐潮流有关的服饰，这种潮流在80年代发展壮大。桑德拉·罗德斯（Zandra Rhodes，生于1940年）曾在梅德韦学院（Medway College）和皇家艺术学院学习印花面料设计。从1968年她的首个系列开始，她一直将面料设计作为她的服装的基础。在20世纪70年代，她流畅飘逸的连衣裙上展示了旅行、诗歌和历史等主题的图案，她在面料设计中融入多种民族元素，包括民间艺术和澳大利亚土著艺术。1972年，她被评为当年的年度最佳设计师。1975年，她在伦敦开了一家店。她还为英国女王摇滚乐队设计演出服。1977年，桑德拉·罗德斯推出了她的概念化时尚（Conceptual Chic）系列，这个系列表现了颠覆性的高端朋克风格，使用了色彩鲜艳的针织面料、裂缝和装饰宝石的安全别针。

设计师：意大利

意大利的许多时装屋以高级时装、针织服装、皮革服装和配饰及其他奢侈品闻名。瓦伦蒂诺的事业进一步发展，他浪漫唯美的设计得到了他的精英顾客的青睐，但不一定体现普遍的潮流趋势。他是迷笛长度最早的拥护者，他曾说过迷笛比迷你更优雅。瓦伦蒂诺帝国进一步拓展，推出了成衣、家庭用品和香水，也更国际化，包括在东京开了一家精品店。在这个过程中，瓦伦蒂诺始终保持着高超的工艺和奢华的风格。

1958年，泰·米索尼（Tai Missoni）和罗莎塔·米索尼（Rosita Missoni）在米兰成立了他们的品牌。1968年，他们在布卢明代尔百货开了一家精品店，这是他们在美国市场通往成功之路的起点。1973年，他们获得了内曼·马库斯奖。米索尼推出了全套的针织服装，例如在针织高领衫上穿针织背心

或套衫，搭配特色的针织半裙或长裤，上面有辨识度极高的组合之字纹、鲜明的缝线和色彩丰富的条纹。米索尼的针织服装优美流畅、肌理丰富且适合多种场合，表现了当时时尚的主要趋势。20 世纪 50 年代，马里于卡・曼代利（Mariuccia Mandelli）成立了克里琪亚（Krizia）品牌，后来发展成为一家大公司，生产各种类型的高级时装，尤其以针织服装为特色，从肌理丰富的毛衣外套到贴身的金属针织紧身衣一应俱全。1943 年，劳拉・比亚乔蒂（Laura Biagiotti）出生于罗马的一个女装制作家族，1972 年，她在佛罗伦萨发布了自己的首个女装系列。比亚乔蒂以对开士米羊绒的创新应用闻名，她的套装通常搭配开士米羊绒单品，包括连衣裙、连体装和配饰。

皮草世家芬迪由创始人阿黛勒・芬迪（Fendi）的几个女儿共同经营。在设计师卡尔・拉格菲尔德的建议下，芬迪姐妹将皮草用作服用面料，推出了更加轻盈、柔顺的皮草服饰，重新诠释了这种材料。她们还开发了皮草的成衣技术，这使她们的市场大大扩张了，1977 年，芬迪进入了成衣市场。罗伯特・卡沃利（Roberto Cavalli，生于 1940 年）推出的套装通常由外套和裤子组成，用有图案和拼接的绒面革和皮革制作，表面的肌理和颜色独特。70 年代，詹尼・范思哲（1946—1997 年）和乔治・阿玛尼（Giorgio Armani，生于 1934 年）的职业生涯开始了。范思哲为康普利斯（Complice）和卡拉汗（Callaghan）提供的设计让他备受称赞，1978 年，他成立了自己的品牌。在“巴尼斯纽约”（Barney's New York）买手店能买到阿玛尼线条流畅、无懈可击的运动服，为他以后的成功打下了基础。

设计师：美国

20 世纪 70 年代见证了许多伟大的美国设计师的重要作品。这是 20 世纪 40 年代以来美国设计史上最重要的时期。凡尔赛时装秀显著提升了参与展示的五名美国设计师的国际声望。比尔・布拉斯以为美国最有名的一些女性设计服装而出名，他采纳了职业装和休闲装的现代理念，但总是保持较高的社会关注度和经典的审美。1970 年，布拉斯收购了伦特纳（Rentner，布拉斯在这家公司工作了十多年）并更名为比尔・布拉斯有限公司。同年，他以女装设计获得了柯蒂奖并成为柯蒂名人堂的一员。与休闲潮流背道而驰，布拉斯在 70 年代中期提倡复兴鸡尾酒会礼服。1974 年，安妮・克莱恩突然去世，在凡尔赛宫的展示成为她职业生涯中的最后一个大事件。克莱恩的助手路易斯・德拉・欧雷（Louis Dell'Olio）和唐娜・卡兰（Donna Karan）接管了公司的设计并保持了品牌的风格和声誉，两人推出了精致的都市套装，并于 1977 年获得了柯蒂奖。“晚礼服之王”奥斯卡・德・拉・伦塔继续设计晚礼服，为国际上许多知名女性服务。1977 年，他推出了他的第一款香水“奥斯卡”并大获成功。虽然德・拉・伦塔经常从旅行和历史中获取灵感，但他以持续为王室成员提供设计而闻名。

史蒂芬・巴罗斯（Stephen Burrows，生于 1943 年）毕业于纽约时装学院，60 年代晚期他在格林威治村开了一家精品店。他为邦维特・特勒百货设计的第一个成衣系列非常成功，之后与亨利・班德尔（Henri Bendel）签订了长期独家销售的合同。巴罗斯为思想独立的女性设计的服装有贴身的廓形、巧妙的细节和鲜亮的颜色混合。他经常使用“生菜花边”，这成为了一个标志性的细节。巴罗斯以新的有趣的方式运用传统面料，例如他推出了非常适合迪斯科晚会的金银丝锦缎裤。他设计的高开衩或裙摆不对称或手帕边裙摆等性感、显腿长的款式得到了客户的青睐，他的客户有模特杰莉・霍尔（Jerry Hall）和艺人雪儿、戴安娜・罗斯和芭芭拉・史翠珊。20 世纪 70 年代巴罗斯三次获得了柯蒂奖。

下图　这个狮子图案成为安妮・克莱恩品牌的一个标志。这条方巾是 70 年代末流行的一款配饰，反映了设计师在服饰上使用醒目的品牌标识的普遍做法

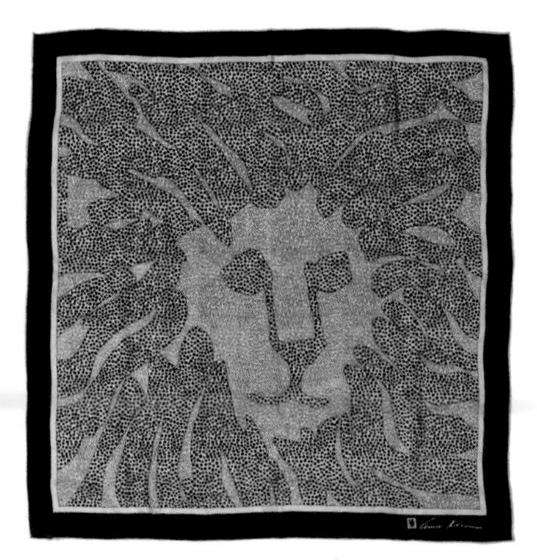

候司顿（1932—1990 年，原名罗伊・候司顿・弗罗威克（Roy Halston Frowick））最初是一名女帽商。20 世纪 50 年代末他曾为莉莉・达什工作，后来

上图　史蒂芬·巴罗斯设计的一条连衣裙，模特是帕特·克利夫兰，这条连衣裙表现了设计师有趣的意味和高超的垂褶及裁剪技艺

右页图　1972年，候司顿推出的奥司维衬衫式连衣裙，这款优雅休闲的裙子无疑让他成为拥护美国运动服传统的一员

他为波道夫·古德曼的女帽沙龙设计帽子，包括杰奎琳·肯尼迪在 1961 年总统就职典礼上佩戴的药盒帽。候司顿将他制作帽子的方法运用于服装，1968 年，他成立了候司顿有限公司。他的服装由纽约的布卢明代尔百货公司推广。1972 年，候司顿有限公司占据了麦迪逊大道上一栋建筑的好几层，包括一家零售精品店和一个成衣沙龙。候司顿的风格成熟老练且富有都市气息，他的生活和工作都与迪斯科有着不解之缘。他经常和珠宝设计师艾尔莎·柏瑞蒂以及插画师乔·欧拉合作，他的朋友圈里尽是安迪·沃霍尔、碧安卡·贾格尔、伊丽莎白·泰勒和丽莎·明尼里（明尼里在 1977 年百老汇音乐剧 *The Act* 中服装即是由他设计）等国际名人。候司顿使用的颜色不多，他喜欢单色。他最好的设计都具有风格极简和面料奢华的特点。虽然他的设计风格很明确，但涉及的范围很广泛。除了华丽有垂褶的针织服，他还设计了线条干净的日间单品、扎染的开士米羊绒高领衫、顺滑的阿拉伯丝绸长袍和夜用的宽松套装。1972 年，候司顿设计了奥司维类鹿皮人造革（Ultrasuede）衬衫裙，这个款式成为经典。他在裁剪方面的造诣堪与维奥内特和格蕾夫人媲美。虽然他的作品根植于美国的运动服传统，但是他也很欣赏查尔斯·詹姆斯的设计。20 世纪 70 年代，他对美国服装行业的贡献让他四次获得了柯蒂奖。

纽约人卡尔文·克莱恩（生于 1942 年）曾就读于纽约时装学院。毕业后，他为两个不同的品牌设计外套。1967 年，在友人巴里·施瓦茨（Barry Schwarz，后来成为克莱恩正式的生意合伙人）的资助下，克莱恩开始为自己工作，他为邦维特·特勒百货设计了一个由三条连衣裙和六件外套组合的系列。这个系列卖得很好。接着，1968 年他推出了第一个完整的成衣系列。很快，他受到了媒体的重点报道，《时尚》1969 年 9 月刊的封面也刊登了他的一件羊毛外套。克莱恩得到了纽约零售商和那些专门刊登简约优雅、精致舒适的运动服和单品的时尚报刊的支持。他提供了一种相对柔软，不那么挺括有型的裁剪方式，他那些被《时尚》描述为“形式最好的美式休闲”款式让他名声鹊起，克

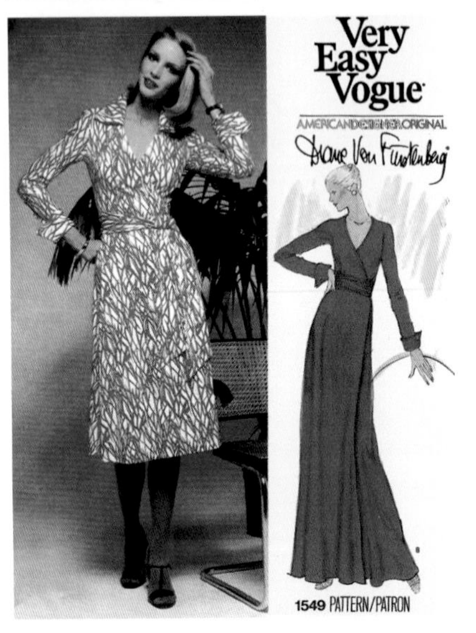

莱恩曾这样评价自己的作品："美国女性已经拥有足够多花俏、华丽的衣服。现在令她们感兴趣的是漂亮的面料、微妙的色彩和更加简约的东西。设计或制作简约的服装并不容易，但这就是如今必须有人去做的事情。另外，这也是我喜欢做的事情。"

从 1973 年开始，克莱恩连续三届获得柯蒂奖。他做工精良的运动服受到许多客户的称赞，随着他标志性的女式牛仔系列的广泛传播及其合体性备受称赞，他的名字也变得家喻户晓。20 世纪 70 年代末，他成功推出了一个男装系列并很快大受欢迎，这个系列采用了 70 年代晚期新出现的流畅修身的廓形，重点在于舒适的大地色调和天然面料。克莱恩的个人魅力、良好的外形和生活方式让他自然成为了 70 年代的一个名人，而这是一个设计师在媒体上开始拥有明星般地位的年代。

在一个有越来越多设计师同时涉足男装和女装两个领域的时代，以女装开始职业生涯的设计师通常也开始将业务拓展到男装领域。70 年代最著名的设计师之一拉尔夫·劳伦（Ralph Lauren，生于 1939 年）却刚好相反。拉尔夫·劳伦原名拉尔夫·利夫希茨（Ralph Lifshitz），出生于纽约布朗克斯区。1968 年，他最早的作品是为生产商波·布鲁梅尔（Beau Brummell）设计的一个领带系列。当时正值"孔雀男"风貌流行之时，劳伦的领带比市场上多数领带都更宽，基于此他创建了他的品牌马球（Polo）。这些领带在高端男装店的销量很好，因此劳伦迈出了他下一步——1970 年，他在布卢明代尔百货开了一家男装精品店，同年他获得了柯蒂奖。1972 年，他推出的绣有马球运动员图案的棉质珠地针织马球衫引发了一股运动服的热潮。同年，他推出了女装，其中多数有男装的特点。劳伦很快确定了他的设计风格，他推出了具有 20 世纪 20 年代、30 年代和 40 年代风格的定制服装和运动服。在他的广告里，男性和女性通常穿着情侣装。在为《了不起的盖茨比》的服装设计师西奥妮·阿尔德雷吉制作了电影中的男装以后，拉尔夫·劳伦开始推出自己的"盖茨比"装。后来，劳伦又拓展到香水、童装和家具领域，为消费者提供了全方位体验拉尔夫·劳伦的生活方式的机会。劳伦避开了很多竞争者采用性感广告的营销方式，而是让传统长相的男性、女性和家庭成员穿着他保守的服装出现在文雅的场景里，这种方式引起了英国人和美国东岸"白人"（Waspy）中生活悠闲的富裕阶层的兴趣。

以硬朗但绝不僵硬的建筑风闻名的杰弗里·比尼 70 年代继续再创辉煌。他重视衣服在人体上的活动，试验了许多材料，喜欢使用针织面料，这与当时面料普遍的流行趋势一致。1971 年，他创立了平价的包袋品牌"比尼包袋"（Beene Bag）。1976 年，他迈出了作为一名美国设计师非常重要的一步——开始在欧洲展示他的成衣系列。1975 年，他推出了男士香水"灰色法兰绒"（Grey Flannel），这个名字源于比尼的一款标志性面料，它广泛用于服装和装饰品。

黛安·冯·芙丝汀宝（Diane von Furstenberg）1946 年生于比利时，虽然嫁给了一个王子，但她还是决定要发展自己的事业。她曾在意大利学习时装，并在一个朋友的工厂工作过，1970 年她与丈夫搬到了纽约。1974 年，她推出了深 V 领、窄袖的印花针织裹身连衣裙，这款连衣裙成为畅销款。当时，裹身连衣裙已经成为纽约的一个时尚关键词，冯·芙丝汀宝的针织版本完美适应了当时的潮流。裹身连衣裙性感又正式，适用于白天和晚上的多个场合，这也是这个款式营销时重点强调的优势。在冯·芙丝汀宝的裹身连衣裙销量飞快达到顶峰之时，她也开始推出衬衫式连衣裙、围巾和其他的配饰以及香水，这些举措让她成为纽约时装界重要的一员。

1938 年，玛丽·麦克法登（Mary McFadden）生于纽约，她曾在纽约和巴黎接

上图 1977年，设计师玛丽·麦克法登领着一群穿着麦克法登异域风情服装的模特组成的一支康茄舞（Conga）队列正在穿过纽约的交通标志线

左页上图 模特兼演员劳伦·赫顿穿着卡尔文·克莱恩设计的休闲套装，1974年弗朗西斯科·斯卡乌洛（Francesco Scavullo）拍摄

左页中图 1973年秋，拉尔夫·劳伦推出的裁剪漂亮的男式和女式套装，体现了20世纪30年代着装风格的影响，让人回想起温莎公爵和公爵夫人等时尚偶像

左页下图 黛安·冯·芙丝汀宝设计的裹身连衣裙成为20世纪70年代末最有代表性的服装之一，并成为家庭裁缝喜爱的款式

受教育。20世纪60年代，她开始了自己的时尚职业生涯，从事公关和时尚报道工作。20世纪70年代，她开始设计时装和珠宝。1976年，品牌玛丽·麦克法登创立。基于亨利·邦杜的出色营销和媒体慷慨的舆论报道，麦克法登很快获得了成功。从1976年到1980年，麦克法登三次获得柯蒂奖。她的作品以富有创意和异域风情为特色。她的灵感来源广泛，包括地区风格（主要是亚洲、中东和非洲）、古代以及时装设计师波烈和福坦尼的作品。福坦尼对麦克法登的褶皱面料影响尤其大。她有许多有名的面料设计，包括手绘面料和灵感通常来源于艺术家古斯塔夫·克里姆特的印花面料。麦克法登的设计以多层垂褶、凸纹肌理、金属面料、编织系带、流苏边和缠头巾等为特色。她也设计了围巾，后来她的生意拓展到家用纺织品。麦克法登身材纤细修长，头发乌黑亮丽，所以她自己就是作品最好的模特，经常出现在广告中。

阿道夫（生于1933年，原名为阿道夫·萨迪纳（Adolfo Sardina））推出了许多优雅而个性的服装，例如备受威廉·巴克利夫人（Mrs. William F.（Pat）Buckley）和温斯顿·格斯特夫人（Mrs. Winston（C. Z.）Guest）等名人青睐的针织套装。阿道夫以和蔼亲切出名，他曾说过“不管女性穿4码还是18码，照顾好她们是一个设计师的责任。”高挑、苗条的艾德丽安·赛克林（Adrienne Seckling，1934—2006年）以艾德丽（Adri）之名从事设计，她也承诺她的服装能满足各种体型的女性的需要。她的作品强调舒适和适应于多类场合，艾德丽因此被称为克莱尔·麦卡德尔设计理念的继承者。针织服引领者之一克洛维斯·拉芬（Clovis Ruffin，1946—1992年）推出的“T恤连衣裙”受到广泛的称赞。斯科特·巴里（Scott Barrie，1946—1993年）以粗糙的针织连衣裙闻名，此外他还推出了男装。卡罗尔·霍恩（Carol Horn，生于1936年）将服装的自由看作女性解放的一个方面。她的灵感来源于旅行和许多方面，例如印度和印第安人的设计，她推出的连衣裙和单品展现了一种都市的艺术风貌。派瑞·艾力斯（Perry Ellis，1940—1986年）从零售业开始了自己的职业生涯，后来从事运动服设计。1976 年，他为雇主推出了作品集（Portfolio）系列。此次成功让他成立了自己的公司——派瑞·艾力斯国际，在下一个十年这家公司发展繁荣。艾伯特·卡普拉罗（Albert Capraro，生于 1943 年）曾担任奥斯卡·德·拉·伦塔的助手。年仅 31 岁时，他得到了第一夫人贝蒂·福特（Betty Ford）的青睐。贝蒂·福特欣赏他那些迷人的设计，并委托他为自己设计服装。卡普拉罗为福特夫人和她的女儿苏珊（Susan）设计的作品提升了他的形象，他经典且富有女人味的套装和连衣裙也因此受到更多人的喜爱。

设计师：日本

日本在世界时尚中变得越来越重要。经济繁荣激发了消费者的时尚观念，同时伴随的是传统服饰的衰退。大部分日本的新生代设计师（包括高田贤三和三宅一生）在海外工作，但东京的时尚产业也在迅速发展。20 世纪 50 年代，森英惠（Hanae Mori，生于 1926 年）以设计电影服装在东京站稳了脚跟，

右图　费城艺术博物馆收藏的这件山本宽斋的作品约诞生于 1974 年，体现了山本对服装形式、造型、颜色和传统日本元素的创新运用

沃尔特·“克莱德”·弗雷泽，
摄于1974年

时尚焦点

20世纪70年代时尚的灵感来源主要是那些著名的非裔美国男性，尤其是娱乐和体育领域的名人。理查德·朗德特依（Richard Roundtree）在电影《铁杆神探》（*Shaft*，1971年）中饰演私家侦探约翰·夏福特（John Shaft），乔瑟夫·奥利斯（Joseph Aulisi）为朗德特依准备的在影片中的服装让他显得酷帅迷人。长及小腿的黑色皮革风衣搭配高领毛衣和干练的裤子成为一种经典的穿着方式。他所有的服装都线条流畅、风格极简、表面光滑——这是一名都市战士的盔甲。朗德特依留着整洁的“自然”发型、浓密的鬓角和八字胡，与当时的时尚潮流一致，但是他提供了一种被很多人效仿的造型。

巴西足球明星贝利（Pelé）是国际足球大使，同时也是花俏男装的拥护者。球场之外，他喜欢醒目惹眼的服装，他经常穿着宽条纹的三件套套装，在报刊上出现时他通常穿着休闲套装并佩戴醒目的珠宝。篮球明星沃尔特·弗雷泽的球技让球迷倾倒，他艳丽的着装风格也让他在时尚上拿下不少分。弗雷泽绰号“克莱德”，因为他的着装风格让他的队友想到《雌雄大盗》中沃伦·比蒂饰演的克莱德。弗雷泽身高1.95米，他的定制套装通常采用对比明显的翻领和育克，搭配宽领带和宽檐博尔萨利诺帽（Borsalino Hat），塑造了一个不朽的明星运动员的形象。他喜欢穿长及脚踝的皮革外套，这也带动皮革服饰成为男士的时尚选择。

马文·盖伊（Marvin Gaye）和贝瑞·怀特（Barry White）等人将放克音乐与时装结合起来。艾斯里兄弟合唱团（The Isley Brothers）为黑人孔雀男的穿着提供了灵感来源——照片上他们经常穿着精心制作的开领休闲套装、连体装、喇叭裤并搭配厚底鞋。他们刻意戴着黄金首饰（暗示这种风格与饶舌音乐家有密切的关系）和夸张的头饰，包括金属发带和牛仔帽等。从早期的定制风貌到后来的华丽风格，艾斯里兄弟合唱团展示了70年代的极端时尚，但同时还保持着他们的男性魅力。瑞克·詹姆斯（Rick James）和王子（Prince）让这种极端风格一直延续到之后的几十年。重要的流行音乐明星“杰克逊五兄弟”穿着风格一致的表演服跳着舞步一致的舞蹈。他们乐观向上、精力充沛的家族氛围甚至成为一个卡通电视剧的灵感来源。杰克逊兄弟留着爆炸头，穿着色彩或者鲜艳或者柔和的服装，成为了70年代极端的年轻时尚的灵感来源之一。迈克尔·杰克逊（Michael Jackson）因高音和舞台魅力而特别受欢迎。随着个人事业的快速发展，他对时尚的影响显著增大。

首位黑人网球明星阿瑟·阿什（Arthur Ashe）呈现的是另外一种风格。球场上清瘦、优雅且时尚的阿什在球场外还参与了许多重要的活动。这位穿着白色网球衫、戴着金属框飞行员眼镜的黑人网球运动员工作勤奋，他的愿望是希望网球能成为所有人都能参与的运动，他改变了网球运动的人种局限。

上图　70年代中期的一款醋酸纤维领带，这个图案表示“生态”（Ecology）

右页图　h.i.s. 的一则广告，展示了20世纪70年代时髦的男装，也反映了当时广告模特的多样化

1965年，她在美国推出了成衣。1976年，她在巴黎开设了一家沙龙，1977年开始设计高级时装。在东京庆应大学（Keio University）学习美术和文学以后，川久保玲（Rei Kawakubo，生于1942年）在一家生产合成纤维的化学公司从事公关工作。20世纪60年代，她成为了一名自由时尚造型师，这为她以后的设计生涯打下了基础。1969年，她在东京创建了她的品牌“像男孩一样”（Comme des Garçons），1973年正式成立了公司。1978年，以女装起家的川久保玲开始推出男装。

山本宽斋（Kansai Yamamoto）1944年生于横滨。他曾在东京的日本文化服装学院学习，1968年他在东京开了他的第一家精品店。1971年，他的作品首次在美国的赫斯百货（Hess）亮相，这家店位于宾夕法尼亚州的阿伦敦，以销售前卫的时装闻名。同年，他成为第一个在伦敦开店的日本设计师。1973年，他参加了世界贸易中心的一场亚洲时装秀，这是他首次在纽约亮相，1975年他首次在巴黎亮相。山本从歌舞伎、传统服饰、历史绘画和印画、刺青等日本传统文化中汲取灵感，并将这些元素与当代的波普艺术和有关服装形式和造型的实验相结合。山本为大卫·鲍伊（David Bowie）饰演的舞台角色齐格·星尘（Ziggy Stardust）设计了令人惊叹的演出服。

男装

始于20世纪60年代的“孔雀革命”继续发展，男性尝试了多种风格。至20世纪70年代，以男装起家的一些知名设计师根基已稳并开始进军女装市场。音乐和音乐家对服装产生了重要的影响，包括华丽摇滚（大卫·鲍伊和马克·波兰（Marc Bolan））、放克音乐（乔治·克林顿（George Clinton）和议会/迷幻放克乐队（Parliament Funkadelic））、迪斯科（比吉斯乐队（The Bee Gees）和西尔维斯特（Sylvester））和朋克音乐（雷蒙斯乐队和性手枪乐队）。

总体而言，服装的廓形比较纤细修身。西服外套偏长，有明显的腰线。流行宽翻领，尤其是双排扣外套。很多外套后面有两个背衩。各种款式的诺福克外套和狩猎外套都很流行，面料多样，包括灯芯绒、牛仔布、斜纹布和双面针织合成面料。依然流行无褶低腰的“紧身裹臀裤”。“尚思贝尔特”（Sansabelt，法语，意思是不用皮带）品牌推出了松紧带腰头没有袢带的舒适裤子。70年代末，裤子的腰线上升，常有褶裥。虽然腰线升高了，但裤子依然是紧身的。和女装一样，牛仔布是一种受欢迎的面料，而且不仅用于裤子。裤子裁剪得像牛仔裤一样，用皮革、绒面革、厚重的针织面料和肌理感强的梭织面料（例如粗花呢）制作。牛仔裤款式的灯芯绒裤特别受欢迎，称为“科茨”（Cords，意思是灯芯绒做的衣服）。20世纪70年代早期出现了休闲套装，由看上去像衬衫，通常带有贴袋的休闲外套和配套的长裤组成。休闲套装提供了一种休闲但配套的风格，通常不打领带，甚至在工作场所和正式的场合也是如此。

衬衫通常是修身的，有较宽的领子和袖克夫。除了传统的衬衫面料，也采用颜色丰富的合成和混纺面料，图案多样，包括鲜艳的几何纹、花卉纹、佩斯利纹和抽象的图案等。拼布是另外一种受欢迎的形式。针织衬衫的领口经常敞开，或搭配纯色领带，领带也通常采用肌理感强的涤纶面料制作。白色衣领的橄榄球条纹衬衫成为一款休闲装。作为一种复古的款式，阿罗哈衫重新流行起来。马甲也很流行，是三件套套装中的一个组成部分，但也有很多其他的款式，包括游猎款、自行车骑手款、牛仔款，还有长及大腿搭配一个系得较低的腰带的箱形款式。针织服饰进入男性的衣橱，有针织套衫、马甲和配饰等。彩色条纹的款式特别受欢迎。男装也有许多颜色，但和女装一样以深色和大地色系比较受欢迎。

除了必须佩戴黑色领结的场合，很多男性晚上穿天鹅绒套装或用天鹅绒外套搭配牛仔裤——宴会主人尤其喜欢这种着装。休息时，男性穿《花花公子》创始人休·海夫纳（Hugh Hefner）

For whom the bells toll.
Ask not. They're for you. Our swinging bells have an ultra-slim fit, low rise and come in a ring-a-ding assortment of colors and fabrics. They're definitely becoming a novel American great. Talon zipper. $6 to $12. Apache shirts from $6. Shoes from $12. Higher in West. For retailers, write h.i.s, 16 E. 34 Street, N.Y. 10016. Available in Canada. Boys' sizes, too.
h.i.s

款式的长袍或丝绸便袍。外衣的款式多样，有很多双排扣长大衣，领子通常比较宽。从传统的四分之三长和及膝长到长及小腿中部或下部的时髦长度应有尽有。也许是“孔雀革命”最后的声明，皮草成为了男性的时髦服装。美国足球运动员乔·纳玛什（Joe Namath）和俄罗斯芭蕾舞明星鲁道夫·纽瑞耶夫（Rudolf Nureyev）经常被拍到穿着皮草外套。有全长和四分之三长度以及羊皮和人造皮草服的外套款式。

领带直到 1978 年左右都保持着较宽款式，之后在 70 年代的最后两年里款式发生变化。其他颈部的装饰物有打结的方巾和阿斯科特领巾式领带，搭配开领的衬衫。帽子不再是服装的一个重要组成部分，但仍然是一种时尚的配饰。帽子的款式很多，包括意大利款式的宽檐帽、牛仔帽、慵懒的报童帽和针织圆帽。70 年代，鞋子的造型不断变化，从笨重的圆头款式转变为线条更为流畅优美的款式。除了年纪较大的人和商务人员依然穿着的传统样式的鞋子（乐福鞋、牛津鞋和燕尾镂花皮鞋），各种类型的靴子也很流行。常见的款式有一脚蹬踝靴、高帮皮马靴、沙漠靴和西部款式的靴子。厚底鞋、木底鞋和地球鞋男女皆宜。男式挎包虽然并未广泛流行，但大多数前卫的男性都会使用。有些质地柔软，带有异域风情，用手工编织的羊毛或棉质面料或带有流苏的绒面革制作。也有更加挺括有型的包，类似于简单的方形皮革钱包。男性对

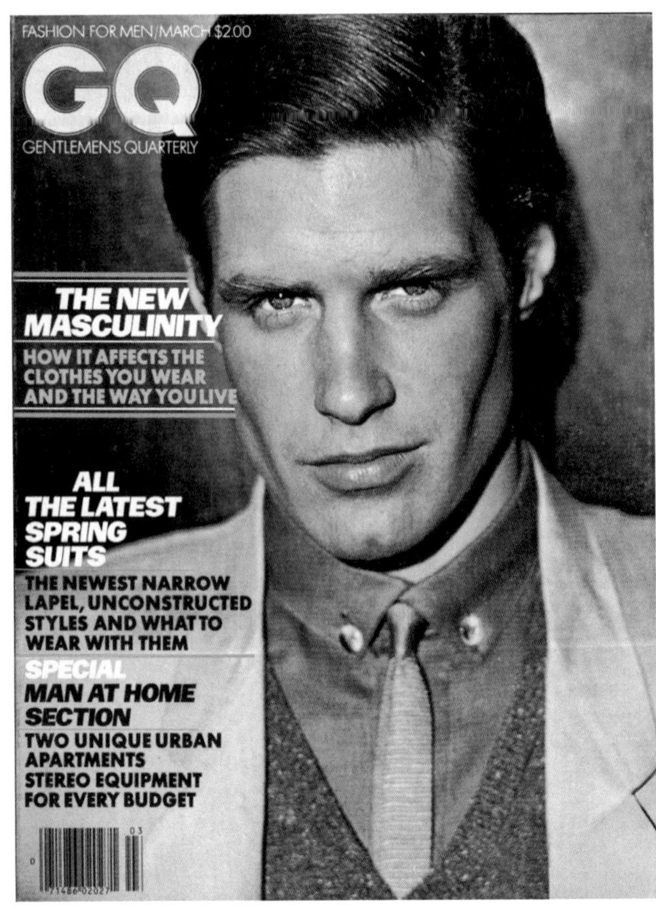

左上图　网球明星比约恩·博格，留着浓密的头发，戴着发带，穿着简洁修身的网球服，摄于1975年

右上图　1979年3月《绅士季刊》的封面模特展示的"新男性形象"——日场偶像式的油亮发型、古铜色皮肤，穿着窄领衬衫和翻领外套，打着领带

珠宝的接受程度略有提高。有些男性戴着简约的项链和手镯，也有人喜欢精致有圆牌或珠子的款式。绳结图案、异域风情和其他主题的特色戒指很常见，也有让人震惊的配饰。1978年，《绅士季刊》（*GQ*）推荐了一款带钻的黄金眼罩，被认为是晚礼服的完美搭配。

内衣也采用了时装的修身廓形。关于内裤很多男性更喜欢简洁的针织款式或低腰的比基尼款式而非平脚的款式。种类更多且更具装饰性，有些采用鲜艳的纯色，图案有条纹和动物纹，有对比明显的镶边。男士内衣比以往任何时候都更加公然地和性感联系在一起。汗衫有圆领、V领和无袖的款式，用紧身的针织、罗纹或网眼面料制作。

独特的发型是时髦男性不可或缺的一部分。头发边分或中分，后面有造型，长度通常在耳朵以下但不超过衣领。鬓角合乎时尚的要求，在上唇留小胡子和在下巴留修剪整齐的络腮胡或山羊胡都很时髦。沃伦·比蒂（Warren Beatty）在电影《洗发水》（*Shampoo*，1975年）中的长发造型为留长头发的男性提供了灵感来源。很多男性开始光顾发型师而不是理发师的店，传统的理发店因此变成了沙龙，很多顶级的女性沙龙也开始为男性服务。男性公然使用美发产品，包括吉列的"干爽"系列和其他定型喷雾。流行将头发打薄。人们也接受了男士护肤品，销售商对香水的宣传更加不遗余力。市场上出现专门针对男性的保湿霜，有些男性会抹古铜色的化妆品来获得类似晒过的古铜肤色。

同性恋文化也为时尚提供了借鉴，包括卡斯特罗克隆人（Castro Clone）的着装，他们源于工薪阶层的服装包括法兰绒衬衫、牛仔裤、外穿背心和皮夹克，他们通常留着鬓发和小胡子。彩色的大方巾和钥匙等配饰用于暗示性取向。由同性恋组成的迪斯科组合"村民乐团"（Village People）展示了多个经典的造型，使公众对同性恋的认识得以增长。

20世纪70年代晚期，传统和庄重重新回归男装。1973年，《今日时尚先生》（*Esquire's Fashions for Today*）建议男性参加工作面试时穿套装或"布雷泽外套搭配纯色或有图案的宽松长裤，穿一脚蹬或中筒靴”，该杂志还告诫读者：如果你找到的是一家要求穿正装的公司，“那你无论如何是不可能乐意在那里工作的。”但是仅仅两年以后，约翰·莫洛的书《穿出成功》（*Dress for Success*）则建议“每一件衣服、每一个配饰都必须是保守的、传统的、符合常规的。”男装从大胆尝试回归经典。男性着装的重点不再是为了追赶潮流，而是为了表现富裕和成熟。1978 年，细条纹套装、游艇布雷泽外套、乡村花呢服和菱形花纹毛衣回归男装主流。另外两个新出现的重要主题在未来几年变得更加关键：传统的西式服装和意大利卓越剪裁的复兴。虽然复古潮流依然存在，但流行的重点从浪漫主义变成了 20 世纪 20 年代的考究风格。“箭领男人”、威尔士亲王爱德华、鲁道夫·瓦伦蒂诺和梳着油亮发型的模特重新出现在时尚报刊上。

童装

童装反映了时尚的很多总体趋势。异域风格和吉普赛风格稍作调整就能用于童装，例如田园风格的上装和连衣裙以及多层半裙。女孩常穿裹身式半裙和罩衫款连衣裙，其中很多用从印

下图　1970 年的一张德国时尚摄影照片，上可见当时时髦的童装

左上图　穿着拼布服装在南瓜地里玩耍的儿童，摄于1975年。除童装外拼布热潮也影响了男装和女装

右上图　准备出席某个正式场合的两个土耳其男孩，穿着天鹅绒套装，戴着天鹅绒领结，摄于1976年

度进口商店购买的佩斯利纹棉布制作。男孩和女孩都流行穿背心。款式很多，有波蕾若款式的短款，也有丘克尼款式的长款，并通常装饰流苏、大纽扣、链条和花边。木底鞋、凉鞋和许多款式的靴子也具有吉普赛的风格特点。针织服非常受欢迎。手工编织再度流行起来，女孩穿钩针编织的背心（有些装饰绒球），男孩穿肌理丰富的套头毛衣。女孩和男孩都穿庞乔斗篷，戴长围巾、针织帽、连指手套和分指手套。

有些地方放宽了儿童的着装规范，女孩也可以穿裤子去上学，因此出现了大龄女童穿着的裤子套装。这种套装常用裤子搭配丘尼克式套头外套或背心，有些女孩会在裤子外面穿裙子。牛仔面料在童装上也很流行，用于制作牛仔裤、工装裤、无袖连衣裙、外套和配饰。儿童牛仔服的变化反映了成人时装上嬉皮士风格让位于设计师牛仔的潮流趋势。颇受欢迎的童装品牌格拉安妮默斯（Garanimals）创建于1972年。它推出易于混搭的单品（带有动物标识码），旨在让儿童更容易选择自己的服装，自己穿衣并对着装的效果感到满意。

复古风潮影响了儿童的正装。男孩的套装体现了更早的穿衣风尚：小男孩穿无领的伊顿（Eton）外套搭配短裤，稍年长的男孩和青少年穿挺括有型的爱德华七世时代风格的三件套套装，翻领通常对比鲜明。女孩在正式场合常穿着长及脚踝的裙子。有腰带的夹层大衣在寒假特别受欢迎。劳拉·阿什利和杰西卡·马克兰托克的甘恩·萨克斯（Gunne Sax）系列都推动了浪漫风格的流行。十几岁的女孩在特殊场合包括毕业舞会上经常穿着维多利亚式和西部风格的连衣裙。

儿童的发型和他们父母的一样款式多样。70年代早期很多女孩留长头发，到1976年则换成流行的碗盖头或羽状卷发。男孩经常留长至衣领的长发，有时会采用中世纪或维多利亚风格的发型，强调自然卷和波浪。很多黑人儿童留着爆炸头，或将头发编成非洲风格的发辫或贴头辫。

年代尾声

20世纪70年代，个性化作为一种时尚理念继续发展。高级时装的统一标准受到了挑战。如果一个女性穿着伊夫·圣·罗兰蒙古风情的服装，而另外一个女性穿着安妮·霍尔风貌的服装，没有人会对此感到奇怪。然而，在某些方面，服装上的折衷主义暴露了服装缺乏原创性的弊端。70年代主要的一些主题都在60年代就已出现，对战前款式的复兴也是层出不穷。也许只有音乐才是20世纪70年代最能激发服装创意的东西，因为朋克和迪斯科是完完全全的新事物。这两种音乐都有自己独特的着装风格以及推广这种着装的群体。虽然朋克奇异的服装和古怪的造型是随着朋克运动的发展壮大才慢慢被设计师接纳，但是光鲜亮丽的迪斯科服从一开始就得到了顶级设计师的认可。别出心裁的花哨男装兑现了孔雀革命的宣言，但到70年代末又回归经典的审美和传统的规范。人造纤维不再有吸引力，天然纤维在70年代末强势回归。

年轻的享乐主义被新的优先事项和身份意识所取代。1977年，《时尚》刊登的一封写给编辑的信反映了这种突变：

"回到60年代和70年代早期，当时我们正年轻，我们需要做的只是为实现自己最微不足道的突发奇想而稍微呜咽一下……那时，对权威不屑一顾是有范的，我们都这样做过，不需要练达和雄辩。回头看看我们的鲁莽和愚蠢——现在多尴尬啊！是的，桀骜不驯的青少年时代现在已经一去不复返，我们现在只想要体面的工作和卡地亚手表。由于"回归自然"不管用，我们只能将我们的牛仔服换成一套三件式灰色法兰绒套装。"

下图　1979年，服装的廓形变得更加纤细，肩部挺括，预示了20世纪80年代的潮流。1979年8月《麦考尔》杂志上的这张插画展示了"第七大道"设计师的作品，从左至右分别出自拉尔夫·劳伦、安妮·克莱恩、奥斯卡·德·拉·伦塔、比尔·凯泽曼（Bill Kaiserman）和玛迪·杰勒德（Mady Gerrard）

第十一章

20 世纪 80 年代：权力着装和后现代主义

20 世纪 80 年代，身份、荣誉和物质主义成为了时尚的关键词，人们对奢侈品牌和高级女装的兴趣再次兴起，“考究着装”的观念再次得到提倡。保守的政治观念促使传统的款式在预科生、斯隆族和 BCBG 粉丝中流行，这个年代的身份意识重新引发了人们对欧洲王室的兴趣，作为时尚的引领者，很多王室成员成为了时尚的焦点。商业界的繁荣使“穿出成功”的理念在男性和女性中流行。雅皮士（Yuppies，年轻的都市职业人士）对他们的工作和生活方式同等关注，他们的生活方式很大程度上由他们拥有的财富决定。然而，不是所有人都接受了西装、领带和昂贵的手表等硬性要求，而是经历了一个从叛逆到附庸到“完美呈现”的过程。全世界的反潮流（通常是音乐驱动的）——从伦敦到纽约再到悉尼——拥护了后朋克和“新浪潮”风格。海外的日本设计师提供了另外一种设计的选择。时装进入了后现代时期，虽然有循规蹈矩的主流审美，但也有多样的风貌，通过时尚报刊、电影、电视和新的媒介——音乐录影带传播到全世界。

社会和经济背景

20 世纪 80 年代很多国家的政治回归保守。西方经济的繁荣似乎表明罗纳德·里根（Ronald Reagan）和玛格丽特·撒切尔（Margaret Thatcher）等国家领导人推行的自由市场政策是有效的。80 年代，金融市场、房地产、时装及美术领域特别繁荣。的确，它们是紧密联系在一起的，

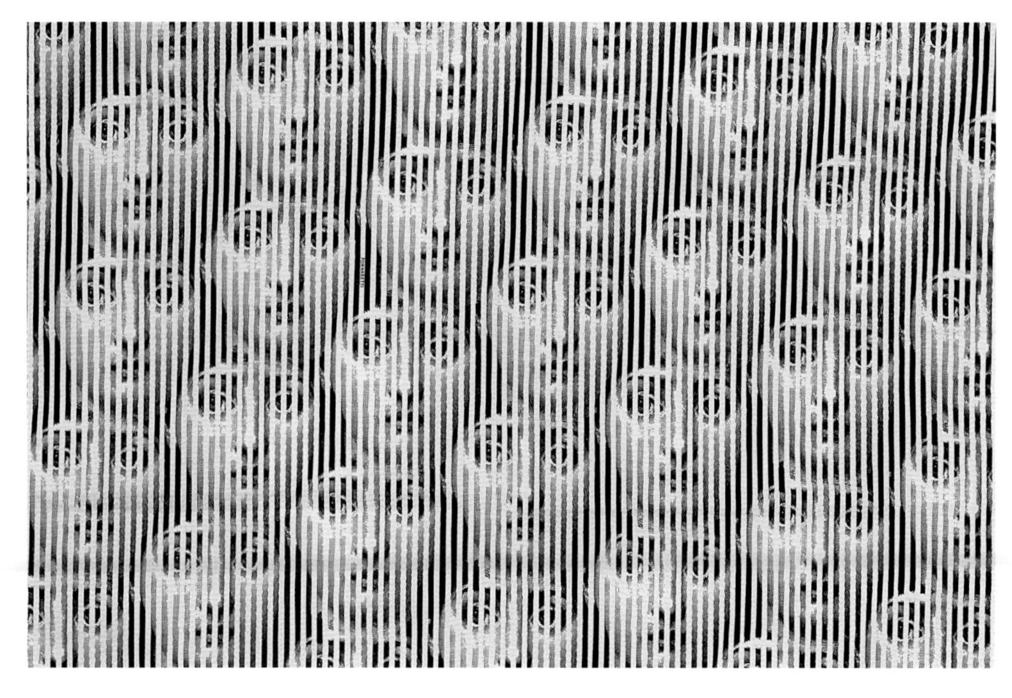

左页图　帕特里克·安吉尔（Patrick Nagel）的插画，以流畅的线条表现了 20 世纪 80 年代犀利的服装、发型和妆容。他的作品出现在不计其数的广告和限量版印刷品上以及唱片封面

右图　皮耶罗·佛纳塞提（Piero Fornasetti）创作的世纪之交美人莉娜·卡瓦列里的形象出现在很多设计作品上，例如派瑞·艾力斯 1986 年春季系列使用的这块面料

华尔街创造的财富助长了房地产的投机买卖从而引发了时尚和艺术方面的大量消费。与此同时，由于 1981 年艾滋病得到了证实，人们对性行为的态度趋于保守，艾滋病成为了上一个年代性放任带来的威胁。由于设计师候司顿、派瑞・艾力斯和模特吉雅・卡兰芝（Gia Carangi）等时尚界名人先后因艾滋病去世，时尚界对这场危机的反应很强烈。

1983 年，菲律宾反对党领袖贝尼尼奥・阿基诺（Benigno Aquino）被暗杀，加深了人们对费迪南德・马科斯（Ferdinand Marcos）政权腐败的印象。1986 年，人民力量革命导致马科斯下台，阿基诺的遗孀科拉松（Corazon）成为东亚国家的首位女总统。

电脑正在成为工作场所和家庭生活的常见工具。时尚行业开始运用电脑技术，特别是纺织品设计。1982 年出现了光盘，让音乐比以往更加便携。诺克斯维尔（1982 年）、筑波（1985 年）、温哥华（1986 年）和布里斯班（1988 年）举办的世界博览会展示的新技术包括触控屏和高清电视，预示了 20 世纪 90 年代技术的繁荣。

艺术

很多媒体上出现的艺术作品都具有视觉和观念两方面的特征，通常被称为后现代主义：色彩和肌理的强烈对比、对经典形式进行诙谐的加工和改造以及前所未有地混合多种媒体。后现代美学率先出现在建筑领域。著名的例子有菲利普・约翰逊（Philip Johnson）设计的纽约美国电话电报公司大厦、迈克尔・格雷夫斯（Michael Graves）设计的波特兰大厦和托马斯・塔维拉（Tomás Taveira）设计的里斯本阿姆雷拉斯塔。从经典雕塑到卡通动画艺术家广泛探索艺术的源泉，“取样”和“借用”在艺术、音乐、建筑和时装领域变得常见。很多画家将人物作为一个主题重新进行发掘和解读，例如朱利安・施纳贝尔（Julian Schnabel）、桑德罗・基亚（Sandro Chia）、弗朗西斯・培根（Francis Bacon）和罗伯特・朗哥（Robert Longo）。简・霍尔泽（Jenny Holzer）和巴巴拉・克鲁格（Barbara Kruger）等艺术家专注于将文本作为媒介。从行为艺术到拼贴画，吉尔伯特和乔治（Gilbert & George）的作品涵盖了许多方面。理查德・朗（Richard Long）和安迪・高兹沃斯（Andy Goldsworthy）的雕塑和装置作品上使用了多种天然材料，有时也会用到土地本身。涂鸦也被视为一种艺术：富利 2000（Futura 2000）、凯斯・哈林（Keith Haring）和让－米歇尔・巴斯奎特（Jean-Michel Basquiat）最初都是街头艺术家，后来很快在世界上取得了成功，他们的作品在一些有名的画廊和博物馆展出。涂鸦风格对时装的影响巨大，启发了薇薇恩・韦斯特伍德和斯蒂芬・斯普劳斯（Stephen Sprouse）的创作。安塞姆・基弗（Anselm Kiefer）、格哈德・里希特（Gerhard Richter）、大卫・罗维奇（David Wojnarowicz）和罗伯特・梅普尔索普（Robert Mapplethorpe）等艺术家尝试纳粹大屠杀和艾滋病等更具挑战性的主题。行为艺术进一步发展成为一种重要的艺术形式，出现很多杰出的艺术家。利・鲍威利（Leigh Bowery）的表演不可或缺的一部分是他自己设计的浮夸艳丽的表演服。他的形象被永远地记录在弗朗西斯・培根的画作里。假声男高音克劳斯・诺米（Klaus Nomi）以他独特的嗓音和怪诞的舞台形象闻名。实验派音乐家劳丽・安德森（Laurie Anderson）的跨流派作品也在主流领域获得了成功。

下图　1980 年彼得・夏尔（Peter Shire）的茶壶作品，展示了后现代审美中多彩、诙谐的一面

艺术市场异常火热，拍卖纪录每个季度都在刷新。梵・高（Van Gogh）和毕加索的作品特别火，但即使是年轻艺术家的作品的价格也达到历史的最高点。注重身份的中产阶级艺术消费者会收集蓝筹艺术家的限量版作品，也会收集托马斯・麦奈特（Thomas

富裕的风格群体

20世纪80年代出现了三个密切相关的风格群体，每一个都和富裕、传统和身份有关。预科生风貌（“Preppy”Look）是20世纪80年代一个重要的主流趋势，体现了对经典、富有风格的回归。名称源于美国预科精英教育制度。1980年，丽莎·比恩巴赫（Lisa Birnbach）编著的畅销书《权威预科生手册》（*The Official Preppy Handbook*）出版。随着这本书的问世，这一流行风貌有了它的圣经，并联合东北部当权派将着装的规范介绍给公众。

预科生风格注重天然纤维、格子花呢、衬衫领尖钉有纽扣以及字母组合图案、学生领带和珍珠等细节和配饰。比恩巴赫的著作里给出了得体的预科生着装的示意图和一个预科生俚语词汇表。在大西洋的彼岸，一个非常相似的群体——“斯隆族”（Sloane Rangers）发展起来，这个名称源于伦敦的斯隆广场。这种风格的衣服传统甚至有些沉闷。这种风格最有名的代表是戴安娜·斯宾塞（Diana Spencer），嫁给查尔斯王子之前，她的打扮一直显得有点古板过时。斯隆族通常在精英学校接受教育，支持托利党的政策，喜欢乡村生活和体育运动。1982年，这种生活方式的指南《斯隆族手册》（*The Official Sloane Ranger Handbook*）也问世了，作者是彼得·约克（Peter York）和安·巴尔（Ann Barr）。与此同时，在巴黎出现了BCBG（法语bon chic,bon genre的缩写）精英阶层，其着装以低调内敛、有亲英色彩和时髦别致为特点。富裕、传统的BCBG为法国的精英主义增添了光彩。他们也有自己的风格指南——1986年，蒂埃里·芒图（Thierry Mantoux）出版了《BCBG：精英人士着装指南》（*BCBG: le guide du bon chic, bon genre*）。某些零售商和设计师推动了这些品味服装的发展，同时也从中受益，其中包括鳄鱼、拉尔夫·劳伦、耶格、博柏利、爱马仕和布鲁克斯兄弟。

1981年，克里斯蒂娜·迈尔斯（Christine Meyers）创作的一幅漫画，详细解析了预科生风貌

McKnight）和帕特里克·安吉尔（Patrick Nagel）等更加有知名度的艺术家的作品。孟菲斯（Memphis）是埃托·索特萨斯（Ettore Sottsass）创立的一个国际性的设计集团，生产彩色家具和照明设备，主要采用塑料叠合板和金属板这些以前就被认为非常实用且适合工业生产的材料。另一方面，因为历史片的流行兼容并蓄，富丽堂皇的英式乡村住宅风格再次复兴。劳拉·阿什利的家居用品非常受欢迎。拉尔夫·劳伦是家居设计的先驱，带动了一种渴望获得成功向往上层社会生活的审美的发展，这种审美也是他的服装产品的特点。

这一年代出现了一批优秀的电影，包括《愤怒的公牛》（*Raging Bull*，1980年）、《芬妮与亚历山大》（*Fanny and Alexander*，1982年）、《甘地》（*Gandhi*，1982年）、《蒲公英》（*Tampopo*，1985年，伊丹十三执导）、《英雄本色》（*A Better Tomorrow*，1986年）、《汉娜姐妹》（*Hannah and her Sisters*，1986年）、《再见童年》（*Au revoir les enfants*，1987年）、《末代皇帝》（*The Last Emperor*，1987年）、《蒙特利尔的耶稣》（*Jesus of Montreal*，1989年）、《莫扎特传》（*Amadeus*，1984年）、《危险关系》（*Dangerous Liaisons*，1988年）和莫谦特·艾佛利（Merchant Ivory）团队制作的许多电影，这些影片影响了时装和装饰的流行趋势。

国际上的畅销书包括琼·奥尔（Jean M. Auel）的史前传说、安伯托·艾柯（Umberto Eco）的《玫瑰之名》（*The Name of the Rose*）、加夫列尔·加西亚·马尔克斯（Gabriel García Márquez）的《霍乱时期的爱情》（*Love in the Time of Cholera*）、玛格丽特·阿特伍德（Margaret Atwood）的《使女的故事》（*The Handmaid's Tale*）、马丁·艾米斯（Martin Amis）的《伦敦场地》（*London Fields*）和萨尔曼·鲁西迪（Salman Rushdie）颇具争议的《撒旦诗篇》（*The Satanic Verses*）。伊莎贝尔·阿连德（Isabel Allende）的魔幻现实主义作品《幽灵之家》（*The House of the Spirits*）和彼得·梅尔（Peter Mayle）的《普罗旺斯的一年》（*A Year in Provence*）都在世界范围内获得了成功。朱迪丝·克朗茨（Judith Krantz）和丹尼尔·斯蒂尔（Danielle Steel）创作的爱情故事非常受欢迎，新人作家杰·麦克伦尼（Jay McInerney）和布雷特·伊斯顿·埃利斯（Bret Easton Ellis）创作了当代都市主题的作品。

这一时期还涌现出很多优秀的舞台剧作品，例如《华丽年代》（*Nine*）、《悲惨世界》（*Les Misérables*）、《一笼傻鸟》（*La Cage aux Folles*）和《星期天与乔治同游公园》（*Sunday in the Park with George*）。安德鲁·劳埃德·韦伯（Andrew Lloyd Webber）的音乐剧《猫》（*Cats*）和《歌剧魅影》（*Phantom of the Opera*）仍然很受欢迎。重要的戏剧作品包括马克·默托夫（Mark Medoff）的《悲怜上帝的女儿》（*Children of a Lesser God*）、阿索尔·加德（Athol Fugard）的《大师哈罗德与男孩》（*Master Harold and the Boys*）、汤姆·斯托帕德（Tom Stoppard）的《真品》（*The Real Thing*）、温蒂·华特斯坦（Wendy Wasserstein）的《海蒂纪事》（*The Heidi Chronicles*）和黄哲伦（Henry Hwang）的《蝴蝶君》（*M. Butterfly*）。

时尚与社会

20世纪80年代的一个显著特点是重新强调奢华。1982年，在长岛北岸举行了一个派对，一个年轻的宾客打趣道：

“我认为我们都能再次盛装打扮真是太好了。我们对上一代做出了各种各样的回应。此外，穿衣打扮让人兴奋，当你做这件事时，你肯定会很愉快。”

交际舞会和元媛舞会等社会仪式重新得到提倡。盖斯特的女儿科妮莉亚·盖斯特（Cornelia Guest，也是温莎公爵的教女）为杂志的八卦专栏提供了谈资，她被评为1982年的“年度元媛”，媒体将她与前面几十年里的社交名媛进行了比较。不同的风格群体蓬勃发展，包括预科生、斯隆族和BCBG，他们拥护新的传统主义。时尚领袖不仅限于年轻人。罗纳德·里根（Ronald Reagan）和南希·里根（Nancy Reagan）都曾是好莱坞的演员，他们将明星的影响力带到了白宫。里根夫人公然穿着高级时装并搭配完美的发型。詹姆斯·加拉诺斯和阿道夫都是她喜欢的设计师，她喜爱的颜色称为“里根红”。英国首相玛格丽特·撒切尔成为穿着色彩浓郁的传统英式定制套装搭配珍珠项链的着装典范。帕洛玛·毕加索（Paloma Picasso）和周天娜（Tina Chow）的国际风格也受到人们的称赞。

右图 1981年，为总统就职庆典盛装的罗纳德·里根、南希·里根和家人。里根夫人穿着她喜欢的设计师詹姆斯·加拉诺斯为她设计的礼服

戴安娜·斯宾塞让英国王室重新焕发光彩，欧洲其他的王室成员也引起了公众的兴趣。德国公主格萝利娅·冯·图恩温特塔克西斯（German Princess Gloria von Thurn und Taxis，媒体称“TNT公主”）以让人震惊的时尚品味——用高级晚礼服搭配莫霍克发型——和不计其数的豪华派对闻名。摩纳哥的艾伯特王子（Prince Albert）、卡洛琳公主（Princess Caroline）和斯蒂芬妮公主（Princess Stéphanie）是兰尼埃三世和格蕾丝·凯利的孩子，也是公众关注的焦点。杂志经常报道交际广泛的单身汉奥运雪橇运动员艾伯特、马术成绩卓越的卡洛琳以及作为时装模特兼流行歌手的斯蒂芬妮。

下图 1981年7月，查尔斯王子与戴安娜王妃在婚礼现场。她这件众所周知的礼服由大卫·伊曼纽尔和伊丽莎白·伊曼纽尔设计

戴安娜风格

1981年，戴安娜·斯宾塞（1961–1997年）与威尔士亲王查尔斯（Prince of Wales）举行订婚仪式，她的美丽迷住了全世界。戴安娜生于英国的一个贵族家庭，1981年她曾是一名幼教工作者，穿着斯隆族风格的服装。在早期的照片里这位显得有点羞涩和笨拙的女孩后来成为了20世纪80年代乃至整个世纪最著名的时尚偶像。20岁生日过后几个星期，1981年7月21日，戴安娜穿着华丽壮观的婚纱举行了婚礼。这件象牙色塔夫绸真丝婚纱由设计师夫妇大卫·伊曼纽尔（David Emanuel）和伊丽莎白·伊曼纽尔（Elizabeth Emanuel）设计，缀满珍珠和亮片，裙裾长达7.6米。裙体非常宽大，领口饰有荷叶边，袖子为蓬蓬袖，带有强烈的17、18和19世纪的服装风格。婚礼当天晚些时候，商店橱窗里就出现了同款的礼服，宽摆、塔夫绸和蓬蓬袖成为了全球晚礼服的流行元素。不久后，戴安娜首次登上了《时尚》封面，照片由斯诺登伯爵（The Earl of Snowdon，即安东尼·阿姆斯壮–琼斯（Antony Armstrong-Jones））为1981年8月英国版《时尚》拍摄。此后，黛安娜王妃经常出现在杂志封面上。

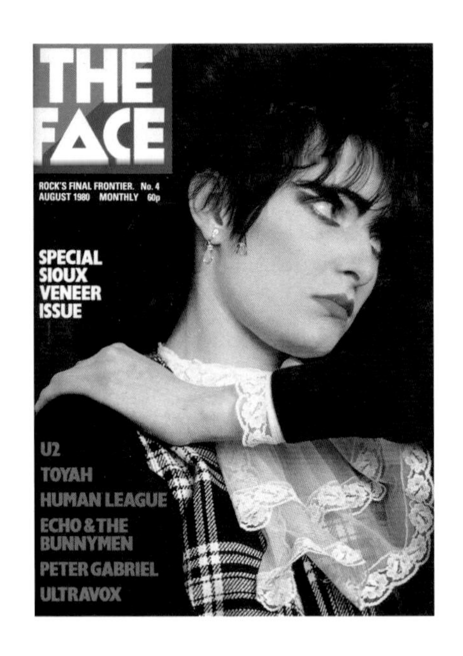

THE FACE
ROCK'S FINAL FRONTIER. No. 4
AUGUST 1980 MONTHLY 60p
SPECIAL SIOUX VENEER ISSUE
U2
TOYAH
HUMAN LEAGUE
ECHO & THE BUNNYMEN
PETER GABRIEL
ULTRAVOX

上图 朋克摇滚乐队苏可西与女妖的主唱苏克西出现在重要的音乐和时尚杂志《面孔》1980 年 8 月刊的封面上

下图 1985 年电影《寻找苏珊》剧照，麦当娜和罗姗娜·阿奎特让的"服饰混搭"成为一种风尚

20 世纪 80 年代，戴安娜的风格被人广泛效仿，成为她那一代人的写照。她的穿着通常休闲随意，但穿上正式的晚礼服时又显得优雅时髦。在日间场合，她穿着搭配完美的套装，非常重视帽子、鞋子、首饰和包袋，戴安娜也经常穿着外套式连衣裙，并鼓励军队和水手风貌的着装。她喜欢当时流行的醒目的印花和波点图案。年轻女性效仿她的羽状卷发和妆容。她的很多服装由凯瑟琳·沃克（Catherine Walker）设计，另外一个她喜欢的时装屋是贝尔维尔·沙逊（Belleville Sassoon），此外，戴安娜也穿过伊曼纽尔夫妇为她设计的连衣裙。媒体对她的报道似乎从未停止，"戴安娜风格"因此成为一种全球现象。

时尚媒体

时尚期刊的种类非常丰富。1979 年，历史悠久但渐渐衰落的英国上流社会杂志《塔特勒》（*Tatler*）进行了整改，主编蒂娜·布朗（Tina Brown）的职业生涯也由此开始。美国的同类杂志《城市和乡村》关注特权阶层的生活方式。《鉴赏家》（*Connoisseur*）和豪华打造的 FMR 为品味高雅、重视生活品质的读者提供了艺术和设计方面的信息。《采访》(*Interview*) 让人们深入了解纽约的艺术和时尚的生活方式。英国杂志《i-D》和《面孔》（*The Face*）都是 1980 年开始发行，主要关注街头时尚，在时尚摄影风格方面很有影响力。

T 台以外超模还频繁出现在杂志封面、广告和时尚评论中。虽然与前面几十年相比国际顶级模特的种族更多样，但是流行的审美标准仍然强调高挑和健康的外形。安娜·培尔（Anna Bayle）、娜奥米·坎贝尔（Naomi Campbell）、辛迪·克劳馥（Cindy Crawford）、琳达·伊万格丽斯塔（Linda Evangelista）、杰莉·霍尔（Jerry Hall）、伊曼（Iman）、艾拉·麦克弗森（Elle Macpherson）、宝琳娜·波罗兹科瓦（Paulina Porizkova）、克劳蒂亚·雪佛（Claudia Schiffer）和克里斯蒂·特林顿（Christy Turlington）都是当时最有名的模特。1980 年，年仅 14 岁的波姬·小丝（Brooke Shields）成为卡尔文·克莱恩牛仔系列的模特并登上了美国版《时尚》的封面。安东尼奥·洛佩斯（Antonio Lopez）和迈克尔·沃比拉奇（Michael Vollbracht）的插画为报纸和杂志增色不少，亚瑟·艾格特（Arthur Elgort）、赫伯·瑞茨（Herb Ritts）、弗朗切斯科·斯卡乌洛（Francesco Scavullo）、维克多·斯克雷纳斯基（Victor Skrebneski）和布鲁斯·韦伯（Bruce Weber）等摄影师的作品对 20 世纪 80 年代男女高级时装的传播做出了重要的贡献。

音乐与时尚

流行音乐、新浪潮音乐、舞台摇滚和说唱音乐等为时装提供了重要的灵感。音乐的风格越来越明确，并产生了紧随潮流步伐的狂热粉丝。音乐录像——特别是 1981 年以来通过电视频道播出的音乐录像让人们更加清楚地看到了时装和音乐的密切联系。华丽摇滚变得更加主流，也影响了新出现的哥特审美。伦敦的蝙蝠洞俱乐部（Batcave Club）是哥特文化的中心，诅咒（The Damned）等乐队在这里演出。许多重要的新浪潮音

乐人原来就是朋克运动早期的成员，例如苏可西与女妖乐队（Siouxsie and the Banshees）、琼·杰特与黑心乐队（Joan Jett and the Blackhearts）和金发女郎乐队。退化乐队（Devo）、舞韵合唱团（The Eurythmics）、艾维斯·卡斯提洛与吸引力乐队（Elvis Costello and the Attractions）和伪装者乐队（The Pretenders）等成为年轻人发型和妆容的灵感来源。表演者大多瘦骨嶙峋，他们的服装融合了未来主义和复古风格。斯卡（Ska）粉丝穿上了"特别"（The Specials）等流行乐队的短裤、有镶边的衬衫和猪肉派帽。

在伦敦也兴起了新浪漫主义。乔治男孩（Boy George）画着浓重的眼妆、留长发、穿着多层的服装，这种"性别倒置"的装扮传递了这场运动的主题思想。汤普森双胞胎乐队（The Thompson Twins）和抱娃娃合唱团（Bow Wow Wow）也有自己独特的发型和着装。亚当·安特（Adam Ant）和伊凡·杜罗舒克（Ivan Doroschuk，魁北克无帽人乐队（Without Hats）的主唱）展示的是一种浮夸的风格。1982年，英国的万人迷杜兰杜兰乐队（Duran Duran）推出了专辑《里约》（*Rio*），专辑上有帕特里克·安吉尔绘制的一张插画，插画上有一个黑发女人，这张插画成为80年代最具代表性的（且与时尚相关的）图画之一。海鸥乐团（A Flock of Seagulls）成员向上梳的发型比他们的音乐更有名。威猛乐队（Wham）的粉丝模仿乔治·迈克尔（George Michael）层次分明的羽状发型。随着他的个人专辑《信仰》（*Faith*）的发行，粉丝们也效仿了他非常有男人味的装扮——机车夹克、破洞牛仔裤和胡茬。英国兄弟乐队（Bros）的粉丝遵循"严格的穿衣规范，包括破洞牛仔裤和马丁靴"。B-52乐队的凯特·皮尔森（Kate Pierson）和辛迪·威尔逊（Cindy Wilson）让复杂蓬松的发型再度流行。加油（The GoGos）和香蕉女郎乐队（Bananarama）等女子乐队刻意选择了一种平淡的风格。

在麦当娜（Madonna）和辛迪·劳博尔（Cindy Lauper）的带动下，一种后现代主义的服饰混搭风格流行起来，例如复古的长袍、二手店淘到的有紧身胸衣的衬裙和服饰珠宝。这种风貌以劳博尔的音乐录像《女孩只想找点乐子》（*Girls Just Want to Have Fun*）和1985年的电影《寻找苏珊》（*Desperately Seeking Susan*）中的着装为代表。80年代末，麦当娜换上了类似20世纪30年代

左下图　以流浪猫乐队（The Stray Cats）为代表的乡村摇滚艺人的着装借鉴了20世纪50年代飞车青年的风格，包括锥形裤、精心制作的"鸭屁股"或"飞机头"

右下图　纽约的三人乐队Run DMC是最早获得主流时尚认可的说唱乐队。他们的穿戴包括坎戈尔便帽（Kangol Caps）、大金链子和阿迪达斯鞋

好莱坞电影中的华丽服装，这是她诸多“转型”中的第一次。佩特·班纳塔（Pat Benatar）的着装融合了朋克和运动风，也有许多人效仿。20世纪60年代和70年代有名的节奏布鲁斯歌手蒂娜·特纳（Tina Turner）在80年代也跨界到了摇滚领域。她的刺猬头和穿上高跟鞋的大长腿成为一种经典造型。格雷斯·琼斯（Grace Jones）走的是中性路线，她身形削瘦，留着小平头。迈阿密音响机器乐队（The Miami Sound Machine）的葛洛丽雅·伊斯特芬（Gloria Estefan）呈现的是一种拉丁美洲派对女郎的形象，娇小玲珑的宝拉·阿巴杜（Paula Abdul）将运动风和女性化元素融为一体。

流浪猫（The Stray Cats）等乡村摇滚乐队的造型升级了飞车青年的形象：鸭屁股发型，穿锥形裤、靴子和工作衫，风格和20世纪50年代乡村音乐家类似。旅行乐队（Journey）、冥河合唱团（Styx）、托托乐队（Toto）和爱情少年合唱团（Loverboy）的舞台摇滚表演促进了大型露天体育场表演的发展，也带动了胭脂鱼发型和金发漂染的流行。范·海伦乐队（Van Halen）的主唱大卫·李·罗斯（David Lee Roth）是一个极佳的例子，1983年为了单曲《跳跃》（*Jump*）的音乐录像他剪掉了长发。丽塔·福特（Lita Ford）是这种风貌的女性代表。硬摇滚的造型经常融合了华丽摇滚的特点，例如20世纪80年代后期红心乐队（Heart）的风格。温文尔雅的罗伯特·帕尔默（Robert Palmer）有一群女性粉丝，称为“帕尔默女孩”，从化装舞会到时装T台，她们向后梳起的发型、修身的连衣裙和浓重的妆容被广泛效仿。

迈克尔·杰克逊是80年代最有影响力的艺人之一。他的着装和造型被世界各个种族的年轻人效仿，尤其是他那经常更换的发型和与众不同的夹克。说唱和嘻哈音乐的着装风格源于黑人的街头服装，结合了名牌运动鞋、跑步装、坎戈尔便帽和粗重的黄金首饰。肯特布等非洲元素经常成为整个造型的亮点。Run DMC乐队和胡椒盐乐队（Salt-N-Pepa）对时装风格产生了很大的影响。时装对说唱和嘻哈音乐都很重要，这两种音乐的歌词中经常提到喜欢的品牌和设计师。80年代末，在华盛顿州西雅图市出现了一种新的音乐类型和反主流文化——垃圾摇滚（Grunge）。一家独立唱片品牌开始录制当地的音乐，其中包括涅磐乐队（Nirvana）。在接下来的十年里，西雅图大学区的街头服装将对主流风格产生影响。

上图　肖恩·杨在《银翼杀手》（1982年）中的服装由迈克尔·卡普兰和查尔斯·诺德设计，以宽肩为特点，重现了20世纪40年代的款式同时引领了潮流的新趋势

右下图　《美国舞男》（1980年）巩固了理查德·基尔的明星地位，该片的服装设计师乔治·阿玛尼的声望也因此得到了提升

右页左下图　1981年杰瑞米·艾恩斯（Jeremy Irons）和安东尼·安德鲁斯（Anthony Andrews）主演的电视剧《故园风雨后》，呈现复古风格的英国运动服的众多作品之一

右页中下图　《迈阿密风云》带动了一种休闲的热带男装风格的流行，正如男星唐·约翰逊和菲利普·迈克尔·托马斯表现的这样

右页右下图　青少年能从反应青春期生活的影片中找到着装灵感，例如《红粉佳人》（Pretty in Pink，1986年），主演乔恩·克莱尔（Jon Cryer）在影片中饰演一个穿搭天赋很强的奇特高中生

上图　琼·柯琳斯和黛汉恩·卡罗尔在电视剧《豪门恩怨》中的服装由诺兰·米勒设计，让她们显得自信而华丽

电影、电视与时尚

电影制作业依然经常和时装设计师合作。在《美国舞男》（*American Gigolo*，1080 年）中，主演理查德·基尔（Richard Gere）的服装由乔治·阿玛尼提供，阿玛尼也因此在北美一举成名。基尔的服装采用 80 年代初期典型的修身廓形和烟熏色调，在剧中很出彩，也经常出现在时尚刊物上。这部电影的另外一个卖点是女演员是前时装模特劳伦·赫顿。在《义胆雄心》（*The Untouchables*，1987 年）中，阿玛尼也协助玛丽莲·万斯（Marilyn Vance）设计了经济大萧条时期的男装，20 世纪 30 年代的款式也出现在阿玛尼自己的系列中。

“白色法兰绒”（White Flannel）类型的电影对时装风格产生了重要的影响，从很多电影能看到这一点，例如墨臣艾禾里制片公司（Merchant Ivory Productions）制作的《看得见风景的房间》（*A Room With a View*，1985 年）和《莫里斯》（*Maurice*，1987 年），以及《同窗之爱》（*Another Country*，1984 年）和《一掬尘土》（*A Handful of Dust*，1988 年）。20 年代早期的场景启发了许多著名的经典时装造型。1981 年英国电视连续剧《故园风雨后》（*Brideshead Revisited*）或许是这种类型的影视剧中最重要的作品，对预科生风格、设计师和时尚评论都产生了很大的影响。在该剧中塞巴斯蒂安（Sebastian）经常携带一只名为阿洛伊修斯（Aloysius）的泰迪熊，这引发了一股泰迪熊热潮：泰迪熊成为一个时髦的主题，年轻的男同性恋者把泰迪熊当成一种配饰，莫斯奇诺（Moschino）甚至用他自己的泰迪熊服讽刺这股潮流。

在《银翼杀手》（*Blade Runner*，1982 年）中，导演雷德利·斯科特将肖恩·杨（Sean Young）饰演的角色设计成一个黑色科幻电影中充满诱惑又危险的女人，设计师迈克尔·卡普兰（Michael Kaplan）和查尔斯·诺德（Charles Knode）从阿德里安 40 年代的作品廓形上汲取了灵感，杨的宽肩套装引领了宽肩时尚。在美国电视剧《豪门恩怨》（*Dynasty*）中，宽肩也得到强调。设计师诺兰·米勒（Nolan Miller）为女演员琼·柯琳斯（Joan Collins）、琳达·伊万斯（Linda Evans）和黛汉恩·卡罗尔（Diahann Carroll）准备了奢华的有珠饰装饰的礼服，这些礼服都有宽大的垫肩或羊腿袖，腰部收紧，衣形流畅。这部电视剧非常有名，以致米勒后来

下图一 1986年伊夫·圣·罗兰左岸系列的一张广告，展现了80年代中期典型的硬朗廓形和图形形式的配色方案

下图二 1984年，英国服装品牌耶格为庆祝一百周年而推出的传统风格的经典针织衫，包括男装和女装

创立了自己的时装品牌，家庭裁缝能够按照纸样制作米勒的“豪门”服装。电影《华尔街》（*Wall Street*，1987年）中的服装夸张了金融人士的着装，但是戈登·盖柯（Gordon Gekko）的吊裤带和白色衣领却很快被金融工作者效仿。电视剧《洛城法网》（*L.A. Law*）中的服装也通过男演员精彩的演绎得到了大众的关注，雨果博斯（Hugo Boss）协助了该剧的男装设计。电视剧《迈阿密风云》（*Miami Vice*）中唐·约翰逊（Don Johnson）和菲利普·迈克尔·托马斯（Philip Michael Thomas）穿着色彩柔和的运动服和休闲套装（袖子经常卷起），与装饰艺术风格的场景非常匹配。美国影视作品进一步影响了各级市场的时尚潮流。《黄金女郎》（*Golden Girls*）展现的是成熟女性的自信，《设计女王》（*Designing Women*）则展示了职场女性考究的着装。杰斯米·盖（Jasmine Guy）在《不同的世界》（*A Different World*）中的着装风格容易被年轻的非裔美籍女性效仿，联袂演出的卡迪·哈德森（Kadeem Hardison）采用的是一种奇特的嘻哈风格。

詹妮弗·比尔斯（Jennifer Beals）在《闪电舞》（*Flashdance*，1983年）中穿着的破洞运动衫和暖腿套为舞蹈和街头服装提供了灵感，继续推动了70年代《平步青云》引发的时尚潮流。约翰·休斯（John Hughes）执导的许多电影例如《早餐俱乐部》（*Breakfast Club*）和《春天不是读书天》（*Ferris Bueller's Day Off*）由玛丽莲·万斯担任服装设计师，其作品也包含了不拘一格、广为效仿的青少年个性服装。薇诺娜·瑞德（Winona Ryder）在《阴间大法师》（*Beetlejuice*，1988年）中穿着的服装由艾姬·古拉德·罗杰斯设计，反映了正在蓬勃发展的哥特风格。

米兰拉·坎农诺（Milena Canonero，生于1946年）或许是80年代最有名的电影服装设计师。她在20世纪70年代崭露头角，80年代的第一个重要作品是《火战车》（*Chariots of Fire*，1981年），这是一部重要的“白色法兰绒”电影代表作。这部影片获得了奥斯卡和英国电影学院的最佳影片奖，坎农诺则获得了两个奖项的最佳服装设计奖。其他的历史作品紧随而来。《棉花俱乐部》（*Cotton Club*，1984年）以20世纪20年代美国黑人的文艺复兴运动为背景，时尚报刊评论了影片中的定制套装和“飞来波女孩”造型。《走出非洲》（*Out of Africa*，1985年）中低调的猎装和爱德华七世风格的服装引起了强烈的市场反应，其中包括彼得曼（J. Peterman）和拉尔夫·劳伦两个品牌。在《血魔》（*The Hunger*，1983年）中，坎农诺将凯瑟琳·德纳芙和大卫·鲍伊打扮成时髦的吸血鬼（伊夫·圣·罗兰为德纳芙的服装提供了协助）。1986年，坎农诺应邀改进《迈阿密风云》中的人物造型，为演员增加了一些当下流行的设计师单品，换掉了《迈阿密风云》“经典的柔和色调——淡紫色、黑色和灰色”。

黛博拉·纳杜曼·兰迪斯的电影服装设计也与时尚有紧密的联系。《福禄双霸天》（*The Blues Brothers*，1980年）中约翰·贝鲁西（John Belushi）和丹·艾克罗伊德（Dan Aykroyd）的黑色套装、白色衬衫、黑色领带、黑色雷朋（Ray-Ban）太阳镜和黑色费多拉帽成为无数化装舞会服装的灵感来源。《夺宝奇兵》（*Raiders of the Lost Ark*，1981年）的主演哈里森·福特（Harrison Ford）的棕色费多拉帽和飞行员皮夹克被一些服装品牌广泛效仿，特别是乔治·阿玛尼和纽约外衣品牌安德鲁·马克（Andrew Marc），也有其他价位的同款服装。后来，纳杜曼·兰迪斯为迈克尔·杰克逊的《颤栗》（*Thriller*，1983年）的音乐录像设计服装，里面的红色凸纹肌理皮夹克成为一款标志性的作品。纳杜曼·兰迪斯为《美国之旅》（*Coming to*

上图 这套成衣由一件超大风貌的上衣和一条黑色哈伦裤组成，搭配浅口高跟鞋、大耳环和帽子——这些都是流行的配饰

America，1988 年）中一名虚构的非洲国王设计了使用肯特布制作的服装，带动了这种面料的流行。

女装基本情况

20 世纪 80 年代的服装尤其是穿着者社会地位的象征。许多人通过他们的外表来显示经济成就、文化归属、生活方式和音乐品味。在这个年代，很多重要的元素交织在一起，包括预科生（及其类似的风格群体）、“权力着装”、前卫的日本人和不计其数的亚文化风格。“穿戴的艺术”指的是专业画廊出售的独一无二的通常是现代主义风格的服装、首饰和配饰。

依然流行 20 世纪 40 年代的复古风格，尤其体现在女装流行的 V 字廓形。阿德里安和夏帕瑞丽设计的宽肩窄裙再次流行。但相对 20 世纪 60 年代末和 70 年代，80 年代的复古风格体现了一种更加规范的探索过去的方法。体量感是关键要素，体现在肩部、衣袖、裙体或宽大的毛衣和外套。女性穿复古风格的男式外套及其他超大尺寸的外套时经常把袖子卷起来，这种款式被称为“男朋友”款式。

从 70 年代到 80 年代虽然流行长至小腿的长度，但裙子仍然包括超短（通常搭配袜套或醒目的紧身裤袜）至脚踝等不同长度。直筒的针织长裙非常受欢迎。商务人士经常穿及膝长的裙子。某些设计师在一个系列中展示不同长度的裙子。裤子流行高腰的款式，有些裤子的裤腰很宽，腰部通常打褶。70 年代后期出现的非常紧身的牛仔裤继续流行了一段时间，但很快被宽大的锥形裤取代。牛仔裤上有时会有水洗打磨的破洞，具有挑逗的效果。打底裤有时代替裤子穿在丘尼克套头外衣或长外套的下面。连体装非常受欢迎，连体运动短裤也很受欢迎，尤其受年轻女性的喜爱。

浪漫唯美的白色衬衫用来搭配宽摆半裙，有些有立领、拼接蕾丝面料或背后有纽扣。有垫肩的仿男式真丝衬衫通常搭配及膝长的铅笔裙。关于休闲装，常用马球衫搭配卡其色半裙。

黑色和中性色重新回到时装上，成为法国、美国和日本设计师强烈提倡的颜色。非常规的三次色常用来与黑色形成对比，或替代宝石色调。整个 80 年代都流行鲜艳的品蓝、品红和翠绿，甚至也用于外套。意大利设计师对各种灰色、灰褐色和茶色的应用为时髦的中性色设立了一个新的标准。霓虹灯色用于多种服饰，从泳装到紧身针织衫或配饰都可以使用。

干净的亚麻布、精细的棉布和厚重的羊毛面料（常借用男装的款式）是常见的职业装面料。虽然某些特殊的服装例如运动服使用了合成面料，但是天然纤维依然是时尚的重要元素。很多针织服装有明显的肌理。羊毛衫成为时髦的服装。服装表面流行金属铆钉、珠子、莱茵石和其他闪闪发光的装饰。

名人鼓励有氧健身，这对运动服产生了很大的影响。澳大利亚流行音乐天后奥莉维亚·纽顿－约翰（Olivia Newton-John）在她的音乐录像《让我们一起动起来》（*Let's Get Physical*）中展示了当时的潮流。美国短跑运动员弗洛伦斯·格里菲斯·乔伊娜（Florence Griffith Joyner）跑步时喜欢穿着长袜套，这也影响了运动服的设计。

宽松休闲的防尘罩衫在换季时特别流行，可以穿在定制套装外面。很多大衣长至小腿的中部，衣身非常宽大，肩部线条明显，袖窿很深。有些大衣有腰带。流行格子布和粗花呢面料。宽身束腰夹克常用皮革制作，通常有毛领。

特殊场合的着装很重要。鸡尾酒会礼服是时装的一个重要组成部分，尤其是短款晚礼服，有时会搭配帽子。真丝塔夫绸重新用于夸张的晚礼服，用来制作宽大的裙摆、羊腿袖、褶边和腰部的装饰性小裙摆。有些晚礼服上身使用天鹅绒，下身使用塔夫绸制作大裙摆。此外，以塔士多为灵感的长裤套

时尚摄影也反映了太阳镜的流行，
例如克里琪亚的这幅广告

墨镜时尚

1983年，柯瑞·哈特（Corey Hart）推出了他的首张专辑《初犯》（*First Offense*），其中包含了他的第一首热门单曲《夜晚的太阳镜》（*Sunglasses at Night*），该首歌的音乐录像采用了黑色电影的风格，哈特和临时演员都戴着太阳镜。太阳镜当然不是什么新鲜的事物，20世纪70年代末它在高级时装界的影响逐渐增强。20世纪50年代雷朋推出了“雷朋旅人”太阳镜。1983年，由于汤姆·克鲁斯（Tom Cruise）在《乖仔也疯狂》（*Risky Business*）中佩戴了这款太阳镜，它重新流行起来——后来又因为《雨人》（*Rain Man*，1988年）再次流行。飞行员眼镜是雷朋推出的另外一款眼镜（可追溯到20世纪30年代，二战期间道格拉斯·麦克阿瑟上将（General Douglas MacArthur）曾经佩戴过这款眼镜）在80年代也很受欢迎，通常采用镜面镜片。克鲁斯的另外一部电影《壮志凌云》（*Top Gun*，1986年）让这款眼镜的热度一直持续到80年代末。威昂（Vuarnet）——一家有几十年历史的法国公司——也是一个非常有名的太阳镜品牌。这些经典品牌再次受到了人们的关注，说明80年代的人们青睐这些能够彰显身份的高档品牌。此外，新的一些时尚太阳镜品牌，例如桑福德·赫顿光学色彩（Sanford Hutton Colors in Optics）也在市场上占有一席之地。20世纪50年代风格的猫眼造型也很受欢迎，凯瑟琳·德纳芙在《千年血后》（*The Hunger*）中就佩戴过几款这样的太阳镜。镜架采用各种柔和的色彩，可用来搭配时尚、诙谐或彩色的服装。市场上随处可见高端太阳镜的仿冒品，上面经常印有山寨品牌名，例如“朋雷”。时尚评论和广告中——甚至T台上——出现了很多戴太阳镜的模特，数量前所未有，品牌包括卡尔文·克莱恩、克里琪亚、伊曼纽尔·温加罗和乔治·阿玛尼等。80年代，几乎没有日装不搭配墨镜（有些人甚至晚上也佩戴）。

上图　珠迪丝·雷伯设计的装饰华丽的化妆包，特别适合晚会场合

装和连衣裙、抹胸或单肩的礼服以及漂亮的夜用连体装都可以用作晚礼服和特殊场合的服装。高级女装再次强调了镶边和装饰对显示身份的作用。

80 年代中期以后，罗密欧·吉利（Romeo Gigli）、克里斯汀·拉克鲁瓦（Christian Lacroix）和伊曼纽尔·温加罗等设计师提倡一种新的风貌，也积极倡导回归柔软、不那么僵硬、更显身材的款式。时尚报刊将这些款式称为另外一个“新风貌”：

“婴儿潮一代的多数女性的着装从蓝色牛仔裤变成了蓝色套装——从一种统一变成另外一种统一。她们花费了多年时间在男性的世界里与之竞争，而现在她们在重拾自己的女性魅力。”

然而，正如从前很多的类似变化一样，公众对这些款式的接受是缓慢的。方肩造型继续流行，一直到 90 年代初期。

配饰

作为一种时尚要素和身份象征，配饰非常重要。流行多款帽型。贝雷帽很受欢迎，常装饰饰针。也有人佩戴加乌乔牧人帽和变化款式的费多拉帽。黑色的头饰特别流行。某些多用途的毡帽和布帽的正面或侧面可向上翻折，或帽檐一圈都可向上翻折，看起来像一顶王冠。斯黛芬·琼斯（Stephen Jones）为私人客户和 T 台秀创作了一些本年代最有创造力的作品。超现实主义是影响女帽的一个重要因素，尤其是在高级时装领域。

浅口高跟鞋重新流行起来，大部分鞋形纤细，鞋底较薄，尖头或杏仁形鞋头，锥形鞋跟。有些浅口鞋的鞋帮较高，只留一个狭窄的开口让脚伸进来。晚上用的浅口鞋一般鞋帮较低露出脚背和“趾沟”，鞋跟也较高。有些晚宴鞋装饰了蝴蝶结或其他细节，市面上有鞋夹出售，用来装饰朴素的鞋子。“塔士多浅口鞋”是一种获得专利认证的黑色低跟浅口鞋，上有扁平的黑色蝴蝶结，也用于夜晚。白天穿的浅口高跟鞋一般就是标准的工作鞋，常用深色皮革、山羊皮或爬行动物的皮制作。关于工作鞋一个特殊情况是很多美国女性在上下班的路上穿胶底运动鞋——据说这种做法最早出现在 1980 年纽约系统大罢工期间——到了办公室再换成浅口鞋，正如在影片《上班女郎》（*Working Girl*，1988 年）中看到的那样。流线型的乐福鞋、吉利鞋、牛津鞋和夏天穿的塑料“果冻鞋”也很流行。法国设计师查尔斯·卓丹和莫德·弗里宗（Maud Frizon）设计的鞋子特别出色。从踝靴到及膝靴，靴子也有许多款式。很多靴子有翻边或穿上后靴筒会耷拉下来在脚踝处堆叠。袜子的种类也很多，特别流行蕾丝和网眼等面料的连裤袜和袜裤。夜用的长筒袜和连裤袜有些有接缝。有些女性将有花纹的袜子穿在纯色的袜子外面，有多层的效果。短袜也能叠穿，有时袜子的色彩对比明显，例如亮丽的霓虹色或黑白两色。

和鞋子一样手袋也有许多款式，同样有日用和夜用的两种。蔻驰和路易威登的包袋都很有名，路易威登的包袋有该品牌特有的四瓣花图案。很多日用挎包有马术风格的细节，并能装得下斐来仕（Filofax）皮面记事簿。信封包和手拿包也很受欢迎，有些装饰皮质蝴蝶结或带有迪考艺术的风格特点。有些小挎包有细长的肩带，可以斜挎，也有挺括的箱形包袋，经常用来搭配定制日装。珠迪丝·雷伯（Judith Leiber）设计的化妆包特别适合晚上外出时携带，据社会名流帕特·布克雷（Pat Buckley）描述，这款包“仅能容纳一支口红、一把梳子和一张一百美元的钞票”。

左上图　克劳德·蒙塔纳1988年春夏系列的三套服装，体现了他对皮革的创新运用以及太阳镜的青睐——甚至出现在T台上

右上图　伊曼纽尔·温加罗设计的宝石色调的鸡尾酒会褶皱礼服，出自1988年的《新闻周刊》，在这些款式的影响下出现了类似的主流款式

下图　蒂埃里·穆勒以夸张、时而未来主义的审美闻名，这款银色镶边的黄色人造皮草外套出自他1984年秋冬的成衣系列

右页图　格萝利娅·冯·图恩温特塔克西斯王妃和丈夫，摄于1988年。王妃穿着拉克鲁瓦设计的奢华套装，这套服装融合了历史和民族的元素

首饰往往比较大或同时佩戴多个。这个时期首饰设计有明显的复古风格。珍珠不论真假都很时髦，尺寸很大的十字架、念珠和胸针也很流行，主要是受到麦当娜的影响。高领衬衫常搭配浮雕宝石或其他维多利亚风格的颈饰。卡尔·拉格菲尔德对香奈儿风格的复兴带动了服饰珠宝的流行。伊莎贝尔·卡诺瓦斯（Isabel Canovas）、帕洛玛·毕加索和安吉拉·康明丝（Angela Cummings）也都是优秀的珠宝设计师。这一时期耳环都很大，有些几乎垂至肩膀，有耳坠和耳链款式。耳钉也很流行。露指手套也是一种时髦的配饰——有设计师款，例如高缇耶（Gaultier）和川久保玲，后者的品牌“像男孩一样”推出了一些打破传统的非常规款式，但也有主流的蕾丝款式。爱马仕围巾被视为完美的配饰，可以围在脖子上，也可以用作腰带或发带，甚至可以用作短裙。

设计师：法国

法国在成衣领域领先的设计师有让－夏尔·德·卡斯泰尔巴雅克（Jean-Charles de Castelbajac，生于1949年）、雅昵斯比（Agnès B.，生于1941年）、丹尼·爱特（Daniel Hechter，生于1938年）和针织服先驱索尼亚·里基尔。然而，人们更关注的是顶级服装设计师，即那些同时活跃在成衣和高级定制时装领域的设计师。克里斯汀·拉克鲁瓦高级时装屋的诞生和香奈儿品牌的复兴为巴黎时装界带来了一丝新意。

1982年，伊夫·圣·罗兰品牌庆祝时装屋成立20周年。第二年，该品牌在大都会艺术博物馆举办了一个回顾展，由戴安娜·弗里兰策展。圣·罗兰的作品延续了20世纪70年代末的东方主题，例如1980年推出的黑色紧身连衣裙晚礼服套装，肩部向外凸出很多，具有暹罗的风格。从莫奈到夏帕瑞丽加上不加掩饰的浪漫风格和历史主题，圣·罗兰的灵感来源非常多样。80年代早期，他奢华的设计强有力地推动了80年代华丽风格的发展，也引发了新廓形的流行。他的“左岸”精品店和男装系列依然非常成功。80年代他推出了两款香水，一款是1981年推出的男士香水“科诺诗”（Kouros），另一款是1983年推出的“巴黎”。后来，潮流引领者圣·罗兰的地位逐渐衰落，随着新人的辈出，他在法国高级时装界崇高的地位也一去不复返。不过，他依然为世界上许多最有名的时尚女性设计服装。

克劳德·蒙塔纳（Claude Montana，生于1949年）尽管几乎没有受过正规的时装训练，1979年他成立了一家成衣公司，1981年还推出了他的男装系列“蒙塔纳男装”（Montana Hommes）。他以皮革的创新设计迅速打响了名气，他推出的皮

革制品从及腰长的机车夹克到长及脚踝的风衣再到斗篷外套应有尽有。蒙塔纳为自己和意大利品牌康普利斯（Complice）推出宽肩、沙漏廓形的服装。他的作品使用了华丽的材料并融入了性虐的元素，效果奢华惊艳。有型的帽子和金属铆钉、超大翻领等细节增强了蒙塔纳犀利硬朗的风格特点。

蒂埃里·穆勒（Thierry Mugler，生于 1948 年）曾经学过舞蹈并做过一家地方公司的芭蕾舞演员，因此我们可以理解为何他偏爱一种强调人体的夸张风格。他曾在巴黎的一家时髦的精品店工作，并为多个时装屋提供设计。“巴黎咖啡馆”（Café de Paris）系列获得成功以后，1974 年，他开设了自己的时装屋。他的审美是戏剧化的，有时甚至是不自然的。他是最早提倡宽肩廓形的设计师之一。1980 年，他推出了未来主义风格的连体装，有尖尖的垫肩和纤细的腰部。穆勒的作品可以看到 20 世纪 40 年代风格的影响，例如紧身的半裙、梯形外套和腰部的装饰性小裙摆。

1987 年，克里斯汀·拉克鲁瓦（生于 1951 年）高级时装屋的创立说明人们重新燃起了对高级时装的兴趣，这是自 1961 年圣·罗兰时装屋创立之后第一家新增的时装屋。拉克鲁瓦出生和成长于法国南部，在 1973 年搬到巴黎以前曾修过文学和艺术史。他曾在一家公关公司工作，后来成为爱马仕的助理设计师，之后一直在爱马仕工作到 1981 年。1987 年他加入了巴杜时装屋并很快成为首席设计师。在巴杜，他发展了他独特的审美，善于运用大胆的配色和历史的廓形，让这个老牌的时装屋恢复了活力。拉克鲁瓦创立自己的时装屋时，他已经是一名备受称赞的设计师了。1986 年和 1988 年他曾经两次获得法国的金顶针奖。他尤其以奢华的晚礼服闻名，这些服装通常从过去——尤其是 18 世纪和法国与西班牙的传统服装中汲取灵感。拉克鲁瓦非常注重材质，大量使用真丝塔夫绸、蕾丝和皮草等奢华面料。他设计的裙摆超短的蓬蓬裙，集中体现了这个时代的奢华。蓬蓬裙刚推出时曾受到广泛的称赞和效仿，80 年代末随着时装界梦幻风的结束，这种裙子不再受欢迎。

20 世纪 80 年代末，在时尚的边缘徘徊了多年以后，伊曼纽尔·温加罗重新回到时尚的中心。他 1987 年和 1988 年推出的作品代表了女性魅力的回归，从 80 年代初开始流行 V 字廓形的硬朗风格以后女性魅力便悄然消失了。出版商约翰·法乔德（John Fairchild）曾声称：“温加罗是巴黎最大胆的设计师。”时尚报刊也很快给予了慷慨的称赞，这位出道了很久的设计师终于一夜成名：

“在巴黎没有一个设计师敢拿出伊曼纽尔·温加罗那样的设计。长期主宰女装的女性魅力再次迎来了春天：他颜色鲜艳的漂亮服装表达了当今的潮流趋势，让那些富有的美国客户纷纷为他一掷千金，同时也为美国的山寨艺术家提供了创造每个人都负担得起的同款服装的灵感。”

他推出的有垂褶的裹身式丝绸短裙是最畅销的服装之一。有一款性感的紧身衣（与阿拉亚的相似）也很有名。温加罗喜欢鲜艳的宝石色和黑色。他的作品上经常出现印花图案，从洛可可的花卉图案到黑白的抽象图案和弗拉明戈的波点图案应有尽有。花边和抽褶是常见的细节。晚礼服以大蝴蝶结和蓬蓬袖为特色，有些晚礼服的袖子在女性的肩膀上像玫瑰一样绽放。他的花卉纹丝绸晚间套装特别精彩，包含一条鸡尾酒会连衣裙和配套的黑色天鹅绒外套。

让-保罗·高缇耶（Jean-Paul Gaultier，生于 1952 年）在巴黎的郊区长大，从小就对时尚感兴趣，18 岁时他从卡丹那里开始了自己的职业生涯。后来，他曾为雅克·艾特若短暂地工作过一段时间，然后是巴杜时装屋，后来又回到了卡丹。大约两年以后（即 1976 年）他发布了自己的服装系列——一批草编连衣裙，奠定了他的实验主

下图 1985 年，阿兹迪奈·阿拉亚为客户葛蕾丝·琼斯修改礼服，这是他标志性的一款紧身礼服

义风格。高缇耶有“顽童”的称号，他一直在挑战传统，推出了无性别服装和锥形胸衣、无吊带胸衣和束腹的紧身连衣裙，并玩味地改造了贝雷帽、水手针织衫等传统的法式服饰单品。从 1985 年开始，他为男性提供半裙——他的作品中多次出现的主题。高缇耶大胆的设计受到前卫客户和大卫·鲍伊、伊薇特·奥尔内（Yvette Horner，法国手风琴师）等艺人的喜爱。

1983 年，卡尔·拉格菲尔德出任香奈儿的艺术总监，当时香奈儿时装屋已日益衰落。拉格菲尔德在蔻依和芬迪工作多年，他对香奈儿品牌的复兴包括有意再现香奈儿的一些标志性元素，例如链饰、绗缝和漆皮。拉格菲尔德声称他的目标是让香奈儿“重新成为香奈儿的时装屋，而不是成为其他模仿或效忠她的时装屋”。他最早推出的系列中有一条黑色的长裙，裙子的领口和手腕位置缝有多排有错视效果的“珠宝”，致敬了可可·香奈儿的珠宝系列。香奈儿经典的粗花呢套装被升级为颜色更加艳丽、版型更加修身的款式，还添加了夸张的细节，例如多重袋盖。这个系列被称颂为拉格菲尔德的胜利，香奈儿时装屋因此提升了知名度并获得了新的声望，甚至是在年轻的消费者中。两名模特为香奈儿的形象升级作出了贡献：深褐发色身材苗条的伊娜·德·拉·弗拉桑热（Inès de la Fressange）和出演了 007 之《最高机密》（1981 年）的邦德女郎卡洛尔·布盖（Carole Bouquet）。拉格菲尔德的策略结合了香奈儿一贯的品牌风格和当下的流行趋势，为后来无数品牌的革新提供了借鉴，多年以后对时尚界仍有影响。

1940 年阿兹迪奈·阿拉亚（Azzedine Alaïa）生于突尼斯，他曾在突尼斯高等美术学院学习。1957 年搬到巴黎后他曾为克里斯汀·迪奥短暂地工作过一段时间，后来进入纪·拉罗什时装屋工作。70 年代时他以女装裁缝的身份自立门户。1980 年，他推出了首个成衣系列。随后得到了著名媒体的报道并很快获得了成功，他的服装在主要的几个高级百货商店出售。1984 年，他获得了法国新设立的“时尚奥斯卡奖”（Oscars de la Mode）的两个奖项。除了巴黎的精品店，他在纽约和比利弗山庄也开了分店。阿拉亚很擅长悬垂和裁剪，他经常把面料披挂在人体上直接进行创作，因此他的作品总是线条流畅、完美贴身。他从玛德琳·维奥内特的作品和 80 年代流行的氨纶运动服中汲取了很多灵感，他紧身的作品让他获得了“紧身衣之王”的称号。阿拉

右图　帕特里克·凯利与模特，摄于 1987 年。他设计了生动活泼的彩色服装，通常装饰蝴蝶结和塑料纽扣

左页图　三宅一生的设计融合了中性色调和非常规的垂褶，挑战了现有的高级时装的概念。这件作品出自他1982年的春夏系列，其中一个模特是伊曼

亚也以利落的箱形廓形出名，他对材料的运用别出心裁，经常使用斜向有拉链的牛仔布和带金属纽眼的皮革。业内人士曾经这样评价他的作品：

“他的服装吸引了那些能轻松抛开传统的‘考究着装’观念的人和那些不屑于穿着和他人一样的衣服的人或不理会其他人的时尚主张的人。”

从法国贵族到美国摇滚天后，他的客户赫赫有名，英国版《时尚》称阿拉亚的目标是让他的“客户看起来都和他的模特一样美丽”。葛蕾丝・琼斯（Grace Jones）是他的一名常客，她雕塑般的身材完美演绎了阿拉亚的设计。

帕特里克・凯利（Patrick Kelly，1954—1990年）是首位在巴黎成功创业的非裔美国设计师，他生于密西西比州，曾在纽约帕森斯设计学院学习，在法国开始了他的设计生涯。在他简单但成功的职业生涯中，凯利很快以利落的服装和诙谐的细节赢得了声誉。他经常用彩色的纽扣和蝴蝶结装饰款式简单的连衣裙和套装，甚至手套。高级精品店和百货商店都有他的作品出售。麦当娜和伊莎贝拉・罗西里尼（Isabella Rossellini）等名人客户喜欢他简约的日装，例如单色背心裙，也喜欢他充满活力的晚礼服，例如印有红色爱心、星星和嘴唇图案的黑色羊毛抹胸连衣裙。

几位在巴黎发展的日本设计师用他们前卫的审美挑衅了时尚界长久以来的规范。虽然这些设计师都反对被贴上“日本人”的标签，但他们确实都以不同寻常——通常是超大尺寸——的廓形、肌理感强烈的面料和艺术感十足的店面装潢和营销广告出名。他们设计的男装和女装非常相似，他们推出的服装只有一个尺码，这两点让客户感到困惑。尽管80年代初期有不少人质疑这些服装的实用性和耐穿性，但是这些设计师证明了他们的持久力。他们对新人设计师尤其是比利时的设计师产生了重要的影响。

三宅一生在巴黎依然活跃。他的服装经常以试验性的材料和建筑学的构造方法为特色。从宽大的毛毯大衣到未来主义风格的尼龙披风，他设计的外衣都特别引人注目。三宅的设计款式多样。他杰出的作品有灵感源于全球纺织品的简约印花棉布裙、脚踝处收紧类似降落伞的宽大裤子、褶皱的棉布单品和诸如带有毡质拉斯塔法里长发绺（Dreadlocks）的羊毛帽之类的独特配饰。1989年出版的欧文・佩恩的摄影作品集中收录了三宅的作品，这些照片强化了他作为雕塑风服装设计师的形象。

川久保玲的作品以破洞、镂空、不对称和创造性的面料处理为特色。外套和上衣常常尺寸超大，且袖子宽松、袖窿较深。她的裙子和裤子甚至靴子都使用了包缠和打结的手法。模特展示时穿着平底鞋，不化妆或者画着古怪的妆容。川久保玲坚持不懈地追求个性化的审美，她曾声称她的服装是为那些“不受丈夫的想法左右、能代表自己的女性”而设计。她的作品和流行趋势背道而驰，但受到了年轻女性和艺术先锋派的喜爱。川久保玲的精品店“像男孩一样”以极简的室内设计闻名，商品就像陈列在画廊里一样。

山本耀司（Yohji Yamamoto，生于1943年）是裁缝的儿子，进入东京文化服装学院学习之前学的是法律。20世纪70年代晚期他开始从事服装设计，当时他说这项工作只限于在他母亲的店里帮忙。但是在东京取得成功以后，1981年他和后来的搭档川久保玲在巴黎展示了一个服装系列，当时他的作品得到的评价是“令人震惊和有启发意义”。他的套装结合了和服衣袖、绗缝和层次丰富的靛蓝染等传统的日本元素和男装的细节。在装饰主义流行的年代，山本从头到脚一身黑的设计是一个特别的挑战。

松田光弘（Mitsuhiro Matsuda，1934—2008年）生于和服世家，也曾就读于东京文化服装学院，后来为尼科尔（Nicole）品牌和自己的同名品牌设计服装。松田的多数作品以极简的审美和奇特的细节为特色。他设计的男式和女式套装在传统的裁剪中融入一种更加柔和的审美，特别受创意产业客户的喜爱。松田也是设计师眼镜的先驱，他将他的建筑风格用于镜框和太阳镜。

设计师：英国

英国的资深设计师继续活跃，也出现了设计师新人。吉恩・穆尔的设计依然追求舒适自在，她推出了柔软的绒面革和粗花呢等面料制作的服装。桑德拉・罗德斯擅长用轻薄的针织真丝面料、金银丝锦缎和彩色

右图　1988年，戴安娜王妃在阿斯科特赛马会上，她身穿凯瑟琳·沃克为她设计的一套时髦日装，搭配精心准备的配饰

的多层雪纺制作戏剧化的鸡尾酒会礼服和晚礼服。独特的细节有下摆的毛边、羽毛镶边和散点排列的珠饰。罗德斯是伦敦时装界不可或缺的人物，他的作品也受到北美客户的青睐。阿利斯泰尔·布莱尔（Alistair Blair，生于1956年）曾在巴黎接受训练，与迪奥、纪梵希和蔻依一起工作过。1986年，他推出了他的首个系列，这个系列的女裙以“新风貌”为灵感来源，但颜色更加亮丽。布鲁斯·奥德菲尔德（Bruce Oldfield，生于1950年）擅长设计特殊场合的服装，戴安娜王妃也是他的客户。1984年，他开了他的第一家店。

凯瑟琳·沃克（Catherine Walker，1945—2010年，原名凯瑟琳·巴厄（Catherine Baheux））是80年代伦敦时装界特别有名的设计师。她出生于法国，曾在里尔大学和艾克斯普罗旺斯省大学学习。20世纪60年代她前往英国。1976年，她开了自己的店——“切

尔西设计”（The Chelsea Design Company），她的丈夫赛义德·伊斯梅尔（Saïd Ismael）是她的生意伙伴。店里最初出售童装，通常以经典的水手衫为灵感来源，后来增加了孕妇装。1981 年，沃克推出了一个女装系列。公司发展迅速，开始受到时尚刊物的报道和评论。孕妇装最先吸引了沃克最显要的客户——威尔士王妃戴安娜，当时她正怀着威廉王子。1982 年，威廉出生后，戴安娜开始穿着沃克设计的其他款式的服装，正是由于为王妃提供定制外套的契机，沃克将她的生意拓展到了定制服装领域。总体而言，沃克为戴安娜设计的服装借鉴了经典款式尤其是 40 年代的款式，但在廓形上延长并在腰部加以精心的处理。腼腆的沃克避开了投向明星设计师的聚光灯，她从不举办时装秀，她曾告诉一名记者，她只想出售她的设计而不是香水。沃克为戴安娜设计了几百款连衣裙和套装，她非常重视王室传统（例如亚历山德拉王后喜欢的柔和色彩）和军装灵感。她为戴安娜设计的晚礼服往往有高级服装的华丽细节，例如花边、刺绣和珠饰。她为戴安娜设计的“埃尔维斯”（Elvis）礼服非常有名，这件白色的礼服上装饰了大量的珍珠，并搭配配套的立领开襟短外套，1989 年戴安娜参加英国时尚大奖时穿了这款礼服。

薇薇恩·韦斯特伍德曾经是一个朋克，后来成为重要的时装设计师。她依然与马尔科姆·麦克拉伦合作，1981 年推出了自己的首个系列“海盗”（Pirates）。这个系列以浪漫主义和历史风格为灵感，以说唱歌曲为背景音乐。韦斯特伍德曾说：“我们想看到一场盛会，所以我们回顾了过去，提取那些最能打动我们的漫画书之类的主题。”与麦克拉伦散伙以后，韦斯特伍德继续推出融合不同文化背景和不同历史时期的服装。她 1982—1983 年的秋冬系列“布法罗少女”（Buffalo Girls）具有秘鲁风情（宽摆的裙子和圆顶礼帽），还将内衣外穿。“迷你蓬裙”（Mini-Crini）（1985 年）系列包含哈里斯花呢制作的宽摆短裙，是韦斯特伍德对英国传统不断探索的开始。韦斯特伍德经常从美术作品中寻找灵感，她运用了各种各样的美术元素，例如 18 世纪的装饰艺术、非洲印花和当代涂鸦，她的设计受到了广泛的喜爱。

1953 年里法特·奥兹别克（Rifat Ozbek）出生于伊斯坦布尔。从伦敦中央圣马丁艺术学院毕业后，他在季候风公司（The Monsoon Company）工作了几年，1984 年，他开始以自己的名义从事设计。受土耳其血统的影响，奥兹别克的设计以异域风情的款式和细节出名，包括天鹅绒面料、尖拱形镂空、

左下图　乔治男孩，约摄于 1982 年，身穿薇薇恩·韦斯特伍德设计的衬衫。韦斯特伍德运用的元素有涂鸦和非洲纺织品

右下图　凯瑟琳·哈姆尼特，身穿她自己的印有标语的 T 恤，约摄于 1987 年。她是最早呼吁关注社会公平问题的设计师之一

下图　乔治·阿玛尼的男式和女式套装，品味高雅，结构上不像其他品牌的定制套装那样挺括，成为“权力着装”的最佳选择

右页上图　波姬·小丝，身穿詹尼·范思哲设计的一款奥罗顿金属网眼面料制作的晚礼服，摄于1983年

右页下图　1989年罗密欧·吉利推出的一款套装，从中可以看到他对贵重材料和拜占庭及中世纪灵感的运用

星月刺绣图案和深色组合。墨西哥等地也为他提供了灵感来源。1987 年，他推出了副线“未来的奥兹别克”（Future Ozbek）。1988 年，他被评为英国年度最佳设计师。

凯瑟琳·哈姆尼特（Katharine Hamnett，生于 1947 年）曾在中央圣马丁艺术学院学习。1979 年，她成立了自己的公司。她提供漂亮有创意的男装和女装，她的 T 恤特别有名，T 恤上有与政治和社会有关的标语，社会名流经常穿着。她的伦敦精品店以前卫的设计闻名。1989 年，她开始关注劳工问题和农药对棉花的危害等环保问题，预测了 21 世纪前十年广泛传播的可持续发展观念。

设计师：意大利

意大利的服装对各级市场都有重要的影响。针织服仍然是米索尼的重点。另外一个家族企业艾特罗（Etro）则主要经营民族风的服装、皮革制品和家具。除了针织服装，克里琪亚的马里于卡·曼代利还推出了紧身的晚礼服和有图案的单品。与年轻的英国设计师基思·瓦尔蒂（Keith Varty）和艾伦·克利弗（Alan Cleaver）合作，比布鲁斯推出了一系列年轻化的服装，包括色彩明亮的格子呢连衣裙和彩色的“吉普赛”套装，服装表面经常有有趣的细节。该公司的男装也很成功。贝纳通从一个家族针织企业发展成为一个著名的跨国企业帝国。随着业务拓展到整个欧洲并进入北美和亚洲，贝纳通也增加了运动服、运动器材、家居用品和手表等品类，成为

全球最大的时尚制造商之一。80 年代晚期，贝纳通首次发布了“全色彩的贝纳通”广告，因涉及多个社会问题而引起争议。

从鲜为人知变成家喻户晓，乔治·阿玛尼（生于 1934 年）成为 80 年代最重要的意大利设计师。1982 年，《时代周刊》的封面故事称赞这位设计师让人们见识到了“没有束缚的优雅”和“也许只有手工完成时才能领悟到的裁剪思路”。男装和女装同样精彩是他成功的关键。虽然他的女装系列涵盖单品和礼服，但令他成名的是定制服装。在女性需要穿职业装但又不愿意被服装束缚的时候他推出了定制服装。“阿玛尼态度”（Armani Attitude）表达了轻松优雅的概念，他的配色不同寻常，穿上去即舒适又不会显得身体臃肿。袖窿的曲线、口袋的边角和褶裥的位置都令客户称赞不已。虽然阿玛尼一直追求他的个性，但他并不完全忽视流行文化。他 80 年代初推出的女装体现了“安妮·霍尔”风貌的影响，男装外套则能看到《夺宝奇兵》的影响。后来，他推出了颜色更加低调、廓形更加修身的作品。阿玛尼的敬业精神和商业才华都很出名（他曾说：“我不允许自己奢侈地等待灵感的到来”）。阿玛尼开发了阿玛尼牛仔（Armani Jeans）和爱姆普里奥·阿玛尼（Emporio Armani）等几个副线，产品的多样化（包括他有名的眼镜）让他在全球范围内获得了成功。

詹尼·范思哲（Gianni Versace）开设了自己的精品店，他迅速获得了成功并进入国际市场，到 1980 年，他的服装已经在欧洲、美国和亚洲销售。范思哲的服装充满个性而有趣，对于颜色和条纹的使用都很大胆，常见不对称的下摆拼接和撞色。他借鉴了民族（通常来自中亚地区）和历史的风格，垂褶布、宽松束腰短外套、流苏和缨穗这些元素在他手里运用得游刃有余。他的男装在造型和比例上大胆实验，女装则性感夸张。范思哲同时也从事戏服设计，他设计的芭蕾舞演出服很有名。他 1982 年在巴黎歌剧院发布的女装系列得到大肆的宣传，从这个系列他开始尝试使用自己开发的金属网眼面料“奥罗顿”（Oroton）。他用卓越的立体裁剪技艺创造了极度性感、璀璨和流畅的礼服，并结合了帕科·拉班的斗士风格和维奥内特的流畅优美。1979 年，他开始与摄影师理查德·阿维顿合作，这些用于广告宣传的精彩照片成就了许多超模。

1949 年罗密欧·吉利（Romeo Gigli）出生于意大利的博洛涅塞堡，在进入时尚圈以前学习建筑。70 年代他从事了许多与时尚有关的工作，1983 年他创建了自己的品牌。80 年代中期，他在意大利时尚界站稳了脚跟，除了自己的品牌，他还为加勒汉（Callaghan）提供设计。1987 年，他新推出的柔美款式得到了《洛杉矶时报》热情洋溢的评价：

> “一个形单影只的设计师，而且还是个新人，居然改变了时尚的进程，这是罕见的。然而，上一季度出现的设计新星罗密欧·吉利显然做到了。吉利柔美的有泡泡裙摆的紧身裙子已经影响到了这里的当权派。米兰——这个通常被视为硬朗造型和精准裁剪的堡垒已经让步于柔美圆润的秋日风貌了。”

吉利对米兰的影响可以与温加罗对巴黎的影响相提并论：柔美新廓形的先锋。吉利的灵感来源于反主流文化的街头时尚和不计其数的历史和浪漫主题，例如拜占庭基督教和拉斐尔前派绘画艺术。他使用颜色微妙的奢华面料。吉利的设计处于主流之外，吸引的是那些追求个性的顾客。

弗兰科·莫斯奇诺（Franco Moschino，1950—1994 年）的作品非常诙谐，结合了超现实主义风格和他对时尚的幽默理解。他最初担任时装插画师，也为运动服公司提供设计，1984 年，他推出了首个女装系列。莫斯奇诺的公司发展迅速，涵盖男装、牛仔裤、香水和价格较低的“价廉物美”（Cheap and Chic）系列。他的作品经常采用定制服装的廓形，用一些幽默的细节让服装充满活力，例如将超大的手套用作口袋、印花图案可以看到其他设计师的品牌标识或领口装饰一群泰迪熊。格萝利娅·冯·图恩温特塔克西斯王妃（Gloria von Thurn und Taxis）等人欣赏他滑稽反常的设计和诙谐幽默的宣传方式。虽然莫斯奇诺的设计过于古怪，很难吸引主流客户，但是他也打造了一些 80 年代最引人注目的时尚形象。

詹弗兰科·费雷（Gianfranco Ferré，1944—2007 年）出生于莱尼亚诺，与他的同胞詹尼·范思哲和罗密欧·吉利一样，他在从事时尚工作之前学习建筑。他最早担任配饰设计师，1974 年创建了自己的首个品牌“贝拉”（Baila）。1982 年他增加了男装系列，1984 年他推出了一款女士香水“费雷”。他在意大利时装界备受尊敬，曾多次获得黄金眼奖。1989 年，费雷出任克里斯汀·迪奥的创意总监，同时继续经营自己在米兰的品牌。他的设计很夸张，往往华丽奢侈，有时又诙谐有趣。建筑结构和几何细节在他的作品上很常见。他的女装经常使用明显的历史和男装元素。他雕塑风的晚礼服常采用有梦幻色彩的手工细节，例如用织物制作的花叶组成的花园。

瓦伦蒂诺的事业继续发展，他的设计夸张优雅，完美契合了 80 年代的流行品味并且提供了富人想要的那种威望。他的经典产品迎合了富裕的中年女性的喜好，她们往往避免尝试新的风格。标志性的瓦伦蒂诺红晚礼服深受上流社会女性的喜爱，他也经常使用半透明的花卉和明显的历史元素。他曾经举办过一个充满活力的宣传活动，模特们穿着他优雅的晚礼服或定制套装在空中跳跃。他的男装同样出色。与其他设计师的男装相比，瓦伦蒂诺的男装通常更加修身，同时有精妙的细节处理，例如外套翻领设计得非常尖和减少裤子的褶裥。

罗伯托·卡普奇的设计将高超的剪裁（堪与查尔斯·詹姆斯和克里斯托巴尔·巴伦西亚加媲美）和鲜明的色彩融为一体。卡普奇将服装做到了极致，他设计的礼服有些像手工折纸或纸灯笼，经常有大量的太阳褶。这些复杂而庞大的晚礼服也受到喜好冒险的顾客的喜爱。

上图一　弗兰科·莫斯奇诺戏剧性的T台展示，这款以泰迪熊“毛皮”衣领和帽子为特色的套装出自他 1988 年的秋冬系列，表现了他对时尚一贯的幽默感

上图二　詹弗兰科·费雷 1988 年设计的一款优雅的舞会礼服，从中可看出他夸张的设计风格和高超的结构技艺

设计师：美国

比尔·布拉斯、阿诺德·斯嘉锡和奥斯卡·德·拉·伦塔等很多声誉良好的美国设计师继续再创佳绩。他们品质卓越、经久耐穿的日装和晚装深受社会名流、政界人士和影视明星的喜爱，例如美国第一夫人南希·里根和芭芭拉·布什（Barbara Bush），以及电视名人芭芭拉·沃尔特斯（Barbara Walters）等。杰弗里·比尼的设计出现了原来没有的幽默感和几何感，使用了曲线接缝和对比明显的面料裁片，这些改变为他赢得了新的客户。比尼总是在材料上进行创新并开始推出男装。舒适是最重要的，他甚至预见了男士在晚间场合穿毛衣的可能性，搭配他标志性的灰色法兰绒长裤。

詹姆斯·加拉诺斯被誉为“美国高级定制的守望者”，他赫赫有名的品牌再次受到人们的追捧，很大程度上是因为他深受南希·里根的喜爱，里根夫人在很多重要的场合都穿过加拉诺斯设计的礼服，包括1980年的总统就职典礼。加拉诺斯一直是美国富裕女性崇拜的一个设计师。他精巧细致的礼服新颖而不张扬，对经典款式的喜爱胜过潮流趋势，他的服装在结构上可能是全美最出色的。

“山寨之王”维克多·科斯塔（Victor Costa，生于1935年）仿制了很多高级礼服。他为预算有限的社会名流和需要大量派对礼服的名人提供温加罗或拉克鲁瓦的山寨版服装。科斯塔出生于休斯敦的下层社会，曾在普拉特学院和巴黎高级定制时装公会学校学习（他和伊夫·圣·罗兰和卡尔·拉格菲尔德是同班同学）。20世纪50年代末60年代初，他从婚礼服开始了职业生涯。60年代末，他专门仿制巴黎的服装。1975年，他创立了自己的品牌。在富裕且渴望获得成功的20世纪80年代，他的礼服非常受欢迎。80年代末经济滑坡确实对他的生意有利，因为很多上流社会的女性需要勒紧裤腰带，用科斯塔的产品代替巴黎的华服。他的作品经常出现在美国的“夜间”肥皂剧中，霍莉·亨特在电影《收播新闻》中也穿了一件科斯塔制作的黑白礼服。1988年，《新闻周刊》评论：“胜利者科斯塔……正当红。在高级时装的世界里提供低价产品，这位友善的得克萨斯州人找到了进入女性衣橱并上榜最佳着装的方法”，他的客户还包括伊凡娜·特朗普（Ivana Trump）和贝齐·布鲁明黛（Betsy Bloomingdale）等名人。

上图　1980年奥斯卡·德·拉·伦塔设计的一款红色低腰连衣裙。这位设计师受到国际上流社会的喜爱，他设计的晚礼服和正装尤其受欢迎

下图　拉尔夫·劳伦再现美式经典，这两款服装采用了混合图案的针织面料和布法罗格子法兰绒

从80年代初开始，卡尔文·克莱恩就走在美国时尚的前沿，他保持着良好的休闲品味，并继续改造美国伟大的运动传统，推出了低调、优雅又时髦的服装。1980年，时尚专栏作家伯娜丁·莫里斯（Bernadine Morris）曾声称“克莱恩有预测人们想穿什么的非凡本领”。1981年和1983年，他两次获得美国时装设计师协会（CFDA）大奖。卡尔文·克莱恩牛仔裤成为流行文化的标配，代言人波姬·小丝在一则电视广告中的台词是：“你想知道我和我的卡尔文牛仔裤之间有什么吗？其实什么也没有。”他的男装系列也越来越成功。1982年，他推出了男士内衣，布鲁斯·韦伯为产品拍摄了挑逗性的广告。设计师内衣是男士内衣历史上崭新而重要的一步。克莱恩也拓展到香水领域，畅销款有“迷恋”（Obsession，1985年）、“迷恋男士”（Obsession for Men，1986年）、“永恒”（Eternity，1988年）和“永恒男士”（Eternity for Men，1989年）。

拉尔夫·劳伦继续他的贵族主题，增加了西部、草原和维多利亚时期的元素。在身份意识显著的20世纪80年代，“他的衣服呼吁了一种虚幻的归属感：俱乐部、董事会、小集团，最终是前贵族。”从运动中获取灵感是必要的，他的男式和女式马球衫一直很畅销。骑手标识出现在衬衫、领带、围巾和其他各种配饰上，甚至他的男士古龙水“马球”（1978年推出）上也有。他的生意发展迅速，1981年他在伦敦开了一家分店。1984年，他将旗舰店搬到了纽约麦迪逊大道的莱茵兰德大厦。新店非常强调拉尔夫·劳伦的精英生活方式，陈列着东方风格的地毯、马术主题的油画和皮革制作的软垫家具。劳伦的业务范围不断扩大。1983年，他推出了“拉夫·劳伦家居”系列，并创立了价位较低的男装副线品牌“查普斯”（chaps）。

左上图 派瑞·艾力斯设计的简约风格的船领棉质连衣裙，出自1983年的春季系列。这款女裙与克莱尔·麦卡德尔和安妮·福格蒂的风格一脉相承

上中图 比尔·布拉斯1984年秋季发布的两款晚装，包括开士米羊绒毛衣和塔夫绸半裙，体现了设计师对舒适与奢华的重视

右上图 唐娜·卡兰为职场女性提供的精致设计。这是她1985年秋季推出的一套服装，包含了她的关键元素——宽肩、裹身和黑色

派瑞·艾力斯（Perry Ellis）生于弗吉尼亚州，曾在威廉玛丽学院学习，后来在纽约大学学习与零售业有关的课程。20世纪60年代，他初入职场，在百货公司担任采购员和业务员。1976年，他的作品集系列诞生；1978年，派瑞·艾力斯国际公司成立。这一系列的活动让他很快抓住了公众的注意力，有人甚至声称"派瑞·艾力斯可能成为20世纪80年代不容小觑的一个人物。"他在男装和女装领域都获得了成功，后来又推出各种配饰和家居用品。艾力斯的服装性感、舒适，他采用传统的款式，但会做出一些新奇有趣的变化。他的设计中经常出现搭配宽腰带的宽大半裙或宽松低腰的款式。毛衣特别有名，通常又长又大。波蕾若短外套也很有名，常有不同寻常的撞色和各种纹理清晰的线迹。1984年，他与李维·斯特劳斯（Levi Strauss）一起创办了派瑞·艾力斯美国公司，他的男式内衣产品和他的竞争对手卡尔文·克莱恩一样也使用了类似的挑逗性广告。从1979年到1984年，艾力斯曾多次获得柯蒂奖，1986年还获得了美国时装设计师协会颁发的奖项。1986年，他英年早逝，震惊了时尚界。

1984年，唐娜·卡兰（Donna Karan，生于1948年）从安妮·克莱恩辞职并创立了自己的女装品牌。第二年，她推出了首个系列，她优雅实用的设计立即得到了好评。她推出了具有独特的都市精神的职业装并让黑色成为一种时尚的颜色。她提倡将连衣裤当作一种实用、时髦的服装。卡兰强调基本款和多用途，她曾说过她为顾客提供的设计是以自己切实的着装需求为基本的出发点。服装中常年不变的主打款式有黑色紧身半裙、黑色修身毛衣和作为亮点的亮色外套。另外一种特色产品是奢华大衣，通常搭配夸张的帽子。她偏爱包缠的手法，推出了斜襟上装和纱笼半裙。80年代末，卡兰推出了价位较低的副线品牌DKNY，人们称她为"第七大道的女王"。

新锐设计师斯蒂芬·斯普劳斯（Stephen Sprouse，1953—2004年）曾在比尔·布拉斯短暂实习，后来在候司顿工作了几年。他为金发女郎乐队狄波拉·哈利设计的服装让他崭露头角。他的事业发展迅速，1982年登上了《时尚》的封面，1983年获得了柯蒂奖。斯普劳斯的现代主义美学——明亮的颜色和朋克式的双性暗示细节吸引了艺术界的顾客。1985年，他曾停业，1987年在他人的帮助下又重新营业，并推出了三条不同价位的产品线。然而他推出的某些款式，例如迷彩迷你连衣裙和橙色亮片牛仔裤让他声名狼藉，因此 1988 年他再次停业。

纽约人诺玛·卡玛丽（Norma Kamali，生于 1945 年）毕业于纽约时装学院。1978 年，她为自己的精品店 OMO（英文“On My Own”的缩写，意思是“靠自己”）做设计。1980 年，她获得了第七大道上一家大公司——琼斯服装（Jones Apparel）的授权许可。她的设计范围很广泛，从全身长的羽绒服到暴露的泳装一应俱全。卡玛丽设计的一款氨纶紧身衣特别有名，它非常适合运动或用作套装的内搭。另外一种标志性的面料是运动衫拉绒布，用于套头衫、灯笼裤、宽松束腰短外套和有垫肩的连衣裙。她也设计童装。1985 年，卡玛丽推出了香水，1988 年又推出了“OMO 家居”（OMO Home）。1981 年、1982 年和 1983 年她三次获得柯蒂奖，1982 年和 1985 年获得了美国时装设计师协会颁发的奖项，她设计的位于西 56 街的房子也得到了美国建筑师协会的认可。

桑德拉·加雷特（Sandra Garratt，生于 1954 年）在加利福尼亚州的马里布谷长大。从洛杉矶的时尚设计商业学院（The Fashion Institute of Design and Merchandising in Los Angeles）毕业后，她在纽约从事时尚工作。加雷特后来搬到了达拉斯并开始设计“模块化”（Modular）服装，这种品牌名“单元”（Units）的“模块化”服装在当地很快取得了成功。1989 年，她推出“多用途”（Multiples），专门提供可以混搭的涤棉针织均码单品，穿法多样，每一款都可以变化穿着。例如，一件管状的服装可以作为抹胸连衣裙、长裙或将腰部卷起做成短裙。“这不仅是一种款式，更是一种理念。”“多用途”的商品包装引人注目，店内陈列井然有序，销售人员训练有素，能够充分展示商品的多种用途。该品牌从服装的角度表现了新兴的电音流行乐美学。加雷特还开发了一个童装系列。“多用途”精品店也进驻了美国、澳大利亚、日本和部分欧洲国家的百货商店。

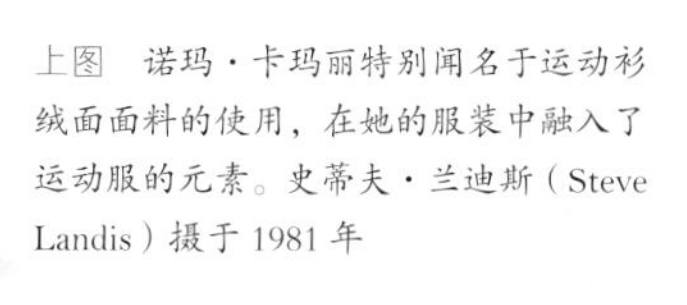

上图　诺玛·卡玛丽特别闻名于运动衫绒面面料的使用，在她的服装中融入了运动服的元素。史蒂夫·兰迪斯（Steve Landis）摄于 1981 年

右图　桑德拉·加雷特的“多用途”品牌提供多种用途、简约但有吸引力的针织服装，这些服装有多种组合方式

上图 1981年左右澳大利亚设计师凯蒂·派伊设计的一款贴花连衣裙，从中可以看到她对面料的创意处理和对艺术的鉴赏力

设计师：澳大利亚

电影制作人彼得·威尔（Peter Weir）和乔治·米勒（George Miller）以及演员梅尔·吉布森（Mel Gibson）、雷切尔·沃德（Rachel Ward）和朱迪·戴维斯（Judy Davis）等人的作品让澳大利亚文化在全球产生了广泛的影响。1984年在纽约古根海姆博物馆（Guggenheim Museum）举办的展览“澳大利亚视野”（Australian Visions）展示了澳大利亚当代艺术家的作品。新南威士尔美术馆是悉尼著名的一个朋克和新浪潮等反主流文化活跃的场所，1980年，在这里举办了一个名为“艺术服装”（Art Clothes）的展览，展示了多件澳大利亚服装设计师的前卫作品。展品打破了主流服装的局限，其中包括新锐设计师凯蒂·派伊（Katie Pye，生于1952年）的作品。

从艺术学校毕业后，1976年派伊在悉尼开设了自己的第一家精品店“杜赞·马德”（Duzzn't Madder），销售高度概念化的服装。1979年，她成立了凯蒂·派伊工作室，开始设计戏服，还上演了一个让她声名狼藉的表演艺术作品。派伊的服装是后朋克美学的独特代表，跨越表演与服装两个领域。她的灵感来源广泛，从都市街道生活到亚洲传统服饰应有尽有。她的服装常常体现了政治观点。1980年的展览中她的某些作品涉及性与宗教，引起了争议。然而，同年她的某些设计也在市场上销售。1982年，她获得了澳大利亚艺术委员会（The Australian Council Arts）的资助，前往欧洲和亚洲旅行。回到悉尼以后，1983年，她上演了她的多媒体作品“耶稣升天”（*The Ascension*）——部分是时装表演，部分是戏剧演出。她的服装体现了薇薇恩·韦斯特伍德的影响和旅行中收集到的历史元素。之后，她推出了她的“亡命徒”（Desperados）系列，这个系列带有原始和天启的色彩，被人拿来与电影《疯狂的麦克斯》（*Mad Max*）比较。在1983年的一个采访中，派伊坦言：“你眼中的时装是我眼中的产品。我眼中的时装是艺术品。”虽然她将自己置身于时尚主流之外，但是这个行业接纳了她。1984年，派伊获得了澳大利亚时装行业新浪潮奖，1985年再次获得该机构颁发的印章奖，时装模特佩内洛普·特里也是她的客户。

1982年，戴安娜王妃穿上了“火烈鸟公园”（Flamingo Park）品牌的一款考拉“布林奇·比尔”（Blinky Bill）针织套衫，这是对这家风格前卫的悉尼精品店很大程度上的一种认可。这件毛衣是新南威尔士州州长的女儿送给王妃的结婚礼物，变化的款式“布林奇·戴”（Blinky Di）很快就作为一个样款出现在《澳大利亚妇女周刊》（*Australian Women's Weekly*）上。保罗·霍根（Paul Hogan）在《鳄鱼邓迪》（*Crocodile Dundee*）系列电影中穿着的澳大利亚内陆款式的粗犷服装能在威廉姆斯的店里买到，雷金纳德·默里·威廉姆斯（Reginald Murray Williams）1932年创立了该品牌。“乡村小路”（Country Road）创立于1975年，原来主要经营女衬衫，但发展迅速，很快跻身国际市场。到1988年，这个品牌在美国开有分店，其澳大利亚户外风格的产品受到了更多客户的喜爱。

发型和美容

流行的发型常和名人有关，尤其是音乐明星。白天和晚上造型要有明显的区别，常常通过不同的发型来实现。白天，女性喜欢戴安娜王妃那样的柔顺发型，但到了晚上就抹上摩丝，把头发弄得尖尖的，像佩·班娜塔（Pat Benatar）一样。很多女性将光滑的头发往后梳，在颈背处用蝴蝶结、发带、

卷起的围巾或大手帕固定。金发更能凸显发型的形状和层次，受到雅皮士的喜爱。电烫卷发很流行。直发和卷发都长至下巴或肩膀，通常偏分。法式辫子很流行，通常以低马尾结束并装饰大大的蝴蝶结。反主流文化的款式包括剃光部分头发和拉斯塔法里样式的骇人长发。白天和晚上都流行浓妆。眼部使用眼影和睫毛膏，晚上流行烟熏眼妆。人们模仿波姬·小丝和摩纳哥公主卡洛琳（Princess Caroline of Monaco）的浓眉。腮红用于突出颧骨。人们重新关注唇部，出现了从苯胺紫到深红等各种颜色的口红。

日光浴更加受欢迎。整容手术更加流行，但尚未成为一种公开讨论的时髦做法。多个耳洞在主流风格中更加普遍。

男装

20 世纪 80 年代，男装备受关注，很多顶级设计师在女装和男装领域都取得了成功。正如 1983 年《时尚》评论的那样："现在，时尚创意在男装和女装之间徘徊。"欧洲大陆式的优雅以圣·罗兰、瓦伦蒂诺和费雷的男装为代表。蒙塔纳、比布鲁斯和莫斯奇诺提供前卫的男装——通常廓形夸张、色彩鲜艳。传统风貌作为成功人士着装理念的一部分又重新流行起来。在电影的影响下，20 世纪 20 年代和 30 年代的服装也重新受到了关注，并对时尚产生了重大的影响。服装的款式多样，男士穿着短马甲，肩上搭着毛衣，领带用作皮带，或戴着驾驶帽穿着防尘罩衫。乡村粗花呢外套和有徽章的布雷泽外套很流行。用于夏日套装的条纹泡泡纱再度流行。另外一股复古风潮复

上图 黛博拉·纳杜曼·兰迪斯为哈里森·福特在《夺宝奇兵》（1981 年）中饰演的角色设计的服装被许多设计师和品牌效仿，包括阿玛尼和安德鲁·马克

右图 大胆的廓形、高雅的中性色是著名品牌雨果博斯男装的典型特点

兴了 20 世纪 50 年代的风格，男士穿着彩虹色的披肩领外套、图案抽象的印花衬衫和紧身裤，打着窄领带。

意大利和英美的男装依然有较大的差别。意大利的男装以宽肩和宽松的裤子为特点，是“优雅舒适的”。英国的男装与商务装和贵族化的休闲装有关。但由于设计师有自己的想法，高级男装通常模糊了这种界限。意大利品牌——尤其是阿玛尼和范思哲的男装闻名于淡雅微妙的颜色和手感良好的面料，包括轻薄的羊毛、亚麻，甚至丝绸面料。历史悠久的意大利品牌埃麦尼吉尔多·杰尼亚（Ermenegildo Zegna）和口碑良好的德国品牌雨果博斯挺括有型的套装享有盛名。伦敦设计师保罗·史密斯（Paul Smith）升级了英国的经典款式，经常推出色彩和版型新颖的套装，呈现艺术的、几乎波西米亚式的效果。美国设计师亚历山大·朱利安（Alexander Julian）推出了彩色的学院风男装。其他有影响力的男装设计师还有丹尼尔·赫克托（Daniel Hechter）和尼诺·切瑞蒂（Nino Cerruti）。玛丽莎与费朗科·吉尔柏（Marithé + François Girbaud）以牛仔裤和休闲装见长。媒体为男性提供了各种各样的着装榜样。歌手布莱恩·费瑞（Bryan Ferry）闻名于他的定制套装和窄领带，带动了一种忧郁、优雅风貌的流行。照片中，奥运会撑杆跳高运动员汤姆·辛特纳斯（Tom Hintnaus）身穿卡尔文·克莱恩内裤，为男性的阳刚之美提供了一个清晰的新标准。奥运会滑雪运动员阿尔伯托·汤巴（Alberto Tomba）上下斜坡时表现了一种超凡的魅力。

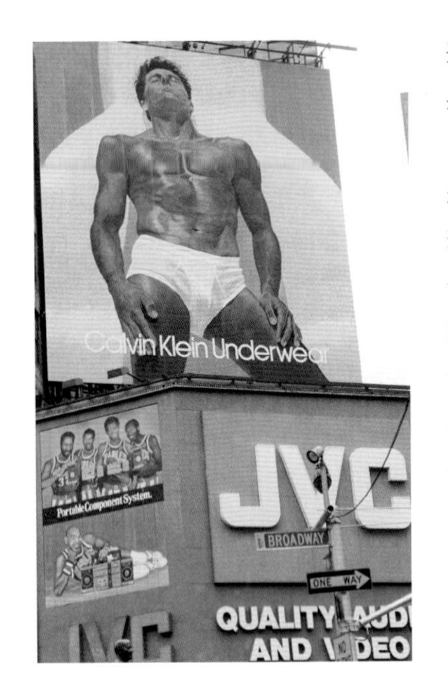

上图　卡尔文·克莱恩的宣传策略包括在纽约时代广场放置大型户外广告牌，这张海报突出了男装的性别指向

下图　拉尔夫·劳伦马球系列航海主题的运动装，适合各个年龄段，让人联想到悠闲的上层社会的生活方式

西装是商务和晚会场合主要的着装。20 世纪 80 年代早期，外套是合体的，有自然的肩线和狭窄的翻领。但不久以后，肩部变宽，在某些设计师的作品上还达到了极限。80 年代中期，V 字廓形的男装体现了女装的流行趋势，都强调宽肩、窄腰，从肩部至腰部逐渐收紧。翻领大多中等宽度，很多外套的纽扣位置较低。两粒扣很流行，能露出大部分领带和马甲。单排扣与双排扣的款式都有，三件套套装再度流行。正装的廓形与商务装基本相同。马甲成为时尚的新焦点，有时采用与套装对比鲜明的面料制作，也有用丝质小花纹印花薄绸、珠地网眼布、罗纹布或绞花针织面料制作的马甲。裤子基本采用自然腰线，或略微高腰。裤腿宽松。前面有褶的裤子最常见，裤褶（包括倒箱式褶裥）通常很深，甚至牛仔裤也是如此，多个褶裥的裤子非常宽松。到 80 年代末，廓形变窄。

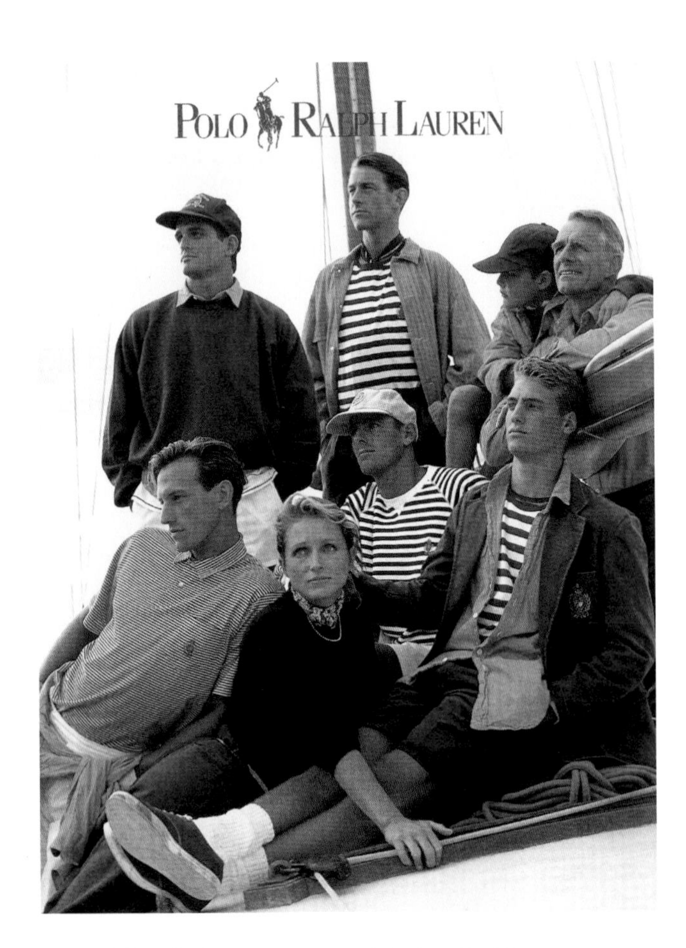

衬衫通常比较宽松，袖窿很深（与上一个年代流行的修身廓形相反），注重细节。派瑞·艾力斯的衬衫衣袖上有一条肩线褶。流行小领，有时搭配领带和领针。很多男性喜欢纯色或条纹的衬衫，与白色的衣领形成对比。

针织服装类型丰富。棉线衫与羊毛衫越来越势均力敌。流行的款式包括渔夫款式、费尔岛款式、有多色菱形花纹及类似图案的款式、罗纹、绞花和平织的款式（有些有翻领）、水手领款式和 V 领款式。风格包括意大利风格——通常有宽领、深袖窿和独特的肌理——和相对传统的英国和美国的预科生风格。虽然很多男性认为日本的套装和外套在多数场合都显得过于前卫，但是容易接受日本设计师推出的肌理感强的针织服装。设计师杰汉·巴尔内斯（Jhane Barnes）是将高科技用于服装的先驱，她的针织和梭织面料上使用了电脑生成的图案，非常独特。

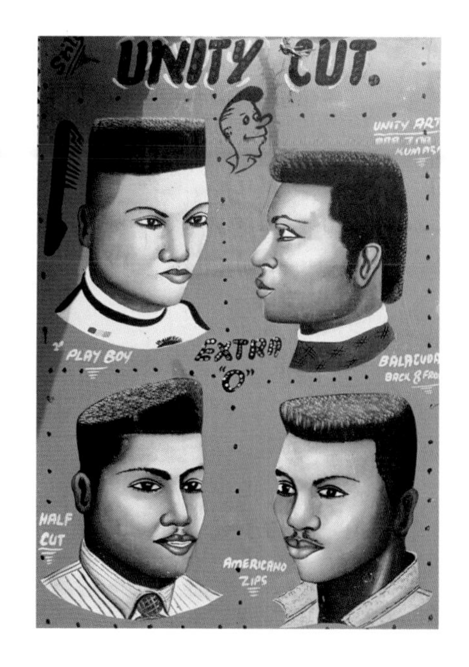

上图　非洲多哥一家理发店宣传的系列时髦发型，都是渐变发型的变体

下图　乔治·迈克尔等名人的坏男孩形象甚至影响了童装广告

外衣款式多样，包括轻便的外套、厚重的大衣（常用粗花呢制作）和华达呢、府绸制作的雨衣。及腰长的宽松皮夹克很常见，通常为黑色，但也有其他的颜色，甚至白色和亮色　流行于气候温暖的地区。

肩膀宽阔，纽扣位置较低的外套让领带成为焦点。佩斯利纹样、小花纹印花薄绸和丝质棱纹平布宽条纹的“学院风”领带都很流行；也有彩虹色和各种印花与提花图案的领带，包括热带花卉、动物和装饰艺术风格的几何图案。费雷、芬迪、博斯和阿玛尼的领带都很精彩。“新浪潮”风格的黑色窄领带上有20世纪50年代风格的图案。领带搭配马球衫是新浪潮的另外一种着装方式。用真丝针织面料或轻薄羊毛针织面料制作末端呈方形的窄领带也很流行。有些男性将领带随意系在开领衬衫上，体现了意大利的影响。口袋方巾重新流行起来，有时与领带的颜色相匹配，但常常与领带形成对比。其他重要的配饰有袖扣、钱夹和吸烟用具。眼镜一般采用复古风格，镜架流行许多颜色，包括玳瑁色。80年代晚期流行建筑造型的钢框。

鞋子强调质量，流行传统款式的鞋子，包括燕尾镂花、双色牛津鞋和流苏款、简朴款、“便士”款乐福鞋。夏季穿浅色小山羊皮鞋和白皮牛津鞋——一种有红色橡胶鞋底的奶白色牛巴革牛津鞋。划船鞋（例如斯佩里鞋 Sperry Topsider）和结实的户外靴（例如里昂·比恩款式 L.L.Bean Style）适合乡村和户外活动时穿着。运动鞋经历了从体育鞋到时尚鞋的转变，橡胶底运动鞋流行起来，被更多人穿着。风格群体喜欢特定的品牌。许多说唱音乐的粉丝喜欢阿迪达斯，而匡威查克·泰勒（Converse Chuck Taylor）篮球鞋则主要是新浪潮人群的选择。年轻的设计师经常穿着橡胶底黑色无带布鞋（搭配白色或亮色的袜子）。80年代中期流行鞋底极薄的软皮革牛津鞋，和舞蹈演员穿的鞋子类似。

发型通常为盖茨比风格的侧分大背头或者20世纪30年代英伦风格的碗盖头。男性的仪容强调整洁和稳健。《绅士季刊》1983年1月刊评论了当时男士的发型：“黑人的发型，如今不再是一个政治标签，而是自我风格的展现。1983年流行的整洁的万能发型既适合商务又适合娱乐场合。”由于迈克尔·杰克逊的影响，卷度更大、前额有一绺卷发的样式成为另外一款流行的发型。头发自然卷的白人男性将这种发型稍微做了一些改变：前额的头发长而蓬松，发卷弄乱或用发胶或摩丝固定，其余的头发剪短至贴近头皮。80年代最后几年出现了渐变的发型。男士护肤品得到了大肆宣传。传统的猪鬃剃须刷和品质出众的剃须刀广告强调了干净仪容的重要性。纹身在某些地方有再度流行的趋势，尤其在阿姆斯特丹、东京和旧金山——甚至一些女性也开始纹身。

童装

童装也体现了成人服装主要的流行趋势。预科生风格对童装的影响极大。以棉质珠地网眼面料制作的马球衫的流行范围扩大至青少年。大西洋两岸的儿童都穿微缩版布雷泽外套、格子呢短裙和其他传统款式的服装。考究着装的潮流体现在人们对女孩宴会装的关注，这些裙子通常采用和她们的母亲类似的宽大裙摆。对合成纤维的强烈抵制也影响了童装。在使用了免烫衣物几十年以后，父母又重新回到了烫衣板，费力地按压有纽扣的棉质衬衫和罩衫式连衣裙，以顺应新的传统风貌。

新浪潮音乐和摇滚乐对童装产生的影响也很大，孩子们穿着皮革和类似皮革的夹克、窄腿裤或打底裤，戴着黑色的太阳镜。青少年男生乐队新街边男孩（New Kids

右图　意大利针织服装公司贝纳通的广告传递了全球化的信息，常出现国际化、多种族的群体

右下图一　1988年德国的一张插画，展示了传统样式的时髦童装，包括费尔岛针织毛衣和格子呢与粗花呢外套

右下图二　从这幅年轻人的时装海报可以看出，卷发、毡帽、贝雷帽、大耳环、多层和针织都是年轻女性时髦的关键词

Boys and Girls Come Out to Play. Jumpers to jump in, rompers to romp in, laceups to race in, tights to fight in, pants to play in.
All the colours in the world.
012
benetton

TEEN AGE

on the Block）和少年偶像团体梅努多（Menudo）推动了年轻风格的发展。当时流行的印花颜色鲜艳且混合了几何图形和涂鸦等多种元素。很多童装——尤其是T恤和睡衣裤——上有电影和电视节目中的形象，例如《星球大战》和《蓝精灵》（*Smurfs*）。女性青少年效仿辛迪·劳博尔的二手店风貌和彩色的"山谷女孩"风格（一种受1983年的电影《山谷女孩》（*Valley Girl*）而启发的风格）。发型也同样讲究时髦，儿童美发沙龙的数量激增。

布鲁克斯兄弟和拉尔夫·劳伦等很多品牌的广告中出现了儿童的形象，体现了对传统的家庭价值观念的拥护。贝纳通的广告提倡全年龄段的时尚理念。设计师童装继续发展。老品牌有新人加入，例如诺玛·卡玛丽（Norma Kamali），她出色的儿童运动服得到了业内的肯定。和成人一样，儿童也开始将橡胶底运动鞋当作一种街头穿着的鞋子，除了需要考究着装的场合，运动鞋开始取代其他一切款式的鞋子。

年代尾声

1987 年美国爆发的经济危机及其后续影响决定了大半个世界未来多年的经济基调。财富散发的魅力衰退了，大众的着装也更加随意，然而，很多消费者并不愿意放弃象征他们身份的服装和配饰，而是紧紧抓住经济泡沫的幻影。亚洲尤其是日本出现了更加繁荣的景象。西方的 80 年代以创伤收尾，媒体曾这样评论：

“日本市场的迅速扩张让时尚界产生了新一轮的身份象征潮流，日本人如今比美国人购买的高级成衣更多（拉克鲁斯在日本刚刚开了四家精品店）；那些经营许多家时装屋、对时尚知之甚少却了解日本市场的金融巨头也推动了这股潮流。最重要的是，购买高级时装的公众被空泛的舆论迷惑了：‘如今女性更乐意在一件旧风雨衣上戴一条爱马仕围巾，这样每个人都会认为她们很有钱。’”

除了消费者日益国际化，设计的影响也来自新地区。一批重要的比利时年轻设计师崭露头角，促进了另一类美学的发展，未来这种美学将对时尚产生影响。经济状况、购物习惯、科技实力与企业管理的变化预示了未来几年内时尚界的新格局。

右图　尽管 20 世纪 90 年代即将到来之际经济形势发生了变化，但是爱马仕围巾等奢侈品还坚守着人们用服饰象征身份的意愿

第十二章

20 世纪 90 年代：亚文化和超模

20 世纪 90 年代是极端和矛盾的十年，混合着老的名字与新的思想。随着着装动机进一步分化和个性化，高端商店开始迎合各种各样有利可图的品味。亚文化的影响越来越明显，甚至已经发展到主流层次。一方面，超模表现出非凡的魅力，颁奖典礼上也满是奢华的礼服；另一方面，职场着装变得随意，隆重着装对于大多数人而言比较罕见。很多设计师接受了极简主义的审美。“机车夹克和舞会礼服”这个词组曾用来形容时尚的分裂，但有些设计师（和“时尚的受害者”）的确结合了两者。英国对时装和艺术都产生了强烈影响，很多新人设计师从伦敦开始了他们的职业生涯。T 台成为戏剧性的场合，用来制造兴奋的情绪以达到推销产品的目的，因为品牌意识和设计师设计理念的大众营销都非常敏锐。大众渴望精英和奢华风貌，但奢华的新定义与精致的材料和精湛的手艺关系不大，而更加注重品牌的知名度。价格优惠的奥特莱斯店甚至大量涌现仿冒产品，花较少的钱就能得到想要的奢侈品。对于时尚而言，媒体一直很重要，但它在 90 年代的作用进一步增强了，因为信息通过多种形式传递，甚至有时取代了时装秀和时尚杂志。人们通过娱乐媒体来获得关于时尚和设计师的信息，反过来，媒体对时尚的关注也在持续增加。

左页图　油画《伊万回顾本周最佳单曲“旋律制造”》（*Evan Reviewing Singles of the Week for the Melody Maker*），伊丽莎白·佩顿（Elizabeth Peyton）1997 年创作，表现了 90 年代多数时装的双性特点

右图　破烂和做旧的牛仔裤将深奥难懂的“解构主义”带到了大众层次

社会和经济背景

20世纪90年代初期，世界上许多地区都经历了经济衰退，到1995年，情况明显好转。然而，亚洲尤其是日本在90年代末遭受了金融动荡。世界版图出现了明显的变化。柏林墙倒塌，东德和西德重新统一。1991年，苏维埃社会主义共和国联盟解体，分裂成多个独立的国家。1991年，曾为南斯拉夫一部分的斯洛文尼亚和克罗地亚宣告独立，不久后其他地区纷纷效仿。第一次海湾战争期间（1990—1991年），国际武装联盟歼灭了伊拉克在科威特的武装力量，科威特获得解放。海地的政治动乱和索马里内战体现了东西半球的动荡局面。

电脑进入人们的日常生活，人们的工作、沟通和休闲越来越依赖科技。在线论坛、电子邮件和早期社交网站创造了新的“社区”，消费者足不出户便可在全球购物。网购的先驱亚马逊股份有限公司成立于1994年。网络的潜能开始改变时尚行业。兴奋的同时也有不安和疑虑。

艺术

时装T台秀的哗众取宠和当代艺术的蓬勃发展并驾齐驱。达明安·赫斯特（Damien Hirst）、翠西·艾敏（Tracey Emin）、杰克·查普曼（Jake Chapman）和迪诺斯·查普曼（Dinos Chapman）等年轻的英国艺术家（简称“YBAs”，即英文Young British Artists的缩写）的作品让人震惊不已。奥兰（Orlan）的行为艺术在对身体的操控上发展到了极限，里克力·提拉瓦尼（Rirkrit Tiravanija）将画廊变成了晚宴派对场所。他们的作品得到了一个有影响力的艺术圈子的推广。许多展览体现了艺术和时装的共生关系。1996年佛罗伦萨双年展展示了一批国际艺术家的作品，也包括重要的时装设计师的作品。有些合作更是打破了艺术与时装的界限，例如尤尔根·泰勒（Jürgen Teller）为马克·雅可布拍摄的广告照片和普拉达的当代艺术空间。博物馆建筑位列最重大的建筑成就的行列，包括丹尼尔·里柏斯金（Daniel Libeskind）设计的柏林犹太人博物馆和弗兰克·盖里（Frank Gehry）设计的毕尔巴鄂古根海姆博物馆。明亮的吉隆坡双子塔1998年建成以后就成为了世界上最高的建筑。

室内设计同时存在多种风格。极简审美推动了20世纪中期线条干净的家具的复兴，常用于城市公寓和零售店面。风水原理对西方民众产生了影响——杂乱会招来指责，镜子的位置重新调整，墙壁重新刷上更为“祥和”的颜色。浪漫主义的“新怀旧风格”（Shabby Chic）由英国电视名人瑞秋·安斯韦尔（Rachel Ashwell）发展而来，通过人为褪色的印花棉布和做旧的颜色来实现。然而，豪华风格也备受推崇，例如范思哲1992年推出的家居系列。美国的时尚领袖玛莎·斯图沃特（Martha Stewart）将事业拓展到传媒领域。

李安、佩德罗·阿莫多瓦（Pedro Almodóvar）、张艺谋和科恩兄弟（Coen Brothers）等具有影响力的电影制片人取得了巨大的成功。一批国际著名影片探索了多种类型和主题。《沉默的羔羊》（*The Silence of the Lambs*，1991年）和《罪孽天使》（*Heavenly Creatures*，1994年）传达了阴暗的情感；《辛德勒的名单》（*Schindler's List*，1993年）、《霸王别姬》（1993年）、《美丽人生》（*La vita è bella*，1997年）和《泰坦尼克号》（*Titanic*，1997年）以史诗的形式再现了历史的片断；《蓝白红三部曲》（*The Three Colors trilogy*，1993—1994年）和《哭泣游戏》（*The Crying Game*，1992年）讲述了复杂的人际关系；《尼基塔女郎》（*La Femme Nikita*，1990年）、《低俗小说》（*Pulp Fiction*，1994年）、《七宗罪》（*Se7en*，1995年）和《猜火车》（*Trainspotting*，1996年）结合了复杂的画面和坚韧、暴力的情节。重要的动画片有《美女与野兽》（*Beauty and the Beast*，1991年）和《玩具总动员》（*Toy Story*，1995年）。《黑客帝国》（*The Matrix*，1999年）和《星球大战前传1：幽灵的威胁》（*Star Wars: The Phantom Menace*，1999年）为科幻片提供了新典范。

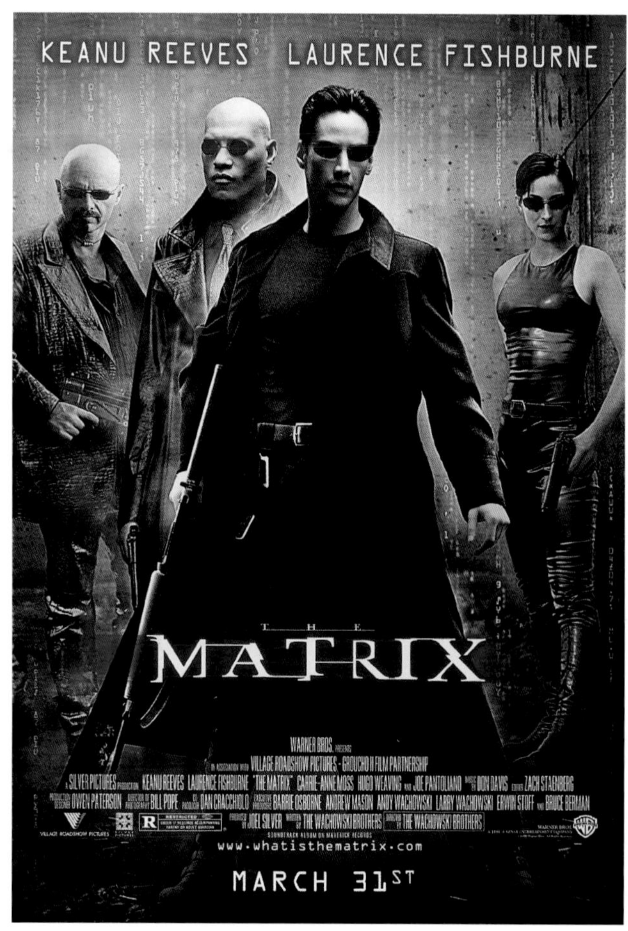

上图　佩德罗·阿莫多瓦的《基卡》(1993年)和沃卓斯基兄弟(The Wachowskis)的《黑客帝国》(1999年)的电影海报反映了平面设计的潮流，对服装的重视说明了电影和时装的关系

科幻和神话故事是世界各地电视剧的热门题材，作品包括《星际迷航》(*Star Trek*)，还有《赫拉克勒斯》(*Hercules*)、《战士公主西娜》(*Xena: Warrior Princess*)、《魔诫奇兵》(*Beastmaster*)等传奇和表现超自然力量的《圣女魔咒》(*Charmed*)与《X档案》(*The X Files*)。《法律与秩序》(*Law and Order*)和《头号嫌疑犯》(*Prime Suspect*)等警匪剧以及黑帮肥皂剧《黑道家族》(*The Sopranos*)展示了法律的正反面，《急诊室的故事》(*ER*)展现了生死攸关的医疗急救场景。

畅销书也同样具有国际影响力，包括海伦·菲尔丁(Helen Fielding)的《布里吉特·琼斯日记》(*Bridget Jones's Diary*)、弗兰克·麦考特(Frank McCourt)的《天使的孩子》(*Angela's Ashes*)、谭恩美的《灶神之妻》(*The Kitchen God's Wife*)、约翰·伯兰特(John Berendt)的《午夜善恶园》(*Midnight in the Garden of Good and Evil*)、罗伯特·詹姆斯·沃勒(Robert James Waller)的《廊桥遗梦》(*The Bridges of Madison County*)和石黑一雄(Kazuo Ishiguro)的《未能安慰的人》(*The Unconsoled*)。麦当娜1992年出版的《性》(*Sex*)成为备受争议的畅销书，1997年，乔安妮·凯瑟琳·罗琳(J. K. Rowling)出版了她的第一本《哈利·波特》(*Harry Potter*)。

20世纪90年代出现了很多重要的戏剧，包括约翰·桂尔(John Guare)的《六度分离》(*Six Degrees of Separation*)、托尼·库什纳(Tony Kushner)的《天使在美国》(*Angels in America*)和汤姆·斯托帕德(Tom Stoppard)的《阿卡迪亚》(*Arcadia*)；戴维·黑尔(David Hare)和马丁·麦克唐纳(Martin McDonagh)都是90年代最出色的剧作家。杰出的音乐剧有《日落大道》(*Sunset Boulevard*)和《狮子王》(*The Lion King*)。《吉屋出租》(*Rent*)是根据歌剧《波西米亚人》(*La*

上图 歌手艾佳·巴杜（Erykah Badu）1998年在帕萨迪纳市的音乐会上表演时戴着夸张的头巾

Bohème）改编的音乐剧，故事背景设定在纽约东村，以艾滋病和吸毒为主题。《伊丽莎白》讲述了奥地利王后伊丽莎白的悲惨故事，成为有史以来最成功的德语音乐剧。

流行音乐类型比以前更多样，有明确的一级分类和子级分类，依然是时装和风格群体的灵感来源。涅槃乐队（Nirvana）1991年发行的《没关系》（*Nevermind*）可能是90年代最有影响力的专辑，其中收录的歌曲成为一代人传唱的经典。拉帕鲁扎音乐节、莉莉丝音乐节、里约摇滚音乐节和1994年伍德斯托克音乐节等音乐盛会有力推动了各种类型流行音乐的发展。慈善义演也很重要，例如“现场援助”（Live Aid）慈善音乐会和伦敦艾滋病有关慈善机构举办的致敬弗雷迪·墨丘里（Freddie Mercury）的音乐会。1995年，在克利夫兰设立了摇滚名人堂。全球音乐电视台（MTV）依然处于音乐媒体的领先地位，在亚洲、欧洲和南美洲开设了新的频道。北美洲和欧洲艺术家的巡回演出更加国际化。拉丁美洲的音乐受到了更多人的喜爱，探戈音乐再度流行起来。

阿沃·帕特（Arvo Pärt）和约翰·亚当斯（John Adams）等作曲家创作了经典音乐风格的新作品。被大肆宣传的“三大男高音”成为炙手可热的人物，需要体育场场馆才能容纳得下听众。为了让新听众喜欢上古典乐，唱片公司也以一种更加年轻和性感的方式包装艺术家，法籍意大利男高音罗贝托·阿蓝尼亚（Roberto Alagna）赤膊出现在他的《威尔第咏叹调》（*Verdi Arias*）的专辑封面上，或许可视为这种潮流达到巅峰的标志。

时尚媒体

1988年底，英国人安娜·温图尔（Anna Wintour）出任美国版《时尚》的主编，并开始对该期刊进行改版。温图尔越来越喜欢名人封面，但直到20世纪90年代末，这种偏好才完全成为时尚杂志的主流。1988年，格兰达·贝利（Glenda Bailey）开始发行英国版《玛丽嘉儿》（*Marie Claire*），1996年出任美国版主编，她将该刊打造为一种既为读者提供严肃的新闻报道又提供轻松的时尚信息的刊物。其他具有影响力的时尚编辑有苏熙·曼奇斯（Suzy Menkes）（《国际先驱论坛报》（*International Herald Tribune*）的时尚编辑）、伊莎贝拉·布罗（Isabella Blow）、伊恩·韦伯（Iain Webb）和安德烈·莱昂·塔利（André Leon Talley）。

超模真正获得了名人的地位，在流行文化中“超模”（Supermodel）一词甚至更加常见。1992年4月美国版《时尚》100周年特刊的封面是帕特里克·德马舍利耶（Patrick Demarchelier）拍摄的多人照，照片中都是当时最有影响力的超模：克里斯蒂·特林顿、琳达·伊万格丽斯塔、辛迪·克劳馥、凯伦·穆德（Karen Mulder）、伊莱恩·欧文（Elaine Irwin）、妮姬·泰勒（Niki Taylor）、雅斯敏·盖瑞（Yasmeen Ghauri）、克劳蒂亚·雪佛（Claudia Schiffer）、娜奥米·坎贝尔（Naomi Campbell）和塔加纳·帕提兹（Tatjana Patitz）。另外，泰拉·班克斯（Tyra Banks）、卡拉·布妮（Carla Bruni）、海莲娜·克莉丝汀森（Helena Christensen）、莎洛姆·哈罗（Shalom Harlow）、史蒂芬妮·西摩（Stephanie Seymour）、艾姆博·瓦莱塔（Amber Valletta）和艾莉克·慧克（Alek Wek）也是当时有名的模特。身材高挑有贵族气质的史黛拉·坦南特（Stella Tennant）是非常受欢迎的一个T台超模，90年代中期她还成为了香奈儿的代言人。凯特·摩丝（Kate Moss）和克莉丝汀·麦玫娜蜜（Kristen McMenamy）的非常规造型深受20世纪90年代中期反传统审美的摄影师的喜爱，这种造型在巅峰时期称为“海洛因时尚”（Heroin Chic）。90年代末，巴西超模吉赛尔·邦辰（Gisele Bündchen）的出现标志着重新回到曲线美人的审美标准。90年代著名的摄影师有马里奥·特斯蒂诺（Mario Testino）、尼克·奈特（Nick Knight）、彼得·林德伯格（Peter Lindbergh）、克雷格·迈克迪恩（Craig McDean）和史蒂文·梅塞（Steven Meisel）。独立杂志收获了一批忠实的年轻读者。1992年，《惶惑》（*Dazed & Confused*）在伦敦首次发行，后来从单页的折叠插页成长为专业月刊。另外一个英国杂志《墙纸》（*Wallpaper*）创刊于1996年，它成功糅合了时尚和艺术。

凯特·布兰切特（Cate Blanchett）、格温妮丝·帕特洛（Gwyneth Paltrow）、乔治·克鲁尼（George Clooney）和皮尔斯·布鲁斯南（Pierce Brosnan）等“偶像派”明星登上了时尚报刊，用“会穿衣的人”来形容他们可能更加合适。出席重要的颁奖典礼尤其是奥斯卡颁奖典礼的名人会醒目地出现在典礼前的电视转播中，非常直观地展现了设计师的作品。互联网的出现挑战了时尚纸媒和传统的销售方式。90年代末，已经出现多个提供时

右图　1995年，袁蒂·洁德将“海洛因时尚”带上了T台

尚资讯的网站，并有秀场的报道，很多设计师通过自己的网站将产品直接展示给公众，绕开了报刊这一媒介。

“海洛因时尚”

“海洛因时尚”的出现与反对模特在镜头前刻意摆出优美姿态的传统有关，它既是时尚媒体创造的一个概念，也是一种真实的风格。它的出现和许多因素有关，包括朋克风貌、垃圾摇滚美学和艾滋病。这个名称会让人想起毒品文化的颓废景象，也反映了 20 世纪 90 年代中期以后海洛因的泛滥。90 年代中期，这种拍摄风格普遍出现在时尚报刊上，瘦弱憔悴的模特在昏暗的场景里穿着设计师设计的昂贵服装。这种风格的模特都骨瘦如柴，她们呈现一种近乎双性的不健康外貌，特别是凯特·摩丝、裘蒂·洁德（Jodie Kidd）和杰米·“詹姆斯”·金（Jaime "James" King，当时她自己就是一个瘾君子）。这种风格兴起且常见于独立杂志，例如 *i-D*，但这种审美影响了主流领域。卡尔文·克莱恩的广告是典型的例子，例如他与摩丝和文森特·加洛（Vincent Gallo）合作的那些广告。海洛因风格的知名度很高，它甚至成为流行文化讽刺的对象，例如出现在电视剧《宋飞正传》（*Seinfeld*）的一集中。那些采纳这种风格的人——时不时穿非常紧身的牛仔裤、破烂的衬衫和脏兮兮的运动鞋——通常是瘾君子。许多电影例如《低俗小说》和《高潮艺术》（*High Art*）生动表现了毒品滥用的情况。主流媒体指责时尚行业美化吸毒的生活方式，1997 年比尔·克林顿（Bill Clinton）总统甚至将这种行为称为“美化死亡”。时尚摄影师大卫·索兰提（Davide Sorrenti）的死亡让海洛因风格遭到了更多的批评。他是杰米·金的男朋友，去世时仅 20 岁，死于滥用海洛因引发的并发症，这件事促使金接受戒毒治疗。

上图 1999 年，摄影师阿纳尔多·马格纳尼（Arnaldo Magnani）为小约翰·肯尼迪和卡洛琳·贝塞特拍摄的照片，贝塞特舒适简约的晚间着装通常是纯白色衬衫搭配简单的黑色半裙

下图 朱莉娅·罗伯茨和理查德·基尔主演的电影《风月俏佳人》（1990 年）剧照，罗伯茨身穿玛丽莲·万斯设计的棕色波尔卡圆点连衣裙，这款裙子曾被广泛效仿

时尚与社会

威尔士王妃戴安娜完成了从“斯隆族”到王妃再到衣着最佳离婚女性的转变，让世界为之着迷。她虽然依然穿着英国设计师设计的服装，但是开始展现更加国际化的鉴赏力。1997 年，戴安娜在纽约佳士得拍卖行（Christie's）拍卖了她的 79 件礼服，所得款项捐助给艾滋病和癌症慈善机构，这是本年代最重要的社会事件之一。她的生活依然被众多小报报道，媒体施加的沉重压力和密集监视被认为是导致她 1997 年 8 月 31 日在巴黎悲惨死亡的原因之一。

美国的上流社会人士打造了美国的“王室”。其中最主要的是米勒姐妹——免税商店大亨罗伯特·米勒（Robert Miller）和他的厄瓜多尔妻子的女儿——皮雅（Pia）、玛丽－赞塔尔（Marie-Chantal）和亚历山德拉。三姐妹一直是社会专栏的热门人物，出现在无数的时尚报道中，她们也为《时尚》和《名利场》拍摄了时尚照片，杂志称她们为古典美人，称赞她们的“免税酒窝、香槟肤色、粉色米勒美甲和精致上镜的鼻子”。律师、杂志出版商小约翰·肯尼迪（John F. Kennedy, Jr.）是约翰·菲茨杰拉德·肯尼迪总统和夫人杰奎琳·鲍维尔·肯尼迪的儿子，也是“美国王室”的一员。英俊健美的肯尼迪是流行文化明星，也是“黄金单身汉”名单上的钉子户。肯尼迪结识了卡尔文·克莱恩的总监卡洛琳·贝塞特（Carolyn

右图 《独领风骚》（1995年）中斯黛西·达什（Stacey Dash）和艾丽西亚·希尔维斯通（Alicia Silverstone）正在打电话，两人都穿着蒙娜·梅设计的格子套装，由此可见香奈儿品牌受欢迎的程度

Bessette），这对情侣经常被狗仔队追踪，因此1996年他们在格鲁吉亚举办婚礼都对媒体保密。贝塞特的婚纱非常简约，由纳西索·罗德里格斯（Narciso Rodriguez，1961年生）设计，后来被广泛效仿。1999年，夫妇两人以及贝塞特的姐姐劳伦乘坐一架小型飞机遇难，该事件被媒体广泛报道。

电影与时尚

电影中出现了很多令人印象深刻并对时装产生广泛影响的服装。在1990年的电影《风月俏佳人》（*Pretty Woman*）中，玛丽莲·万斯为朱莉娅·罗伯茨（Julia Roberts）设计了多套服装包括复古的乐队夹克搭配长及大腿的“妓女”靴和瓦伦蒂诺式红色晚礼服等。罗伯茨的棕色真丝波尔卡圆点连衣裙有不同价位的仿款，包括维多利亚的秘密。在《独领风骚》（*Clueless*，1995年）中，蒙娜·梅（Mona May）为“比弗利山庄青年”设计了独特的设计师服装，将格子花呢（垃圾摇滚和朋克的标签）用于高级时装。海伦·亨特（Helen Hunt）在《尽善尽美》（*As Good As It Gets*，1997年）中穿过莫莉·马金尼斯（Molly Maginnis）设计的一款复古风格的红色衬衫裙，也是很有影响力的一款电影服装。迈克尔·卡普兰为《搏击俱乐部》（*Fight Club*，1999年）设计的服装包括布拉德·皮特（Brad Pitt）穿的二手店风格的服装，皮特的服装启发了高级时装设计，喜欢逛二手店的年轻男性也效仿这种穿着。凯姆·巴雷特（Kym Barrett）为《黑客帝国》（1999年）设计的修道士款式的科幻电影服装从T台到大众市场都有仿款。从芮妮·齐薇格（Renée Zellweger）在《甜心先生》（*Jerry Maguire*，1996年）中穿着的贝丝·海曼（Betsy Heimann）设计的一款黑色连衣裙可以看到人们对小黑裙的热情再次点燃。

20世纪90年代，某些电影对时尚和视觉文化领域产生了重要的影响，担任这些影片的服装设计师的地位也因此得以巩固。理查德·霍尔农（Richard Hornung）为《致命赌局》（*The Grifters*，1990年）提供了多款时髦的太阳镜，在《天生杀人狂》（*Natural Born Killers*，1994年）中则让观众看到了另外一种罪犯风格，将光头党、摇滚和西南部的元素融入连环杀手夫妇的着装。从有影响力的历史片——《夜访吸血鬼》（*Interview with the Vampire*，1994年）、《莎翁情史》（*Shakespeare in Love*，1998年）——到反映

时尚效应

在媒体无所不在的20世纪末，时尚T台扩展到世界各地的起居室和剧院。大众对时尚的一切——产品、事件和名人——极度渴望，永不知足，紧跟琳达和娜奥米、卡尔和马克的每个脚步（甚至错误）。媒体对时尚行业的关注倍增，这个行业被描述为所能想象到的最令人兴奋、最具创造力、最苛刻也最能实现梦想的世界。

与时尚有关的电视节目包括从名人衣着评论到以时尚为主题的情景喜剧。以前只能通过文章与公众接触的时尚评论家现在成为了电视名人。资深时装编辑卡丽·多诺万成为了老海军品牌的代言人，为该品牌代言平价运动服——现代版《甜妞儿》普雷斯科特小姐。艾尔莎·克伦斯克（Elsa Klensch）也从报刊转向电视，担任美国有线电视新闻网（CNN）长期播出的节目《流行登陆》（*Style with Elsa Klensch*）的主持人。加拿大记者珍妮·贝克尔为时尚电视（Fashion Television）报道时尚，英国广播公司播出的节目《服装秀》（*The Clothes Show*）报道当下的服装潮流。90年代中期播出了一部关于洛杉矶的一家模特经纪公司的肥皂剧——《模特公司》（*Models Inc*）。美国喜剧《薇洛尼卡的衣橱》（*Veronica's Closet*）播出了三年，主演柯尔斯蒂·艾利（Kirstie Alley）饰演纽约一家内衣公司的老板。珍妮弗·桑德斯（Jennifer Saunders）和乔安娜·林莉（Joanna Lumley）主演的英剧《荒唐阿姨》（*Absolutely Fabulous*）从1992年播到了1995年，记录了两位中年女性的滑稽行为，她们两人一人是公关经理，另一人是时尚作家，她们在摄取大量酒精和药品的同时疯狂地尝试每一种时装和流行的生活方式。她们的口头禅“拉克鲁瓦，心肝宝贝，拉克鲁瓦”（Lacroix, sweetie, Lacroix）成为“无法抵抗时尚诱惑的愚蠢行为”的简略表达方式。

罗伯特·奥特曼执导的电影《云裳风暴》（*Prêt-à-Porter*，1994年）讲述了巴黎高级时装界的故事，演员阵容华丽，角色涉及设计师、客户和各种趋炎附势的人，本片有些设计师和模特由本人出演。本片最后一个场景——一场没有衣服的时装秀——表现了愤世嫉俗的时尚观念，这也是该影片较少受到批评的一个主要原因。相反，道格拉斯·基维（Douglas Keeve）的时尚纪录片《拉链拉下来》（*Unzipped*，1995年）让观众得以一窥艾萨克·麦兹拉西1994年秋季新装发布的准备过程。麦兹拉西表现得富有创造力、神经质和殚精竭力——这正是公众希望看到的时装设计师的样子，顶级模特裸体的场景让这部作品变得香艳刺激。

猫步也颇受迷恋。英国组合“弗雷德说的对”（Right Said Fred）的单曲《我性感过了头》（*I'm Too Sexy*）轻微嘲弄了时尚和时装模特，成为一首流行广泛的舞曲，鲁保罗（RuPaul）的《超模（你最好去干活）》（*Supermodel*（*You Better Work*））也一样。甩手舞结合了时尚、舞蹈和模特的动作，20世纪80年代起源于哈莱姆男同性恋社区，经由麦当娜的歌曲《时尚》（*Vogue*）及其音乐录像和珍妮·利文斯顿（Jennie Livingston）1990年的纪录片《巴黎在燃烧》（*Paris is Burning*）传播开来。甩手舞舞者从高级时装中获取灵感，凭借天赋和努力让它成为一种引人入胜的表演形式。甩手舞为边缘化社会群体打开了一扇通向时尚梦幻世界的门。后来，它为主流文化接纳，21世纪前十年它还被搬上荧幕，出现在一些时尚的代表作里，例如电视剧《丑女贝蒂》和梦想成真的真人秀节目《天桥骄子》（*Project Runway*）。

《荒唐阿姨》中女士们正在拉克鲁瓦的门店大采购

20 世纪 70 年代华丽摇滚风格的《天鹅绒金矿》（*Velvet Goldmine*，1998 年），桑迪·鲍威尔（Sandy Powell）为许多电影设计了服装。日本多媒体艺术家、影视服装设计师石冈瑛子（Eiko Ishioka）凭借她为《吸血僵尸惊情四百年》（*Bram Stoker's Dracula*，1992 年）设计的博采众长的服装收获了无数奖项，这些服装既符合电影维多利亚时代的设定，也体现了石冈的日式审美，对浪漫的哥特风格和新兴的蒸汽朋克美学产生了影响。

其他获奖的历史剧中华美的服饰也成为时尚评论热衷的主题，同时给设计师提供了灵感来源。《玛戈皇后》（*La Reine Margot*，1994 年）、《乱世情缘》（*Restoration*，1995 年）和《伊丽莎白》（1998 年）中高度程式化的服装呈现了 16—17 世纪的风格。19 世纪早期的风格出现在《理智与情感》（*Sense and Sensibility*，1995 年）和《艾玛》（*Emma*，1996 年）中——两部影片中的晚礼服都着重强调了帝政风格的高腰线，《纯真年代》（*The Age of Innocence*，1993 年）和《安娜·卡列尼娜》（*Anna Karenina*，1997 年）中出现了奢华的有巴瑟尔裙撑的款式。《霍华德庄园》（*Howards End*，1992 年）将对白色法兰绒的喜爱延续到 90 年代。《泰坦尼克号》（1997 年）中 1912 年的款式成为了时装设计师的灵感来源，凯特·温丝莱特（Kate Winslet）穿过的长裙被广泛报道，服饰道具定制公司 J·彼得曼（J. Peterman）甚至通过销售电影的纪念品和仿款的服

右图　正如一篇法国时尚评论《让我们成为老友吧》描述的那样，《老友记》的着装引起了世界性的轰动，这张照片由罗伯特·拉科（Robert Lakow）拍摄，刊登在《费加罗夫人》（*Madame Figaro*）上，杂志上的模特模仿剧中角色的造型，使用了 H&M、不二价（Monoprix）、寇凯（Kookaï）、六十年代小姐（Miss Sixty）、REPLAY 牛仔（Replay Blue）、法颂蓝（Façonnable）和高田贤三的服装和配饰

右图 法兰·德瑞雪（Fran Drescher）在《天才保姆》中经常留着蓬松的头发，穿彩色丰富且富有曲线的套装。在她与该剧小演员的这张合影中，两个小演员都穿着典型的预科学校校服

最右图 凯莉（莎拉·杰西卡·帕克饰）不拘一格（有时甚至令人疑惑的）的时尚风格是《欲望都市》持久的主题

装为电影的宣传添砖加瓦。《子弹横飞百老汇》（*Bullets Over Broadway*，1994 年）中 20 世纪 20 年代风格的服装让时尚再次将目光投向爵士时代。《豪情四海》（*Bugsy*，1991 年）和《英国病人》（*English Patient*，1996 年）等几部以 20 世纪 30 年代和 40 年代为背景的电影也对时尚产生了影响。《贝隆夫人》（1996 年）重新引起人们对时尚偶像伊娃·贝隆的兴趣，《洛城机密》（*L.A. Confidential*，1997 年）升级了 20 世纪中叶电影中的黑色风格。《马尔科姆·艾克斯》（*Malcolm X*，1992 年）重新引起了人们对这位民权运动领袖的兴趣，他标志性的黑色眉毛框眼镜也因此再度流行，许多服装和配饰包括皮带、T 恤和帽子上都有“X”的标志。麦克·梅尔斯（Mike Myers）在《王牌大贱谍》（*Austin Powers*）系列电影中重现了现代派的和孔雀革命时期的男装，对时尚潮流和化装舞会的服装产生了影响。《不羁夜》（*Boogie Nights*，1997 年）和《冰风暴》（*The Ice Storm*，1997 年）等影片体现并推动了 20 世纪 70 年代风格的复兴。

在电影服装方面，随着某些制片人日益重视服装本身是否符合当下的潮流而非符合片中的角色设定，因此聘用时尚杂志的造型师担任电影服装设计师逐渐成为一种潮流。从模特转行的杂志造型师凯特·赫林顿（Kate Herrington）是这股潮流中的一个典型例子，她接到了为《天罗地网》（*The Thomas Crown Affair*，1999 年再版）等电影担任服装设计师的邀请。电影行业仍然热衷于与时装设计师合作，例如，在佩德罗·阿莫多瓦的作品《基卡》（*Kika*，1993 年）的片头字幕中就显著注明了该片与詹尼·范思哲和让－保罗·高缇耶的合作，高缇耶还为《第五元素》（*The Fifth Element*，1997 年）设计了色彩缤纷的未来主义服装。

电视与时尚

20 世纪 90 年代，电视对时尚产生了深远的影响。风靡全球的电视剧《海岸护卫队》（*Baywatch*）1989 年首播，并贯穿整个 90 年代。剧中暴露的穿着和迷人的演员让健美的肤色和宽阔的胸膛成为时尚。1994 年首播的《老友记》（*Friends*）对时尚产生了很大的影响且具有全球的影响力，虽然剧中角色罗斯（Ross，大卫·休默（David Schwimmer）饰）和瑞秋（Rachel，詹妮弗·安妮斯顿（Jennifer Aniston）饰）的风格特别有名，但事实上六名主演的着装都影响了当时的年轻人。在《老友记》之前，产生类似影响的是法国大学生生活喜剧《伊

左上图　墨西哥裔美国歌手、作曲人赛琳娜将独特的个人风格融入拉丁美洲的音乐

右上图　英国的辣妹组合是“淘气”女生组合的代表，每个人的风格都被广泛效仿，1997 年的这张照片中，她们正在全英音乐奖颁奖现场表演。“姜汁辣妹”洁芮·哈利薇尔因穿着英国国旗连衣裙而成为热点

右下图　紧身皮裤是瑞奇·马丁（左）的休闲性感风格和兰尼·克拉维茨（右）的稀奇古怪风格的关键元素

莲娜和男孩们》（*Hélène et les garçons*），由法国流行歌手伊莲娜·霍莱等人主演。《救命下课铃》（*Saved by the Bell*）、《淘小子看世界》（*Boy Meets World*）和《飞越比弗利》（*Beverly Hills*）等高中校园题材的电视剧也对青少年的着装产生了重要的影响。

《天才保姆》（*The Nanny*）展现了女性着装的两个极端。女主角弗兰（Fran）经常穿着托德·奥德海姆（Todd Oldham）和莫斯奇诺的彩色紧身服，而她的对手茜茜（C.C）穿着阿玛尼和卡尔文·克莱恩经典的定制服装。1997 年首播的《甜心俏佳人》（*Ally McBeal*）展现了身穿迷你裙商务套装的性感女律师的风采。《欲望都市》（*Sex and the City*）1998 年首播，四位女主角在某种程度上都成为了时尚的引领者，尤其是莎拉·杰西卡·帕克（Sarah Jessica Parker）。该剧所有服装都由戏服设计师、精品店老板帕翠西亚·菲尔德（Patricia Field）提供，她使用了众多奢侈品牌的服装。1999 年首播的哥伦比亚电视剧《丑女贝蒂》（*Yo soy Betty, la fea*）的主角是一家大型时装公司的秘书，在这部剧的影响下时尚行业成为一个有吸引力的主题，在下一个十年还被翻拍。

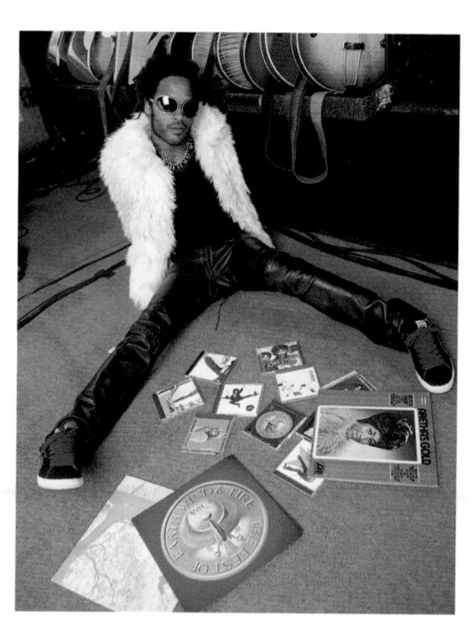

右图　后街男孩融合了垃圾摇滚、嘻哈和其他音乐类型的元素，他们既是时尚偶像也是成功的男生组合

右页图　马克·雅可布为派瑞·艾力斯1993年的春季系列设计的垃圾摇滚风格的高级时装

音乐与时尚

《滚石》（*Rolling Stone*）、《回旋》（*Spin*）和《新音乐快递》（*New Musical Express*）等著名音乐杂志关于音乐人的报道影响了时尚潮流。音乐录像大大提升了音乐的价值，在传播时尚信息方面甚至更具影响力。

从无疑乐队格温·斯蒂芬妮（Gwen Stefani）的另类美和希妮德·奥康娜（Sinead O'Connor）的反时尚风格到丽莎·史坦菲尔德（Lisa Stansfield）的假小子造型和仙妮亚·唐恩（Shania Twain）古怪的折衷风格，女歌手呈现了更加多样的风貌。埃里卡·巴杜（Erykah Badu）的粉丝模仿她醒目的头饰。麦当娜每隔一段时间就会重塑形象，她似乎特别喜欢性虐风格。主演电影《贝隆夫人》以后，她又将艾薇塔·贝隆的部分造型融入自己的成熟风格。参演《保镖》之后，惠特妮·休斯顿的好莱坞式造型被广泛效仿。本年代澳大利亚歌手凯莉·米洛（Kylie Minogue）的风格从朝气蓬勃转为华丽迷人，并在音乐录像中尝试了拉斐尔前派和日本风格。布兰妮·斯皮尔斯（Britney Spears）在她的成名歌曲《爱的初告白》（*Baby One More Time*）中的服装从学生制服转变为诱惑套装，这位17岁的少女给人留下的印象是引诱男性的未成年人。斯皮尔斯以露脐装闻名，并且推动了发辫的流行。20世纪90年代初，珍妮·杰克逊（Janet Jackson）在《节奏王国》（*Rhythm Nation*）的录像中穿着的酷帅制服体现了中性风格和制服款式女装的流行。特哈诺（Tejano）明星赛琳娜（Selena）经常穿着紧身裤和短小的上装，戴着饰有珠宝或带有装饰的超大报童帽，她甚至创立了自己的服装品牌。1995年赛琳娜被枪杀后，她的传记电影带动了她的音乐和着装风格的流行，并促进了扮演她的拉丁美洲新人詹妮弗·洛佩兹（Jennifer Lopez）的事业发展。洛佩兹经常混搭高级时装和她成长的布朗克斯区的街头流行款式。她凹凸有致的身材作为一种新的理想体形被时尚界和媒体推崇。暴女时尚（Riot Grrrl Fashion）结合了复古风貌和女权主义。在自我标榜的"女生力量"的驱动下，辣妹组合通过着装来表达青少年的淘气和对权威的漠视，这些理念又进一步在歌曲和音乐录像《想要的》（*Wannabe*）以及她们广为人知的（通常不恰当的）滑稽举止中得以体现。"姜汁辣妹"洁芮·哈利薇尔（Geri Halliwell）1997年参加全英音乐奖颁奖典礼时因穿着印有英国国旗的迷你裙而登上新闻头条。

RY EL

上图 奇异、黑暗主题的首饰、毫无生气的黑发和极度苍白的面孔是哥特美学的特点

流行的男装大多来自音乐圈，来自20世纪80年代末出现的垃圾摇滚、哥特和重金属音乐的表演者。流行音乐界一流男艺人优雅的着装受到了拉丁艺术家的强烈影响。“墨西哥的太阳”（El Sol de México）路易斯·马吉尔（Luis Miguel）是一个颇具人气的多面手，他的风格从少年时期延续到成人阶段，表演时他经常穿着剪裁出色的套装并搭配领带，有时他梳着20世纪20年代风格的大背头。时尚报刊的报道广泛传播。马克·安东尼（Marc Anthony）也穿类似的整洁套装，其着装融合了家乡西班牙哈莱姆区的特点，再搭配未扣纽扣的衬衫和黑色的圆形眼镜。1999年，前波多黎各少年偶像团体梅努多（Menudo）成员瑞奇·马丁（Ricky Martin）因为在格莱美颁奖典礼上的表演而一夜爆红，皮裤、性感衬衫和马达臀成为了他的标志。兰尼·克拉维茨（Lenny Kravitz）的着装风格独特，戴很多配饰，搭配穿刺、牛仔服和骇人的长发绺。他经常泰然自若地更换风格，体现了他的多民族血统。男生组合对年轻男性的着装产生了深远而广泛的影响，包括美国的后街男孩（Backstreet Boys）和超级男孩（NSync）以及英国的接招组合（Take That）。

垃圾摇滚风格

一种以法兰绒衬衫、保暖内衣、牛仔裤和绒线帽等美国主要的本土产品为基础的DIY服装风格——垃圾摇滚风格（Grunge）成为了20世纪90年代前几年的一股显著潮流，尤其受到X世代（婴儿潮之后出生的人）的喜爱。垃圾摇滚审美结合了印花连衣裙和马丁靴等不大可能同时采用的元素以及服装的多层叠穿方式，例如睡衣裤外面穿破洞牛仔裤或亨利衫外面穿短袖或无袖衬衫，这些服装通常在二手店或者通过车库旧货出售购得。涅磐和珍珠果酱（Pearl Jam）等几个西雅图的乐队抵制20世纪80年代音乐人华而不实的造型，两队主唱都成为了有巨大影响力的时尚领袖。以西雅图为背景的电影《单身一族》（*Singles*，1992年）中的造型是垃圾摇滚风格的典型代表。电视剧《我的青春期》（*My So Called Life*）的女演员克莱尔·丹尼丝（Claire Danes）也采用这种风格。这种风格的鼎盛时期或许是在1992年12月，当时《时尚》的一篇评论以“垃圾与华丽”为题，意大利版《魅力》（*Glamour*）也用“衣服的混搭——垃圾摇滚风”作为该月封面评论的主题。同一季度，这种风貌登上了北美和欧洲多数主要时尚杂志的封面。马克·雅可布（为派瑞·艾力斯）和安娜·苏都推出了垃圾摇滚风格系列，甚至唐娜·卡兰也在DKNY的一个广告里展示了垃圾摇滚美学。涅槃乐队的主唱科特·柯本（Kurt Cobain）的妻子、演员兼洞穴乐队（Hole）的主唱科特妮·洛芙（Courtney Love）推动了垃圾摇滚风格的发展。1994年，27岁的柯本自杀身亡，这件事加速了垃圾摇滚的消亡，但垃圾摇滚的元素——以及这个词语本身——已经被收录在时尚辞典里。

哥特风格

20世纪80年代哥特风格的反叛立场在90年代更加明确。哥特风格是恐怖而忧郁的。英国的包豪斯乐队（Bauhaus）和苏可西与女妖乐队的影响尤其大。一身黑是哥特风格的核心：

“精心粉饰的脸庞和精确浓重的黑色眼线反映了在镜前花费的几百个小时。性别无关紧要：男女都穿紧身的漆皮胸衣和皮裤，留黑色或漂白的披肩长发。”

嘻哈音乐代表人物“吹牛老爹”肖恩·康姆斯（左图）和奎恩·拉提法（右图）突破了街头风格的界限，他们经常穿着优雅的白色服装参加公众活动

黑色的口红和指甲油让整个造型更加完美，蕾丝是常用的元素。审美通常是维多利亚式的，但也包含了中世纪和其他时期的灵感。宗教意象为它提供了重要的图案。在墓地和丧礼上狂欢的哥特一族从维多利亚时期的丧服中汲取了许多灵感。他们经常穿着黑色的外套，戴着黑色的面纱，19 世纪服丧用的首饰也成为了备受喜爱的配饰。

这种亚文化造型在很大程度上受到了玛丽·雪莱（Mary Shelley）、埃德加·爱伦·坡（Edgar Allan Poe）和当代作家安妮·莱斯（Anne Rice）的黑暗小说的影响。拜伦勋爵、莎拉·伯恩哈特和卡罗琳·琼斯（Carolyn Jones）等名人也为它提供了许多灵感。《诺斯法拉图》（*Nosferatu*，1922 年）、《德古拉》（*Dracula*，1931 年）和《剪刀手爱德华》（*Edward Scissorhands*，1990 年）等经典电影和电视剧也促进了这种风格的发展。由于主演李国豪在拍摄期间意外身亡，《乌鸦》（1994 年）也蒙上了一层神秘恐怖的色彩。流行音乐表演者也对这种风格产生了影响，他们的演出服被人们争相效仿，其中比较重要的人物有玛丽莲·曼森（Marilyn Manson）、九寸钉乐队（Nine Inch Nails）、仁慈姐妹组合（Sisters of Mercy）和新古典主义音乐人拉斯普蒂娜（Rasputina）。哥特文化与性虐亚文化也有交集，紧身绑带衣恋物癖者（Tight-lacer Fetishist）也穿 19 世纪风格的紧身胸衣。哥特风格广为传播，且在世界各大城市的中心发展起来，对日本的风格群体产生了强烈的影响。哥特审美也对 90 年代的顶级设计师产生了重要的影响，包括新锐设计师奥利维尔·泰斯金斯（Olivier Theyskens，生于 1977 年）。

嘻哈风格

嘻哈（Hip-hop）表演者倡导了一种后来具有全球和跨种族影响力的时尚美学。《感应》（*Vibe*）等嘻哈音乐杂志记录并促进了这种风格的发展。这种风格也被更加传统的节奏布鲁斯表演者所接纳。1991 年《乌木》曾这样描述嘻哈风格：

“这种新的黑人风格包括门环状耳环、鲜艳的摩洛哥串珠、宽松的裤子、大面积印花的牛仔裤、加纳面料的包裹式半裙和其他非洲元素的服装。雷鬼式骇人长发绺或渐变式发型上戴肯特布帽子，头发或眉毛上剃几道有创意的纹路。”

嘻哈艺人和粉丝喜欢穿宽大的 T 恤、帽衫、运动衫和露出内裤边的低腰裤。服装生产商为迎合这种风格制作了超大尺寸的印花和标识。虎步（FUBU）、交叉颜色（Cross Colours）、天伯伦（Timberland），甚至香奈儿都是最受欢迎的品牌。复古风格尤其是 20 世纪 20 年代和 30 年代风格的套装和配饰启发了“黑帮”风貌。有时套装袖子底部的品牌标签（通常购买后会去掉）会保留下来，作为一种直观的身份标志。这种造型通常搭配棒球帽（反戴或侧戴）、有角的头巾和一般称为“Bling”（闪亮亮）的大首饰。很多说唱歌手和粉丝用一种称为“Grill”（意思是“护栏”）或“Front”（意思是“门面”）的黄金或白金牙套装饰牙齿。嘻哈风格一直非常关注胶底运动鞋，这有力地推动了“胶底运动鞋文化”的发展。

M.C. 汉默（M.C. Hammer）的宽松长裤称为“汉默炫裤”，被时尚界广泛效仿。说唱歌手兼演员“新鲜王子”（Fresh Prince）威尔·史密斯（Will Smith）也很有影响力，尤其是通过电视节目《新鲜王子妙事多》（*The Fresh Prince of Bel-Air*）。艾斯 –T（Ice-T）、艾斯·库伯（Ice Cube）、史努比·狗狗（Snoop Dogg）、图派克·夏库尔（Tupac Shakur）和声名狼藉先生（Biggie Smalls）等艺人也对时尚产生了影响。肖恩·康姆斯（Sean Combs，艺名“吹牛老爹”）让嘻哈风格充满街头的时尚元素和设计师的酷雅风格。大人小孩双拍档（Boyz II Men）的音乐融合了嘻哈、节奏布鲁斯和男生组合的风格，他们是衣着整洁的时尚变色龙，混合了预科生风格、《绅士季刊》上优雅的浪荡公子造型和街头嘻哈款式。玛丽·布莱姬（Mary J. Blige）和劳伦·希尔（Lauryn Hil）的穿着都融合了嘻哈街头风格和设计师的帅酷。奎恩·拉提法（Queen Latifah）的着装一般更加硬朗和男性化，偶尔也有非洲风格。在她主演的电影和电视剧中，她是大码女性的迷人典范。嘻哈女子组合 TLC 尝试了从非洲到锐舞等多种风格的造型。瓦尼拉·艾斯（Vanilla Ice）、马奇·马克（Marky Mark）和埃米纳姆（Eminem）等白人艺人让这种风格跨越了种族的界限，为嘻哈音乐和时尚做出了贡献。来自史丹顿岛的武当帮（Wu-Tang Clan）融合了亚洲武术和嘻哈，日本漫画杂志连载漫画《爆炸头武士》（*Afro Samurai*）反映了这种混搭。嘻哈风格及其跨文化影响成为了学术研究的热点，其中也包括 2000 年布鲁克林博物馆组织的展览“嘻哈王国”。

流行趋势

20 世纪 90 年代的时尚兼容并蓄且流派分明，但总体的流行趋势对男装和女装都产生了影响。尽管一再声明无关紧要，高级时装界依然用壮观的 T 台表演和不断发展的“当红”设计师名单制造兴奋感并提供灵感来源。时装体现了音乐、电影、时尚史和亚文化的影响。后现代主义尚未退出流行，时尚界开始出现了新名词——“解构”。解构也被称为“毁灭时尚”，表现为看起来像半成品的服装——撕裂的边缘、外露的线缝、做旧的外观，还有裂痕和破洞。另外一种新的潮流“极简主义”拒绝后现代主义的繁复，偏爱简单干净的线条和纯净的色彩（通常为中性色）。

“商务休闲”设计理念革新了职业装。虽然不同地区商务休闲的概念常常有所不同，例如对纽约的一家经纪公司而言，商务休闲意味着纽扣全部扣上的衬衫搭配卡其裤和皮鞋，而在西雅图的软件公司，毛边牛仔中裤或短裤搭配人字拖也是可以接受的——但职业装向非正式变迁的趋势很重要。李维斯旗下的多克斯品牌专门为男女提供商务休闲风格的卡其布长裤。1992 年，该公司发行了一本关于商务休闲风格的手册。1993 年，多克斯品牌拓展到欧洲。

20 世纪 70 年代风格的服装主要包括男式和女式的低腰喇叭裤、扎染和紧身廓形的服装。流行的颜色——绿色、芥末黄和酱紫色——体现了 20 世纪 70 年代的影响，尽管这些熟悉的色彩有了新的名字（鼠尾草色、咖喱黄和茄皮紫）。20 世纪 70 年代风格的复兴说明流行的周期变短，因为 20 年前（甚至不到 20 年）的款式已经被划入复古风格。这股复古风的一个表现是服装趋于透明、强调上身赤裸，采用轻薄或紧身的面料因此可以看到乳头，男装和女装都是如此。虽然这股潮流并没有为大多数消费者采纳，但这类服装在秀场和夜店经常能看到。

牛仔依然是一种重要的面料，有各种处理工艺和价位。做旧的牛仔裤、半裙、连衣裙和夹克都很时髦。90 年代末男女工装裤的流行体现了文化发展的两种趋势。观念上工装裤（还有工装短裤和工装半裙）表达了一种民主的态度，从实用的角度而言，增加裤袋还能携带新型的电子设备，最早是寻呼机和 CD 播放器，后来是手机。开士米羊绒（Cashmere）越来越流行。随着中国崛起成为一个主要的服装生产国，人们能从大众市场以较低的价格购买到开士米羊绒，中国生产商成为 TSE 等知名品牌的竞争对手。

身体改造艺术

20 世纪 80 年代出版了几本关于身体改造艺术的书籍，学术和公众对此类书籍的兴趣增长。纹身亚文化得到了高度的发展，利奥・祖卢埃塔（Leo Zulueta）、埃德・哈迪（Ed Hardy）和目雕佑西三代（Horyoshi III）等纹身艺术家都有狂热的粉丝。其他形式的身体改造——包括划痕、穿孔和推拿——受到了更多关注，且更加经常实施。20 世纪 90 年代出现了许多关于身体改造的期刊，主流的女性时尚杂志也纷纷讨论“适合女性的纹身”。几个国际化城市最终出现了身体艺术区，例如旧金山的卡斯楚区。1991 年开始的拉帕鲁扎音乐节大力推动了纹身等身体改造艺术的普及，因为参加音乐节的表演者通常有大量纹身和穿孔。和垃圾摇滚、哥特风格刚出现时一样，在人们的观念里身体改造艺术是反时尚的，在它发展的过程中又和其他的亚文化有交集。鼻环和多个耳环在 20 世纪 70 年代和 80 年代虽然不和谐但很引人注目，在 90 年代已经司空见惯，几乎成为时尚的主流。拉长的耳垂（被视为“标准的”）流行起来。其他行为包括舌头分叉、刺字、经皮植入、皮下埋植和极端的整容手术。“束腰族”（Tightlacer）亚文化的男性和女性都穿着紧身衣和束腰以塑造极细的腰身。

下图　李维斯的副线多克斯引领了 20 世纪 90 年代“商务休闲”的热潮，该品牌尤其以适合工作场合的卡其布长裤闻名

女装基本情况

女装包罗万象，非常多样，因为设计师、造型师和消费者一直随性混搭各种类型的服装。很多款式体现了 20 世纪 70 年代的风格。90 年代，裙摆底边有时特别高有时特别低，普遍使用“内衣外穿”的形式和透明的材料来强调性感。虽然颜色丰富，但黑色和中性色的广泛运用常给人以制服的印象。

细长的廓形是服装的一大特点，很多款式强调纤细的腰身。90 年代早期和中期流行修长窄身的裙子，有些甚至长至脚踝。裤子套装特别受欢迎。流行剪裁挺括的长外套，有时带有 20 世纪 70 年代爱德华七世时期风格的特点。很多设计师推出了凸显身体曲线的细条纹

左上图　荷芙妮格（Hervé Léger）的一款紧身“绷带连衣裙”，体现了20世纪80年代兴起并持续流行的贴身廓形，展示这款连衣裙的是一名“Glamazon”（意思是魅力美人）

右上图　这块彩色绉绸上的青蛙图案体现了传统印花在20世纪90年代的复兴。从詹尼·范思哲到妮可·米勒（Nicole Miller），各种异想天开的印花图案得到了许多设计师的喜爱

套装，为了增加女人味衬衫采用透明或丝质面料制作，圣·罗兰的裤子套装完全具备这些特点。流行窄身的长裤，有的像牛仔裤一样剪裁，有的是喇叭裤，裤脚常有翻边。山寨版的香奈儿经典半裙套装很流行，通常采用更加鲜亮的颜色和更加紧身的廓形。90年代中期随着裙摆底边的升高，这种半裙套装出现了年轻化的版本——用一件经典的外套，例如羊毛衫和布雷泽外套搭配一条非常短的半裙。很多半裙采用低腰线且不用腰带，挂在臀部。短半裙多为直身款式，没有褶裥或抽褶，但有些年轻女性也穿类似苏格兰短裙的百褶裙。斜裁的半裙常用绉绸和其他柔顺光滑的面料制作，长度及膝。这种裙子有时搭配罗纹上衣和细皮带。T恤、薄毛衣和其他针织上衣多为短款，露出肌肤或内衣。衬衫通常比较合身，流行宽宽的袖克夫和有系带的领口设计。白天和晚上都可以穿紧身的连体装。

虽然单品和单品叠穿的形式丰富，但是连衣裙也很流行。高腰款式的洋娃娃短袖连衣裙常用有复古图案的真丝、棉布或人造丝面料制作，很受年轻女性的喜爱。紧身款式的吊带连衣裙已经流行了很多年，有多种材质和颜色，适用于一切场合，常搭配合身的羊毛开衫显得端庄。还有一种上身紧身下身裙摆敞开的衬衫式短袖连衣裙，裙上有揿纽和西式口袋，常用绸缎或其他有光泽的面料制作，有些款式和牛仔衬衫类似。简单但有型的背心裙前面常有拉链，穿在针织上衣和T恤衫的外面。90年代末，无袖连衣裙取代了吊带裙并更加精致合身。在职场和衣着讲究的场合，连衣裙比套装和单品更受欢迎。

时装设计师喜欢用皮革和蛇皮制作裤子。人造纤维的发展提升了合成面料的档次，有些微纤维具有真丝的外观和触感，氨纶（Spandex）等弹力材料的使用让服装的高度合体从高级时装进入大众市场。亚光人造绉绸尤其常用于西服，亚光针织面料常用于连衣裙甚至晚礼服，然而绸缎也越来越常用于日装。在服装和配饰上都流行动物印花图案尤其是豹纹。

休闲服和运动服受到了很多因素的影响。虽然修身长裤是主流，一些年轻女性还是会穿玩滑板的人和说唱艺人那样的宽松牛仔裤。锐舞音乐爱好者的裤子裤腿非常宽大。机能性运动服的分类越来越细，因为某种运动或活动与特定的款式和面料联系起来。1995年举办的世界极限运动会对运动服的款式产生了影响。

20 世纪 90 年代初，外衣流行宽大的廓形，双排扣长大衣也是如此。至 90 年代中期，外衣通常也采用流行的修身廓形，羊毛大衣的长度在膝盖以上。很多大衣配有腰带。短款风衣多采用传统的米色，格纹和亮色府绸等其他图案和面料的短款风衣也很受欢迎。短款缎面风衣适合晚上穿着。尽管动物权益保护者提出抗议（包括善待动物组织 PETA 组织了一个名流云集的活动），但是毛皮和毛皮镶边的外套和大衣依然流行，有宽披肩领和毛皮袖口的外套常让人想起 20 世纪 20 年代和 30 年代的华丽服饰。自然棕等颜色的羊皮面料很流行。休闲服包括长及臀部的毛毯格子呢外套和羽绒服，羽绒服通常采用糖果或金属色。

晚会和特殊场合的着装尤其能体现时尚的极端。范思哲的绑带连衣裙影响了许多社交人士，他们开始穿着类似胸罩的绑带上衣，通常搭配宽摆长半裙。拉克鲁瓦推出了晚上穿着的半透明雪纺面料制作的 T 恤，上面装饰金色的亮片。在大力宣扬“一切皆有可能”的时刻，莎朗・斯通（Sharon Stone）穿着一件深灰色的盖普高领衫搭配一条设计师半裙参加了 1996 年的奥斯卡颁奖典礼。其他晚礼服的款式让人想起 20 世纪 30 年代的风格。约翰・加里亚诺的斜裁真丝连衣裙被广泛效仿。卡尔文・克莱恩的金属蕾丝吊带裙很受欢迎，并出现了很多仿品。紧身的亚光针织连衣裙（例如汤姆・福特为古驰设计和唐娜・卡兰推出的款式）是晚礼服的另外一种选择，体现了 20 世纪 70 年代的影响。

配饰

很多设计师在秀场上展示了壮观的帽子，包括菲利普・崔西（Philip Treacy）和斯黛芬・琼斯的作品。薇薇恩・韦斯特伍德推出了装饰超长雉鸡羽毛的苏格兰便帽，唐娜・卡兰推出了类似女巫佩戴的深色高尖帽。高顶礼帽变化后显得特别前卫，贝雷帽和报童帽是主流，款式非常多样，棒球帽随处可见，材质多样，从有亮片的绸缎款到皮革款应有尽有。

鞋子除了顶级设计师和奢侈品牌之外，有些品牌也特别受欢迎，例如莫罗・伯拉尼克（Manolo Blahnik）和吉米・周（Jimmy Choo，即周仰杰）。流行尖头秀气的款式，然而也开始出现细高跟鞋的变化款式，例如高跟的玛丽・珍鞋、丁字鞋和其他有交叉带子的鞋子。年轻女性有时喜欢厚实的款式，有些鞋子采用方头，有带扣，类似朝圣鞋。鞋跟沉重的厚底鞋再次流行。一些高跟凉鞋以环绕脚部和腿部的带子为特色，具有角斗士的风格。各种高度和造型的穆勒鞋（Mules）都流行，从皮质木底的休闲款式到华丽的晚会款式应有尽有。

下图　马丁・马吉拉不同寻常的创意也体现在他的“Tabi”分趾鞋上，这是马吉拉时装屋反复推出的款式

90 年代中期以后流行中等高度的小猫跟和路易跟浅口鞋、穆勒鞋和凉鞋。各种造型和款式的靴子都很流行：笨重的机车靴、系带的奶奶靴、线条流畅的尖头细跟踝靴，甚至过膝和长及大腿的靴子。材质流行爬行动物皮和小山羊皮。休闲鞋包括马丁靴和圆头牛津鞋。勃肯凉鞋（Birkenstock）有许多颜色和材质，并且越来越成为主流。

袜子是时尚的一个重点。连裤袜和打底裤的色彩多样、图案丰富，有条纹、绞花和蕾丝等不同类型。欧洲著名的袜子品牌沃芙德（Wolford）和芙歌（Fogal）引领着这个市场。不透明的打底裤通常搭配同色的鞋子。袜裤的上部通常有美腹的作用。及膝袜有复古的风格。

每一季都有一款必备的手袋。最受欢迎的有爱马仕的铂金包（Birkin）和凯莉包、芬迪的法棍包（Baguette）和路易威登的很多款式。设计师意识到配饰能带来丰厚的利润，《时尚》称手提袋是“时尚产业最主要的养家人”。有些包袋特别小，例如香奈儿的链条绗缝包和露露・吉尼斯（Lulu Guinness）古怪的手拿包，因此还需要一个托特包，甚至中国的外卖餐盒也成为了小手袋的灵感来源。背包非常时髦。迷你包常用优质的皮革或布料制作。实用的大尺寸背包成为年轻人休闲风格或军人风貌的一

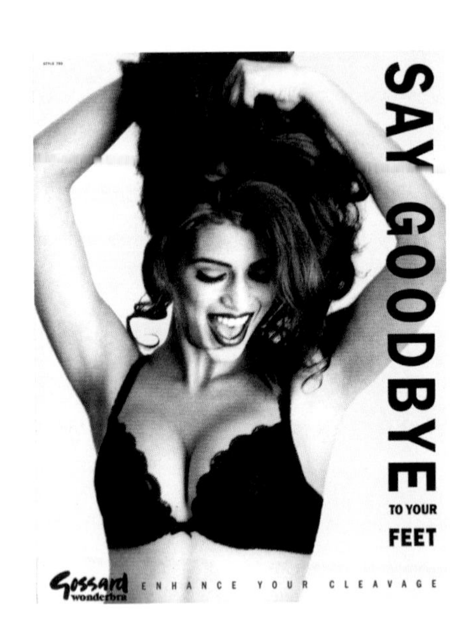

上图 20世纪90年代取得巨大成功的魔术胸罩以性感幽默的广告为特色

个组成部分。普拉达的背包和托特包成为该品牌的主打产品，常被仿造。手提包的设计开始考虑放置一些小的电子设备。

时髦的首饰有非常长的项链、多串小珠饰和有时几乎长至腰部的坠饰。一些长项链会搭配短项链或盒式挂坠。炫目的手镯也很流行。珠宝首饰让身体穿刺得到了强调。帕什米纳（Pashmina）羊绒披肩是公认的必备配饰，有各种颜色，日用和夜用的款式都有。

美体衣和内衣

服装流行纤细的线条刺激消费者购买美体衣。现在的美体衣非常轻便并逐渐称为“塑身衣”。塑身衣市场有几家举足轻重的生产商，例如南希·甘兹（Nancy Ganz），它的“蜜桃臀”系列特别受欢迎。更多人接受了丁字裤，穿在低腰裤里面。魔术胸罩有提升胸部的作用，能塑造标准的胸型。维多利亚的秘密（Victoria's Secret）——一个长期落魄的品牌——升级了品牌的形象，在全球开设零售店铺并举办铺张的电视T台秀，观看的人数高达数百万人。

设计师：法国

20世纪90年代末法国时尚界上演了一场“抢椅子”的游戏，因为新人设计师——通常非常年轻——迅速在知名品牌和他们自己的品牌间游走并走向国际化。1995年，伯纳德·阿诺特（Bernard Arnault）聘请约翰·加里亚诺负责酩悦·轩尼诗–路易·威登（LVMH）旗下纪梵希品牌的设计，加里亚诺因此成为首个主管法国高级时装屋的英国设计师。在纪梵希工作一年以后，他被调到LVMH的另外一个品牌迪奥，接替了

詹弗兰科·费雷的职位。加里亚诺在纪梵希的职位则由另外一个英国新人设计师——27 岁的亚历山大·麦昆（Alexander McQueen）接替。1990 年，古驰收购伊夫·圣·罗兰时装屋之后启用了美国设计师汤姆·福特负责圣·罗兰的设计，取代了阿尔伯·艾尔巴茨（Alber Elbaz）。

1992 年，蒂埃里·穆勒推出了他的首个高级时装系列，秀场上混合了定制服装和成衣，他认为两者没有多大区别。同年，他推出了他的“天使”香水。90 年代，穆勒将经营范围拓展至男装。1990—1992 年，克劳德·蒙塔纳担任朗万的设计师，1997 年他开始专注于自己的时装屋。阿瑟丁·阿拉亚继续坚持他的“身体意识”（Body-conscious Dressing）设计理念，他的作品依然保持着很高的标准，尤其是以条带式弹力面料制作的裙子，非常贴合身体且在接缝处能隐约见到肌肤。伊曼纽尔·温加罗的作品以色彩和图案的大胆组合为特点，他继续推出高级时装、成衣和新款香水。

左页底部左图　麦当娜穿着她最喜爱的设计师之一让－保罗·高缇耶以内衣为灵感设计的套装参加1991年的戛纳电影节

左页底部右图　克里斯汀·拉克鲁瓦为法国国家冠军著名花样滑冰运动员索尔纳·博纳利设计的参赛服装，灵感源于西班牙斗牛士。《纽约时报》称这种由顶级设计师设计滑冰服装的趋势为“冰上的高级定制”

让－保罗·高缇耶的设计以创意和风趣闻名，他探索了许多主题，这进一步巩固了他的声誉。1991 年，他专注于拉斯塔法里教的风格。1994 年，他从哈西德派犹太人的服饰中汲取灵感，同年，他推出的“纹身”系列包含印有纹身图案的肉色服装。他的作品也以地域风格见长，尤其是亚洲。他醉心于紧身衣，设计了非常惹眼的紧身胸衣款式的连衣裙。1990 年，他为麦当娜“金发雄心”巡回演唱会设计的一款锥形胸衣引起了全世界的关注。

90 年代初，克里斯汀·拉克鲁瓦推出了香水“这才是生活”（C'est La Vie）和种类齐全的配饰。1995 年，他推出了更加休闲的副线品牌“芭莎”（Bazar）。他对撞色和装饰的喜爱体现在褶边和缀有宝石的刺绣等标志性细节上。拉克鲁瓦为著名滑冰运动员索尔纳·博纳利（Surya Bonaly）设计的在 1992 年冬奥会上穿着的服装非常精彩，博纳利当时的对手是南茜·克里根（Nancy Kerrigan），克里根相对保守的服装由王薇薇（Vera Wang）设计，因此媒体戏称两位著名的滑冰选手在冰上举行时装秀。

下图　拉格菲尔德为香奈尔设计的格子套装，为咖啡馆社交人士提供了香奈儿核心元素的夸张版本

卡尔·拉格菲尔德让香奈儿品牌保持持续的曝光度，灵感来源多样，使用并夸大了香奈儿的珍珠、山茶花和黑色等经典元素。品牌标识的强化是香奈儿时装屋紧跟流行文化步伐的方式之一。拉格菲尔德推出了机车风格的日用皮夹克和装饰超大珠宝的便帽。有些设计预示着某些潮流的到来，例如 20 世纪 90 年代早期拉格菲尔德推出的“月球靴”虽然也包含了很多常见的香奈儿细节（例如链条和绗缝），但是同时预示了下一个十年鞋子流行的款式。

维克托·霍斯廷（Viktor Horsting，1969 年生）和罗尔夫·斯诺伦（Rolf Snoeren，1969 年生）相识于阿姆斯特丹的艺术学校。他们创立了维果罗夫（Viktor & Rolf）品牌，1993 年，他们在法国耶尔推出了首个系列，该系列将复古的服装进行打散重组。媒体对他们的认可鼓励他们继续在法国发展自己的事业，他们在巴黎展示了几个系列，有时将服装作为装置艺术品。1998 年，在一个当代艺术画廊他们展示了自己的第一个高级时装系列。接下来的一季，他们推出了颈部和肩部夸大的“原子”（Atomic）廓形。他们也尝试进入香水领域，提供漂亮的空香水瓶。

1956 年，海尔姆特·朗（Helmut Lang）出生于维也纳，

上图　川久保玲在她1997年的春夏系列用弹力格子布这种人们熟悉的面料改变身体的形状

20世纪70年代末他在维也纳经营时装生意。1986年，作为蓬皮杜中心展示的维也纳设计的一部分，他在巴黎推出了他的首个女装系列。第二年，他推出了一条男装线，因此在巴黎官方的时尚日历上可以同时看到他的女装和男装。20世纪80年代末，他回避了秀场的喧闹，用安静的时装秀展示他的设计——他称之为工作研讨会。朗在20世纪90年代的作品体现了他的标志性风格：简约的廓形和有限的颜色（以深色和中性色为主），常常搭配让人意想不到的亮色单品。男式和女式紧身长裤同样搭配修身的外套、大衣和套头外衣，细致到苛刻的程度。尽管以使用皮革和橡胶等“硬质”材料闻名，但到90年代末他也使用了柔软的面料。通过与摄影师尤尔根・泰勒合作广告以及与艺术家珍妮・霍尔泽（Jenny Holzer）合作店面设计，朗与当代艺术保持了紧密的联系，他甚至已经成为当代艺术界的一部分。1998年，朗没有举办T台秀而是在网络上展示了他的新系列，他为时尚创立了一种无国界的新模式。

1992年，三宅一生推出了第一款香水“一生之水”（L'eau d'Issey）；1993年，他推出了以褶裥服装为特色的副线品牌“给我褶裥”（Pleats Please）。1997年，“一块布”（Apiece of Cloth）面世，该系列的宗旨是按照穿着者的确切参数纺织或编织服装避免浪费材料。川久保玲特别引人注目的1997年春夏系列并没有出现她一贯的深色宽松款式（通常有填充里料的弹力格子布局部），但这个系列依然再次挑战了传统的廓形，不是在裙子的胸部或臀部而是在肩部、背部和其他意料不到的“不时髦”的地方使用了衬垫。设计师渡边淳弥（Junya Watanabe，1961年生）在川久保玲的品牌“像男孩一样”的针织系列特里科（Tricot）工作了许多年。1992年，在这家公司内他开始以个人名义进行设计，1994年，他创立了自己的品牌并在巴黎推出了首秀。和川久保玲一样，他的设计与当下的潮流保持了一定的距离，他专注于在人体上的面料实验。菱沼良树（Yoshiki Hishinuma，1958年生）毕业于日本文化服装学院，活跃于巴黎和日本，他擅长结合使用当代和传统的面料，有时表现了哥特式的审美。

设计师：英国

英国设计师发挥了国际影响力，几所设计学校尤其是中央圣马丁艺术与设计学院培养了具有变革意义的设计人才。老牌的设计师和品牌继续推出精致高雅的服装。薇薇安・韦斯特伍德的设计体现了她对英国传统认识的深入。1993年的秋冬系列“英国狂”（Anglomania）颠覆性地运用了格子呢、粗花呢、阿盖尔菱形图案和其他的英国传统元素。韦斯特伍德常将精致的剪裁细节和夸张的女强人廓形结合。在“零碎、拼凑和不对称”（Cut,Slash and Pull）系列中，她用16世纪的方式对服装进行了处理。其他的系列有拉夫领和巴尼尔裙撑，紧身胸衣反复出现在她的设计中。1996年，韦斯特伍德在米兰推出了她的男装。1990年和1991年她两次被英国时装协会评为年度最佳设计师，1992年她获得了大英帝国勋章。从美国本土的首饰到锐舞音乐粉丝穿着的彩虹服装，里法特・沃兹别克（Rifat Ozbek）的作品体现了多种影响。他的作品多样、精致，通常采用贴身的廓形。1946生于法国的尼科尔・法伊（Nicole Farhi）曾担任英国品牌法式风情（French Connection）的设计师，他不喜欢夸张的款式，坚持一贯的优雅风格，推出了紧身吊带连衣裙和面料性感剪裁简单的服装，深受广大消费者的喜爱。

亚历山大·麦昆（1969—2010年）毕业于中央圣马丁学院，1992年，他的毕业设计得到关注，被伊莎贝拉·布朗（Isabella Blow）买下。在圣马丁学习以前，麦昆就曾在萨维尔街的两家公司和一个戏剧服装公司工作过，这些经历锻炼了他的裁剪和缝纫技术，增长了他对时尚史的了解。他还曾为罗密欧·吉利短暂地工作过一段时间。1993年，麦昆创立了自己的品牌。他备受争议的作品包括1995年的“高地强暴”（Highland Rape）系列，全身泥污的模特穿着破烂的衣服，设计师借此谴责英格兰人虐待苏格兰高地人。露出股沟的超低腰露臀裤让麦昆在英国时尚界得到了“坏小子”的称号。尽管（或者可能正是因为）他年轻气盛且声名狼藉，麦昆被任命为纪梵希的首席设计师。1996—2000年，他在纪梵希工作的同时也为自己的品牌进行设计。麦昆以掌握精确的打板和缝纫工艺以及精通试衣流程闻名，和大部分依赖工作室制作样衣的设计师不一样，他是直接在模特身上制作服装。1996年、1997年和2000年麦昆三次被评为英国年度最佳设计师。戏剧化的T台秀对于实现他的想法有重要的作用，1999年春夏时装秀上一名模特在T台上跳舞，她的连衣裙

左页下图　亚历山大·麦昆取得重大突破的系列——1995年秋冬的“高地强暴”。该系列谴责英格兰人暴力统治苏格兰的历史，是时装设计概念化思考的标杆

右图　1992年约翰·加里亚诺设计的一套服装。该套服装用一顶超大的“风流寡妇”帽子搭配金属感蜂腰装饰小裙摆外套和短内裤。结合了18和19世纪的风格以及滑稽剧的元素，体现了设计师独特的古怪创意

上装着一把工业喷漆枪。麦昆以令人印象深刻的形式结束了他在这一年代的工作——1999年秋冬系列的时装秀上他制造了一场暴风雪，然后模特穿着皮草服饰和溜冰鞋出现了

1960年，约翰·加里亚诺生于直布罗陀，后来在伦敦长大。1984年他从中央圣马丁学院毕业，他的毕业设计“难以置信”（Les Incroyables）让人想起法国革命，曾在英国布朗斯精品店的橱窗里展示。这些服装很快被人买走，这推动了加里亚诺职业生涯的发展。虽然已经得到认可，也获得了1987年英国年度最佳设计师等奖项，但是他的经济状况一直不景气。1990年，他搬到巴黎，在那里他得到了安娜·温图尔的鼓励和资助。1996年，即到纪梵希工作后不久，他为戴安娜王妃设计了一条令人难忘的连衣裙。他在迪奥的设计作品使这家时装屋重新焕发光彩。他的设计巧妙融合了历史元素和精湛的工艺，重塑了迪奥品牌的魅力。1997年，他重新诠释克里斯汀·迪奥经典的束腰套装，用腰部有装饰性小裙摆的皮革外套搭配斜裁短半裙。加里亚诺曾多次使用帝政主题，也曾探索“美好时代”、中国和20世纪40年代的风格。他的时装秀经常选在意想不到的地方，例如奥斯特里茨车站和布洛涅森林马场。加里亚诺对戏剧的喜爱影响了他的个人风格，他经常以各种造型出现在自己的T台秀上——从宇航员到梳辫子的海盗再到赤膊大汉。

上图　斯特拉·麦卡特尼的设计很受年轻时髦女性的喜爱，她让蔻依长久保持充满女人味的形象。该品牌从1998年开始推出优雅都市风格的产品，例如这里展示的这条连衣裙

下图　侯塞因·卡拉扬以材料和技术的试验闻名，例如1995年在伦敦时尚周展示的这件木制紧身胸衣

甲壳虫乐队贝斯手保罗·麦卡特尼（Paul McCartney）与琳达·麦卡特尼（Linda McCartney）的女儿斯特拉·麦卡特尼（Stella McCartney，生于1971年）在她早期的作品上使用了父母70年代的套装元素。她对时装行业的影响始于她在中央圣马丁学院的毕业秀，当时娜奥米·坎贝尔、雅斯门·勒·邦（Yasmin Le Bon）和凯特·摩丝担任她的服装模特。在拉克鲁瓦实习和与萨维尔街的裁缝爱德华·塞克斯顿（Edward Sexton）共事时，她的技术得到了锻炼。从她的职业生涯起，麦卡特尼就以诡异但适穿的风格吸引了年轻的顾客。1996年，她推出了干净利落的布雷泽定制外套，搭配女人味十足的轻薄贴身背心，有些外套上装饰古老的蕾丝。1997年，麦卡特尼被法国品牌蔻依聘用，接替了老前辈卡尔·拉格菲尔德，这件事引起了轰动。但是她年轻化的时尚风格和浪漫唯美的细节说明她适合这个品牌的波西米亚传统，她在蔻依一直工作到2001年。

作为一名有趣的设计师，侯塞因·卡拉扬（Hussein Chalayan，生于1970年）崭露头角。卡拉扬出生于塞浦路斯的尼科西亚，1993年毕业于中央圣马丁学院，他的毕业设计“切线流”（The Tangent Flows）很出色，其中有几件衣服为获得锈迹斑斑的效果曾与铁粉一起埋在土里。第二年成立自己的品牌后，卡拉扬推出了以时间、运动和端庄的文化理念为主题的服装，总体为极简风格，例如用无纺布特卫强（Tyvek）制作的红蓝条纹的“航空邮件”服。卡拉扬对紧身胸衣的探索包括外科紧身胸衣（1996年春夏）和漂亮的抛光木制紧身胸衣（1995秋冬），后者的曲面与身体的曲线相呼应。1999年秋冬“飞行模式”（Echo form）是他在20世纪90年代推出的最后一个系列，灵感源于飞机和汽车的内部结构。飞机连衣裙用玻璃纤维制作，可用电子控制的不同部位开合。1999年，卡拉扬工作五年后便获得了英国时尚大奖之年度最佳设计师奖。

设计师：美国

20世纪70年代和80年代崛起的几位设计师90年代依然是美国时尚的引领者，通过增加品牌副线和发展特许授权，更多的消费者接触到他们的品牌。唐娜·卡兰、

卡尔文·克莱恩和拉尔夫·劳伦尤其有名，有多条不同价位的产品线。通过类似的策略，零售巨头盖普收购了品牌香蕉共和国（Banana Republic）并将它彻底打造成集团的中高档副线，后来又增加了一条相对平价的副线——老海军（Old Navy）。

唐娜·卡兰仍不断取得新的突破，她的品牌 DKNY 特别有名。产品种类持续拓展，1990 年推出了副线“DKNY 牛仔”，1991 年推出了首个男装系列“签名”（Signature），1992 年在 DKNY 中增加了男装并推出了她的同名香水。卡兰设计她想要的服装——那些让人更加漂亮的单品，通常为黑色，适用于多种场合且舒适合身。她设计的肩部挖空漏肩款式的长袖连衣裙非常畅销，女演员坎迪斯·伯根（Candice Bergen）和第一夫人希拉里·克林顿等名人都穿过这款裙子。尽管 1996 年公开募股最初并不成功，但是她依然收获了业内的认可和奖项，包括 1997 年获得的第三个美国时装设计师协会奖。

卡尔文·克莱恩的设计及营销体现了 20 世纪 90 年代的几个重要潮流：极简主义、纤细的廓形和挑逗性的广告。公司虽然在上一个十年取得了成功，但是 1992 年出现了财政不稳定的情况，之后数年内又重新盈利，形势得以扭转，部分要归功于克莱恩的多样化经营。该品牌的高档男装和女装长期保持他有限的色彩和优质的剪裁，平价的副线品牌 CK——牛仔、内衣和家居让该品牌拥有更加广泛的客户群。香水“逃避”（Escape）和中性香水“CKone”的推出促进了克莱恩香水产品线的发展。1995 年 CK 牛仔的广告使用了一批年轻的模特，广告发布后被认为有剥削和色情的成分而受到猛烈的抨击，公司最终撤下了很多图片。另外一款香水“CKbe”的广告使用了半裸的青少年模特，其中多数有纹身或穿刺，这则广告也引起了很多人的不满。说唱歌手马奇·马克在克莱恩的内衣广告中摆出抓裤裆的姿势，据说这个动作源于嘻哈文化。

下图　汤姆·福特为古驰 1996 年秋季系列设计了极简风格的亚光针织连衣裙，这些裙子具有 20 世纪 70 年代候司顿的优雅风格

对于拉尔夫·劳伦而言，这个年代意味着扩张、行业认可和商业成功。副线品牌的增加（主要是运动服和户外活动服）体现了他广泛的客户群的兴趣爱好。劳伦还推出了“紫标”（Purple Label）系列，提供价格较高的定制服装和正装。1991 年，他获得了美国时装设计师协会颁发的终身成就奖。海湾战争期间，他设计的多款军装风格的服装深受好评，例如华丽的 19 世纪风格的军官外套和实用的拉链连体装。1997 年公开募股成功，进一步巩固了他在时尚商业界的地位。

汤姆·福特（生于 1961 年）从凯西·哈德威克（Cathy Hardwick）开始他的职业生涯，他也曾为蔻依和派瑞·艾力斯短暂地工作过一段时间，1990 年，古驰的创意总监道恩·麦罗（Dawn Mello）邀请他加入古驰，当时道恩负责重振这个品牌。在古驰工作期间，福特重新唤醒了这个时装屋性感的一面，他非常喜欢迪斯科元素但坚持极简的审美，与候司顿的风格相似。金属质感的贴身连衣裙体现了古驰传统的马术细节，暴露的剪裁和性感的材料让人想起该品牌 20 世纪 60 年代末和 70 年代的光辉岁月。福特在重振古驰、让它成为一个高人气的奢侈品牌的过程中发挥了重要的作用。

1984 年，马克·雅可布（生于 1963 年）毕业于帕森斯设计学院，毕业后直接接手了纽约恰里瓦里（Charivari）精品店毛衣系列的设计工作。1986 年，他成立了自己的品牌，仅一年后就获得了美国时装设计师协会的派瑞·艾力斯时装新秀大

奖。从 1988 年开始，雅可布为派瑞・艾力斯工作并很快成为了该公司的首席设计师，但他 1992 年因备受争议的“垃圾摇滚”系列终止了艾力斯与他的合作，于是他重振自己的品牌并于 1994 年推出他的回归系列。后来，雅可布获得了路易威登的一个职位，他与路易威登的合同为他的生意提供了资金来源。他在路易威登的任务是开发一个女装成衣系列。让一个反传统的年轻设计师领导一家经典的皮革制品公司颇有争议，但雅可布成功了，他的作品赢得了长久的好评以及女装和配饰方面的重要奖项。

另外一位帕森斯的校友艾萨克・麦兹拉西（Isaac Mizrahi，生于 1961 年）曾为派瑞・艾力斯和卡尔文・克莱恩等几名设计师工作。1987 年，他与家族友人莎拉・哈达德－采尼（Sarah Haddad-Cheney）合伙在曼哈顿的苏豪区成立了自己的公司。早期的系列获得成功后，1990 年麦兹拉西推出了男装系列。同年，他以女装设计获得美国时装设计师协会颁发的年度最佳设计师奖。他的设计专注于适穿的单品，发扬了 20 世纪中叶美国的运动服传统。麦兹拉西的职业生涯发展迅速。他在 20 世纪 90 年代非常有名，他的产品在北美和亚洲有广泛的分销网络，他本人还在电视节目中客串演出并成为 1995 年一部纪录片的主角。

纽约的许多新人设计师推出了多彩的年轻化时装。安娜・苏（Anna Sui）生于密歇根州（约 1960 年），曾就读于帕森斯设计学院。1991 年，她成立了自己的公司并举办了一场特别的时装秀，这场秀以衣服作为顶级模特走秀的报酬。模特因为这个活动增加了曝光度，但苏也以她绚丽版本的经典款式在设计界崭露头角。虽然有些设计体现了垃圾摇滚

下左图　安娜・苏的设计诙谐地融合了经典摇滚、卡纳贝街和垃圾摇滚等多种灵感

下右图　1990 年，纽约麦迪逊大街卡莱尔酒店王薇薇精品婚纱店橱窗中展示的婚纱

和锐舞审美的影响，但是苏的风格更加积极乐观，以多彩和复古为基调。苏的设计以混合全球民族传统和流行音乐等多种元素而闻名，她还推出了有趣的晚礼服款式的裙子和套装，深受“俱乐部孩子们”（Club Kids）的喜爱。1998 年，她推出化妆品和香水。1957 年，谭燕玉（Vivienne Tam）生于中国。1981 年她来到纽约，第二年创立了自己的品牌。1993 年，她在纽约时装周（当时称为“7th on Sixth”，来由是时装周在纽约市第六大道布莱恩公园里的白色大帐篷里举行）上发布了她的首秀。“东风密码”（East Wind Code）也是谭燕玉时尚公司旗下的一个品牌。她还担任了汽车等行业的顾问，并积极进驻飞速发展的亚洲时尚市场，90 年代末她在日本已有几家店面。托德·奥尔德姆（Todd Oldham，生于 1961 年）在得克萨斯州长大，1981 年，他推出一个在内曼马库斯百货出售的时装系列。1988 年搬到纽约后，他推出了一个女装系列，以绚丽的色彩和独特的肌理为特色。抢眼的、几乎超现实主义的肌理效果、短裙和有趣的细节为他赢得了一批年轻的客户。奥尔德姆是一名坚定的动物权益保护者，他拒绝使用动物毛皮制作服装，他是使用仿皮的先驱，这种人造皮革的外观和触感都很像真皮。1988 年，辛西娅·洛蕾（Cynthia Rowley，生于 1958 年）成立了自己的时装公司。洛蕾经常从复古的款式例如克莱尔·麦卡德尔的作品中寻找灵感，1999 年，她出版了一本生活和时尚指南《膨胀》（*Swell*）。纽约人克里斯汀·弗兰西斯·罗斯（Christian Francis Roth，生于 1969 年）数量不多但诙谐风趣的设计作品备受好评，其中有些作品有挖空的造型和衣领、袖口等错视细节。1990 年他崭露头角，1995 年，他关闭了定制设计业务，90 年代末他重组了业务，提供相对平价的服装。

王薇薇（生于 1949 年）在曼哈顿的上东区长大，青年时曾是一名颇有实力的滑冰选手。大学毕业后，她担任了《时尚》的编辑和造型师，后来在拉尔夫·劳伦担任配饰设计总监，1990 年，她开了第一家婚纱精品店。这家婚纱店出售许多设计师的高档婚纱，也包括王薇薇自己的作品，不久后增加了晚礼服和鸡尾酒会礼服。王薇薇称她设计婚纱的理念“无关传统，仅关时尚”。1981 年，迈克·高仕（Michael Kors，生于 1959 年）推出了他的女装系列，后来将经营范围拓展至男装，他的特点是利用优质材料制作舒适合身的单品，其产品在高级百货商店的精品店销售。高仕还担任了法国品牌赛琳（Céline）的创意总监，他奢华精致的运动服备受好评。伦道夫·杜克（Randolph Duke，约生于 1955 年）是拉斯维加斯一名歌舞女郎的儿子，最初从事泳装设计。1996 年，他应邀重建候司顿品牌。1998 年杜克在洛杉矶首次发布了一个晚礼服系列，这个系列为他赢得了一批忠实的名人客户。帕米拉·丹尼斯（Pamela Dennis，生于 1966 年）以为名人和顶级模特设计晚礼服出名，她的“五点后”服装在百货商店和精品店出售。理查德·泰勒（Richard Tyler，生于 1946 年）因工作原因从澳大利亚墨尔本搬到洛杉矶，他精致的定制服装得到了艺人的青睐。1993—1994 年，他担任安妮·克莱恩的首席设计师，不久后担任比布鲁斯的设计总监。泰勒的高级时装获得了多个奖项，这些服装都在加利福尼亚制作。

设计师：意大利

设计风格低调的乔治·阿玛尼依然推出貌似简单的服装，这些服装保持了阿玛尼一贯的轻盈，这也是他能留住国际客户的重要原因。他也保持业务独立，拒绝了路易威登的收购。阿玛尼之前的时尚帝国已令人钦佩，他又在其中增加了新的副线品牌：A/X 成立于 1991 年，主要提供平价的休闲装，后来阿玛尼又新增了配饰、手表和家居品牌。1995 年，他推出了男女滑雪服。1998 年，他在中国北京开了一家阿玛尼专卖店。

詹尼·范思哲也不断扩展他的时尚帝国，拥有多个品牌和多条副线，包括泳衣、牛仔服、内衣、香水和家居。范思哲的广告依然使用超模，广告海报和秀场通常使用相同的模特。他在 20 世纪

90 年代的设计被认为有物化女性的嫌疑，但同时也因为让女性非常性感而备受称赞。1992 年的皮裙系列灵感源于性虐和角斗士，颇有争议。这些年里他有名的设计还有以女士内衣和紧身胸衣为灵感来源的短款晚礼服和有饰钉和凸纹肌理以及十字架和圣母玛利亚等基督教图案的皮夹克。受安迪・沃霍尔的启发，范思哲设计了一款裙子，上面有串珠组成的玛丽莲・梦露和詹姆斯・迪恩的肖像，给人以深刻的印象。1994 年推出的一个系列以宽大的裂缝为特色，裂缝用超大的安全别针固定。女演员伊丽莎白・赫利（Elizabeth Hurley）穿着该系列的一条裙子参加了《四个婚礼和一个葬礼》（1994 年）的首映式，这条令人震惊的裙子引起了人们对赫利和范思哲的关注。范思哲一直偏爱古典元素，他的品牌标识是美杜莎的头像，他的设计中也经常使用希腊钥匙纹（即回形纹）。他继续尝试金属网眼面料和新材料。他设计的男装包括醒目的印花衬衫，图案有豹纹、佩斯利纹、新古典主义图案，甚至还有青蛙等奇特的动物图案。他的男装广告中经常出现穿着皮衣的半裸模特，塑造出一种穿着高级时装的飞车党的形象。范思哲也

下图　詹尼・范思哲设计的一套性感但舒适的服装，是他反传统设计理念的代表作。鲜艳的颜色、超大的希腊回形纹和合身的牛仔裤都是范思哲喜欢的元素

继续设计戏剧服装，也为众多的摇滚明星设计表演服装，戴安娜王妃也穿过他设计的服装。他出版过几本图册，包括《浮华传奇》(*Vanitas*)、《签名》(*Signatures*)、《不打领带的男人》(*Men Without Ties*)和《摇滚明星和王室成员》(*Rock and Royalty*)，强化了他作为一名杰出的时尚领袖的形象。1997年，在名声鼎盛时期他突然被暗杀，这件事震惊了整个时尚界。他去世后，他的妹妹多娜泰拉(Donatella)接手了公司，担任创意总监。他去世后第二年，大都会艺术博物馆举办了一个关于他的大型回顾展。

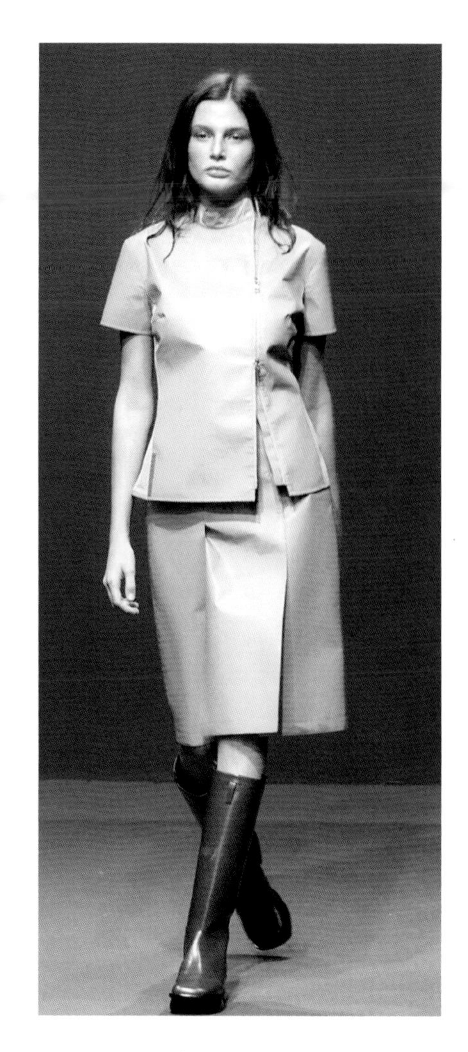

上图 缪西娅·普拉达的作品常常既古典又前卫，正如1998年展示的这套服装一样

米兰奢侈品牌普拉达(Prada)创建于1913年，在缪西娅·普拉达(Miuccia Prada，生于1949年)的经营下经历了一场重要的扩张，知名度大大提升。缪西娅·普拉达是品牌创始人马里奥·普拉达(Mario Prada)的孙女，1978年她继承这个家族企业。20世纪80年代末，普拉达在现有的高档皮具系列中增加了一款简约的黑色尼龙托特包和多款小型背包。有三角形独特标识的普拉达包袋成为全球时尚人士的必备配饰之一。1989年，普拉达推出了一个女装成衣系列，1993年又推出男装成衣系列和价位较低的副线品牌"缪缪"(Miu Miu)。20世纪90年代末，普拉达已经成为一个重要的跨国时尚企业，包括配饰和眼镜系列，并持有其他时装屋的股份。缪西娅·普拉达的审美从一开始就具有挑战性甚至与流行背道而驰，她推出了和流行审美不一样的比例和色彩组合。和艺术家的联系对这个品牌的发展至关重要。1993年，普拉达和她的丈夫帕特里齐奥·贝尔泰利(Patrizio Bertelli)在米兰建立了一个当代艺术展览馆，后来发展成为普拉达基金会。普拉达和先锋派建筑师合作设计精品店的做法也增长了品牌的声望。

虽然吉尔·桑达(Jil Sander，生于1943年)的公司总部在汉堡，但是她在20世纪90年代的多数作品都在米兰发布。桑达毕业于克雷菲尔德纺织学院(The Krefeld School of Textiles)，曾是一名时尚记者，1968年在汉堡开设精品店，从此开始了她的设计职业生涯。20世纪70年代和80年代她的生意不断发展，桑达也开始设计服装并增加皮草、化妆品和配饰等品类。1993年，她在巴黎开了第一家精品店并推出了她的首个男装系列。桑达的风格严厉苛刻，有时被描述为"性冷淡"。她的长裤套装混合了男装的细节和女人味的剪裁。她朴素的裙装也有同样的特点——"桑达女士非常注重面料和剪裁。对设计服装的人强调面料和剪裁或许有点荒谬，因为每一个设计师都应该注意这些……但事实上很多人并没有做到。"

设计师：比利时

1986年，六个毕业于安特卫普皇家艺术学院(Antwerp's Royal Academy of Fine Arts)的年轻设计师借伦敦时装周之机发布了他们的国际首秀。以组合名"安特卫普六君子"出现，华特·范·贝伦东克(Walter Van Beirendonck)、德克·毕肯伯格斯(Dirk Bikkembergs)、安·得穆鲁梅斯特(Ann Demeulemeester)、朵利斯·范·诺登(Dries Van Note)、德克·范·瑟恩(Dirk Van Saene)和玛丽娜·易(Marina Yee)展示了独具个性的作品，比利时因此成为先锋派设计的源泉。范·诺登曾说："我们不想成为小巴黎。我们想坚持我们的安特卫普风格。"虽然这六个设计师没有一种统一的风格，但他们都认为设计概念比迎合市场更重要，认为服装应该像艺术品一样被"品读"。解构主义的审美很突出，有几个人也表示受到川久保玲和其他日本设计师的影响。这一年他们受到了重要媒体的报道，作品也出现在高档商店里。

下图　1999年，朵利斯·范·诺登设计的一款休闲女装，预示了21世纪初年轻女性中即将流行的波希米亚风格

右页图　1998年安·得穆鲁梅斯特秀场上的一款服装，包含她的许多浪漫主义解构元素

六君子中有些人后来成为了国际上重要的设计师。华特·范·贝伦东克（生于1957年）以自己的名义推出设计，成立了品牌“狂野及致命的废物”（Wild and Lethal Trash），并为德国的牛仔裤品牌“野马”（Mustang）提供设计。他的作品以明亮的颜色（常为荧光色）和刻意夸张的廓形为特色。1996年春夏系列的黄色荧光塑料夹克有充气式“胸肌”。范·贝伦东克在20世纪90年代中晚期的作品结合了历史元素和未来风格，例如分子造型、摩登派的雪花和嬉皮士的小雏菊，并采用了锐舞亚文化的糖果色和新出现的计算机图形。1997年秋冬系列名为“阿凡达”（Avatar），非常贴切。范·贝伦东克也尝试使用全息图面料、能发出声音的衣服和有香味的印花面料。

在伦敦获得成功后，1985年，安·得穆鲁梅斯特（Ann Demeulemeester，生于1959年）在安特卫普开了一家名为“bvba 32”的公司，出售配饰，1992年开始在巴黎发布产品。从职业生涯开始，得穆鲁梅斯特就用卓越的剪裁和奢华的材料制作优雅的解构主义服装。她喜欢纤细、规范的廓形搭配一些特别的元素，例如毛边和不对称。虽然她的某些系列只被部分业内人士认可和接受，但她的美学某些方面也适合主流时尚，例如下摆不扎进裤子的白色衬衫和盖住手背的长袖子。1996年，她推出了一个男装系列，1999年，她在安特卫普开了一家旗舰店。

1987年，朵利斯·范·诺登（Dries Van Noten，生于1958年）在安特卫普开了一家店，四年后开始在巴黎发布服装。他的男装和女装很快小有名气。因为国际化的面料，范·诺登的作品有很强的辨识度。在一个流行极简主义和中性色的时期，他的设计同时使用了蜡染布、佩斯利花布、印花和刺绣面料。范·诺登也很重视服装的层次，某些套装由外套、连衣裙和短裤组成，每件衣服的面料都经过精心考虑，但并不匹配。在20世纪90年代早期成名的比利时设计师中，范·诺登可能最能为大众理解。

马丁·马吉拉（Martin Margiela，生于1957年）虽然不是最初的“安特卫普六君子”之一，但他也毕业于安特卫普皇家艺术学院。他曾在高缇耶的公司工作了几年，1988年，他推出了他的首个独立系列。马吉拉的很多系列出现了复古的款式，通过叠穿或改造重新焕发生机。他的解构主义审美表现在未缝合的接缝、毛边和某些有霉迹或锈迹的款式。他长期拒绝拍照而隐身幕后，因此，1997年他应邀出任爱马仕女装系列的总监让很多业内人士感到惊讶。

发型和化妆

20世纪90年代的很多发型灵感来源于电影和电视剧，例如《老友记》中的“瑞秋”（珍妮佛·安妮斯顿饰）头。光滑柔顺的波波头和长及下巴至肩膀的平剪发也很流行，通常有锯齿形的局部。盘发、发髻和法式包头（通常有几缕发丝修饰脸型）也很时髦。很多黑人女性剪超短发，并且通常把头发拉直。各个年龄段的女性都染发，从含蓄的挑染浅棕色到鲜艳醒目的全染（紫红到蓝等发色）应有尽有。大范围、强对比的挑染称为“臭鼬条纹”。接发非常流行。模特露西·德·拉·法莱兹（Lucie de la Falaise）等许多名人剪短了头发，带动了“假小子”风貌的流行。

right arm

右图 《老友记》女主演柯特妮·考克斯(Courtney Cox)、珍妮佛·安妮斯顿(Jennifer Aniston)和莉莎·库卓(Lisa Kudrow)成为了发型与着装风格的领袖，这部剧或许可以看作20世纪90年代的《霹雳娇娃》(*Charlie's Angels*)。安妮斯顿的发型被人以剧中角色命名为“瑞秋头”，特别流行

浓眉依然流行，和20世纪80年代不同之处在于现在更常用镊子修眉。妆容的各部分是平衡的，没有特别强调某一部分。流行精致的眼妆，略微有些烟熏的效果。口红通常为高饱和的颜色，梅子色和褐土色也流行了几季。90年代中期更加流行亚光的口红。指甲是时尚的重要组成部分，平价的美甲沙龙在城市中心如雨后春笋般涌现，美甲开始成为仪表的必要部分。很多女性喜欢亮丽的长指甲，也出现了前卫的美甲——电影《低俗小说》中乌玛·瑟曼的黑色短指甲。红黑色是90年代指甲油最受欢迎的颜色，例如香奈儿的“妖妇”(Vamp)和露华浓的平价替代品“刁妇”(Vixen)。与瑟曼相似，《妖夜荒踪》(*Lost Highway*，1997年)中的帕特丽夏·阿奎特(Patricia Arquette)也带动了黑色指甲和一种有刘海的发型的流行——这种称为“坏女孩”款式的发型灵感来源于20世纪40年代的黑色电影和50年代的海报女郎贝蒂·佩吉。女演员伊丽莎白·泰勒最畅销的香水“白钻”(White Diamonds)1991年面世，她的香水公司推出了一系列以宝石命名的香水。

男装

设计师引领了男装的潮流，与女装一样，男装也体现了20世纪70年代、亚文化、电影和电视剧的影响。男装也细分许多类型，因为设计师和品牌会按照消费者的喜好推出各种服装。着装规范进一步放宽，这个时期很重要的一个趋势是西服套装的个性化。阿玛尼、杰尼亚和瓦伦蒂诺等著名品牌固然很重要，卡尔文·克莱恩和唐

娜·卡兰现代风格的定制套装也得到了广泛的认可。保罗·史密斯致力于经典款式的创新，强调用色和细节。约瑟夫·阿布德（Joseph Abboud）推出了材质上乘、风格优雅的休闲款式。1993 年，著名的男装品牌雨果博斯推出了两个副线品牌——时尚品牌“雨果”和以首席设计师沃纳·巴萨瑞尼（Werner Baldassarini）命名的高端品牌“巴萨瑞尼”。该公司还赞助了许多展览，1996 年开始颁发表彰当代艺术的雨果博斯奖。

20 世纪 90 年代，高级时装逐渐流行定制服装的修身廓形。单排扣套装通常使用三粒纽扣。前卫的男性穿四粒纽扣的款式。还有五粒甚至十粒纽扣的款式，体现了维多利亚、爱德华七世时期甚至现代派风格的影响。翻领为中等宽度，有时偏窄，和 20 世纪 50 年代中期的男装相似。电影《黑衣人》（*Men in Black*，1997 年）中那样的三粒或四粒纽扣的黑色外套（搭配白衬衫和黑领带）很受欢迎。卡尔文·克莱恩的阿米什套装（Amish）体现了这部电影的影响。90 年代初期有褶裥的长裤很常见，90 年代中期开始流行前面平坦的裤子。

套装依然是商务装的基础，但是随着穿衣规范的放宽，男性可自由搭配一些配饰。一些人不再使用领带，套装里面穿一件开领衬衫的方式在创意行业和星期五是可以接受的。随着正式的晚礼服已较少使用，这种穿着方式也常见于晚间。其他人用 T 恤或马球衫搭配西服，有时搭配长裤和布雷泽外套。这种穿着以前只能出现在非正式场合，现在也能作为商务装。鞋子流行的款式也发生了变化，一些男性用风格高调的胶底运动鞋搭配时髦的套装。

左下图　丹尼爱特 1997 年推出的一套服装，包括一件深紫色的外套、一条格子长裤、一件闪光面料制作的衬衫和一条绿色的领带，这些颜色都是 90 年代男装常见的三次色

右下图　20 世纪 60 年代和 70 年代的孔雀男概念对 90 年代末的 T 台产生了强烈的影响

上图　索尼亚·里基尔1993年推出的这套服装结合了粗犷的户外运动风格和花花公子的腔调

衬衫通常上大下小，和前些年相比，袖窿升高、袖子变窄。虽然白和浅蓝等标准色很流行，但也有深色调的衬衫，甚至和套装搭配。流行表面光滑的面料，所以很多衬衫做了抛光处理。某些男性甚至穿真丝的衬衫。衣领形状多样。《好家伙》（*Goodfellas*）和《赌城风云》（*Casino*）等“黑帮”题材的电影带动了长领型的流行。运动衫有深色也有亮色。高尔夫选手泰格·伍兹（Tiger Woods）让高尔夫运动得到了更多人的关注，也带动了高尔夫服的流行。滑板和冲浪运动也被更多人关注，带动了加利福尼亚风格运动服的再次流行，范斯（Vans）、钻石（Volcom）和奇克尚风（Quiksilver）等品牌的形象也因此得到了提升。针织衫和毛衣也流行精瘦的廓形。突击队毛衣颇受欢迎，有多余的军需款，也有设计师款。大衣通常采用复古风格，20世纪50年代的“粗犷风貌”重新流行。频繁使用马海毛、仿羔皮呢和长毛绒等高档面料。雨衣保持了经典，甚至极简的风格。长及臀部的谷仓外套（Barn Jacket）、毛毯外套、汽车外套、厚呢短大衣和派克大衣都很常见、甚至穿在套装的外面。

高档内裤采取了积极的营销策略。卡尔文·克莱恩内裤的包装具有挑逗性。范思哲推出的性感内裤裤头常有希腊回形纹。拳击手短裤（尤其是有复古印花图案的款式）和拳击手短内裤（针织款，裤腿较长）都很流行。领带大多很宽，尺寸和20世纪70年代相仿。虽然提花图案很普遍，但爱马仕和芬迪等久负盛名的印花图案也很受欢迎。鞋子变得笨重，有些礼服鞋甚至还有宽边的鞋底。胶底运动鞋比以前更常见，有些甚至成为收藏的对象。

也许是婴儿潮一代年龄增长的结果，也可能是受到运动员审美的影响，整洁干净的仪容更加常见并成为男性魅力的新标识。世界各大城市中心的男性都像光头的卡通人物“干净先生”一样整洁干净。体毛一般不受欢迎，很多男性使用脱毛蜡或其他方法脱毛，尤其会去除前胸和后背的体毛。越来越多男性开始健身，男性的体型也在不断变化。广告上出现肌肉男的形象（例如扛着微波炉的造型，就像20世纪50年代广告上站在汽车旁边的丰满女性一样）。新型孔雀男在同性恋亚文化中发展起来，并迅速成为主流。肌肉男穿着紧身的弹力T恤和紧身的长及大腿中部的短裤，搭配马丁靴。社会评论家指出，滥用类固醇获得非自然的体形，男性已经成为新的“美丽神话”的受害者。健身狂热也被视为一种心理障碍，称为“Bigorexia”（健身过度症），来源于“Anorexia”（厌食症）。

童装

20世纪60年代以来，服装的非正式趋势日益明显，除了最正式的场合，大多数儿童都穿休闲装。上学和玩耍穿的服装没有明显的区别。服装的款式和廓形基本没有变化，包括各个年龄段的女孩都能穿的连衣裙和背心裙，以及男孩和女孩都能穿的T恤、套衫和牛仔裤等裤子。海湾战争爆发后，军人的服装明显影响了男孩和女孩的服装。除了罩衫式连衣裙、航海风格的服装和格子花呢套装等经典的款式，幼儿装还有更加时髦的款式。品牌

孕妇装

《名利场》1991 年 8 月刊封面女郎是已有身孕的黛米·摩尔（Demi Moore），她全身赤裸，只戴了钻石首饰，这张照片预示了一个新的时代的到来。出于对年龄的考虑，数百万女性赶在婴儿潮的尾巴生下孩子，匆忙成为母亲，创造了短暂的属于她们自己的繁荣时期。她们对母亲的身份有很高的期望：工作与家庭无缝衔接、聪明伶俐的后代以及待产时穿得时髦漂亮。

孕妇的着装问题由来已久，通常女性要放弃时髦的服装，饱受数月的落伍或孤立。20 世纪初已经出现了孕妇成衣，设计师孕妇装在 20 世纪 50 年代也得到了显著的推广。孕妇装市场似乎不考虑时尚潮流，通常把注意力集中在腹中的胎儿，让孕妇穿上罩衫式的上衣或常有彼得潘领的衣服——这让穿设计师牛仔裤长大的一代人无法接受。20 世纪 90 年代，孕妇装的市场份额显著增长。时髦的孕妇装品牌认识到现代准妈妈想要工作和娱乐，而且想让自己看起来时髦，甚至性感。

盖普的孕妇装系列将运动服的概念引入原来宽松肥大的产品。孕妇装的审美改变了，因为腹部成为了一个文化迷恋而非尴尬之处，女性对此的态度是赞美而非掩饰。美国的基本款孕妇装公司（Belly Basics）首次推出孕妇生产用的套装，包括连衣裙、套头外衣、衬衫和紧身弹力裤——一套行头都装在一个盒子里。和之前的款式不同，针织装不会让孕妇本来就膨胀的身体看起来更臃肿，而是舒适贴身，适用于所有场合，而且容易搭配配饰。有些女性将凸显身体发挥到极致，让她们的身体展露无遗。露出怀孕后期的腹部（和胀大的肚脐）开始被社会接受。20 世纪 90 年代，名人的孕态频频曝光，体现了当代流行文化对名人怀孕的关注，有许多经常出镜的名人，例如麦当娜和约克公爵夫人萨拉（Sarah，the Duchess of York）记录了她们从怀孕到生产的全过程。

怀孕的超模雅斯门·勒·邦（Yasmin Le Bon），1998 年摄于曼哈顿一家豪华的婴儿用品店外

左上图　1997年的一张广告海报，体现了童装市场牛仔布的流行

右上图　1994年，电视剧《绽放》展现了童星马伊姆·拜力克成熟的一面。法兰·德瑞雪等时尚领袖影响了青少年的时尚，带动了向上梳的发型、紧身连衣裙和黑色长筒袜的流行

认知对童装产生了很大的影响。品牌很重要，很多著名的品牌例如阿玛尼、克里琪亚、莫斯奇诺和夏维（Charvet）等推出了童装。和成人市场一样，牛仔布也是童装的重点。著名的牛仔品牌多有童装系列，例如"盖尔斯婴儿"（Baby Guess）和"小李维斯"（Little Levis），提供时髦的牛仔裤和牛仔外套等产品。

专业运动对运动服产生了重要的影响。获得特许经营权的缩小版足球运动服体现了团队的凝聚力。迈克尔·乔丹（Michael Jordan）和芝加哥公牛队（Chicago Bulls）让篮球运动服成为衣橱必备的单品。耐克推出的"飞人乔丹"运动鞋非常受欢迎，甚至还有婴儿款。滑板爱好者的宽松服装进入主流并影响了儿童的运动服。

出现了几个明显的色彩趋势，包括亮色成为主导色和颜色显著性别化——粉色系和紫色系是女孩的专属色彩，而男孩的衣服基本是蓝色、绿色和中性色。迷彩成为一种流行的图案，重新赋予的颜色和军装没有联系，女孩的迷彩服使用粉红等颜色，男孩的则使用深蓝色和绿色，霓虹混合色既适合女孩也适合男孩。流行文化图案出现在T恤和睡衣等服装上。儿童可以自由选择印有忍者神龟、辛普森、哆啦A梦、蓝精灵和史努比等卡通角色的衣服。

名牌鞋成为身份的象征，潮牌包括匡威、爱特妮丝（Etnies）、斐乐（Fila）和佩尔佩尔（Pelle Pelle）。胶底运动鞋通常有高科技的外观、对比明显的色彩组合、定型的鞋底、网面和魔术贴搭扣。天伯伦的靴子和马丁靴也有儿童款。背包很受欢迎，从实用大包到迷你小包应有尽有。各个年龄段的男孩都戴棒球帽，帽檐向后。很多年轻女孩模仿人气电视连续剧《绽放》（*Blossom*）中的马伊姆·拜力克（Mayim Bialik）戴花朵装饰的帽子。

亚洲风格

除了已经在纽约和巴黎崛起并取得成功的亚洲设计师，亚洲风格和亚洲的时尚领袖前所未有地影响了西方的观念。对西方国家的奢侈品牌而言，亚洲的消费者显得越来越重要，同时亚洲还对时装和风格产生了更加重要的影响。亚洲的许多大城市都举办时装周，亚洲传统的服饰穿戴日渐减少。以亚洲为基础的设计师越来越重要，例如

上图　洛丽塔成为日本的一个风格群体，后来被世界各地效仿。“甜心洛丽塔”（Sweet Lolita）体现在娃娃样的举止、服装的柔和色彩和维多利亚时代的褶边

下图　香港品牌上海滩的这件现代版旗袍结合了传统的中国元素和《黑客帝国》的酷帅风格

中国台湾品牌夏姿・陈（Shiatzy Chen）的创始人王陈彩霞。1994年，邓永锵创办了品牌上海滩（Shanghai Tang），不久后在亚洲、北美和欧洲开设了零售店。在欧洲工作十多年后，印尼设计师碧娅・瓦纳马加（Biyan Wanaatmadja）在雅加达创立了自己的品牌碧娅（Biyan）。韩国顶尖的时装设计师安德烈・金（金凤男）在首尔开设了安德烈沙龙，但他早在1966年就已在巴黎发布他的服装。1997年，他获得了总统文化艺术奖章。

日本的流行文化对时尚产生了显著的影响。连环画小说和电视卡通片里高度风格化的时尚偶像影响了街头时尚。从20世纪90年代末开始，东京出现了高度发展的街头时尚，崇尚“洛丽塔”（Lolita）、“日本黑妹”（Ganguro）和“哥特式洛丽塔”（Gothic Lolita）等亚文化的青少年聚集在一起，每种文化的追随者都有各自的着装特点。“洛丽塔”风格指像洋娃娃一样的装扮，通常使用蕾丝、缎带和硬挺的宽摆短裙。“哥特式洛丽塔”是黑色版的洛丽塔风格，灵感源于维多利亚时代的丧服。“日本黑妹”喜欢晒黑的肤色和糖果色的头发。在男性看来，维多利亚时代的“贵族”风格与洛丽塔女孩有密切的关系，受猫王启发的乡村摇滚造型也是如此。这些现象多集中在东京的原宿地区。日本的流行音乐促进了这些风格的发展。摇滚吉他手佐藤学（Mana）有自己独特的审美，她有自己的服装与配饰品牌“另一个自我”（Moi-mêmeMoitié），创立于1999年。5.6.7.8's和彩虹乐团等团体也增进了世界对日本流行文化的认识。

尽管成龙和李连杰的电影体现了动作明星持久的影响力，但是一批新人也通过电影和音乐从更多方面展示了亚洲的影响。在吴宇森执导的电影《辣手神探》中，周润发、黄秋生和梁朝伟的服装延续了《迈阿密风云》的风格，例如颜色饱和或柔和的外套，衬衫敞开穿，露出里面的运动背心。歌手兼演员张国荣是“粤语流行音

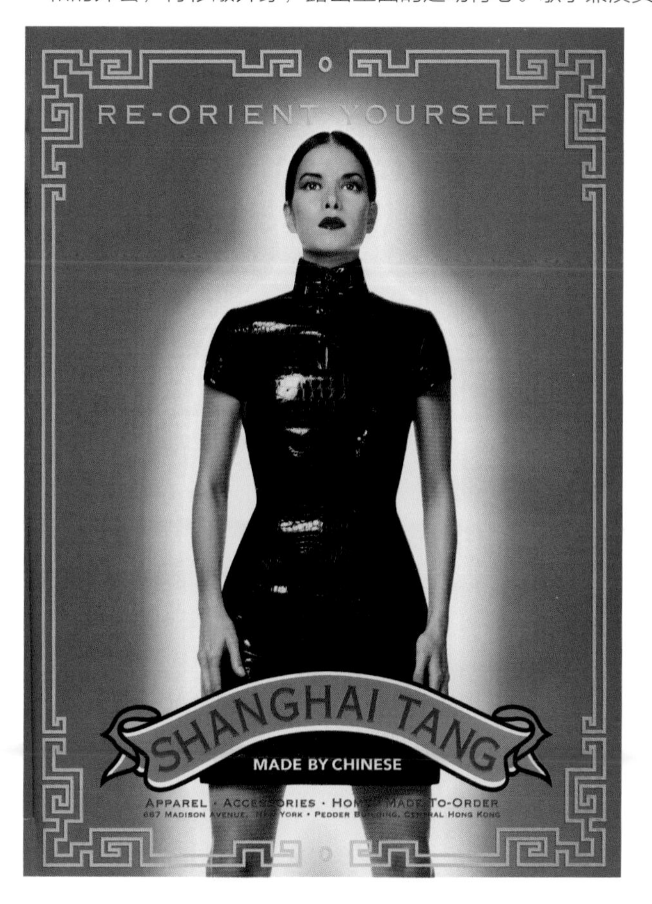

左上图 电影导演吴宇森在MTV电影奖颁奖典礼上与演员刘德华的合影。吴宇森的红丝带是用来提醒大众增强艾滋病的防治意识，是一种用特定颜色的丝带表达特定的社会观点的方式

右上图 1997年，电影明星巩俐在戛纳电影节的粉丝前，她穿着一件具有中国传统元素的礼服

乐”的鼻祖之一、电影《霸王别姬》（1993年）的主演，亚洲最重要的明星之一。另外，张国荣还是香港的一个顶级裁缝的儿子，他优雅的风格备受称赞并多次登上时尚杂志。粤语流行歌坛的“四大天王”（张学友、郭富城、黎明和刘德华）都对男装时尚起到了类似的影响。女星王菲和梅艳芳则对女装时尚产生了影响。巩俐在许多电影中的表现产生了国际的影响力，国际媒体因此将她与好莱坞黄金时期的著名电影艺人相提并论。

马来西亚小姐冠军杨紫琼成为第一位亚洲的“邦德女郎”，与皮尔斯·布鲁斯南联袂演出《明日帝国》（*Tomorrow Never Dies*，1997年），这部电影将杨紫琼推到了国际的聚光灯前，同年她被《人物》杂志评为“世界最美的50人”之一。马来西亚歌手安诺亚·再因（Anuar Zain）曾担任多克斯（Dockers）的马来西亚广告模特，1998年，在他的歌曲《当不安》（*Bila Resah*）的音乐录像中他穿着卡其布裤子和衬衫，周围是十几个穿着多克斯服装的助演。菲律宾歌手莉亚·莎隆嘉（Lea Salonga）和黎晶·薇拉斯奎兹（Regine Velasquez）拥有一批国际化的粉丝，印度尼西亚歌手露丝·撒哈拉雅（Ruth Sahanaya）获得了欧洲一些城市的重要奖项，而她的同胞安谷·斯帕特·撒西米（Anggun Cipta Sasmi，通常称为“安谷”）成为了国际的时尚领袖。

在亚洲风格和亚洲名人对国际的影响进一步增强的同时，拥有亚洲血统的西方人也比以往更加频繁地出现在主流媒体上，“玻璃天花板”被打破了。花式滑冰冠军日裔美国人克丽斯蒂·山口（Kristi Yamaguchi）和华裔美国人关颖珊都担任了产品代言人，出现在时装广告上。华裔美国人刘玉玲参演了《甜心俏佳人》第二季，她饰演的冷艳角色为这部电视剧风格的塑造作出了重要的贡献。韩裔美国演员及模特尹成植（Rick Yune）是第一个出现在拉尔夫·劳伦和范思哲广告中的亚洲男性。

年代尾声

尽管风格存在非常多样的选择，时尚还是可以通过许多的来源获得，时尚给人们提供的可能性如此之多，让时尚系统看起来既庞大又统一。正如 1999 年盖伊・特雷贝（Guy Trebay）写道的那样："时尚的某些东西改变了。它不再是任何一个人的时髦小秘密，而是像麦当劳一样众所周知。一旦进入女性群体，时尚就被放大了。"时尚变得更加大众化，某些现象例如快时尚很快渗透进入市场，产生了真正意义上的全球化时尚造型。影响时尚方程式的新因素有网络使用的增加、移动通信技术的发展、纺织技术的进步、个性的甚嚣尘上和 1999 年欧盟单一货币欧元投入使用。从 1999 年海尔姆特・朗的秋冬系列可以看到新的可能——对中性服装和科幻小说略有借鉴但全然不落俗套。21 世纪隐约可见，时尚的未来也时而闪现于其中。

右图　海尔姆特・朗简约前卫又优雅的设计，极简风格的适穿版本，这种理念一直延续到21 世纪初

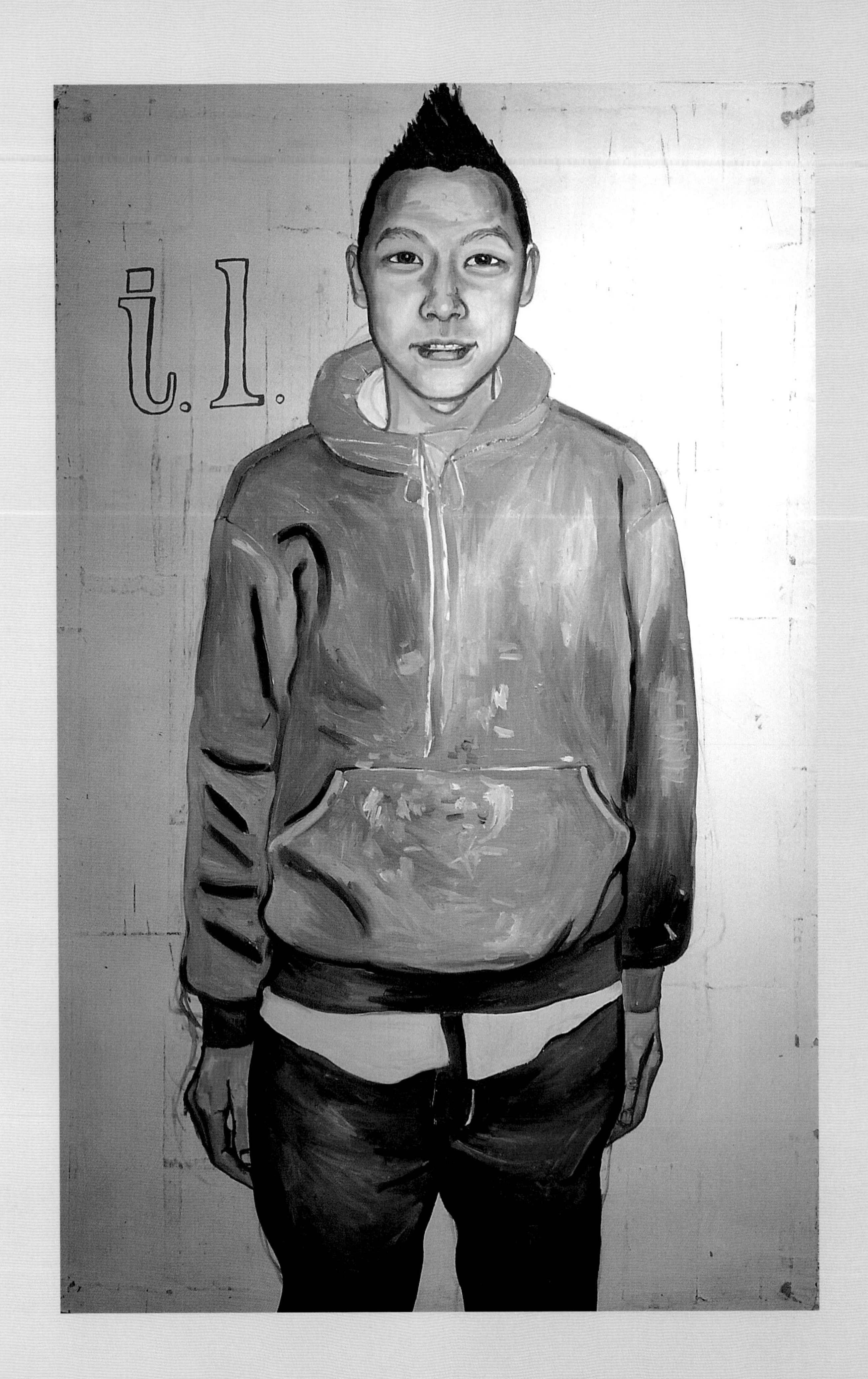
i.l.

第十三章

21 世纪前 10 年：信息混杂的年代

2009 年，消费者在主流的零售商店能买到与 2000 年甚至 1995 年几乎相同的款式，这种现象可能与减少全球化和快时尚带来的不安有关。在《名利场》2012 年 1 月刊库尔特·安德尔森（Kurt Andersen）评论道：“人们前所未有地紧紧抓住熟悉的事物，风格如此，文化也是如此”。他声称：“未来已经到来，但未来完全关乎过去。”同时，时装设计师不断推出更加骇人的“主题”，以至媒体将服装发布会描述为“化装舞会”或“马戏团”表演。加里亚诺为迪奥 2004 年的春季系列推出的埃及风服装和拉格菲尔德为香奈尔 2009 年的早秋系列推出的“过了头的俄罗斯颂歌”都很惹眼，但与成衣几乎没有联系。20 世纪不同时装屋推出的新系列大多体现了统一的季度特点，但是到 2000 年，这种凝聚力消失了，个性化更加得到了强调。没有什么是真正过时的，那些曾经认为是季节性或容易过时的服装和配饰很快被吸收成为“无季度的时尚基础款”。尽管大半个世界处于动荡之中，而且时尚界充斥着形形色色的信息，时尚还是继续走向全球化，亚洲成为一个特别重要的参与者。随着奢侈品牌成为日常用语的一部分，人们对名牌商品的需求增加了，甚至只要价格足够高，任何东西都能成为“奢侈品”。电视时尚

左页图　2003 年，丽贝卡·韦斯科特（Rebecca Westcott）为艺术家伙伴艾萨克·林（Isaac Tin Wei Lin）画的肖像画，出现了流行的连帽衫和“仿莫霍克”发型，将艾萨克沾满颜料的随意造型引入美术肖像画

右图　人气电视节目《天桥骄子》为有抱负的时装设计师提供了向行业专家展示自己作品的机会。在很多国家有类似的电视节目，它成为了一种流行现象。节目中常用语例如“化腐朽为神奇”和“时尚瞬息万变”成为了时尚语录

节目让某些时尚术语——例如“红毯”“高级时装”和“化腐朽为神奇”等成为人尽皆知的词汇和语录，公众对时尚行业的迷恋甚至进一步加深。

社会和经济背景

2009年12月，《时代周刊》提到了“地狱的十年”：

“这十年以9·11事件开始，又以经济危机结束，21世纪的第一个十年可能是二战结束以来最令人沮丧和幻想破灭的十年。”

随着一个个时区电子时钟上的数字从1999转换到2000，整个世界都屏住了呼吸。虽然世纪转折时没有受到“千年虫”的困扰，但这十年的基调很快被恐怖袭击定格了。继2001年9月11日纽约世界贸易中心和美国五角大楼遭受恐怖袭击以后，2002年莫斯科发生了剧院人质事件，2004年马德里发生了地铁连环爆炸案，2005年伦敦出现了爆炸案，2008年伊斯兰堡发生了酒店爆炸案，还有印度尼西亚发生了一系列恐怖主义爆炸事件。这些事件都与极端民族主义或宗教极端主义有关，整个世界陷入不安中。作为应对9·11事件的举措之一，以乔治·沃克·布什（George W. Bush）和托尼·布莱尔（Tony Blair）为首，美国、英国和其他盟国的武装势力对中东进行了联合反恐打击。2007年巴基斯坦总理贝娜齐尔·布托（Benazir Bhutto）的谋杀案也与极端分子有关。然而，与2004年夺走15万余人生命的印度洋海啸和2008年中国四川的地震灾难相比这些悲剧就显得不过尔尔了。

这个十年颇具影响力的国家首脑有英国首相戈登·布朗（Gordon Brown）和法国总统雅克·希拉克（Jacques Chirac，下一任是尼古拉斯·萨科奇（Nicolas Sarkozy））。2008年，巴拉克·奥巴马（Barack Obama）当选美国总统，他也是美国历史上第一位非裔的总统。俄罗斯总统弗拉基米尔·普京（Vladimir Putin）推行了一系列振兴俄罗斯经济的方案，但由于种种原因疏远了俄罗斯曾经的盟友。

尽管国家之间存在摩擦，但是国际贸易繁荣发展，多数欧盟国家接受欧元作为统一货币，这对国际贸易的发展起到了一定的促进作用。西方的公司和产品扩大了它们的规模，进入了以前未曾涉足的市场。世界各大城市都有星巴克、盖普和路易威登。世界在“缩小”的另一个表现是便携通讯设备的发展。到2003年，人们已经可以通过智能手机发送邮件和浏览网站。很快，用户还可以使用手机上的各种应用程序接收新闻、娱乐休闲、沟通交流和在线购物。各种社交网站打造了全球的在线社区，用户可以通过个人网页展示自己。

下图　达明安·赫斯特备受争议的雕塑作品《献给上帝的爱》（*For the Love of God*），使用了钻石、铂金和人类的牙齿。作为艺术奇观的典型例子，它也影响了时尚，骷髅头成为一种时尚的图案

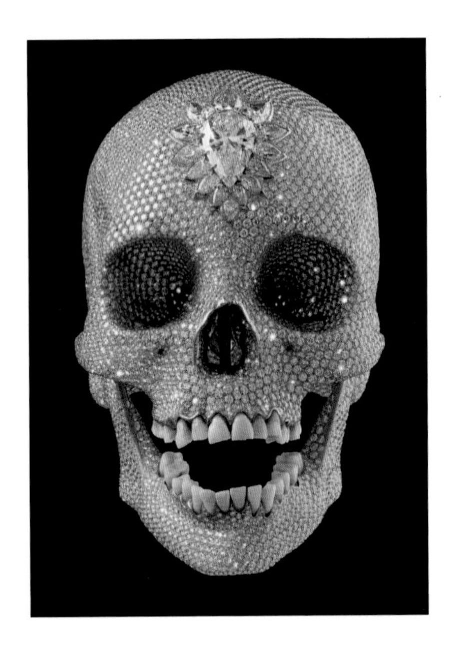

艺术

虽然纽约和伦敦仍然是重要的艺术中心，但是一些国际性的展览也关注到了其他地区的艺术。非洲的艺术家在欧洲和北美洲的亮相越来越频繁。中国和印度的当代艺术繁荣发展，世界各地艺术博览会日益增多。一些重要的博物馆进行了扩建和改造，包括英国伦敦的泰特现代艺术馆、中国台北的当代艺术馆和澳大利亚维多利亚国家美术馆伊恩波特中心。这十年里最有名的作品是达明安·赫斯特（Damien Hirst）镶满钻石的骷髅头和冰岛艺术家奥拉维尔·埃利亚松（Olafur Eliasson）的419件大型装置艺术作品。“人体奥秘”（Bodies）、“图坦卡门”和“泰坦尼克号”等巡回展览门庭若市，景象壮观。一年一度的内华达黑岩沙漠火人艺术节越来越有名，也越来越商业化。

里程碑式的建筑有中国台北的101大楼，竣工于2004年。这栋101层的高楼结合了“绿色”的建筑方法和亚洲的后现代美学。商场在大楼底部，有几层高端商店。迪拜的棕榈群岛是一个奢华的住宅开发项目，也是全世界最大的人造岛屿。与此相反，

上图　在21世纪第一个十年台北101摩天大楼多年保持世界最高大楼的记录。这栋大楼包含一个多层的购物中心，主要出售奢侈品

北美、英国和日本等地的居民建筑出现了“小房子”运动。室内设计折衷主义和个性时尚并驾齐驱。顶级时装设计师和零售商合作推出限量版家居用品。为大众提供好的设计理念成为宜家和设计触手可及（Design Within Reach）等品牌的基础理念。

DVD的出现让电影院观众的数量巨减，网飞（Netflix）等在线影片租赁提供商让观影更加便捷。掌上设备已成为观影常用的工具，将“大屏幕”艺术形式逐渐转入小屏幕。电脑特效提高了观众对电影的期望值。电影续集、衍生产品和视频游戏让“特许经营”变得普遍。不同国家的电影在西方空前受欢迎。出现了很多重要的电影，类型多样。《毒品网络》（*Traffic*，2000年）、《硫磺岛来信》（*Letters from Iwo Jima*，2006年）、《女王》（*The Queen*，2006年）、《玫瑰人生》（*La Vie en Rose*，2007年）和《贫民窟的百万富翁》（*Slumdog Millionaire*，2008年）。《花样年华》（2000年）、《美丽心灵的永恒阳光》（*Eternal Sunshine of the Spotless Mind*，2004年）和《窃听风暴》（*The Lives of Others*，2006年）探索了多种人生经历，《角斗士》（*Gladiator*，2000年）、《赤壁》（2008年）和《年轻的维多利亚》（*The Young Victoria*，2009年）的历史背景设定各不相同，《惊变28天》（*28 Days Later*，2002年）和《人类之子》（*Children of Men*，2006年）则描绘了未来的灾难。动画片依然很受欢迎，例如《怪物史莱克》（*Shrek*，2001年）和《功夫熊猫》（2008年）等。动作片以亚洲电影为主，例如《英雄》（2002年）、《无间道》（2002年）和《拳霸》（2003）等。《潘神的迷宫》（*Fantasies Pan's Labyrinth*，2006年）、《变形金刚》（*Transformers*，2007年）和《阿凡达》（*Avatar*，2009年）吸引了很多观众，很多奇幻电影出了续集，有些影片根据文学作品改编，例如《指环王》（*The Lord of the Rings*）和《哈利·波特》。

“真人秀”电视节目非常火爆，是打造名人的有力工具。虽然大众对真人秀人物的知名度的认可不一，但酒店继承人帕丽斯·希尔顿（Paris Hilton）和洛杉矶律师的女儿金·卡戴珊（Kim Kardashian）确实通过真人秀一举成名，成为风格领袖并创立了自己的品牌。《造型出击》（*Ambush Makeover*）和《不该穿什么》（*What Not to Wear*）等时尚节目特别受欢迎。《英国达人秀》（*Britain's*

上图 石冈瑛子为电影《入侵脑细胞》（*The Cell*，2000年）设计的服装，怪异程度不逊色于T台上的作品。詹妮弗·洛佩兹佩戴的帽子似乎受到了麦昆或加里亚诺的作品的影响

Got Talent）和《美国偶像》（*American Idol*）等才艺竞赛节目被世界效仿——从文莱的《成名护照》（*Passport*）到冰岛的《冰岛偶像》（*Iceland Idol*）再到巴西的《偶像》（*Ídolos*）。不过，电视剧依然受欢迎。尤其是超自然主题的节目。《我欲为人》（*Being Human*）让许多人以为"僵尸是新型的吸血鬼"。依然有许多人喜欢吸血鬼题材，从《真爱如血》（*True Blood*）和《吸血鬼日记》（*The Vampire Diaries*）的受欢迎程度就能看到这一点。医疗剧和犯罪剧依然有吸引力。职场情景喜剧也是观众喜爱的类型，特别是《办公室》（*The Office*），有英国版也有美国版。

具有全球知名度的畅销书有卡勒德·胡赛尼（Khaled Hosseini）的《追风筝的人》（*The Kite Runner*）、卡洛斯·鲁依斯·萨丰（Carlos Ruiz Zafón）的《风之影》（*The Shadow of the Wind*）、扬·马特尔（Yann Martel）的《少年派的奇幻漂流》（*Life of Pi*）、奥黛丽·尼芬格（Audrey Niffenegger）的《时间旅行者的妻子》（*The Time Traveler's Wife*）、伊丽莎白·吉尔伯特（Elizabeth Gilbert）的《美食、祈祷和恋爱》（*Eat, Pray, Love*）和琼·迪迪恩（Joan Didion）的《奇想之年》（*The Year of Magical Thinking*）。日本漫画受到广泛欢迎，连环画小说因涉及严肃的话题声誉得到提升。出现了很多便携式的阅读设备，电子书流行了起来。

舞台剧与时尚造型一样多样。很多作品改编自电影，例如《金牌制作人》（*The Producers*）、《火腿骑士》（*Spamalot*）和《舞动人生》（*Billy Elliot*）。《Q大道》（*Avenue Q*）讨论了种族主义和情色话题，剧中出现了演员和玩偶一起表演的"芝麻街"（Sesame Street）场面。《晴光翡冷翠》（*The Light in the Piazza*）探索了音乐剧的新形式。大卫·奥本（David Auburn）的《求证》（*Proof*）、爱德华·阿尔比（Edward Albee）的《山羊》（*The Goat*）和约翰·帕特里克·斯坦利（John Patrick Shanley）的《质疑》（*Doubt*）等作品探索了复杂的主题。凭借《安娜在热带》（*Anna in the Tropics*）尼洛·克鲁兹（Nilo Cruz）成为第一位获得普利策奖的拉美裔剧作家。汤姆·斯托帕德（Tom Stoppard）的获奖作品三部曲《乌托邦彼岸》（*The Coast of Utopia*）被翻译成多种语言，雅丝米娜·雷札（Yasmina Reza）的《杀戮之神》（*God of Carnage*，原为法语）译成英语后在百老汇和伦敦西区上演获得了成功。其他的表演类型体现了对以前表演形式的复兴，例如新滑稽脱衣表演和再次兴起的轮滑竞赛。

流行音乐有很多种风格，每种风格又产生了各自的时尚影响。滚石和红辣椒等老牌乐队依然活跃在大型舞台上。世界各地都有说唱和嘻哈音乐的粉丝。泰克诺音乐（Techno）适合夜店，乡村音乐培养了许多优秀的歌手。从夏洛蒂·澈奇（Charlotte Church）和安德烈·波切利（Andrea Bocelli）的职业生涯可以看到古典音乐进一步向流行音乐转变。

时尚媒体

获得时尚信息有诸多途径，其中在线资源显得越来越重要。很多博客通过街拍和展示博主的私服将公众的注意力集中在"真实的人"上，让作者和读者能够建立直接的联系。时尚博主先驱有"街拍时尚"（The Sartorialist）的斯科特·斯库曼（Scott Schuman）、"时尚新秀"（The Style Rookie）的泰薇·盖文森（Tavi Gevinson）、"布莱恩男孩"（Bryanboy）的布莱恩·格雷·扬保（Bryan Grey Yambao）、"街头猎人"（FaceHunter）的伊万·罗迪克（Yvan Rodic）和"时尚泡沫"（Style Bubble）的苏珊娜·刘（Susanna Lau）。随着时尚界和主流媒体认可时尚博主的影响，博主获得了时装秀的前排位置，并应邀担任客座编辑、策展人和比赛评委。《时尚》《巴黎时装公报》《时尚芭莎》和《世界时装之苑》在亚洲的几个国家发行了相应的版本，并开发了网站和移动应用。名人取代模特频繁出现在杂志封面上。图片的数字化处理不足为奇，但对模特的脸部和身体的过度修饰也引发了争议。时装秀在网上通常有同步直播，所以观众可以直接看到T台上的展示。音乐和生活杂志及网站也会重发或重播针对特定群体的时尚资讯。美国电视节目《天桥骄子》在国际上产生了无数同类节目，包括英国的《T台骄子》（*Project Catwalk*）、以色列的《设计师集训营》（*Proyekt Maslul*）、葡萄牙的《时尚骄子》（*Projecto Moda*）和挪威的《顶级设计师》（*Designerspirene*）。《梦想：服装设计师》（*Imagine: Fashion Designer*）和《脸书的时尚世界》（*Facebook's Fashion World*）等电子游戏体现了时尚的热度。2006年，《华盛顿邮报》的时尚专栏作家罗宾·吉夫汉（Robin Givhan）以时尚评论获得普利策奖，代表该奖项认可时尚评论也是一种重要的社会评论。

随着服装和化妆品行业认识到广泛营销的益处，美丽的标准继续扩展，涵盖了多种种族和身材。一方面，成衣中出现了“零号”等虚荣尺码，另一方面，加大型号也得到了提倡。一般而言，时装模特体形都特别纤瘦，但也有少数特例，例如苏菲·达儿（Sophie Dahl）和安娜·妮可·史密斯（Anna Nicole Smith）。除了吉赛尔·邦辰、凯特·莫斯和艾莉克·慧克等熟悉的面孔，国际知名的模特还有琼·斯莫斯（Joan Smalls）、凯萨琳·麦妮尔（Catherine McNeil）、可可·罗恰（Coco Rocha）和萨沙·彼伏波洛娃（Sasha Pivovarova）。

设计师成为名人，名人成为设计师

在媒体和公众的想象中，时尚的地位如此之高以至于很多时装设计师成为了名人，他们的私生活也因此变得有新闻价值。瓦伦蒂诺即将退休，2008年一部以他为主人公的纪录片对他的职业生涯只是泛泛而谈而将重点放在这位设计师的奢华生活上。最高调的设计名人包括马克·雅可布。2008年《纽约客》（*The New Yorker*）的一篇文章详细介绍了他的个人奋斗经历并刊登了一张他穿着内衣在阳台上的照片。雅可布在路易威登的工作经历成为一部电视纪录片的主题。很多设计师的影响力已超出时装界。喜欢吃喝玩乐的罗伯特·卡沃利（Roberto Cavalli）推出了一款顶级的伏特加，开了几家夜店，其中一家位于佛罗伦萨一座翻新的15世纪的教堂内。汤姆·福特进入电影行业，出资并执导了《单身男子》（*A Single Man*，2009年），2007年在《出柜》（*Out*）杂志上还裸体出镜。

下图　瓦伦蒂诺在他的红色礼服展览现场，该展览为祝贺他的纪录片《最后的君王》（*The Last Emperor*，2008年）而举办

很多名人——多数没有接受或只接受过极少训练——创立了时尚品牌并推出了时尚产品。2001年，詹妮弗·洛佩兹创立了她的品牌 J.Lo，以丰满性感的女性为目标消费群体，她声称："穿着性感并不代表你是个坏女孩，只能说明你知道如何穿搭。"歌手兼演员杰西卡·辛普森非常成功，她创立了一个鞋子品牌，之后又推出了平价的服装和配饰。女演员科洛·塞维尼（Chloe Sevigny）曾担任风格前卫的品牌"效法基督"（Imitation of Christ）的创意总监。双胞胎偶像玛丽－凯特（Mary-Kate）和阿什莉·奥尔森（Ashley Olsen）担任了许多产品的代言人并创立了两个时尚品牌——高端成衣品牌 The Row 和较低价位的"伊丽莎白和詹姆斯"（Elizabeth and James）。2009 年，前辣妹组合成员维多利亚·贝克汉姆（Victoria Beckham）在纽约时装周推出了她的 2009 年春夏系列，这也是她的第一个服装系列。1999 年，肖恩·康姆斯创立了他的男装运动服品牌"肖恩·约翰"（Sean John），2004 年，他被美国时装设计师协会评为年度最佳男装设计师，后来他将经营范围拓展至所有种类的服装。杰斯（Jay-Z）喜欢基本款的服装，这促使了他创立自己的品牌"洛卡薇尔"（Rocawear）。说唱歌手法瑞尔·威廉姆斯（Pharrell Williams）推出了两个时装品牌——"亿万富翁男孩俱乐部"（Billionaire Boys Club）和"冰淇淋"（Icecream），2006 年，歌手碧昂丝·诺里斯（Beyoncé Knowles）和她的时尚造型师母亲合作创立了"德黑恩时装屋"（House of Deréon）。房地产巨头唐纳德·特朗普（Donald Trump）以创立男装品牌"签名精品"（Signature Collection）跃进时尚的浪潮，他的女儿伊万卡（Ivanka）则涉足珠宝和配饰行业。2006 年，菲律宾前总统遗孀伊梅尔达·马科斯（Imelda Marcos）创立了一个珠宝品牌，蝴蝶和鞋子是反复出现的主题，灵感来源于她的别名"铁蝴蝶"和她收藏的大量鞋子。

时尚与社会

美国第一夫人米歇尔·奥巴马（Michelle Obama）成为一个重要的风格领袖。从丈夫参加竞选开始，她就受到公众的关注，她的着装更是人们密切关注的对象。米歇尔一直表现出一种独立的时

左下图　2009 年 4 月 4 日，米歇尔·奥巴马和卡拉·布鲁尼·萨科齐"时尚争锋"——米歇尔穿着阿拉亚的外套，布鲁尼·萨科齐穿着迪奥的外套，拎着香奈儿的包

右下图　2008 年艾伦·德杰尼勒斯和波蒂亚·德罗西举行婚礼，新娘穿着扎克·珀森设计的婚纱

右图　2009年3月31日《女装日报》上的一篇评论，包括这张照片，灵感来源于小伊迪，造型由电视剧版本《灰色花园》的设计师凯瑟琳·玛丽·托马斯设计

尚态度，在她的帮助和鼓励下，几名年轻或曾经默默无闻的设计师的职业生涯得到了发展。她青睐的设计师有伊莎贝尔·托莱多（Isabel Toledo）、吴季刚（Jason Wu）、索菲·西奥雷（Sophie Theallet）、罗达特（Rodarte）和杜罗·奥罗伍（Duro Olowu），但她也会混搭设计师和盖普、J·克鲁和塔吉特（Target）品牌的服装。米歇尔的某些着装是有争议的，例如她在《时尚》封面照里穿着的无袖连衣裙。她在白宫的前四年恰逢前时装模特卡拉·布鲁尼–萨科齐（Carla Bruni-Sarkozy）为法国第一夫人，媒体经常就两人的着装大做文章。2009年4月她们在巴黎的会面被媒体描述为"时尚争锋"。

2002年，阿根廷姑娘马克西玛·索雷吉耶塔·切瑞蒂（Máxima Zorreguieta Cerruti）与荷兰奥兰治王子威廉–亚历山大（The Prince of the Netherlands, Willem-Alexander of Orange）结婚，她的婚纱由瓦伦蒂诺设计。电视记者莱蒂齐亚·奥尔蒂斯（Letizia Ortiz）与西班牙阿斯图里亚斯王子菲利普（Felipe of Asturias）结婚时穿着的婚纱则由西班牙著名的设计师曼纽尔·佩特加斯（当时已近八十高龄）设计。

媒体希望授予当红演员和音乐人"时尚偶像"的称号，时尚展览的策展人和时尚专栏的作者都强调时尚遗产。陈列在各大博物馆里的名人私服有杰奎琳·肯尼迪的私服（纽约大都会艺术博物馆）和安娜·皮亚姬（Anna Piaggi）的私服（伦敦维多利亚和艾伯特博物馆），此外还有关于艾瑞斯·阿普菲尔（Iris Apfel）、南·肯普纳（Nan Kempner）和格蕾丝·凯利的展览。展览开幕式变成"红毯"活动，像颁奖典礼一样被时尚媒体报道，大都会艺术博物馆的展览开幕式甚至被戏称为"年度派对"。"心灵的真相"（The Heart Truth®）是北美的一个关注女性心血管健康的组织，以红色礼服为标志，可以看到各种穿着优雅的红色礼服亮相的名人，2005年他们还举办了一个名为"第一夫人的红色礼服"的展览。

伊迪·尤因·布维尔·比尔（Edith Ewing Bouvier Beale）——杰奎琳·肯尼迪的表亲、1975年一部纪录片《灰色花园》（*Grey Gardens*）的主人公——意外成为了时尚偶像。"小伊迪"奇怪即兴的个人风格包括裹身短裙、头巾和兜帽搭配古董胸针。2007年她的故事被改编为百老汇的音乐剧，2009年又被改编为电视剧。小伊迪的奇特造型成为几个设计师的灵感来源，2007年林能平设计了类似风格的服装，马克·雅可布设计了"小伊迪"包袋。杂志上也出现了许多模仿小伊迪的照片，例如2009年3月31日《女装日报》的封面照，由电视剧版本《灰色花园》的服装设计师凯瑟琳·玛丽·托马斯（Catherine Marie Thomas）设计造型。

电影、电视、舞台与时尚

电影《穿普拉达的女王》（*The Devil Wears Prada*，2006 年）以时尚媒体为主题，帕翠西亚·菲尔德（Patricia Field）担任该片的服装设计师。电影《超级名模》（*Zoolander*，2001 年）以荒诞的形式调侃服装行业。在电影《律政俏佳人》（*Legally Blonde*，2001 年）中，瑞茜·威瑟斯彭（Reese Witherspoon）饰演的角色表现了一个时尚沉迷者的状态：拿着她喜爱的“一定要拥有的”包，穿着设计师鞋子。电影《一个购物狂的自白》（*Confessions of a Shopaholic*，2009 年）讲述了购物成瘾的故事。在《特伦鲍姆一家》（*The Royal Tenenbaums*，2001 年）中，格温妮丝·帕特洛（Gwyneth Paltrow）画着厚重的眼线，留着波波头，并用一只幼稚的塑料一字夹夹住头发，她的造型被广泛效仿。在《正义前锋》（*The Dukes of Hazzard*，2005 年）中杰西卡·辛普森把“黛西·杜克斯”（Daisy Dukes，一种超短裤）介绍给新的一代。在《神奇燕尾服》（*The Tuxedo*，2002 年）中，成龙穿上一件内置智能装置的燕尾服就能拥有超能力，这是对时尚未来的大胆畅想。

历史片对时尚媒体、潮流趋势和风格群体都产生了很大的影响。《绝代艳后》（*Marie Antoinette*，2006 年）和《公爵夫人》（*The Duchess*，2008 年）等以 18 世纪为背景的电影特别有影响力。《傲慢与偏见》（*Pride and Prejudice*，2005 年）展示了杰奎琳·杜兰（Jacqueline Durran）设计的帝政时期风格的唯美浪漫的服装。从音乐录像到时尚杂志再到滑稽剧的戏服，凯瑟琳·马丁（Catherine Martin）和安格斯·斯特拉西（Angus Strathie）为《红磨坊》（*Moulin Rouge*，2001 年）设计的 19 世纪晚期风格的服装被广泛效仿。在《致命魔术》（*The Prestige*，2006 年）和《大侦探福尔摩斯》（*Sherlock Holmes*，2009 年）的影响下男装上开始流行一些复古的细节。

以 20 世纪为背景的电影也很重要。《时尚先锋香奈儿》（*Coco avant Chanel*，2009 年）为加布里埃·香奈儿再添神秘感，凯瑟琳·莱特瑞尔（Catherine Leterrier）为该片设计的服装时间跨度几十年。《笔姬别恋》（*Frida*，2002 年）再次引起人们对艺术弗里达·卡萝（Frida Kahlo）的兴趣，该片服装由朱莉·维斯（Julie Weiss）设计，在这部影片中还出现了一期虚构的以卡萝为封面的《时尚》。柯琳·阿特伍德（Colleen Atwood）为《芝加哥》（*Chicago*，2002 年）设计了华丽的、

下图 《红磨坊》（2001 年）的影响遍及电视广告、时尚评论和商店卖场，纽约布卢明代尔百货公司的橱窗就是例子

《玛丽·安托瓦内特》（2006年）的主演克尔斯滕·邓斯特

时装女王

2000年，约翰·加里亚诺推出他的“伪装与束缚”（Masquerade and Bondage）系列，其中包含一件非常奢华的“玛丽·安托瓦内特”礼服。它有18世纪巴尼尔式的廓形和荷叶边内袖，并用刺绣描绘了玛丽的生活和断头台。卡洛琳·韦伯（Carolyn Weber）在《时装女王玛丽·安托瓦内特在法国大革命期间的着装》（*Queen of Fashion: What Marie Antoinette Wore to the Revolution*，2006年出版）中对加里亚诺设计的这款裙子进行了分析。由于加里亚诺、韦伯以及其他很多人的关注，21世纪的第一个十年被认为是18世纪70年代以来时装界最为关注玛丽·安托瓦内特的年代。虽然麦当娜在1990年已经采用过玛丽·安托瓦内特的造型，但是直到21世纪，玛丽作为流行文化偶像的地位才真正得以确立。在电影《项链事件》（*Necklace*，2001年）中，乔莉·理查德森（Joely Richardson）饰演的希拉里·斯万克（Hilary Swank）是玛丽宫廷里一个狡猾的贵妇，她的服装由米兰拉·坎农诺设计。同年，安东尼娅·弗雷泽（Antonia Fraser）出版了传记《玛丽·安托瓦内特传奇的一生》（*Marie Antoinette: The Journey*），她在书中质疑了一些一直以来长期存在的关于玛丽的传言。后来又出现了许多和玛丽有关的电影，包括2005年法国的一部电视电影和2006年加拿大的一部电视电影。

最有名的是索菲亚·科波拉（Sofia Coppola）执导的《绝代艳后》，改编自弗雷泽的传记。该片的拍摄地点是凡尔赛宫，记录了玛丽从公主到王后的转变。该片的服装设计还是由坎农诺担任，凭借此片她获得了奥斯卡奖，并得到了英国电影电视艺术学院奖和服装设计公会奖的提名。这部电影反常的地方——后朋克的背景音乐、一个红色高帮胶底运动鞋的镜头以及类似音乐录像的片段让这部电影变得很酷。该片的主演克尔斯滕·邓斯特（Kirsten Dunst）不久后成为时尚媒体的热点人物。2006年9月，她登上《时尚》的封面，内页还有安妮·莱博维茨（Annie Leibovitz）拍摄的华丽照片，邓斯特穿着灵感源于麦昆和加里亚诺设计的18世纪风格的礼服和坎农诺设计的一些服装。玛丽在影片中吃了许多马卡龙，这种甜品因此再次流行起来，法国甜品制造商拉杜丽（Ladurée）生产的马卡龙尤其受欢迎。T台和零售店满是18世纪风格的服装，玛丽·安托瓦内特田园风格的“牧羊女裙”和波西米亚风格联系起来。

同时，2001年出版的传记《乔治安娜：德文郡公爵夫人》（*Georgiana: Duchess of Devonshire*）也被改编成电影《公爵夫人》（2008年），由凯拉·奈特利主演。该片的服装设计师迈克尔·奥康纳（Michael O'Connor）获得了奥斯卡奖和英国电影电视艺术学院奖。乔治安娜与玛丽·安托瓦内特一样受到大众的喜爱，甚至被称为“英国的玛丽”。奈特利登上了时尚杂志的封面，该片也成为时尚评论的话题，例如2008年《时尚》展示了一批以该片为灵感的服装，由公爵夫人的后代史黛拉·坦南特（Stella Tennant）担任模特。

科波拉执导的电影《绝代艳后》大受欢迎以后，1991年约翰·科里利亚诺（John Corigliano）创作的歌剧《凡尔赛的幽灵》（*The Ghosts of Versailles*）因为以玛丽为主角也经历了多次复兴。2008年，巴黎大皇宫举办了一个关于这位王后的重要展览。本年代末，玛丽完全成为一个时尚偶像，她的人气有增无减，在21世纪10年代又出现了几部关于她的电影和电视剧，其中以《再见，我的王后》（*Farewell My Queen*）最为有名，由前时装模特黛安·克鲁格（Diane Kruger）演绎难逃宿命的玛丽。

左上图　2006年电影版《穿普拉达的女王》中饰演时尚媒体人士的安妮·海瑟薇、梅丽尔·斯特里普（Meryl Streep）和史坦利·图齐（Stanley Tucci），这部电影改编自劳伦·魏丝伯格的小说

右上图　乌玛·瑟曼在《杀死比尔1》（2003年）中穿着黄色的运动套装，不仅体现李小龙在《死亡游戏》（1973年）中着装的影响，也体现了日本动漫美学的影响

广为效仿的20世纪20年代晚期的造型，肖恩·巴顿（Shawn Barton）为《爱德怀德》（*Idlewild*，2006年）设计的服装混合了嘻哈风格和禁酒令时期的风格。杰奎琳·杜兰为凯拉·奈特利（Keira Knightley）设计的在《赎罪》（*Atonement*，2007年）中穿着的性感绿色连衣裙出现了无数仿款。桑迪·鲍威尔（Sandy Powell）为《远离天堂》（*Far From Heaven*，2002年）设计的服装和艾伯特·沃尔斯基（Albert Wolsky）为《革命之路》（*Revolutionary Road*，2008年）设计的服装都体现了战后20世纪50年代的风格，激起了古董服装爱好者寻找20世纪50年代的服装的热情。马利特·艾伦（Marit Allen）为《断背山》（*Brokeback Mountain*，2005年）设计的服装带动了西部服装的流行。丹尼尔·奥兰迪（Daniel Orlandi）为《随爱沉沦》（*Down With Love*，2003年）设计了20世纪60年代早期的奢华服装，媒体对该片的评价是“不间断的时装秀”。柯琳·阿特伍德为《九》（*Nine*，2009年）设计的20世纪60年代中期的华丽服装也成为了时尚评论的话题。《工厂女孩》（*Factory Girl*，2006年）巩固了伊迪·塞奇威克去世以后对时尚的持续影响。贝丝·海曼为《成名在望》（*Almost Famous*，2000年）、雪伦·戴维斯（Sharen Davis）为《梦幻女郎》（*Dreamgirls*，2006年）和艾伯特·沃斯基为《穿越苍穹》（*Across the Universe*，2007年）设计的服装也引起了人们对20世纪60年代和70年代的服装的兴趣。

奇幻电影也为时尚提供了灵感源泉，包含彭妮·罗斯（Penny Rose）为《加勒比海盗》（*Pirates of the Caribbean*）系列电影设计的服装，对化装舞会和大众时尚都产生了广泛的影响，并强化了骷髅头这个时尚图案——从印花面料到T恤到皮带扣随处可见。詹姆斯·艾奇（James Acheson）为《蜘蛛侠》（*Spiderman*，2002年）及续集设计的服装让超级英雄影片对时尚的影响得以延续，后来林迪·海明（Lindy Hemming）为《蝙蝠侠：开战时刻》（*Batman Begins*，2005年）和《蝙蝠侠：黑暗骑士》（*The Dark Knight*，2008年）设计的服装进一步强化了这种影响。关于《暮光之城》（*Twilight*，2008年）及续集的报道广泛出现在时尚媒体、时尚博客和粉丝基站上，很多年轻人模仿主角的着装。茱迪安娜·马科夫斯基（Judianna Makovsky）为《哈利·波特与魔法石》（*Harry Potter and the Philosopher's Stone*，2001年）及续集设计的服装带动了校徽和条纹校服领带在少年中的流行。

《卧虎藏龙》（2000 年）和《满城尽带黄金甲》（2006 年）增长了人们对亚洲服饰的兴趣。柯琳·阿特伍德为《艺伎回忆录》（2005 年）设计的服装为许多设计师、化妆品公司和时尚评论提供了灵感来源。该片主要的女演员——杨紫琼、巩俐和章子怡——穿着与片中类似的服装出现在杂志上。在影片《杀死比尔》（*Kill Bill*，2003 年、2004 年）中可以看到亚洲武术的影响，乌玛·瑟曼穿着的亮黄色连体装灵感来源于演员、武术家李小龙。

电视剧《欲望都市》播放了很多季，帕翠西亚·菲尔德担任该剧的服装设计师。剧中莎拉·杰西卡·帕克饰演为穿衣打扮困扰的凯莉，虽然人们对此褒贬不一，但帕克和该剧其他演员都成为了时尚杂志的常客。这部电视剧让观众记住了很多品牌的名字，莫罗·伯拉尼克因此成为全世界家喻户晓的品牌。2006 年，《丑女贝蒂》（翻拍哥伦比亚电视剧《丑女贝蒂》）开播，与剧中设定的情节一样该剧成为了时尚媒体的热点话题。2007 年，青春偶像剧《绯闻女孩》（*Gossip Girl*）开播，展现了预科学校一群穿着设计师服装的青少年，她们的形象广泛出现在媒体和博客上并带动了很多种款式的流行，例如有醒目边饰的布雷泽外套、蝴蝶结领结、发带、彩色的袜子和设计师包袋。2007 年开播的《广告狂人》（*Mad Men*）也成为了时尚评论的话题，进一步激发了人们对古董服装的兴趣，该剧服装设计师珍妮·布莱恩特（Janie Bryant）也被媒体广泛报道。

一连串的真人秀节目助长了媒体对奢华风格的迷恋。《橘子郡贵妇的真实生活》（*Real Housewives of Orange County*）展示了富裕女性的奢侈品和整容手术，媒体加强了这个节目及副产品对时尚的影响，例如 2008 年 7 月《时尚芭莎》刊登的纽约贵妇特辑。

某些戏剧也对时尚产生了影响。《春之觉醒》（*Spring Awakening*）改编自弗兰克·魏德金德（Frank Wedekind）1891 年的同名小说，设计师苏珊·希尔弗蒂（Susan Hilferty）为该剧提供了后现代主义的前卫服装，被众多喜爱艺术的年轻人效仿。希尔弗蒂为《暗夜危情》（*Wicked*）设计的服装也很有名，她为女巫葛琳达（Glinda）设计的以迪奥 1947 年的“朱诺”系列为灵感的服装广为人知。马丁·帕克莱蒂纳兹（Martin Pakledinaz）为《摩登蜜莉》

下图 （从左至右）艾薇儿·拉维妮（Avril Lavigne）、夏奇拉（Shakira）和布兰妮·斯皮尔斯等女歌手多样的造型体现了时尚的多样化，也体现了她们各自的着装风格

右图　很多粉丝模仿艾米·怀恩豪斯的复古风格，尤其是她的蜂窝发型、猫眼妆和纹身

右页底部图　从埃德·哈迪和克里斯蒂安·奥迪吉耶（Christian Audigier）的运动服可以看到休闲风格日益成为主流

（*Thoroughly Modern Millie*，2002 年）设计的服装引起了人们对 20 世纪 20 年代飞来波女孩风貌持久的兴趣。在萨尔兹堡音乐节和大都会歌剧院的舞台上，演绎现代版《茶花女》的女高音歌唱家安娜·奈瑞贝科（Anna Netrebko）穿着一条长及膝盖的红色鸡尾酒会礼服。奈瑞贝科的这条裙子被媒体广泛报道，"小红裙"的人气也因此经久不衰。

音乐与时尚

女艺人台上台下都是具有时尚影响力的人物。麦当娜的造型包括波西米亚风格和迪斯科风格。詹妮弗·洛佩兹最令人印象深刻的是 2000 年参加格莱美颁奖典礼时穿着多纳泰拉·范思哲设计的、领子开到肚脐位置的绿色礼服。唐妮·布蕾斯顿（Toni Braxton）延续了这种暴露的着装风格，穿着理查德·泰勒设计的一款两边都无遮掩的白色礼服参加 2001 年的格莱美颁奖典礼。与珍妮·杰克逊有关的热门事件是她在 2004 年超级碗（Superbowl，美国职业橄榄球大联盟年度冠军赛）表演时由于服装走光暴露了一侧的乳房。奇装异服是嘎嘎小

上图 “简的嗜好”（Jane's Addiction）乐队主唱佩里·法瑞尔（Perry Farrell），摄于2003年拉帕鲁扎音乐节。该乐队以艳丽的演出服闻名，这里法瑞尔穿的这套拼布服装体现了解构主义美学的影响

姐（Lady Gaga）现场表演和性感音乐录像不可或缺的一部分。她的行头来自全世界的设计师，尤其是亚历山大·麦昆。身段玲珑的克里斯蒂娜·阿奎莱拉（Christina Aguilera）的少女魅力激发了粉丝对她的效仿——“颜色柔和的背心和毛边牛仔短裤搭配粉色亚光口红”。格温·史蒂芬妮（Gwen Stefani）将后朋克风格和健美的体形巧妙融为一体。和其他创作型歌手给人的休闲印象不同，艾丽西亚·凯斯（Alicia Keys）和妮莉·费塔朵（Nelly Furtado）经常用长发搭配大耳环和珠宝，穿着迷人的低胸礼服。比约克（Björk）的另类着装包括她2001年参加奥斯卡颁奖典礼穿着的一款灵感源于天鹅的礼服和石冈瑛子为她设计的系列演出服。艾米·怀恩豪斯（Amy Winehouse）的造型给人以歌剧女主角的感觉，她模仿了以前的著名艺人，包括容尼·斯派克特（Ronnie Spector）的蜂窝发型和玛丽亚·卡拉斯的猫眼妆。

信念（Creed）、酷玩（Coldplay）、林肯公园（Linkin Park）和收音机头（Radiohead）等具有影响力的乐队通常坚持后垃圾摇滚风格，穿着休闲服和类似制服的套装，头发不做造型。杀手乐团（The Killers）经历了几个阶段，从早期的新浪潮造型转变为更加粗犷不拘一格的风格，经常运用“泰迪男孩”的元素。粉丝模仿甜蜜射线（Sugar Ray）的斯卡风格和绿日乐队（Green Day）的加州后朋克风格。在利物浦的新人组合BBMak的影响下，轮廓分明的臀部流行起来。说唱歌手通过他们的私服以及在歌曲和录像中提及品牌和设计师的名字对时尚产生影响。很多说唱歌手两只耳朵上都佩戴钻石耳钉，这种做法很快成为主流。以大量纹身为特点的灵魂男孩（Soulja Boy）让某些眼镜成为时髦的款式并带动了长串珠项链的流行。尼力（Nelly）的创口贴最初是因为打篮球受伤贴上，但后来被很多粉丝效仿。坎耶·维斯特（Kanye West）的着装从超大的预科生基础款搭配华丽的首饰到定制的白色西服套装应有尽有。詹姆斯·托德·史密斯（LL Cool J）、50美分（50 Cent，即柯蒂斯·詹姆斯·杰克逊三世（Curtis James Jackson III））和卢达克里斯（Ludacris）都对嘻哈风格做出了突出的贡献。

男性个人表演者的着装体现并巩固了男装的潮流趋势，包括乔许·葛洛班（Josh Groban）的蓬乱发型和定制外套搭配不塞进裤腰的衬衫。麦可·布雷（Michael Bublé）采纳了紧身的西服套装、松开的领带和整洁的胡茬。杰森·玛耶兹（Jason Mraz）的着装体现了潮人的审美，贾斯汀·比伯（Justin Bieber）则影响了年轻男性的发型。2009年迈克尔·杰克逊离世之后产生了无数与他相关的产品，零售商纷纷推出纪念版T恤和收藏品。

流行趋势

男装、女装和童装的流行趋势在很多方面有共同之处。灵感的来源包括历史元素的随机组合，世界各地的服饰和一百年以来的亚文化风格，它们被翻新或改造成为新的时尚。一些主打的款式被重新改造了，例如汽车外套长度的亮色风衣和有褶边的牛仔外套等。尽管设计师和媒体每隔一段时间就提出“考究着装”的口号，但非正式服

装依然盛行。“快时尚”主流推出价格便宜风格大众化的服装，消费者逐渐将服装视为一次性用品。关于端庄，“千禧世代”（Millennials）或“Y 世代”（Generation Y）的青少年有不同的理解，他们认为在工作场合穿超低腰裤和露脐上衣并露出乳沟没有什么不合适。T 恤和牛仔裤仍然是多数人衣橱的主打款式。牛仔裤的面料有很多种，例如猫须水洗（Whisker Washed）牛仔布和深色硬质牛仔布。高档牛仔服市场进一步扩大。牛仔裤被故意撕裂、磨损或弄破，有时会装饰贴花、刺绣和涂鸦。袋形的变化很常见，后袋往往位置较低且有装饰。小腿紧身的裤子有时在脚踝处装有拉链甚至系带。风琴袋成为持久的时尚细节。

连帽外套和卫衣很受欢迎，连帽款式因此成为衣橱必备。连帽款式最初见于运动服，后来被嘻哈风格的服装采纳，使用的面料多样，经常出现醒目的图案、通体的印花和设计师的标识。实用的棉质针织连帽衫依然流行，但连帽衫的用料日益广泛，包括开士米羊绒和装饰花缎。本年代无袖连帽衫流行，强调款式而非实用。

21 世纪第一个十年，迷彩已用于大众服装，2001 年，约翰·加里亚诺为迪奥设计的春季系列对这种元素的流行起到了重要的促进作用。在伊拉克和阿富汗发生的战争让这类图案进一步得到了普及。迷彩印花普遍出现在女装、男装和童装上，色彩也丰富多样，包括灰度、粉色、蓝色、橙色和三次色。迷彩的鞋子、包袋、围巾和钱包也很常见，还有迷彩的家居用品。迷彩的含义被淡化，它成为了一种常年可见的印花图案，就像波点和条纹一样。

撕裂成为一种常见的装饰手法，流行于 21 世纪之初，裂缝的位置恰好能暴露内衣裤、身体的某些部位或身上的纹身。毛边很常见。珠子和亮片常用于日装，甚至是男装。绣片、宝石和铆钉也是牛仔裤上常见的装饰。超大或醒目的拉链也用作装饰。护身符图案见于首饰、T 恤和纹身，流行埃及安可架、阿拉伯法蒂玛之手和挪威舵柄。入耳式耳机和头戴式耳机也成为了配饰，并且有许多颜色和款式。

上图 工装裤成为男女装的基本款，裤子有多个口袋，可以用来放置手机、MP3 播放器等电子产品

右图 某些专业泳衣使用了新型面料并可以全面覆盖身体，例如速比涛的鲨鱼皮系列

上图　巴塔哥尼亚（Patagonia）的一款有机棉半裙和开衫，体现了服装行业日益关注的可持续发展观。背景是竹子，也是一种天然纤维原料

竞技体育服的创新惠及消费者，包括抗菌处理、紫外线阻隔和包缝。速比涛的鲨鱼皮系列采用灵感源于鲨鱼皮的面料，设计减少了阻力，彻底改变了表演用泳衣的面貌。石冈瑛子设计的连帽速度滑冰紧身弹力连体衣延续了超级英雄的美学。出现了清晰标示脚趾部位的鞋子，成为传统胶底运动鞋的替代品。

始于 20 世纪 90 年代的身体改造艺术在这个十年快速发展。纹身尤其普遍，且已被正名。新出现了白色纹身、荧光纹身和容易去除的纹身。纹身、穿刺、拉伸耳垂和划痕等身体改造艺术甚至见于职场。出现了多个以纹身为话题的真人秀电视节目，例如《迈阿密纹身》（*Miami Ink*）及其在洛杉矶、伦敦、纽约和马德里的衍生节目。

时尚的社会责任感

时尚行业开始以各种方式推动可持续发展。从 20 世纪 70 年代的生态运动和后来萨莉・福克斯（Sally Fox）推出的天然彩棉产品以及桑德拉・盖拉特（Sandra Garratt）的新 T 恤公司（New Tee Inc.）从开发的有机面料中汲取灵感，一场特别的时尚运动拉开了序幕。2009 年，迈克尔・布劳恩加特（Michael Braungart）和威廉・麦克唐纳（William McDonough）出版了《从摇篮到摇篮》（*Cradle to Cradle*）一书，为“绿色时尚”“生态时尚”和“慢时尚”的发展奠定了基调。麻纤维、竹纤维和玉米纤维都得到了推广，纤维的材质通常成为吸引顾客的卖点。某些设计师和制造商强调自己的产品是手工制作的，例如娜塔莉・沙宁（Natalie Chanin）的阿拉巴马沙宁公司（Alabama Chanin Company）。有机服装品牌卢姆斯泰（Loomstate）的罗根・格雷戈里（Rogan Gregory）和林能平（Phillip Lim）的“走向绿色”（Go Green Go）系列以使用有机面料为特色。户外服制造商巴塔哥尼亚（Patagonia）是最早承诺将可持续发展作为自己的使命的品牌之一，布鲁克林实业（Brooklyn Industries）以回收利用材料为根本。设计师从本土文化中寻找可持续发展的原型。许多杂志提到了“绿色（环保）问题”，可持续时尚基金会等行业协会纷纷成立。古董和 DIY 服装被认为是有利于可持续发展的，这个理念尤其受年轻人和潮人的拥护。一些高端设计师也在作品中融入了古董服装，比较有名的是马丁・马吉拉和效法基督的塔拉・苏博科夫（Tara Subkoff）。一些赶时髦的人甚至为他们的超短裤和其他暴露的衣服正名了，因为用的面料少意味着“可持续”，这印证了当时的一个讽刺性的流行用语——“绿色即新的黑暗”。

虽然服装设计的中心大多位于欧洲和北美洲的大城市，但是服装制造业多数分布在亚洲、非洲和南美洲的发展中国家，出现了几个有名的涉及雇用童工和劳动环境恶劣的案子。盖普和沃尔玛等大公司的工厂存在奴役儿童的情况，运动鞋生产商常常出现劳动违规现象。这些问题被人权观察等组织曝光后，公司予以回应，承诺承担“社会责任”。和生态时尚一样，“责任感”成为时尚的一种特质。人民树（People Tree）和艾顿（Edun）等品牌承诺公平贸易，某些品牌甚至还将每件衣服每道工序涉及的工人的信息标示出来。

风格群体

在生活方式和服装方面，在潮人（或称为新皮士、文青）的影响下出现了一种都市的拼凑风格，这种风格受到波西米亚人、披头族和嬉皮士等亚文化的影响。“潮人”（Hipster）一词是 20 世纪

左上图　潮人风格融合了一些复古的元素，例如有意做小的衣服和古怪的帽子，并让男性留胡子再次流行，从温尼伯这对夫妇的着装就能看到这一点

右上图　韩国歌手兼演员郑治勋（Rain）的这张照片体现了"奇客时尚"的着装风格，摄于2008年

40年代格林威治村和哈莱姆爵士乐现场的流行用语，重新使用该词对当代潮人的循环思潮具有一定的讽刺意味：

"潮人与那些故意离经叛道或无意失去地位的人部分有重叠，包括新波西米亚人、严格的素食主义者、骑行族、滑板朋克、准蓝领、二十多岁的后种族主义者和难以自食其力的艺术家或毕业生——他们认为自己实际上既属于亚文化又属于主流社会，因此在两者中间开辟了一处灰色地带。"

布鲁克林、芝加哥、西雅图、洛杉矶和旧金山等城市的某些街区是著名的潮人集中地。但这种风格蓬勃发展，在伦敦、柏林、莫斯科、悉尼、布拉格、巴黎和亚洲等不同城市和地区有不同的表现。"独立摇滚"（Indie Rock）是潮人精神的根基。潮人说唱的出现可以看到这场运动已经超越白人群体而被更多的种族和阶层所接受。很多潮人故意穿着破旧的衣服表明他们反传统权威的情绪和反文化的立场，《细节》（*Details*）杂志因此称他们为"贫穷的公子哥"。男性潮人穿格子衬衫或有复古或讽刺标识的T恤，搭配牛仔裤或毛边短裤。衣型或者肥大或者干瘪。常见的配饰有卡车司机帽、猪肉派帽和折边帽。女性潮人穿T恤、敞开的衬衫、背心和毛衣，搭配紧身的牛仔裤，或穿垂感好的古董连衣裙。男性和女性都穿科迪斯和匡威的胶底运动鞋和马丁靴等厚重的鞋子，尤其喜欢磨损的款式。古董或复古的眼镜和卡通午餐盒等像是儿童用的东西及背包用来完善整个造型。男性通常留小胡子或大胡子，身体健康不受重视，啤酒肚说明潮人喜欢手工酿造的啤酒。女性喜欢随意、未打理的发型或剪得很齐、染色明显的发型，很多人戴松软的绒线帽。身体改造是必要的，很多潮人成为移动的纹身和穿刺作品。《都市潮人的野外指南》（*A Field Guide to the Urban Hipster*）和《潮人手册》（*The Hipster Handbook*）等幽默的读物界定和阐述了这场运动。到本年代末，潮人的服装被彻底商业化了，潮人成衣比比皆是，有面向年轻人的品牌，例如美国服饰和城市旅行者。

"奇客风貌"（Geek Chic）可用于形容男性和女性，这类假设的"技术人员"太忙或太聪明，无法或不屑于关心时尚。"奇客风貌"的普及体现了计算机技术的影响，并呈现一种结合复古元素和青少年或大学生情怀的另类时尚。《伦敦时报》曾打趣："不酷很酷。"各个价位都有这类风格的服装。2003年维果罗夫的男装秀体现了这种风格的影响——学院风格带有文字的紧身毛衣、格子外套和打结的围巾。2007 年开播的人气电视喜剧《生活大爆炸》（*The Big Bang Theory*）展示了四个年轻的物理学家的古怪着装：星球大战 T 恤、松垮的外套、20 世纪 70 年代风格的紧身低腰裤和胶底运动鞋。《丑女贝蒂》中的贝蒂和亨利也是采用这种造型。某些款式特别适合奇客时尚，例如企鹅牌针织衫和笨重的黑色镜框。

蒸汽朋克（Steampunk）美学最初源于 19 世纪的科幻小说，例如儒勒·凡尔纳的《海底两万里》和赫伯特·乔治·威尔斯的《时间机器》，《大都会》（*Metropolis*）和《妙想天开》（*Brazil*）等电影对这种风格的发展也有重要的影响。蒸汽朋克风格将前数字技术时代描绘的未来形象化，通常以蒸汽驱动的机器为标志。本年代几部影片进一步强化了这种风格，包括《天空上尉与明日世界》（*Sky Captain and the World of Tomorrow*）和日本动画片《蒸汽男孩》（*Steamboy*）。柯琳·阿特伍德设计的服装和里奇·海因里克斯（Rich Heinrichs）设计的场景让电影《雷蒙·斯尼奇的不幸历险》（*Lemony Snicket's Series of Unfortunate Events*）成为蒸汽朋克的巅峰之作。这种风格也影响了美术、家居和服装，出现了各种蒸汽朋克研讨会和展销会。蒸汽朋克的服装体现了哥特风格和日本街头风格等多种风格的影响，也与角色扮演有关。蒸汽朋克的服装混合了许多不可能的和怀旧的元素，例如维多利亚时代的紧身胸衣搭配护目镜，或长礼服和高顶礼帽搭配射线枪和防毒面具。

女装基本情况

在这个同时存在多种不同甚至相反风格的年代，“波西米亚”或许是年轻女性中最盛行的风格。波西米亚风格和复古主义、地区主义以及强势回归的极简主义有关，来源广泛，包括中世纪、拉斐尔前派、波西米亚人、吉普赛人和 20 世纪 70 年代的多元文化。随着宝莱坞电影在全球范围内流行，印度对时尚产生了强烈的影响，大致的“部落”细节也是波西米亚风格的一个重要组成部分。上衣通常是背心和吊带衫，也有田园风衬衫。有时会增加穿衣的层次，例如增加宽大的套头上衣（通常是透明的）和背心（从毛皮面料到田园风格的面料材质多样）。轻薄透明的娃娃连衣裙很受欢迎。大摆裙（戏称为“能浮起的”）是这种风格不可或缺的元素，类似蛋糕裙或拼接裙以及裙后有能随风飘起的三角形大布片。半裙通常有多层，混合了透明和不透明的面料，裙摆底边通常不规则，呈扇形或手帕形。图案以扎染图案和佩斯利纹最为典型，装饰流苏、刺绣、亮片和硬币。靴子很受欢迎，包括牛仔靴、绒面靴和流苏靴。大大的围巾、松软的宽檐帽和不定型的大单肩包，加上编发或蓬乱的头发完善整个造型。复古元素也是这种风格的一个组成部分。

下图　纽约滑稽剧演员莉莉·法耶穿着一套蒸汽朋克风格的服装，巴贝特·丹尼尔斯（Babette Daniels）摄

英国女演员西耶娜·米勒（Sienna Miller）和这种风格有密切的关系，《星期日泰晤士报》曾提及伦敦年轻女性的“西耶娜热”。玛丽·凯特和阿什莉·奥尔森的着装毫无章法可言，她们的风格被戏称为“流浪汉风貌”。波西米亚风格风靡整个市场。罗伯特·卡沃利和凯瑟琳·玛兰蒂诺推出波西米亚风格的高级时装。田园风衬衫和蛋糕裙在大众市场得到了大力的推广，“老海军”称宽摆的吉普赛款式为“超级裙”。虽然媒体声称这种风格在这个年代的中期已经达到顶峰并且有些时尚作

家谴责这种风格“过度”，但是它依然蓬勃发展，2009 年德国版《时尚》发表了一篇名为《高级波西米亚》的评论，同年，梅西也推出了以嬉皮士为灵感的“夏日之爱”（Summer of Love）系列。

上图　两名穿着波西米亚风格服装的模特与一只吉娃娃，摄于 2005 年。红色连衣裙来自博柏利·珀松（Burberry Prorsum），灰色连衣裙来自保罗和乔（Paul & Joe）。肌理丰富的配饰有手工缝制的单肩包、针织帽和围巾，与光滑的耳机和手机形成鲜明的对比

右页图　2009 年，插画师罗纳尔多·布鲁内特（Renaldo Barnette）为一个都市休闲系列画的速写，展示了当时流行的服装，包括公主线连衣裙、凸显曲线的牛仔裤和人造毛皮披肩，都搭配细高跟鞋

“男友”风格再次流行，契机是 2000 年狗仔队跟踪凯蒂·赫尔姆斯（Katie Holmes）时发现她穿着丈夫汤姆·克鲁斯（Tom Cruise）的牛仔裤，《今日风尚》曾这样评论：“男装以最简单直接的方式从男士的衣橱回归潮流！凯蒂·赫尔姆斯真的穿上了汤姆的牛仔裤！”男友风牛仔裤较宽大，裤脚常有翻边，有撕裂和破洞，腰间系一条宽腰带。很快，超大尺寸的 T 恤、外套和大衣都变得常见，赫尔姆斯本人经常穿着李维斯的牛仔夹克。零售商和制造商还推出“男友风卡其裤”和“男友风开襟羊毛衫”，还有布雷泽外套和领带。

女性白天通常穿长半裙和连衣裙。细肩带或系颈露背针织连衣裙通常有紧窄的裙身，有时称为“露台裙”，但也见于城市的大街小巷。媒体和设计师高度重视连衣裙（重视的程度高于分体式服装）并推出了很多款式：衬衫连衣裙、紧身无袖连衣裙、狩猎风格的连衣裙和腰线略高通常系细腰带的裹身连衣裙。帝政式的高腰线常见于白天穿的连衣裙、晚会和特殊场合的服装甚至休闲上衣。

半裙套装和裤子套装依然很受欢迎。某些半裙套装包含七分袖的箱形外套，体现了 20 世纪 50 年代末的影响。2008 年，设计师外套的肩部和垫肩更宽，但衣身总体仍然比较纤细。某些细节，例如超大尺寸的钩眼扣、纽眼和金属纽眼既有装饰作用又有实用功能。裙子从迷你到及膝到及小腿肚有多种长度。多片拼接裙通常突出裙子的结构，布片接缝处有滚边或使用对比明显的面料。螺旋拼接、斜裁等细节和喇叭裙都很流行。某些半裙和连衣裙的背面比正面更长（沿对角线裁剪）或左右两边不等长。紧身低腰裤很时髦，“玛芬饼顶部”（MuffinTop）一词用来指低腰裤太紧造成肚子上似乎有一圈赘肉的现象。虽然有些裤子的裤腿呈喇叭形，但臀部和大腿位置大多依然非常紧窄。轻薄紧身的针织打底裤（Leggings）非常受欢迎，也出现了牛仔款式的紧身弹力打底裤（英文 Jeggings，来源于 Leggings）。年代末出现了高腰裤，也有很多款式，有些是阔腿裤，有些还采用了流行的紧身廓形。

诗人衬衫和高领毛衫与前面系扣的经典款式一样流行。针织服装从非常轻薄的烂花 T 恤到厚实的开襟毛衫和长毛衣外套应有尽有。很多毛衣和上装的袖子都偏长，也有露肩款式的上衣，很多女性穿露出一边肩膀的宽领衬衫。帝政式高腰线的娃娃连衣裙也可用作上衣，搭配牛仔裤或打底裤。从衬衫、钱包到外套，褶边都很常见，或者用于基本款服装。

外套大多比较紧身，常有系带或腰线略高。流行各种款式的风衣，中长款尤其受欢迎。绸缎和金银丝锦缎制作的风衣用于夜晚，也有超大尺寸的宽松大衣，包括方形剪裁的外套和延续了 20 世纪 60 年代早期风格的款式。斗篷也很流行。

特殊场合的服装非常丰富。从先锋派设计师的作品到主流的款式，哥特风格可见于各种档次的服装。古典风格的连衣裙有细长的廓形、细小的褶裥和悬垂的斗篷领，通常称为“女神裙”。范思哲、玛切萨（Marchesa）、蓝色情人（Blumarine）等许多品牌都推出了这种款式。常用裸色和淡色。单肩、垂褶和荷叶边常见于特殊场合。

Patent Leather & Chain Mail Bag
Matte Jersey Dress w/ Rhinestone Buttons and Green Goat Skin Scarf
Body Suit of Matte Jersey and Satin worn with Rhinestone & Chain Mail Belt and Stretch Wool Pants
Chinchilla Shrug over Silk Chiffon Dress
Ranaldo J. Barnett

“一定要拥有”

本年代中期，《纽约时报》曾提出这样的疑问：“谁会花1200美元买一个手提包？为什么？”这篇文章报道了消费者对手提包的“迷恋”，并指出马克·雅可布、普拉达和爱马仕的包是近期最畅销的产品。1200美元其实还只是根据玛百莉（Mulberry）、路易威登和香奈儿某些包的价格确定的一个适中的价格，另外还有标价超过2000美元的包，数量极少的限量版或以异域皮革制作的包价格通常在上万美元。由于时尚消费者将注意力和财力从象征身份的鞋子转向“一定要拥有的包袋”（It Bags），设计师和品牌专注于开发包袋的潜在利润，甚至包括在T台上展示的手提包。这与之前几十年的情况完全不同，以前虽然认为配饰对于盈亏底线是重要的，但对于季度性展示而言是次要的。百货商店扩大了包的销售区域，精品店趁机大赚一笔，开发各种“专享”的营销手段满足公众的欲望。预约名单生成，零售商说有些客户绝望到哭，因为她们买不到芬迪的“间谍包”（Spy）或蔻依的“锁头包”（Paddington）。

这种现象正好符合年代早期和中期流行特别华丽的包袋的潮流。标识和独特的金属部件很重要，能让某些包一眼就被人认出来。很多包有大量装饰，包括流苏、链条、金属纽眼和挂锁。手提包的尺寸和醒目部位与行李箱相似并成为幽默漫画的灵感来源。最重的包挎在了肘关节处，由此产生一只手向外伸、一只手撑在臀部的“茶壶”站姿。顶级设计师的很多款式被各级市场模仿，也出现了山寨版。2003年，东尼博客（Dooney & Bourke）推出一款和路易威登非常相似的包。随之而来的官司判定东尼博客确实有抄袭之嫌，但尚在可接受范围之内。讽刺的是，东尼博客的广告将它宣传为“签名款彩色字母包”，并列入“一定要拥有的包袋”。到2008年，时尚媒体宣告短暂的“一定要拥有”潮流结束，并提倡“经典的奢华”。第二年的报道是“抵制一定要拥有”。但是以手提包热为典型代表广为宣传的昂贵配饰价格的狂涨狂落成为了21世纪时尚的核心内容。

马克·雅可布为路易威登2005年春夏系列设计的一款手提包

虽然流行黑色、灰色和其他的中性色，但也有明亮色，常采用撞色的形式或作为中性色套装的点睛之笔。动物和复古的花卉印花图案非常流行。数码印花创造了新的效果，在起皱的面料上印花能产生貌似随机（实为有意而为）的空白区域。乙烯基等未来主义风格和表面闪亮的面料很常见。

泳装体现了多种灵感来源。背心式氯丁橡胶泳衣类似小型潜水服，有些装有大拉链。双色花卉和颜色鲜艳的印花图案体现了夏威夷和冲浪运动的影响。复古风格的一件式或两件式泳装都有抽褶、定型的胸罩和高腰裤或高腰裙。暴露的泳装也很常见，丁字裤比基尼完全将臀部暴露在外，系带式三角比基尼只遮住了臀部的一半。其他类型的运动服也在继续发展，尤其是瑜伽服，露露柠檬（Lululemon）和阿仕利塔（Athleta）是领先的运动服品牌。

配饰

手提包和鞋子是重要的配饰，也是高级定制发挥重大影响的领域。秀场也展示配饰，秀场服装上不适用于其他场合的细节可用于手提包、鞋子和其他的配饰。媒体也尽可能让配饰出现在照片里，有

右图　2009年，艾萨克·麦兹拉西（Isaac Mizrahi）秀场上的一个诙谐造型，将手提包用作帽子，体现了时尚对这种配饰的别样迷恋

些展示的方式不太合常规，例如把鞋子用作帽子，用手提包搭配泳衣。正如 2009 年 1 月《时尚芭莎》宣称的那样："万众瞩目的配饰是这季的必备！"包体通常很大且装饰华丽，材质从光滑的皮革到金银丝锦缎应有尽有。关于鞋子，年代初流行尖鞋头和细高跟。厚底鞋也开始流行，与以前的厚底鞋相比不同之处在于很多款式结合了厚底与细高跟。有些款式将鞋面材料延伸至"隐蔽的"厚底，还有一些款式采用楔形造型。年代中期和后期的很多鞋子都有精心装饰的流苏和铆钉等金属细节。各种形状的靴子都受欢迎，很多装饰流苏和铆钉，一些靴子看起来像是被碾压过一样。克里斯汀·鲁布托（Christian Louboutin）成为一个重要的鞋类设计师，他的设计被广泛效仿。他独具特色的红漆鞋底很有辨识度。普拉达、亚历山大·麦昆、托里·伯奇（Tory Burch）等设计师也推出了有影响力的款式。休闲品牌 UGG 和卡骆驰（Crocs）都很受欢迎，卡骆驰的某些粉丝用小饰品装饰鞋子。芭蕾舞平底鞋、角斗士凉鞋和人字拖等露出大部分脚部的凉鞋依然流行。有些鞋子有芭蕾舞鞋风格的绑带。明亮的颜色和动物图案常用于鞋子、包袋和其他配饰，包括袜子。有洞的紧身裤袜也很流行。

本年代末佩戴无镜片塑料大眼镜成为一种时尚，这股潮流可能源于 20 世纪 90 年代日本的街头风格，体现了奇客时尚的审美。黑色镜架在年轻男女中最为流行（有时被改造成 3D 眼镜重复使用），也有白色或彩色的镜架，这股潮流推动了大框光学眼镜的流行和雷朋品牌的再次兴盛。很多著名的设计师品牌推出了眼镜，名人效应引发了某些款式的流行，例如效仿美国政客莎拉·佩林（Sarah Palin）佩戴无框的川崎眼镜。太阳镜流行飞行员款式、黑色矩形镜框和超大的椭圆镜框，维多利亚·贝克汉姆和奥尔森姐妹等很多名人推动了这些款式的流行。本年代末连帽围巾也很受欢迎。复古的服饰珠宝尤其是胸针成为时髦之物。精致的大项链也流行。阿尔伯·艾尔巴茨（Alber Elbaz）为朗万设计的缎带项链被广泛效仿。

美体衣和内衣

塑身衣成为一种更加重要的服装类型。当公司创始人萨拉·布莱克里（Sara Blakely）为了让白色的裤子里面更加平滑（消除外显的内裤线条），剪掉裤袜的袜子部分穿在白色裤子里面时，一个重

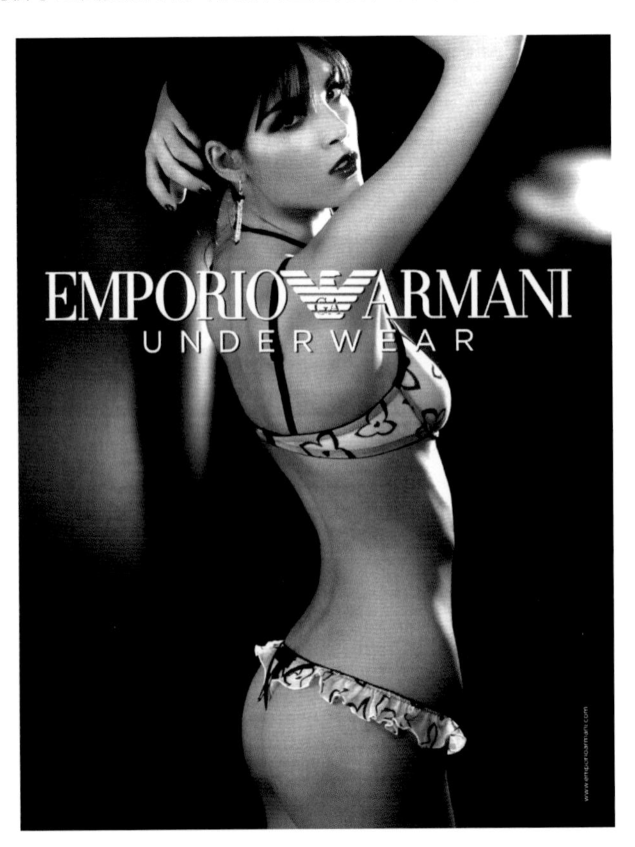

右图　爱姆普里奥·阿玛尼的一套内衣，包含一件文胸和一条丁字裤，人们不再认为这种款式有伤风化

右页底部图　巴黎世家品牌的复兴反映了 21 世纪早期的营销趋势。从 2005 年的这件外套可以看到尼古拉·盖斯奇埃尔（Nicolas Ghesquière）保持了该品牌一贯的风格

上图　红毯是设计师礼服PK的场所，这些礼服由参加重大颁奖典礼的名人演绎，它对发布流行趋势的作用不亚于服装秀。从左至右分别是：2002年，哈莉·贝瑞穿着艾莉·萨博设计的礼服；2006年，杨紫琼穿着罗伯特·卡沃利设计的礼服；2007年，瑞茜·威瑟斯彭穿着尼娜·里奇的礼服（奥利维尔·泰斯金斯设计）

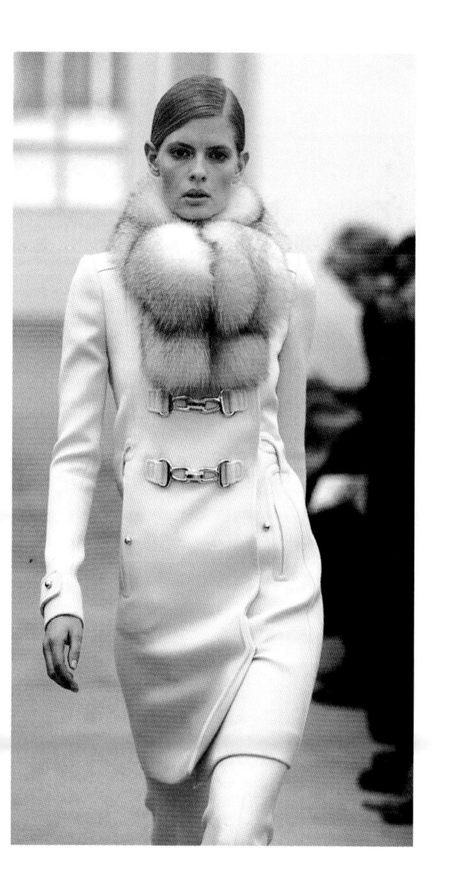

要的品牌斯潘克斯（Spanx）诞生了。后来这个品牌拓展到塑身背心、连体衣和各种各样的短裤及内裤。同类品牌还有媚登峰的弗莱克西斯（Flexees）和希瑟·汤姆森（Heather Thomson）的尤米·塔米（Yummie Tummie）。一些品牌还提供覆盖上臂的塑身衣。女性穿填充凝胶的文胸获得深乳沟。一些前扣式文胸有几个调节点，能塑造不同程度的乳沟。虽然文胸的肩带经常随意外露（有些装饰性强的内衣则是刻意露出肩带），但有些女性还是会使用肩带防滑器固定肩带的位置。同样，“工作场合不宜”的深领口可使用防走光片。西斯可（Sisqó）的《丁字裤之歌》（*The Thong Song*）反映了丁字裤受欢迎的程度，音乐录像中出现了穿着丁字裤比基尼旋转的女性舞者。丁字裤热潮席卷了时尚的各个层次，“鲸鱼尾”（Whale Tail，低腰裤上露出的丁字裤裤头）的类型多样，既有“大内密探”（Agent Provocateur）的蕾丝款，也有装饰迪士尼角色的纪念款。

设计师与品牌

本年代很多老品牌推出了价位较低的副线，多个著名的时装屋和品牌实现了升级，也涌现了许多年轻的设计师。快时尚和高级时装合作是一个典型的策略——有时称为“大众精品”（Masstige）时装。拓扑肖普和塔吉特尤其典型。从2002年和艾萨克·麦兹拉西合作一个系列开始，塔吉特与斯特拉·麦卡特尼、罗达特等众多设计师进行了合作。模特凯特·摩丝和拓扑肖普的合作始于2007年，成为这个快时尚品牌的一大亮点。这种项目经常用临时性的时尚潮店（俗称“快闪店”或“品牌游击店”）来推进。有几个品牌扩大了规模，提升了名气，成为了真正的全球化品牌。飒拉（Zara）和优衣库成为“快时尚”的引领者。设计师副线品牌的拓展、“季前秀”（“Pre-season” Showing）和“半高级定制”（Demi-couture）的概念都有助于营造持续活跃和更易购得的氛围。

红毯亮相依然很有影响力，电影首映式、大型盛会和颁奖典礼对新人和资深设计师——甚至联名系列都至关重要。雷姆·阿克拉（Reem Acra）、玛切萨、吉尔斯·孟德尔（J. Mendel）、扎克·珀森和纳西索·罗德里格斯等品牌都以提供特殊场合的服装闻名。2002年，奥斯卡最佳女主角得主哈莉·贝瑞（Halle Berry）领奖时穿着艾莉·萨博（Elie Saab）设计的一款暗红色礼服，这件礼服成为本年代引发最多议论的礼服之一。王薇薇也多次为红毯明星设计礼服。

从以夸张奢华的款式再次受到赏识的罗伯特·卡沃利到推出符合流行的预科生主题运动服的莉莉·普历兹和鳄鱼，再到女裙产品再度热卖的黛安·冯·芙丝汀宝，无数设计师和品牌再次兴盛起来。1997 年自年轻的法国设计师尼古拉·盖斯奇埃尔（Nicolas Ghesquière，生于 1971 年）担任创意总监之后，巴黎世家的元气已恢复大半，进入增长期。1995 年盖斯奇埃尔开始在这家时装屋工作，他对巴黎世家经典风格的卓越诠释备受好评。他的设计继承了品牌创始人的几何传统和无可挑剔的剪裁，但同时进行了创新，例如针对年轻的消费者推出了非常紧身的裤子。2004 年巴黎世家推出了基于经典产品开发的副线巴黎世家·艾迪逊（Balenciaga Edition）。该品牌后来也涵盖男装、配饰和香水。中国企业家王肖岚购买了朗万的大部分股份，2001 年聘用阿尔伯·艾尔巴茨担任品牌的创意总监。业内称艾尔巴茨风度翩翩，行事低调，他对朗万优雅风格的提炼和女性化升级为他赢得了声誉，2007 年他获得了法国荣誉军团勋章。2005 年，吉尔·桑达离开她的公司，任命比利时设计师拉夫·西蒙斯（Raf Simons）为设计总监。在保持品牌极简现代风格的同时，西蒙斯也推出了细节更多、更

血统不正的高级定制

时尚系统重大剧变的一个后果是“高级定制”一词变得无处不在且被有悖常理地滥用。虽然巴黎高级定制时装公会仍然通过朗万、迪奥和香奈儿等品牌管理每季的时装秀，但在普通人看来，任何有些许不同的服装都是“高级定制”。养尊处优的千禧年宠物有它们自己的衣领、毛衣和王冠，这些被称为小狗或小猫的高级定制。博恩 4 高级定制（Born 4 Couture）提供汽车座套和“（让小孩）闪亮登场的奶嘴”，高级定制波普斯（Couture Pops）的特色产品是水晶棒和圆形棒棒糖。

尽管真正的高级定制时装行业很小——据 2008 年《时尚》的一篇报道，该行业的常客在 200 人左右——但它对公众的心理影响是巨大的。2007 年 BBC 的纪录片《高级定制的秘密世界》（*The Secret World of Haute Couture*）和 2005 年的纪录短片《香奈儿印记》为观众揭秘了这个特权世界。这两个节目都强调了高级定制时装的精湛工艺，展示了工作室的幕后景象，并让观众得以一窥高级定制时装顾客的衣橱，激起了公众加入高级定制时装俱乐部的欲望（或许有人确实加入了）。

橘滋的一则香水广告

非常成功的主流品牌橘滋（Juicy Couture）可能是公众夺取“高级定制”一词的最好例子。橘滋由自称加利福尼亚少女的吉拉·奈什－泰勒（Gela Nash-Taylor）和帕米拉·思凯斯特－利维（Pamela Skaist-Levy）于 1997 年创立，因 2001 年推出的丝绒运动套装而声名鹊起，这款服装很快成为了詹妮弗·洛佩兹和卡梅隆·迪亚茨（Cameron Diaz）等名人的喜爱之物。奈什·泰勒和思凯斯特·利维着重推出衣形更加女性化的彩色服装，包括有型的深 V 领 T 恤。品牌名“Juicy Couture”装饰在性感的低腰运动裤背后，这款裤子让“高级定制”不再是一个专有的概念。2003 年，橘滋被第七大道巨头丽诗加邦公司（Liz Claiborne, Inc）收购，这笔交易的报酬非常丰厚。

2010 年“泽西高级定制时装店”（Jersey Couture）的首播进一步印证了高级定制时装的贬值。这个真人秀节目在另一部名字相似的高人气真人秀节目“泽西海岸”（Jersey Shore）之后开播，讲述了新泽西州一家服装店店主和她装饰大胆的女儿的故事，她们为无数漂亮的顾客热情挑选和搭配特殊场合的服装，这敲响了“高级定制”的丧钟，“高级定制”沦为名贵和专享的同义词。

女性化的款式。蔻依的设计师更换频繁：2002 年至 2006 年是菲比・费罗（Phoebe Philo）、2007 年至 2008 年是保罗・梅里姆・安德森（Paulo Melim Andersson），2009 年至 2011 年是汉娜・麦克吉本（Hannah MacGibbon）。这个品牌依然是时髦的年轻女性最喜爱的品牌之一。结束在蔻依的工作以后，菲比・费罗出任赛琳的设计师并开始重新整顿品牌。葆蝶家（Bottega Veneta）、麦丝玛拉（MaxMara）、芬迪、雅格狮丹（Aquascutum）和艾克瑞斯（Akris）等其他老品牌也越来越有名气。

设计师：法国

由于伊夫・圣・罗兰身体欠佳，进入 21 世纪后，公司的创意总监一职由汤姆・福特担任，2004 年开始又由斯特凡诺・皮拉蒂（Stefano Pilati，生于 1965 年）接任。皮拉蒂成功结合了品牌既往的元素和当下流行的廓形，并推出了获利丰厚的配饰。2008 年，圣・罗兰的葬礼上人山人海，媒体发文无数予以致敬，再次证明了他在法国时装界的重要地位。他去世时，这个品牌强大有影响力，品牌形象得到升级，拥有一批名人客户。

右图　服装品牌的经营范围拓展至汽车、家居产品和体育器械，香奈儿滑雪板就是一个例子

香奈儿稳步推出新款香水（新代言人包括妮可·基德曼（Nicole Kidman）、凯拉·奈特莉、奥黛丽·塔图（Audrey Tatou）和凡妮莎·帕拉迪丝（Vanessa Paradis））、畅销的化妆品（例如 2009 年需要预约购买的翡翠指甲油）和诱人的配饰。在卡尔·拉格菲尔德的主持下，香奈儿推出精品珠宝并在全世界开设精品店，包括东京的一家十层楼的“巨型精品店”和莫斯科的一家旗舰店。2005 年大都会艺术博物馆的展览和 2006 年的纪录片《香奈儿印记》（记录了香奈儿一个高级时装系列的诞生）强调了香奈儿品牌的影响力。

在经营自己的同名品牌的同时，约翰·加里亚诺继续振兴迪奥，拓展产品线并推出戏剧化的 T 台秀。2000 年，他为迪奥设计的“流浪汉”（Clochards）系列震惊了观众。2001 年，加里亚诺获得大英帝国司令勋章，领奖时他穿着一套没有衬衫的西服。2007 年，迪奥的 60 周年纪念秀在凡尔赛宫举行，加里亚诺展示了克里斯汀·迪奥束腰套装的升级版，还变魔术似地展现了战后的美学。

让－保罗·高缇耶涉猎广泛且经常离经叛道，但他依然是巴黎时装界令人敬仰的设计师。2001 年，他获得了法国荣誉军团勋章。2003 年，他出任爱马仕女装成衣部艺术总监并在本年代一直担任这个职位。他也继续为自己的品牌设计，获奖女演员玛莉咏·柯蒂亚（Marion Cotillard）是他最有名的客户之一。高缇耶还为玛丽莲·曼森、凯莉·米洛和张国荣等流行音乐明星设计了演出服。

奥利维尔·泰斯金斯（Olivier Theyskens）生于布鲁萨尔，曾在坎布雷国立视觉艺术高等学院（The Visual Arts School La Cambre）学习。1997 年，他创立了自己的品牌，当时他推出了一个用老床单制作的服装系列，而且并不打算出售。1998 年，麦当娜穿着泰斯金斯设计的一款黑色绸缎礼服参加当年的奥斯卡颁奖典礼，这推动了泰斯金斯事业的发展。2002 年，他担任了罗莎的艺术总监，2006 年，他跳槽至尼娜·里奇。泰斯金斯的哥特式浪漫主义让这两家老

下图 2009 年 10 月夏姿·陈在巴黎展示的一个成衣系列

右图　荷兰设计师维克托与罗尔夫共同经营的维果罗夫品牌挑战了传统的审美。2006—2007年秋冬系列的这套服装结合了女式衬衫和半裙等熟悉的款式但搭配反常的网状面具

牌的法国时装屋的审美有了可喜的发展，但他在成衣上使用和高级时装类似的细节，导致产品价格过高，限制了顾客。年代末，他出任希尔瑞（Theory）的艺术总监，并推出了泰斯金斯的希尔瑞系列。

王陈彩霞（生于1951年）的品牌夏姿·陈（Shiatzy Chen）发展迅速，2008年，该品牌首次亮相于巴黎，展现了她标志性的低调而优雅的中西结合风格。这位设计师曾表示："如果有人看到某件衣服，而且能一眼认出这是夏姿·陈的衣服，那就表示我成功了。"2009年，该品牌加入巴黎高级定制时装公会，并推出了多种配饰和家具，到2010年，品牌的经营范围拓展至茶室，在中国台北和法国巴黎都有店面。

2000年，维果罗夫放弃高级时装业务推出一个成衣系列。2005年，该品牌的第一款（也是真正意义上的）香水"鲜花炸弹"（Flowerbomb）问世。虽然这对搭档在创新方面很出色，例如有投影图像的蓝屏连衣裙，但是他们的很多设计也使用了传统的元素，例如为梅布尔·威瑟·史密特（Mabel Wisse Smit）与奥兰治－拿骚王子约翰·弗里索（Johan Friso of Orange-Nassau）结婚设计的婚纱以及为新秀丽（Samsonite）设计的一个行李箱系列。2003年马丁·马吉拉离开爱马仕，之后他继续挑战时装界，推出了用回收利用的材料制作的服装，并采用概念化的展示形式。2006年他应邀参加巴黎高级定制时装公会组织的高级时装秀。马吉拉在业内有一批忠实的粉丝，他们能通过固定马吉拉标牌的四个白色针脚辨认马吉拉的作品。2009年，马吉拉离开自己的品牌，将马吉拉时装屋交给一个设计团队。詹巴迪斯塔·瓦利（Giambattista Valli，生于1966年）在卡普奇和温加罗等多个顶级时装屋工作过，2005年，他创立了自己的品牌。瓦利尤其以他那些采用20世纪中期的服装结构的优雅晚礼服出名，他曾说过他的"衣服是为富豪准备的"，这个宣言也被女演员凯蒂·霍尔姆斯（Katie Holmes）和约旦王后拉尼娅（Queen Rania of Jordan）等欣赏他的人证实。

设计师：英国

博柏利已有近150年的历史，2001年，克里斯托弗·贝利（Christopher Bailey，生于1971年）出任该品牌的设计总监，之后对品牌的形象进行了升级。在贝利的领导下，博柏利的形象从经典外套品牌升级为时尚品牌，品牌新形象的推广方式给人以深刻的印象。2009年，博

右图　2009 年亚历山大・麦昆设计的一条成衣连衣裙，体现了波西米亚风格的持续影响。素拉猜・森苏万（Surachai Saengsuwan）摄

右页上图　迈克・高仕 2009 年春季系列的一条格子连衣裙，体现了这位设计师既运动又优雅的设计风格

右页下图　波西米亚风格对各级市场的主流服装都产生了影响，“露台连衣裙”——例如 2008 年黛安・冯・芙丝汀宝推出的这款——就是一个典型的例子

柏利建立了“风衣的艺术”（Art of the Trench）网站，邀请客户将自己穿着博柏利风衣的照片上传到一个线上画廊，将新的关注点集中在街拍和时装的“众包”（指把工作任务外包给大众网络的做法）上。

2000 年，亚历山大・麦昆离开纪梵希，在古驰集团的支持下开设了国际精品店并推出了香水和配饰。2004 年，他推出了一个男装系列，2006 年，他推出价位较低的副线品牌麦蔻（McQ）。他的戏剧性和创造性丝毫不减当年——T 台秀精心设计，模特打扮成精神病人或西洋棋，或穿着 30 厘米高的“犰狳”鞋走猫步。2009 年，他的“丰饶角”（Horn of Plenty）系列参照了多个 20 世纪高级时装的里程碑作品，表现了元素循环使用的魅力，也表达了麦昆对时装界“炒冷饭”的讽刺。正如他的同事莎拉・伯顿（Sarah Burton）后来评价的那样：“他的每一场秀都相当于

其他人的十场。”他的事业辉煌腾达，他的才华有目共睹，所以 2010 年 2 月他自缢身亡似乎特别难以让人接受。本年代他获得的奖项和荣誉包括美国时装设计师协会的年度最佳国际设计师奖（2003 年）、《绅士季刊》年度最佳男装设计师奖（2007 年）和大英帝国司令勋章（2003 年）。

侯塞因・卡拉扬设计的以木质裙和激光射线裙为特色的系列进一步巩固了他在创新方面的声誉。他对技术的艺术性运用为时尚的未来提供了可能性。加勒斯・普（Gareth Pugh）虽然直到 2006 年才成立自己的品牌，但是他的造型工作以及与艺术家和音乐家的合作早已闻名于伦敦的时尚圈。服装的未来主义廓形和哥特元素体现了他的戏服设计背景。

设计师：意大利

2001 年，朱莉娅・罗伯茨以《永不妥协》（*Erin Brockovich*）获得了奥斯卡最佳女主角奖，领奖时她穿着瓦伦蒂诺设计的一款复古风格的礼服，她的选择不仅说明复古风格潮流不减，也说明瓦伦蒂诺仍然很受欢迎。2007 年，从业 45 周年大型庆祝活动以后瓦伦蒂诺宣布退休了。他的时装屋在创意总监玛丽亚・格拉齐亚・基乌里（Maria Grazia Chiuri）和皮耶尔保罗・皮乔利（Pierpaolo Piccioli）的主持下继续运营，两人保持了瓦伦蒂诺的奢华风格和精湛工艺，同时对年轻的顾客也有一定吸引力。

为庆祝乔治・阿玛尼从业 30 年，2000—2001 年纽约古根海姆博物馆举办了一个关于他的回顾展，但是这个展览因为阿玛尼提供了赞助而受到非议。阿玛尼不同价位的产品线都持续取得成功，他的高级时装系列阿玛尼高级定制（Armani Privé）尤其有名，该系列的礼服受到安妮・海瑟薇（Anne Hathaway）和凯特・布兰切特等女演员的喜爱。

多纳泰拉・范思哲（Donatella Versace，生于 1955 年）延续了范思哲的品牌风格：大胆、性感和多彩。范思哲充分利用品牌知名度，进一步开发了男装系列“收藏”（Collezione），后来又增加了“范思哲运动”（Versace Sport）“高定家居”（Home Couture）系列，经营范围甚至拓展到豪华酒店领域。范思哲的名人客户有詹妮弗・洛佩兹、伊丽莎白・赫利、安吉丽娜・朱莉（Angelina Jolie）和刘玉玲等著名女演员，这些客户让范思哲品牌持续成为媒体关注的焦点。尽管缪西娅・普拉达的审美通常大胆、怪异，但是品牌普拉达和缪缪却成为了流行的风向标。普拉达成为全球服装生意主要的参与者，这个品牌几乎家喻户晓，成为“高级时装”的代名词。

设计师：美国

本年代美国时装界活跃的设计师卡尔文・克莱恩、拉尔夫・劳伦和唐娜・卡兰进一步扩大了经营范围，推出了价格较高和价位较低的副线。与欧洲老牌的时装屋一样，配饰也是美国品牌利润丰厚的产品，同时也是将品牌推向更多客户的媒介。与欧洲的时尚领袖不同，美国设计师坚持简单的季节性展示，展示适合当季穿着的服装，并且注重产品能否盈利而非 T 台的戏剧效果。迈克・高仕、纳内特・莱波雷（Nanette Lepore，生于 1964 年）和凯瑟琳・玛兰蒂诺（Catherine Malandrino，生于 1963 年）推出更加个性化的产品。高仕奢华的运动服融入了欧洲大陆风格。莱波雷女性化的易于搭配的款式得到众多消费者的青睐。移居美国的法国设计师玛兰蒂诺因她 2001 年首次展示 2009 年再次推出的红白蓝美国国旗连衣裙而备受关注。

右图　沙杜·拉尔夫·鲁奇2004年春夏系列的一款连衣裙，体现了鲁奇对结构细节的重视和绘画式装饰元素的运用

最右图　2008年罗达特推出的这款连衣裙体现了该品牌兼容并蓄的审美和对材料的创新使用

全世界最著名的设计师之一马克·雅可布同时为巴黎的路易威登和纽约的自主品牌提供设计。2001年，他推出了价位较低的品牌马克。他的海外扩张包括2006年在巴黎开设的第一家独立的欧洲店和2007年在伦敦开设的店铺。2007年，他还推出了童装。他为路易威登提供的设计大胆重塑了该时装屋的传统。雅可布发起了与艺术家的合作，重新设计路易威登的产品。例如和村上隆（Takashi Murakami）合作推出了一个新的象征身份的配饰系列，村上隆将路易威登棕色和金色交织的字母换成白底或黑底上的亮色字母，这个系列吸引了一批特定的消费者，卖得非常好。

通过在古驰、伊夫·圣·罗兰的“左岸”（被古驰收购以后）和2005年创立的自有品牌的工作，汤姆·福特扩大了自己的影响。福特以奢侈华丽、高度性感的设计风格闻名，这一点从他奢华的T台秀、有格调的零售设计和挑逗性的广告可以看出来。很多期刊拒绝了他使用全裸男女模特拍摄的香水广告。2007年，福特在麦迪逊大道上开设了他的纽约旗舰店，出售非常昂贵的男装，包括量身定制的套装。福特获得了多个美国时装设计师协会的奖项。

拉尔夫·鲁奇（Ralph Rucci）1957年生于费城，曾就读于天普大学（Temple University）和纽约时装学院。他曾为候司顿短暂地工作过一段时间，后来成立了自己的品牌，他推出了一个灵感源于格蕾夫人的女装系列，这个系列让他在定制领域站稳了脚跟。1984年，他成立了一个成衣公司。1994年，鲁奇重组，将他的品牌更名为“沙杜·拉尔夫·鲁奇”（Chado Ralph Rucci，“沙杜”为日本茶道的音译）。他的作品以技艺精妙和风格朴实受到称赞。2002年，鲁奇应邀前往巴黎展示高级时装，他是继梅因布彻之后首位获此殊荣的美国人。他的高级时装使用了创新的服装结构，例如他的“悬挂”手法——布片用打结的线连接，在服装表面能看到明显的开口，使用开士米羊绒和爬行动物皮革等特别昂贵的材料，有些衣服以半宝石镶边。他的作品出现在很多展览上以及2008年播出的一部纪录片中。

凯特·穆里维（Kate Mulleavy，生于1972年）与劳拉·穆里维（Laura Mulleavy，生于1974年）两姐妹以母亲婚前的姓氏罗达特（Rodarte）命名她们的公司。两人在加利福尼亚长大，都曾就读于加州大学伯克利分校，她们没有接受过正式的服装设计学习与训练。她们的公司在帕萨迪纳市，2005年她们展示了第一个服装系列，独特的材料处理方式引起了媒体和前卫客户的注意。后来，她们在洛杉矶开了一家工作室并开始在纽约发布服装。罗达特以对材料的艺术性（通常是

左上图 彼得·桑2005年秋季推出的一款外套体现了他精致的都市风格。他的设计经常使用复古的元素

中上图 塔库恩2009年春季推出的一款柔软的绉绸连衣裙，原为一条宽摆半裙，但用交叉的黑色缎带进行了改造

右上图 普罗恩萨·施罗2007年春季系列的一款绑带式上衣，搭配黑色波纹半裙，是面料有趣组合的典型例子

大胆无畏的）处理出名，呈现碎片式丝网状的效果，出人意料的搭配也很有名，这些细节在T台上很抢眼，但往往不实用。穆里维姐妹在时装行业工作几年后开始扩展品牌的影响力，推出了更多单品，她们为塔吉特设计的一个系列巩固了她们的知名度和市场声誉。

一批新人设计师以个性化的风格成为轰动一时的人物并收获了许多名人粉丝。林健诚（Derek Lam，生于1967年）的家族经营服装生意，在2003年创立自己的品牌之前他曾在迈克·高仕工作。林健诚的服装很快以充满女人味和微妙的结构细节而闻名。1970年彼得·桑（Peter Som）生于旧金山，他为自己的品牌推出了别致的美式服装，他同时担任比尔·布拉斯的创意总监。2004年，在时尚界做过各种工作之后林能平（生于1973年）成立了自己的品牌“菲利林3.1”（3.1 Phillip Lim），旨在提供多数人买得起的当代女装。五年内，林能平将经营范围拓展到配饰、童装和男装，并完成了与盖普和勃肯（Birkenstock）的合作。1974年塔库恩·帕尼克歌尔（Thakoon Panichgul）生于泰国，1985年移民美国。2004年，他在纽约时装周展示了自己的第一个服装系列。观众被塔库恩优雅的审美吸引，《时尚》热烈报道了他的设计。纽约设计师艾莉丝·罗依（Alice Roi，生于1976年）以独特的都市风格出名。2007年，她与优衣库合作了该公司第一批邀请设计中的一个系列。杰克·麦考卢（Jack McCollough，生于1978年）和扎罗·赫南德斯（Lazaro Hernandez，生于1978年）相识于帕森斯设计学院学习时，2002年，他们在纽约创立了普罗恩萨·施罗（Proenza Schouler）品牌。他们很快吸引了一批名人和上层客户，并得到了时尚行业的认可，八年内获得了许多奖项。他们独特的风格被誉为传统与现代的有趣组合，出色的许可证经营让这个品牌成为21世纪成功的典范。吴季刚1982年生于中国台北，在加拿大和美国长大，青少年时开始设计玩偶，2005年，他设计的一个鲁保罗玩偶登上了《女装日报》。他为米歇尔·奥巴马提供的设计推动了他职业生涯的发展。2008年，这位第一夫人穿着他设计的象牙色和黑色的紧身无袖连衣裙出现在电视上，2009年，又穿着他设计的单肩真丝雪纺礼服参加总统就职典礼。王大仁在加利福尼亚长大，他帅酷随性的风格体现了加州的影响。2007年，他成立了自己的品牌，推出了一个包含有趣的毛衣、皮裤和针织连衣裙等服装的系列，所有的服装都采用了混搭和叠穿的形式——常见基本款的高级时装变奏曲。

上图　随着指甲成为时尚的要点，美甲也越来越精致，不仅包括各种颜色和表面处理，还有贴花和雕花

发型、化妆和身体改造艺术

本年代盛行中分或侧分的长直发或微卷发。刘海通常很长，但短刘海也还未完全退出流行。维多利亚·贝克汉姆和凯蒂·霍尔姆斯的波波头和休闲或特殊场合的马尾也很受欢迎。头发非常卷、发量显得多的女性通常采用自然的发型。黑人女性常常编花型精美的发辫，接发依然流行。挑染很受欢迎，比起从前的宽条纹，现在的挑染效果要含蓄一些，彩色挑染也很常见。一些女性用细发带装饰马尾或发髻打造希腊式的发型。饰有羽毛的发带和装饰效果强的发夹等配饰都受欢迎。

眼妆体现了化妆的潮流，包括烟熏妆、猫眼妆（使用眼线笔勾勒）和使用蓝色等柔和色彩的眼影（受到 2000 年电影《霹雳娇娃》的影响所致）。眉形很重要，出现了很多修眉的沙龙。有些男性和女性把眉毛修出条纹。睫毛成为时尚的一个关注点，长睫毛可以通过涂雅睫思（Latisse）睫毛增长液、接睫毛和粘假睫毛的方式获得，而且可以有多种颜色或呈现金属的质感。纹身也用来增强眉毛和睫毛等部位。唇膏的颜色多样，唇线笔再次流行。魅可（MAC）的薇拉葛兰（Viva Glam）系列唇膏依然很受欢迎，代言人不断变换升级。矿物成分的粉状产品成为液态底妆之外另外的一种选择，很多化妆品含有护肤的成分。自然妆容是生态时尚运动（The Eco-fashion Movement）的一部分。指甲流行深色、蓝色、绿色和黄色等多种颜色。贴花、珠宝和雕花均被用于美甲，虽然很多美甲纯粹是装饰性的，但也有一些女性用美甲来表达她们的兴趣或政治立场。畅销的香水一般出自著名的化妆品品牌和设计师品牌。很多顶级的香水由名人推广，例如歌手蕾妮·弗莱明（Renée Fleming）和玛丽亚·凯莉（Mariah Carey）以及派对策划师罗伯特·伊莎贝尔（Robert Isabell）。帝门特气味图书馆（The Demeter Fragrance Library）提供从“生日蛋糕”（Birthday Cake）到“毒藤”（Posion Ivy）等非常规的单一香型香水。

越来越多的女性和男性接受整容手术和使用美容注射产品。整容手术进入公众的视线，甚至出现了几个关于整容手术的电视节目，例如《整容室》（*NipTuck*）和《改头换面》（*Extreme Makeover*）。歌剧演员黛博拉·沃格特（Deborah Voigt）和作家兼设计师斯塔尔·琼斯（Star Jones）等名人的减肥手术得到了广泛的关注。很多名人的夸张嘴唇（或称为“鲑鱼撅”）被媒体津津乐道。前后对比图能看到经过多个步骤以后的效果，一种新的坦诚对待整容脸和自体整形手术的审美观已经出现。

男装

男装的总体趋势是延续了 20 世纪 70 年代和 80 年代的影响。再次兴起的预科生风貌和未来主义的飞车党风貌等都很受欢迎。设计师海尔姆特·朗、普拉达和卡尔文·克莱恩推动了极简风格的发展。和女装一样，个性化风格得到了强调。很多顶级品牌在 T 台上展示了异域风情的造型——灵感来源多样，从《阿拉伯的劳伦斯》到欧普艺术应有尽有。伦敦和纽约举办的展览“穿裙子的男人”和西雅图的乌蒂利基尔特裙（Utilikilts）等制作苏格兰短裙的公司让越来越多人支持男性穿裙子。但是男性衣橱的主打款式并没有发生变化。

男性时尚领袖类型多样。贾斯汀·汀布莱克（Justin Timberlake）经常穿着三件式套装，为这种传统的风貌增添了性感的魅力；007 的新演员丹尼尔·克雷格（Daniel Craig）保持了詹姆斯·邦德花哨的着装风格，他在《007：大战皇家赌场》（*Casino Royale*，2006 年）中穿着布莱奥尼（Brioni）的服装；贝克（Beck）和约翰尼·德普（Johnny Depp）被视为男性波西米亚风格的典范；威尔·史密斯则表现了一种运动的优雅。“都市美型男”（Metrosexual）一词用来形容衣着讲究、仪表整洁，喜欢时髦的生活方式的男性。电视节目《粉雄救兵》（*Queer Eye for the Straight Guy*）推动了这股潮流的发展。“都市美型男”也有雄心壮志，堪比19世纪的时髦绅士。

上图 《绅士季刊》2009年3月刊封面人物紧身的衣形、干练的配饰和精心修整的胡茬都是本年代晚期型男的要素

套装的变化体现在四粒和四粒以上纽扣扣得较高的长外套，肩部有造型的传统双排扣外套和两粒扣单排扣外套。两粒扣日益常见。流行“缩水”的款式，特点是紧身，袖窿高，衣身和袖子偏短。设计师艾迪·斯理曼（Hedi Slimane）等人提倡这种款式。斯理曼曾在伊夫·圣·罗兰工作了几年，将圣·罗兰的男装升级为更加年轻和修身的廓形，2001—2007年他担任迪奥男装系列的首席设计师。桑姆·布朗尼（Thom Browne）也通过自己的男装系列和与布鲁克斯兄弟合作的“黑羊”（Black Fleece）系列推广了这种“缩水”的款式。在这个非正式着装成为普遍现象的年代，布朗尼宣称：“牛仔裤和T恤成为了正统……因此将外套放在了非正统的位置。”约翰·华费陶（John Varvatos）在拉尔夫·劳伦和卡尔文·克莱恩工作了近20年，2000年他成立了自己的公司。他的男装系列体现了时尚界普遍存在的风格混搭。他常用定制外套和有品牌标识的T恤搭配刻意做旧的牛仔裤和靴子或运动鞋。

其他套装和外套在男装传统的基础上稍有变化，例如有滚边的学院风布雷泽外套和升级版诺福克外套。有时用深色套装代替正式的晚礼服，体现了正式服装的不同选择。马德拉斯（Madras）棉布拼布再次流行，常见于外套、裤装尤其是短裤。此时男性选择前面有没有褶裥的裤子只关乎个人品味，对于裤长的选择也是如此。总体而言，本年代裤子的廓形从宽松肥大转变为纤细修身，设计师经常推出极端的款式。短裤往往偏长，长及小腿的裤子也常见。达夫尔（Duffle）粗呢大衣、厚呢外套和各种长度和材质的风衣也很流行。羊羔毛外套很受欢迎。长及腰部复古风格“仅限成员”（Members Only）及类似的款式再度流行。套装重新确立了它的时尚地位，这促使轻便外套再度流行。

衬衫一般保持传统的剪裁或衣形上大下小、袖窿稍高、袖子紧窄。布加奇男装（Bugatchi Uomo）、法颂蓝、宾舍曼（Ben Sherman）等公司生产的剪裁经典、前面系扣的纯色或有图案的衬衫通常有对比明显的底领、袖口或门襟。某些衬衫以斜条纹为特色。很多男性甚至穿西装外套也不将衬衫的底部塞进裤子（称为“飘逸”风貌），佩戴昂贵的皮带时，男性往往只将衬衫或T恤正面的中间部分塞进裤子。T恤比以往更加受欢迎，常有品牌标识、标语和其他装饰，甚至用来搭配西装。V领T恤通常领口较深，无袖T恤很常见。多层T恤也常见，有时下面一层颜色较深，上面一层颜色明亮。2004年，著名的纹身艺术家唐·埃德·哈迪（Don Ed Hardy）与企业家克里斯汀·奥迪吉耶（Christian Audigier）合作创立了服装品牌埃德·哈迪，推出有纹身图案的衣服和配饰。“极度干燥”（Superdry）是英国的一个运动服品牌，以日本文字和T恤、帽衫和邮差包上印有“Tokyo”（东京）或“Osaka”（大阪）等英文为特色。亨利衫（Henley）非常受欢迎，常叠穿在T恤下面，这种穿法是受到《墨西哥人》（*The Mexican*，2001年）中布拉德·皮特的穿着的影响所致。牛仔服依然是衣橱的一个重要组成部分。

右图　桑姆·布朗尼以对男装经典款式玩世不恭的演绎闻名，这是该品牌2009年秋季推出的一款运动外套，衣身"缩水"了并有醒目的镶边

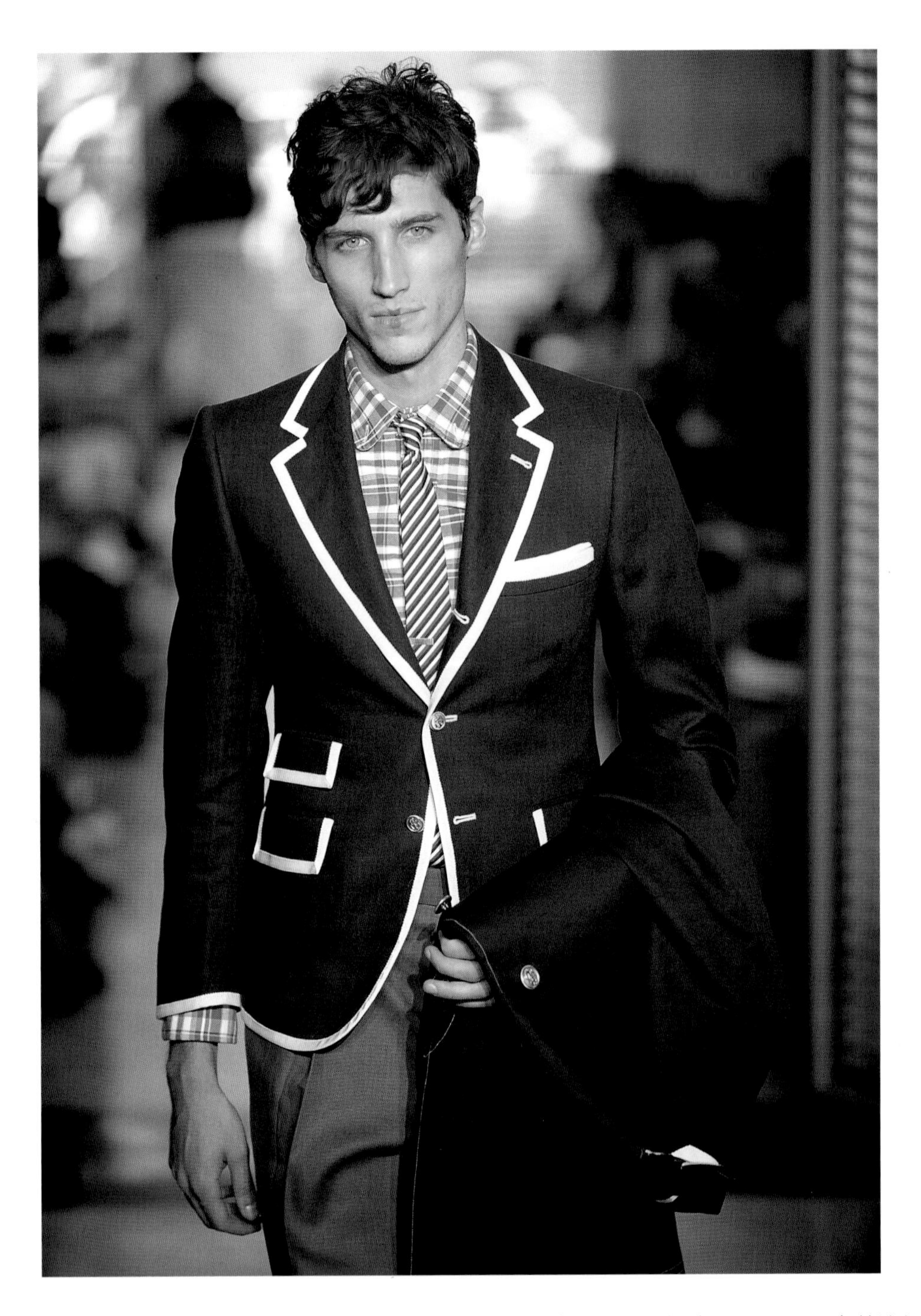

迪赛（Diesel）、赛文·弗奥曼德（7 For All Mankind）、真实信仰（True Religion）等流行品牌和老品牌展开了竞争。从超紧身款到宽松款，牛仔裤有各种裤型和裁剪。

从修身的三角裤到宽大的拳击手短裤和稍长的冲浪短裤，男式泳裤也有许多款式。20世纪60年代风格的平角裤也受欢迎，尤其是范泊昆（Vilebrequin）的产品。名人运动员影响了运动服的潮流风向。塔吉特推出了一系列由滑雪运动员肖恩·怀特（Shaun White）代言的滑雪服，足球明星大卫·贝克汉姆（David Beckham）搬到洛杉矶后带动了彩色足球服在美国的流行。随着低腰裤的流行，内裤的腰头通常会显露在外，露出品牌的标识。常规和低腰款式的四角裤都受欢迎。男式塑身衣日益增多，通常采用与运动服有关的商品名，例如"压缩衣"。有各种颜色和图案的袜子，包括波点、条纹和多色菱形花纹。袜子的款式多样，及踝袜以前只在激烈运动时穿着，但如今露出脚踝是一种时尚，人们甚至用及裸袜搭配正式的鞋子。很多男性穿休闲服装和高级时装甚至西装时都不穿袜子。

随着男性在职场中穿敞开领口的衬衫，领带因此不再是必需的配饰。多数领带宽度适中或较宽，但设计师和时髦的年轻男性有时喜欢佩戴窄领带，本年代领带的宽度也在逐渐变窄。围巾成为重要的配饰，种类多样，包括厚罗纹针织围巾、英式“学院条纹”围巾和松松地围在颈部的棉质流苏方巾。有些男性将柔软的围巾打成领结。传统的鞋子尤其是牛津鞋、船鞋、莫卡辛软皮鞋（Moccasin）和沙漠靴出现了方头和尖头的款式，也有人穿尖头款式的踝靴，尤其是喜欢复古风格的男性。看起来耐用的及膝靴也很流行，系带靴和机车靴特别受欢迎。从 21 世纪 10 年代的初期到中期流行类似胶底运动鞋的鞋子。胶底运动鞋仍然是休闲鞋的主流。某些款式和品牌特别受欢迎，一些品牌和设计师或名人合作推出了特别版。大多数重要的运动鞋制造商为顾客提供独特外观的定制服务，这是网购普及直接导致的一个结果。

虽然背包是衣橱的必备品，但尺寸较大的（有些尺寸相当于旅行包）手提包（称为“身份包”）也很常见，甚至出现在 T 台上。健身包有运动服公司推出的平价款，也有奢侈品牌推出的高端款。有品牌标识、球队名、地名或复古徽章的棒球帽很受欢迎，帽檐或者弯成拱形或者保持平直，帽子戴得特别歪。绒线帽（也叫无檐小便帽）成为一种所有天气都可以佩戴的时尚配饰。秘鲁便帽和人造毛皮老式飞行员帽（Bomber Hat）也很常见。很多男性系长长的皮带并将皮带尾端垂下来，这种穿搭方式源于嘻哈着装。超大的念珠串常用来搭配非正式服装。其他重要的配饰有炫目的腕表和钱包链，从奢侈品牌到大众品牌各个价位的都有。

男性仪表和身材很受关注。发型多样，从蓬松的长发到凌乱的中长发再到极短的短发应有尽有。“仿莫霍克”（Fauxhawk）发型以一排用发胶定型的直立头发为特色。光头依然时髦。虽然很多偶像和时尚标杆都很年轻，但是白发的电视主持人安德森·库珀（Anderson Cooper）、头发花白的演员乔治·克鲁尼（George Clooney）和前奥运会游泳运动员马克·福斯特（Mark Foster）提供了成熟老练的典范。男性一般

右图　受到哈利·波特、《达芬奇密码》（*The Da Vinci Code*）和哥特时尚等多种因素的影响，纹章和华美的哥特式花丝成为T恤、亨利衫、牛仔裤和某些运动服的典型图案

将胡子刮干净，但也有男性留山羊胡，精心修整的胡茬也很时髦。和以前不同的是很多男性修眉、拔眉或用蜜蜡脱去杂乱的眉毛，体毛依然不受欢迎。身体的护理延伸至腿部和脚部。年代中期，随着人字拖搭配裤子穿着方式的流行，脚趾成为新的性感部位。

童装

童装受到多种因素的影响。有怀旧的摇滚形象的 T 恤和很多装饰的喇叭裤体现了 20 世纪 70 年代和 80 年代风格的影响。奇客风貌也影响了童装。返校穿的服装经常搭配深色镜框的眼镜，儿童摆出内八字脚的“书呆子”姿势。校服再次兴起，因为很多群体希望在教室里营造一种严肃的氛围。

牛仔和其他类型的裤子、针织上衣和毛衣都是男孩和女孩衣橱中的基本款。品牌标识和授权图案用于区分运动服的品牌。除了品牌标识，童装上也出现了电视或电影元素、卡通角色、运动徽章和流行标语。虽然儿童日常穿着休闲风格的服装，但在特殊场合，女孩会穿公主裙和芭蕾舞裙款式的服装，男孩则穿迷你的西服三件套和预科生风格的布雷泽外套。

男童服装总体的流行趋势是卡其裤、中性色和迷彩。长裤和短裤都很宽松，直到本年代末才开始流行紧身的裤子。裤腿有拉链、能变成短裤的长裤很受欢迎。针织上衣和毛衣胸部常有横条纹。格子衬衫很流行。骷髅头和交叉大腿骨的图案普遍出现在男童的服装上，通常被重新设计成没有那么险恶的形象，例如笑脸和杰克南瓜灯。“闪电舞”风貌——背心外穿宽领上衣，搭配弹力紧身裤、牛仔裤或短裤——是女童服装的流行趋势之一。漂白的牛仔布、霓虹色和动物印花让服装色彩斑斓。女孩使用多种配饰，包括首饰、头饰以及彩色的袜子和鞋。

上图 迷彩几乎见于所有类型的服装——甚至高级时装，儿童和年轻人的服装上特别流行不同颜色的迷彩

下图 雨衣和雨靴等在恶劣天气时穿着的服饰也采用时髦的亮色和图案，由此可以看到实用服装也越来越重视设计

名人的影响不限于成人装，也见于童装。2008 年，奥巴马的女儿在父亲的就职典礼上穿着 J·克鲁童装系列（J.Crew Crewcuts）的服装，该品牌因此得到了更多的关注，幸运王（Lucky Wang）等精品店童装注重有趣和新颖设计，吸引那些希望孩子能够通过穿着表达自己的审美的家长。儿童、少年和青少年从年轻的名人身上获得时尚信息，例如麦莉·赛勒斯（Miley Cyrus）、劳伦·康拉德（Lauren Conrad）、艾希莉·辛普森（Ashlee Simpson）、扎克·埃夫隆（Zac Efron）和科宾·布鲁（Corbin Bleu）。

外套有风衣、斗篷、带毛边兜帽的大衣、羽绒服和粗呢外套。高帮运动鞋有很多颜色和款式。平底芭蕾舞鞋和人字拖鞋等都是时髦的女孩鞋。UGG 的靴子很受欢迎，很多女孩穿这个牌子的粉色靴子。女孩和男孩都流行穿船鞋。

甚至小孩子也尝试化妆和染发。男孩和女孩都使用彩色发胶或将头发染成彩条状。对仪容的重视延伸至越来越小的年龄段。很多女孩光顾美容沙龙，为儿童修指甲和趾甲的服务也常见于某些地方。小猪指甲油（Piggy Paint）等品牌推出的儿童指甲油减少了刺激性的化学成分，有很多颜色，反映了成人化妆品的流行趋势。

右图　一个年轻的马来西亚男性，穿着传统的马来服装“吝都末罗瑜”庆祝开斋节

传统服饰，现代世界

虽然时尚稳步朝全球化发展，但是也有一些地方的人每天都穿着传统服装，尤其是南亚和非洲。阿富汗总统哈米德・卡尔扎伊（Hamid Karzai）经常戴着一顶传统的卡鲁库尔款式（Karukul）的阿斯特拉罕羔羊毛帽，穿着一件T形袷袢（Chapan，一款传统外套）。时尚在阿拉伯半岛繁荣发展，当地的设计师推出了适合特殊场合的定制服装。欧洲大牌鉴于阿拉伯地区的巨大财富推出了符合当地审美的阿巴亚罩袍（Abayat）。奢侈品牌推出了有地域特色版本的手提包，通常比在欧洲和北美销售的款式装饰更繁多。购物圣地迪拜的阿布扎比时装周（Abu Dhabi Fashion Week）是一个重要的时尚活动。

一些居住在撒哈拉沙漠以南的非洲人经常将“米图巴”（Mitumba，即来自西方国家的二手服装）与本土服装混在一起穿。尽管如此，非洲设计师品牌在非洲和欧洲都取得了成功，例如徐立·贝特（Xuly Bët，拉明·巴贝多·库亚特（Lamine Badian Kouyate）创立）和阿法迪（Alphadi，原名西达麦德·西德纳利（Sidahmed Seidnaly））。非洲的风格群体强烈彰显自我，例如刚果的“都市美型男”萨普洱（Sapeurs）和博茨瓦纳的重金属音乐爱好者。印度本土的高级时装行业兴旺发达，当地设计师在孟买的拉克美等时装周（"Lakmé" Fashion Week）上发布自己的作品。在多伦多、纽约、伦敦和吉隆坡等大量南亚人居住的地方，女性依然经常穿着“纱丽克米兹（Shalwar Kameez）”——套头外衣加裤子的传统服装，男性的着装则接近西式。世界其他地区大多采用了西式服装，除了仍然需要穿着传统服装的特殊场合，例如婆罗洲的年轻男性可能平常穿着法式风情或盖尔斯的服装，但参加特殊活动时穿着马来衬衫和裤子（称为“峇都末罗瑜”（Baju melayu））。

亚洲风格

东亚和东南亚成为世界时尚版图的一个重要组成部分——无论是作为消费者还是引领者。在东亚许多地方都能买到西方主流品牌的服装，个别国家和城市还会有带地区特色的特别版本出售。娱乐行业在引领时尚潮流方面发挥了重要的作用，时尚媒体得到了显著的成长。MTV（全球音乐电视台）登陆亚洲市场，强化了很多明星的媒体和时尚形象。孔雀男审美反映了西方国家的“都市美型男”潮流，男生乐队的影响巨大。无论男女发型都是时尚的重要组成部分，常见各种各样的染发。

安德烈·金依然是韩国时装界的元老和国际选美比赛重要的设计师。女演员金敏贞和男演员金来沅为安德烈·金走秀，他的T台秀经常有名人压轴。金的古怪性格也很有名，韩国电视节目中甚至有对他的滑稽模仿。2002年，李相奉首次在巴黎举办

上图 2009年，李相奉（嘎嘎小姐喜欢的设计师之一）发布的一套服装，既有古典的元素又有未来的色彩

下图 2009年，少女时代（Girls' Generation）摄于首尔的一张宣传照，可以看到她们的着装融合了垃圾摇滚和潮人风格

时装秀，他的客户包括嘎嘎小姐、碧昂丝·诺斯（Beyoncé Knowles）和蕾哈娜（Rihanna）等人，他还推出了多条副线。2005 年，韩国女商人金圣珠收购了皮具品牌 MCM，该品牌的人气再次暴涨。金圣珠在首尔开了一家旗舰店，在欧洲也开了新的精品店，并在美国增加了新店。电视剧《绯闻女孩》中出现过 MCM 的一款包袋。金圣珠努力为优雅的职场女性提供低调的包袋，强调她的产品绝非“有钱男人的情妇”使用的那种装饰过度的包袋。演员、嘻哈明星苏志燮也担任模特，歌手、演员洪光浩、刘承宇和吴志浩等人也是如此。韩国流行音乐对时尚的影响巨大，从日本街头风格到美国嘻哈风格体现了多种时尚的影响。宝石团（Jewelry）和少女时代（Girls' Generation）等流行音乐女子组合强化了女性的形象，前“释放自由”女子组合（Fin.K.L.）成员李孝利的造型影响特别大，她单飞后的第一张专辑名为《时髦的》（*Stylish*）。有影响力的男子组合有超级少年和 SS501，SS501 的队长金贤重担任了菲诗小铺的代言人（不少男性日常也化妆）。“大爆炸”男子组合（Big Bang）尤其以他们的服装和发型出名，从简单风格到运动风格再到坏男孩风格完美展现了各种韩流时尚。歌手郑治勋（艺名“*Rain*”），作为世界上最美的人物之一登上了 2007 年美国《人物》杂志，他在美国的演出场场满座，提升了韩国文化的国际形象。滑冰冠军金妍儿在她的“007 混成曲”（*007 Medley*）单短节目中以邦女郎的形象现身引起了轰动，她穿着一条非常华丽的黑色单肩珠饰连衣裙。2009 年，韩国版《天桥骄子》开播。

中国实行改革开放以后经济发展迅猛，成为世界强国，产品的出口量持续增长。因此产生了一批新的有更强购买力的企业精英。为满足新的市场需求，购物中心和大型商场如雨后春笋纷纷涌现。知名艺人也频频为奢侈品牌代言。2007 年，贾樟柯执导了以中国的时尚行业为主题的纪录片《无用》。中国的大城市尤其是上海孕育了街头风格。2005 年，两个美术生韦炜和黄艺馨组成“后舍男生”演唱组合，在宿舍中拍摄翻唱流行歌曲（主要是后街男孩的歌曲）的视频，迅速成为网络红人。他们的视频在优酷网和电视上播出后也获得了成功，随着他们在国内外名气的增长，粉丝开始模仿他们嘻哈风格的着装——一般是配套的运动服，包括姚明的休斯顿火箭队球衣。

右图　韩国流行音乐男子组合“大爆炸”展示了他们对最新推出的这款手机的热情和多彩的着装风格

右图　2009 年，沈阳演唱会上身穿时尚演出服的台湾歌手周杰伦显得更加具有偶像魅力

“后舍男生”承接演出、担任模特和产品代言人，是网络让普通人成为国际名人的有力案例。中国香港的电影、音乐和时装都很有名。设计师郑兆良为女演员杨紫琼等名人设计旗袍。周星驰和张曼玉等魅力非凡的艺人设立了美的标准，一些粤语流行音乐歌手也对时尚产生了强烈的影响。

国际著名品牌夏姿・陈和出生于中国台湾的设计师吴季刚让台湾的时尚知名度得到提升。台湾华语流行音乐出现了男生组合热潮，F4、飞轮海和天炫男孩强烈影响了发型和服装的潮流走向。歌手周杰伦多才多艺，活跃于华语世界的许多领域。歌手蔡依林被誉为“亚洲舞后”，新加坡华人孙燕姿带动了女人味造型的流行。台湾年轻人接受了奇客时尚，并将美国潮人时尚发展成为亚洲潮人时尚。

下图　张曼玉和梁朝伟主演的电影《花样年华》（2000 年）剧照。近年来中国电影在西方市场上日益增多，这是其中的一部代表作。在这部电影的影响下旗袍作为一种时装继续流行

日本的时尚依然鼓励街头风格，其中有些和蒸汽朋克有强烈的联系。这些风格群体带动了“角色扮演”（Cosplay）的流行，尤其是哥特洛丽塔和贵族范（Aristocrats）等群体历史和奇幻的造型。从历史再现表演者和恋物癖者等新型亚文化群体可以看到西方迅速发展的漫画和动画也对角色扮演潮流有一定的影响。日本流行音乐坚持了自己的时尚主张，岚（Arashi）、KAT-TUN 和 AKB48 等组合尤其有影响力。

2008 年，菲律宾版《天桥骄子》首播，菲律宾的流行音乐以 XLR8 为代表。菲律宾时装周成为亚太地区的重大活动。莫尼克・鲁里耶（Monique Lhuillier）是一名时装模特的女儿，她生于菲律宾，现定居美国，她是一名成功的特殊

左上图　一个东京街头风打扮的日本男青年，着装体现了朋克、机车族和垃圾摇滚的影响，摄于2005年

右上图　在2005年凡尔赛宫举办的音乐节上，法籍印尼裔歌手安谷穿着一条白色田园风连衣裙和一双褶皱靴，这些服饰体现了盛行的波西米亚风格

场合服装设计师，2006年，她获得了菲律宾总统颁发的荣誉勋章。明汉（Minh Hanh）和武越众（Vo Viet Chung）等设计人才在越南服装设计大赛中脱颖而出。泰国的奢侈品消费增长，时尚媒体高度发展。设计师纳加拉·桑班达拉克萨（Nagara Sambandaraksa）以精英阶层为目标客户，经常使用吉姆·汤普森的泰丝面料。国王拉玛九世和诗丽吉王后的孙女泰国公主思蕊梵娜瓦瑞（Sirivannavari Nariratana）在曼谷和巴黎举办了服装秀。马来西亚进一步踏入时尚竞技场，2007年播出了第一个东亚版本的《天桥骄子》。同年，柏威年广场开放使用，这个购物广场主要销售奢侈品牌和设计师品牌的产品。歌手、模特芝雅娜·赞因（Ziana Zain）是有名的女性时尚领袖，2008年，她登上了《魅力马来西亚》（*Glam Malaysia*）的封面，标题是“我的生活、我一定要拥有的包袋和我的中国时尚冒险”。她的歌手弟弟安诺亚·赞因（Anuar Zain）在他成熟风格的套装中增加了酷帅的元素，他经常变换的发型为发型博客提供了谈资。歌手、电视主持人阿兹尼尔·纳瓦维（Aznil Nawawi）代表了马来西亚版“都市美型男”的风格。印度尼西亚的流行音乐以时髦的摇滚乐队为特色，例如翁古（Ungu）和萨姆森（Samsons），成员的造型体现了垃圾摇滚和潮人的影响。雅加达时装周展示的一些作品融合了西方、传统和伊斯兰的风格，很多前卫的设计师作品使用了当地的传统织物——例如巴蒂克（Batik，蜡染布）和伊卡特（Ikat，絣织布）。获奖者斯坦利·古纳万（Stanley Gunawan）是行业的领军人物，推出晚礼服、婚纱和童装。

新千禧，全球观

包罗万象、多选择与多样化成为时尚的关键词。过去每季流行的廓形、面料和色彩是出设计师决定，现在则是由多种因素决定，包括零售商发布的流行趋势、名人效应和科技进步等，这种多样化趋势由于时尚传播范围更加广泛而进一步得到了强化。随着西方的时尚成为全球的时尚，到本年代末，或者通过为自己购买行头或者“视觉消费”他们喜欢的设计师作品或名人穿过的服装，数十亿人觉得自己成为时尚界的一员。虽然业内人士可能认为马吉拉朴素的白线是一种独一无二的“商标”，但大体而言，“极度干燥”（Superdry）和“橘滋”（Juicy）等醒目的品牌名称标识在世界范围内产生了强烈的视觉影响。

尽管世界日益走向全球化，但是各地的风俗习惯依然影响着时尚。纽约的女性可以穿着黑色的鸡尾酒会礼服参加一场夜间举行的婚礼，但在亚特兰大甚至洛杉矶参加婚礼时不能选择这么沉闷的颜色。身材苗条的巴黎女性可能选择短裤搭配高跟鞋，但荷兰的女性穿着路易王（King Louie）针织印花连衣裙搭配白色打底裤。雅加达的女性则肯定要佩戴和她的设计师包袋和鞋子匹配的穆斯林头巾。由于时尚的多样化和传播范围的广泛以及主流观点的缺失，有真正过时的东西吗？虽然《时尚》可能宣称阔腿牛仔裤是本季流行的款式，但一项非正式的街头调查可能指出紧身牛仔裤依然受欢迎，即使在一个崇尚个性化的时代，时尚也依旧在从渴望到不屑的循环往复中生存，否则“时尚”将不复存在。

下图　时尚未来的走向正如法国鳄鱼的这张运动服广告海报上的模特一样——悬而未决